Liebe Astrid!
Lieber Christian!

Mit den besten Wünschen
für freundschaftliche und
gutnachbarliche
Beziehungen

FS, Eschenweg
Hl. Abend 1999

Ludwig Reiner

Fürstliche Bärenjagd
im
Bayerischen Wald

Ludwig Reiner *Ludwig Schober*

Fürstliche Bärenjagd im Bayerischen Wald

Bau und Verfall der herzoglichen Jagdhäuser in Reichenberg und Lalling (1590 - 1648)

Unter Mitarbeit von
Andreas Schröck
herausgegeben
von
Hans Schopf

Eigenverlag des Heimatvereins d'Ohetaler Riedlhütte e.V.
1999

Heimatverein d'Ohetaler Riedlhütte e.V.
Kühbergweg 8
94566 Riedlhütte

Buchbestellungen:

Tourist-Service Sankt Oswald-Riedlhütte GmbH
Klosteralle 4
94568 Sankt Oswald
Tel. 08552/961138
Fax. 08552/961141
e-mail: tourist-service@t-online.de

ISBN 3-9804 872-6-1

Sponsoren:

Die Herausgabe dieses umfangreichen Buches war nur durch die Unterstützung der nachfolgenden Sponsoren möglich:
VR-Bank eG, Grafenau-Regen,
LIONS-Club Freyung-Grafenau am Nationalpark,
Gemeinde Sankt Oswald-Riedlhütte,
Tourist-Service Sankt Oswald-Riedlhütte GmbH.
Ein Sponsor wollte namentlich nicht genannt werden.

Um die Finanzierung hat sich in besonderen Maße
Herr Willi Steger,
Betriebsleiter a. D. der Nachtmann-Glashütte in Riedlhütte,
verdient gemacht.

EUROPA IN BAYERN

Die Archivarbeit und die Lithografie wurden aus Mitteln der Europäischen Union, im Rahmen der Gemeinschaftsiniative Leader II, gefördert. Die zahlreichen Lithos wurden von der Tourist-Service Sankt Oswald-Riedlhütte GmbH, im Auftrag der Gemeindeverwaltung Sankt Oswald-Riedlhütte, erarbeitet und dem Heimatverein d' Ohetaler zur Weiterverarbeitung zur Verfügung gestellt.

LEADER II

Einige Zeichnungen wurden von Michael Schreiner, Schreiner-Design Riedlhütte, kostenlos erstellt.

Beim Drucker Hans Rosenthaler (Freyung) und seinem tüchtigen Team bedanken wir uns für die gute Beratung bei der Gestaltung des Buches und für den hervorragenden Druck.

Die verwendeten Landkarten sind entweder historische Karten (z. B. aus dem Bayerischen Hauptstaatsarchiv, dem Staatsarchiv Landhut und dem Urkataster) oder es sind Ausschnitte aus der Fritsch Wanderkarte Bayerischer Wald.

Druck:

Rosenthaler Druck, Freyung, 1000/12/1999

Die Aufarbeitung der

Besiedlungsgeschichte unserer Heimat

ist die Suche nach unseren Wurzeln.

Mit der vorliegenden Dokumentation soll das kulturelle Erbe

unserer Vorväter für die jetzige Generation erschlossen

und für künfitge Generationen erhalten werden.

Diesem Ziel sind wir mit dem vorliegenden Buch wieder etwas näher gekommen.

Die Auswertungen der zahlreichen Dokumente,

die uns aus den vergangenen Jahrhunderten über die Geschichte unserer Heimat vorliegen,

wird noch Jahre dauern.

Teilweise wurden die Ergebnisse dieser Studie bei den Themenwanderwegen

"Besiedlungsgeschichte"

umgesetzt. Weitere Ergebnisse werden in einem gesonderten Begleitheft

zu diesen Themenwanderwegen veröffentlicht.

Hans Schopf

Vorwort

Der Landstrich am Sonnenwald, Rachel und Lusen im Vorderen und Inneren Bayerischen Wald ist reich an landschaftlichen Reizen. Er bietet jedoch wenig kunstgeschichtlich bedeutsame Werke. Die Bewohner mußten zufrieden sein, wenn der karge Boden und das rauhe Klima über die Jahrhunderte das Überleben sicherte. Erst bei genauerem Hinsehen, auf den zweiten Blick, eröffnen sich Einblicke, die der interessierte Besucher in dieser Gegend, *so hart am Behaimer Wald*, nicht erwarten würde:

Wer erwartet schon, daß dieser Landstrich einst das bedeutendste *Bärenland* war. Es wurde von den bayerischen Herzögen in München bevorzugt aufgesucht, um Bären zu jagen. Vor mehr als 400 Jahren haben sie sich standesgemäße Jagdhäuser für einen angenehmen Aufenthalt bei der Bärenjagd gebaut: So 1590 in Reichenberg am Rachel (Landkreis Freyung-Grafenau, Gemeinde St. Oswald-Riedlhütte) und 1593 in Lalling am Leopoldswald (Landkreis Deggendorf). Eine weitere Überraschung ist, daß dieses Jagdhaus in Reichenberg nicht irgendein unbekannter, einheimischer Zimmermann für die jagdbegeisterten, bayerischen Herrscher geplant und errichtet hat, sondern Hans Reiffenstuel, der berühmte Baumeister und Wasserbauer von Herzog Wilhelm V. in der Zeit der Renaissance (1520-1620).

Wie kam es zum Bau dieser bisher einzigen Jagdhäuser der Wittelsbacher im Bayerischen Wald, von denen heute kein Stein mehr erhalten ist? Der Grund war die Ausrottung der Bären im Oberland. Wollten die Herzöge noch eine aufregende *Hatz* auf Bären erleben, mußten sie den Standplätzen nachziehen. Die Jagdschlösser in der Umgebung von München sind ausführlich beschrieben worden. Die von München aus weit entlegenen Jagdhäuser in Reichenberg und Lalling wurden bisher nicht beachtet.

Im vorliegenden Beitrag wird versucht, über die fürstlichen Bärenjagden im Bayerischen Wald und diese vergessenen, herzoglichen Jagdhäuser zu berichten. Die Baugeschichte und den späteren Verfall aus den erhaltenen Unterlagen in den Archiven nachzuzeichnen, um sie wieder in das Bewußtsein der Einheimischen und Feriengäste zu bringen. Beim Bau wurden die Bauern in den Landgerichten Bärnstein bei Grafenau und Hengersberg so häufig zum Frondienst, dem *Scharwerk,* verpflichtet, daß sie am des Rand des Ruins standen. In mutigen Bittschriften haben sie ihre verzweifelte Lage dem Herzog in München mitgeteilt.

Die Bärenjagden der Herzöge brachten viele neue, bisher nicht bekannte Hinweise. Das Jagdgebiet in diesem Bärenland war weit gespannt: Es reichte vom Leopoldswald im Lallinger Winkel, zum Sonnenwald, zur Thomasleiten bei Ringelai, bis an die böhmische Grenze am Rachel und Lusen. Auf der Isar und Donau wurde das Jagdzeug und die Hundemeute auf Flößen von Landshut und München nach Niederalteich und in das Jagdgebiet gebracht. Der Herzog und die Hofgesellschaft reisten mit der Kutsche an. Den Bären galt das Hauptinteresse einer von Mitte August bis Anfang September, etwa 3 Wochen dauernden Jagdreise. Die hehren Grundsätze einer waidmännischen Jagd sind im Laufe der Zeit zunehmend verkommen. Das Wild wurde bei der eingestellten Jagd in umzäunte Absperrungen getrieben und in kleinen Gruppen vor die Flinte des Jagdherrn gehetzt. Unsägliche Qualen erlitten die im Bärenfang eingefangenen Bären beim fürstlichen Lusthetzen in München. Zum Zeitvertreib und Gaudium einer gelangweilten Hofgesellschaft wurden sie von einer Meute hungriger Löwen auf grausame Weise zu Tode gemartert.

Die vorliegende Geschichte der Bärenjagd und der Jagdhäuser im *Bärenland* Bayerischer Wald erlaubt erstmals tiefe Einblicke in die Gliederung der Gesellschaft, das Leben und den Alltag der Jäger, Bauern, Taglöhner aber auch des herzoglichen Hofstaates vor mehr als 400 Jahren. Einige der namentlich erwähnten Bauernfamilien leben heute noch auf ihren Höfen in dem Gebiet zwischen der Donau und dem Rachel.

Die Geschichte der Jagd der Wittelsbacher ist noch nicht geschrieben worden: Die Geschichte der Bärenjagd der Wittelsbacher und ihrer Jagdhäuser im Bayerischen Wald wird hiermit vorgelegt. Die Wittelsbacher Herzöge Wilhelm V., sein Bruder Ferdinand, der Herzog (und spätere Kurfürst) Maximilan I. und sein Bruder Albrecht VI. haben diese Bärenjagden genossen und dabei ihr Leben riskiert. Wir hören von Unfällen, von einem Glashüttenbesuch, der ersten Besteigung des Rachel und wie sie mit der *uralt Guldenstraße* von Vilshofen nach Grafenau die Wirtschaft belebt haben. In den alten Dokumenten kommt eine besondere Verbundenheit dieser Wittelsbacher Herzöge mit dem Bayerischen Wald und ihrer Menschen zum Ausdruck.

Herr Dr. Ludwig Schober, Passau, hat die wichtigste Archivarbeit geleistet. Er hat viele Dokumente entdeckt und sie auch übersetzt. Die Kapitel 5.9 *Prozeß*, 6. *Jagdhaus Lalling*, 7.4 *Jagdreise 1611* und 7.5 *Jagdreise 1615* stammen aus seiner Feder. Die Autoren haben sich bemüht, möglichst oft die wortgetreue Überlieferung in den alten Urkunden sprechen zu lassen. Der Leser sollte so einen unverfäschten Einblick in die Zeitumstände bekommen. Hinzuweisen ist noch, daß Herr Ludwig Weber, Passau, früher Hauptlehrer in Riedlhütte und Schulrat, um 1976 schon einen Teil des Schriftverkehrs über den *Jägerhäusl-Streit in Reichenberg* auswerten konnte, der heute nicht mehr aufzufinden ist.

Bei Herrn Ergert, Leiter des Deutschen Jagdmuseums in München und Kenner der Geschichte der Jagd in Bayern, möchten wir uns für ein recht anregendes Gespräch mit vielen nützlichen Hinweisen bedanken. Die Geschichte der Jagdschlösser der Wittelsbacher in der Umgebung von München hat Herr Werner Loibl, Spessartmuseum in Lohr a.

Main beschrieben. Er hat noch einmal seine Unterlagen auf Informationen über das Jagdhaus in Reichenberg durchgesehen. Bei Kurt Weny, Reichenberg, Haus-Nr. 34, auf dessen Hausfläche das Jagdhaus einst stand, bedanken wir uns für die Möglichkeit der Erkundungen im Haus und Keller sowie für die Erlaubnis im umliegenden Gelände erfolgreich zu graben. Renate Atzinger, Reichenberg, hat Kontakte hergestellt und mitgeholfen, das Weny-Anwesen zu vermessen.

Der Maler Rudi Seidl, Riedlhütte, hat wieder in dankenswerter Weise das Titelbild koloriert.

Das Buch wurde wieder zum Selbstkostenpreis vom *Heimat- und Geschichtsverein Ohetaler* in Riedlhütte herausgegeben. Die Archivarbeit und die Lithografie wurden aus Mitteln der Europäischen Union, im Rahmen der Gemeinschaftsiniative Leader II, gefördert. Herzlichen Dank für diese wertvolle Unterstützung.

Ludwig Reiner,

Freising im Dezember 1999

Inhaltsverzeichnis

1. Die Jagdhäuser der Wittelsbacher rund um München

Um zu erfahren, welche Funktionen ein Jagdhaus zu erfüllen hatte und welche Einrichtungen vorhanden waren, sollen zunächst die in der Umgebung von München betrachtet werden. Die sehr lückenhaften Beschreibungen der Jägerhäuser in Reichenberg und Lalling in den Archiven sind leichter zu deuten, wenn die zu erwartenden Einrichtungen bekannt sind.

Gibt es Ähnlichkeiten mit Jägerhäusern im Bayerischen Wald?

Als Wening 1701 - 1726 das *Churfürsten- und Herzogtum* Bayern gründlich beschrieb und Städte, Schlösser und Klöster zeichnete, standen die Jägerhäuser in Reichenberg und Lalling schon etwa 50 Jahre nicht mehr. Das ist der Grund, warum uns Wening keine Abbildungen überliefern konnte. Aus dem erhalten gebliebenen Schriftverkehr, Materiallisten und Rechnungen muß deshalb versucht werden, das Aussehen und die Ausstattung herzuleiten. Die Jagdhäuser in der Umgebung von München wurden mit ihrer baulichen Einrichtung und Ausstattung sehr gut beschrieben. Die Kenntnis dieser Einrichtungen ist wichtig, um die wenigen archivalischen Hinweise über die Jagdhäuser im Bayerischen Wald zu einem Bild zu verdichten, wie sie einst ausgesehen haben könnten.

In jeder Generation haben die Wittelsbacher in ihrer langen Geschichte auch Jagdschlösser gebaut. Heute ist, vor allem für einen Nichtjäger, nur noch schwer zu begreifen, welche große Bedeutung die Jagd damals für das höfische und gesellschaftliche Leben einnahm. Es gab Zeiten im Jahresablauf, vor allem im Herbst, wo die Jagd über viele Wochen den Tagesablauf bestimmte. Eine alte Wittelsbacher Tradition war es auch, der Gemahlin als Witwensitz, Altersversorgung und Gegenleistung für das eingebrachte Heiratsgut ein Jagdschloß mit einer Schwaige, einem Bauernhof, zu überschreiben: *Wo sie den Wittumbesitz nehmen und haben werden, von denen aus in allen unseren Försten und Wildpänen (Jagdrevieren), nach dero Lust und Gelegenheit, hoch und nieder Wildpret zu pirschen oder pirschen lassen, zu jagen und allerhand anders Waidwerk zu üben und zu gebrauchen haben.* Mit diesen Worten sorgte Maximilian I., der Sohn des Erbauers des Jagdhauses in Reichenberg, Wilhelm V., 1636 für seine Gattin Anna Maria, einer Habsburger Prinzessin aus Österreich, indem er ihr das Jagdschloß in Schleißheim überschrieb.

Jagdhäuser, wie sie genannt wurden, sind eigenständige, feste Gebäude, die immer in der Nähe des jagdbaren Wildes gebaut worden sind. Die Wege für dieses Jagdvergnügen sollten nicht zu lang sein. Mit der Ausrottung der Bären in der Umgebung von München und im Oberland, wurden diese Wege in die Jagdreviere nach 1550 immer länger. Diese Gebäude sind alle mit einer sehr praktischen baulichen Ausstattung errichtet worden. Sie sollten den Herzog oder Kurfürst und die Hofgesellschaft für die meist zwei bis drei Wochen lang dauernden Jagden aufnehmen und eine standesgemäße Unterkunft bieten. Für die kalte Jahreszeit waren die herrschaftlichen Räume mit Kachelöfen zu beheizen. Es waren Zweckbauten und nur für den kurzzeitigen Aufenthalt gedacht. Gebraucht wurden möglichst viele Zimmer für die Übernachtung der zahlreichen, meist bis zu hundert Personen zählenden Hof- und Jagdgesellschaft. Für die Verköstigung war ein großer Aufenthaltsraum im Erdgeschoß mit vielen Tischen und Bänken notwendig. Zum Braten und Kochen wurde eine geräumige *Mund-Khuchl* mit einem großen Herd mit offener Flamme und meist eingebautem Backofen gebraucht. Das *Zerwirken* (Zerlegen) des erlegten Wildes erfolgte in einer *großen Zerwirkkammer*, mit Zerlegetischen und vielen Haken an den Wänden und an der Decke. Die Jagden dienten zu allen Zeiten auch der Fleischversorgung des Münchner Hofes. Bei den Jagden in Haag bei Wasserburg 1611 und 1615 sind viele Fuhren mit erlegten Hirschen nach München gebracht worden. Bei weiter entfernten Jagden wurde das erlegte Wild *zerwirkt*, mit einer Beize in Fässer eingelegt und nach München transportiert.

Dem Herzog und der Herzogin, wenn sie an der Jagd teilnahm, wurden selbstverständlich die größten Zimmer in Südlage mit dem schönsten Ausblick auf die umgebenden Berge reserviert. Sie waren besonders reich ausgestattet und verziert. In den weiteren beheizbaren Zimmern nächtigten die Verwandten des Herzogs, die Jagdgäste und unterschieden nach dem Stande und dem Rang, die zahlreichen Beamten des Hofes. So der Oberstjägermeister, der Oberstallmeister, die Räte, der Silberkämmerer und die Edelknaben. Jedes Herrschaftszimmer im Jagdschloß hatte einen Zugang zu einer nicht beheizten *Bedientenkammer*. Die einfachen Jäger und die Treiber mußten meist bei den Bauern in der Nachbarschaft um Unterschlupf nachsuchen.

Alle Jagdhäuser waren mit Wirtschaftsgebäuden ausgestattet. Besonders wichtig war ein Stallgebäude für etwa 50 bis 100 Reitpferde der Jagdgesellschaft. Der Dachraum wurde zur Lagerung für das Heu genutzt. In Kisten wurde hier auch der Hafer für die Pferde gelagert, den der Pfleger von den zehentpflichtigen Bauern eintreiben mußte. Notwendig waren Zwinger oder *Hundsställe* im Wirtschaftsgebäude für eine Meute von meist mehr als 100 Jagdhunden und eine *Hundskhuchl* zum Zubereiten der Hundenahrung, dem *Hundsaas*. Die Abdecker der Gegend, die verendete Tiere verwertet haben, mußten das Fleisch für diese Hundemeute mit Karren herbeischaffen. Auf die Wasserversorgung zum Tränken der Pferde und Hunde in einem große Wassergrand im Wirtschaftshof wurde besonderer Wert gelegt. Ein *Tücherstadel* diente zur Aufbewahrung der *Netze, Tücher, Leinen, Stricke, Pfosten und Stangen für die Absperrungen bei der eingestellten Jagd.*

So bauten sich bereits die reichen Landshuter Herzöge im Dorf Hirschbach in der Hallertau ihr Jagdhäuser für ihre alljährlichen, herbstlichen Hirschjagden. Dem Schelchhofbauer verlieh Herzog Heinrich der Reiche (1386-1450) im Jahre 1445 das *ewige Erbrecht* auf seinem Hof für die treuen Dienste, die diese Bauernfamilie über Generationen bei den herzoglichen Jagden geleistet hatte. Ein weiteres Jagdschloß bauten die Landshuter Herzöge in Gammelsdorf in der Nähe von Moosburg (Völkl, um 1990).

Dem *Münz-Chamerer* Conrad Gienger wurde von Herzog Wilhelm IV. (1493-1550), dem Großvater von Herzog Wilhelm V., dem Erbauer des Jagdhauses in Reichenberg und Lalling im Jahre 1515 in Geising ein *Jaidhaus zur Ergötzlichkeit und Entschädigung eines Beinbruchs und etlicher Schaden, Pferd halber und wegen seiner fleißigen, getreuen Dienste* erblich übereignet. Der neue Besitzer und die nachkommenden Inhaber wurden aber verpflichtet, das Haus mit *Bettgewand* (Bettzeug) zu versehen, wenn der Herzog und dessen Nachkommen *zu Zeiten daselbst* (dort) *am Jhaid* (jagen) *sein werden* (Föringer, 1843, S. 367). Diesen Mitteilungen ist zu entnehmen, daß der Herzog im ganzen Lande verteilt, entweder ein eigenes Jagdhaus oder feste Unterkünfte bei einem Bauern hatte.

Vom *Amt im Urbar* in der Umgebung von Schönberg bei Grafenau ist schon sehr früh belegt, daß die Bauern den *Vogthafer und die Nachtselde* zusätzlich zu ihren sonstigen Abgaben zu leisten hatten. Wenn der Herzog oder seine Jäger in der Gegend jagten, mußten die Bauern für den Hafer der Pferde sowie für Unterkunft und Verpflegung sorgen (Jungmann-Stadler, 1993, S. 55, Riezler, 1905).

Durch die frühe Erwähnung von *Vogthafer und Nachtselde* ist es sehr wahrscheinlich, daß die bayerischen Herzöge schon lange vor der Erbauung ihrer Jägerhäuser 1590 in Reichenberg und 1593 in Lalling im Bayerischen Wald Bären jagten. Man kann sich leicht vorstellen, daß diese Abgaben und die Verköstigung einer herzoglichen Jagdgesellschaft für die armen Bauern eine große Belastung war.

Die *Jagdschlößl* rund um München

In der unmittelbaren Umgebung von München, Grünwald und Starnberg wurden von den Wittelsbachern im Verlaufe mehrerer Jahrhunderte nicht weniger als 18 *Jagdschlößl* gebaut (Loibl, 1980, Klemmer, 1980). Zu nennen sind nördlich und nordöstlich der Stadtmitte von München in Oberschleißheim das alte Schloß in Schleißheim, Lustheim und Wartenberg.

Westlich der Stadtmitte: Hirschgarten, Amalienburg, Nymphenburg und Blutenburg. In Grünwald und Umgebung das Schloß Grünwald, Sauschütt und Laufzorn. Südwestlich der Stadtmitte bei Sendling das Jagdhaus Fürstenried. In Starnberg und Umgebung die Jagdhäuser Starnberg und Berg. Untergegangen sind die Jagdschlösser Gelbes Haus, Blaues Haus, Rotes Haus und Grünes Haus sowie Neuhausen. Das Jagdhaus Wartenberg bei Erding soll hier dargestellt werden (Abbildung 1).

Auch im benachbarten Fürstbistum Passau wurden Jagdschlösser errichtet. Der Passauer Bischof Leopold Ernst Graf von Firmian, der von 1763 bis 1783 regierte, baute sich ein Jagdschlößchen in Wollaberg für seine vielen Jagdbesuche. Der begeisterte Jäger ließ dort auch nach der Mode der Zeit einen Fasanengarten, eine Fasanerie zur Aufzucht von Fasanen anlegen (Haertel, 1963). Vom Jagdschloß der Wittelsbacher in Wartenberg, nahe Erding, ist bekannt, daß die Bauern die in der Flur von den Fasanen gelegten Eier einsammeln mußten, die dann von einer Bruthenne ausgebrütet wurden. Im Jahre 1739 wurden diese Fasanenküken *mit gekochten Hühnereiern und 103 Maßkannen Ameiseneier* (1 Maß = 1, 07 Liter), gefüttert (Dreier, 1980, S. 85). Die Ameiseneier wurden von den *Ameislern* aus den Ameisenhaufen gesammelt. So bot das Jagdvergnügen des Herzogs auch für einige Inwohner eine willkommene Möglichkeit, Geld zu verdienen.

Abbildung 1: Das Jagdschloß Wartenberg zwischen Moosburg und Erding war jedes Jahr im Herbst ein beliebter Aufenthaltsort der bayerischen Herzöge in München für die Hirschjagden.

2. Wie kam es zum Bau der Jägerhäuser im Bayer. Wald?

Die bayerischen Herzöge und späteren Kurfürsten waren in einer langen Generationsfolge, Ludwig II. ausgenommen, leidenschaftliche und begeisterte Jäger. Über prunkvolle Hofjagden in der Umgebung von München gibt es viele Berichte. Unterschiede gab es nur noch im Ausmaß, mit der diese Leidenschaft ausgeübt worden ist. Es scheint fast als ob die Jagdleidenschaft diesem bayerischen Herrschergeschlecht mehr als allen anderen im Blut lag. Eine beherzte Tat steht auch am Anfang dieser Adelsfamilie:

Otto I., die beherzte Tat eines Draufgängers

Das mächtige Geschlecht der Wittelsbacher herrschte in Bayern 738 Jahre lang von 1180 bis 1918. Otto I. (um 1118 - 1183) wurde 1180 Herzog von Bayern und Stammvater des Hauses Wittelsbach. Sie stammten aus dem Gebiet nördlich von München. Das Dorf Wittelsbach bei Aichach und Scheyern bei Pfaffenhofen gehörten zum Besitz der Familie. Diesem für die bayerische Geschichte wichtigen historischen Datum von 1180 ging eine beherzte, tapfere Tat eines Draufgängers voraus. Friedrich Rotbart (1121 - 1190), den die Italiener Barbarossa nannten, unternahm im Oktober 1154 seinen ersten Zug nach Rom, um sich vom Papst zum Kaiser krönen zu lassen. Am 18. Juni 1155 wurde er von Papst Hadrian IV. zum Kaiser gekrönt.

Bei seiner Heimkehr von Italien nach Deutschland, mußte Kaiser Barbarossa wieder die Alpen überqueren. Südlich von Rivoli, zwischen Trient und Bozen, geriet er mit seinen Soldaten aus Bayern und Sachsen an einer Engstelle der Etsch, der Etschklause oder Veroneser Klause, in einen heimtückischen Hinterhalt von Wegelagerern. Auch der Rückzug wurde in diesem Hohlweg versperrt. Sie forderten eine hohe Summe an Goldgeld und die Auslieferung aller Ritter. Die Lage war aussichtslos und der Untergang nicht mehr aufzuhalten.

In höchster Not griff Otto I. von Wittelsbach ein: Mit 200 Gebirglern erstürmte er aus dem Tal der Etsch, die von den Wegelagerern besetzte Felsenkuppe und stürzte die Feinde *mit viel Geschrei* in den Abgrund. Der Weg über die Alpen war für Kaiser Barbarossa wieder frei. Diese Tat hat den legendären Ruhm von Otto I. begründet. Der Kaiser hat dem beherzten Wittelsbacher diese Tat nicht vergessen. Als Dank belehnte er ihn 35 Jahre später, am 16. September 1180, mit dem Herzogtum Bayern. Otto I. war damals an Land und Einfluß nicht der stärkste bayerische Edelmann. Die Herren von Andechs im Oberland oder die Herren von Bogen an der Donau waren politisch viel einflußreicher und mächtiger (Abbildung 2).

Etwa 30 Generationen lang immer wieder würdige Nachfolger als Herrscher des Landes Bayern hervorzubringen, ist eine herausragende Leistung einer Familie. Länger als die meisten europäischen Fürstenhäuser bestimmten sie die deutsche Politik und beeinflußten die Geschichte Europas. Mit der Revolution vom 7. November 1918 mußten sie abtreten (Reiser, 1978, S. 13, 1988, Orlop, 1979, Praetorius, 1980, S. 9).

Im Oberland waren die Bären um 1560 bereits ausgerottet

Das allerhöchstes Jagdvergnügen und die größte Herausforderung war es für die herzoglichen Jäger, in einer Bärenhatz dieses kräftigste Schwarzwild *niederzupirschen*, zu erlegen. Um 1395 war der Bär in der Münchner Flur noch anzutreffen. In einer Abmachung des Herzogs Johannes mit dem Kloster Schäftlarn südlich von München, wird *das Sweingejayd* und das *Perngejayd* genannt. Im Oberland war der Bär um 1560 schon sehr selten. In den Alpen hat er sich bereits in die höheren Regionen zurückgezogen. Nur in den für herzogliche Jagden unwegsamen und schwer zugänglichen Gebirgsgegenden war er noch heimisch.

Der Grund für die Ausrottung dieser Tierart im Oberland war das Aufkommen der Feuerwaffen als Pirschbüchsen für die Hochwildjagd mit kurzem, gezogenen Lauf. Der Bär wurde so stark bejagt, daß bereits Herzog Albrecht V. (1528-

Abbildung 2: Im Jahre 1155 befreite Otto I. von Wittelsbach in einer Engstelle der Etsch, der Etschklause südlich von Rivoli, mit 200 tapferen Gebirglern Kaiser Barbarossa aus einem Hinterhalt von Wegelagerern. Als Dank belehnte dieser ihn mit dem Herzogtum Bayern.

1579), der Vater von Wilhelm V. (1548-1626) und Erbauer des Jagdhauses in Reichenberg, die Bären um Hohenschwangau schon 1570 unter seinen besonderen Schutz stellen mußte: "*Da sollen sie zu unserem Lust ungeirrt gelassen und derselben Orten nit gefangen noch vertrieben werden.*"

Über das erlegte Wild wurde in den Jagdbüchern von Herzog Albrecht V. genau Buch geführt (ohne Verfasser, 1895): In den 24 Jahren von 1555-1579 konnten von ihm nur noch 2 Bären erlegt werden. Dafür aber 2 779 Hirsche, 1 784 *Stück Wild* (Hirschkühe), 220 Hirschkälber, 100 Rehe und 525 *Säue* (Wildschweine). Das mußte für den leidenschaftlichen Bärenjäger sehr unbefriedigend gewesen sein. Aus welcher Gegend die zwei erlegten Bären stammten, wurde nicht erwähnt. Sie könnten aber vom Herzog im Bayerischen Wald *niedergepirscht* worden sein.

Wollten die bayerischen Herzöge um 1560 und 1570 noch eine aufregende Bärenhatz erleben, mußten sie in den von der Münchner Residenz etwa 150 bis 200 km entfernten Vorderen oder Inneren Bayerischen Wald reisen. Seit Herzog Heinrich von Bayern am 21. März 1438 die Herrschaften Bärnstein bei Grafenau und Ranfels um 17 000 Gulden rheinisch und 3 000 Gulden ungarisch von Graf Etzel von Ortenburg erworben hatte, stand Ihnen ein großes Jagdgebiet an der böhmischen Grenze zur Verfügung.

Bayerischer Wald: Die Jagd auf Bären wird 1452 erstmals erwähnt

Der älteste Bericht über Braunbären in Bayern stammt aus dem Jahre 750. Er stammt aus der Feder von Bischof Arbeo von Freising, um 750. Er gibt in seinen Loblied über Baiern eine prächtige Schilderung der Natur:

> "Es gab Fische in großer Zahl. Das Waldgebirge war mit wilden Tieren bevölkert und das Unterholz mit Hirschen, Elchen, Auerochsen, Rehen, Steinböcken und mit Tieren und Wild aller Art gesegnet."

In der freien Wildbahn lebten Braunbären, Wölfe, Wildschweine, Füchse, Luchse, Hasen und Biber. Die *Jagd auf Bären und Schwein* (Wildschweine) war nach der Übernahme der Herrschaft Bärnstein 1438 ein Teil der Besoldung der Pfleger von Bärnstein.

Von diesen Pflegern wird 1448 Kaspar Puchberger, 1450 Heinrich von Paulstorf genannt. 1452 stellte Herzog Ludwig IX., der Reiche (1417-1479, seit 1450 Herzog) einen *Bestallungsbrief* (Einstellungsbrief) für den neuen Pfleger Hans Zenger über das Schloß und die Herrschaft samt Gericht Bärnstein aus. Als Teil der Besoldung des herzoglichen Beamten werden ab Lichtmeß auf drei Jahre die Einkünfte aus der *Tafern,* dem Wirtshaus beim Schloß, der *Hofbau* (Bauernhof) mit den *Pointen* (Äckern) und *Wismad* (Wiesen), dann die *Fischwasser* in der Herrschaft und die *Jagd auf Bären und Schwein* (Wildschweine) ausdrücklich erwähnt[1] (Jungmann-Stadler, 1992, S. 69).

Der Herzog in München hatte offensichtlich um 1450 noch wenig Interesse an einer Bärenjagd im Inneren Bayerischen Wald. Die Jagdgebiete im Oberland mit reichen Bärenbeständen waren viel leichter zu erreichen. Er überlies es in seiner Herrschaft Bärnstein den Pflegern als Teil der Besoldung, Bären zu jagen.

Wann die bayerischen Herzöge erstmals im Vorderen Bayerischen Wald, im Leopoldswald im Lallinger Winkel, im Sonnenwald am breiten Jägerriegel (heute Brotjackelriegel) oder am Grenzkamm um den Rachel, Plattenhausen und Lusen, Bären jagten, ist nicht bekannt. Es ist jedoch davon auszugehen, daß die Herzöge mit dem Rückgang der Bären im bayerischen Oberland, also noch während der Regierungszeit von Albrecht V. (1528-1579) um 1560 diese wildreichen, noch wenig besiedelten Gebiete zur Jagd aufgesucht haben.

In diesen Urwäldern konnten die Bären vom Menschen noch ungestört aufwachsen und sich vermehren. Sie waren noch Standwild und weit verbreitet. Davon zeugen viele Bezeichnungen von Dörfern, Waldabteilungen, Geschlechternamen, Stadt- und Familienwappen. Der Bär war namengebend für die Burg *Pernstein*, zwei Kilometer südwestlich von Grafenau. (Monumenta Boica 4, 275; Wild, 1958). Auf die weite Verbreitung der Bären und ihre namengebende Bedeutung hat bereits Wening, 1726, S. 4-5, hingewiesen: "*Obwollen aus vorhandener Registratur (Archiv) keine Gewißheit zu haben, von dies Ortsnamen Ursprung, kann man doch wohl mutmaßen, daß solcher Namen daher gezogen worden, daß vor alters, hierum sich sehr viel Bärn aufgehalten haben, als in einer ganz stainigen und wilden Gegend, so auch nächstens am Böheimber Wald entlegen ist ... Was derzeit die wilde Perstainische Gegend billich schätzbar machet, ist nit mehr der Bären, sondern der Perl-Fang* (Flußperlen)*, welcher allzeit nach Verlauf etlicher Jahren angestellet wird, und zwar mannichsmal also glücklich, daß ihro Churfürstliche Durchlaucht ein schönes Regal* (Recht) *darvon überkommen.*" Um 1726 war die Suche nach der begehrten Perlmuschel in den Bächen des Inneren Bayerischen Waldes viel wichtiger geworden als die Jagd auf Bären.

Der Bär im Wappen der Stadt Grafenau wurde 1508 von Bärnstein übernommen. Der die Stadtmauern erklimmende Bär im Stadtwappen von Grafenau bezeugt bildlich, daß die Bären im Winter nicht nur in die verhagten (eingezäunten) kleinen Walddörfer eingebrochen sind, sondern auch die ummauerten Städte heimgesucht haben. Der Bär fand auch nach der Gebietsreform Eingang im neuen Wappen des neu gebildeten Landkreises Freyung-Grafenau. Die Jagd war für die Grundherren des Gebietes um den Rachel und Lusen, der Halser, der Leuchtenberger, der Ortenburger und seit 1438 der Wittelsbacher über die Jahrhunderte die einzige Nutzung dieser ausgedehnten Waldungen. Erst mit dem Auftreten der ersten Glashütten, 1417 für die Glashütte *Schönau*, heute Neuschönau und noch vor 1450 für *die Hütte am Reichenberg*, heute Riedlhütte, war eine wirtschaftliche Nutzung möglich. Über das Einkommen der Bauern und Glaser im Gericht Bärnstein teilt Wening, 1726, folgendes mit: "*Die Bauernschaft dieser Orten ernähret sich meistens mit der Ochsen-Mastung und Vich-Zügl* (Ochsenmast und Viehzucht*). Ferners geben die in hiesiger Pfleg zugerichteten Glas-Hütten Gelegenheit, daß dabei viel Leuth mit geleisteter Arbeit ihren Unterhalt verdienen können."* Die große wirtschaftliche Bedeutung der Ochsenmast für die Bauern und Glashüttengüter der Gegend ist noch nicht entsprechend dargestellt worden. Auf den zahlreichen *Blößen* und *Waldweiden*, den *Schaften* oder *Schachten* in den Hochlagen sind die Ochsen gemästet worden, die dann im Spätherbst auf den Viehmärkten in Grafenau und Regen an die Metzger aus Regensburg, Nürnberg und Augsburg verkauft wurden. In großen Herden sind die Ochsen dann in diese weit entlegenen Städte auf uralten Viehtriebwegen getrieben worden. Dieser bedeutende Handel mit Vieh aus der ungarischen Tiefebene und aus dem Bayerischen Wald ist bereits seit der Zeit um 1500 belegt (Dalhede, 1992).

3. Die Standorte: Schöfweg, Reichenberg, Lalling

Im Bayerischen Wald sind bisher nur drei Standorte bekanntgeworden, an denen Jagdhäuser errichtet worden sind. Es sind dies die Orte Reichenberg (1590) am Fuße des Rachels im Inneren Bayerischen Wald bei Grafenau sowie Schöfweg (vor 1563) und Lalling (1593) im Vorderen Bayerischen Wald bei Hengersberg. Die folgende Übersicht zeigt diese Standorte zusammen mit den Orten Niederalteich, Hengersberg und den Flüssen Isar und Donau, die für den Transport von Gütern für die Jagdgesellschaft auf dem Floß aus München und Landshut wichtig waren. Das Jagdgebiet, der Jagdbogen einer Bärenjagden im Leopoldswald (Lalling), Sonnenwald (Schöfweg), Thomasleiten (Ringelai) sowie Rachel und Lusen (Reichenberg) an der böhmischen Grenze ist gekennzeichnet (Abbildung 3, 4).

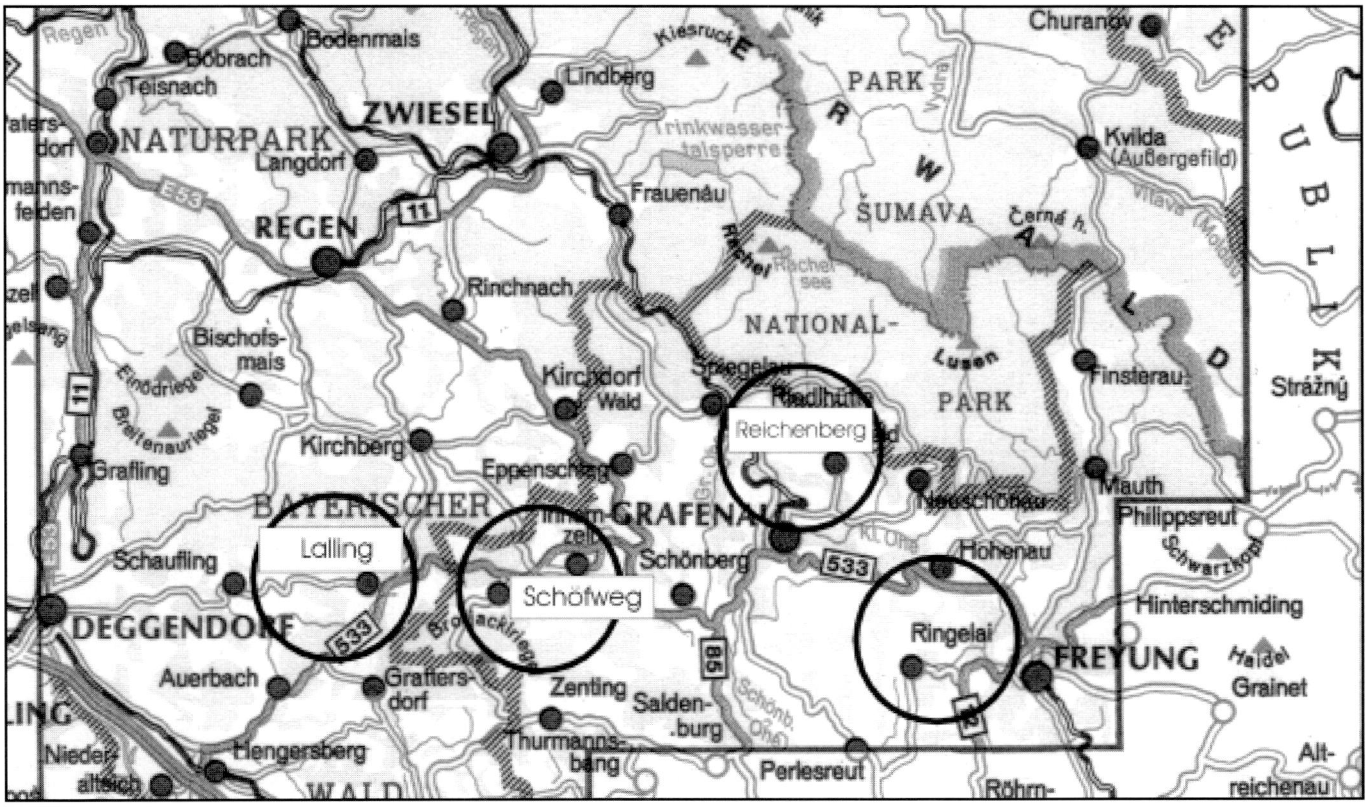

Abbildung 3: Die Übersicht zeigt die Standorte der Jagdhäuser und den Jagdbogen einer Bärenjagd in Lalling (Leopoldswald), Schöfweg (Sonnenwald), Ringelai (Thomasleiten) und Reichenberg (Rachel, Lusen). Auf der Isar und Donau erreichten das Jagdzeug auf Flößen von* München *und Landshut das Kloster Niederalteich, Hengersberg und das Jagdgebiet.

Ausschnitt aus dem Deckblatt der Fritsch Wanderkarte Nr. 60, „Mittlerer Bayerischer Wald". Repro mit freundlicher Genehmigung des Fritsch Verlags in Hof.

Die Logistik einer Bärenjagd

Warum wurden gerade diese Orte im südlichen Bayerischen Wald und an der böhmischen Grenze für herzogliche Bärenjagden ausgewählt? Welche Vorzüge hatten sie im Vergleich zu anderen Orten im nördlichen Bayerischen Wald? Man kann davon ausgehen, daß die Herzöge nur an der Bärenjagd und dem *Bärenfang* für die fürstlichen *Lusthetzen* in München interessiert waren. Ergiebige Jagdgebiete für Hirsche und anderes Wild waren im Umland von München reichlich vorhanden. Die Bären waren aber damals überall Standwild im Bayerischen Wald. Warum sind aus dem nördlichen Bayerischen Wald um Zwiesel keine Jägerhäuser und herzogliche Bärenjagden bekanntgeworden?

Ein ganz wesentlicher Gesichtspunkt dürfte damals gewesen sein, wie leicht und bequem ein Jagdgebiet zu erreichen war. Bis zu hundert Teilnehmer an den Jagden mit etwa 100 Pferden, und 100 Jagdhunden, Netzen, Tüchern und Pfosten für die Absperrungen der eingestellten Jagd, stellten an die Logistik des Transportes bei den nicht ausgebauten Feldwegen und Straßen hohe Anforderungen. Immer wieder mußte über die Bergrücken an den schweren Zeugwagen ein weiteres Pferdegespann *vorgespannt* werden. Die Wegführung bis zu einem Ziel war nicht leicht zu finden. Von den Amtsknechten der Pfleger oder dem Pfleger selbst, ist der herzogliche Transportzug immer zum nächsten Tagesziel, meist ein Pfleggericht, geleitet worden. Die Gespanne für eine Tagesreise mußten von den Bauern als *Scharwerkleistung* zur Verfügung gestellt werden. War das Tagesziel erreicht, wurden die Bauern wieder nach Hause geschickt. Für den nächsten Tag hat der zuständige Pfleger für neue Anspannung mit den Bauern aus der Umgebung gesorgt.

Aus den Quellen ist bekannt, daß die Jagdgesellschaft von Herzog Albrecht VI. 1611 und 1615 von seinem Schloß Haag bei Wasserburg über Pfarrkirchen, Vilshofen und Grafenau in drei Tagen nach Reichenberg angereist ist. 1615 wurde das *Jagdzeug* und die Hundemeute von Landshut auf Flössen auf der Isar und der Donau von der Burg Trausnitz bei Landshut bis zum Kloster Niederalteich und zur Pflege Hengersberg gebracht. Der Transport von Personen auf Flößen von München nach Wien war zu dieser Zeit allgemein üblich. Man kann davon ausgehen, daß auch die Jagdgesellschaft von München aus öfter mit dem Floß angereist ist. Die Anlandung der Flösse auf der Isar und Donau konnte durch die Fließrichtung nur östlich und nicht westlich von der Mündung der Isar in die Donau (heute Ortschaft Isarmünd) erfolgen. Durch diese einfache Überlegung erklärt sich mit einiger Wahrscheinlichkeit, warum die Jägerhäuser in den Gerichten Hengersberg und Bärnstein erbaut worden sind. Sie waren von München aus auf dem Wasserweg auf der Isar und Donau und einem kürzeren Landweg leichter zu erreichen.

Der Pfleger von Hengersberg mit den Bauern der umliegenden Dörfer war verantwortlich für den Weitertransport der Fuhren in die Jagdgebiete nach Reichenberg und Lalling. Die Rechnungsbücher weisen aus, daß sich der Jagdbogen bei den Bärenjagden im Herbst 1611 und 1615 von der Böhmische Grenze am Rachel und Lusen, der Grenze im Osten zum Hochstift Passau bei der Thomasleite (bei Ringelai), bis nach Schöfweg im Sonnenwald und Lalling erstreckt hat. Die Luftlinie zwischen Lalling und der Böhmischen Grenze beträgt 36 km, zwischen Kirchdorf und Ringelai 18 km. In diesem weiten, mit nur wenigen Feldwegen und Straßen durchzogenen Jagdbogen von etwa 650 Quadratkilometer, fanden damals die herzoglichen Bärenjagden statt. Dieser weite Jagdbogen stellte an die Vorbereitung einer Bärenjagd durch die Jäger des Herzogs und der Pfleggerichte sehr hohe Anforderungen.

Die *Vorsucher und Streifer* der herzoglichen Jägermeisterämter und die landgerichtlichen Jäger von Bärnstein und Hengersberg waren viele Wochen vor den Jagden in den weiten Wäldern unterwegs, um die Bärenwechsel und Standplätze der Bären aufzuspüren. Die Bären haben sich mit Vorliebe in den felsigen, oft steilen, schwer zugänglichen Gelände aufgehalten, in denen genügend Höhlen für den Winterschlaf vorhanden waren. Die felsige und steile Thomasleite am Geistlichen Stein bei Ringelai kann hier als Beispiel genannt werden. Reiste der Herzog zur zwei bis drei Wochen dauernden Bärenjagd an, konnten ganz gezielt diese vorher aufgespürten Standplätze und Bärenwechsel aufgesucht werden. Nur durch diese zeitaufwendige Vorsuche, ist es vorstellbar einen so großen Jagdbogen zu bejagen. Den herzoglichen Jäger hat in dieser Zeit nach 1590 nicht mehr befriedigt, den Bär in tagelangen Fußmärschen aufzuspüren, mit den Hunden zu stellen und ihm dann mutig mit dem Spieß den *Fang* zu geben. Die Hetzjagd war eine rationellere Jagdmethode, bei der ein großes Gebiet *ausgestreift* werden konnte. Dort wo sich die Bären aufhielten, wurden oft bis 1.000 m die Netze gespannt, die Bären dagegen gehetzt und mit brennenden Pechpfannen rückwärts in die Fangvorrichtungen getrieben, wo an einem Ende schon die Truhe mit der Falltüre bereitstand.

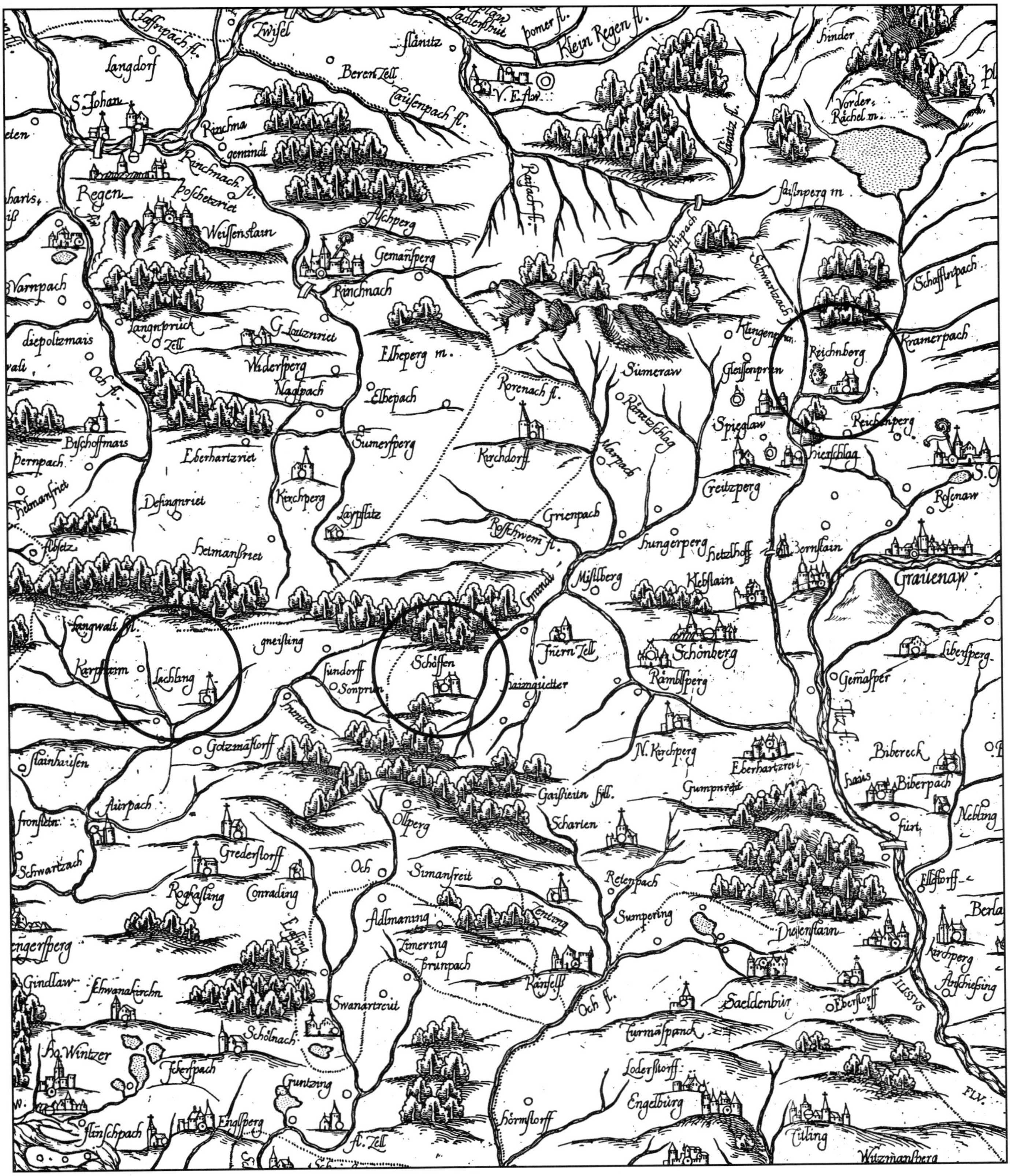

Abbildung 4: Die Standorte dieser drei Jagdhäuser und die Jagdgebiete in den Landtafeln von Philipp Apian, 1563: Das Jagdhaus in Lachling (Lalling, s. Kreis, Bildmitte, links), in Scheffen (Schöfweg, s. Kreis, Bildmitte) im Sonnenwald. Am rechten Bildrand Schloß Bärnstein (s. Kreis), Grafenau und Reichenberg (s. Kreis) und die Berge Rachel (Rachelsee), Plattenhausen und Lusen.

4. Das Jagdhaus der Grafen v. Schwarzenberg in Schöfweg

4.1 Die Grafen von Schwarzenberg und die Wittelsbacher

Das älteste Jagdhaus im Bayerischen Wald, das bisher bekanntgeworden ist, stand in Schöfweg. Es war kein Wittelsbacher Besitz, sondern gehörte Graf Ottheinrich von Schwarzenberg. In diesem Jagdhaus gab Herzog Wilhelm V. anläßlich seiner Bärenjagd an Martini 1587 den Befehl, ein neues Jagdhaus im Gericht Bärnstein zu errichten. Graf Ottheinrich zu Schwarzenberg hatte ein besonders freundschaftliches Verhältnis zu Wilhelm V. Das fränkische Reichsministeralen-Geschlecht der Schwarzenberg war beim Hof in München sehr angesehen. Zur Erziehung der jungen Prinzen am bayerischen Hof gehörte es, daß diesen Edelknaben zugeordnet waren. Es waren Söhne bayerischer Adeliger und hoher Beamter. Diese hatten die besonders ehrenvolle Aufgabe, ihre Jugendjahre mit dem Erbprinzen und Thronfolger zu teilen. So verbrachte auch ein junger Graf Gerwerk von Schwarzenberg, wohl ein Verwandter von Ottheinrich von Schwarzenberg als Edelknabe die Kindheit mit Wilhelm V, dem späteren Herzog.

Ottheinrich von Schwarzenberg war im Jahre 1555 (21. November) bereits Rat beim Rentamt (Regierung) in Straubing (Ferchl, 1908 S. 48ff). Am Münchner Hof unter Herzog Albrecht V. und ab 1581 unter Wilhelm V. war Ottheinrich Freiherr (später Graf) von Schwarzenberg (1535-1590) als Geheimer Rat, Obersthofmarschall und Oberstkämmerer ein ranghoher Beamter. Von 1558 - 1590 war er zwei Jahre Pfleger von Bärnstein. Schon sein Vater Christoph von Schwarzenberg (1488-1538) war Rat und Landhofmeister am Hof in München bei Herzog Wilhelm IV. (Großvater von Wilhelm V.) und zugleich Pfleger von Wasserburg (Bosl, 1983, S. 710). Ottheinrich von Schwarzenberg erledigte auch sehr vertrauensvolle Aufgaben für Herzog Albrecht V. und Wilhelm V. So gehörte er auch der Delegation an, die 1566 und 1567 den Ehevertrag zwischen Wilhelm V. und Renata, einer Tochter des Herzogs von Lothringen beim Kaiser Maximilian II. in Wien ausgehandelt haben (Baader, 1943, S. 30ff). Am Hof in München übte er wichtige und einträgliche Ämter aus. Neben der Entlohnung für seine Dienste am Hof, hatte er seine Pfründe und sicheren Einnahmen im fernen Bärnstein als Pfleger: Er war Nutznießer der oft existenzbedrohenden Abgaben der landgerichtlichen Bauern im Grafenauer Land. Diese Ämterhäufung zeigt, wie Beamte sich damals auf Kosten der Bauern eine gehobene Lebensweise in München geleistet haben.

Durch diese engen, freundschaftlichen Bindungen mit Ottheinrich von Schwarzenberg nutzte Herzog Wilhelm V. dieses Jagdhaus in Schöfweg wie sein eigenes und jagte in den Wäldern der Grafen am Nordhang des Sonnenwaldes nach Bären. Deshalb soll dieses Jagdhaus in Schöfweg auch hier näher betrachtet werden soll. Erst 16 Jahre später, 1603, ist diese Hofmark der Grafen von Schwarzenberg und damit auch das Jagdhaus in Schöfweg in Wittelsbacher Besitz übergegangen.

Schöfweg (788 m) oder *Schiefweg*, wie es früher hieß, liegt im Vorderen Bayerischen Wald am Nordhang des Sonnenwaldes mit seiner höchsten Erhebung dem *Brotjacklriegel* (1016 m). Ursprünglich hieß der Berg der *Breite Jägerriegel*. Erst bei der Aufnahme des Urkatasters um 1830 wurde der Name von einem ortsfremden Landvermesser verfälscht, der mit den Dialekt der einheimischen Bauern nicht vertraut war. Schöfweg liegt im Landkreis Freyung-Grafenau und ist Sitz der Gemeinde. Heute ist Schöfweg eine viel besuchte, aufstrebende Urlaubsgemeinde mit etwa 1200 Einwohnern und ruhigen, erholsamen Wanderwegen im Sonnenwald.

Als Siedlung am Weg, der zu den Schiffen an der Donau führt, wurde Schöfweg schon 1250 erwähnt (o. V. 1996). 1308 hat Christian von Urleinsberg seine Burg Schallenberg dem Bischof von Passau verkauft. Neben dem Kaufpreis erhielt er noch das Nutzungsrecht auf Lebenszeit auf passauische Güter, *namentlich Hilgenreuth, Gmünd, Lugendorf, Ort , die Öd zu Mangelham, Freindorf, Schefweg, Muzenwinkel, Schlag, Haunstein ...* Diese Dörfer am Nordhang des Sonnenwaldes, deren Mittelpunkt Hilgenreuth war, wurden *die Haimgüter* genannt. *Die Haimgüter* blieben Passauer Lehen bei den Urleinsbergern, bis sie an die Puchberger auf Winzer an der Donau übergingen. Im Besitz der Herrschaft Winzer war 1558 Jakob von Puchberg, der in dieser Zeit auch Pfleger von Bärnstein bei Grafenau war. Zu diesem Besitz in Winzer gehörte auch die Hofmark *die Haimgüter.*

Als 1558 Jakob von Puchberg starb, erbte diesen Besitz seine einzige Tochter Elisabeth, die mit Ottheinrich von Schwarzenberg, Herr zu Hohenlandsberg, verheiratet war. Durch diese Heirat gingen die Hofmarken die Haimgüter und Winzer auf die Grafen von Schwarzenberg über. Nach dem Tod von Ottheinrich 1590 hat diesen Besitz als Alleinerbe sein Sohn Wolf Jakob von Schwarzenberg (1560 - 1618) übernommen. Für eine herzogliche Beamtenlaufbahn war er bestens vorbereitet: Er war Edelknabe des Markgrafen Philipp von Baden und ab 1586 bayerischer Rat und Kämmerer am Hof in München und zugleich von 1591 bis 1593 Pfleger in Bärnstein mit einem Pflegverwalter, der die Geschäfte führte. Wegen wirtschaftlicher Schwierigkeiten mußte er aber die Hofmark Winzer und die Haimgüter 1603 an die Wittelsbacher, an Herzog Maximilian I., verkaufen (Bosl, 1983, S. 710, Jungmann-Stadler, 1992, S. 157f).

So wurde das Jagdhaus in Schöfweg, 16 Jahre nach dem Jagdaufenthalt von Herzog Wilhelm V. von 1587, doch noch Wittelsbacher Besitz. Wurde bisher angenommen, daß es schon 1587 in einem sehr schlechten Zustand war, so ist durch einen neuen Fund belegt, daß es 30 Jahre später, 1617, repariert werden sollte: Die Notiz findet sich in den

Rentmeister-Umritts-Protokollen des Landgerichts Hengersberg:[2]

> *Das Jagdhaus zu Schefweg ist am Tach und sonst baufällig;* deshalben (hat der Rentmeister von Straubing dem) *Pfleger* (von Hengersberg) *einen Anschlag* (Voranschlag der Kosten) *übergeben. Bittet um Verwilligung der Schindel und Notdurft Holz vom Sonnenwaldt, das übrige wollte er auf seine Kosten machen lassen.* Notiz am Rande: *Jagdhaus am Schefweg, Paufell (Baufall).*

Nach dieser Reparatur ist davon auszugehen, daß dieses Jagdhaus in Schöfweg bei den Bärenjagden nach 1617 wieder genutzt worden ist und im Sonnenwald Bärenjagden stattfanden.

4.2 Erste Erwähnung 1563 in den Landtafeln von Ph. Apian

Das Jagdhaus der Grafen von Schwarzenberg in Schöfweg ist durch mehrere Quellen sicher belegt: In den bekannten Landtafeln von Philipp Apian aus dem Jahre 1563, in seinem Reisetagebuch und in zwei Briefen aus dem Jahre 1588. Über die Baugeschichte des Jagdhauses in Schöfweg gibt es bisher keine Mitteilungen. Es muß jedoch vor 1563 entstanden sein, da es in diesem Jahr in den bayerischen Landtafeln von Philipp Apian erstmals erwähnt wird. Als Erbauer könnte Ottheinrich von Schwarzenberg in Frage kommen, der seit 1558 im Besitz dieser Hofmark war. Es könnte aber auch schon aus der Zeit der Puchberger stammen.

Die Landschaft am *Sonnenwaldt* war den bayerischen Herzögen nicht nur durch ihre Bärenjagden, sondern auch durch die berühmten Landtafeln und die Landesbeschreibung von Philipp Apian bekannt. *Schier sechs Summer lang* hat dieser Kartograph das bayerische Land bereist und alles aufgezeichnet, was von Bedeutung war. Herzog Albrecht V. (1550-1579), der Vater von Wilhelm V., hat diese erste Landkarte Bayerns in Auftrag gegeben. Der begeisterte Jäger Albrecht V. hat dabei sicher auch an seine Ausflüge zur Bärenjagd gedacht. Im Jahre 1563 wurden die Landtafeln fertiggestellt und vervielfältigt. Das schloßartige Jagdhaus in *Scheffen* (Schöfweg) ist eingezeichnet. Das Symbol in der Karte zeigt einen gemauerten Bau. Wie genau das eingezeichnete Symbol den damaligen Bauzustand darstellt, läßt sich nicht entscheiden. Es ist jedoch eher von einem Holzbau auszugehen (Abbildung 5).

Abbildung 5: Die Ortschaft Scheffen (Schöfweg) mit dem Symbol für ein Schloß in der Landtafel (Ausschnitt) von Philipp Apian aus dem Jahre 1563.

Im Jahre 1582 wurde von Philipp Apian dann das handschriftliche Tagebuch mit seinen Reisenotizen von 1563 niedergeschrieben. Erst 1880 ist diese erste Landesbeschreibung in lateinischer Sprache gedruckt worden. Über das Jagdhaus in Schöfweg ist in diesen stichwortartigen Reisenotizen von 1563 folgendes vermerkt (Apian, 1880):

> *Die Dörfer und Ort in dieser Gegend werden im Volksmund die Haumbgüter* (Haimgüter) *genannt, wie: Ort Freindorf, Schefen* (Schöfweg)*, Adelshaus und -grundbesitz, Jagdhaus. Aus dem Walde dort, Sonnenwalt genannt, fließt Richtung Ort Ollperg ein Bach der folgende* (Orte) *berührt: Dorf* Hausstain (Haunstein)*, Dorf Mutznwinkl. Ort Hülgenreit. Dorf Mangelhaim. Ort Schlag*[3].

Als Apian diese Reisenotizen 1563 niederschrieb, waren die Haimgüter bereits im Besitz von Ottheinrich von Schwarzenberg. Mit dem Hinweis, *ein Adelshaus und -grundbesitz, Jagdhaus*, hat Apian die Hofmark eines Adeligen, den Tatsachen getreu mitgeteilt. Man ist immer wieder überrascht, wie sicher man sich auf die knappen Notizen von Apian verlassen kann: Die Abraumhügel der Goldwäscher am Oberlauf der Großen Ohe unterhalb des Rachelsees bei den Grüben hat Apian mit seiner Randbemerkung *Waschwerch* eindeutig und als Erster beschrieben (Reiner, Weber u. a., 1997).

Daß die Grafen von Schwarzenberg 1577 im Besitz der Hofmark *Haimgüter* waren, steht auch in einem gebundenen Akt[4] mit der Überschrift:

> *Die Berichtigung der Landesgrenzen zwischen dem Hochstift Passau 1577-1618.*

Etwa 20 Seiten in dem Akt sind überschrieben:

> *1577 zu vermerken den ganzen Gezürk und Gränitz (Grenze) des fürstlichen Landgerichts und Hauptmannschaft Pernstein.*

Dann auf den Seiten 16 und 17:

> *Vermerkt die Hofmarksherrn, so in gehörtem Pernstein Gezürk liegen.*

Es folgen hier die Hofmarken:

> *1. Sankt Oswald, Kloster, 2. Schloß und Kasten Diessenstein, 3. Die Haimbgüter, dem wohlgeborenen Herrn Grafen von Schwarzenberg zugehörig als Hilgenreuth, Schlag, Hausstein, Schöfweg, Freindorf, Mangelaimb, Ort, Gemündt und äußere Winkhel, ...*

Der dritte Beleg über das Jagdhaus in Schöfweg ist zwei Briefen von 1588 zu entnehmen.

4.3 Zwei Briefe vom 5. Januar 1588

Die zwei Schreiben vom 5. Januar 1588 beziehen sich auf einen Jagdbesuch des regierenden Herzogs Wilhelm V. (1548-1626), zusammen mit seinem Bruder, Herzog Ferdinand I. (1550-1608), an Martini (11. November) 1587 im Schloß Bärnstein bei Grafenau und im Jagdhaus in Schöfweg.

Der Absender beider Schreiben war der *Verwalter zum Pernstain* Hans Sigmund Gartner (1572-1598). Das erste Schreiben ist gerichtet an den zwei Jahre jüngeren Bruder (37 Jahre alt) des Herzogs Wilhelm V., Ferdinand. Wir erfahren dabei was Herzog Wilhelm V. an

> *Martini Episcopi* (Bischof Martin*) verschinenen,* (vergangenes) *negst abgelaufenes (15)87. Jahr zu Schefweg* (Schöfweg) *beim Jagdhaus* (befohlen hat)[5].

Es wird mitgeteilt, daß der Herzog dem Pflegverwalter Gartner die Anweisung gegeben hat, zusammen mit einem Baumeister beim Schloß Bärnstein einen Bauplatz für ein Jagdhaus zu suchen und einen Kostenvoranschlag zu erstellen. Für die Geschichte des Jagdhauses in Schöfweg ist bedeutsam, daß diese Absprache vor 412 Jahren im (15)*87. Jahr zu Schefweg* (Schöfweg) *beim Jagdhaus getroffen worden ist.* Im selben Schreiben, bei dem es auch um zwei Bauern ging, die beim Einfangen eines starken Bären lebensgefährlich verletzt worden sind, wird auch ausgeführt, daß Herzog Ferdinand I. bei der Bärenjagd um Martini, 11. November 1587, im Sonnenwald selbst mit anwesend war. Er kannte daher die Abmachungen, die Wilhelm V. mit seinem Pflegverwalter Sigmund Gartner getroffen hatte. Dieses Schreiben ist bisher der erste sichere Beleg über eine Bärenjagd der Wittelsbacher Herzöge im Bayerischen Wald. Es ist jedoch davon auszugehen, daß auch vor dieser Zeit die Herzöge hier Bären gejagt haben.

Am selben Tag, 5. Januar 1588, richtet der Pflegverwalter Sigmund Gartner von Bärnstein in der gleichen Angelegenheit ein weiteres, fast gleichlautendes Schreiben[6] an den fürstlichen, bayerischen, geheimen Rat, Graf zu Schwarzenberg in München:

> *Hoch- und Wohlgeborener Graf, Eueren Gnaden sein mein ganz untertäniger, williger Dienst schuldigen, gehorsamen Fleißes zuvor. Gnädiger Herr ! Der Durchleuchtigste, Hochgeborene Fürst und Herr, Herr Wilhelm* (V.) *Pfalzgraf bei Rhein, Herzog in Ober- und Niederbayern mein gnädigster Fürst und Herr, hat mir am Tag Martini, des heiligen Bischofs, nächst abgelaufenes* (15)*87. Jahrs, zu Schefweg* (Schöfweg) **bei Euerer Gnaden Jagdhaus** *\mündlich gnädigsten Befehl gegeben\, ...*

Dieser Brief wurde lange Zeit so gedeutet, daß sich Herzog Wilhelm V. in Schöfweg in seinem eigenen, einem Wittelsbacher Jagdhaus aufgehalten hat. Diese Auslegung war zunächst naheliegend, nachdem der Wittelsbacher Herzog Heinrich XVI., der Reiche (1386-1450) die Pflege Bärnstein 1438 von Graf Etzel von Ortenburg durch Kauf erworben hat. Wird jedoch die Stelle im Brief**: ... zu Schefweg** (Schöfweg) *bei Euerer Gnaden Jagdhaus ...* aufmerksam gelesen, bezieht sich dieses Jagdhaus nicht auf den Herzog sondern auf den Empfänger des Briefes Graf Ottheinrich von Schwarzenberg in München.[7] Der Pflegverwalter Gartner hat ihn auch im ersten Satz im Brief mit Eueren Gnaden angesprochen. Im Brief vom gleichen Tag an Herzog Ferdinand, spricht Gartner von Eueren fürstlichen Gnaden.

Angeregt durch diese neue Auslegung wurden die Besitzverhältnisse der *Haimgüter* näher betrachtet: Heute kann als sicher gelten, daß durch die Belege bei Apian, 1563, der Erwähnung der Hofmark des Grafen Schwarzenberg in der Grenzbeschreibung von 1577 und der Formulierung im Brief vom 5. Januar 1588 davon auszugehen ist, daß Herzog Wilhelm V. sich im Jagdhaus des befreundeten Grafen Ottheinrich von Schwarzenberg aufhielt und in diesem Revier im Sonnenwald Bären jagte. Bei der früheren Annahme eines herzoglichen Jagdhauses in Schöfweg blieb immer rätselhaft, warum Herzog Wilhelm V. nicht beschlossen hatte, dieses bereits bestehende Jagdhaus, bei besten baulichen Voraussetzungen, zu vergrößern und auszubauen, sondern ein neues Jagdhaus in Bärnstein bei Grafenau errichten wollte. Schöfweg war damals für die Jagdgesellschaft auf dem Wasserweg mit Flößen auf der Isar und der Donau von München nach Niederalteich und Hengersberg viel leichter und bequemer zu erreichen. Den Neubau in Bärnstein mit dem reicheren Vorkommen der Bären in den Urwäldern am Rachel und Lusen zu erklären ist ebenfalls nicht möglich: Bereits 1593 ist im nahen Dorf Lalling ein weiteres herzogliches Jagdhaus errichtet worden. Der Sonnenwald und der Leopoldswald um den Lallinger Winkel waren also für die bayerischen Herzöge und Kurfürsten offensichtlich immer noch sehr beliebte Reviere für die Bärenjagd.

4.4 Wo stand das Jagdhaus in Schöfweg?

Der genaue Standort dieses Jagdhauses der Grafen von Schwarzenberg im heutigen Ferienort Schöfweg ist in der Bevölkerung nicht mehr bekannt. Wenn man davon ausgeht, daß es im Jahre 1563 durch die erste Erwähnung in den Landtafeln und in der Reisebeschreibung sicher bestanden hat, sind das über 436 Jahre oder etwa 17 Generationen im Leben der Schöfweger Bauern. Diese lange Zeitspanne konnte durch die mündliche Überlieferung in den Bauernfamilien nicht mehr überbrückt werden. Schöfweg wird um 1250 erstmals genannt. Es ist ein sehr altes, um einen Anger planmäßig angelegtes Bauerndorf. Die Bauernstellen und Lehen um den Anger waren sicher bereits vergeben, als das Jagdhaus vor 1563 gebaut wurde. Man wird deshalb das Jagdhaus nicht im direkten Bereich des heutigen Dorfangers zu suchen haben, von dem aus sich die Felder der Bauern ausbreiteten. Viel eher ist an den Anfang oder das Ende des Dorfangers zu denken, wo sich früher die Gemeindeweide, die Allmende, befand. Auch in Reichenberg wurde das Jagdhaus am westlichen Ende des Dorfangers auf der Allmende, der Gemeinschaftsweide, gebaut.

Welche Funde wären in Schöfweg nach den Erfahrungen mit den Grabungen am ehemaligen Jagdhaus in Reichenberg zu erwarten? Der aufgezimmerte Holzbau hatte sicher Rauchfänge, die in dieser Zeit mit Ziegeln gemauert wurden. Gleichzeitig ist anzunehmen, daß die Zimmer mit Kachelöfen beheizt waren. Im Gelände des ehemaligen Standortes wäre deshalb nach Ziegelbrocken und Scherben von Ofenkacheln und handgeschmiedeten Nägeln Ausschau zu halten. Vielleicht gibt es in Schöfweg und Umgebung aber auch noch alte Flurnamen, Namen von Waldabteilungen, Redensarten und Sagen, die an die Zeit dieses Jagdhauses und die herzoglichen Bärenjagden im Sonnenwald erinnern. Solche Flurnamen sind in den im Staatsarchiv Landshut verwahrten *Häuser- und Rustikalsteuerkataster* von 1808 (HR-Kat), dem Grundsteuerkataster, den ersten Flurplänen aus der Zeit um 1830 im Maßstab 1:5000 und den Liquidationsprotokollen, erstellt zwischen 1841 und 1848, zu erwarten. Im Brief vom 5. Januar 1588 wird auch erwähnt, daß beim Fang eines ausgewachsenen Bären im Sonnenwald für die Lusthetzen mit Löwen in München zwei Bauern lebensgefährlich verletzt worden sind. Diese Fangvorrichtungen könnten sich als Bärengericht, Bärenloch oder Bärenfang ähnlich wie am Rachel und Lusen, in den Namen von Waldabteilungen erhalten haben.

Abbildung 6: Der Dorfplatz der heutigen Urlaubsgemeinde Schöfweg am Fuße des Brotjacklriegels. In der Nähe dieses Dorfangers stand früher das in den Briefen vom 5. und 10. Januar 1588 erwähnte Jagdhaus der Grafen von Schwarzenberg. Herzog Wilhelm V. hat hier den Auftrag erteilt, ein Jagdhaus in Bärnstein zu bauen. Östlich des Dorfangers steht die mit groben Granitsteinen erbaute Kirche.

Abbildung 7: Die Straße in der Ortsmitte von Schöfweg, von der Kirche in südliche Richtung zum Brotjacklriegel, den früheren Standplätzen der Bären, wurde Herzog Wilhelm V. gewidmet. Auch an Graf Jakob von Puchberg, dem Vorbesitzer der Haimgüter vor Graf Ottheinrich von Schwarzenberg, erinnert ein Straßenname.

4.5 Was weiß die Bevölkerung heute noch über das Jagdhaus?

Unserer Anfrage im Bürgermeisteramt wurde vom zweiten Bürgermeister, Herrn Christian Meier beantwortet[8]. Er stellte uns die Kopie eines mit W. K. gezeichneten Artikels in einer Tageszeitung aus den 60er Jahren zur Verfügung. Dieser Artikel bezieht sich auf die Archivstudie von J. M. Ritz, 1933, über das Jagdhaus in Reichenberg. Gleichzeitig war Herrn Meier der Artikel von Seyfert, 1979, über "Das herzogliche Jagdhaus zu Reichenberg" bekannt.

Die Gemeinde Schöfweg ist nicht untätig geblieben, die Bevölkerung auf dieses Jagdhaus aufmerksam zu machen. Im Dorf Schöfweg errinnert seit vielen Jahren die Straße von der Kirche in der Dorfmitte nach Süden an die fürstlichen Bärenjagden des Bayernherzogs Wilhelm V. zusammen mit seinem Bruder Ferdinand I. (Abbildung 6, 7).

Die Feriengäste dieses Gebietes am Brotjackelriegel und Daxstein, die vom Verkehrsamt Schöfweg-Langfurth betreut werden, würden sicher gerne noch mehr aus dieser Zeit über die aufregenden Bärenjagden der Wittelsbacher Herzöge erfahren. Ähnlich wie zur Zeit in Reichenberg, könnte die Geschichte der herzoglichen Bärenjagden in übersichtlichen Tafeln dargestellt werden.

5. Das Jagdhaus in Reichenberg

Der Standort

Reichenberg (800 m) liegt am Fuße der Berge Rachel (1453 m) und Lusen (1371 m) im Inneren Bayerischen Wald an der Straße von Spiegelau nach St. Oswald. Das alte Angerdorf entstand auf einem langgezogenen Bergrücken, der von zwei Seiten von der Großen Ohe umflossen wird. Es liegt in der Gemeinde St. Oswald-Riedlhütte, 7 km von Grafenau entfernt und hat 800 Einwohner, Stand 1998 (Abbildung 8, 9, 10, 11, 12).

Auf dieser Reichenberger Anhöhe bot der ehemalige dreistöckige Holzbau des Jagdhauses ein stattliches Bild. In den Ausmaßen und der Bauhöhe war es mit der Burg Bärnstein durchaus vergleichbar. Schon von den Bergen des Vorwaldes, zum Beispiel von Schöfweg aus, war es weithin sichtbar. Heute steht vom Reichenberger Jagdhaus kein Stein mehr auf dem anderen. Es ist schwer zu verstehen, daß der Brand 1648 und nachfolgende Generationen ein so großes Gebäude so gründlich abräumen konnten.

Wird ein Einheimischer nach dem früheren Standort in Reichenberg gefragt, ist meistens ein Achselzucken die Antwort. Diese Reaktion ist nicht verwunderlich. Kein Straßenname oder eine Informationstafel erinnert an dieses Bauwerk und weist auf den herzoglichen Bauherrn oder seinen nicht weniger berühmten Baumeister hin. Der Straßenplan von St. Oswald- Riedlhütte weist die Straße westlich vom Marterl Warmer Stein in Richtung Spiegelau bis zur Einmündung in die Kreisstraße nach Grafenau als Herzogstraße aus. Von hier sind es noch 350 m bis zum ehemaligen Standort des Jagdhauses. Ein Hinweis am Standort des früheren Jagdhaus ist nicht zu finden. Der interessierte Besucher bekommt keine Gelegenheit zu erfahren, daß hier vor mehr als 400 Jahren fürstliche Jagdgesellschaften fröhlich in Richtung Plattenhausen zur Bärenjagd ausgeritten sind. Manche Stadtväter würden glücklich sein, durch ein ehemaliges Jagdhaus mit der Geschichte der Wittelsbacher verbunden zu sein. Sie würden jede Gelegenheit nutzen, das ihren Feriengästen mitzuteilen.

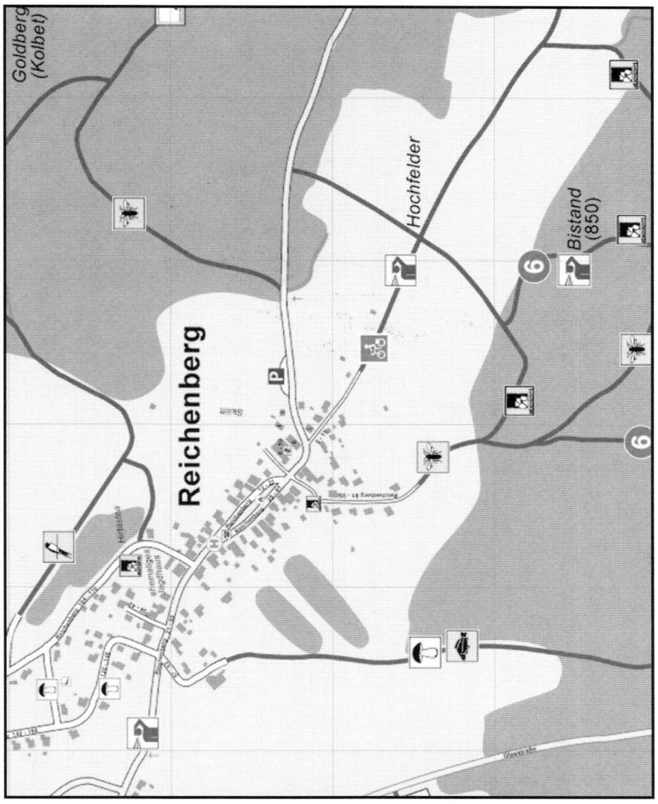

Abbildung 8 (oben): Übersichtskarte über die Lage des Dorfes Reichenberg am Nationalpark, dem Standort des ehemaligen Jagdhauses der Wittelsbacher.

Abbildung 9 (unten): Die Luftaufnahme von 1996 zeigt den langgestreckten Bergrücken Reichenberg von Westen nach Osten, der von der Herzogstraße bis zum Marterl Warmer Stein durchzogen wird. In der Bildmitte zweigt nach Norden die Bergstraße nach Riedlhütte in das Tal der Großen Ohe ab. In der Weggabelung dieser Abzweigung stand das ehemaligen Jagdhaus von Reichenberg.

Abbildung 10: In der unteren Bildhälfte, rechts, an der Weggabelung vom Dorfanger in die Bergstraße nach Riedlhütte liegt das Anwesen Kurt Weny, Haus-Nr. 34, der ehemalige Standort des Jagdhauses.

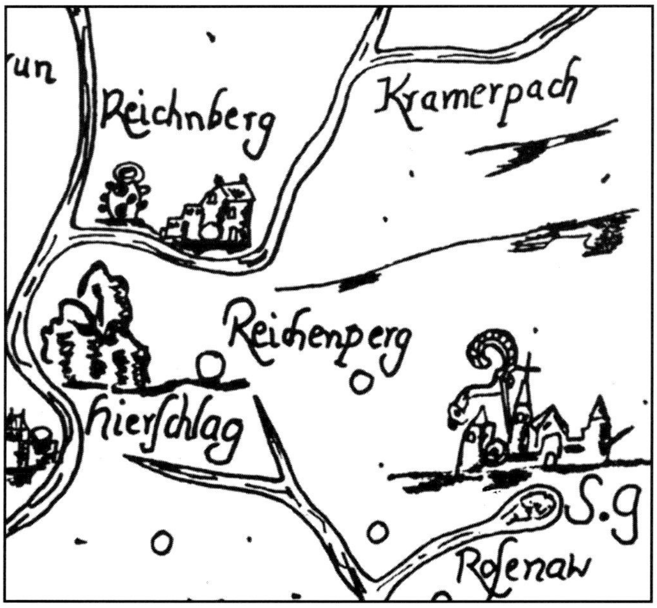

Abbildung 11: In den Landtafeln von Philipp Apian von 1563 wird auch das Dorf Reichenberg und die Glashütte am nördlichen Ufer der Großen Ohe (Symbol: Nuppenbecher) dargestellt.

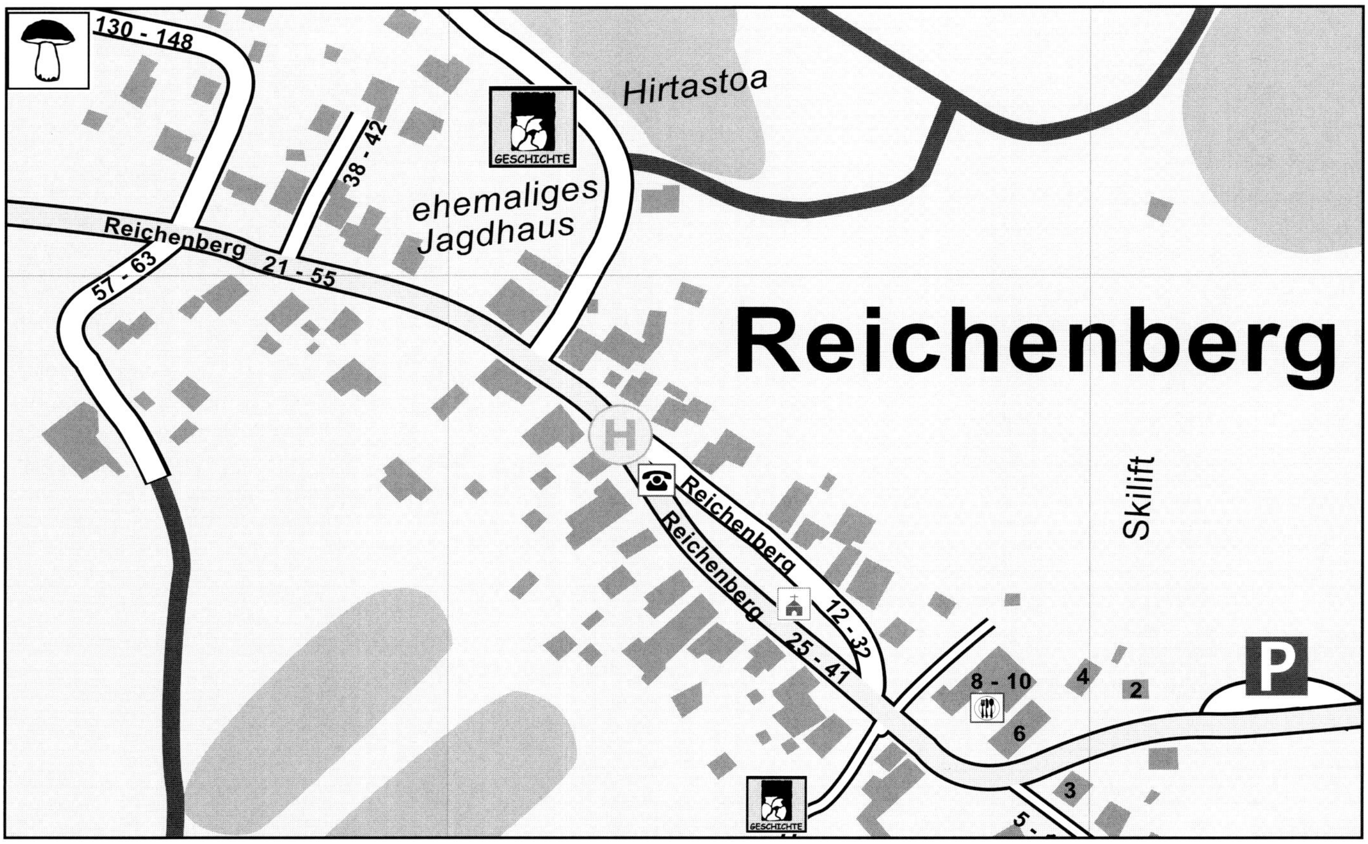

Abbildung 12: Der Standort des Jagdhauses am nordwestlichen Ortsrand von Reichenberg in der Weggabelung zwischen dem Dorfanger und der in nördlicher Richtung nach Riedlhütte abzweigenden Bergstraße. Fälschlicherweise wird auch die Felsengruppe des Hirtenstein, Hirtastoa, oft als Standort angesehen. Straßenplan von Sankt Oswald-Riedlhütte.

Das Jagdhaus der bayerischen Herzöge in Reichenberg stand einst am westlichen Ortsrand von Reichenberg. Dort, wo die Bergstraße vom Dorfanger nach Norden in das Tal der Ohe abzweigt. Der heutige Besitzer dieser Fläche mit Haus-Nr. 34 (Flur Nr. 1483, Gemarkung Gemeinde St. Oswald-Riedlhütte) mit Wohnhaus und Stadel ist Kurt Weny. Als Standort wird von Einheimischen auch oft die Felsengruppe am Hirtastoa (Hirtenstein) an der Bergstraße angesehen. Die romantische Vorstellung, daß Schlösser stets auf schroffen Felsen erbaut wurden, mag diese Vorstellung beflügelt haben (Abbildung 13, 14, 15, 16, 16, 17, 18,).

Ludwig Weber, in den 50er Jahren Lehrer an der Volksschule in Riedlhütte und später Schulrat in Grafenau, hat

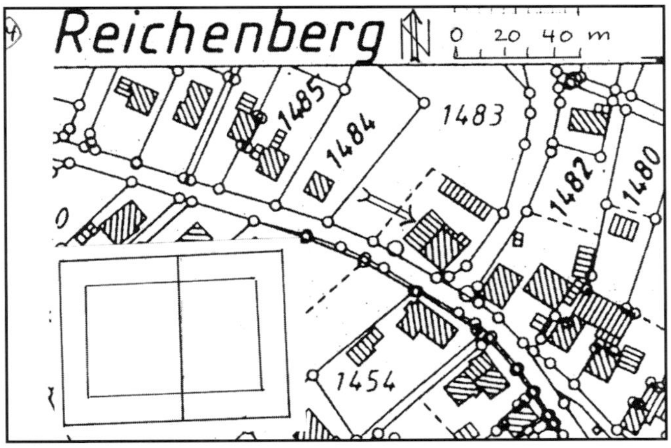

Abbildung 13: Die Stelle des ehemaligen Jagdhauses von Reichenberg, heute das Anwesen von Kurt Weny (siehe Pfeil). Flurplan 1: 5.000 von 1980, Vergrößerung s. Maßstab.

Abbildung 14: Blick in Reichenberg von Osten auf das Wohnhaus von Kurt Weny, Haus-Nr. 34, dem früheren Standort des Jagdhauses. Am rechten Bildrand zweigt die Bergstraße in Richtung Riedlhütte in das Tal der Großen Ohe ab. Rechts im Hintergrund Blick auf den großen Rachel.

Abbildung 15: Blick von Westen auf Stadel und Wohnhaus des Anwesens von Kurt Weny in Reichenberg, dem früheren Standort des Jagdhauses.

Abbildung 16: Das heutige Gebäude auf dem Standort des ehemaligen Jagdhauses in Reichenberg wurde von Kurt Weny (von links), Renate Atzinger und Ludwig Reiner vermessen und mit der alten Baubeschreibung verglichen.

Abbildung 17: Vom ehemaligen Jagdhaus in Reichenberg öffnet sich der Blick nach Norden auf den Großen Rachel. Im Tal der Glashüttenort Riedlhütte.

Abbildung 18: Der Blick zum Lusen und nach Waldhäuser vom ehemaligen Jagdhaus in Reichenberg aus.

diesen Standort, dieses herrliche Fleckchen Erde, wie er es nennt, mit besonderer Liebe beschrieben (Weber, 1976):

> *Wer hinaufsteigt auf die Reichenberger Anhöhe, dem öffnet sich ein Ausblick, der zu den schönsten des bayerischen Waldes gehört. Vor uns liegt ein weites Hochtal, daß sich nach Norden hin ausdehnt und durch verstreut liegende Siedlungen freundlich belebt wird. Im Talgrunde schlängelt sich von Nordosten her die Große Ohe, die mit ihrem dunklen Wasser vom Rachelsee kommt und bald wieder zwischen finsteren Tannenwäldern verschwindet. Als Hintergrund schiebt sich der Grenzkamm des Böhmerwaldes wie eine düstere Trennwand vor das böhmische Land. Majestätisch grüßen Rachel und Lusen herüber und auch der Arber blickt noch mit seinen beiden Gipfeln ins Tal herein. Nach Süden zu wird der Ausblick durch die Berge des Bayerischen Waldes begrenzt. Das häufig dahinter liegende Nebelmeer verrät den Lauf der Donau und darüber erheben sich an klaren Frühjahrs- und Herbsttagen die gewaltigen Gipfel der Salzburger Alpen mit ihrem ewigen Eis und Schnee.*

Dieses herrliche Fleckchen Erde hatten die bayerischen Herzöge zum Bau eines Jagdschlosses ausersehen, um von dort aus auf fröhliche Hatz in die naheliegenden Urwälder zu ziehen. Dort, wo der Weg hinab führt ins Ohetal, sollte das Jagdhaus erstehen, ein stattliches Gebäude mit 13 Zimmern. Die Urkunden melden nicht, welch' ein Nimrod[9] sich im 13. Zimmer aufhielt und ob auch er so von Pech verfolgt war, wie das Geschick des Jagdhauses, von dem uns die Urkunden erzählen.

Ältere Berichte über das Jagdhaus in Reichenberg

Es überrascht, daß bereits vor 272 Jahren in einem bedeutenden bayerischen Geschichtswerk der damaligen Zeit über dieses recht entlegene Jagdhaus der Wittelsbacher Herzöge berichtet wird. Der erste Bericht stammt vom Kupferstecher Michael Wening (1645-1718, Stetter, 1964). In seiner bekannten Landesbeschreibung *Historico-topographica Descriptio Bavariae,* das ist: *Beschreibung des Churfürsten- und Herzogthums Ober- und Niederbayern,* erwähnt er im Band 4 über das Rentamt Straubing (erschienen 1726) recht *ausführlich das Gericht Pernstain, das Closter zu St. Oswald* und schließlich auch das Jagdhaus in Reichenberg wie folgt:

> *Zu Zeiten des Paters Benedicti Kolpazzi, vulgo Knoll, Propst zu St. Oswald, beiläufig um das Jahr 1595 (!), haben die durchlauchtigsten Herzöge in Bayern, um ihre Wald- und Jagdlust in diesem Revier zu genießen, nach beschehener Requisition* (Absprache) *bei bemeldetem Pater Propst und auf den von diesem zu untertänigsten Ehren zugestandenen propsteiischen Gründen zu Reichenberg allda ein Lust- und Jagdhaus mit 14 Zimmern gebaut,* (um) *nach beliebiger Ankunft alldort zu wohnen und mit der Bärenhatz sich zu ergötzen. Dieses dem Ansehen nach herrliche Lust- und Jagdhaus wurde anno 1648 um den St. Johannis-Tag durch kaiserliche und bayerische Soldaten, welche aus dem Lager bei Windorf* unterhalb (südlich) *Vilshofens bis in dieses Revier truppenweise hereinfouragirt haben* (um Lebensmittel einzutreiben), *in die Aschen gelegt und aus dem Vorgeben, daß man von der Riedlhütte her auf sie Feuer gegeben hätte, gänzlich ruiniert.*

Wening, 1726, teilt hier bereits viele Einzelheiten mit, die von späteren Autoren immer wieder übernommen worden sind. Da Wening (1645-1718) bereits 1718 in München verstorben ist, dürfte der Text einige Jahre früher entstanden sein. Zwischen der Zerstörung 1648 und dem Bericht waren damals noch keine 50 Jahre, etwa zwei Generationen, vergangen. Daß der Text die tatsächlichen Verhältnisse gut darstellt, konnte Schober, 1997, S. 537, nachweisen:

Derselbe Text erscheint wortgetreu auch in einem St. Oswalder Urbarium von 1754. Es ist deshalb davon auszugehen, daß er von den damaligen Münchner Behörden für das Buch von Wening vom Propst von St. Oswald angefordert worden ist. Etwa 50 Jahre oder zwei Generationen nach der Zerstörung des Jagdhaus wird die mündliche Überlieferung bei den Pröpsten noch lebendig gewesen sein. Im Baubeginn von 1595 irrten sich die Pröpste jedoch. Das Lust- und Jagdhaus wurde nicht 1595, sondern schon 5 Jahre früher im Jahre 1590 gebaut.

Gleichzeitig wird mitgeteilt, daß dieser Bau mit der Einwilligung des damaligen Propstes P. Benedikt Knoll von St. Oswald auf Klostergrund erfolgte. Tatsächlich stellte der Propst den *fundus*, den Hausgrund, für das *Jagdhaus zu untertänigsten Ehren und Pflichten* (Schober, 1991, S. 157[10]) ohne erkennbaren Widerstand zur Verfügung. Wenn die Pröpste bei der Abfassung ihres Berichtes um 1718 damals gegen diesen Bau des Herzogs gewesen wären, hätten sie es sicher hier zum Ausdruck gebracht. Der Propst Benedikt Knoll ahnte damals noch nicht, welche Schwierigkeiten er mit seiner Einwilligung seinen Nachfolgern im Amt etwa hundert Jahre später bereiten sollte (Kap. 5.9).

Dieses Verhalten beim Bau des Jagdhauses 1590 läßt erkennen, daß entweder zu dieser Zeit zwischen dem Kloster und dem Herzog noch gutnachbarliche Beziehungen herrschten oder aber dem Herzog dieser Wunsch aus anderen dringenden Anliegen nicht abgeschlagen werden konnte. Vielleicht bestand 1590 schon die Überlegung, vom Herzog Wilhelm V. das Recht zu erwirken, Weißbier zu brauen, das dann vor 1603 noch erteilt worden ist (Schober, 1997) .

Die Zerstörung des Jagdhauses 1648, im letzten Jahre des Dreißigjährigen Krieges, wird auch vom Hofkupferstecher Joseph Anton Zimmermann (1705 -1797), 28 Jahre nach Wening, im *Chur-Bayerisch-Geistlicher Calender*, 4. Band, Rentamt Straubing,1754, wie folgt angedeutet:

> *Unter Propst Franciscus* Hort (1645 - 1649) *wurde die Propstey St. Oswald samt denen 6 Dorfschaften* (Reichenberg, Höhenbrunn, Draxlschlag, Haslach, Schönanger, Grünbach) *gänzlich geplündert, Grünbach gar verbrennt ... Diese verheerenden Verwüstungen des gesamten Klostergebietes von St. Oswald im letzten Jahr des 30jährigen Krieges haben bayerische und kaiserliche Truppen ausgeübt.*[11]

Es wird hier jedoch nicht ausdrücklich gesagt, daß auch das Jagdhaus in Reichenberg in die Aschen gelegt worden ist.

Klämpfl,1855, hat 129 Jahre nach Wening, 1701-1726, viele oben erwähnte Angaben übernommen:

> *Reichenberg, ein Dorf mit 17 Häusern* (17 Bauernanwesen), *eine halbe Stunde nordwestlich von Sankt Oswald, liegt auf einer ziemlich fruchtbaren Anhöhe, und hat daher wahrscheinlich seinen Namen. In diesem Dorfe bauten sich die bayerischen Herzöge im Jahre* 1595 (richtig: 1590) *mit Billigung des damaligen Propstes P. Benedikt Knoll* (1581-1604) *ein Jagdschlößchen mit vielen Zimmern, und kamen öfter hierher sich der Bärenjagd zu belustigen. Allein im Jahre 1648 wurde dasselbe von einem Trupp österreichischer und bayerischer Soldaten, welche aus dem Lager bei Windorf* (nahe Vilshofen) *hierher kamen, um zu fouragiren* (Lebensmittel einzutreiben), *in Asche gelegt, und nicht wieder hergestellt.*

Klämpfl, 1855, leitet den Namen Reichenberg von der ziemlich fruchtbaren Anhöhe her. Richtiger wäre gewesen, die besonders unfruchtbaren, steinigen und steilen Hanglagen mit geringer Ackerkrume und das rauhe Klima in einer Höhe von 800 m zu erwähnen. Treffender spricht Wening, 1701-1726, S. 5, *von einer ganz stainigen und wilden Gegend, so auch nächstens am Böheimber* (böhmischen) *Wald entlegen ist.* Vieles deutet heute darauf hin, daß die früheren Goldwäscher an der Großen Ohe, am reichen Berg, dem Dorf den Namen gegeben haben (Reiner, Weber, u. a. 1996). Erstmals erscheint bei Klämpfl, 1855, der Hinweis, daß das Reichenberger Jagdhaus nicht wieder hergestellt worden ist.

Auch Adalbert Müller erwähnt in seinem Reiseführer "*Der bayerische Wald und seine Bewohner*", Regensburg, 1846, das Jagdhaus in Reichenberg:

> *Die Herzöge von Bayern kamen vor Zeiten öfter in diese Gegend, um sich mit der Bärenjagd zu erlustigen. Zur bequemen Unterkunft für sich und ihre Begleitung hatten sie 1595* (richtig 1590) *in dem nahe bei St. Oswald liegenden Dorfe Reichenberg ein großes Jagdhaus erbaut. Es wurde im Jahre 1648 von einer Bande österreichischer und bayerischer Marodeure, welche aus dem Lager bei Vilshofen* (Windorf) *den unteren Wald mit Brand und Plünderung heimgesuchte, gänzlich zerstört.*

Ein weiterer kurzer Hinweis findet sich in der bayerischen Landesbeschreibung Bavaria[12] aus dem Jahre 1860, in der aber nur bekannte Einzelheiten wiederholt werden:

> *...Im nahen Dorf Reichenberg bauten 1595* (richtig: 1590) *die bayerischen Herzöge ein Jagdschlößchen, welches manchen fröhlichen Auszug zur Bärenjagd am Plattenhausen oder Lusen erlebte. Doch schon*

1648 legten es Österreicher und Bayern in Asche.

Bemerkenswert ist, daß dieses weltferne Jagdhaus der Wittelsbacher schon vor fast 300 Jahren von den namhaften bayerischen Historikern bei ihrer Landesbeschreibung und Schilderung der Städte, Märkte, Klöster und Burgen recht ausführlich erwähnt wird. Es erschien ihnen bei ihren Schilderungen gleichbedeutend wie das Kloster St. Oswald und die Märkte und Städte Grafenau, Schönberg und Regen. Kein Bauerndorf von der Größe Reichenbergs wurde in der alten bayerischen Landesbeschreibung je ähnlich geehrt.

Beschreibungen des Jagdhauses in Reichenberg nach 1932

Weitere Einzelheiten über das Jagdhaus in Reichenberg sind dem Briefverkehr aus der Zeit nach 1588 in den Archiven zu entnehmen. Dieser Mühe unterzog sich erstmals Ritz,1932, 1933, 1936, in seinen grundlegenden Beiträgen, die von weiteren Autoren übernommen worden sind. Hätte nicht der Volkskundler Josef Maria Ritz[13] (1892-1960) in den Jahren 1933 und 1936 in den heute schwer zugänglichen "*Heimatglocken*", einer Beilage der damaligen Donauzeitung Passau und in *"Wald und Heimat"*, einer Monatsbeilage zum Grafenauer Anzeiger über *das herzoglich bayerische Jagdhaus zu Reichenberger* berichtet, kaum jemand würde sich mehr daran erinnern (Ritz, 1933, 1936). So aber ist dieser Artikel, mit der Schreibmaschine abgeschrieben, bei Reichenberger Familien (so bei Max Frisch, Reichenberg) erhalten geblieben. In seinen *Kunstdenkmälern des Bezirksamtes Grafenau* weist Ritz, 1932, darauf hin, daß der an landschaftlichen Reizen so reiche Landstrich zwischen Rachel und Lusen wenig kulturhistorisch bedeutsame Werke bietet. Die Bewohner mußten zufrieden sein, wenn der karge Boden und das rauhe Klima das Überleben sicherte. Umso erstaunlicher ist es, daß in dieser Gegend die Wittelsbacher Herzöge und Kurfürsten Jagdgeschichte schrieben.

Auch Leythäuser, 1914, Wagner, um 1960,[14] Spengler, 1962, erwähnen das Jagdhaus in Reichenberg. Über die Jagdbesuche der bayerischen Herzöge am Plattenhausen und Lalling berichten Mitterwieser, 1925, und Ergert, 1984, interessante Einzelheiten. Mitterwieser, 1925, entdeckte bei seinen Vorarbeiten zu einer Jagdgeschichte der Wittelsbacher, die dann leider nicht geschrieben wurde, auch Jagdbesuche der bayerischen Herzöge in Reichenberg.

Später hat dann Weber, 1976, an Hand der Akten im Staatsarchiv Landshut versucht, den nur schwer durchschaubaren und langen Rechtsstreit des Klosters St. Oswald mit dem bayerischen Kurfürsten Max III. Josef (1745-1777) um das Jagdhaus in Reichenberg zu entwirren. Im Kapitel 5.9 wurde dieser Aktenbestand neu gesichtet und beschrieben. Nach Berichten von Hans Weny, Reichenberg, Haus-Nr 51, (ein zwischenzeitlich leider verstorbener Bruder von Kurt Weny), "*hat sich in den 50erJahren auch Herr Perl, Polizeibeamter in St. Oswald, mit der Geschichte dieses Jagdhauses beschäftigt und das Gelände des ehemaligen Standortes untersucht".*

Anläßlich der Sonderschau "*Die Jagd; vom Faustkeil bis zum Präzisionsgewehr*" im Waldmuseum in Zwiesel wurden von Seyfert, 1978, über das *Jagdhaus in Reichenberg* und *die Jagd der Wittelsbacher Herzöge,* Archivstudien in einem Führer durch die Ausstellung vorgelegt. Im selben Band berichtet Steckbauer, 1978, *über Historische Überlieferungen ... von Bär, Wolf und Luchs.* Erneut beschäftigte sich Seyfert, 1979, mit dem Reichenberger Jagdhaus. Ferner wurde in Zeitungsartikel und aus Anlaß des 400jährigen Baubeginns (1590 - 1990) über das Jagdhaus in Reichenberg berichtet (W. Z., um 1965, o. V. 1976, Goldmann, 1990, Schober, 1994). Die Autoren beziehen sich alle auf den Beitrag von Ritz, 1933.

Jagdhaus, Jagdschloß Jagdschlößchen, Jagdhäuser?

Der große, dreistöckige, herzogliche Bau erscheint in den alten Berichten unter vielen Bezeichnungen. In der alten bayerischen Landesbeschreibung ist von einem Jagdschlößchen die Rede. Diesen Begriff haben auch die Einheimischen übernommen, wenn sie -etwas übertreibend- vom *Jagdschloß* in Reichenberg erzählen. Im Schriftverkehr über den Bau um 1590 wird jedoch immer nur von einem *Jaidthaus* (Jagdhaus) oder J*agdhaus* berichtet. Seit dem 15. Jahrhundert war es jedoch allgemein üblich, mit einem fest gemauerten Haus auch ein Schloß zu beschreiben. Beispiele aus der näheren Umgebung sind das Schloß *Haus* in der Ortschaft Haus im Wald, sowie die großen Burganlagen *Ober- und Niederhaus* in Passau. Vielleicht trifft die Bezeichnung *Jagdschlößl* den damaligen Bauzustand noch am besten. Der Begriff *Jagdhaus* wird jedoch verwendet, wenn vom alten Schriftverkehr die Rede ist.

Der Schriftverkehr war zunächst nicht aufzufinden

Ritz, 1933, hat nach einer Auswertung des Schriftverkehrs über die Bauplanung des Jagdhauses am Reichenberg den ersten kurzen Bericht mitgeteilt. Diese Unterlagen waren im Staatsarchiv in Landshut zunächst nicht mehr zu finden. Es wurde angenommen, daß sie beim Brand auf der Burg Trausnitz in den 60er Jahren verloren gegangen sind. In Landshut war aber auch zu erfahren, daß 1981 Landshuter Bestände als *Landshuter Abgabe* nach München in das Hauptstaatsarchiv gelangt sind. Im Hauptstaatsarchiv in München war jedoch auch hier der Akt in keinem Findbuch zu entdecken.

Erst die Durchsicht des Findbuches der Landshuter Abgabe 1981, führte zu den gesuchten Unterlagen. Die Akten[15] sind mit der Nr. 120 bezeichnet und wie folgt beschrieben:

> *Beim Schloß Bärnstein geplantes und dann in Reichenberg gebautes herzogliches Jagdhaus mit Stallung (mit Plänen) 1588-1590.*

Diese Archivalien hat Ritz, 1933, in seinem grundlegenden Beitrag ausgewertet. Dabei ist von *Banfällen* (richtig= *Baufälle*) die Rede, was möglicherweise ein Druckfehler ist. Mit *Baufälle* wurde im späten Mittelalter eine Baumaßnahme für herzogliche Bauten umschrieben, die in absehbarer Zeit durchgeführt werden mußte (Reitzenstein, v. 1885, Hertzog, 1963, Dreier, 1980). So werden in den Akten auch *Baufälle* auf den herzoglichen Schlössern in Ranfels und Dießenstein mitgeteilt. Nach dem heutigen Sprachgebrauch waren mit Baufälle in Bärnstein also die geplanten Baumaßnahmen in Bärnstein gemeint.

Der Hinweis mit Plänen läßt vermuten, daß die Archivare bei der Ordnung der Unterlagen damals davon ausgegangen sind, daß einige der beiliegenden Pläne *das herzogliche Jagdhaus mit Stallung* betreffen. Ritz, 1933, hat diese Pläne nach seinen eigenen Aussagen nicht weiter beachtet, da sie gemauerte Grundmauern anzeigen. Er vertraute einem Hinweis in einem früheren Brief, daß dieses Jagdhaus gezimmert als Holzbau errichtet werden sollte.

Neben den Briefen über die Bauplanung ist auch der Schriftverkehr über die vielfältigen Belastungen der Bauern im Landgericht Bärnstein erhalten geblieben, die aufwendige Hand- und Spanndienste mit dem *Leib und dem Menat* (Gespannen) zu leisten hatten.[16] Weitere Hinweise zum Jagdhaus finden sich noch an anderen Stellen.[17, 18]

5.1 Der Herzog wollte 1587 in Bärnstein ein Jagdhaus bauen

Im Jahre 1587 hat der damals regierende Herzog Wilhelm V. (1548 - 1626), 39 Jahre alt und seit 8 Jahren im Amt, erstmals die Absicht geäußert, in Bärnstein ein Jagdhaus zu bauen. Um den Schriftverkehr über dieses Jagdhaus besser verstehen zu können, ist es notwendig, die Organisation und die Hierarchie der damaligen Behörden zu kennen. Das Herzogtum Bayern hatte damals etwa 800. 000 Einwohner und die Fläche der heutigen Regierungsbezirke Ober- und Niederbayern. Es war in die vier Rentämter München, Landshut, Straubing und Burghausen eingeteilt. Die Oberbehörden für die Verwaltung und Rechtspflege, die Regierungen saßen in den Rentämtern. Diese Regierungen wurden von einem Viztum als dem Stellvertreter des Herzogs geleitet. Die untersten Einheiten im Behördenaufbau bildeten 77 Land- und Pfleggerichte mit einem Pfleger als Leiter. Oft hat aber der Pfleger auch ein wichtiges Amt am Hof in München wahrgenommen. In diesem Fall hat er sich einen Pflegverwalter eingestellt, der die täglichen Geschäfte im Pflegamt geführt hat. Er wurde entweder vom Pfleger besoldet oder führte aus den Einnahmen der Pflege ein festes Deputat an den Pfleger ab und behielt den Rest als seine Entlohnung.

Hans Sigmund Gartner (1572 - 1598) war der Pflegverwalter von Bärnstein bei Grafenau. Der Pfleger war Graf Ottheinrich zu Schwarzenberg, ein ranghoher Beamten am Münchner Hof und Besitzer der Hofmarken Winzer an der Donau und der Haimgüter um Hilgenreith und Schöfweg. Der Behördenweg war lang und zeitraubend: Pflegverwalter in Bärnstein, Rentmeister in Straubing, Regierung (Vitztum) in Straubing, Hofkammer und Herzog in München. In wichtigen Angelegenheiten mußte auch der Pfleger in München benachrichtigt werden (Heydenreuter, 1980, Glaser, 1980).

Die zwei Schreiben vom 5. Januar 1588

Über die Absicht, in Bärnstein bei Grafenau ein Jagdhaus zu bauen gibt es zwei Schreiben vom 5. Januar 1588, die sich auf einen Jagdbesuch des regierenden Herzogs Wilhelm V., zusammen mit seinem Bruder, Herzog Ferdinand I., an Martini (11. November) 1587 in Bärnstein und im Jagdhaus des Grafen Ottheinrich von Schwarzenberg in Schöfweg beziehen. Der Absender der Schreiben vom 5. Januar 1588 war der Verwalter der Pflege Pernstain Hans Sigmund Gartner von Machtenhofen: *Verwalter von Pernstein, Bericht Erbauung eines Jagdhaus.* Das Schreiben ist an den zwei Jahre jüngeren Bruder (38 Jahre alt) des regierenden Herzogs Wilhelm V., Ferdinand I. (1550-1608 gerichtet):

> *An den Durchleuchtigen, Hochgebornen Fürsten und Herrn, Herrn Ferdinanden, Pfalzgrafen bei Rhein, Herzogen in Obern und Niedern Bayern etc. Meinem gnädigen Fürsten und Herren, zu seinen fürstlichen Gnaden selbs eigenen Händen.*

Ferdinand war bei der Bärenjagd um Martini, 11. November 1587, selbst mit anwesend und kannte offensichtlich die Abmachungen, die Wilhelm V. mit seinem Pflegverwalter Sigmund Gartner getroffen hatte. Es ist davon auszugehen, daß Wilhelm V. Gartner angewiesen hat, sich bei dem Bau eines Jagdhauses mit seinem Bruder Ferdinand in Verbindung zu setzen. Wilhelm und Ferdinand verbanden eine sorglose Kindheit in der Alten Veste in München, nur wenige Schritte vom Marienplatz entfernt, bei ihren Eltern Herzog Albrecht V. und Herzogin Anna, einer Tochter Kaiser Ferdinands II. in Wien (Baader, 1943, S. 2, Reiser, 1978).

Dieses Schreiben ist bisher der erste schriftliche Hinweis über eine Bärenjagd der Wittelsbacher Herzöge im Bayerischen Wald. Gleichzeitig wird darin erstmals der beabsichtigte Bau eines Jagdhauses im Kastenamt Bärnstein erwähnt. In den beiden Schreiben werden viele Einzelheiten über das geplante Jagdhaus besprochen, die auch für den späteren Bau in Reichenberg wichtig sind. Gleichzeitig vermittelt es einen Eindruck über den unterwürfigen Schreibstil des Pflegverwalters Gartner an die Obrigkeit in München in der Zeit vor 411 Jahren[19] :

> *Durchleuchtiger, Hochgeborener, Eueren Fürstlichen Gnaden sei mein ganz undertängig, williger Dienst höchst schuldigen Fleißes zuvor: Gnädiger Fürst und Herr!*
>
> *Was Derselben geliebter Herr Bruder, der auch Durchleuchtige, Hochgeborene Fürst und Herr, Herzog Wilhelm* (V.) *in Bayern, mein gnädigster Fürst und Herr, mir Martini Episcopi* (Bischof) *verschinen*, (vergangenes*) nächst abgelaufenen (15)87. Jahr zu Schefweg* (Schöfweg) *bei dem Jagdhaus \gnädigsten Befehl gegeben haben\, daß - nachdem das Unterkommen zum Pernstein gar schlecht* (ist), *ich einen beiläufigen* (Kostenvor)*anschlag, was ungefährlich* (ungefähr) *eine Behausung mit sechs Stuben und Kammern, dann sonderbar* (besonders) *eine Stallung auf 50 Pferde zu erbauen kosten würde, mit einem Bauverständigen nachfolgends Ihrer Fürstlichen Gnaden untertänig überschicken sollen, werden sich Euere Gnaden gnädig erinnern.*
>
> *Darauf* (habe ich) *zu untertäniger Vollziehung zwo* (zwei) *unterschiedlich* Visiere (2 Baupläne: Behausung, Stallung)*, wie jedes gebaut* (werden könnte), *dann zwen* (zwei) *Überschläge, was es ungefähr kosten würde, gestellt, und dieselben samt einem ausführlichen Bericht, dem wohlgeborenen Ottheinrich Grafen zu Schwarzenberg, meinem gnädigen Herrn in Gehorsam überschickt.* (Dabei) *zweifelt mir nit, Seine Gnaden* (Herzog Ferdinand) *werden daselbige zuvor höchsterzähltem meinem gnädigsten Fürsten und* Herrn (Herzog Wilhelm V.) *mit förderlichster Gelegenheit untertänig referieren* (mitteilen). *Welches Eueren Fürstlichen Gnaden ich untertäniger Meinung hiermit gehorsamlich berichten sollte.*

Dem Pflegverwalter von Bärnstein Sigmund Gartner, der mit einer großen Kinderschar auf dem Schloß wohnte, war menschliches Leid nicht unbekannt. Im selben Brief vom 5. Januar 1588 setzte er sich noch für zwei Bauern aus dem Grafenauer Land ein, die beim Einfangen eines ausgewachsenen Bären für die beliebten Lusthetzen in München bei dieser Bärenjagd an Martini 1587 im Sonnenwald lebensgefährlich verletzt wurden. Da sie nicht transportfähig waren, hat sie ein Jäger im Sonnenwald gepflegt. Durch die lange Zeit der Pflege sind erhebliche Arzt- und Verpflegungskosten angefallen, die sie selbst nicht bezahlen konnten. Herzog Ferdinand I., der Bruder von Wilhelm V. war bei dieser Jagd im Sonnenwald anwesend und kannte diesen Jagdunfall. Er wurde im Brief gebeten, sich einzusetzen, daß die Auslagen vom Hof in München bezahlt wurden. Ein einzigartiger Einblick, welche Folgen die Bärenjagden für die Bauern haben konnten. Die Einzelheiten des Briefes werden im Kapitel *"Jagd"* mitgeteilt.

Im selben Brief vom 5. Januar 1588 werden von Sigmund Gartner auch Gesteinsproben vom hiesigen Perkwerch erwähnt, die an Herzog Ferdinand I. auf Befehl und Begehr geschickt worden sind. Dabei kann es sich nur um das ehemalige Bergwerk im Rendlmoos an der Großen Ohe, etwa 750 m nördlich des Stausees bei Hartmannsreit handeln (s. Kapitel 5.5.6). Der Brief schließt mit *Datum Pernstein, den 5. Januar, Anno* (15)*88, Euerer Fürstlichen Durchlaucht untertäniger gehorsamer Diener Hans Sig.(mund) Gartner zu Machtenhodfen,. Unterschrift: Sigmund Gartner.*

Am gleichen Tag, den 5. Januar 1588, geht ein weiteres Schreiben von Pflegverwalter Sigmund Gartner in dieser Angelegenheit an den fürstlichen, bayerischen, geheimen Rat, Graf zu Schwarzenberg in München. Er war der Pfleger von Bärnstein und mußte über die Absicht von Herzog Wilhelm V. informiert werden. Offensichtlich war Ottheinrich von Schwarzenberg bei der Bärenjagd am 11. November 1587 in seinem eigenen Jagdhaus in Schöfweg nicht mit anwesend. Der untertänige Stil des Briefes zeigt das abhängige Arbeitsverhältnis in dem der Pflegverwalter stand:

> Absender*: "Hans Sigmund Gartner, etc. den fürgeschlagenen Bau zum Pernstain betr*(effend).
>
> Anschrift[20]: *Dem Hoch- und Wohlgeborenen Herrn, Herrn Ottheinrichen Grafen zu Schwarzenberg, Herrn zu Hohenlandsberg auf Randegg, Egenhofen, Wintzer und Wiesenfelden. Römisch - kayserlichen auch fürstlichen bayerischen geheimen Rath, Land- und Obersten Hofmaistern auch Obristen Kämmerer etc., meinem Gnädigen Herrn .*
>
> *Hoch- und wohlgeborner Graf, E**(ueren)** G(naden) sei mein ganz untertäniger, williger, Dienst schuldigen, gehorsamen Fleißes zuvor. Gnädiger Herr ! Der Durchleuchtigste, Hochgeborene Fürst und Herr, Herr Wilhelm* (V.) *Pfalzgraf bei Rhein, Herzog in Obern und Niedern Bayern, mein gnädigster Fürst und Herr, hat mir am Tag Martini des heiligen Bischofs, nächst abgelaufenen* (15)*87. Jahres, zu Schefweg* (Schöfweg) *bei E*(uerer) *G*(naden) *Jagdhaus \mündlich gnädigsten Befehl gegeben\, nachdem das Unterkommen zum Pernstein gar schlecht* (ist), *daß ich* (Sigmund Gartner) *mit einem Bauverständigen \handeln* (soll) *\ ob eine Behausung, gemauert oder gezimmert, nachend* (nahe) *bei dem Schloß* (Bärnstein) *mit sechs Stuben und Kammern, dann sonderbar eine Stallung zu 50 Pferden, mit Gelegenheit zu erbauen wäre, folgends einen ungefährlichen (ungefähren) Anschlag machen (lassen), was solches in allem kosten würde, (und diesen) alsdann Seinen Fürstlichen Gnaden ehestens überschicken solle.*
>
> *Dem zur untertänigsten gehorsamen Vollziehung (habe ich) (Bau)meister Sigmund Aug, einen Wallischen*

(Fremden, Zugezogenen), der über die 26 Jahr in diesem Land, auch beide Schlösser Fürstenstein und Englburg, fast von Neuem (aufgebaut), dann sonst bei Klöstern und anderen vom Adel, viele anschauliche Gebäude aufgerichtet (hat), zu mir erfordert. Ihm die Sache, was mein einfältig Gutachten, vorgehalten, und sein Gutdünken (Gutsbedenken) auch angehört.

Darauf haben wir in Erwägung, (daß) der Ungelegenheit und Steinfelsen (Felsen) halber, kein tauglicher Platz nachent (nahe) bei dem Schloß vorhanden (ist), auf dem eine solche Behausung aufgebaut werden könnte, (außer) man wollte sie denn hinauf vor den Meierhof (den Bauernhof), wo es zu weit und gar ungelegen stünde, erbauen.

Wir beide (haben) miteinander beschlossen, (daß) im Falle, Ihre höchstgedachten mein Gnädigster Fürst und Herr allhier sei gedacht (=willens), etliche Zimmer (auf Schloß Bärnstein) errichten zu lassen, gnädigst gedacht, keine bessere Gelegenheit, der Turm und die Mauer als daß der Turm und die Mauer gegen die Taferne auf die Straße, nachdem es (der Turm) keine Zimmer, ein unnütz vergebliches Gebäu, und (zu) nichts zu gebrauchen, abgetragen oder niedergelegt, so möchte an dieselbe Stätte ein großer Stock mit drei Gaden (Stockwerken), zu unterst auf der Erde Küchen, Zehrgaden (Raum zum Zerwirken, Zerlegen des Wildes, Schlachthaus), Pfister (Backofen) und andere Gewölbe.

Im mittern und dritten (Gaden, 1. und 2. Stockwerk) je dann drei Stuben und Kammern (6 Zimmer), einwärts in den Hof, vor den Zimmern zwei gewölbte Gänge aufeinander, von unten bis oben auf einen viereckigen Schnecken (Treppenhaus, zu erreichen). Dazu an den großen alten Stock, daß man von einen (Zimmer) in den anderen gehen mag, aufgeführt, und alles mit einem Tor beschlossen werden, wie dann beiliegender Abriß mit A. signiert, allda der mittlere Gaden in den Grund gelegt (ist, Plan A zeigt nicht das Erdgeschoß, sondern den 1. Stock), genügsam ausweist.

Da aber Ihre Fürstliche Gnaden hierin nicht sattsamen Bericht (haben), ist (der) Mauerer epöttig (erbötig), sölliches (Modell) von (= aus) Holz augenscheinlich vorzustellen. Was des Maurers von Abbrechung des Turms und alten Gemäuers, die Hofstatt zu räumen, auch was von dem neuen Gebäu aufzumauern, dann des Zimmermanns Anforderung (ist), zudem was Schlosser, Schreiner, Schmied, Glaser, Hafner, und weiter (Fahrten) um Kalk (nach Winzer an die Donau), Ziegel, Bruchsteine, Bretter, Latten, Schindel, Eisen, auch allerlei Nägel ungefährlich (ungefähr) aufgehen (verbraucht werden), gibt das Verzeichnis mit B, als den Überschlag, was die Stallung kosten würde, mit C und dessen Visierung (Plan) mit D lauter zu erkennen. Vermeine gleichwohl, es solle durch (den) Maurer und Zimmermann gar zu überflüssig (zu hoch) gefordert und mit Ihnen beiden, auch den anderen (Handwerks-) Leuten, wohl um ein Geringeres abzubrechen sein. Denn ich (habe noch) gar nichts mit Ihnen (wegen einer Preisminderung) gehandelt.

Wofern nun höchstgedacht mein Gnädigster Fürst und Herr ermeldetes Gebäu verfertigen zu lassen gnädigst gesinnt (seien), ist mein einfältiges Gutachten, daß seine Fürstlichen Gnaden einen bauverständigen Mann, so alle Gelegenheit besichtigt, hinnach mit den Handwerksleuten einen "Fürding" (Absprache?) und Abbruch gemacht, hätten (von München) herab verordnen lassen.

Doch zu besorgen, in Bedenkung, weder Kalk, Ziegel, Bruchsteine oder anderer Notdurft, zum wenigsten nichts vor der Hand (derzeit), noch in Vorrat, man könnte diesen Bau hereingehenden Sommer (Sommer 1588) nit vornehmen oder in das Werk richten, sondern genug sein zu schaffen haben, das die Notdurft bestellt und herzu gebracht werde.

Dieweil dann, gnädigster Herr, E(euer) G(naden) allhier rechter Hauptmann (Pfleger von Bärnstein), dazu ohne Zweifel des Schlosses Gelegenheit (Örtlichkeit) noch in ziemlichem Gedächtnis, habe denselben ich als ein unwürdiger Diener solches untertänig zuschreiben und das Verzeichnis (2 Baupläne und Voranschlag) billig (willig) in Gehorsam überschicken sollen. Welche E(uer) G(naden), hierbei verwahrt, gnädig zu empfangen. Die wissen E(uere) G(naden) zu derselben Wohlgefallen ohne gegebenes Maß, wann es zum füglichsten beschehen kann, höchsterzähltem meinem gnädigsten Fürsten und Herrn (Herzog Wilhelm V.) zu referieren (mitzuteilen). Was nun hierüber in Gnaden befohlen und auferladen (wird), will ich soviel mir möglich, unteränigsten Fleißes ganz gehorsamlich nachkommen und an meinem Zutun nichts erwinden lassen.

Das habe E(ueren) G(naden), denen ich mich beinebens ganz untertänig befehlen tue, gehorsamlich zuzuschreiben nit umgehen mögen. Sonsten steht (geht) es - Gott dem Allmächtigen sei ewiges Lob - noch hierunten bei dem Walde ziemlich wohl. Datum, Pernstein, den 5. Januar Anno (15)88. E(ueren) G(naden) und Herren untertäniger gehorsamer Diener H.(ans) S.(igmund) Gartner von Machtenhofen.

Unterschrift: *Sigmund Gartner.*

In beiden Schreiben wird in umständlicher Sprache folgendes mitgeteilt: Die herzogliche Jagdgesellschaft hat sich Anfang November des vorausgehenden Jahres, 1587, auf Schloß Bärnstein aufgehalten. Von hier unternahm Herzog

Wilhelm V. mit seinem Bruder Ferdinand I. Jagdausflüge in die nähere Umgebung. So ist er auch die etwa 10 km über Schönberg und Innernzell zur Bärenjagd hinübergeritten in das Jagdhaus seines hohen Beamten, Graf Ottheinrich von Schwarzenberg nach Schöfweg am Nordhang des Sonnenwaldes mit seiner höchsten Erhebung dem Brotjacklriegel (1016 m). Obwohl die Anzahl der erlegten und für die Lusthetzen in München eingefangenen Bären nicht mitgeteilt werden, muß die Bärenjagd recht erfolgreich gewesen sein. Herzog Wilhelm V. war von dieser Bärenjagd so sehr begeistert, daß er beabsichtigte, öfter in dieser wildreichen Gegend zu jagen. Sein Schloß in Bärnstein bot jedoch für den Herzog mit dem zahlreichen Gefolge zu wenig Räume für eine standesgemäße Unterkunft. Auch die Stallungen für die etwa 50 Pferde und die Zwinger für etwa 100 Hunde waren nicht vorhanden. Sie mußten bei den umliegenden Bauern untergebracht werden.

Da *das Unterkommen in Bärnstein gar schlecht sei*, gab Herzog Wilhelm V. seinem Pflegverwalter Gartner noch während seines Jagdaufenthaltes am 11. November 1587, den Befehl, zusammen mit einem *Bauverständigen* (Baumeister) zu untersuchen, *...ob eine Behausung, gemauert oder gezimmert nahe bei dem Schloß Bärnstein, mit 6 Stuben und Kammern (12 Zimmer), dann eine Stallung für 50 Pferde zu erbauen wären.* Bezeichnend für den ständig in Geldnöten sich befindenden Herzog ist noch, daß er auch einen *Überschlag* (Voranschlag) über die entstehenden Kosten anforderte.

Die erste bildliche Darstellung von Schloß Bärnstein stammt aus den Landtafeln von Philipp Apian aus dem Jahre 1563. Apian scheint sich jedoch nicht genau an das historische Vorbild gehalten zu haben. Der Bauzustand von Schloß Bärnstein aus dem Jahre 1590, der Zeit, als Wilhelm V. das Unterkommen bemängelte, ist bekannt. Der Herzog hat in seiner Münchner Residenz im Antiquarium von seinem Hofmaler Hans Donauer den Älteren 102 Ansichten von Städten, Dörfern und Burgen malen lassen, darunter auch die Burg Bärnstein (Doehlemann, 1918, Bleibrunner, 1967). Über den Bauzustand von Schloß Bärnstein gibt es 236 Jahre nach der Darstellung von Hans Donauer und kurz vor der Zerstörung durch den Pandurenoberst Trenk noch einen detailgetreuen Kupferstich von Michael Wening aus dem Jahre 1726 (Abbildung 19, 20, 21).

5.1.1 Der Baumeister Sigmund Aug plant einen Neubau

Herzog Wilhelm V. hat bei seinem Jagdaufenthalt um Martini (11. November) 1587 mit dem Pflegverwalter Gartner bereits wichtige Einzelheiten über diesen geplanten Bau eines Jagdhauses besprochen. In den beiden Briefen vom 5. Januar 1588 ist zu erfahren, daß der Baumeister Sigmund Aug, wohnhaft in Fürstenstein bei Tittling, Gartner bei diesem Bauvorhaben unterstützen und die Baukosten schätzen sollte. Er wurde als erfahrener Baumeister geschildert. Von ihm muß der im Brief vom 5. Januar an Graf Ottheinrich von Schwarzenberg erwähnte Plan A und der Kostenvoranschlag (Verzeichnis B) für diesen Bau stammen. Der Meister Sigmund Aug mußte also schon bald nach Martini 1587 benachrichtigt und beauftragt worden sein, beim Schloß Bärnstein ein Jagdhaus zu planen.

Nahe beim Schloß Bärnstein haben der Pflegverweser Gartner und der Baumeister Aug wegen der vielen Felsen keinen geeigneten Bauplatz für das Jagdhaus gefunden. Deshalb machten sie Herzog Wilhelm V. den Vorschlag, den Turm und die Mauer des Schlosses gegen die Tafern auf die Straße zu abzubrechen, da der Turm keine Zimmer hatte und zu nichts zu gebrauchen sei. In der Ansicht von Donauer aus der Zeit von 1590 im Antiquarium der Münchner Residenz ist dieser Turm gegen die Tafern zu, rechts (nordwestlich) vom Schloß deutlich zu sehen. An dieser Stelle sollte nach ihren Vorstellungen ein Neubau mit 3 Gaden (Stockwerken) entstehen. Geplant waren zu ebener Erde die Küche mit anderen Wirtschaftsräumen. In der Mitte und oben (1. und 2. Stock) je 3 Stuben und Kammern. Vor den Zimmern, gegen

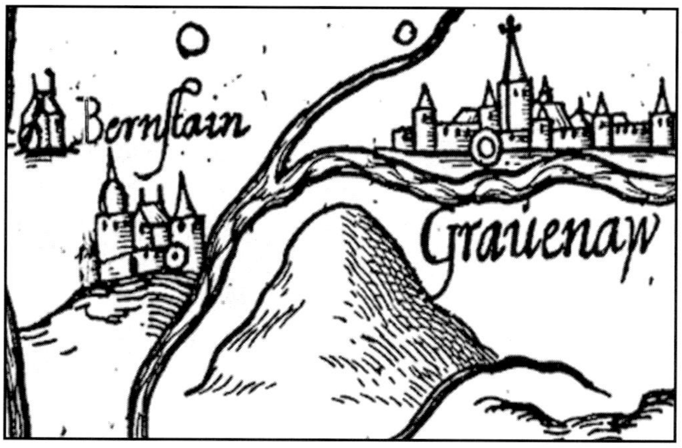

Abbildung 19 (rechts): Schloß Bärnstein und Grafenau in den Bayerischen Landtafeln von Philipp Apian aus dem Jahre 1563.

Abbildung 20 (links): Schloß Bärnstein um 1590. Fresko-Gemälde von Hans Donauer (1521-1596), dem Hofmaler von Herzog Wilhelm V., im Antiquarium in der Münchner Residenz.

Abbildung 21: Der Bauzustand von Schloß Bärnstein 236 Jahre nach der Darstellung von Hans Donauer und kurz vor der Zerstörung durch den Pandurenoberst Trenk. Kupferstich von Michael Wening aus dem Jahre 1726.

den (Innen)hof zu, sollten zwei gewölbte Gänge als Rundbogen- Arkaden übereinanderliegen und den Zugang zu den Zimmern ermöglichen. Eine viereckige Treppe (Treppenhaus) sollte durch das ganze Haus die drei Stockwerke verbinden. Auch zum anliegenden alten Gebäude des Schlosses war vom Treppenhaus aus ein Zugang geplant. Zur besseren Anschaulichkeit hat der Baumeister Aug auch angeboten, ein Holzmodell zu erstellen.

Über das Schloß Bärnstein ist leider kein historischer Grundriß bekannt. Trotzdem kann der geplante Neubau nach dem Bild von Donauer, das die Bausubstanz aus dem Jahre 1590 zeigt und einer kürzlichen Begehung[21] gut in die alte Bausubstanz eingegliedert werden. Die im Schriftverkehr genannte Taferne wird heute noch als Wirtshaus mit einer urgemütlichen Wirtsstube betrieben. Durch die Erwähnung im Brief vom 5. Januar 1558 ist es heute (1999) 411 Jahre alt. Da dieses Wirtshaus noch früher erwähnt wird, dürfte es das älteste heute noch bestehende Wirtshaus im ganzen Grafenauer Land sein. In der heutigen Wirtsstube konnte die alte Balkendecke freigelegt und restauriert werden. Auf den starken Balken liegen bis zu 45 cm breite und 6 cm dicke Läden. Sie müssen aus beson-

Abbildung 22: Die alte Taferne von 1588 ist heute der Burggasthof in Bärnstein. Blick vom Biergarten zum Burggasthof. Im Bereich dieses Biergartens, zwischen dem Schloß und der Taferne, sollte das Jagdhaus für Herzog Wilhelm V. gebaut werden, für das Sigmund Aug einen Plan erstellt hat.

ders dicken Stämmen geschnitten worden sein. Im Untergeschoß der alten Taferne befindet sich heute noch ein historischer Stall mit Standplätzen für Rinder oder Pferde mit Granittrögen und einem Mistgang.

Bei dem Hinweis über den Neubau im Schriftverkehr, *gegen die Tafern zu*, kann es sich nur um den heute noch freien Platz zwischen dem Schloß und dem heutigen Wirtshaus handeln. Heute nimmt diesen Platz der lauschigste Biergarten im ganzen Grafenauer Land mit uralten Linden ein. Lassen auch Sie sich an dieser historischen Stätte nieder, bei einem braunen Bier, einer deftigen Brotzeit und denken daran, daß an dieser Stelle 1588 der von Baumeister Sigmund Aug geplante Neubau für das herzogliche Jagdhaus vorgesehen war. (Abbildung 22, 23).

Abbildung 23: Blick vom Biergarten und dem Burggasthof zum heutigen Schloß Bärnstein. Die mit hellen Granitsteinen vor wenigen Jahren erbaute Wehrmauer hätte stilechter mit dem umliegend anstehenden Gneis ausgeführt werden sollen.

Ein Entwurf zu einem Jagdhaus

Von den erhalten gebliebenen Bauplänen im Akt Baufälle in Bärnstein stimmt ein mit Bleistift gezeichneter Grundriß mit der obigen Beschreibung des geplanten Neubaues in Bärnstein bis in alle Einzelheiten überein.[22] Er hat die Größe DIN A3 mit 41 x 29 cm. Der Plan wird im Brief vom 5. Januar an Graf Schwarzenberg wie folgt erwähnt: *Wie dem beiliegenden Abriß mit **A**. signiert, allda den mittleren Gaden in den Grund gelegt, genügsam ausweist.* Dieser bei den Akten liegende und mit "**A**" bezeichnete Plan zeigt, wie erwähnt, nicht das Erdgeschoß, sondern den 1. Stock (DIN A3, Bleistift, fol 5, 10). Eine mit Tusche gefertigte Kopie dieses Bauplanes wurde auch im Pfarrhof von St. Oswald gefunden. Dieser Plan wurde jedoch mit Maschinenschrift fälschlicherweise *mit Entwurf zu einem herzoglichen Jagdschloß in Reichenberg von Sigmund Aug* überschrieben. Da er sonst vom Original nicht abweicht, wird er hier dargestellt (Abbildung 24). Der Legende zu diesem Plan ist noch folgendes zu entnehmen:

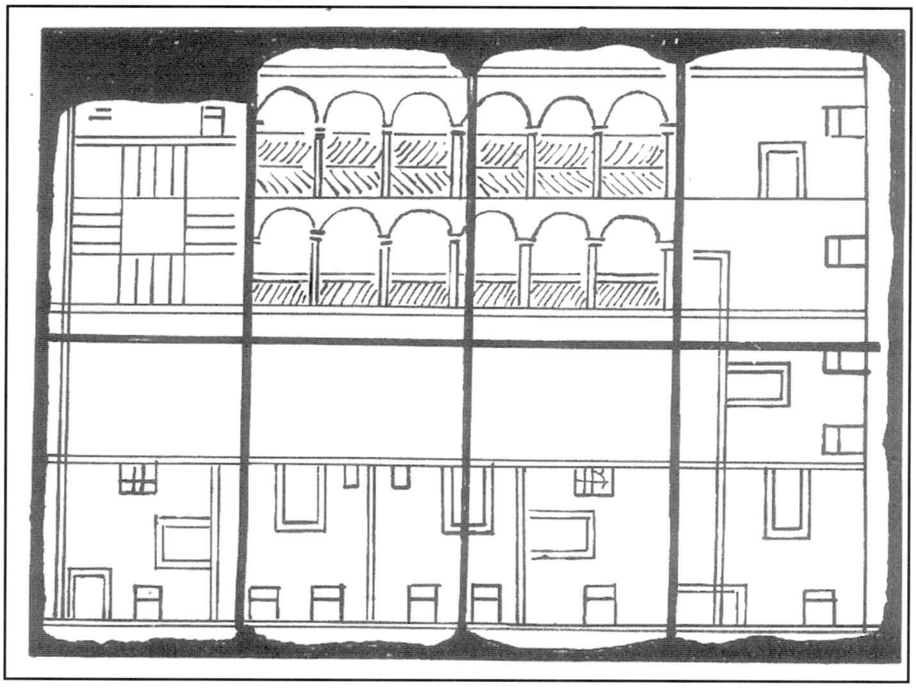

Zeichnung nach einem im Pfarrhof St. Oswald aufliegenden Foto gefertigt, 4fach vergrößert. Legende: *Der Gang: 66 schuech (19,3 m, lang), 8 schuech breit (2,3 m). Kamer (Kammer): 16 schuech (4,70 m) und 18 schuech (5,30 m).*

Offensichtlich hat jemand den bei den Akten im Archiv liegenden Plan fotografiert und anschließend 4fach vergrößert gezeichnet. Nach der Legende zu schließen, glaubte jemand, mit diesem Plan den lange gesuchten Grundriß für das Reichenberger Jagdschloß entdeckt zu haben. Der Brief vom 5. Januar 1588 weist jedoch eindeutig nach, daß er mit dem Reichenberger Jagdhaus nichts zu tun hat.

Abbildung 24: Der von Baumeister Sigmund Aug gefertigte Bauplan für den Neubau eines Jagdhauses gegen die Taferne zu beim Schloß in Bärnstein. Erklärungen im Text.

In dem im Pfarrhof von St. Oswald gefundenen Bauplan war zunächst der das Bild dominierende schwarze Rand und das schwarze Gitter mit den acht Planfeldern verwirrend. In der Bleistiftskizze des Originals im Münchner Staatsarchiv ist dieser schwarze Rand nicht zu finden. Mit diesem schwarzen Gitter hat der Planzeichner offensichtlich nach dem Foto vom Originalplan, der bis 1981 noch im Staatsarchiv in Landshut lag, die Falten des vierfach zusammengelegten Planes anzudeuten versucht. Denkt man sich diese für den Plan belanglosen schwarzen Strukturen weg, ist folgendes festzuhalten:

Die oben erwähnte Stiege, das Treppenhaus, befindet sich im linken oberen Quadrat. Dargestellt sind die Stufen des quadratischen Wendels. Der Originalplan ist wie folgt beschriftet (am Rand links vom Treppenhaus):

Im Schacht 15 werchschuh inwendig weit gefiret (also 4, 38 m x 4, 38 m).

Am Rand links unten: Da stoßt es an die (alten) Gebäuden. Tatsächlich befindet sich in der linken unteren Ecke eine Türe.

Im Gang links zum Treppenhaus: Eingang.

Im Gang: *Der Zimmergang durchaus ungefährlich 66* Werchschuh (19,27 m) *lang, 8 oder 9 Schuch* (2, 34 - 2, 62 m*) breit.*

Im Raum links unten: *Khamer, in der Weite 15 oder 16 Schuch* (4,38 - 4,67 m), *lang 23 oder 24 Schuch* (6,71 - 7,00 m).

Zweiter Raum von links: *Stuben weit 18 oder 19 Werchschuch* (5, 25 - 5,54 m), (lang) *wie die Khamer.*

Dritter Raum von links: *Stuben in gleicher Weite.*

Vierter Raum von links: *Khamer, in der Weite und Länge wie die außen.*

Fünfter Raum von links: Khamer dergleichen.

Raum rechts vom Gang: *Stuben ungefährlich wie die anderen zwei.*

Eingang im Gang rechts oben: *Eingang in den alten Stuben.*

Im Raum rechts oben: Der alte Stuben.

Wer hat diesen Originalplan gezeichnet?

Der Plan zeigt genau den Planungsstand, der im Brief von Sigmund Gartner vom 5. Januar 1588 an den eigentlichen Landrichter von Bärnstein, Ottheinrich von Schwarzenberg in München erwähnt wird. Ein Schriftvergleich beweist jedoch, daß diese Bleistiftskizze (DIN A3, fol. 5, 10) nicht von Gartner beschriftet wurde. Bei dem geplanten Bauvorhaben hat sich der Pflegverwalter mit dem Baumeister Sigmund Aug beraten. Mit hoher Wahrscheinlichkeit hat er auch den Plan gezeichnet. Leider ist von ihm kein Brief mit seiner Unterschrift bekannt.

Gartner erwähnt im Brief vom 5. Januar 1588 noch einen Plan B (Zeichnung mit B). B liegt als leeres Blatt (DIN A4) bei den Akten als fol. 19. Offensichtlich ist hier die 2. Seite (A4) eines Planes B verloren gegangen. Ungewöhnlich im Plan A ist auch die platzsparende Darstellung als Gebäudeschnitt in einem Grundriß mit den zwei übereinanderliegenden, gewölbten Gängen oder Rundbogenarkaden, die auf beiden Seiten gegen den (Innen)hof zu liegen sollten. Sie befinden sich im Grundriß als Schnittzeichnung im oberen Bereich in den beiden mittleren Feldern. An dieser Stelle waren sicher drei Zimmer, genauso wie im unteren, mittleren Teil geplant. Durch diese Vermengung aus Grundriß und Gebäudeschnitt ist der Plan zunächst schwer zu deuten.

Von dem über die viereckige Stiege erreichbaren Arkadengang sind im mittleren Stockwerk insgesamt 5 Zimmer mit jeweils einer Kammer für die Bediensteten und ein einzelner Raum zugänglich. Insgesamt also 11 Räume. Die Fläche mit dem dargestellten Gebäudeschnitt wurde genauso gewertet, wie die gegenüberliegenden Räume. Bei den Räumen wurden Zimmer und Kammern unterschieden. Bei den Zimmern handelte es sich um Räume, die mit Kachelöfen beheizt werden konnten, während die Kammern unbeheizt waren (Keller, 1996, S.36).

Zum Innenhof hin war der Gang durch die Arkadenbögen offen. Diese offene Anordnung des Zugangs der Zimmer, offensichtlich eine Vorliebe des Baumeisters Aug, dürfte für südliche Länder zweckmäßiger gewesen sein, als für die schneereichen Winter mit ihren häufigen Schneeverwehungen auf der zugigen Anhöhe in Bärnstein. Der Plan enthält keine Angabe über die Breite des Innenhofes. Wir erfahren nur, daß der gewölbte Gang unter den Arkadenbögen 2,30 m breit war.

Jede dieser vier Stuben hatte auch einen Zugang zu einer unbeheizten Kammer für die Bediensteten. Mit Ausnahme der oben im Brief erwähnten drei größeren Stuben mit Kammern (im Plan befinden sich 5 Stuben und Kammern), stimmt der Bauplan mit dem von Sigmund Aug geplanten Neubau zwischen Schloß und Taverne überein. Daß es sich bei diesem Plan um den *Entwurf zu einem herzoglichen Jagdschloß in Reichenberg* handeln könnte, ist mit Sicherheit auszuschließen.

Passen die Maße auf die Fläche zwischen Schloß und Taferne?

Das Gebäude hatte eine Länge von etwa 20 m (19,30 m + 2 Wandstärken von je 40 cm). Die Breite ist nicht genau zu ermitteln: Rechnet man 2 Gangbreiten für die Arkaden, zwei Zimmerbreiten, 4 Mauerstärken und einen Innenhof von 5 m (geschätzt), so ergibt das ebenfalls etwa 20 m. Dieser vorgesehen Bau von 20 m x 20 m hätte auf dem ebenen Platz zwischen dem Schloß und der Taferne, dem heutigen Biergarten der Burggaststätte Bärnstein, gut untergebracht werden können.

Kostenvoranschlag für das geplante Jagdhauses in Bärnstein.

Neben dem Bauplan ist auch der nicht datierte Kostenvoranschlag für den geplanten Neubau eines Jagdhauses in Bärnstein erhalten geblieben. Offensichtlich wurde er mit dem Schreiben vom 5. Januar 1588 mit nach München geschickt. Er ergänzt und erläutert die Angaben im Brief vom 5. Januar 1588 und trägt die Handschrift des Pflegverwalters Sigmund Gartner. Es werden viele Einzelheiten über die Baustoffe und das Arbeitsleben der Handwerker erwähnt, die auch für den Bau in Reichenberg von Bedeutung sind:[23]

Anschlag was ungefähr über den vorgenommen Bau im fürstlichen Schloß Pernstein, da derselbe vermög des überschickten Berichtes (zwei Briefe vom 5. Januar 1588) *seinen Fortgang haben soll, in allem für Unkosten auflaufen würden:*

Maurer (fol 11-12'): *Meister Sigmund Aug, an* (bis) *jetzt unter Ordolphen von Schwarzenstein zum Fürstenstein wohnhaft, fordert von dem Turm und allen (G)emäuer niederzulegen oder abzubrechen, die Hofstatt und den Grund zu räumen, wieder ein neues Gebäu(de), mit dreien Gaden* (Stockwerken), *ungefähr 102 Werkschuhe lang, dann 42 breit (etwa 30 m x 11,70 m), darunter der erste* (Gaden, Stockwerk), *als Küchen, Speisgaden* (Spreiseraum), *Pfister* (Backofen), *Fletz* (Flur, Gang) *und andere Gemächer. Gleichfalls die zwei Gänge aufeinander vor den Zimmern durchaus Gewölbe, dann vermög des Abrisses* (Gebäudeschnitt im Plan **"A"**), *im mittleren* (und) *auch* (im) *oberen Gaden,* (in) *jedem drei Stuben und drei Kammern, den zugehörigen Künichen* (Kaminen) *(samt reverendo heimlichen Orten, so er verborgen in der Mauer oder halbe Türl, wie es sich fügen wird, in jeder Kammer), dazu die Fußböden zu ermelten* (genannten) *6 Kammern mit guten Estrichen* (Fehlboden?) *von Zeug schlagen und aller Dinge, was dem Maurer gebührt, verwerfen* (verputzen), *verdemmichen* (dünchen, Kalkanstrich) *etc. nichts ausgenommen, bis an die Statt zu verrichten und fertigen, alles 1.200 Gulden (fl).*

Dazu solange er (der Maurer) *in der Arbeit mauert und bricht, alle Tage 4* Scharwerker (Bauern, die zum Scharwerk verpflichtet sind). *Dergleichen soll man ihm Kalk, Steine so* (und anderes) *was er zum Gebäu bedürftig, an* (ohne) *sein Entgelt zur Statt liefern. Nachdem man ihm, wo er sonsten bei den Schlössern gearbeitet* (hat), *für seine Person die Kost und Logie* (Übernachtung) *geben, verhofft er sich einer gnädigen Erstattung.*

Zu den Gewölben, Turmgängen, Schnecken (Treppenhaus) *und Fenstern, 100.000 Ziegelsteine, das Tausend per 2 Gulden angeschlagen, tut 200 Gulden. Dazu 100 Klafter (313 m³) Bruchsteine zu denen (zusätzlich) so vom abgebrochenen Gemäuer gewonnen werden, von einem Klafter zu brechen 30 Kreuzer (Kr.), tut 50 Gulden 170 Dreiling Kalk, einer per 1 fl, tut 170 Gulden zu den Pockstallen(?) und Küssen(?) 600 gemeine Laden, einer per 3 Kr., tut 30 Gulden dazu um 5.000 Lattennägel, ein Hundert per 9 Kreuzer, tut 7 Gulden, 30 Kr. Summa das Maurers Unkosten 1.657 Gulden und 30 Kreuzer.*

Zimmermann (fol. 13-14'): *Hanns Straiffer* (Familienname auch heute noch verbreitet) *zu Winzer, begehrt vom Überzimmer(n) auf ermeldetes Gebäu, so er mit einem gelainten(?) Gestüel* (Dachstuhl), *dann "allbegen" in drei Werkschuhen* (etwa 90 cm) *einen Durchzug, darein die Sparren oder Rafen verfassen* (oder: verhaften?), *alles eingezepft* (eingezapft), *wohl abgebunden, mit Zwilchtach* (zweifaches Dach) *decken.*

Dazu in den 6 Stuben die Fußböden, auch in allen Stuben und Kammern jedem zwei Durchzüge, dann mit Siemling (?) (oder: Remling) *so an beiden Orten* (Enden) *auskellt, und einem Stab. Die oberen Böden, alles sauber hobeln. Dazu* (zu) *oberst unter dem Dach, einen gespunnten Boden* (ohne Ritzen) *zu einem Traid* (Getreide) *Kasten legen und summariter* (zusammen) *alles, was einem Zimmerman gebührt, nichts ausgeschlossen, sauber und gut an der Statt verfertigen, für alle Arbeit 300 Gulden.*

Auf solches Zimmer(n) zu Durchzügen, Treumen (Tram), *Sparren und Pandtholz, das gleichwohl nichts kostet* (Bäume aus den herzoglichen Wäldern), *bedarf er ungefähr über die 400* (Baum)-*Stämme. Die muß er auf seine Kosten schlagen, aushauen und zurichten, wie* (es) *sich gebührt. Doch soll man ihm alle Notdurft* (Baumaterial), *wie dem Mauerer, auf die Statt* (Baustelle) *führen* (mit scharwerkenden Bauern) *lassen.*

Weiters 500 geschnittene Latten (oder: Laden?), *ein per 1 Kr., tut 8 Gulden, 20 Kreuzer Zu Böden und anderer Notdurft, darunter die Remling* (Bodenlager) *auch begriffen, 400 dicke Felz - Bretter* (Falz-), *eins per 6 Kr., tut 40 Gulden Zum Dach 120 Hauffen Zwilchtach oder Scharschindl, ein per 20 Kr. tut 40 Gulden 2500 starke Lattennägel, das Hundert per 10 Kr. tut 4 Gulden, 10 Kr. 60 000 Zwilchnägl, eins per 45 Kr. tut 45 Gulden 2 000 Plattennägel zu den Fußböden in der Stuben, eins per 12 Kr., tut 4 Gulden Summa des Zimmermanns Unkosten 441 Gulden, 30 Kreuzer.*

Schmidt (fol. 15): *Nachdem die Fenster in den Gewölben, dann die im mittleren Gaden* (1. Stock), *besserer Versicherung halber, dergleichen die* (Kachel)*öfen vergittert* (werden sollen), *auch* Sklendern (Geländer) *zu den Gängen oder was sonsten vorfallen möchte, muß gemacht werden. Ist das Eisen dazu angeschlagen, ungefähr auf 8 Cennten (Zentner), ein per 4 fl, 10 Kr, tut 33 Gulden, 20 Kreuzer Davon dem Schmidt beiläufig Macherlohn 16 Gulden Summa Schmied- Unkosten 49 Gulden, 20 Kreuzer.*

Schreiner (fol. 15'): *Erstlich 20 Türstöcke von gutem Eichenholz, so* (wenn) *schlecht* (dann) *von weißem Holz* (Tanne), *mit Türen und Gesimsen, auf den Seiten verkleidet, für einen 2 fl, tut 40 Gulden. Dann in die 12 Zimmer 22 große Fensterstöcke von gutem Eichenholz, samt den dazugehörigen* Futtern (Verkleidung) *einer per 1 fl, 30 Kr., tut 33 Gulden. In den Schnecken* (Treppenhaus) *16* Stöcke (Fenster- und Türstöcke) *und Futter* (Verkleidung), *so (et) was kleiner, einer per 1 fl, tut 16 Gulden. Von den* Bänken (Pruckhen?) *in den 6 Zimmern aufzurichten, ungefähr 3 fl. Summa Schreiner Unkosten 92 Gulden.*

Schlosser (fol. 16-16'): *Von den 22 Kreuz- Fenstern mit Winklhacken, Stänglein, Riegeln und aller Notdurft, sauber verzinnt, zu beschlagen, eins per 1 fl, 30 Kr., tut 33 Gulden. Von den 12 Türgerichten in Stuben und Kammern zu beschlagen mit Schlössern zu zwei Riegeln (zwei Stufen der Verriegelung) und sauberen Bändern, alles verzinnt, von einer 3 fl, tut 36 Gulden. Dann von 8 gemeinen Türgerichten mit schwarzem Beschlecht* (Beschlag), *von einer 1 fl, 30 Kr., tut 12 Gulden. Von 16 Fenstern in den Schnekken* (Treppenhaus) *mit schwarzem Beschlecht* (Beschlag), *einer per 1 fl, tut 16 Gulden. Summa des Schlosserwerchs 97 Gulden.*

Glaser (fol. 17): *Die 22 Kreuzfenster zu verglasen, von einem ungefähr mit* (Butzen)- *Scheiben, Triangel* (Glasstücke zwischen den 3 runden Butzenscheiben), *Bleischäften* (Bleiruten) *und Zinn* (zum Verlöten), *5 Kr. tut 110 Gulden.*

Dann die 16 Fenster in den Schnecken (Treppenhaus), *ein per 3 fl, tut 48 Gulden. Im Fall* (daß) *man die Küchengewölbe und den untersten Gaden* (Erdgeschoß) *verglasen wollte, muß solches samt den Rahmen auch taxiert werden. Summa des Glaswerchs tut 158 Gulden*

Hafner *(Kachelofensetzer, fol. 17'): In die 6 Stuben (nicht die 6 unbeheizten Kammern), jede einen grünen, sauberen, glasern (glatten?) Ofen (mit glasierten Kacheln), so (der) wohl starck (groß sein sollte) einer ungefähr per 3 ½ Gulden angeschlagen (geschätzt), tut 21 Gulden. Diese Beschreibung von Kachelöfen ist von Nutzen für die Deutung der Grabungsfunde von Kachelofenscherben beim ehemaligen Jagdhaus in Reichenberg.*

Farbe: *Wofern* (wenn) *man das Dach* (Scharschindeldach) *wollte rot färben lassen, müsse man haben 1 Zenten* (56 kg) *rote Farbe* (Polierrot) *aus* dem (Bergwerk in) *Podenmais, das Pfund daselbst 1 Kr., tut 1 Gulden, 40 Kreuzer. Dann 75 Köpf Leinöl, ein per 8 Kr., tut 10 Gulden. Summa die Farb 11 Gulden, 40 Kreuzer. Mit dem Polierrot aus dem Bodenmaiser Bergbau, verrührt mit Leinöl, wurde offensichtlich das Scharschindeldach gestrichen, um es gegen Witterungseinflüsse zu konservieren und haltbar zu machen. In der Spiegelglas-Schleife in Riedlhütte wurden nach 1840 mit Polierrot auch die Glasscheiben plan geschliffen. Die Abschätzung der Gesamtkosten durch den Baumeister Aug und den Pflegverwalter Sigmund Gartner für diesen geplanten Neubau eines Jagdhauses zwischen dem Schloß und der Taferne in Bärnstein betrug: Sumarum der ganze Anschlag des Gebäus tut 2.528 Gulden (fol. 18-19)*

Der Pflegverwalter von Bärnstein Sigmund Gartner war bestrebt, diesen Neubau in Bärnstein mit möglichst geringen Unkosten zu erstellen. Hier seine Bemerkungen in dem Voranschlag über weitere Möglichkeiten zum Einsparen, die in München sicher sehr gerne vernommen worden sind (fol. 18-19):

*Doch möchte (*ich) *mit den Maurern und Zimmermans, so* (die) *eine zu große Anforderung getan, dergleichen mit den anderen Handwerksleuten, da man auf gewisse Arbeit eigentlich mit ihnen handeln würde, wohl um ein Geringeres* (billiger) *abzukommen sein. Ebenmäßig wäre auch der Kalk und die Ziegelstaine mit guter Gelegenheit um viel ein Leichteres* (billiger zu bekommen), *dann* (als) *der An-*

schlag vermag, allherzubringen und zu bestellen. So (fol. 18') *dann das Eisen* (für die Türbeschläge) *und allerlei beschriebene Nägel, zu* Steyr (Steiermark in Österreich) *erkauft, auf dem Wasser gen Passau, von dannen über Land heraus* (nach Bärnstein) *geführt, würde zusammen, daß solches Maut-frei passiert, auch (et)was erspart. Auch was die Fahrt anbelangt. Da auch die Glasscheiben nach der Truchen* (Truhen) *bei der Glashütten* (am Reichenberg, Spiegelau oder Schönau) *(so)dann (be)zogen, Bley und* Zinn (Stege für die Butzenscheiben) *ein(ge)kauft* (werden können), *möchte man auch (et)was leichter* (preiswerter) *mit den Fenstern abkommen. Also könnten auch die Bretter zum Teil wohlfeiler herzu gebracht werden. Wie dann* (von) *einem Baumeister* (Hans Reiffenstuel), *so* (der) *dazu* (aus München) *herab verordnet* (wird), *auf das alles mit geringsten Unkosten bestellt, alle gute Anweisung und Unterricht gegeben werden solle.*

Aus dem Brief vom 5. Januar 1588 ist bekannt, daß in Bärnstein auch ein Pferdestall für 50 Pferde gebaut werden sollte. Dieser Plan liegt als grobe Bleistiftzeichnung im Format DIN A3 mit der Bezeichnung "**D**" bei den Akten (fol. 24, 25). Er zeigt in einem langgestreckten Bau eine Aufstallung mit je 25 Pferdeständen auf beiden Seiten, die Heuraufen an den Außenwänden und einen mittleren Mistgang. Die Standlängen und Standbreiten für die Pferdeställe konnten dem landwirtschaftlichen Schrifttum der Zeit entnommen werden (Haushofer, 1975). An den beiden Außenwänden befinden sich je 5 Fenster und an den Giebelseiten je ein großes Tor und 2 kleinere Türen.

Der Kostenvoranschlag für diesen Pferdestall wurde mit 904 Gulden angegeben. Ein Schriftvergleich weist nach, daß dieser Voranschlag nach den Vorgaben von Sigmund Aug vom Pflegverwalter Sigmund Gartner geschrieben wurde. Nach diesem Bärnsteiner Voranschlag dürfte später auch in Reichenberg eine Stallung für etwa 50 Pferde geplant gewesen sein. Sigmund Gartner formulierte diese Kostenschätzung wie folgt (fol. 20, 20'):

Anschlag was zur Erbauung einer neuen Stallung bei dem fürstlichen Schloß Pernstein, da es den Fortgang gewinnen solle, in allem für Unkosten ungefähr aufgehen möchte:

Maurer: *Vorbemelter Meister Sigmund (Aug) begehrt von der Stallung, darinnen 50 Pferd wohl stehen mögen, dann Stuben und Kammern (für die Roßknechte, im Plan D nicht zu sehen) daran (angebaut), ungefährlich 130 Schuh in die Länge (38 m), dann 30 breit (8,75 m), nichts gewölbt und nur ein Gaden hoch (nur Erdgeschoß), doch von starkem Gemäuer und rauhen (Bruch)- Steinen, mit Fenstern, Verworfen (verputzt) und aller Notdurft (nach) Inhalt des Abriß (Plan D), zuzurichten, für alle seine Arbeit, des aber gar zu überflüssig:*

300 Gulden. Dazu 10. 000 Ziegelsteine, eines (1.000 Stück) per 2 fl, tut 20 Gulden. 50 Dreillinge Kalk, einer per 1 fl, tut 50 Gulden. 200 Klafter (627 m^3) Bruchsteine, von einem 30 Kr. tut 100 Gulden. Gleichfalls, weil (solang) er daran gearbeitet, alle Tag 4 Scharwerker und für die Kost Vergleichung (Kostgeld). Summa Maurer- Teil: 470 Gulden.

Zimmerman *(21,21'): Hans Straiffer fordert vom Überzimmer(n), so gleicher Gestalt, mit Treumen (Tram) Durchzügen, Sparren, Glaintten(?)*[24] *Gestühl und Zwilchdach, oben einen gespunten Boden (ohne Ritzen, Lagerung des Zehentgetreides), dazu im Stall die Pärn(?) (oder: Bäum, Abgrenzung der 50 Pferdestände), dann die Stände zu unterschlagen, und einen gefugten Fußboden zu legen. Stiegen auf den Boden (Dachraum), Türen und anderes nach Notdurft zuzurichten bis an der Statt, nichts ausgeschlossen für alles 250 Gulden.*

Zu diesem Gebäu braucht er zu Durchzügen, Sparren, Pandtholz, Bäum und Ständen 400 (Baum)-Stämme, die muß er selber (im Wald) schlagen und aushauen in (zu) seinen Kosten. Ferner 500 geschnittene Latten, ein per 1 Kr. tut 8 Gulden, 20 Kr.

Mehr 500 dicke Falzbretter, eines per 6 Kr. tut 50 Gulden. 100 Haufen Zwilchdach oder Scharschindel, einer per 20 Kr., tut 33 Gulden, 20 Kr.,

7.500 Lattennägel, das Hundert per 10 Kr., tut 4 Gulden, 10 Kr., 50.000 Zwilchnägel, eines per 45 Kr., tut 37 Gulden, 30 Kr. Summa Zimmermannsunkosten 383 Gulden, 20 Kreuzer.

Schmidt *(fol. 22, 22'): Von dem Stall, so (der) zwiefach, dann der Stuben und Kammer, auch der Tür auf den Boden, für Bänder, Hacken und Narben(?) Beschlagerlohn, 3 Gulden. Zu den Ständen für Hakken oder Ring, darein man die Pferde hafft (festbindet), 1 Gulden. Ebenmäßig für die eisernen Kreuze (Unterteilung der Fensterflächen für die Butzenscheiben) in die Stallfenster, 8 Gulden. Summa Schmidts Unkosten, 12 Gulden.*

Schreiner: *Drei Fensterstöcke samt den Futtern (Verkleidung) in die Stuben und Kammer, einer per 1 fl, 30 Kr., 4 Gulden, 30 Kr.*

Schlosser: *Von diesen drei Fenstern dem Schlosser mit schwarzen Beschlecht (Beschlag) und*

Winklhäckchen, Macherlohn 3 Gulden. Um 4 Schlösser, darunter zwei mit doppelten Riegeln (zwei Stufen der Verriegelung) an die Stuben- Kammer, Stall- (Türe) und die Türe, auf den Boden ungefähr 5 Gulden. Summa Schlosserwerk, 8 Gulden.

Glaser: *Die drei Kreuzfenster in die Stuben und Kammer (der Stallknechte), ungefährlich taxiert 12 Gulden. Da man die Fenster in der Stallung auch zu verglasen vermeint, müßte derselben Unkosten auch hierher gesetzt werden.*

Summa Glaserwerchs 12 Gulden.

Hafner: *Von einem guten, starken Ofen, grün (glasiert) oder (von) Eisenfarbe, 2 Gulden, 30 Kr. Wann das (Schindel)- Dach auch sollte gefärbt werden, bedarf man ein Zenten (Polier)rot (aus Bodenmais), per 1 Gulden, 40 Kr. 75 Köpfe Leinöl, einer per 8 Kr., tut 10 fl.*

Summarum des Überschlags **(auf der Rückseite mit "C" bezeichnet)*, tut 904 Gulden.***

Auch hier erwähnt der Pflegverwalter Gartner, daß die Kosten noch vermindert werden können*: Solches könnte ebenmässig, wie im ersten Anschlag vermeldet, (et)was leichter verdingt und die Notdurft mit geringeren Unkosten bestellt werden.* Die Ausführungen über die Baupläne und die Kostenschätzung zeigen, daß die Vorbereitungen für den Neubau eines Jagdhauses mit einem Pferdestall in Bärnstein schon weit fortgeschritten waren. Es bedurfte nur noch der Zustimmung des Herzogs aus München und mit dem Bau konnte begonnen werden.

Der von Sigmund Aug angefertigte Bauplan wurde jedoch nicht ausgeführt. Dieser Bauplan hat jedoch Bedeutung für die Geschichte der Bauweise der Renaissance (die Zeit von 1520 bis 1620) in Ostbayern, von der nach Ritz, 1933, noch wenig bekannt ist. Das Werk des Baumeisters Sigmund Aug war in den 26 Jahren seines Schaffens sehr umfangreich: Erwähnenswert sind die Schlösser Fürstenstein und Englburg in der Nähe von Tittling bei Passau. In Fürstenstein hat er unter Adolf von Schwarzenstein das untere Schloß errichtet, das 1570 fertiggestellt wurde. Auch am Schloß Aicha vorm Wald mit seinem Arkadenhof und an dem 1578 erneuertem Schloß in Rathmannsdorf bei Vilshofen könnte Sigmund Aug mitgewirkt haben (Wening, 1726; Mader, 1920, S. 51; W. Z., um 1965).

5.1.2 Werkmeister Hans Reiffenstuel sucht neuen Standort

Über den weiteren Fortgang der Planungen für ein herzogliches Jagdhaus im Gericht Bärnstein unterrichtet knapp vier Monate später, am 17. Mai 1588, ein Gutachten des fürstlichen Werkmeisters Hans Reiffenstuel aus dem Hofbauamt in München. Unklar bleibt, warum der Werkmeister nicht gleich zu Beginn mit den Planungen beauftragt worden war. Vielleicht sind aber dem Herzog Wilhelm V. beim Studium des Bauplanes von Sigmund Aug über den Neubau in Bärnstein erst Bedenken gekommen. Nach dem Wortlaut des Schreibens scheint man in München vor allem mit dem gewählten Standort zwischen dem Schloß und der Taferne nicht zufrieden gewesen sein. Anzunehmen ist, daß Herzogs Wilhelm V. seinen Werkmeister Hans Reiffenstuel persönlich beauftragt hat, sich um die Planung seines Jagdhauses zu kümmern. Hans Reiffenstuel war in Bauangelegenheiten im damaligen bayerischen Schärding am Inn (heute Österreich) unterwegs und nutzte diese Reise, um nach Bärnstein zu kommen. In der damals bayerischen Stadt Schärding hatte er in herzoglichen Bauangelegenheiten zu tun. Schärding und Braunau fielen vor 225 Jahren nach dem österreichischen Erbfolgekrieg 1772 an Österreich. Auf Schloß Bärnstein und in der Umgebung von Grafenau hat sich dieser erfahrene Baumeister sicher mehrere Tage gründlich umgesehen. Das Gutachten zeichnet sich durch eine knappe, deutliche und sachliche Sprache aus. Es gehört dazu ein nicht unterzeichneter, aber nach der Handschrift zu urteilen, sicher von Hans Reiffenstuel erstellter Kostenvoranschlag, der einen völligen Holzbau vorsieht. Wegen der Bedeutung dieses Schreibens von Hans Reiffenstuel mit vielen Einzelheiten, soll es im Wortlaut mitgeteilt werden:[25]

1588, a. di. (anno domini), *den 17. Mai, bin ich von dem fürstlichen Kammermeister zu Schärding abgefertigt worden, hinein gen Grafenau und Bärnstain, allda einen Augenschein neben anderm einzunehmen, wo das fürstliche Jagdhaus gebaut soll werden, wie folgt: Erstlich hat es auf dem Bärnstain bei dem Schloß keine Gelegenheit, denn man wollte das Wirtshaus wegtun oder abrechen, welches doch nicht zu tun ist. Es hat ob*(erhalb) *des Meierhofs zu der Hofstatt wohl eine Gelegenheit, aber kein fließendes Wasser könnte man dahin bringen. Es ist noch ein Ort vorhanden, ungefähr 300 Schritte von dem Schloß gegen Grafenau hinein auf einem Bichel* (Hügel), *da* (wo) *der Weg drübergeht, hat es gar eine gute Gelegenheit. Man könnte auch ein Rerbrunnen* (Röhrenbrunnen, fließendes Wasser) *dahin bringen, und wann man auf dem Bärnstain wollte bauen, so soll man auf dieser Hofstatt bauen.* (Reiffenstuel meint hier sicher den Bereich der Höhe 654 m westlich der Zufahrtstraße von Grafenau nach Bärnstein).

Zum anderen hat es in der Grafenau auch etliche Gelegenheiten, als erstlich vor der Stadt am Hineinziehen auf der gerechten (rechten) *Hand bei der Schießhütte, da (?) man könnte bauen, aber kein khelner* (?) (Keller?) *graben, dann es wäre sich zu besorgen, es würde das Wasser von den Bächen* (Kleine Ohe) *darein sitzen.*(Gemeint war hier ein Bauplatz im Tal der Kleinen Ohe südwestlich von Grafenau).

So hat es auf der rechten und linken Hand außer (halb, südlich) *der Stadt keine gute Gelegenheit. Auf der einen Seiten keine ebene Hofstatt und kein Wasser, auf der anderen Seite* (im Uferbereich der Kleinen Ohe) *ziemlich weich und mösig* (mosig). *In der Stadt hat es einen Ort auf der linken (H)*and (westlich des Stadtplatzes)*, daß man könnte bauen, wenn man zwei Häuser wollte wegbrechen und man könnte auch Röhrenwasser daselbst haben. Es ist noch ein Ort vorhanden, zu dem oberen Tor hinaus, da man ein solches Haus könnte bauen, und man hat auch Wasser dazu. Und wann man zu Grafenau wollte bauen, so wäre an diesem Ort* (Bereich des Schweimberges, Höhe 704 m) *die beste Gelegenheit. Dem* (nun) *wissen Euere Gnaden* (Herzog Wilhelm V.) *wohl zu tun. Unterschrift: Hans Reiffenstuel.*

Aus dem gleichen Jahr 1588 stammt auch ein nicht unterzeichneter Voranschlag der Kosten für den Bau eines Jagdhauses. Ein Schriftvergleich mit dem Brief vom 17. Mai läßt keinen Zweifel, daß dieser Voranschlag von Hans Reiffenstuel während seines Aufenthaltes in Bärnstein und Grafenau erstellt worden ist. Hier der Wortlaut dieses Voranschlages:[26]

Ungefährlicher (ungefährer) *Überschlag, was das fürstliche Jagdhaus zu Bärnstein vor dem Wald kosten würde, auch was man für Holz, Bretter, Schindeln dazu bedürftig würde sein, wie folgt:*

Erstlich muß man haben zu obgemeldeten Haus 200 Bäume, 60 Schuh lang. Man ist auch bedürftig zu dem Dachstuhl, Träm, Raffen 100 (Baum)*stämme, auch bei 200 Latten. Es würden auch 350 Dill-Laden* (till- Laden)*, jeder 2 Zoll dick zu Fußböden verbraucht werden. Man muß auch haben 300 Täfel-Laden über sich* (für die Decken). *Wenn man die Zimmer an* (den) *Seiten inwendig austäfeln* (will), *so würde man auch 300 dazu verbrauchen. Man muß auch haben auswendig zum Verschlagen 340 Laden. Das Haus müßte* (mieset) *haben 28 Türstöcke, 45 Fensterstöcke. Man soll auch haben zu dem Dach 120 Haufen oder Kasten der Scharschindeln. Ein Kasten per 20 Kreuzer taxiert, sind 40 Gulden.*

Wann der obgemeldete Vorrat vorhanden ist, so würde das Haus aufzubauen, Dachstuhl zu machen, zu decken, Türstöcke, Fensterstöcke, und das Haus von Holzwerk aufzumachen bis in die 460 Gulden kosten.

Außerhalb Schlösser und Bänder und was die Fester betreffen:

Dem Schlosser von 45 Fensterstöcken und Rahmen zu beschlagen und was man dazu bedürftig ist. Auch 25 Türen, daran Schloß und Bänder 100 Gulden. Dem Glaser 130 Gulden, um Ziegel und Kalk 20 Gulden. Dem Hafner (Ofensetzer) *und Maurern 30 Gulden. Auch um allerlei* Eisen (aus Steyr in Österreich für Beschläge)*, Nägel und Farbe* (Polierrot aus Bodenmais mit Leinöl vermischt) *24 Gulden. Summa: 804 Gulden. Ungefährer Überschlag des fürstlichen Jagdhauses vor dem Wald.*

Der von Hans Reiffenstuel gezeichnete Brief vom 17. Mai 1588, zusammen mit dem beiliegenden Voranschlag der geschätzten Kosten, soll mit den wesentlichen Aussagen näher erörtert werden. Er vermittelt einen Einblick in den Schriftverkehr der Planungen im Jahre 1588 und die Handschrift mit Unterschrift des bedeutenden Werkmeisters.

Das Schloß Bärnstein als Standort für das Jagdhaus lehnte Hans Reiffenstuel sehr entschieden ab. Der von Sigmund Aug geplante Bau zwischen dem Schloß und der Taferne (heute der Biergarten der Schloßwirtschaft in Bärnstein) befriedigte ihn offensichtlich nicht. Der Platz war zu eng und die Taferne wollte er nicht abbrechen. Hans Reiffenstuel suchte nach einem erhöhten, freistehenden Standort für dieses Jagdhaus, mit einer freien Sicht nach allen Seiten. Vielleicht war das bereits die Vorgabe seines Herzogs.

Auf einem Bergrücken oberhalb von Bärnstein entstand jedoch das Problem, Trinkwasser von weiter entfernten Quellen mit Holzröhren (Rernbrunnen) herzuleiten. Die Wasserversorgung war der erste und wichtigste Gesichtspunkt bei der Auswahl eines Standortes. Bei jedem möglichen Standort stellte er sofort die Frage, ob Trinkwasser ausreichend vorhanden ist. Für die heutige Zeit nicht mehr vorstellbar, welche Bedeutung die Frage des Trinkwasser bei einem geplanten Hausbau damals hatte. Im Brief kommt bereits seine besondere Begabung als Wasserbauer zum Ausdruck. 28 Jahre später sollte der 1588 40jährige Reiffenstuel, zusammen mit seinem Sohn, mit einer Soleleitung (salzangereichertes Wasser) über 32 Kilometer von Reichenhall nach Traunstein die größte technische Leistung der damaligen Welt vollbringen (s. Kapitel 5.5.5).

Neun Monate Schweigen nun die Akten über diesen vorgesehenen Neubau eines Jagdhauses. Es ist anzunehmen, daß in der Zwischenzeit einige Briefe geschrieben worden sind, die aber nicht überliefert sind. Erst am 9. Februar 1590 gibt es wieder eine Mitteilung. Obwohl der genaue Standort für das Jagdhaus immer noch nicht gefunden war, hielt sich der welsche Baumeister Konstantin Fadihelm aus Straubing schon einige Wochen vor Weihnachten 1589 bis zum 9. Februar 1590 im Schloß Bärnstein auf. Er hatte einen Bauplan für ein Jagdhaus erstellt, möchte nun heimreisen und bittet wohl bei der Hofkammer in München um einen Vorschuß zur Zöhrung[27] für seine Heimreise. Er hat angeboten, diese Zöhrung, das Reisegeld, beim späteren Bau abzurechnen. Hier der Wortlaut dieses Schreibens von Constantin Fadihelm vom Februar 1590:[28]

Der Maurer Constantin Fadihelm an die Hofkammer in München. Edler Herr Kammermeister, auch andere edle und feste, fürstliche Herren Anwälte und Cammerräte, gnädige und gebietende Herren !

Euere Gnaden und Herren werden sich zweifelsohne gnädig zu erinnern haben, wie lange ich nun seit Weihnachten wegen des vorgenommenen Baues des Jagdhauses zum Pernstain allhier verharrt (bin*). Nachdem ich aber ein Visier* (Bauplan) gestellt, erstellt habe) *, aber anjetzt weiter nichts mehr ausrichten kann, von wegen des Rechens (?), dann* (weil) *der Herr Kammermeister verreist* (ist), *daß ich also keinen Bescheid erlangen kann, unterdessen aber und so lange Zeit her (ich) mich ganz und gar verzehrt (habe), also daß ich nicht mehr länger verharren kann. Damit ich aber wieder heim und zu (nach) Hause gelangen möge, so gelangt an Euere Gnaden und Herren mein untertänig gehorsames Bitten, Die wollen mir eine Zehrung* (Reisegeld) *erteilen (?) und mit Gnaden verordnen lassen des untertänigen Erbietens //so man mir diese mit Gnaden nicht nachsehen und schenken wollte//, solches mir an* (der) *künftigen Gebühr wieder abzuziehen und aufheben zu lassen. Das begehre* (ich) *um Euer Gnaden und Herren in untertänigem Gehorsam höchsten Fleißes zu verdienen. Euerer Gnaden und Herren untertänig und gehorsamer Constantin Fadihelm zu Straubing.*

Die Antwort vom 9. Februar 1590 aus München auf dieses Gesuch von Konstantin Fadihelm ist recht ungnädig ausgefallen:

Hofkammer in München an den wellischen Maurer Constantin Fadihelm (Konzept). Jagdhaus zum Pernstein, 9. Februar 1590, Constantin Fadihelm betreffend. Dieweil dieser Supplikant (Gesuchsteller) *nach Anzeigung seines gemachten Abrisses* (Bauplan) *am Jaidhaus zum Pernstain zu bauen vor ihm gehabt, so etliche tausend Gulden kosten würde, er aber von viel weniger eine Meldung getan, auch auf seinen Reden nicht geblieben* (ist), *ist er mit einem starken Verweis, daß er fürderhin mit dergleichen nicht mehr kommen soll, abzuweisen. Unterschrift unleserlich, 9. Februar 1590.*

Das Gesuch wurde rundweg und in scharfer Form abgewiesen. Er habe nach Anzeige seines Abrisses ein Jagdhaus geplant, mit Kosten von etlichen tausend Gulden, obwohl er vorher viel weniger veranschlagt habe. Er sei bei seinen Reden nicht geblieben und wird daher mit einem scharfen Verweis abgewiesen. Sein eigener Kostenvoranschlag für den Neubau, der nicht bei den Akten liegt, ist im Vergleich zur bisherigen Planung offensichtlich viel höher ausgefallen. So einfach war es damals für einen herzoglichen Beamten an der Hofkammer in München, einen Planfertiger um seine Auslagen und wohl auch um sein Honorar zu bringen.

Offensichtlich ist er jedoch nur kurze Zeit in Ungnade gefallen. Noch im gleichen Jahr erhielt er einen weiteren herzoglichen Auftrag:

So erscheint der welsche, fremde, Maurer Constantin Fadihelm aus Straubing noch einmal in einer Abrechnung des Hofzahlamtes in München. Er erhält 1590 (ohne Datum) *wegen dem Visier* (Plan) *eines neuen Rechens* (an einer Wasserausleitung?) *10 Gulden.*

5.2 Der Herzog entschied: Jagdhaus wird in Reichenberg gebaut

Erst 3 Monate später gibt es wieder eine Nachricht über das geplante Jagdhaus. Am 21. April 1590 teilt der Herzog überraschend mit, sein Jagdhaus in Reichenberg zu bauen. Es ist davon auszugehen, daß im Schriftverkehr einige Briefe fehlen. Deshalb ist es schwierig, den Weg der Entscheidung nachzuvollziehen. Wie kam man bei der Suche nach einem geeigneten Standort für ein geräumiges Jagdhaus auf den Bergrücken am Reichenberg, einem langgezogenen Geländesporn, der im Norden und Süden von der Großen Ohe begrenzt wird?

Ob der herzogliche Werkmeister Hans Reiffenstuel diesen Standort bei seinem Besuch im Mai 1588 gesehen und untersucht hat, ist unwahrscheinlich. Bei der Aufzählung der möglichen Standorte in seinem ausführlichen Gutachten vom 17. Mai 1588 hätte er es sicher erwähnt. Er war bei dieser ersten Besichtigung zu sehr auf die engere Umgebung von Bärnstein bedacht. Deshalb ist davon auszugehen, daß bis Mai 1588 der Standort Reichenberg noch nicht im Gespräch war. Nach allem was aus dem nachfolgenden Schriftverkehr hervorgeht, hat jedoch Herzog Wilhelm V. selbst in die Standortwahl eingegriffen. Deshalb wurde immer schon vermutet, daß er im Herbst 1588 oder 1589 noch einmal von Bärnstein aus in den Hochlagen gejagt hat und gleichzeitig nach einem geeigneten Standort Ausschau hielt.

Diese Vermutung kann inzwischen auch bewiesen werden.

Eine Bärenjagd 1589 ist durch mehrere Quellen aus den Protokollen der Hofkammer belegt:[29] Von der Hofkammer wird dem Pflegsverwalter Sigmund Gartner zu Bärnstein befohlen, er solle dem vom Hof dorthin abgesandten Jäger gegen dessen Nachweis das notwendige Geld und Futter zustellen. Die andere Notiz lautet:[30]

Pernstein: 200 fl für Ihre Gnaden Reisen nach Bärnstein. Dem Rentmeister zu Landshut ist geschrieben worden, daß er gegenwärtigem Jagdküchenschreiben Hans Schalckhen, welcher samt dem Jaidt (also mit der Jagdgesellschaft) *zum Pernstein abgefertigt worden, von der Rentkammer 200 fl gegen einer Bekenntnis* (Beleg) *zustelle oder ihm dieselben bei den Beamten zu geben verordne und hernach solch sein Bekenntnis* (Beleg) *bei fürstlicher Zahlstube an Geldes statt übergebe.*

Am 16. September 1589 ist der Rentmeister in Landshut benachrichtigt worden, daß er 200 Gulden vorstrecken solle:

Dem Rentmeister zu Landshut (Rentamt Landshut) *ist geschrieben worden, daß er gegenwärtigem Futterschreiber Casparn Menzinger zu jetzt verstandener* (vorgesehener) *Ihrer Fürstlichen* Gnaden (Herzog Wilhelm V.) *Rais* (Reise) *nach Pernstain 200 fl bei fürstlicher Rentstuben* (in Landshut) *zustelle oder ihm dieselben bei anderen Beamten gegen einer Bekenntnis, dieselbe künftig bei fürstlicher* Zahlstuben (in München) *an Geldes statt zu übergeben habe, verordne....*[31]

Ebenso und fast gleichlautend wurde dem Pflegsverwalter in Bärnstein geschrieben. Aus diesen Notizen geht eindeutig hervor, daß Herzog Wilhelm V. im September 1589 in Bärnstein auf der Bärenjagd war. Die Kosten dieser Reise betrugen 200 Gulden. Die Rentkammer in Landshut sollte die 200 Gulden für die Reise vorstrecken und die fürstliche Zahlstube in München diesen Betrag wieder erstatten. Der Futterschreiber war dem Oberstallmeister unterstellt, der auch die Reisen des Herzogs vorbereitet hat. Nachdem sich Herzog Wilhelm V. im September 1589 zur Bärenjagd in Bärnstein aufhielt, ist davon auszugehen, daß er den Standort für sein Jagdhaus in Reichenberg selbst festgelegt hat.

Hans Reiffenstuel konnte durch seine Besichtigung um den 17. Mai 1588 offensichtlich Wilhelm V. überzeugen, daß Bärnstein als Standort für ein Jagdhaus nicht geeignet war. Bei seiner Standortwahl war er zu sehr auf die Gegend zwischen Bärnstein und Grafenau fixiert. Das wird den Herzog nicht befriedigt haben. Wilhelm V. nutzte seine Jagdreise im Herbst 1589 um nach einem geeigneten Standort Ausschau zu halten. Der Bergrücken von Reichenberg war ihm von früheren Bärenjagden sicher schon bekannt. Vom Jagdhaus in Schöfweg aus blickte er vor dem Plattenhausen auf das Dorf Reichenberg. Bei seinem Jagdbesuch im September 1589 hat er dann in Reichenberg dieses herrliche Fleckchen Erde mit der schönsten Aussicht weit und breit aufgesucht. Für diesen Standort im Gebiet des Klosters St. Oswald hat er sich dann auch entschieden. Ob er selbst oder seine Beamten in der Folgezeit die damit zusammenhängenden rechtlichen Fragen mit dem Kloster Niederalteich oder St. Oswald klärte, ist nicht bekannt. Die endgültige Entscheidung von Wilhelm V. für den Bau in Reichenberg ist dann auch nach wenigen Monaten gefallen. Auf einem kleinen, erhaltenen Notizzettel (Konzept eines Briefes) teilt der Herzog in München persönlich folgendes mit. Die Abschrift dieses wichtigen Briefes findet sich auch bei den Streitigkeiten über das Scharwerk:[32]

An den Rentmeister zu Straubing, Erbauung eines Gejaidhauses auf dem Reichenperg im Pernsteiner Gericht, 21. April Anno 1590.

Lieber Getreuer! Wir sind Vorhabens, auf dem Reichenperg (in) *deiner Rentamts Verwaltung, ein Jhaidhaus von Holzwerk* (Anmerkung am linken Rand: *dreigadig) noch diesen Sommer* (1590*) aufbauen zu lassen.* (Wir) *schicken derowegen unseren Werkmeister Hansen Reiffenstuel hinab, daß er die Notdurft* (an) *Holz alsbalden schlagen, die Bretter und Läden schneiden und Schindel* (Scharschindel) *machen lasse, auch anderer Notdurft trachten und die Arbeit anstellen soll* (Beginn der Arbeiten). (Wir) *befehlen dir demnach, du wollest hierzu nicht allein die Notdurft* (an) *Geld sondern auch anderes, was zur Beförderung dieses Baues vonnöten, verordne wie auch* (der) *Pflegsverwalter zum Pernstain hierzu wohl* (zu) *gebrauchen und ihm zu befehlen ist, daß er fleißig zusehe und ob* (bei) *den Arbeitern sei* (Bauaufsicht), *damit nützlich und förderlich gearbeitet werde. Du solltest auch hierüber eine sonderbare* Rechnung (besondere Buchführung) *halten und dieselbe nach vollendetem Bau zu unserer Kammer* (Hofkammer in München) *überschicken. An dem allen beschieht unser Wille und wir wollen uns dessen zu dir endlich verlassen. Datum: München, den 21. April Anno (15)90.*[33]

Die Notiz auf diesem Zettel wurde von der Hofkammer gleichlautend dem Rentmeister in Straubing mitgeteilt.[34]

Herzog Wilhelm V. hat offensichtlich nicht nur den Bauplatz in Reichenberg ausgesucht, sondern auch den Bau seines Jagdhauses selbst in die Hand genommen hat. Er ließ sich nicht mehr länger hinhalten, hatte es eilig und bedrängte seine Beamten in Straubing und Bärnstein. Seinem Pflegverwalter in Bärnstein hat er nicht zugetraut, die notwendigen Arbeiten nach dem 21. April 1590 selbst sofort einzuleiten. Er ist der Meinung, daß sein Werkmeister Hans Reiffenstuel selber die notwendigen Vorarbeiten in Reichenberg in die Hand nehmen soll. Der Rentmeister in Straubing erhält noch nähere Anweisungen, daß der Pflegsverwalter nützlich und förderlich arbeiten soll.

Am 26. April 1590 gibt Rentmeister Sauerzapf in Straubing noch detaillierte Befehle zum Jagdhausbau in Reichenberg an den Pflegsverwalter Sigmund Gartner weiter.[35] Ferner fordert er ihn auf, er solle einen Boten um Geld nach Straubing schicken und über die Baukosten genaue Rechnung führen.

Am 23. April 1590 hat sich die Hofkammer in München noch mit der Einstellung, der Bestallung, eines Bärnsteiner Jägers beschäftigt, der in Reichenberg wohnte.[36] Dem Protokoll der Hofkammer ist zu entnehmen, daß dem Pflegsverwalter von Bärnstein geschrieben worden ist, er solle künftig Thomas Schmidt in Reichenberg aus sein weiteres

Wohlverhalten bis auf Widerruf des Herzogs jährlich ein Schaff Korn und ein Schaff Habern, Straubinger Maß vom Kasten Bärnstein reichen. Daraus ist zu entnehmen, daß bei der Einstellung und der Besoldung eines Bärnsteiner Jägers die Hofkammer entscheiden mußte.

5.2.1 Warum wurde der Standort Reichenberg bevorzugt?

Die Suche nach einem geeigneten Standort für ein Jagdhaus im Gericht Bärnstein dauerte vom November 1587 bis 21. April 1590, insgesamt zwei Jahre und fünf Monate. Die Gegend um Reichenberg war in München damals bestens bekannt. 25 Jahre früher, im Jahre 1563, brachte Philipp Apian seine berühmten bayerischen Landtafeln heraus, mit einem umfassenden Reisetagebuch in lateinischer Sprache. In diesen Notizen ist über Reichenberg zu lesen: *Ort Reichenberg auf einem Hügel. Weiler Hächnprun* (Höhenbrunn). *Reichenperg villae* (Dorf) *und auch Glashütte liegen am Bach Seepach.* Den Jagdbogen des Herzogs, das Jagdrevier im Einzugsgebiet der Großen Ohe, beschreibt Apian wie folgt: *Den Klingenbach* (heute: Große Ohe) *aber bilden zwei von den Bergen herabfließende Bäche, deren einer vom Berg und Wald Faistenberg kommt und Schwatza* (Schwarzach bei Spiegelau) *heißt. Der andere Seepach heißt und aus dem früher* (genannten) *Rachelsee entspringt. Dieser Seepach nimmt bald andere Bäche auf, die aus den östlichen Gegenden und vom Berg Schäfften* (Schachtenhöh, 836 m) *kommen, von denen der dritte Schäftelpach* (Hinterer und Vorderer Schachtenbach), *der vierte Kramerbach* (wohl Guglöder Graben) *heißen.* Auch den Ursprung und die Entstehung der Goldwaschhügel in den Grüben unterhalb des Rachelsee bis zum Großen Filz nördlich von Riedlhütte deutet Apian, 1563, heute vor 436 Jahren, als Erster richtig (Apian, 1880)**: Er weist darauf hin, daß die Alten an diesen Plätzen durch das übliche Waschen Gold gewonnen haben.**

Am Rande einer Seite in seinem Reisetagebuche vermerkte er: Waschwerk (Reiner, u. a. 1996).[37] Warum Reichenberg als Standort für das Jagdhaus ausgewählt worden ist, wird in den Briefen nicht überliefert.

Wir können davon ausgehen, daß der Herzog Wilhelm V. selbst bei seiner Bärenjagd im September 1589 den Standort in Reichenberg für den Bau des herzoglichen Jagdhaus ausgesucht hat. Welche Gründe könnten bei der Wahl des Standortes Reichenberg ausschlaggebend gewesen sein? Aus den vorhandenen Schriftverkehr und den Umständen der Zeit, sind einige Gründe zu nennen, die diese Standortwahl sicher beeinflußt haben:

- Die Nähe zu den Standplätzen der Bären am Rachel, Plattenhausen und Lusen.
- Die Nähe zu den Filzen mit reichen Beständen an Birkwild.
- Die sichere Wasserversorgung aus einer nie versiegenden Quelle.
- Die weite Hochebene der Plangling in Riedlhütte-Häuser für die eingestellte Jagd mit Tüchern und Lappen.
- Die herrliche Aussicht nach Süden, Westen und Norden.

Die Nähe zu den Standplätzen der Bären am Rachel und Lusen

Mit dem Jagdhaus in Reichenberg war der Herzog den Standplätzen der Bären in den weiten Urwäldern am Rachel und Lusen sehr nahe.

Durch die Erfindung und ständige Verbesserung der Feuerwaffen konnten größere Gebiete bejagt werden. Die Bärnsteiner und herzoglichen Jäger haben bei der monatelangen *Vorsuche* die Standplätze und Wildwechsel der Bären aufgesucht und genau gekannt. Von diesen Wildwechsel und ausgetretenen Pfaden zu den Wasserstellen weichen die Bären kaum ab. Der Herzog konnte bei den Jagdbesuchen ohne großen Zeitverlust diese Standplätze und Wildwechsel gezielt aufsuchen. Nur so wird verständlich, daß sich der Jagdbogen vom Vorderen Wald bis in den Inneren Bayerischen Wald erstreckte. Durch diese veränderte Logistik einer Bärenjagd, baute der Herzog sein Jagdhaus 1590 in Reichenberg am Fuße des Rachel und 1593 dann in Lalling. An den gut dokumentierten, großen Bärenjagden von 1611 und 1615 am Rachel, Geistlichen Stein bei Ringelai, Sonnenwald und Leopoldswald bei Lalling ist diese Logistik gut zu erkennen. Das Jagdhaus in Reichenberg sollte der Stützpunkt sein für das Gebiet am Rachel, Lusen und der Thomasleiten bei Ringelai. Die Gebiete am Sonnenwald und Leopoldswald sollten von Lalling aus erschlossen werden.

Die Nähe zu den Filzen mit reichen Beständen an Birkwild.

Wir haben keinen Beleg, daß die Herzöge im Großen Filz Birkhähne jagten. Birkwild zu jagen war jedoch das Privileg des Herzogs. Birkwild zählte, wie die Bären und Hirsche, zur hohen Jagd. Das bedeutendste Revier für Birkwild am Rachel und Lusen waren Großer Filz und Kloster Filz. Bei undurchlässigem Untergrund hat sich das Filz da ausgebildet, wo der südliche Lauf der Großen Ohe nach Westen durch den langgezogenen Bergrücken von Reichenberg abgedrängt wurde und bei Spiegelau in das enge Tal der Steinklamm fließt. Bereits in der von Schober, 1997, entdeckten Altkarte **B** von 1620 wird das Filzgebiet wie folgt bezeichnet:

> *Fils davon die fundation* (Erbrechtsbrief) *meldet und Hahnenfalz. Ein Teil des Klosterfilzes wurde also um 1620 mit dem Flurnamen Hahnenfalz* (= Hahnenbalz, Kehrein, 1898) *bezeichnet. Es wird der Be-*

reich gewesen sein, in dem das Birkwild besonders zahlreich aufgetreten und gejagt worden ist.

Wollte Herzog Wilhelm V. im Frühjahr eine Birkhahnbalz erleben, mußte er sehr früh aufstehen. Deshalb war es wichtig, das Revier für das Birkwild in unmittelbarer Nähe, nur 2 km in nördlicher Richtung vom Jagdhaus zu haben. Die Fürstbischöfe von Passau haben für die Auerhahnbalz mit Vorliebe das Schloß Wolfstein im unteren Bayerischen Wald aufgesucht (Müller, von, 1924, S. 92).

Die sichere Wasserversorgung

Eine wichtige Voraussetzung war sicher auch die Wasserversorgung für das geplante Jagdhaus. In Bärnstein wurde bemängelt, daß man *kein fließendes Wasser dahin bringen* konnte. In Reichenberg war die Wasserversorgung sichergestellt. Kurt Weny, der heutige Besitzer des Grundstückes, Reichenberg Haus-Nr. 34, (Gemarkung St. Oswald, Flur Nr. 1483), auf dem früher das Jagdschloß stand, hat heute noch das im Grundbuch eingetragene Wasserrecht mit fließendem Wasser aus einer über die Jahre nie versiegenden Quelle. Dieses Wasserrecht lag auf dem Grundstück eines anderen Bauern und mußte von diesem geduldet werden. Diese Quelle entspringt am Reichenberger Nordhang am östlichen Dorfrand nur wenige Meter vom Kolbet-Wald (Goldberg-Wald, Reiner, u. a., 1996) entfernt [38].

Über zusammengesteckte, gebohrte Holzröhren wurde das Trinkwasser etwa 600 m bis zum Jagdhaus geleitet. Das stets fließende Wasser hat auch in strengen Wintern ein Einfrieren der nur etwa 30 cm tief verlegten Rohre verhindert. Vor der gemeindeeigenen Trinkwasserversorgung in den 50er Jahren hat der Vater von Kurt Weny noch Holzrohre gebohrt und schadhafte Stellen seiner Wasserleitung selbst verlegt. Die Begehung im Sommer 1997 zusammen mit Herrn Kurt Weny hat ergeben, daß diese historisch bedeutsame Quelle durch den Bau des Parkplatzes am östlichen Dorfrand erst kürzlich verschüttet worden ist. Aus dieser Quelle sind die Jagdgäste, die vielen Pferde und die Hundemeute mit Wasser versorgt worden. Ein Wasserkar, Wasserbehälter oder Wassergrand um fließendes Wasser aufzufangen, wird in den Briefen über den Bau des Jagdhaus genannt.

Die Hochebene der Plangling in Riedlhütte-Häuser

Die weite Hochebene in Riedlhütte- Häuser, alte Flurbezeichnung *Plangling*, heute *Planling*, früher ein mit Planken eingezäunter Ort, war für die Ausübung der Jagd bestens geeignet. Diese weite Hochebene mit damals wohl lockerem Baumbestand und Büschen wird Herzog Wilhelm V. als ideales Gelände angesehen haben, hier bei den Vorbereitungen der herzoglichen Hatzen, wochenlang das Wild aus den höheren Lagen in einem umzäunten Kral zusammenzutreiben. Am Jagdschloß in Grünwald bei München wird über einen eingezäunten Wildgarten mit dem Wild der Umgebung berichtet (Reitzenstein, 1885). Der Flurname *Plangling* deutet auf einen solchen Wildgarten im Zusammenhang mit dem Jagdhaus in Reichenberg hin.

Die herrliche Aussicht

Die Wittelsbacher haben sich für ihre Schlösser über die Jahrhunderte ihres Wirkens immer die landschaftlich schönsten Standorte ausgesucht, weitschauend und die Gegend beherrschend. Erinnert sei nur an die Burg Trausnitz über Landshut und an die Schlösser in Dachau und Grünwald an der Isar südlich von München (Wulf, 1930). Diesem Grundsatz sind sie auch in Reichenberg treu geblieben. Die herrliche Aussicht auf den Gebirgszug mit den Bergen Großer Rachel (1453 m), Plattenhausen (1376 m), Großer Spitzberg (1350 m) und Lusen (1373 m) wird die Entscheidung mit beeinflußt haben. Herzog Wilhelm V. hat den Reichenberger Bergrücken sicher auch selber gekannt. Es ist anzunehmen, daß er von Bärnstein aus heraufgeritten ist um hier zu jagen. Er wird aber auch bei seinen Jagdausflügen nach Schöfweg im Sonnenwald am Dorfrand gestanden sein und hinübergesehen haben zum Reichenberger Rücken (800 m), eingerahmt vom Kleinen und Großen Rachel, Plattenhausen und Lusen im Hintergrund. Vielleicht ist damals schon die Absicht gereift, auf diesem Bergrükken vor dem Plattenhausen einmal ein Jagdhaus zu erbauen (Abbildung 25, 26, 27).

Abbildung 25: Herzog Wilhelm V. kannte von seinen Jagdausflügen in Schöfweg im Sonnenwald den Reichenberger Höhenrücken (798 m). Im Hintergrund Waldhäuser (953 m) und der Lusen (1373 m). Von hier wird er hinübergeblickt haben auf das Dorf Reichenberg. Teleobjektiv 300 mm.

Abbildung 26: Der Blick von Schöfweg zum Kleinen (links, 1399 m) und Großen Rachel (rechts, 1453 m) mit dem Rachelsee (1072 m) am Fuße des steilen Abhangs. Teleobjektiv 300 mm.

Abbildung 27: Der Blick von Schöfweg zum langgestreckten Berg Plattenhausen, damals eine hochgelegene Waldweide. Teleobjektiv 300 mm.

5.3 Die Baugeschichte des Jagdhauses in Reichenberg

5.3.1 Der Voranschlag vom 1. Mai 1590

Herzog Wilhelm V. hat seine Ankündigung vom 21. April 1590 an den Rentmeister in Straubing wahrgemacht: Schon 10 Tage später, am 1. Mai, war sein Werkmeister Hans Reiffenstuel im Schloß Bärnstein bei Grafenau und erstellte den Kostenvoranschlag für den Neubau.[39] Diesen schickt der Pflegverwalter Hans Sigmund Gartner zum Rentamt nach Straubing.

Nach dieser Stückliste konnten die zum Scharwerk verpflichteten Bauern die Bäume im Wald schlagen und zur Baustelle fahren. Über das benötigte Bauholz und die Kosten wurde sorgfältig Buch geführt: Ein einzigartiges Dokument über den Hausbau im Bayerischen Wald aus der Zeit von 1590. Die Auflistung enthält den Verwendungszweck der einzelnen Baumstämme in einem Holzbau in der alten Zimmermannssprache. Viele Fachbegriffe des Zimmer- und Bauhandwerks sind aus der Alltagssprache heute längst verschwunden, einige wenige werden jedoch in der Gegend heute noch verwendet. Die meisten Begriffe können jedoch durch das Bayerische Wörterbuch (Schmeller, 1872, 1983), Wörterbücher über das Bauhandwerk (Gerner, 1984) und Schriften über die Technik des Hausbaues in früherer Zeit (Erdmannsdorfer, 1972) gedeutet werden. Einige Ausdrücke sind jedoch unklar geblieben. Sie sind in ihrer Bedeutung verlorengegangen. Insgesamt waren für das Jagdhaus in Reichenberg 915 dicke Baumstämmen notwendig. An Kosten errechneten sich insgesamt 1584 Gulden.

Hier der Wortlaut dieses achtseitigen, auf der ersten Seite reich verzierten, Voranschlages mit der Materialliste, welche Bäume im Wald zu schlagen waren. Mit scharwerkenden Bauern wurden sie mit Fuhrwerken an die Baustelle auf den Reichenberg gefahren. Für die 915 Baumstämme für die Zarg, die Umfassungswände sowie die 219 Baumstämme, die in der Säge bearbeitet wurden, werden keine Kosten genannt. Sie stammten aus den herzoglichen Wäldern, für die keine Kosten angefallen sind. Das Dokument wurde von Sigmund Gartner nach den Angaben von Hans Reiffenstuel geschrieben und unterzeichnet, was ein Schriftvergleich nachweist:

> *Ungefährer, summarischer Anschlag, was in allem für Unkosten über das Jegerhaus, das auf ausgegangenen fürstlichen Befehl im Reichenberg, hart vor dem Behaimer Wald, Landgerichts Pernstain, gebaut und aufgezimmert werden soll, auflaufen würde. Welches durch Hansen Raiffenstuell, meines gnädigsten Fürsten und Herrn etc. Werkmeister zu München, zum Pernstain gemacht und überschlagen worden. Actum, den ersten Mai, de Anno 1590* (Abbildung 28).
>
> *Erstlichen zur Zarg würde man verbrauchen 476* (Baum)*stämme, 60 Schuh lang* (17,5 m).[40] *Die Zarge ist jede erhöhte Einfassung bei einem Bau* (Gerner, 1984, S. 207).

Aus diesen von Hand mit dem Zimmermannsbeil behauenen und dann liegend übereinander angeordneten Balken wurden die Außenwände des Gebäudes mit drei Stockwerken *(Gaden)* erstellt. Wie später aus den Zimmermaßen und Wandstärken abgeleitet wird, betrug die Breite des Reichenberger Jagdhaus 34,5 m. Mit zwei Längen dieser Baumstämme, 2 x 17,5 m = 35 m, errechnet sich hinreichend genau die Breite des Jagdhauses. Der Bau wurde in der Zargenbauweise und nicht als Ständerbau (Fachwerkbau) erstellt. Beim Ständerbau tragen kräftige, senkrecht angeordnete Wandständer im Abstand der Dachbinder das Dach (Gebhart, u. a., 1995, S. 373).

90 Riembling in das under garm.

Ein Riemling (Schmeller, 1983, Bd. 2, Spalte 95) ist ein Brett oder Laden von zwei Zoll (etwa 6 cm) Dicke und 15 Zoll Breite (etwa 44 cm) für die Decken. Das under garm ist das untere Stockwerk (Gaden) oder das Erdgeschoß des Jagdhauses (Schmeller, Bd. 1, Spalte 871).

50 (Baum)stämme zu Türgerichten (Türstöcke) und Fensterstöcken,

in die die Türen und Fenster eingesetzt wurden.

48 Trämb, darauf die (Fuß)böden liegen.

Durchzüge oder Lagerhölzer für die Fußböden. Bei den Fußböden handelte es sich im Erdgeschoß um Tramböden, im Mittel- und Obergeschoß um Trahmdecken (Gerner, 1984, S. 190).

35 Trämb zu dem Dachwerk (Dachstuhl), 64 Schuh (18,7 m) lang.

Der Tram ist ein Balken im Sinne von einem tragenden Hauptbalken (Schmeller, 1983, Bd. 1, Spalte 662, Gerner, 1984, S. 190).

70 Raffen bei 60 Schuh lang (17,50 m).

Rafen oder Rofen treten beim Rofendach auf: Eine Dachkonstruktion, bei der die Dachlast vor allem von der Firstpfette, dem von First zu First laufenden Dachstuhlbalken, aufgenommen und über die Firstsäulen abgestützt wird. Mit First wird der obere Abschluß des Daches beschrieben. Die auf den Pfetten (First-, Mittel-, Fußpfetten) aufliegenden, an der Firstpfette mittels Holznägel hängenden Rofen tragen die Dachhaut (Gebhart, u. a.,1995, S. 372, Gerner, 1984. S. 156, Schmeller, 1983). Der Begriff Rofen ist im heutigen Sprachgebrauch in der Gegend noch zu hören.

16 (Baum)*stämme für Stuhlbäume.*

Wahrscheinlich sind die Stuhlpfetten oder Pfetten gemeint. Sie verbinden beide Firste. Mit Holznägeln sind an den Pfetten die Rafen befestigt (Gerner, 1984, S. 186).

130 (Baum)*stämme zu Nechen/Rechen? pänndten und anderen Pandtholzen etc.*

Diese Begriffe sind unklar.

Summa, was zu der Zarg gebraucht würde, tut 915 **(Baum*)stämme oder Holz.***

Abbildung 28: Dieser reichverzierte Vorspann des Voranschlages vom 1. Mai 1590 von Hans Reiffenstuel mit dem vorstehenden Text soll dem Leser nicht vorenthalten werden.

Abbildung 29: Eine von einem Wasserrad angetriebene Sägemühle aus der Zeit um 1590. Ein Kammrad (rechts) hat die Kraft auf das senkrecht bewegliche Sägeblatt (Mitte) übertragen. Im Hintergrund links ist ein zweiter Sägegatter zu sehen.

Die längere Lebensdauer der handbehauenen Balken

Das Bauholz wurde aufgeteilt in 915 Baumstämme und 219 Sagblöcher, die in der Sagmühle (im Sägewerk) zu Läden (Brettern) geschnitten worden sind.

Daraus ist für die damalige Bauweise ein recht bedeutsamer Schluß zu ziehen. Die 915 Baumstämme für die Zarge, die Außenwände des Jagdhauses, sind nicht im Sägewerk geschnitten, sondern mühsam von Hand mit dem breiten Zimmermannsbeil zu Balken geformt worden. Diese Arbeiten sind von den scharwerkenden Bauern und Zimmerleuten schon im Wald sofort nach dem Fällen der Bäume erfolgt. Ein Grund könnte gewesen sein, daß die noch im Saft stehenden Stämme sich unmittelbar nach dem Fällen am besten bearbeiten ließen.

Es mag überraschen, warum die Balken für die Blockbauweise des Jagdhauses nicht in der nahe gelegenen Sägemühle im Tal der Großen Ohe geschnitten worden sind. In der Säge wäre der Balken mit Wasserkraft wesentlich schneller und billiger entstanden als in mühevoller Handarbeit. Ein in der Säge geschnittener Balken würde in Blockbauweise sogar besser ohne Schlitze und Fugen übereinander passen als ein mit der Hand behauener Balken. Es mußte also einen wichtigen Grund gegeben haben, warum die alten Holzhäuser mit handbehauenen Balken gebaut wurden.

Eine alte Erfahrung lehrt, daß Holzhäuser, erstellt aus handbehauenen Balken, eine längere Lebensdauer haben. Die Breitaxt des Zimmermannes paßte sich beim Formen der Balken sehr exakt dem Verlauf der Holzfasern an. Die Säge kann diesen Verlauf nicht berücksichtigen und durchtrennt die Fasern über weite Strecken. Die Feuchtigkeit kann so leichter in das Innere der Balken gelangen und Fäulnisvorgänge einleiten. In diesem Verhalten früherer Zimmerer liegt ein wesentlicher Grund, warum alte Holzhäuser seit mehreren hundert Jahren heute noch stehen. In den Freilichtmuseen haben sie Jahrhunderte bis in unsere Zeit überdauert, ohne daß jemals in ihrer langen Geschichte Holzschutzmittel verwendet worden sind.

Eigenartig ist ferner, daß der Neubau in Reichenberg mit feuchten, nicht genügend ausgetrockneten Baumstämmen erfolgt ist. Nach dem 1. Mai 1590 sind die Scharwerkarbeiten angelaufen. Schon am 8. Oktober wurde das Jagdhaus weitgehend fertiggestellt. Während dieser 5 Monate wurde beim Bau nasses, nicht genügend ausgetrocknetes Holz für die Außenwände, die Innenwände, den Dachstuhl und die Fußböden verarbeitet. Diese Tatsache mußte in den folgenden Jahren zu zahlreichen Rissen und Klüften in den Wänden und Fußböden des Jagdhaus führen. Noch folgenreicher muß gewesen sein, wenn sich Balken mit nicht gerade verlaufenden Holzfasern während der Trocknung drehten und in den Wänden große Klüfte entstehen ließen. Das alles muß dem erfahrenen herzoglichen Baumeister Hans Reiffenstuel bekannt gewesen sein. Vielleicht waren aber die Zimmerleute dieser Zeit so erfahren, daß sie im Wald ganz gezielt nur schnurgerade gewachsene Baumstämme ausgesucht haben, die sich später im Baukörper der Zarge nicht drehten und keine Klüfte bildeten.

In der Säge wurden 219 Sag- Plöcher zu Balken und Läden geschnitten. Der Begriff Bloch ist in der forstlichen Arbeitslehre heute noch geläufig. Schmeller, 1983, Bd. 1, Spalte 323, erwähnt der Bloch, die Blöcher, Block, Sägblock. Die Plöcher werden im Verzeichnis getrennt für die verschiedenen Verwendungen aufgeführt und beschreiben dadurch die Bauausführung des Jagdhauses (fol. 33):

Dann 558 Dilladen zu den Fußböden, darzu verbraucht man 80 Sagblöcher.

Dielläden sind die breiten Bretter (bis 40 cm) für die Fußböden der Zimmer und Kammern (Schmeller, 1983, Bd. 1, Spalte 500).

400 Daffelladen, darzu 45 Sagblöcher.

Die Tafelläden oder Tafelbretter (Schmeller, 1983, Bd. 1. Spalte 586, 587) hatten eine Dicke von nur ¾ Zoll (etwa 2,2 cm). Sie wurden zum Austäfeln der Decken und Wände der Fürstenzimmer mit Tafelwerk verwendet. Diese Arbeiten wurden vom Handwerk der Kistler oder Schreiner ausgeführt. Im Jahre 1600 hat der Kistler Georg Sterr von Grünwald im Grünwalder Jagdschloß die Decke der Kapelle getäfelt. Das Reinigen und Firnissen (mit Firnis streichen) und das Bemalen der Friese besorgte der Maler Georg Hausermayer aus München (Reitzenstein, von, 1885, S. 86). Auch die Fürstenzimmer in Reichenberg könnten bemalt gewesen sein.

40 (Baum)stämb zu Schermladen, so mans nicht mit Schaar- Schindl verschlagen wollt.

Scherm bedeutet (Schmeller, 1983, Bd.2, Spalte 468) Schutz vor Witterung. Da man die Außenwände des Jagdhauses nicht mit (den teuereren) Scharschindel verschlagen wollte, hat man die billigeren, in der Sägemühle geschnittenen Läden (Bretter) verwendet. An einer anderen Stelle werden 70 Stämme zur Regenverkleidung und andere Bauhölzer genannt. Mit der Regenverkleidung ist das Belegen des Jagdhauses entweder mit Brettern oder Schindeln zum Schutz gegen die rauhe Witterung gemeint (Gerner, 1984, S. 198).

Zu Türen, Bänken, und Fenster- Palken, 240 Laden, darzu muß man haben 30 Sagblöcher.

Diese Gegenstände wurden aus Fichte oder Tanne gefertigt. Unter Fensterbalken ist wahrscheinlich die Fenstersohlbank mit innerem Fensterbrett als unterer Abschluß, der Fenstersturz als oberer Abschluß, zu verstehen.

Zu Dachladen und Leisten, 24 (Baum)*stämme.*

Bretter und Leisten *(Dachlatten)* für die Bedeckung des Daches. Demnach wurde das Dach mit Brettern (Dachläden) geschützt, auf die Dachlatten (Leisten) für die Befestigung der Scharschindel angebracht worden sind. Das dürfte der Aufbau eines oft genannten Zwilchdaches mit Zweifachdeckung gewesen sein. Summa der Plöcher tut 219. Insgesamt waren also 219 Baumstämme in der Säge zu bearbeiten.

(fol. 33‘) *Zu Tisch und Lehnbänken, auch Stühlen, 15 Ahorn*(stämme).

Die Anzahl der Sagblöcher erhöhte sich dadurch auf 234 (Abbildung 29).

Der Bergahorn war damals in den Waldungen der Glashütten auch in den höheren Lagen am Rachel und Lusen weit verbreitet. Die Stämme wurden in der Säge zu Brettern geschnitten. Der Schreiner hat dann die Tische und Bänke gefertigt. Diese Angabe vermittelt einen Eindruck über die Inneneinrichtung des großen Aufenthaltsraumes im Erdgeschoß und der Zimmer und Kammern im zweiten und dritten Gaden (Stockwerk).

Im selben Verzeichnis vom 1. Mai 1590 folgt nun das Baumaterial und die Arbeiten der Handwerker, die nicht im Scharwerk erledigt werden konnten. Für diese Tätigkeiten mußte den Handwerkern Geld bezahlt werden. Auch hier lassen sich wieder viele Schlüsse ziehen, wie das Jagdhaus einst ausgesehen haben könnte. Die angeführten Preise für das Baumaterial werden in Gulden (fl), Kreuzer (Kr) , Schilling (ß) und Pfennigen (d) angegeben.

Der Gulden, abgekürzt fl von Florentiner Gulden, ist aus dem deutschen Goldgulden hervorgegangen. Später wurde er auch in Silber geprägt. Der Gulden hielt sich von etwa 16oo bis zur Einführung der Reichswährung nach 1870. Er war lange Zeit in Deutschland und den angrenzenden Ländern die wichtigste Münze und Münzeinheit. Eine Umrechnung nach heutigem Kaufkraftindex ist leider kaum möglich. Klausmeier, 1991, gibt 1 rheinischen Gulden, 1776 auch in Bayern eingeführt, mit etwa 7.- DM an.

Der Kreuzer (Kr) ist eine, zuerst im 13. Jahrhundert in Tirol geschlagene, alte deutsche Silbermünze. Sie ist benannt nach dem aufgeprägten Kreuz. Nach der Münzordnung von 1551 waren 72 Kreuzer = 1 Goldgulden. Der Kreuzer war jahrhundertelang in Deutschland als kleine Silber- bzw. Kupfermünze weitverbreitet. In Süddeutschland galt im 19. Jahrhundert 1 Kreuzer = 1/60 Gulden.

Der Pfennig (Kurzzeichen Pf) war eine kleine Scheidemünze, früher aus Silber geprägt (weißer Pfennig), später als schwarzer Pfennig nur noch aus Kupfer. Zur Zeit Karls des Großen wurden aus einem Pfund Silber 240 Pfennige geprägt. Nun folgt die Zusammenstellung der beim Bau des Jagdhauses am Reichenberg entstandenen Kosten (Tabelle 1):

fol. 36: **Summarum aller Unkosten, was über dies Gebäu im allem an baren Gelt**
außer der Scharwerk auflaufen würdet. **1.548 fl 3 Kr, 12 d**

Gezeichnet ist dieser Voranschlag mit: *Ha*(ns) *Sieg*(mund) *Garttner von Machtenhoven, Verwalter zum Pernstain M*(anu) *p*(ropia), (=mit eigener Hand gezeichnet).

Diese Auflistung im Voranschlag vom 1. Mai 1590 enthält einige Angaben über die Bauausführung, die zu erklären sind. Gleichzeitig lassen sich aus diesen Angaben viele Einzelheiten über die Größe, die Ausstattung und die Beschaffenheit des Jagdhauses ableiten:

Baumaterial:

fl=Gulden, Kr=Kreuzer, ß=Schilling, d=Pfennig

	Kosten:
Zu dem Dach braucht man 300 Cästen oder Haufen Schaarschindl, für ain Casten oder Haufen 20 Kr, tut	100 fl
70.000 Schaarnägel (geschmiedete Schindelnägel), 1.000 per 32 Kr, tut	37 fl, 2 ß, 10 d
Nägel zu den Dachlatten, 3.000, eines per 2 fl	6 fl
Zu allerlei fürfallender Notdurft 3.000 Predtnägel (Brettnägel), eines per 80 Kr, tut	4 fl
51 Türen, von einer zu beschlagen, Schlossern und Bänder zu machen, ein Taller, tut	58 fl , 2 d
98 Fenster, dem Schlosser von einem zu beschlagen, mit Winkelhaken und Stängel, 1 Taler	112 fl
Die Balken für die Fenster mit Bändern, Hacken und Narben?, für ein Paar 40 Kr, tut	65 fl, 2ß 10 d
Im Fall man wollt die unteren und mittern Zimmer mit Eisen- Kreuzen für die Fenster versorgen, für Einbrechens halber, macht in beiden Gaden 62 Fenster, für eines 1 fl	62 fl
Ziegelstein zu den Rauchfängen 20.000, wann man das Holz zum Brennen mit der Scharwerk schlagt, hackt und führt, für eines ein Taler, tut	22 fl, 6 ßd
An Kalk dazu, 12 Dreyling (aus Barbing), ein(er) 2 fl	24 fl
98 Fenster, dem Glaser von einem, ein Taler, tut	112 fl
fol. 34', Das Holz zu dem ganzen Haus auszuhauen, aufzuzimmern und mit Schaar-Schindl zu decken	450 fl
Die Türen, Türgerichte (Türstöcke), Tisch, Bänken und Stühl, Fensterbalken und Rahmen würden kosten	125 fl
Den Saagmüllern von den Brettern Schneiden und die Saagmühl (an Großer Ohe) auszubessern, so jetzt baufällig, tut	40 fl
Für Schmier und Farben per	1 fl
Von 54 gemeinen Bettstätten (Bettgestelle), von einer zu machen, 40 Kr, tut	36 fl
46 Pädten (Böden?) in den Stuben und Kammern (46 Zimmer?) würden kosten per	60 fl
Dem Maurer von dem Rauchfängen, Ofenfüßen (Sockel, Kachelöfen) und zu untermauern des Hauses	35 fl
(fol. 35):Handreichern (Handlanger) und mer der Rierrern (Mörtelrührer?)	12 fl
Von 12 Öfen (in den Zimmern), einem 2 fl, tut	24 fl
Zwen (zwei) Schliesstein dafür (Kachelöfen)	3 fl
Für 4 Saag (Sägen, wohl Baumsäge?), per	4 fl
Für den Mueß (Moos für die Ritzen der Balken) zu rauffen oder klauben	4 fl
Wover (sofern) man in dem mittern Bau (1. Stock), für Ihrer Frstl. Gnaden Zimmer, über sich austafeln wollt, möchte der hievorig Anschlag nit khleckhen (reichen), und um ein mehrers lauffen.	20 fl
Dieweilen dann die Behausung gar am Wald auf der Höh, daß der Wind, Schnee und Regenwetter allerorten sehr daran geht, würde die unvermeidliche Notdurft erfordern, daß man dieselbig mit Laden oder Scharschindl verschlagen müßt. (Fol.35'): Da man dazu Laden wird gebrauchen, müßt man derselben haben 280. Dann zu jeden Laden 8 Predtnägel macht 2.240 (Nägel), ein Tausend per 1 fl, 20 Kr, tut	2 fl, 6 Kr, 27 d
280 Laden zu Leisten, auf ein(en) 6 große Nägel, macht 1.680, das 1.000 per 2 fl	3 fl, 2 Kr, 15 d
Wann mans aber mit Schaar- Schindl wollt verschlagen, müßt man derselben haben 220 Hauffen, ein(er) per 20 Kr, tut	73 fl, 2Kr, 10 d
Dazu 45.000 Scharnägel, eines per 32 Kr, tut	24 fl
Von solchem Verschlagen dem Zimmermann für seine Arbeit, wans mit Brettern oder Schindl beschiecht (geschieht), welches dann fürgenommen wird, tut	27 Gulden

Tabelle 1: Voranschlag der Kosten für das Jagdhaus in Reichenberg vom 1. Mai 1590. Von Sigmund Gartner nach den Angaben von Hans Reiffenstuel erstellt (fol 33').

Scharschindel zum Verschlagen der Wände (1 Haufen = 250 Schindel, 220 Haufen = 55.000 Schindel) und Scharnägel.

Die oben genannten 70.000 Scharnägel sind zum Befestigen der Scharschindel am steilen Scharschindeldach verwendet worden (Gerner, 1984, S. 102). Aus der Anzahl der Scharnägel ist abzuleiten, daß der Bau mit etwa 70.000 Scharschindel gedeckt worden ist. Bei den Ausgrabungen am ehemaligen Standort des Jagdhauses in Reichenberg konnten einige dieser handgeschmiedeten Scharnägel auch gefunden werden (siehe Kapitel 5.7.8).

Die Scharschindel für das Dach sind ein wichtiger Hinweis über den Baustil des Gebäudes. Damit ist belegt, daß der Jagdhausbau mit einem Scharschindeldach gedeckt war. Mit Scharschindel gedeckte Dächer hatten im Gegensatz zu den Legschindeldächer eine steilere Dachneigung mit einem Winkel von über 25 Grad. Schmeller II, 445, erwähnt das Schardach. Die Maßeinheit für Scharschindel war der *Casten* (Kasten) oder *Haufen*. Dieses Schindelmaß war genau festgelegt. Es wurde mit einem eisernen Stab gemessen, der z. B. in den Rathäusern der Städte aufbewahrt wurde.

Die Scharschindel mußten wegen dieser steilen Dachneigung mit 70.000 Scharnägeln aufgenagelt werden. Die Scharnägel waren geschmiedete Schindelnägel mit einer Länge von 1 5/8 bis 1 7/8 Zoll (4,0-4,5 cm, Gerner, 1984, S. 135). Sie hatten einen kantigen Stift und den für geschmiedete Nägel typischen dachartigen Nagelkopf. Sie wurden von dem Berufsstand der Nagler hergestellt. Die oben genannten 3.000 und 2.240 Predtnägel dürften zum Aufnageln der Bretter und Läden verwendet worden sein.

Für das Decken dieser Dächer waren besondere Fertigkeiten notwendig. Beim Umbau des Jagdschlosses in Grünwald, südlich von München, wird 1487 der Scharschindldecker Niklas Hollertauer aus München erwähnt. Die Scharschindel für den Jagdhausbau wurden aus besonders ausgesuchten Fichtenstämmen, den Schindelbäumen, wohl noch im Wald, mit dem Spaltbeil oder Schindelmesser aus dem Rundholz handgespalten. Die Größen schwankten von 4 bis 10 cm Breite und 15 bis 30 cm Länge. Auf der Schnitzbank (Heinzelbank) wurden sie mit dem Reifmesser so bearbeitet, daß sie oben dünner und unten dicker (etwa 2 cm) waren. Das untere Schindelende hatte abgerundete Ecken oder Auskehlungen und verlieh der Schindeldeckung des Jagdhauses ein charakteristisches Aussehen.

Die Legschindeldächer der Reichenberger Bauernhäuser waren dagegen flachgeneigt. Die Legschindel hatten eine Länge von etwa 80 cm und wurden nur aufgelegt und nicht festgenagelt. Ein Abrutschen bei Sturm verhinderten die über das Dach gelegten Stangen, die mit großen Feldsteinen beschwert worden sind.

Holznägel wurden früher statt eiserner Nägel zum Befestigen der oft eingekerbten Balkenverbindungen (z. B. der Rofan an den Pfetten) verwendet. Sie hatten eine Länge bis zu 40 cm, einen Durchmesser bis zu 3 cm, waren rund, vier- oder achteckig und stets aus Hartholz (Buche, Esche, Eiche u. a.) gefertigt.

Rauchfänge und 12 (Kachel)öfen

Der Hinweis auf die Rauchfänge und die 12 Öfen zeigt, daß im Jagdhaus mehrere Kamine mit Ziegelsteinen aufgemauert waren. Von den 12 Öfen dürften je 6 im ersten und zweiten Stockwerke gesetzt worden sein: Drei auf jeder Seite des breiten Ganges. Nach dieser Überlegung müßten mindestens 6 Kamine vorhanden gewesen sein. Bei den Reparaturrechnungen werden auch 6 Kamine genannt. Die Öfen waren Kachelöfen, die wohl von den Hafnern aus dem Grafenauer Land gesetzt worden sind. Seit den Grabungen im Sommer 1997 am ehemaligen Standort mit den zahlreichen Funden von Kachelscherben ist bekannt, wie diese Kachelöfen nach Relief, Muster, Glasur und Farbe ausgesehen haben. Die Kachelscherben zeigen in verschiedenen glasierten Farben das Rautenmuster, das annähernd quadratische Rautenmuster und verschiedene Medaillons (s. Kapitel 5.7.4). In der folgenden Zeile beim Verweis auf die 12 Öfen wird auf die ... Schliessteine dafür hingewiesen. Diese Schliessteine müssen sich deshalb auf die 12 Öfen beziehen. Schlußsteine oder Schliessteine sind die letzten obersten Steine eines Bogens oder Gewölbes (Gerner, 1984, S. 85). Im Zusammenhang mit den 12 Kachelöfen, muß es sich um keilförmig geformte und gebrannte Kacheln handeln, mit denen die gewölbte Kuppel der Kachelöfen von den Hafnern gesetzt worden ist. Der Rand um diese Kuppel wurde mit besonders geformten und verzierten Kacheln als Zierleiste oder Fries gefertigt. Bei den Grabungen konnten einige Bruchstücke dieser Zierleiste gefunden werden (s. Kapitel 5.7.4). Der Kalk kam aus Barbing, wohl Babing, ein Weiler bei Rathmannsdorf in der Nähe von Vilshofen.

Im Voranschlag werden *20.000 Ziegel, im Scharwerk herbeigebracht,* erwähnt. Diese Ziegelsteine wurden für die 6 Kamine verwendet. Wo sie geschlagen worden sind, wird nicht gesagt. Die sehr bindigen und tonreichen Gleyböden in den vernäßten Senken der Planling in Riedlhütte- Häuser (zwischen Pocherstraße und Anton-Hilz-Straße) eigneten sich besonders gut für die Herstellung von Ziegeln. An dieser Stelle sind noch bis nach dem zweiten Weltkrieg Ziegel geschlagen worden (Abbildung 30, 31).

Die Notwendigkeit, das Jagdhaus gegen die Witterung zu schützen, wurde recht anschaulich begründet: *Dieweilen dann diese Behausung gar am Wald auf der Höh, daß der Wind, Schnee und Regenwetter allerorten sehr daran gehet ...* Die Ungunst der Witterung dieser windausgesetzten Lage spricht aus diesen Zeilen. Zum Abdichten und Verstopfen der Fugen, die durch das Übereinanderlegen der handbehauenen Balken nach der Zargen- oder Blockbauweise entstanden sind, wurde noch Moos gebraucht: *Für den Mueß* (Moos) *zu rauffen* (im Wald herausreißen) *oder klauben* (sammeln) *4 Gulden.*

5.3.2 Reichenberger Inwohner: Verkauf von Scharschindeln

Noch bis in die neuere Zeit waren alle Gegenstände und Arbeitsgeräte beim Hausbau, im Haushalt, am Hof und auf dem Feld aus Holz gefertigt. Ohne Holz war das tägliche Leben und Arbeiten in der bäuerlich geprägten Gesellschaft nicht vorstellbar. Mit der Anfertigung dieser Gegenstände haben sich viele Menschen ihr Brot verdient. Für die Häusler mit kleinem Grundbesitz und für die Inleute bei den Bauern, die Logiekosten abgearbeitet haben, war das die wichtig-

Abbildung 30: Das Ziegelschlagen. Eine Frau drückt einen Klumpen gemagerten Ton in eine Form und streicht sie flach. Der so geformte Ziegel wurde dann aus der Form geschlagen, 14 Tage in überdachten Gestellen luftgetrocknet und im Feldbrandofen bei 1 100 Grad C gebrannt.

Abbildung 31: Handgeschlagene Ziegel mit den Maßen von etwa 30x15x8 cm, wie sie beim Bau des Jagdhauses in Reichenberg Verwendung fanden. Die dargestellten Ziegel stammen vom mittelalterlichen Klosterbau Neustift bei Freising.

ste Quelle der Einnahmen. Waldgeschichtlich von Interesse ist, daß diese erste gewerbliche Nutzung des Waldes schon sehr früh nachweisbar ist. Schober, 1997, S. 470, fand in einem *Extrakt aus den Amtsrechnungen des Landgerichts Bärnstein, die Waldarbeit der Untertanen von St. Oswald betreffend* von 1531 bis 1601[41] wichtige Hinweise. Da die Rechnungsbücher des Landgerichts Bärnstein aus dem 16. Jahrhundert fast vollständig verloren gegangen sind, ist diese Zusammenfassung mit etwa 500 Einträgen ein wichtiges Dokument über das Wirtschaftsleben dieser Zeit. Es konnten zahlreiche Belege gefunden werden, wie sich die Untertanen Bau- und Werkholz für den eigenen Bedarf aus dem Walde holten. Von besonderem Interesse ist jedoch, daß die Inwohner der Walddörfer, die Besitzlosen aber auch die Bauern, schon damals diese Waldarbeit gewerbsmäßig betrieben haben und aus dem Verkauf der aus Holz gefertigten Gegenstände lebten. Schober, 1997, S. 470, teilt viele interessante Beispiele mit: Unter dem Jahr 1590, in dem das Jagdhaus in Reichenberg errichtet wurde fand sich folgender Eintrag:

> *Michael Schmidt im Reichenberg und seine Nachbarn haben zum fürstlichen Jagdhaus 210 Haufen Zwilchdach gemacht, von einem* (Haufen) *2 d,* (d= Pfennig, von Denar) *ergibt 2 Gulden. Diese 2 Gulden mußten von den Klosteruntertanen als Forstzins abgeführt werden, wenn sie aus den landesherrlichen Waldungen zum Eigenbedarf oder wie hier zum Verkauf von Schindeln geeignete Bäume entnommen haben. Diese Beträge erscheinen deshalb im Bärnsteiner Rechnungsbuch.*

Hans Reiffenstuel hat in seinem Voranschlag vom 1. Mai 1590 für das Jagdhaus in Reichenberg für das Dach 300 Kästen Scharschindel für 100 Gulden eingeplant. Von diesen 300 Kästen haben die Reichenberger Nachbarn 210 oder 70 % gefertigt und sich damit etwa 70 Gulden verdient. Unter Reichenberger Nachbarn dürfte die gesamte Dorfgemeinschaft einschließlich der Bauern gemeint sein, die für das Jagdhaus im Wald ausgesuchte Bäume, Schindelbäume, gefällt, abgelängt und mit dem entsprechenden Werkzeug Scharschindel geschlagen hat. Die willkommene Gelegenheit, beim Bau des herzoglichen Jagdhauses Geld zu verdienen, haben sie sich nicht entgehen lassen.

Auch in den folgenden Jahren, nach dem Bau des Jagdhauses 1590, wurden von der Reichenberger Dorfgemeinde insgesamt viele Scharschindel gefertigt. So heißt es im Jahre 1591:

> *Die Nachbarn im Reichenberg 4 Haufen Rintach* (wohl Rindendach, geschlagen), *ergibt 2 ß 20 d. 1592: Hans Hörl im Reichenberg 4 Haufen Rintach, ergibt 8 d. 1593: Die Dorfgemein im Reichenberg 12.000 N(?)ieltach* (Nietdach, Nietschindel), *von einem* (Tausend) *1 rd* (Regensburger Pfennig), *ergibt 1ßd* (30 Pfennige). *Dann 30 Haufen Zwilchdach ergibt 2 ßd. Gotthard* Riedl (von der Glashütte am Reichenberg, heute Riedlhütte) *daselbst 9 Haufen Zwilchdach, ergibt 18 d.*

Die Begriffe Rintach, Zwilchdach, Nietdach oder Nietschindel lassen sich noch nicht eindeutig erklären. Das Zwilchdach scheint ein zweifaches Schardach oder mit Scharschindel gedecktes Dach gewesen zu sein. Durch die Angaben in den Jahren 1591 bis 1593 ist zu vermuten, daß auch in den Jahren unmittelbar nach der Fertigstellung im Oktober 1590, am Jagdhaus immer noch Gebäude mit einem steilen Scharschindeldach, vielleicht ein Pferdestall, erstellt wurden. Für die öfter erwähnte Behelfsküche oder behelfsmäßigen Unterstände für die Pferde bei den Jagdbesuchen des Herzogs wären wohl Legschindel und keine Scharschindel verwendet worden. Bekannt waren auch die Höhenbrunner Schindelmacher, die 1685 an den Hüttenmeister Poschinger in Frauenau Scharschindel zum Preis von 1 Gulden und 5 Kreuzer für Tausend Scharschindel lieferten (Wagner, 1985).

So gegensätzlich war damals die Welt: Die Bauern im Gericht Bärnstein, die dem Landesherrn abgaben- und scharwerkpflichtig waren, werden voll Neid auf die probsteiischen Bauern in Reichenberg geblickt haben. Sie mußten ohne Lohn scharwerken, sich selbst verpflegen, haben zusätzlich noch ihre Gespanne geschunden, die Fuhrwerke überbeansprucht und sich fast ruiniert. Die Reichenberger Bauern konnten beim Bau des Jagdhauses mit dem Verkauf von Scharschindeln wertvolle Gulden verdienen.

5.3.3 Bärnsteiner Bauern: Bittbrief an Herzog Wilhelm V.

Am 21. April 1590, um die Osterzeit, hat Herzog Wilhelm V. die Entscheidung getroffen, in Reichenberg ein Jagdhaus zu bauen. Vor dem 1. Mai war Hans Reiffenstuel in Bärnstein und hat die Materialliste für diesen Blockbau zusammengestellt. Nach dem 1. Mai konnten dann die Arbeiten der landgerichtlichen Bauern anlaufen, im Scharwerk, *mit dem Leib und dem Menat*, mit ihrer eigenen Arbeitskraft und den Ochsen und Pferden als Zugtiere, diese Arbeiten zu erledigen. Darüber sind genaue Aufzeichnungen erhalten geblieben. Sie gestatten ein getreues Bild der Wirklichkeit über ihre Abhängigkeit vom herzoglichen Grundherrn. Für die Bauern im Grafenauer Land war der Sommer 1590 leidvoll und denkwürdig. Über Generationen hinweg werden sie noch ihren Kindern und Enkeln davon erzählt haben. In diesem Jahr verblieb für sie kaum Zeit, die von der Witterung abhängigen Arbeiten auf den eigenen Feldern und Wiesen zu erledigen. Der Bau des herzoglichen Jagdhauses in Reichenberg hat sie an den Rand des Ruins getrieben.

Die Arbeiten mit dem Scharwerk haben sie so belastet, daß sie in Bittschriften an das Viztum (Regierung) in Straubing und an Herzog Wilhelm V. in München persönlich ihre verzweifelte Lage geschildert haben. Der Pflegsverwalter Gartner von Bärnstein hat ihr Anliegen unterstützt. Um sie zu entlasten und die Arbeiten zu verteilen, haben sie vorgeschlagen, auch die Bauern in den Nachbargerichten Regen und Hengersberg für diese Scharwerkarbeiten heranzuziehen. Herzog Wilhelm V. hatte ein Einsehen für die Not der Bauern. Er hat ihren Wunsch entsprochen und auch die Bauern der Nachbargerichte zur Mithilfe verpflichtet. Die Entscheidung von Wilhelm V. wird sicherlich mit beeinflußt haben, daß in anderen Gegenden Bayerns die Bauern gegen den Frondienst schon offen rebellierten. Sein Sohn und Nachfolger im Amt Herzog Maximilian I. hat das Scharwerk später auch erleichtert. Der folgende Briefverkehr[42] gibt einen besonders guten Einblick in die soziale Not der Bauern im Bayerischen Wald vor 408 Jahren:

Das Gesuch des Pflegsverwalters an die Regierung in Straubing

Kurz vor dem 24. Mai 1590 schreibt der Pflegsverwalter Sigmund Gartner von Bärnstein an die Regierung (Viztum) in Straubing:[43]

> *Wohlgeborener Graf, gnädiger Herr Viztum, auch andere wohlgeborene, ehrwürdige, edle, hochgeehrte und feste, hochlöbliche fürstliche Anwälte und Räte! Eueren Gnaden und Hut sei mein ganz gehorsam williger Dienst mit anderem Fleiß zuvor. Gnädige Herren!*
>
> *Von dem fürstlichen Herrn Rentmeister zu Straubing ist mir ein* Schreiben (des Herzogs Wilhelm V. vom 21. April) *samt inliegender fürstlichen Befehlsabschrift, daß der Durchleuchtige Hochgeborene, mein*

Gnädigster Fürst und Herr, ein Jagdhaus von Holz (in) *meiner Amtsverwaltung im Reichenberg aufbauen zu lassen gnädigst entschlossen* (sei), *von dem Werkmeister* (Hans Reiffenstuel), *der solches errichten solle, allher zugeschickt* (worden). *Darinnen ist mir befohlen und auferladen, diesem Werkmeister und seinen Leuten amteshalber alle Beförderung zu erzeigen, dann den Gerichtsuntertanen, wozu sie derselben mit der Scharwerk bedürftig* (seien), *"darob zu sein" und gute Verordnung vorzunehmen, daß dieselben allen Fleiß gebrauchen und gebührlichen Gehorsam leisten, damit die* (Hand)*werkleute an ihrer Arbeit weder verhindert noch aufgehalten werden.*

Darauf (habe) *ich zu untertänigem Gehorsam die Obleute* (der Dörfer) *"für ein"* erfordert (nach dem 21. April nach Bärnstein bestellt), *ihnen solches vorgehalten und "dem nächsten"* (darauf) *die Anordnung getan, daß innerhalb 14 Tagen bis an die 1.200 Stamm Zimberholz* (Zimmerholz) *und Sagblöcher durch die armen Untertanen am Wald geschlagen, aus den groben Scheiten gehauen,* (und es sind) *auch allbereits 500 Stamm auf die Stätte* (in Reichenberg), *da das Haus gebaut* (werden sollte), *mit großer Mühe und Beschwerung geführt worden, so* (daß) *man dann noch bis an die 700* (Stämme) *Zimmerholz, etliche hundert Bretter von den Sägemühlen, 500 Haufen Schardach oder Schindel vom Wald* (die Schindel wurden im Wald gespalten), *dann 20.000 Mauer- oder Ziegelsteine, zu welchen man bis an die 25 Klafter Holz* (zum Ziegelbrennen) *auch mit der Scharwerk* (durch die Bauern) *hacken, von Grafenau eine große Meile* (7,4 km) *hinauf* (nach Reichenberg), *dergleichen zu den Khinnichen* (die 6 Kamine), *Ofenfüßen* (Sockel der Kachelöfen), Grundfest (Ausgraben einer Bodenplatte für die Hausfläche, die mit Feldsteinen befestigt wurde) *und anderen 12 Dreilinge Kalk gebraucht und* (dieser ist) *von Babing* (bei Vilshofen) *oder anderer Orten auf die fünf Meilen Weges* (37 km) *hinzuführen. Bis das Haus gar zugerichtet ist, muß dazu* (ebenfalls) *noch die Scharwerk mit dem* Leib (Handlanger- Dienste) *gebraucht werden.*

Ist den armen Leuten in dem Landgericht, in Bedenkung, derselben mehrers nicht als 290 (Bauern mit ihren Familien), *die mit* (ihrem) *Leib und* (ihrem) *Menat* (Zugtiere) *nach Lehen oder halben Höfen zu scharwerken schuldig gesessen, diese Scharwerks*(arbeit) *allein zu verrichten weder aus* (mit ihrem) *Leib noch aus* (mit ihrer) *Menat in der teueren Zeit unmöglich, obgleich sie gerne alle untertänig gehorsam*(en) (Dienst) *leisten wollten, wie es frommen Untertanen gebührt. Und wenn sie ernstlich dazu angehalten* (würden*), (sie) möchten ihre Arbeit zu Feld und Dorf liegen lassen, so ist hieraus zu besorgen, daß die Güter öd gelegt und unerbaut liegen bleiben würden. Derowegen* (sind) *diese Bärnsteinerischen Untertanen verursacht, bei Euerer Gnaden und Herren um gnädige Hilfe und Abstellung dieser Beschwerung supplicando höflich anzuhalten, und es langt mich an,* (dieses) *aus Eueren Gnaden und Herren Vorschriften Euch dienstlich mitzuteilen.*

Nachdem wir dann der Untertanen Armut gut wissen, und daß sie die Scharwerk alleine nicht verrichten (können), *habe ich ihnen um der Wahrheit willen ihr Begehren* (auf eine Entlastung) *weder verweigern noch abschlagen können. Demnach* (ergeht) *an Euere Gnaden und Herren anstatt* (an Stelle) *der Gerichtsuntertanen mein ganz untertäniges Bitten, Ihr wollet der armen Leute bedenken und in ihrem Anliegen gnädig behilflich sein, damit sie nicht ins äußerste Verderben geraten, und deshalb an beide Landgerichte, Hengersberg und Regen, gnädig Befehl erteilen lasset, damit* dieselben (Gerichtsuntertanen) *mit Menat und Handscharwerk neben ihnen* (die Arbeit) *verrichten helfen. Das um Euer Gnaden und Herren will ich anstatt der armen Untertanen gehorsamlich verdienen. Denselben mich beineben untertänig befehlend. Datum: Bärnstein, den 24 Mai 1590. Eueren Gnaden und Herren Gehorsamer Hans Sigmund Gartner von Machtenhofen zu ?allersdorf, Verwalter daselbst.*

Sigmund Gartner mußte ein recht mutiger, selbstbewußter und weitsichtiger Beamter gewesen sein. Offensichtlich sah er die große Not seiner Bauern und versuchte sie zu unterstützen.

Er teilt mit, daß seine Untertanen um Scharwerkhilfe bitten, weil sie allein die vielfältigen Arbeiten zu den Sä- und Erntezeiten nicht schaffen können. Diese Haltung hätte ihm von seiner Oberigkeit auch so ausgelegt werden können, daß er gegen den Herzog arbeitet und die Bauern aufhetzt. Gartner wußte vielleicht schon aus anderen bayerischen Gegenden, daß sich in diesen Jahren die Bauern gegen diese Frondienste auflehnten und offen rebellierten. Die Tatsache, daß die Bärnsteiner Bauern ihr fast gleichlautendes Protestschreiben noch am selben Tag, den 24. Mai 1590, nach Straubing und zum Herzog nach München geschickt haben, zeigt, daß dieser verhaltene Protest mit dem Pflegverwalter abgestimmt war. Nach den Formulierungen zu schließen, hat sich möglicherweise auch der Grafenauer Pfarrer für sie eingesetzt und mitgeholfen, das Schreiben zu gestalten.

Das Gesuch der Bauern an die Regierung in Straubing

So richtete die selbe Bitte, noch etwas unterwürfiger als der Pflegverwalter, am 24. Mai, die Gmain des fürstlichen Landgerichts Bärnstein *"samment und sonder"* (alle ohne Ausnahme) an den Viztum (Regierung) in Straubing:[44] Erste Supplikation (Gesuch) der Bärnsteiner Gerichtsuntertanen an den Viztum in Straubing. Die Nöte der Scharwerk- Belastungen; Ersuchen um Mithilfe aus den Landgerichten Hengersberg und Regen.

> *Wohlgeborener Graf, gnädiger Herr Viztum, auch andere ehrwürdige, edle, hochgelehrte und feste, hochlöbliche fürstliche Anwälte und Räte! Euere Gnaden und Herren bitten wir arme Untertanen, Ihr wollet unser nachfolgendes Anbringen mit Gnaden vernehmen.*
>
> *Gnädige und gebietende Herren! Durch unsere vorgesetzte Obrigkeit, den Herrn Verwalter zum Bärnstein, ist uns ernstlich auferladen worden, daß wir zur Erbauung des neuen Jagdhauses im Reichenberg bis an die 1.200 Stämme Holz samt 500 Haufen Schindel und 20.000 Ziegel führen* (und) *auch alle Tage andere tägliche Robot* (Handlanger- Arbeiten) *tun* (müssen).
>
> *Wir haben dann allbereits hundert Stämme Holz und anderes geführt,* (so daß) *unser Menat dermaßen abgetrieben und* (ab)*gemüht* (ist), *daß es uns nicht wohl möglich* (ist), *solche großen* Roboten (Arbeiten) *allein im allhiesigen Landgericht zu verrichten. Der harten täglichen Beschwer halber* (müßten wir) *in unserer Armut die Gütl und "Peurl"* (Peunten, Felder?) *unbebaut liegen und bleiben lassen, wenn uns Euere Gnaden und Herren die anderen, nächst umliegenden Landgerichte wie Hengersberg und Regen nicht* (zu Hilfe) *schaffen. Dann* (möget) *Ihr auch in Bedenkung* (ziehen, daß) *hier im Wald eine große Armut und Hungersnot* (herrscht), *der meiste Teil* (der Untertanen) *an Menat nichts vermag und wohl der* (viele dieser) *Ursache halber von den Gütern entlaufen und wegziehen muß.*
>
> *Es gelangt demnach an Euere Gnaden und Herren unser untertäniges, gehorsames, auch durch Gott um dessen Ehre und Barmherzigkeit willen, höchstes Bitten, Ihr wollet in diesem Falle ein gnädiges Einsehen haben und an die Landgerichte Hengersberg und Regen gnädigen Befehl erteilen, damit auch* (diese) *zu solcher Arbeit und Robot mit ihrem Menat und Leibhandwerk zu Hilfe kommen, solche* (Arbeit) *mit und neben uns verrichten helfen, auf daß wir's nicht allein verrichten müssen, was uns auch nicht möglich* (wäre). *Solches um Euer Gnaden und Herren langes Leben* (und) *glückliche Regierung, wollen wir in unserem Gebet fürbittend zu verdienen nimmermehr vergessen. Daneben gewährlichen Bescheids untertänig gewartend.*
>
> *Euerer Gnaden und Herren untertänige und gehorsame Gmain des fürstlichen Landgerichts Bärnstein "samment und sonder."*

Das Gesuch der Bauern an Herzog Wilhelm V.

Im Schreiben an Herzog Wilhelm V. in München wird diese Bitte um Mithilfe der Landgerichte Regen und Hengersberg von den Bauern wiederholt. Gleichzeitig schildern sie besonders eindringlich ihre schlechte wirtschaftliche Lage und Not und verweisen auf alte Rechte, die nicht mehr eingehalten werden:

> *Supplikation* (Gesuch) *der Bärnsteiner Gerichtsuntertanen an den Herzog* (Wilhelm V.) *in München:*
>
> *"Die Nöte der Scharwerksbelastungen; Ersuchen um Mithilfe aus den Landgerichten Hengersberg und Regen."*
>
> *Durchleuchtigster Hochgeborener Fürst, gnädigster Herr, wir werden Euere Fürstliche Gnaden in nachfolgender unserer obliegenden Not und Beschwer um gnädigst fürstliches Einsehen in Untertänigkeit anzulangen, "gedrungentlich" (dringlich) verursacht. Denn nachdem Euere Fürstliche Gnaden im Reichenberg, Bärnsteiner Landgerichts, ein neues Jagdhaus aufzurichten gnädigst befohlen (hat), soll und muß man dem Baumschlag (mit der Axt) nach nicht allein an die 1.200 große Stämme Holz und über 500 (1 Haufen = 250 Schindel = 125 000) Schindel samt etlichen hundert Brettern, sondern noch dazu über 20. 000 Ziegelsteine und dann 12 Dreilinge Kalk, außer aller anderen täglichen Robot oder Scharwerk, haben.*
>
> *Darauf (ist) uns durch unsere vorgesetzte Obrigkeit, den Herrn Pflegverwalter zum Bärnstein, von Amtes wegen auferladen worden, daß wir dies alles ohne Hilfe und Zutun (der) anderen umliegenden Gerichte allein führen und verrichten sollten, was uns - da jedem Bauern über 60 Tage zu Roboten gebührt (auferlegt wurde) - außer unseres höchsten Verderbens unmöglich (ist). Da wir nun allbereits eine große Anzahl Stämme Holz (etwa 500) samt anderer Notdurft hierzu geführt (nach Reichenberg gefahren haben), befinden wir, (daß) unsere Rößl dermaßen "übertrieben" und "abgement" sind, daß wir die noch bevorstehende Scharwerk(arbeit) je nicht zu verrichten wissen.*

Fürs andere: Obwohl es hiervor (früher) gebräuchig gewesen ist, daß man uns armen Untertanen, so oft wir zum Schloß Bärnstein gescharwerkt (haben), einem jeden ein "Laibl Brot" oder 4 Schwarze Pfennige (Kupferpfennige) dafür gegeben (hat), so wird uns doch anjetzo nichts gereicht. Von wegen der großen eingefallenen Teuerung, in der wir - Gott weiß - nicht einmal das "häbern Brot (Hafer-Brot) genug haben, will es uns gleichfalls unmöglich sein, (derartiges) fernerhin zu leisten. Wenngleich wir allen schuldigen Gehorsam (haben) und - so weit sich unser äußerstes Vermögen erstreckt - uns schuldig erkennen, sowohl mit der Robot oder dem Scharwerk, wie auch in (allem) anderem zu leisten, so vermögen wir es aber weder am Gut noch am Menat nicht, diesen vorstehenden Bau alleine (aus)zuführen, aus den Ursachen, daß der Kalk zu Babing oder Flintsbach (bei Vilshofen), wohin wir bei 5 großen Meilen Weges (37 km) haben, genommen werden muß, und (ebensowenig vermögen wir es,) die große Anzahl der Stämme Holz, Bretter, Ziegelsteine, Schindel und was dem Bau sonst noch anhängig sein wird, allein auszuführen.

Demnach ergeht an Euere Fürstliche Gnaden unser um Gotteswillen ganz untertäniges Anrufen und Bitten, Ihr wolltet aus den erzählten Ursachen, solches gnädiges Einsehen vornehmen und uns, damit das Holz, die Schindel, Bretter und Ziegelsteine zum Bau gebracht werden, die zwei umliegenden Landgerichte Hengersberg und Regen, und dann zur Abführung des Kalks das Landgericht Vilshofen gnädigst zuschaffen, und deswegen auch an dero hochlöbliche Regierung Straubing gnädigsten Befehl ausgehen lassen und (schließlich) beinebens auch gnädigst mandiert, daß jedem von uns, wie es von Alters gebräuchlich gewesen, das Scharwerkbrot oder für dasselbe 4 Schwarze Pfennige gegeben werden.

Das alles (werden wir), um Euere Fürstliche Gnaden, der wir zu gnädigsten Bescheid befehlen wollen, Gott fürbittend, auch sonst in untertänigstem Gehorsam höchsten Fleißes zu verdienen, nicht in Vergessenheit stellen. Euerer Fürstlichen Gnaden untertänigst gehorsam Gerichtsuntertanen zum Bärnstein samt und sonders.

Am 11. Juni 1590 hat sich die Hofkammer in München mit diesem Gesuch der Bärnsteiner Bauern vom Mai beschäftigt.[45] Dem Protokoll der Hofkammer-Sitzung ist zu entnehmen, daß in einem Schreiben an die Regierung in Straubing nähere Erfahrung über die Scharwerkslasten eingeholt werden und die Gerichte Hengersberg, Regen und Vilshofen anzuweisen sind mitzuhelfen. Desgleichen soll auch *des begehrten Scharwerk-Brotes halber die Gebühr verordnet werden.*

Was in dieser Zeit kaum zu erwarten war trat ein: Herzog Wilhelm V. hat sich durch die geschilderte Not der Bärnsteiner Bauern erweichen lassen. Ihr Vorschlag, die in Reichenberg anfallenden Scharwerkarbeiten auch auf die nächst umliegenden Gerichte Regen und Hengersberg aufzuteilen, um eine Gleichheit der Belastungen zu erreichen, fand die Zustimmung des Herzogs. Er kümmerte sich ganz persönlich um dieses Gesuch. Drei Wochen später, am 13. Juni 1590, geht in einem persönlichen Schreiben ein herzoglicher Befehl an die Regierung in Straubing:

Schreiben des Herzogs (Wilhelm V.) aus München an die Regierung in Straubing:

Die Regierung möge sich um die Beschwerde der Bärnsteiner Untertanen kümmern.[46]

Von Gottes Gnaden Wilhelm, Pfalzgraf bei Rhein, Herzog in Obern- und Niederbayern. Unsern Gruß zuvor. Wohlgeborener, Liebe Getreue! Was uns durch die Gerichtsuntertanen zum Bärnstein untertänigst supplicando angebracht worden ist, habt Ihr aus inliegendem Zettel zu sehen. Darauf befehlen wir Euch, daß Ihr über dieses Anzeigen der Supplikanten (Gesuchsteller) *Erfahrung einzieht. Und wenn Ihnen die Scharwerk zum vorhabenden Bau des Jagdhauses im Reichenberg tatsächlich so unerträglich und beschwerlich* (ist), (sind) *hierzu auch andere, nächst umliegende Gerichte zu brauchen, und (man sollte) Verfügung tun, daß diesfalls eine Gleichheit* (der Arbeitsbelastung) *gehalten werde. Desgleichen sollte man des begehrten Scharwerk-Brotes halber die Gebühr verordnen. An dem vollzieht Ihr unseren gnädigen Willen und* (unser) *Heißen* (Befehl). *Datum: München, den 13 Juni, Anno* (15)*90. Commissio domini Ducis manupropia,* (von des Herzogs eigener Hand) *Camers, fünf Unterschriften.*

Von diesem Schreiben ist auch das gleichlautende Konzept (Entwurf) erhalten geblieben.

Zeitraubender Dienstweg und Bürokratie vor 400 Jahren

Der weitere Verlauf dieser Auseinandersetzung ist ein Musterbeispiel für den umständlichen, hierarchischen Dienstweg und das bürokratisches Verhalten vor über 400 Jahre: Es dauerte mehrere Tage, bis das Viztum (die Regierung) in Straubing den herzoglichen Befehl an den Rentmeister im selben Gebäude des herzoglichen Schlosses weitergegeben hat. Diese wertvolle Zeit verstreicht, obwohl der Herzog angeordnet hat, daß das Jagdhaus auf Bartholomäi, den 24. August, aufgebaut und verfertigt sein soll:

22. Juni 1590:

Schreiben des Viztums an den Rentmeister (Sauerzapf) *"Weitergabe des herzoglichen Befehls". Lieber Rentmeister! Was uns von unserem gnädigsten Fürsten und Herrn, Herzog Wilhelm (V.) in Bayern, auf der Gerichtsuntertanen zum Bärnstein von wegen des Jagdhauses in Reichenberg untertänigstes Supplizieren* (Ersuchen) *für gnädigster Bescheid erfolgt und zugekommen ist, habt Ihr aus inliegender Kopie zu ersehen. Darauf werdet Ihr sowohl im einen als im anderen gute Anordnung zu verfügen und Eueres Amtes hierin zu gebrauchen wissen. Wollten* (wir Euch nicht bergen). *Datum, den 22. Juni Anno (15)90.*

Rentmeister Leonhard Sauerzapf in Straubing reagierte sofort. Schon einen Tag später, am 23. Juni, gibt er den herzoglichen Befehl an den Pflegverwalter Gartner in Bärnstein weiter. Dieser Vorgang wird im Antwortschreiben von Sigmund Gartner erwähnt. Hier ist noch interessant zu wissen, daß Gartner mit der Schwester von Rentmeister Sauerzapf verheiratet war, der Rentmeister Sauerzapf also sein Vorgesetzter und Schwager war.

Das Schreiben enthält viele wichtige Einzelheiten über die Baugeschichte des Jagdhauses in Reichenberg: Um Ostern (21. April 1590) sind die Scharwerkarbeiten der Bärnsteiner Bauern angelaufen. Bis zum 25. Juni waren etwa die Hälfte der Fuhrarbeiten erledigt. 100 Fuder (Fuhren mit den Gespannen) große Steine zur Unterlegung der "Geschwell" sind angefahren worden. Das Geschwell[47] oder Gschwell ist die Schwelle, das heißt die Grundbalken oder das Zimmerholz, welches die Grundlage einer Wand bildet. Mit der Unterlegung der Geschwell ist sicher ein Grundfest gemeint, daß in Frosttiefe ausgehoben und mit Bruchsteinen unterlegt wurde. Weiter ist zu erfahren, daß die Zimmerleute heute, also am 25. Juni 1590, am Haus die Balken zu setzen angefangen haben. Am 25. Juni war das Grundfest mit den Bruchsteinen unterlegt und das Gschwell, die ersten Balken, konnten darauf gelegt werden. Schon am 24. August, am Tag des Bartholomäus, sollte das Jagdhaus nach der Vorgabe des Herzogs fertig sein:

25. Juni 1590, Pflegsverwalter Hans Sigmund Gartner an Rentmeister Sauerzapf "Die bisherigen Scharwerkleistungen der Bärnsteiner Untertanen; Aufstellung dessen, was von anderen Gerichtsuntertanen noch zu arbeiten ist". Edler und Fest, Euch sei mein freundlich williger Dienst zuvor, (be)*sonders lieber Herr Schwager! Euer auf den 23. dieses* (Monats) *datiertes Schreiben habe ich am 25. danach empfangen* (und) *des Inhalts samt mehrerem vernommen, daß ich Euch förderlich berichten solle, wie viel man zur Erbauung des "Jaidhauses" aus den beiden Gerichten Hengersberg und Regen ohne Beschwer der Untertanen von jedem in Sonderheit ungefähr an Menat und Handscharwerk bedürftig* (ist). *Darauf habe ich sofort nach dem Werkmeister* (Hans Reiffenstuel, der sich am 25. Juni 1590 in Bärnstein aufgehalten hat) *geschickt, auch beide Amtsknechte zu mir gefordert und bei ihnen Erfahrung eingezogen, was die allhiesigen Untertanen von Ostern bis dato an Scharwerk mit dem Menat und der Handverrichtung zu der Stätte* (des Baues) *gebracht* (haben und) *was zudem noch zu führen und hinzu zubringen ist.*

Diese berichten mir in Wahrheit ausführlich, daß von den Bärnsteiner Untertanen ein jeder von einem Hof (gemeint ist die Hofgröße 1 ganzer Hof) *6, dann die von einem Lehen oder halben Hof 3 große Zimmerbäume zu 60 und 70 Schuhe* (17.5 und 20,4 m) *lang aus dem Wald, einem wilden Ort und auf einem "gmössigen"* (moosig, feucht, naß) *Weg, auf die Stätte des Hauses geführt* (haben), *was alles in allem 852 Holz*(stämme) *macht. Dann hernach* (haben sie) *100 Sagblöcher zu den Sägemühlen* (gefahren), *jedes* (Sagbloch war) *eine Fuhre:* (ergibt) *100 Fuhren.*

*Große Steine zur Unterlegung der "Geschwell": 100 Fuhren. Zum Ziegelofen (*am Platz, wo die Ziegel geschlagen wurden), *der auch von denen* (Untertanen) *erbaut werden muß, geführt: 120 Fuder. Macht summariter 1172 Fuder, die die Bärnsteiner Untertanen allbereits mit großer Not und Beschwerung zur Hausstatt gebracht* (haben). *Dann mit der Hand zum Holzniederfällen, "ausscharwintern" (auschwenden?), aus den rauhen Scheitern zu bringen und zu anderer Notdurft* (hat) *jeder Hof 12 und ein Lehner 6 Tage gescharwerkt; tuet* (macht) *1670 Tage. Dann* (haben sie) *zum* (am) *Ziegelofen 30 Klafter* (94 m^3) *Holz gehackt und geführt.*

Demnach ist zu diesem Jagdhaus noch zu führen:

280 (Stämme) *Zimmerholz und Sagblöcher, zu jedem eine Fuhre. Dann 350 Haufen Scharschindel* (1 Haufen = 250 Schindel = 87.500)*; dazu braucht man 120 Fuhren, was noch alles am Wald liegt und beschwerlicher* (da tiefer im Wald) *zu gewinnen (ist) als die ersten (Schindel wurden im Wald geschlagen). Dann zum Fahren der Bretter von den Sägmühlen: 150 Fuder. Zum Untermauern des Hauses Rauch- und Bruchsteine: 250 Fuder. 20.000 Ziegelsteine: tut 200 Fuder. 16 Dreilinge Kalk: 24 Fuhren. Sand 120 Fuder. 98 Fensterstöcke: 24 Fuhren. Zu dem Hafnerwerk: 12 Fuhren (für die 12 Kachelöfen im Jagdhaus). Summa, was noch ungefähr zu fahren angeschlagen ist: 1158 Fuder. Desgleichen zur Räumung der ......dunst?, zum Sandgraben und -werfen (Sand sieben), zum Steinetragen, zum Auf- und Abladen von Holz und Steinen, zum Schindltragen, auch zu aller* (anderen) *anfallenden Notdurft, was man nicht alles beschreiben mag* (kann), *(wird) taxiert auf beiläufig 1.000* (Tage) *Handscharwerk. Weil dann bei den armen Bärnsteiner Untertanen alle ihre Scharwerksarbeiten nicht* (genau) *aufgemerkt* (aufgeschrieben) *worden* (sind) *will mehr als der halbe Teil* (mehr als 145 von 290 Bauern), *obwohl ihrer nur wenig* (sind) *und es nur eine kleine Mannschaft* (ist) *mit Menat und Hand* (weiterhin) *die Notdurft verrichten.*

Aber auch bei dem Schloß (Bärnstein) *allhier* (sind) *etliche Baumängel, wie Ihr selbst gut wißt, und die auf Befehl des vergangenen Jahres gewendet* (behoben) *werden sollten. Was heuer an der "Tachung"* (Bedachung mit Scharschindeln) *und* (an den) (Regen-)*Rinnen geflickt und zur Verhütung größeren Schadens diesen Sommer gebessert und gebaut werden muß, dafür* (werden ohnehin) *noch jedem etliche Fuhren und Tage gebühren. Die unvermeidentliche Not der armen Leute wird es wohl zum höchsten erfordern, sie weiterhin mit dem Jaidhaus zu verschonen.*

Nachdem aber die Gerichte Hengersberg und Regen bei weitem mit der Scharwerk nicht so hart beladen (sind), *zudem jedes Gericht an Höfen, Gütern und Mannschaften* (Einwohnern) *mindestens so groß wie Bärnstein* (ist), *ist* (es) *mein einfältiges Vermeinen, daß sich die Untertanen* (dieser) *beiden Gerichte über solche Scharwerk, im Bedenken, daß auf ein Gütl nicht mehr als eine Fuhre und ein Tag Handarbeit antreffen* (dürfte), *keineswegs zu beschweren haben.*

Wie man aber solche Scharwerk untereinander aufteilen soll oder welches Gericht mehr Höfe, Güter und Mannschaft in seiner Jurisdiktion (Gerichtsbezirk) *hat, darüber kann ich, weil ich davon nicht Wissenschaft oder Erfahrung (habe), keinen Überschlag machen, noch Euch hierinnen Bericht und Erläuterung geben. Allein es wäre mein einfältiges Gutachten, daß die beiden Gerichte selbst miteinander vergleichen. Was Kalk und Fensterstöcke* (angeht), *wäre dies für die Hengersberger am gelegensten, damit sie eine gleiche Aufteilung machten.*

Doch bitte ich den Herrn Schwager, wegen der armen hiesigen Untertanen bemüht zu sein, damit die Sache befördert (wird) *und beiden Gerichten ernstlich auferladen und befohlen werde, sich demnächst zum Gebäu zu stellen, damit die Zimmerleute, die heute (am 25. Juni 1590) am Hause* (die im Wald behauenen Balken für die Zarge) *zu setzen angefangen* (haben), *nicht verhindert* (behindert werden) *oder* (etwas) *verabsäumt wird. Denn es kann keinen Verzug leiden; die Zimmerleute* (und) *auch* (die) *Mauerer bedürfen täglicher Fuhren und Handscharwerker. Denn das Jaidhaus soll dem fürstlichen Befehl nach auf Bartholomäi (24. August 1590) aufgebaut und verfertigt* (sein).

Das Scharwerk-Brot oder -Geld mag meines Erachtens vermieden bleiben und man möge das Geld (und) auch die Mühe (des Verteilens) *ersparen, in der Erwägung, daß die meiste Scharwerk* (bereits) *verrichtet ist und weil dazu die Hengersberger und Regener Untertanen - wie verstanden - meinem Bedenken nach jeden nicht mehr als eine Fuhre mit dem Menat und einen Tag Handscharwerk trifft und sie nichts weiter anzufahren haben. Das habe ich dem Herrn Schwager auf sein Begehren zum Bericht der Sache in Eile nicht verhalten* (vorenthalten) *wollen.* Daneben *"was Euch dienstlich geliebt".* Datum: *Bärnstein, den 25. Juni Anno (15)90.* Unterschrift: *Hans Sigmund Gartner von Machtenhofen zu Mallersdorf, Verwalter daselbst.*

Schon drei Tage später, am 28. Juni, wurde dieser Bericht des Pflegverwalters Gartner in Bärnstein an den Rentmeister Sauerzapf (Rentmeister von 1582-1596) in Straubing und an die Regierung in Straubing (Viztum), weitergegeben. Nur das Viztum hatte die Befugnis und konnte die Befehle des Herzogs über die Beteiligung der Gerichte Hengersberg und Regen an den Scharwerkarbeiten am Jagdhaus in Reichenberg erteilen. Der Brief enthält die bereits bekannten Vorschläge, die der Pflegverwalter Gartner geäußert hat. Über die Belastung der Bauern in Regen und Hengersberg wird mitgeteilt, daß ein Gütl (Hof) auf der Baustelle in Reichenberg nicht mehr als eine Fuhre Baumaterial zu transportieren und einen Tag mit (der) Hand (zu arbeiten) hatte. Die Bärnsteiner Bauern hatten je Hof mit 6 Fuhren die 6fache und mit 12 Tagen Handarbeit an der Baustelle die 12fache Belastung. So schreibt als gewissenhafter Bürokrat der Rentmeister an den Viztum im gleichen Gebäude des Straubinger Schlosses:

28. Juni 1590[48]*: Rentmeister Sauerzapf an den Viztum "Weiterleitung des Berichts aus Bärnstein, was von den benachbarten Landgerichten noch zu leisten ist." Wohlgeborener Herr Graf, gnädiger Herr Viztum, auch andere edle, ehrwürdige, hochgelehrte und fest, hochlöbliche fürstliche Anwälte und Räte! Eueren Gnaden und Herren sei mein gehorsam williger Dienst jederzeit zuvoran. Gnädige und günstige Herren!*

Auf Euer Gnaden und Herren an mich ausgegangenen Befehl, die Untertanen im Landgericht Bärnstein wegen der Scharwerk und des Scharwerk-Brotes zur Erbauung des Jaidhauses im Reichenberg betreffend, habe ich zur gehorsamen Vollziehung desselben dem Verwalter zum Bärnstein um Bericht geschrieben, wieviel er aus den beiden Landgerichten Hengersberg und Regen, jedem in Sonderheit, ungefähr an Menat und Handscharwerker bedürftig (sei). *Item* (ebenso) *wie es mit dem Scharwerk-Brot* (weil das liebselige Getreide dieser Zeit in hohem Wert steht)) *gehalten werden möchte. Was mir nun der Verwalter für eine Antwort erfolgt ist, das haben Euer Gnaden und Herren hierneben in Originali zu ersehen:*

Da nun die Bärnsteiner Untertanen das meiste Menat und die Handscharwerk allbereits verrichtet haben und man zu diesem Bau noch bis an die 1.158 Fuhren und 1.000 (Tage) *Scharwerker bedürftig* (ist), *hielte ich* (doch ohne eigenes gegebenes Maß) *dafür, es wären die Untertanen in beiden Landgerichten Hengersberg und Regen zur Verrichtung solcher Scharwerk zu gebrauchen, in Erwägung, daß es einen* (Bauern) *auf ein Gütl* (Hof) *über* (mehr als) *eine Fuhre und einen Tag mit Hand* (zu arbeiten) *nach des Verwalters Erachten nicht treffen würde. Doch würde die Notdurft erfordern, daß Euere Gnaden und Herren - ohne gegebenes Maß - dem Pfleger zu Hengersberg und dem Landrichter zu Regen durch Befehl auferladen und zuschreiben lassen, solche Scharwerk zu verschaffen* (verrichten). *Wie man aber die Scharwerk unter den Untertanen aufteilen solle, darüber hätten* (sich) *der Pfleger zu Hengersberg und der Landrichter zu Regen mit dem Verwalter zum Bärnstein zu vergleichen.*

Soviel dann das Scharwerk-Brot anlangt, möchte dasselbe nach des Verwalters Gutachten dieses Mal eingestellt und die Unkosten erspart werden, weil - wie verstanden - die meiste Scharwerk allbereits durch die Bärnsteiner Untertanen verrichtet und ihnen (bisher auch) *kein Scharwerk-Brot oder -Geld gereicht worden ist und es möchte solche Scharwerk auch die Hengersberger und Regnerischen Untertanen jeden über* (für) *einen Tag nicht antreffen. Dies alles sollte ich Eueren Gnaden und Herren hiermit zu mehrerem Bericht anfügen und* (wollte) *mich denselben mit Wiedersendung der Beilagen gehorsam zu Gnaden befehlen. Euer Gnaden und Herren gehorsamer Leonhardt Sauerzapf zu Viechhausen und Loch* (und Eichenhofen), *fürstlicher Rat und Rentmeister allhier zu Straubing.*

Der Rentmeister war also sehr darum bemüht, alle Bauern gleich zu behandeln. Aus diesem Grund hat er empfohlen das Scharwerk-Geld oder -Brot nicht auszahlen und ausgeben zu lassen. Diesmal reagierte das Viztum (Regierung) in Straubing schneller. Noch am gleichen Tag (28. Juni) wird der Befehl an die Gerichte in Hengersberg und Regen erteilt. Das Schreiben ist im Entwurf erhalten:

28. Juni 1590[49]*: Viztum von Straubing an den Pfleger zu Hengersberg und den Landrichter von Regen "Befehle über die Scharwerkleistungen zum Bau im Reichenberg". Unser gnädigster Fürst und Herr, Herzog Wilhelm* (V.), (ist) *Vorhabens,* (was) *auch allbereits im Werk ist, im Reichenbach* (Reichenberg) *in der Hauptmannschaft und im Landgericht Bärnstein ein neues Jagdhaus erzimmern und aufbauen zu lassen. Dazu* (haben) *die Untertanen in diesem Gericht die meisten Fahrten* (Fuhren) *und Handscharwerken gleichwohl schon verrichtet. Weil aber solches nicht erdeyen* (ausreichen) *und* (es) *diesen armen Bärnsteiner Gerichtsleuten höchst beschwerlich und unerschwinglich fallen will, die* (noch) *übrige Scharwerk,* (die es) *zu dem angefangenen eilenden Gebäu noch bedarf, allein und ohne alle Hilfe und Zusatz zu verrichten, haben sie sich deswegen dann gegen den Hof untertänigst beschwert und Befehl* (des Herzogs) *erlangt, daß ihnen die Gerichtsleute Deiner Verwaltung Hilfe und Beisprung tun sollen.*

Derowegen ist (es) *kraft empfangenen fürstlichen Befehls von München unser ernstlicher Wille, daß Du Dich zu ihm, den Richter* (Verwalter Gartner) *auf Stunde und Ort, wie er es Dir benennen wird, verfügst, ihm alle Höfe und Sölden Deiner ganzen Gerichtsverwaltung und wie viele Roß- und Handscharwerker es sind, anzeigst, und was in Unseres Gnädigsten Fürsten und Herrn Namen er für Scharwerkhilfe begehren und anordnen würde, in allem wirklich darob achtest, damit durch die Untertanen demselben gehorsame Vollziehung beschehe. An dem vollziehst* (Du) *Ihrer Fürstlichen Gnaden und unseren zuverlässigen Befehl. Datum, 28. Juni Anno 1590. Anmerkung: An den Pfleger zu Hengersberg; In simili (zugleich) an den Landrichter zu Regen ausgegangen.*

Noch am gleichen Tag, am 28. Juni 1590, wurde auch der Pflegverwalter Gartner in Bärnstein darüber informiert, daß nun auch an die Gerichte Hengersberg und Regen der Befehl ergangen ist, am Bau in Reichenberg mitzuhelfen. Das Schreiben ist im Entwurf erhalten:

28. Juni 1590:[50]

Viztum (Regierung) *von Straubing an den Pflegverwalter Hans Sigmund Gartner. "Befehle, wie er hinsichtlich der Scharwerkleistungen der Nachbargerichte verfahren sollte."*

Was Du (Anrede von Untergebenen) *unserem Freund und Mit-Rat, dem fürstlichen Rentmeister allhier auf sein Schreiben der Scharwerk halber zum neuen Bau des fürstlichen Jagdhauses im Reichenberg für einen Bericht* (gegeben) *und welche Erläuterung getan* (hast), *das hat er uns neben seinem Remiß und schriftlichen Bericht verschlossen überschickt. Wir lassen uns darauf Dein Gutachten wohl gefallen und befehlen hiernebens beiden Landgerichten Hengerberg und Regen vermög inliegender Abschriften, daß sich beide, der Pfleger und der Landrichter, auf Dein Begehren mit Dir vergleichen und - wie Du vermeinst, welche Scharwerk notwendig sei- demselben wirklich geleben und nachsetzen sollen. Also wirst Du Deiner Gelegenheit nach zum besten die Aufteilung und Anordnung zu machen wissen, was dem einen und dem anderen Landgericht zu befehlen sein werde. Beide Pfficiere* (Vorgesetzte, Landgerichte?) *werden kraft unseres Befehls ohne allen Zweifel darob achten, damit die Vollziehung beschehe.*

Wollten .... Dir nicht bergen. Datum, 28 Juni, Anno 1590. An den Richter (Sigmund Gartner) zum Bärnstein ausgegangen.

Seit dem ersten Schreiben von Sigmund Gartner mit der Bitte um Entlastung der Bärnsteiner Bauern vom 24. Mai sind inzwischen fast fünf Wochen vergangen. Es wird noch einige Tage gedauert haben, bis sich Gartner mit seinen Kollegen von den Nachbargerichten Hengersberg und Regen abgesprochen hatte, die Obmänner der Dörfer einberufen und informiert waren und die Scharwerkarbeiten anlaufen konnten. Es ist jedoch davon auszugehen, daß der Pflegverwalter Gartner in Bärnstein durch sein mutiges Auftreten gegenüber seinen Vorgesetzten im Rentamt und der Regierung (Viztum) in Straubing seinen armen Untertanen, wie er sie öfter nennt, beim Bau des Jagdhauses in Reichenberg viele zusätzliche Belastungen ersparen konnte. Auch das Schreiben der Bärnsteiner Bauern an Herzog Wilhelm V. war in dieser Zeit äußerst mutig und ungewöhnlich. Auf Grund der besonderen Umstände ist wohl anzunehmen, daß es auf seine Anregung zustande kam.

5.3.4 Die Verteilung der Scharwerkarbeiten an 290 Bauern

In den folgenden Ausführungen wird versucht, diese Bittbriefe zu erläutern und die Ereignisse an der Baustelle in Reichenberg nachzuzeichnen. Insbesondere soll darauf eingegangen werden, wie der Pflegverwalter von Bärnstein die Arbeiten des Scharwerks möglichst gerecht auf seine Untertanen verteilt hat.

Insgesamt mußten alle 290 Bärnsteiner Bauern scharwerken

Im Brief vom 24. Mai an die Regierung in Straubing teilte Sigmund Gartner mit, daß er in seinem Gericht 290 Bauern zum Scharwerk einsetzen kann. Die Anzahl dieser scharwerkspflichtigen Untertanen war genauestens bekannt. Sie wurde im Scharwerksbuch vermerkt, in dem die geleisteten, nicht entlohnten Arbeiten genau verzeichnet wurden. Diese Zahl ist mit den Bauernhöfen in den Dörfern und Weilern im Kastenamt Bärnstein gleichzusetzen, die dem Herzog abgabenpflichtig waren. Nicht mitgezählt sind hier die Bauernhöfe im Grafenauer Land, die den Klöstern, der Kirche oder dem Adel grundbar oder lehenspflichtig waren. Betroffen waren aber nicht nur die Bauern, sondern auch ihre Inleute. Arme und besitzlose Leute ohne Grund und Boden, die für ihre ärmliche Unterkunft im Inhäusl bei den Bauern und ein Fleckchen Hafer das ganze Jahr über auf dem Hof Arbeiten zu verrichten hatten (Blau, 1918).

Das Scharwerk und die Größe des Hofes, der Hoffuß

In der Güterbeschreibung des Landgerichtes Bärnstein aus dem Jahre 1488 wird die Zahl der Bauernhöfe mit 236 angegeben (Jungmann-Stadler, 1993, S. 79, 94). In den 102 Jahren von 1488 bis 1590 hat die Zahl der Bauernhöfe von 236 bis 290 nur um 54 zugenommen. Die Zahl von 290 Bauernhöfen besagt aber auch, daß die Gesamtzahl aller weitverstreuten Bauernhöfe im Kastenamt Bärnstein beim Bau des Jagdhaus betroffen waren.

Die Leistung des Scharwerks dieser Bauern richtete sich, genau so wie die Abgabe des Zehents, nach der Größe es Hofes. Es ist etwas verwirrend, daß diese Hofgröße nicht in der Flächeneinheit Tagwerk oder Hektar, sondern als Hoffuß genannt wird. Dieser Hoffuß umfaßte in den einzelnen Landschaften Bayerns keine einheitliche Größe der Ackerflächen. Im reichen Bauernland Altbayern hatte in der Zeit nach dem 30jährigen Krieg der 1/1 - Hof oder ganze Hof etwa 175 Tagwerk oder 60 ha (Gebhart, u. a. 1995, S. 368, 1 ha=0,334 Tagwerk, 3 334 m^2). Das Lehen, der ¼ - Hof, hätte demnach etwa 44 Tagwerk oder 15 ha gehabt.

Leider werden im Historischen Atlas über das Gericht Bärnstein keine Flächenangaben der Höfe gemacht (Jungmann-Stadler,1993). Die verläßlichsten Zahlen über die Flächen der Höfe der Dörfer im Gericht Bärnstein und der Hofmark St. Oswald lieferte das Wissensgebiet der Geographie durch die Analyse der ältesten Flurpläne aus der Zeit um 1830. Durch den genauen Maßstab von 1: 5.000 konnte die Gesamtfläche der Ackerflur der Höfe ermittelt werden, die durch die bekannte Anzahl der Lehen geteilt wurde. Von Nitz, 1985, S. 56, konnte das Lehen für das Dorf Schönanger der Propstei St. Oswald mit ursprünglich 12 Lehen, so berechnet, mit 10 - 12 ha oder 34 - 40 Tagwerk angegeben werden (Tabelle 2).

Abweichend von diesen Hofgrößen wird im Gericht Bärnstein auch das Gut als Hofgröße genannt. So gehörte das Gut Siebenellen zum Besitz des Klosters St. Oswald. Das Gut ist mit ½ - Hof anzusetzen (Jungmann-Stadler, 1993, S. 55). Dem Herzog gehörten noch 13 Höfe mit der Hofgröße von je 2 Gut = 13 ganze Höfe. Gleichzeitig noch 16 Höfe mit der Größe von je 1 Gut, also 16 halbe Höfe. 14 Höfe waren bei dieser Güterbeschreibung von 1488 noch uneingehöft. Das sind neue Höfe auf neuen Rodungsflächen, die vom Pfleger in Bärnstein nach dem Hoffuß noch nicht vermessen und eingeteilt waren.

Der ¼ - Hof oder das Lehen ist im Gericht Bärnstein mit 69 Höfen die häufigste Hofgröße. Es folgt der ganze Hof mit 57 Höfen, die vornehmlich südlich von Bärnstein und Grafenau lagen. Der halbe Hof war mit 45 Höfen vertreten, gefolgt vom 1/8 - Hof oder dem halben Lehen mit 44 Höfen. Der 1/16 - Hof ist mit 7 Höfen vertreten.

Ganz anders ist diese Verteilung im gesamten reichen Bauernland von Altbayern. Hier war der ½ - Hof und der ganze

Hoffuß	Bezeichnung: Fläche,	Tagwerk	Fläche,ha	Anzahl
1/1 Hof	ganzer Hof, genannt Maier	144	44	44+13
½ Hof	die Hube, genannt Huber	72	22	29+16
¼ Hof	halbe Hube, das Lehen, Lehner	36	11	69
1/8 Hof	der Seldner, Söldner, Bausölde	18	5,5	44
1/16 Hof	gemeine Sölde	9	2,7	7
1/32 Hof	Leerhäusl, Taglöhner, Hirte	6	1,8	?
Uneingehöft				14
gesamt				**236**

Tabelle 2: Die Hofgrößen nach dem Hoffuß im Kastenamt Bärnstein von 1488. Das Lehen wurde mit 11 ha (36 Tagwerk) gerechnet. Anzahl der Höfe im Gericht Bärnstein mit der entsprechenden Hofgröße

Hof am weitesten verbreitet. Dieser Vergleich bringt die wirtschaftliche Benachteiligung der Bauern im Gericht Bärnstein eindeutig und klar zum Ausdruck. Trotz der ungünstigen, steinigen, flachgründigen, nährstoffarmen Böden und der rauhen klimatischen Bedingungen mit den kurzen, frostfreien Wachstumszeiten, in Höhenlagen von 600 bis 800 m, war für die Mehrzahl der Bauern der Hof nur halb so groß, wie in den fruchtbaren Ackerbaugebieten mit den tiefgründigen Lößauflagen, mildem Klima mit langen Vegetationszeiten im altbayerischen Dungau, Rottal und im Hügelland. Auch im westlichen Nachbargericht Zwiesel hatte kein Bauernhof weniger als die Größe eines ½ - Hofes. Diese vergleichsweise geringere Hofgröße im Grafenauer Land war über die Jahrhunderte auch der Grund, daß hier der Überlebenskampf der Bauern härter und der Lebensstandard niedriger war (Seyfert, 1979, S. 34). Die südlich von Grafenau gelegenen Höfe (Höhe um 600m) hatten jedoch im Vergleich zu den Bauern der hochgelegenen (um 700 - 800m) sechs Klosterdörfer Reichenberg, Höhenbrunn, Draxlschlag, Haslach, Schönanger und Grünbach wesentlich größere Ackerflächen. In den Klosterdörfern war die häufigste Hofgröße der 1/8 - Hof. Einige wenige Höfe waren ¼ - Höfe, der Rest 1/16 - Höfe und 1/32 - Höfe. Durch die kleineren Flächen, die um etwa 200 m höheren Lagen mit den steinigen Böden und dem rauhen Klima war hier der Kampf ums Dasein noch schwieriger.

Alle 290 Bauern der 56 Dörfer waren zum Frondienst verpflichtet

Nach dieser Abstufung in der Hofgröße mußte jeder der 290 Höfe für das Scharwerk ein oder mehrere Gespanne und Arbeitskräfte, Angehörige oder Inleute stellen. Im Gericht Bärnstein gab es insgesamt 56 Dörfer, Einzelhöfe und Mühlen. Um auf diese genannten 290 Untertanen zu kommen, mußten im Mittel aus jedem Dorf der gesamten Herrschaft Bärnstein 5 Bauern beim Bau in Reichenberg scharwerken. Ausgenommen waren die vielen Dörfer und Höfe des Gebietes, die sich entweder im Besitz der Kirche oder des Adels befanden. Einen Eindruck, wie weit diese Dörfer von Reichenberg entfernt lagen, vermitteln folgende Angaben: Im Westen sind die Dörfer Wolfertschlag, Rametnach, Hungerberg, Hohenthan und Großmisselberg zu nennen, Sie sind etwa 8 km (Luftlinie) von Reichenberg entfernt. Die südlichsten Dörfer waren Furth, Heinrichsreith, Nendlnach und Harschetsreuth, südlich von Grafenau. Sie sind etwa 10 -12 km von Reichenberg entfernt. Im Osten sind die Dörfer Elmberg, Neudorf und Moosham zu nennen. Am nächsten lagen die Dörfer Palmberg, Langdorf, Oberkreuzberg, Hirschschlag, Großarmschlag, Judenhof, Schildertschlag, Grüb, Einberg und Rosenau (Abbildung 32).

Es war sicher eine gerechte Lösung für den Pflegverwalter Sigmund Gartner, alle Bauern heranzuziehen. Die Gespanne werden in der überwiegenden Mehrzahl von Ochsen und nur bei den größeren Höfen von Pferden gezogen worden sein. Denkt man an die langsam dahinschreitenden Ochsengespanne, die schlechten Feldwege in den Fluren und Wäldern und die weiten zurückzulegenden Strecken von bis zu 20 km, um zum Ladeort in den höheren Lagen der Hochwälder zu gelangen, so waren diese Arbeiten sehr zeitaufwendig.

Es gibt in den Unterlagen keinerlei Hinweise, daß die Klosterdörfer Reichenberg, Höhenbrunn, Draxlschlag, das Gut in Siebenellen, Haslach, Schönanger und Grünbach zum Scharwerk herangezogen worden sind. Sie bildeten eine eigene Hofmark und waren der Propstei St. Oswald zehent- und scharwerkpflichtig.

Abbildung 32: Übersicht über die Dörfer der Herrschaft Bärnstein aus denen die 290 scharwerkpflichtigen Bauern beim Bau des Jagdhaus in Reichenberg stammten.
Erklärung: ● = Kastenamt Bärnstein, ⊙ (im großen Kreis)= Baustelle in Reichenberg,
● Dörfer und Einzelhöfe der Grundherrschaft des Herzogs im Kastenamt Bärnstein.
⊙ Grundherrschaft des Klosters Sankt Oswald. Nach Jungmann-Stadler, 1992, verändert. Erklärung im Text.

Die zum Scharwerk mit ihrer Arbeitskraft und dem Menat (ihren Gespannen) verpflichteten Bauern stammten aus folgenden Dörfern und Einzelhöfen in der Grundherrschaft des Herzogs, dem Kastenamt Bärnstein:
Klingenbrunn, Altschönau, Wolfertschlag, Palmberg, Pronfelden, Marbach, Oberkreuzberg, Langdorf, Rametnach, Hirschschlag, Hungermühle, Winkelmühle, Winkelhof, Hungerberg, Großarmschlag, Hohenthan, Augrub, Schildertschlag, Judenhof, Einberg, Rosenau, Großmisselberg, Weberreuth, Hartmannsreit, Grüb, Raben, Lederhof, Heiligenbrunn, Voitschlag, Elmberg, Saunstein, Pittrichsberg, Grafenhütt, Schlag, Lichteneck, Neudorf, Oedhof, Grubmühle, Oberhüttensölden, Liebersberg, Frohnreuth, Schreinerhof, Köpplhof, Mitternach, Unterhüttensölden, Kirchberg, Harschetsreith, Moosham, Ochsenberg, Nendlnach, Heinrichsreith, Haibach, Haselbach, Furth, Nebling, Köppenreuth.
Die Klosterdörfer von Sankt Oswald: ⊙ Reichenberg, Höhenbrunn, Draxlschlag, Haslach, Schönanger, Grünbach.

5.3.5 Die Fuhrleistungen und die Handarbeit

Im Voranschlag von Hans Reiffenstuel vom 1. Mai 1590 ist von 915 Baumstämmen für *die Zarg*, die Umfassungswände, und von 219 Sagplöcher, zusammen 1.124 die Rede. Diese etwa 1.200 Baumstämme werden auch in den Bittschriften an die Regierung in Straubing und den Herzog in München genannt.

Bäumefällen: Nicht mit der Säge sondern mit der Axt

Im Wald waren besonders starke und gut gewachsene Bäume auszusuchen und zu fällen. In dieser Zeit wurden die Bäume noch nicht mit der etwa 120 cm langen Baumsäge (Schrotsäge) gefällt, sondern mit der Axt *umgeschlagen.* Das *Schlagen* der Bäume hatte den Nachteil, daß je nach der Stärke des Stammes, weit oben am Stamm angesetzte, tiefe Kerben zu schlagen waren. Die Säge zum Fällen von Bäumen wurde erst um 1780 eingeführt.[51] Mit der Säge konnten etwa 60 cm jedes Stammes mehr genutzt werden. Der Stamm konnte mit der Säge auch mit weniger körperlicher Anstrengung gefällt werden. Das Ablängen der Baumstämme auf die gewünschten Maße dürfte jedoch auch damals schon mit der Säge vorgenommen worden sein. Heute ist kaum mehr vorstellbar, wie viele Bauern notwendig waren, um 1.200 Stämme mit der Axt zu *schlagen.* Der folgenden Abbildung ist diese Arbeitsweise zu entnehmen: Die Fichte wurde zunächst keilförmig auf allen Seiten tief eingekerbt. Mit der Hebelkraft langer Stangen ist dann der Baum aus der Senkrechten "umgedrückt" worden. In der Berufsbezeichnung Holzhauer kommt diese Fällmethode noch zum Ausdruck (Abbildung 33, 34).

Abbildung 33: Zur Zeit des Baus des Jagdhauses in Reichenberg 1590 wurden die benötigten 1.200 Bäume nicht mit der langen Baumsäge (Schrotsäge) umgesägt, sondern mit der Axt geschlagen. Zunächst wurde der Baum keilförmig auf allen Seiten eingekerbt.

Im Brief vom 24. Mai geht die Anweisung hervor, daß das *Zimmerholz und die Sagplöcher am Wald geschlagen und aus den groben Scheiten gehauen* werden sollen. Nach dieser Aussage haben die Bauern bereits im Wald nach dem Schlagen der Bäume mit dem Breit- oder Zimmermannsbeil aus den noch nassen, etwa 70 cm auf Schragen gelagerten Baumstämmen die Balken für die Zarge geformt. Die älteren Bauern der Gegend beherrschen diese Arbeit noch und zeigen mit Stolz ihre Beile. Zuerst wurden im Abstand von etwa 70 cm mit der Axt Kerben in die Rundungen des Stammes geschlagen. Anschließend ist auf dieser Strecke mit dem Zimmermannsbeil die Balkenseite geformt worden. Durch diese Kerben wurde diese Arbeit sehr erleichtert. Weithin mag der Schlag der Äxte der Bauern durch die stillen Wälder gehallt haben.

In den 3 Wochen vor dem 24. Mai mußten alle verfügbaren 290 Untertanen mit ihrem Zugtieren eingesetzt gewesen sein. Im Wald war die erforderliche Anzahl Bäume zu schlagen. Ein großer Teil der gefällten Bäume wurde im Wald zu Balken gehauen, abgelängt, mit den Pferden und Ochsen an die Wege gezogen (gerissen) und in vielen Fuhren zum Bauplatz auf den Reichenberg gebracht. Der andere Teil der Baumstämme wurde in die umliegenden Sägemühlen bei der Riedlglashütte (heute Riedlhütte) und Spiegelau gefahren. In kurzer Zeit mußte in den Sägemühlen an der Großen Ohe eine große Anzahl von Baumstämmen geschnitten worden sein.

Einen großen Aufwand an Handarbeit bedeutete es 20.000 Ziegelsteine für die 6 Kamine im Jagdhaus zu formen. Der Ziegelofen mußte neu gebaut werden. Das Brennen der Ziegelsteine erforderte 25 Klafter, 78 Raummeter, Brennholz, das in 120 Fudern angefahren werden mußte. Im Scharwerk wurden diese Ziegelsteine von Grafenau ein große Meile hinauf nach Reichenberg gefahren. Das heutige Standardmaß eines Ziegelsteines von 24 x 12 x 6 cm betrug damals etwa 30 x 15 x 8 cm. Die Größe der Ziegelsteine war für das gesamte Bistum Passau standardisiert: An der Außenwand des Rathauses in Passau befand sich ein Eisenrahmen als Maß für die Größe eines Ziegelsteines. Jeder Betreiber eines Ziegelstadels mußte da Maß nehmen (Erhard, 1899, S. 129). Nach Brückl, 1984, S. 404, wurden für den Aufbau eines großen gemauerten Bauernhauses in der Hallertau mit 2 Stockwerken um 1834 insgesamt 13 - 14.000 Ziegel verbaut.

Insgesamt wurden 12 Dreilinge[52] Kalk (etwa 16 m^3), von

Abbildung 34: Nachdem eine tiefe Kerbe auf allen Seiten geschlagen worden ist, wurde der Baum mit der Hebelkraft von langen Stangen umgedrückt.

Barbing (wohl Babing bei Vilshofen) im Pfleggericht Hengersberg auf die Baustelle gefahren. Am 25. Juni werden 16 Dreilinge genannt. In Babing, Pfarrei Otterskirchen, Post Rathmannsdorf, 8,5 km von Vilshofen entfernt, steht Dolomit (Urkalk) in großen Lagern an, der sich zum Kalkbrennen besonders gut eignet (Erhard, 1899, S. 58). In einem Bericht von 1595 über die Baukosten bei Ausbesserungsarbeiten am Dom zu Passau ist von 4 Dreyling Kalk die Rede (WMS, 1914, 91). Schon am 24. Mai 1590 berichtete der Pflegverwalter Gartner in Bärnstein voller Stolz an das Rentamt zu Straubing, daß von den 1.200 Stämmen bereits 500 auf der Baustelle in Reichenberg angefahren sind. Mit dem Bau des Jagdhauses konnte nun unverzüglich begonnen werden. Besonders erwähnt er aber auch die großen Schwierigkeiten und Anstrengungen bei der Anfuhr des Baumaterials. Er weist besonders darauf hin, daß auf den schlechten Wegen die Zugtiere der Bauern arg mitgenommen werden. Das gesamte Baumaterial mußte aus dem Tal der Großen Ohe in Riedlhütte (728 m) auf dem recht steilen Weg der heutigen Bergstraße 72 Höhenmeter auf die Anhöhe (800 m) nach Reichenberg gebracht werden.

Die Aufteilung der Fuhrarbeiten auf die 290 Bauern

Das von den Bärnsteiner Bauern geleistete Scharwerk wurde im Scharwerkbuch genau aufgeschrieben. Der Verwalter von Bärnstein berichtete am 25. Juni 1590 dem Rentamt in Straubing über die bisher geleistete Arbeit, um das Baumaterial auf eine der höchstgelegenen Baustellen im damaligen Herzogtum Bayern zu bringen: 852 Holzfuhren, 100 Fuhren Sagblöcher (Baumstämme für den Schnitt in den Sägmühlen), 100 Fuhren große Steine zur Unterlegung der “Geschwell”. Am 25. Juni waren insgesamt bereits 1172 *Fuhren mit großer Not und Beschwerung zur Hausstatt* gebracht.

Wie konnten diese großen Fuhrleistungen und Handarbeiten vom Pflegverwalter in Bärnstein möglichst gerecht auf die 290 Bauern des Gerichts verteilt werden? Sigmund Gartner hatte für dieses Problem eine recht einfache Lösung, die er im Brief vom 25. Juni auch mitteilt: Ein ganzer Hof hatte 6 und ein halber Hof 3 große Zimmerbäume (von den 1.200 notwendigen) zu 60 und 70 Schuh lang aus dem Wald, einem wilden Ort und auf einem gmössigen Weg auf die Stätte des Hauses zu fahren. Jedes Sagbloch war eine Fuhre. Rechnet man mit 1 Zimmerbaum je Fuhre, 1 Fuhre je Tag und je einen Tag für die An- und Abfahrt von und zu seinem Hof, hat ein weiter entfernter Bauer insgesamt 8 Tage lang mit seinem Gespann gescharwerkt. Wegen den vielen anderen Fuhrarbeiten dürfte er jedoch 16 Tage lang gescharwerkt haben.

Durch die weiten Entfernungen von ihren Heimatdörfern konnten die Bauern nicht täglich ihre Höfe erreichen. So mußten sie, ihre Angehörigen, Knechte, Mägde und Inleute mit den Zugochsen oft mehrere Tage im Tal der Großen Ohe an der Glashütte (heute Riedlhütte) verbringen, sich Essen bereiten, die Tiere mit Gras und Wasser versorgen. Während dieser Zeit hat er in einer einfachen Rindenhütte im Wald die Nächte verbracht oder im Tal der Großen Ohe im Freien übernachtet. Das sonst übliche Scharwerkbrot oder die 4 schwarzen (Kupfer)- Pfennige wurden ihnen vorenthalten.

Die Aufteilung der Handarbeit auf die 290 Bauern

Über das Scharwerk mit der Hand wird folgendes mitgeteilt:

> *Dann mit der Hand zum Holzniederfällen, ausscharwintern, aus den rauhen Scheitern zu bringen* (Balken zu formen) *und zu anderer Notdurft hat jeder Hof 12 Tage und ein halber Hof 6 Tage gescharwerkt, insgesamt 1.670 Tage.*

Die 57 Bauern mit ganzen Höfen haben demnach 20 Tage, knappe 3 Wochen, gescharwerkt. Die 114 Bauern mit ½ Höfen und ¼ Höfen waren insgesamt je 11 Tage mit dem Bau des Jagdhauses in Reichenberg beschäftigt. Auch die Handscharwerker konnten bei den langen Arbeitszeiten von Sonnenaufgang bis Sonnenuntergang nach getaner Arbeit ihre heimatlichen Höfe nicht erreichen. Sie haben die Nächte im Wald oder in der Nähe der Baustelle verbracht.

Die Logistik dieser Arbeiten

In dem vom Herzog Wilhelm V. in München verfaßten Schreiben vom 21. April 1590 an das Viztum in Straubing wurden die Scharwerkarbeiten angekündigt, die auf die Bauern zukommen sollten. Es werden sicher einige Tage vergangen sein, bis das Schreiben in Bärnstein eintraf. Darauf hat der Pflegverwalter die Obleute der Dörfer nach Bärnstein bestellt und die Anordnung getan, daß innerhalb 14 Tagen bis an die 1.200 Stamm Zimmerholz im Wald geschlagen und aus den groben Scheiten gehauen werden sollten . Vom 1. Mai 1590 stammte dann der Voranschlag und die Materialliste von Hans Reiffenstuel. Um den 1. Mai 1590 dürfte dann das Scharwerk wirklich angelaufen sein. Für die bis zum 25. Juni 1590 bereits geleisteten 1.172 Fuhren und die Art der Arbeiten standen nicht mehr als etwa 45 Werktage zur Verfügung. Die Einhaltung der sonntäglichen Ruhepause kann damals unterstellt werden. Wegen den anhaltenden Niederschlägen in dieser Zeit wird man noch einige Tage abziehen müssen.

Die Jahreszeit für dieses Scharwerk war für die Bauern noch verhältnismäßig günstig. Ihre Frühjahrssaaten Hafer und Lein waren längst im Boden. Wenn im Jahre 1590 das Frühjahr nicht zu spät einsetzte, war auch die kälteempfindliche Hirse schon gesät. Schwieriger wird es gewesen sein, die erste Heuernte Ende Mai einzubringen.

In dieser kurzen Zeit ist die Anzahl von 1.172 Fuhren Baumaterial auf sehr schlechten, morastigen und steilen Wald- und Feldwegen transportiert worden. Nimmt man vereinfachend an, daß die meisten dieser Fuhren auf den schlechten Waldwegen in die weitentfernten Hiebplätze Tagesfahrten waren, müssen in diesen 45 Tagen täglich etwa 26 Gespanne unterwegs gewesen sein. Etwa jeder 11. Bauer im Gericht Bärnstein (9 %) war mit seinem Gespann täglich im Einsatz. Beachtenswert ist die logistische Leistung, etwa 26 Gespanne täglich mit den Informationen zu versorgen, was die Bauern wo zu laden und zu transportieren hatten.

Aus diesen Überlegungen ist zu ersehen, welche Meisterleistung der Benachrichtigung der Bauern, Arbeitseinteilung, Abstimmung, Organisation, Buchführung und Abrechnung die örtlichen Bauleiter und Amtsknechte in Bärnstein zu leisten hatten. Wie viele "Einsager" mußten in dieser kurzen Zeit unterwegs gewesen sein, um in den entlegenen Dörfern, Weilern, Einödhöfen und Mühlen den Bauern bekanntzugeben, wer, wann, wo mit seinem Gespann, welche Fuhrarbeit zu erledigen hatte.

Wann am Reichenberg mit den Aushubarbeiten für das Grundfest begonnen wurde, ist nicht genau bekannt. Es muß um den 12. Mai gewesen sein. Zwischen dem 12. Mai und dem 25. Juni dürfte das Grundfest gemauert worden sein. Im Brief vom 25. Juni an den Rentmeister in Straubing erwähnt Sigmund Gartner, daß heute am (Jäger)haus Balken zu setzen angefangen worden ist. Nach den Vorgaben des Herzogs sollte das Jagdhaus am Tag des Bartholomäus, am 24. August, bereits fertig sein.

5.3.6 Die Armut der Bauern

Der Briefverkehr über den Bau des Jagdhauses in Reichenberg gibt auch einen einzigartigen Einblick in die damalige ärmliche soziale Lage der Bauern im Gericht Bärnstein in der Zeit um 1590. So spricht der Pflegverwalter Gartner in seinem Brief vom 24. Mai, 1590 an die Regierung in Straubing immer von den armen Leuten in seinem Landgericht und daß er *die Armut der Untertanen gut wisse.* Durch das Scharwerk am Reichenberg werden sie so stark belastet, daß *sie ihre Arbeit zu Feld und Dorf liegen lassen und die Güter öd gelegt und unerbaut liegen bleiben würden.*

In ihrer Bittschrift vom 24. Mai, 1590 an die Regierung in Straubing haben die Bauern sicher übertrieben, wenn sie erwähnen, daß jeder über 60 Tage roboten soll. Etwa 30 Tage erscheinen jedoch durchaus realistisch. Sie weisen darauf hin, daß sie *allbereits hundert Stämme Holz und anderes geführt,* (so daß) *unser Menat dermaßen abgetrieben und* (ab)*gemüht* (ist), *daß es uns nicht wohl möglich* (ist), *solche großen Roboten allein im allhiesigen Landgericht zu verrichten. Der harten täglichen Beschwer halber* (müßten wir) *in unserer Armutei die Gütl und "Peurll" unbebaut liegen und bleiben lassen, Dann* (möget) *Ihr auch in Bedenkung* (ziehen, daß) *hier im Wald eine große Armutei und Hungersnot* (herrscht), *der meiste Teil* (der Untertanen) *an Menat nichts vermag und wohl der Ursache halber von den Gütern entlaufen und wegziehen muß.*

Besonders drastisch schildern sie ihre Not in der Bittschrift an Herzog Wilhelm V. (24. Mai, 1590) :

> *Da wir nun allbereits eine große Anzahl Stämme Holz (etwa 500) samt anderer Notdurft hierzu geführt* (nach Reichenberg gefahren haben), *befinden wir,* (daß) *unsere Rößl dermaßen "übertrieben" und "abgement"* (in schlechtem körperlichen Zustand) *sind, daß wir die noch bevorstehende Scharwerk*(arbeit) *je nicht zu verrichten wissen.*

Gleichzeitig mahnen sie alte überlieferte Rechte an:

> *Fürs andere: Obwohl es hiervor* (früher) *gebräuchig gewesen ist, daß man uns armen Untertanen, so oft wir zum Schloß Bärnstein gescharwerkt* (haben), *einem jeden ein "Laibl Brot" oder 4 Schwarze (*Kupfer)-*Pfennige dafür gegeben* (hat), *so wird uns doch anjetzo nichts gereicht. Von wegen der großen eingefallenen Teuerung, in der wir - Gott weiß - nicht einmal das "häbern Brot (Hafer-Brot) genug haben, will es uns gleichfalls unmöglich sein,* (das Scharwerk) *fernerhin zu leisten.*

Aus diesen Schilderungen ist die Folgerung gerechtfertigt, daß die 290 scharwerkpflichtigen Bärnsteiner Bauern durch die Frondienste beim Bau des Reichenberger Jagdhauses an den Rand des Ruins gebracht worden sind. Ein Glück für die Bauern, daß ihr Pflegverwalter Sigmund Gartner das Anliegen unterstützt und Herzog Wilhelm V. die Not eingesehen hat. Der Herzog gab den Befehl, daß auch die Bauern der Gerichte Regen und Hengersberg für diese Scharwerkarbeiten einzusetzen waren. So haben sich die notwendigen Arbeiten auf eine größere Anzahl von Bauern verteilt. Es ist davon auszugehen, daß jedes dieser beiden Gerichte auf mehr als 290 Bauern zurückgreifen konnte. Die Belastung dieser Bauern hielt sich durch diese größere Anzahl in Grenzen: So schreibt die Regierung in Straubing an den Rentmeister in Straubing (28. Juni 1590), *daß es einen Bauern auf einem Gütl mit mehr als einer Fuhre und einen Tag mit Hand zu arbeiten nach des Verwalters* (Sigmund Gartner) *Erachtens nicht treffen würde.* Damit hatten die Bärnsteiner Bauern zwar das 6fache an Fuhren und das 12fache an Handarbeit zu bewältigen, doch es war für sie doch eine spürbare Entlastung.

5.3.7 Die Arbeitswelt der Handwerker

Am 21. April 1590 erging der fürstliche Befehl, daß am Reichenberg ein Jagdhaus erbaut werden sollte. Die Obleute der Dörfer wurden sofort nach Bärnstein bestellt und angeordnet, daß innerhalb von 14 Tagen 1.200 Stamm Zimmerholz durch die armen Untertanen am Wald geschlagen, aus den groben Scheiten gehauen und auf den Bauplatz gebracht werden sollten. Vom 1. Mai stammt der Voranschlag mit der Materialliste von Hans Reiffenstuel. Am 8. Oktober war das Jagdhaus fast bezugsfertig.

Von Ende April, den ganzen Sommer über, bis nach dem 8. Oktober, haben in diesem denkwürdigem Jahr 1590 viele Menschen am Jagdhaus auf dem Reichenberg gearbeitet. In zahllosen Scharwerkfuhren der Bauern auf schlechten Feldwegen sind die Balken aus dem Wald, Bruchsteine, Ziegel, Sand und Kalk auf die Anhöhe gebracht worden. Es wurde Sand geschaufelt, Mörtel gerührt, gemauert und gezimmert. Die Gräben für das Grundfest mußten in mühevoller Handarbeit ausgehoben werden. Mancher große Stein oder Felsen war mühsam herauszubrechen und zu beseitigen. Das Grundfest wurde bis zur Frostgrenze mit Feldsteinen gemauert. Hier dürften die 250 Fuder Rauch- und Bruchsteine zum Untermauern des Hauses verwendet worden sein. Die gesamte Grundfläche des Baues von etwa 34 m x 17 m ist sicher mit Feld- und Bruchsteinen ausgelegt worden, um auch die gezimmerten Innenwände vor der Feuchtigkeit des Unterbodens zu schützen: *Große Steine zur Unterlegung der Geschwell, 100 Fuhren.* Insgesamt die große Menge von 350 Fuhren Bruchsteine, die in der Umgebung von Reichenberg an den Feldrändern als Feldsteine gesammelt und an großen Felsen gebrochen worden sind. Nimmt man die Fuhre mit 1 m^3 an, sind insgesamt 350 m^3 Bruchsteine verbaut worden.

Wie auf den Baustellen dieser Zeit üblich, müssen dort viele Menschen beschäftigt gewesen sein. Zum Scharwerk mit der Hand war jeder ganze Hof 12 Tage, der halbe und viertel Hof 6 Tage verpflichtet. Nimmt man für die 290 Bärnsteiner Bauern jeweils die Hälfte als 1/1 und ½ + ¼ Höfe an, wurden nach dieser Anordnung des Pflegverwalters Gartner bei diesem Bau insgesamt 2.610 Tage Scharwerksarbeit abgeleistet. Das Handscharwerk für die Bauern der Gerichte Regen und Hengersberg wird mit 1 Tag je Hof angegeben. Durch die größeren Gerichte, dürften noch etwa 700 Tage geleisteter Arbeit hinzugekommen sein. Durch die Pflicht des Scharwerks waren die Bauern für den Herzog kostenlose Arbeitskräfte. Deshalb werden dort immer mehr verpflichtet gewesen sein, als vom Arbeitsablauf auch gebraucht werden konnten.

Die Bauern mußten den aus den Brennkammern bei Barbing (heute Babing) bei Vilshofen angefahrenen gebrannten Kalk in 2 m tiefen Erdgruben mit Leitungswasser ablöschen. Zischend und brodelnd wird sich nach der Zugabe von Wasser aus dem harten, gebrannten Dolomit die dickflüssige Kalkmilch für die Bereitung von Mörtel gebildet haben. Die Untertanen mußten Bruchsteine brechen, Ziegel tragen und die schweren Balken schleppen.

Wie viele Untertanen an der Baustelle den ganzen Sommer über von Mai bis Oktober auf der Reichenberger Höhe geschuftet und sich geschunden haben, ist nicht überliefert. Bis auf die vier Tegernseer Zimmerer sind die Namen der einheimischen Maurermeister, Zimmerleute, der Kalklöscher, der Mörtelmacher, der Tagwerker und Scharwerker nicht bekannt. Man kann jedoch davon ausgehen, daß es im Grafenauer Land heute keine alteingesessene Bauernfamilie gibt, die am Bau des herzoglichen Jagdhauses in Reichenberg nicht tätig war.

Wie diese Vielzahl von Handwerkern und Scharwerkern an der Reichenberger Baustelle verpflegt worden ist, ist nicht überliefert. Ob sie auf der Baustelle in Reichenberg ein kärgliches Mittagsmahl einnehmen konnten, ist eher unwahrscheinlich. Den Bittschriften ist zu entnehmen, daß ihnen der Pflegverwalter Gartner sogar das seit altem Herkommen übliche, dürftige Scharwerkentgelt für einen Tag Arbeit von 1 Laib Brot oder 3 schwarzen Kupferpfennigen versagt hat.

In dieser Notzeit werden sie sich bei dieser schweren Arbeit mit eigenem Haferbrot verpflegt haben. Anderswo hat man die Scharwerker besser verköstigt: Von einem Umbau im Jagdschloß Grünwald, südlich von München, ist bekannt geworden, daß während der Bauzeit auf der Baustelle für die Arbeitsleute gekocht und Bier verabreicht worden ist. Vom herzoglichen Kasten und dem Zehrgaden, der Speisekammer, wurden 8 Schäffel Roggen (1 Scheffel=2,2 hl), 2 Metzen Gerste (1 Metzen=37 l), 2 Metzen Erbsen und 2 Zentner Schmalz bezogen. Von den Bauern der Umgebung außerdem Milch und Eier. Verzehrt wurden mehre Rinder, Kälber und Schafe (von Reitzenstein, 1885, S. 71).

Die Einzelheiten der Arbeitswelt beim Bau des Jagdhaus sind nicht bekannt. Zeitgenössische Darstellungen können jedoch einen Einblick vermitteln, mit welchem Werkzeug und welcher Technik vor 409 Jahren, 1590, gearbeitet worden ist und wie die Arbeit organisiert war (Abbildung 35, 36, 37, 38, 39, 40).

Gibt es Angaben über die tägliche Arbeitszeit und Entlohnung?

In den vorhandenen Listen und Voranschlägen über die verwendeten Materialien gibt es keinerlei Anhaltspunkte über die tägliche Arbeitszeit und die Entlohnung der in Reichenberg vom 1. Mai bis nach dem 8. Oktober tätigen Handwerker. Die Arbeitszeiten dieser Zeit werden jedoch in der Geschichte des Bauhandwerks in Landshut vom 14. bis 19. Jahrhundert mitgeteilt (Herzog, 1963, S. 41). Sie *entstammen der Ordnung von der Maurer, Zimmerleute und anderer Tagwerker und Taglöhner Belohnung* aus der Zeit von 1600. Diese Ordnung legte für die herzoglichen und bürgerli-

Abbildung 35: In einem großen Holztrog wurde Sand mit dem in einer Erdgrube "gelöschten" Branntkalk gemischt. Der Mörtel wird von einem Helfer in einem Holzschaff auf der Schulter dem Mauerer gebracht.

Abbildung 36: Der Zimmermann, links, hat einen Winkel (Richtscheit) aufgelegt, am Gürtel trägt er eine Ledertasche und eine Spitzsäge. Der rechte Zimmermann setzt mit dem links geführten Breitbeil an, die Kante des Baumstammes zu säumen. Vorne liegen am Boden die Schnurhaspel, der Farbtopf und ein Beil. Dahinter: Kaiser Maximilian hält in seiner linken Hand eine Bundsäge. Quelle: Buch Der Weisskönig von 1517.

Abbildung 37: Der Holzschnitt aus dem Jahre 1531 zeigt drei Zimmerleute, die einen Fachwerkbau errichten. H. Rodler, 1531, Herzog Johann von der Pfalz, Eyn schön nützlich Büchlein und Underweisung der Kunst des Messens.

chen Neubauten im Viztum (Regierung) Landshut die Arbeitszeit und die Entlohnung fest. Ein "Tarifvertrag" aus der Zeit von 1600! Auch im Viztum Straubing und in Reichenberg werden nach dieser herzoglichen Anordnung die Handwerker ausbezahlt worden sein:

Unter Punkt 1 wurde die tägliche Arbeitszeit geregelt:

> *1. Wann diese gemeldten Taglöhner und Arbeiter an und von der Arbeit gehen sollen: Auf dem Lande von einer Betzeit zur anderen (von der Frühmess um 5 Uhr bis zum Abendgebet um 7 Uhr), wie es von alters Herkommen ist. In großen Städten und Märkten aber, wo es nicht auch anders und früher gebräuchig, sollen sie von Georgi (24. April) bis auf Michaelis (29. September) von morgens um 5 Uhr bis zur Nacht um 6 Uhr zu arbeiten schuldig sein. Auch die Arbeitspausen und Brotzeiten waren genau geregelt: Um 7 Uhr haben sie eine halbe Stunde Pause zu der Suppe, um 11 Uhr eine Stunde für das Frühmahl (Mittagessen) und zur Vesperzeit eine halbe Stunde zum Abendbrot.*

Im Jahre 1616 dauerte die tägliche Arbeitszeit im Sommer von 4 Uhr früh bis 7 Uhr abends, also 15 Stunden. Nach diesen Angaben waren die Handwerker um 1590 täglich etwa 13 -15 Stunden tätig. Nach Abzug der Essenszeiten betrug die tägliche Arbeitszeit im Sommer 11-13 Stunden. Die Winterarbeitszeit war von Michaeli (29. September) bis Georgi (24. April) in dieser Zeit ohne Taschenuhren sehr praktisch wie folgt geregelt:

Abbildung 38: Auf dem Kupferstich aus dem Jahre 1691 säumt ein Zimmermann einen Baumstamm. An Werkzeugen sind die Zimmereraxt (4), ein Spaltkeil (7), das Breit- oder Zimmermannsbeil (10), die Schrotsäge (12), eine Fußwinde (15) und eine Schnurrolle (17) zu sehen.

Abbildung 39: In der Darstellung um 1800 wird gezeigt, wie 7 Zimmerer mit ihren Werkzeugen (Breitbeil, Schrotsäge, Winkel) auf dem Anrichteplatz einen Dachstuhl erstellen und der Baumeister Anweisungen erteilt.

Abbildung 40: Ein Dachstuhl wird aufgestellt. Links im Bild wird ein Balken mit einem Flaschenzug emporgehoben. Holzschnitt des Petrarca-Meisters (Cicero, Officia, Augsburg, um 1520)

In dieser Zeit sollen die Handwerksleute mit dem Tageslicht an die Arbeit gehen und mit dem Untergange wieder davongehen. Wenn ein Zimmermann oder Maurer diese vorgeschriebenen Zeiten nicht einhalten sollte, darf er durch den Bauherrn an seinem Taglohn gekürzt werden. Gleichzeitig war es den Zimmerleuten verboten Scheite (Balken) und Abfälle ohne Erlaubnis des Bauherrn heimzutragen.

Hier wird der Begriff Scheite im Sinne von Balken erwähnt. Auch über die wöchentliche Arbeitszeit gibt es Angaben:

An Feierabenden (am Samstag) *dürfen die Handwerker 1 Stunde vor diesen festgesetzten Zeiten nach Hause gehen. 2 Stunden früher aber jeweils an den Vortagen vor hohen Festen, wie Weihnachten, Ostern, Pfingsten, sowie vor den Frauen- und Aposteltagen*[53].

Nimmt man eine mittlere tägliche Arbeitszeit von 14 Stunden an, errechnet sich die wöchentliche Arbeitszeit von 83 Stunden. Bei einer heutigen wöchentlichen Arbeitszeit von 38 Stunden wurde 1590 um das 2,2fache mehr gearbeitet.

Unter Punkt 2 der Anordnung war die Entlohnung für die Bauhandwerker im Viztum (Regierung) Landshut geregelt:

2. Was den Maurern (und Zimmerleuten) *und ihren Handreichern von Georgi bis Michaelis samt dem Essen* (einschließlich der Verpflegung) *zu Taglohn gegeben werden soll. In Klammer wurde in der Aufzählung auch der Taglohn ohne Verpflegung angegeben.*

Abkürzung: Kr= Kreuzer, 1 Kreuzer hatte den Wert von 4 Pfennigen: Meistern 7 (12) Kr, Gesellen 5 (11) Kr, Mörtelkochern 4 (7) Kr, Zuträgern 3 (6) Kr, Buben 2 (4) Kr.

Durch eine bis 15 stündige tägliche Arbeitszeit an der Baustelle in Reichenberg und den vielen Beschäftigten wird erklärlich, warum der Neubau des Jagdhauses in der kurzen Zeit von etwa 5 ½ Monaten vom 1. Mai bis 8. Oktober 1590 fertiggestellt werden konnte.

5.4 Am 8. Oktober 1590: Rohbau ist fertiggestellt

5.4.1 Reiffenstuel: Ausbauarbeiten und Kosten

Einen guten Einblick in die Inneneinrichtung und Bauweise des Jagdhauses in Reichenberg gibt noch ein weiteres Verzeichnis vom 8. Oktober 1590. Der herzogliche Werkmeister Hans Reiffenstuel hat es eigenhändig unterzeichnet. Es ist eine “Endabnahme” am Neubau in Reichenberg: Hier stellt er zusammen, was noch an dem fürstlichen Jagdhaus in Reichenberg zu machen ist. Gleichzeitig erwähnt er auch, was an Arbeiten an die Zimmerleut angedinget, noch in Auftrag gegeben worden ist. Hier der Wortlaut dieses wichtigen Verzeichnisses über die noch unerledigten Arbeiten am herzoglichen Jagdhaus in Reichenberg vom 8. Oktober 1590:[54]

1590, Verzeichnis, was an dem herr(schaftlichen) *Jagdhaus zum Pernstain noch zu machen und durch den Reiffenstuel anbedingt* (in Auftrag gegeben). *Anmerkung: Reiffenstuel ist zu fragen, warum er diesen Zettel übergeben hat, 8. Oktober 1590.*

Darunter: Verzeichnis, was noch an dem fürstlichen Jagdhaus im Reichenberg, im Landgericht Pernstain, zu machen (ist) und an die hernach genannten Zimmerleute, nämlich Meister Hans Reiffenstuel, Kaspar Winkler, Hans Rauchösl und Crysob Kieming, alle vier aus dem Tegernseer Gericht in Auftrag gegeben (angedingt)*, wie es im einzelnen hernach folgt* (Tabelle 3):

Nach diesem Verzeichnis waren am 8. Oktober 1590 in den Zimmern des Jagdhauses in Reichenberg noch 10 Fußböden zu legen, 26 Fensterstöcke zu setzen und 31 Türen zu fertigen. Die Kragstein sind wohl nach unten abgeschrägte Steinplatten als Fenstergesims. Im obersten 2. Stock befanden sich 11 Zimmer eins ins andere, also Zimmer und Kammern. Es ist davon auszugehen, daß auch im 1. Stock 11 Räume, insgesamt also 22 Zimmer und Kammern vorhanden waren. Auch 12 Ofentürl für die 12 Kachelöfen waren noch zu setzen. Von den 12 Kachelöfen dürften auch so viele Zimmer mit ihren Kammern beheizt worden sein.

Ferner waren noch 24 Tische, darunter 12 runde aus Ahorn- und Lindenholz, 36 Bettgestelle, 36 Lehnbänke, 48 Stühle usw. herzustellen. Gleichzeitig war das Jagdhaus noch mit Scharschindeln gegen die rauhe Witterung an diesem zugigen Standort zu verschlagen. Auch hier gab es eine Abweichung zum Voranschlag. Im Voranschlag sollten die Außenwände noch mit Läden, breiten Brettern, verschlagen werden.

Sogar an die Beleuchtung der Innenräume des Jagdhauses wurde bereits gedacht. Offensichtlich hat sich der Herzog schon zur Bärenjagd angemeldet: Es wurde Inselt zu Lichtern (für Kerzen) von den Metzgern in Grafenau oder den Abdeckern der Umgebung eingekauft. Näheres findet sich im Universallexikon von Zedler, 1740, (Bd. 49 Sp. 1967): Unschlitt oder Inselt, Talch (Talg) heisset das ausgelassene Fett, so bei den Tieren um die Nieren und Gedärme gelegen. Das Unschlitt wird zum Seifensieden, Inselt-Kerzen oder Lichter (Kerzen) - Ziehen gebraucht. ... Das Unschlitt wird von den Seifensiedern in Seifen- und Lichtunschlitt abgeteilet. Jenes (ersteres)ist alt und läuft ab, wenn man Lichte (Kerzen) daraus ziehet, auch ist es leicht von dem frischen zu unterscheiden: Weil es nämlich gelb und wie alt Fett aussiehet, auch viel weicher als das neue und frische Unschlitt, welches hart anzugreifen und von Farbe weiß sein muß. Alter abgelagerter Rindertalg eignete sich also zum Ziehen von Kerzen besonders gut. Die Einzelheiten in diesem Verzeichnis müssen vom Baumeister Hans Reiffenstuel am Neubau in Reichenberg selbst erkundet und niedergeschrieben worden sein. In München hätten diese Details der Endabnahme am Jagdhaus nicht erfaßt werden können. Er muß also am 8. Oktober in Reichenberg gewesen sein. Auch im Laufe des Jahres 1591 war er noch

Noch zu erledigen: fl = Gulden, Kr = Kreuzer ***Kosten:***

1) Erstlichen sein noch zu legen 10 Fußböden, zu beiden Seiten geschlicht (Schmeller II 503 = gehobelt, Schlichte= Geradheit). *Für einen 1 fl, 34 Kr,* *ergibt 15 fl, 40 Kr*

2) 26 Fensterstöcke einzusetzen und zu verleisten, auch die Fenster einzurichten, von einem 8 Kr, *ergibt 3 fl, 28 Kr*

3) Das ober Gaden (das oberste, 2.Stockwerk)*, das 11 Zimmer* (hat) *eins in das andere, jedes in der Vierung 20 Schuh weit und im mittleren Gang 116 Schuh lang und 18 Schuh breit* (ist) *an den Decken übersich auszutäfeln und die Zimmer an den Seiten mit* (Fenster)*-Gesimbsen und Kragstein? zu untersetzen, davon ist vereinbart worden* *52 fl, 30 Kr*

4) 31 Türen zu machen, darunter 8 mit Grospändt? (breite Läden?), für eine 24 Kr, ergibt 3 fl 12 Kr und für die anderen jeweils 18 Kr, ergibt 6 fl, 24 Kr; alles in allem: *10 fl, 6 Kr*

5) Ebenso für 12 Ofentürl, eines für 6 Kreuzer, *ergibt 1 fl, 12 Kr*

6) 24 Tisch zu machen, darunter 12 runde von gutem Ahorn- und Lindenholz und in die anderen 12 Schubladen, für jeden 30 Kr, *ergibt 12 fl*

7) 36 Bettstätten, für jede zu machen 30 Kr, *ergibt 18 fl*

8) 36 Lehnbänke, für eine zu machen 7 Kr, *ergibt 4 fl, 12 Kr*
9) Ebenso für 48 Stühle für die Tische, für einen zu machen 5 Kr, *ergibt 4 fl*

10) Für 81 Fenster Balken (Fensterläden?) *zu machen, von jedem 10 Kr,* *ergibt 13 fl, 30 Kr*

11) Ebenso (ist) die Behausung mit Scharschindel zu verschlagen; würde man dazu 220 Klafter haben müssen. Ist (mit) ihnen von einer Klafter Weite zu verschlagen vereinbart 10 Kr, *ergibt 36 fl, 40 Kr*

12) Ebenso für ein Brunnenkar und ein Wasserseil (senkrechte Wassersäule) *von ganzem Holz (Baumstamm) zu machen, das inwendig 10 Schuh weit ist:* *4 fl, 30 Kr*

13) Ebenso für zwei lange Tafeln in die Stuben zu machen *1 fl, 20 Kr*

14) Ebenso um das Dach neben den Kaminen (Khinichen) *wiederum zu decken* *2 fl*

Für das Verschlagen der Türen an den Stiegen und Zerwirkläden. Ebenso dort, wo die Böden sich verzogen haben (dignen s.u.), auch dräte (gedreht, gedrechselte) Stifte in die Tische und Lehnbänke zu machen und sonst noch das, was an Kleinarbeit in der Behausung anfallen würde, zuzurichten und auszubessern und für alle anderen Aufträge zu einer Besserung. (dignen= s.v. deihen, gedeicht, gedigen, Schmeller 497; dräte= s.v. draeln, Schmeller 559; Stäfftel= s.v. Steften, Schmeller 737) *20 fl*

16) Für 10 Pfund Innslet (Unschlitt, Rindertalg) *zu Lichtern* (Kerzen)*, jedes per 5 Kr, ergibt 50 Kr*
Suma dieses Auftrags (Gedings), ergibt in allem, ***199 fl, 58 Kr***

Unterschrift: Hanns Reiffenstuel

Tabelle 3:
Verzeichnis der Endabnahme von Hans Reiffenstuel in Reichenberg vom 8 Oktober 1590

einmal in Bärnstein. 1591 werden viele Reisen zu den verschiedenen landesherrlichen Baustellen genannt: Zweimal nach Vilshofen, wo die Donaubrücke gebaut wurde, nach Rhein am Lech, wiederholt nach Irsing und Ingolstadt, nach Wasserburg und Audorf. Darunter war auch eine Reisen nach Grafenau. In der Hofzahlamtsrechnung von 1591 heißt es unter der Rubrik Zehrungen:[55] Mehr nach Grafenau verzehrt er 30 Gulden, 32 Kreuzer. Dieser Besuch ist ein weiterer Hinweis, daß auch 1591 am Jagdhaus in Reichenberg noch nicht alle Arbeiten erledigt waren.

Vier Zimmerleute aus dem Tegernseer Land waren tätig

Hans Reiffenstuel erwähnt im Verzeichnis vom 8. Oktober auch 4 Zimmerleute aus seiner Heimat am Tegernsee. Darunter einen namensgleichen Hans Reiffenstuel. Wahrscheinlich ein enger Verwandter oder vielleicht schon einer seiner Söhne. Man wird den Schluß ziehen dürfen, daß die vier Tegernseer Zimmerer während der gesamten Bauzeit von Mai bis Oktober 1590 am Reichenberg tätig waren. Sie werden den nicht mehr vorhandenen Bauplan ausgeführt und die Vorstellungen von Hans Reiffenstuel verwirklicht haben.

Bedeutsam ist auf jeden Fall, daß der fürstliche Baumeister Hans Reiffenstuel sich beim Bau des Jagdhaus in Reichenberg erfahrene Zimmerer aus dem Oberland eingestellt hat. Sie waren aus ihrer Heimat am Tegernsee mit der Zargen- oder Blockbauweise oberbayerischer Bauernhäuser bestens vertraut. Vielleicht hat er aber nur im Oberland die Zimmerleute angetroffen, die sich an ein so großes Jagdhaus mit drei aufgezimmerten Stockwerken wagten. Dieser Bau mit einer Länge von 34 m und einer Breite von 17 m wird hohe statische Anforderungen an die ausführenden Zimmerleute gestellt haben. Für die einheimischen Zimmerer gab es weit und breit in der Gegend für so einen großen Bau kein Vorbild. Obwohl sie mit der Holzbauweise von Bauernhäusern erfahren waren, werden sie unter der Anweisung der Tegernseer Zimmerer gearbeitet haben.

Die Wasserversorgung des Jagdhauses

Im Jagdhaus war ein Brunnen für die Wasserversorgung der Jagdgesellschaft, der etwa 50 - 100 Pferde und über 100 Hunde vorhanden. Das ist folgendem, zunächst nicht ganz klaren Vermerk im Verzeichnis vom 8. Oktober zu entnehmen: Ebenso ein Brunnkar und Wasserseil von ganzem Holz zu machen, so inwendig 10 Schuh (2,92 m) weit. Durch den Ausdruck Brunnenkar mit einer Weite von etwa 2,92 m kann es sich um keinen ortsüblichen Ziehbrunnen gehandelt haben. Das Brunnkar wird bei Schmeller, 1983, Bd. 1, Spalte 1276, als Brunnenbehälter, Brunnkasten im Sinne eines Wasserbehälters beschrieben. Mit dieser großen Weite ist kein runder Steintrog vorstellbar.

Durch die Bemerkung von ganzem Holz dürfte der Wassergrand aus einem dicken Baumstamm mit einer Länge von etwa 4 m (Innenlänge von 2,92 m) ausgehauen worden sein. Ein Wassergrand aus Granit mit diesen Ausmaß wäre schwierig zu erstellen gewesen. Das Anfahren und Aushauen von Baumstämmen für Wassergränd ist aus der Baugeschichte des Jagdhauses in Lalling bekannt geworden (Abbildung 41).

Der Begriff Brunnkorb war bis in die jüngste Zeit noch üblich. Peinkofer, 1957, wählte den Brunnkorb als Titel für sein Buch mit den vielen herzhaften, waldlerischen Geschichten. Er beschreibt den Brunnkorb (S. 223) wie folgt: Auf dem Marktplatz meines Heimatortes Tittling stand ein schlichter alter Steinbrunnen. Aus zwei eisernen Rohren floß das Wasser in den weiten runden Grand, der aus dem Granit der steinbruchreichen Gegend gefertigt war. Unsere Väter, die jeden Pfennig zweimal umdrehten, ehe sie ihn ausgaben, haben ein Opfer gebracht, als sie den Brunnen, den man kurz und gemütlich den Brunnkorb nannte, zu Nutzzwecken und zur Verschönerung des weiten Marktplatzes errichteten.

In diesem Wassergrand am Reichenberger Jagdhaus wurde das Trinkwasser aus der etwa 600 m entfernten Quelle am Reichenberger Nordhang am Fuße des Parkplatzes beim oberen, östlichen Dorfausgang gesammelt (Abbildung 42).

Dieses Nutzungsrecht für die Quelle und wohl auch für den Grund und Boden auf dem das Jagdhaus nun seit wenigen Monaten stand, hat der Herzog rechtmäßig von dem Reichenberg Bauern Georg Six erworben. Das ist dem Protokoll der Hofkammer in München vom 23. Dezember 1591 zu entnehmen:[56] Brunnen beim Jhaidhaus zum Pernstein. Dem Verwalter zum Pernstein ist geschrieben worden: Man habe seinen untertänigen Bericht und Gutachten über Georgen Sixens im Reichenberg beschehene Supplizieren (Gesuch) den eingefangenen Grund und Boden zum Jhaidhaus daselbst betreffend hören lesen. Darauf lasse man es bei solch seinem Gutachten, daß ihm für gemeldetem Grund und Pronnen 28 fl gereicht werden sollen ... Der Leheninhaber der Probstei St. Oswald, Georg Six, hat an die Hofkammer das Gesuch gestellt mit der Bitte, ihm die Abtretung des Nutzungsrechtes an der Quelle und an Grund und Bodens zu entschädigen. Die Hofkammer bewilligt 28 Gulden.

Ob damit der Herzog die Quelle und den Grund käuflich als sein freies Eigentum erworben hat, scheint nicht möglich gewesen zu sei. Der Grund und Boden gehörte der Probstei St. Oswald. Georg Six hatte nur ein Nutzungsrecht auf seinen Lehen. Ähnlich scheint es in Lalling gewesen zu sein. Grund und Boden für den Jagdhausbau mußte der

Lallinger Aman Rosnhamer abtreten. Auf Anweisung des Herzogs erhält er dafür[57] auf sein untertäniges Anhalten (Bitte) vom Hengersberger Pfleger den Betrag von 12 Gulden.

Die Wassersäule von ganzem Holz war eine etwa 1 m lange Holzröhre mit einem rechtwinklig angesetzten Holzrohr, aus dem das Trinkwasser in den Wassergrand plätscherte. Nach der Heimkehr von den anstrengenden Jagden werden an dieser Wasserstelle die Pferde und 100 Hunde getränkt worden sein. Das Brunnkar und die Holzröhren für die Zuleitung des Wassers erscheinen auch in den Rechnungen über die Reparaturen am Jagdhaus in Reichenberg[58]:

> *1614: ... das Brunn- Kar* (hat) *solchermaßen überall geronnen, daß kein Wasser darinnen verblieben* (ist), (deshalb) *hat Georg Sturben* (Sturm) *an solcher Arbeit alle* (Tage) *den 20., 21., 22. und 23. August* (1614) *mit allem Fleiß neben einem Knecht gearbeitet und alles gewendet* (repariert), *1 fl, 2 Pfennig, 24 Heller.*

> *1615: ... hat Georg Sturm, Zimmermeister, um das er das Zimmerholz zum Brunn-Kar geschlagen, dann das Wasser fleißig überall herein in das Kar und Grand, nachdem einige Tropfen nicht hereingewollt, gekehrt. Zugleich auch einige Peimbl* (Bäuml) *ausgehauen* (hat) ...

Abbildung 41: Das Brunnkar und die Wasserseil (Wassersäule) von ganzem Holz, so inwendig 10 Schuh (2,92 m) weit am Reichenberger Jagdhaus dürfte so ausgesehen haben. Tuschezeichnung von Rudi Seidl 1979.

> *1617: Demnach in die 25 Wasserröhren fällig geworden sind und das Wasser nicht mehr hinein zum Haus geronnen, sondern abgebrochen* (ist), (sind) *durch Lorenz Hänseln aus der Grüb solche geschlagen und ausgehaut, auch zu Längen geschnitten* (worden) ... *Gedachtem Lorenzen, um daß er solche 25 Röhren gebohrt und gelegt* (hat) ...

Schon 5 Jahre später war die gesamte Strecke von etwa 600 m von der Quelle in den Wiesen am oberen, östlichen Dorfausgang mit neuen Holzrohren zu versehen: 1623:

> *Gleichfalls ist das Wasser daselbst sowohl in dem Rohrbrunnen, als* (auch im) *Fischbehälter, weil die alten Röhren, so gar ermorscht und erfault* (sind), *ganz abgebrochen und* (das Wasser) *ausgeblieben gewest ist. Also nicht weniger Wolfen Sturm, Zimmermeister, von 130 Wasser- zu Röhren zu solchem Wasser wieder zum Bestand zu richten, von jeder Röhren zu bohren und zu legen 6 Kr bezahlt, macht 13 Gulden. Hierzu hat er auch 130 neue Büchsen* (Buchsen) *gebraucht, 3 Gulden, 15 Kr Die Holzröhren wurden mit Buchsen aus Eisenblech zusammengesteckt. Nach den Aussagen des jetzigen Besitzers dieses Anwesens, Kurt Weny, wurde noch bis in die Zeit der gemeindeeigenen Wasserversorgung in den 60er Jahren, das damals landwirtschaftliche Anwesen durch diese Quelle über Holzröhren mit Wasser versorgt.*

Abbildung 42: Die Wasserversorgung für das Reichenberger Jagdhaus erfolgte mit Holzröhren aus einer 600 m entfernten Quelle nördlich vom oberen Dorfausgang (s. Pfeil, links unten = hier stand das Jagdhaus).

Bemerkenswert ist in der Rechnung von 1623 auch die Erwähnung eines Fischbehälters im Zusammenhang mit dem Rohrbrunnen: *Wasser daselbst sowohl in dem Rohrbrunnen, als* (auch im) *Fischbehälter.* Nach dieser Schilderung ist der Standort nicht eindeutig. Das Überlaufwasser aus dem Rohrbrunnen am Jagdhaus könnte jedoch in einen Fischbehälter aus Holz geflossen sein. Aus den Rechnungen der Bärenjagden von 1611 und 1615 werden Fische genannt, die für die Verpflegung der Jagdgesellschaft geliefert worden sind. Da sie sicher lebend angeliefert worden sind, sind sie bis zum Verzehr in einem Fischbehälter aufbewahrt worden.

Erwähnt wird auch das Austäfeln eines Zimmers. Offensichtlich wurden die Zimmer des Herzogs im obersten 2. Stockwerk besonders gut ausgestattet. Es gibt keine weiteren Angaben, wie dieses Zimmer ausgesehen hat. Aus anderen herzoglichen Bauten in der Zeit der Renaissance ist jedoch zu schließen, daß die Vertäfelungen der Wände mit vielen Verzierungen aus den edelsten heimischen Hölzern, besonders reich ausgefallen sind. Die Decke dieses Zimmers wird mit einer Kassettendecke versehen worden sein (Abbildung 43, 44).

Gab es im Jagdhaus Malereien auf den Vertäfelungen in den Fürstenzimmern? Wie in der damaligen Zeit üblich, waren die Jagdschlösser der Umgebung von München mit Malereien versehen, die meist Szenen aus der Jagd darstellten. Es ist möglich, daß auch im Reichenberger Jagdhaus, vor allem im großen Gemeinschaftsraum und in den fürstlichen Zimmern, solche Malereien auf den Holztäfelungen angebracht worden sind. Wening, 1701, hat über solche auf Holz gemalte Jagdszenen beim Jagdschloß in Grünwald berichtet. In den erhalten gebliebenen Rechnungen werden in Reichenberg jedoch keine Ausgaben für einen Maler erwähnt.

Der Zeitpunkt der Fertigstellung des Rohbaues des Jagdhauses in Reichenberg im frühen Herbst war recht wichtig. Sicher wurde den ganzen Sommer über mit großem Zeitdruck gearbeitet. Jeder weiß, daß im Spätherbst in dieser Gegend lange Regenzeiten nicht selten sind. Gleichzeitig kann es in dieser zugigen Höhe von 800 m schon recht kalt werden. Die ersten Nachtfröste können auftreten und an mehreren Tagen ist der Rachel und Plattenhausen bereits schneebedeckt.

5.4.2 Die Fertigstellung zog sich noch lange hin

Bisher wurde angenommen, daß das Jagdhaus in Reichenberg schon bald nach dem 8. Oktober 1590 bezugsfertig war. Hans Reiffenstuel stellte an diesem Tag in seinem Verzeichnis alle Arbeiten zusammen, die noch zu erledigen waren. In der Zwischenzeit sind jedoch Belege gefunden worden, die beweisen, daß sich die Fertigstellung noch bis 1592 hinzog. Gleichzeitig gewinnt man den Eindruck, daß sich in München der Schuldenberg so hoch anhäufte, so daß auch das Jagdhaus in Reichenberg davon betroffen war. Den ersten Hinweis gibt es in einem Protokoll der Hofkammer vom 11. Mai 1592.[59] In einem Schreiben, in dem es im ersten Teil um Schaden ging, den die Rösser der Bärnsteiner Untertanen Hans Sigl und Wolf Ertl erlitten haben, wird der Pflegverwalter von der Hofkammer aufgefordert, er solle endlich für die Fertigstellung des Reichenberger Jagdhauses sorgen. Sollte allerdings noch Fürnehmes, größere, mit hohen Kosten verbundene Ausgabe, nötig sein, sollte er dies umgehend berichten:

Abbildung 43: Der Beruf der Kistler hat die Türen, Tische, Lehnbänke, Bettstätten, Schränke und Vertäfelungen angefertigt. Fünf Personen sind beschäftigt, rechts im Bild einen Schrank aufzubauen.

Abbildung 44: Vom Schlosser wurden die Bänder, Beschläge, Riegeln und Schlösser für die Türen und Fenster angefertigt.

Das Jaidhaus beim Pernstein betreffend: Und ob man wohl dafürhalte, das Haus zum Pernstein, es werde nunmehr unser Jhaidhaus also qualifiziert und beschaffen sein, daß man es bewohnen könnte und dabei nicht Mangel erscheine, so wolle man jedoch und sei der Befehl, daß er die notwendige und gebührende Fürsehung tue, da solches noch nicht verfertigt, daß er es noch also zurichten lassen will, damit auf den Fall, daß man auf das Pernjhaid dahin gelangen würde und dem Unterkommen nicht Mangel erscheine. Soll aber noch etwas Fürnemes (Größeres) *zu bauen sein, habe er uns dessen förderlich hierher zu berichten. Anfang Mai 1592 war das Jagdhaus noch nicht so weit fertiggestellt, daß es der Herzog bei einer Bärenjagd hätte bewohnen könnte.*

Auf den Befehl der Hofkammer hatte Pflegsverwalter Gartner seinen Bericht nach München geschickt. Er berichtet, daß das Jagdhaus in Reichenberg, sollte es den Wünschen des Herzogs entsprechen, noch lange nicht fertig sein werde. So waren erst sechs Zimmer ausgebaut, es gab noch keine Küche, keinen Keller, keine Pferdestallungen, keinen Zehrgaden und auch sonst dürften noch kleinere Mängel vorhanden gewesen sein. Abgesehen von dem dafür notwendigen Zeitaufwand würde sich die Fertigstellung auf über 2.000 Gulden belaufen. Die Hofkammer empfiehlt demnach in ihrem Gutachten an den Herzog vom 9. Juni, er möge es beim bisherigen Stand des Ausbaus belassen und sich bei den jeweiligen Jagdaufenthalten anderweitig behelfen.

Mit der Antwort vom 9. Juni stimmt Wilhelm V. diesem Gutachten zu. Der Schuldenberg ist so angewachen, daß die Hofkammer striktes Sparen verordnet hat. Herzog Wilhelm V. mußte sich diesen Anordnungen fügen. So ist der Endausbau des Jagdhauses in Reichenberg dem Rotstift der Hofkammer zum Opfer gefallen:[60]

Höchsternannt ihrer Fürstlichen Durchlaucht ist ferner untertänigst geschrieben worden: Als Sie gnädigst befohlen (haben), dahin zu trachten, damit das der Jahren zu Reichenberg erbaute Jhaidhaus gar verfertigt werden sollte, so haben sie (die Räte der Hofkammer) *ein solches dem Verwalter zum Pernstein auferlegt und befohlen. Was nun er darüber berichtet, das haben Ihre Durchlaucht hierüber gnädigst zu vernehmen. Es ist dann so viel daraus zu befinden, daß zu gebührlichem Unterkommen gleichwohl sechs Zimmer verfertigt* (sind), *andererseits aber doch mit Küchen, Keller, Zehrgaden* (zum Zerlegen des Wildes) *und Stallungen große* (fürneme) *Mängel* (vorhanden sind), *welche - und da sie samt ziemlicher Fahrnis* (Einrichtung) *ersetzt werden müßten - gewiß unter 2.000 fl nicht zu bestellen sein würden. So haben sie* (die Räte) *Ihrer Durchlaucht ein solches hiermit untertänigst berichten wollen,* (daß) *ihres gehorsamsten Erachtens auf dergleichen Gebäu viele Unkosten* (auf)*gehen* (und dies) *sei doch weder notwendig oder nützlich. Denn es sind allbereits in das Haus schon über 2.000 fl verbaut. Damit aber Ihre Durchlaucht an dem Unterkommen so viel weniger Mängel haben sei befohlen* (worden), *die in vor angezogenem Bericht nebenvermeldeten Mängel zu verfertigen, eine schlichte* (schlechte) *Küche von Brettern zu machen und sich mit* (dem) *Zehrgaden in den unausgebauten* (unausgemachten) *Zimmern zu behelfen, die notwendige Fahrnis* (Einrichtung) *auch, so lange Ihre Durchlaucht der Enden* (sich zur Bärenjagd aufhalten) *von Niederaltaich zu nehmen. Ihre Fürstliche Durchlaucht resolvieren sich gnädigst: Es verbleibe bei diesem Gutachten: 9. Juni, 1592.*

Herzog Wilhelm V. weilte mit seinem Hofstaat im Oktober 1592 zur Bärenjagd im Jagdhaus in Reichenberg. Das dürfte sein erster Besuch im neuerbauten Jagdhaus gewesen sein. Dabei wird er die im ursprünglichen Bauplan vorgesehen und nun aus Gründen der Sparsamkeit nicht mehr gebauten Stallungen für 50 - 100 Reitpferde und Hunde, die geräumige Küche, den Keller zum Lagern der Weinvorräte, den Zehrgaden zum Zerwirken des Wildes und das Mobiliar mächtig vermißt haben. Zu diesen Einschränkungen hat ihn aus Kostengründen die Hofkammer gedrängt und er mußte - sicher widerwillig - zustimmen.

Voller Enttäuschung stellte er weiter fest, daß es immer noch erhebliche Baumängel gab. Wilhelm V. beschwerte sich bei der Hofkammer. Diese forderte vom Bärnsteiner Pflegverwalter einen Kostenvoranschlag über die noch notwendigen Arbeiten an, der sich auf 870 Gulden belief.[61] Diesen Voranschlag hat möglicherweise in Reichenberg auch Hans Reiffenstuel erstellt. Im Hofzahlamt von 1592 heißt es (38, fol. 415):

Hans Reiffenstuel, Werkmeister, wegen er auf einem Augenschein gewesen laut Zettel bezahlt: 16 Gulden.

Die Hofkammerräte haben diesen Voranschlag von 870 Gulden dem Herzog vorgelegt: Gutachten an Ihre Durchlaucht das Jhaidhaus zum Pernstein betreffend: Höchsternannter Ihrer Durchlaucht hat man ferner geschrieben: auf dero gnädigsten Befehl habe man über das, so am Jhaidhaus zu Reichenberg noch mangle und gebaut werden soll, hierbei liegenden Anschlag machen lassen, der sich nun über die hiervor fast verbauten 2.500 Gulden auf (weitere) 870 Gulden erlaufe ... Der Herzog entschied, -die Schuldenlast drückte allzu schwer - alle unnotwendigen Gebäu und Ausgaben möglichst einzustellen und die Bären als ein schädliches Tier nicht zu hegen. Bezüglich des Reichenberger Kostenvoranschlages heißt es am Rande des Protokolls: hierzu vermeldeter Anschlag ist aus Ihrer Durchlaucht Befehl eingestellt. Von den 870 Gulden war wohl der größte Betrag für einen Pferdestall vorgesehen. Aus Gründen des

Feuerschutzes in dem dreistöckigem Holzbau war wohl auch die Küche und darunter der Keller in einem eigenen Bau vorgesehen. So erging es dem Reichenberger Jagdhaus wie vielen fürstlichen Bauten: Der Bau ist so, wie er ursprünglich einmal geplant war, nie fertiggestellt worden.

Staatsfinanzen: Um 1/3 mehr ausgegeben als eingenommen

Diese sehr drastischen Sparmaßnahmen der Hofkammer werden verständlich, wenn man sich folgende Zahlen über die Staatsfinanzen dieser Jahre unter Wilhelm V. vor Augen führt (Dollinger, 1968, S. 23). Die damaligen herzoglichen Einnahmen betrugen 189.000 Gulden. Aus dem Salzhandel kamen etwa 100.000 Gulden, über die Hälfte des Betrages oder 53 %. Daraus kommt die große Bedeutung und das Interesse von Wilhelm V. für den Salzhandel über Vilshofen und Grafenau zum Ausdruck. Die Ausgaben betrugen jedoch mit 635.000 Gulden das 3,4fache. Wilhelm V. hat nur 30 % des Betrages eingenommen, den er ausgegeben hat. In einem Kommissions-Protokoll von Oberstkanzler Herwarth werden die Staatsfinanzen von Herzog Wilhelm V. in aller Kürze wie folgt geschildert:

> *Seit 20 Jahren jährlich um 200.000 Gulden mehr aus(ge)geben als eingenommen. Dieser Herzog Wilhelm V., der uns im Jagdhausbau und in den Bärenjagden am Rachel so liebenswürdig entgegentritt, hatte eine für einen Staatsmann besonders schlechte Eigenschaft: Er konnte mit Geld nicht umgehen. In diesen Jahren des Endausbaues in Reichenberg nach 1590 versuchte man noch durch eine neue Hofkammer- Instruktion (Vorschriften) mit Hilfe der Bürokratie die Staatsfinanzen zu retten und die Schwächen des Herzogs auszugleichen. Schon 1593 kümmerte sich der Erbprinz Maximilian I. auch um Regierungsgeschäfte. Wegen dieser Schuldenlast mußte Wilhelm V. dann 1597 zurücktreten. Herzog Maximilian I. übernahm als Retter der bayerischen Finanzen die Staatsgeschäfte.*

Die entstandenen Kosten für den Bau des Jagdhauses

Die Kosten für den Bau des Jagdhauses in Reichenberg werden recht genau angegeben. Diese Kosten enthalten jedoch nicht das verwendete Bauholz. Es stammte aus den herzoglichen Wäldern und ist deshalb nicht berechnet worden. Auch alle Fuhrleistungen wurden im Scharwerk von den Bauern kostenlos erledigt. So wird für die 350 Fuhren Bruchsteine kein Preis genannt. Gleichzeitig waren die Bauern aus den Gerichten Bärnstein, Regen und Hengersberg mit ihrer Verpflichtung zum Scharwerk für den Herzog kostenlose Bauarbeiter und Hilfskräfte. Der Herzog hatte also an Baumaterial nur die Ziegelsteine und den Kalk aus der Gegend bei Vilshofen zu zahlen. Im Voranschlag vom 1. Mai werden als Kosten für den Bau 1.548 Gulden, 3 Kreuzer und 12 Pfennig genannt. Die Zusammenstellung vom 8. Oktober, die der Werkmeister Hans Reiffenstuel erstellt hat, erwähnt zusätzlich noch 199 Gulden, 58 Kreuzer.

Am 26. April 1590, bei Beginn der Bauarbeiten, forderte der Rentmeister Sauerzapf den Pflegverwalter Sigmund Gartner auf, einen Boten um Geld nach Straubing zu schicken.[62] Mit der Aufforderung über die Baukosten genau Rechnung zu führen. Während der Bauzeit in Reichenberg sind mit diesem, vom Rentmeister vorgestreckten Geld, die laufenden Rechnungen der Handwerker bezahlt worden. Noch im Jahre 1590 (ohne Datum) übergibt der Rentmeister Leonhard Sauerzapf in Straubing die Rechnungen über 2.155 Gulden an das Hofzahlamt in München:[63] Und dann übergab mir der fürstliche Rat und Rentmeister zu Straubing, Leonhard Sauerzapf per allerlei Unkosten, so über das fürstliche Jaidhaus zu Reichenberg gangen, laut der unterschriebenen Rechnung 2.155 fl, 28 Kr. Das dürften die bis zum Herbst 1590 angefallenen Kosten gewesen sein. Am 3. Februar 1591 schickte der Pflegsverwalter Gartner einen Boten zum Rentmeister nach Straubing mit einem Bericht wegen der Salzstraße und die Baurechnung über das Jagdhaus zu Reichenberg.[64] Die Bausumme wird jedoch nicht genannt. Bei dem Feilschen mit der Hofkammer 1592 über die endgültige Fertigstellung des Jagdhauses in Reichenberg wird erwähnt, daß insgesamt 2.500 Gulden verbaut worden sind. Wären alle Leistungen an Bauholz und Scharwerkarbeiten in Rechnung gestellt worden, wären sicher über 5.000 Gulden anzusetzen gewesen. Mit 870 Gulden sollten dann 1592 noch die ausstehenden Pferdestallungen und die Küche in getrennten Gebäuden gebaut werden. Aus Kostengründen wurden jedoch Behelfsbauten errichtet.

Nimmt man überschlägig als Wert der Kaufkraft für 1 Gulden nach dem Preis für den Weizen in der damaligen Zeit (1590) von etwa 6.- DM an, hat der Bau des Jagdhauses in Reichenberg etwa 15.000.- DM gekostet. Die herzogliche Kasse der Hofkammer war jedoch damals durch hohe Schulden schon so sehr belastet, so daß auch dieser Betrag zählte.

5.4.3 Die späteren Reparaturarbeiten am Jagdhaus

Nach der Fertigstellung des Rohbaues am herzoglichen Jagdhaus in Reichenberg im Oktober 1590 dauerte der Endausbau noch bis 1592. Die Schuldenlast für Herzog Wilhelm V. ist erheblich angewachsen, so daß die Hofkammer nach der neuen Instruktion (Vorschrift) gezwungen war, strikt Kosten einzusparen. An Stelle eines geplanten Pferdestalles und einer Küche werden Behelfsbauten errichtet. In einem Verzeichnis über die Hofmark St. Oswald und die Untertanen von 1598 wird das Jagdhaus wieder erwähnt.

Reichenberg: Bei und in diesem Dorf Reichenberg ist und stehet das für Euerer fürstlichen Durchlaucht vor wenig Jahrs der Pern halber erbautes und gesetztes Jagdhaus.[65] *Hier wird ausdrücklich gesagt, daß der Herzog bei den Jagden am Rachel hauptsächlich an den Bären interessiert war.*

Durch den Voranschlag vom 1. Mai 1590 und die Aufzeichnung der geleisteten Arbeiten, ergibt sich ein gutes Bild, wie das Jagdhaus einst ausgesehen hat. Diese Angaben können ergänzt werden durch die vorhandenen Rechnungen über die Baufälle, die Arbeiten für die Ausbesserungen und Reparaturen am Jagdhaus. Es ist davon auszugehen, daß an dem Holzbau mit dem steilen Schindeldach, Dachrinnen, Fensterläden und der Wasserversorgung mit Holzröhren alle 10 Jahre schadhafte Stellen ausgebessert werden mußten.

So gibt es auch bereits 9 Jahre nach der Fertigstellung des Rohbaues die ersten Baumängel zu berichten. Der in Reichenberg ansässige landgerichtliche Forstknecht Thomas Schmidt gibt der Hofkammer in München Nachricht von zwischenzeitlich aufgetretenen Baumängel am Jagdhaus in Reichenberg:[66] Hofkammer-Protokoll, 8. März 1599:

Auf Thoman Schmidts, Forstknecht im Reichenberg, untertäniges Anhalten um Wendung der beim Jhaidhaus allda vorhandenen Baumängel ist dem Rentmeister zu Straubing geschrieben worden, daß er Erfahrung einziehe und neben seinem Gutachten herberichten solle, mit was Unkosten die notdürftigen Mängel gewendet werden möchten. Vom Pflegsverwalter von Bärnstein wurde ein Bericht angefordert, der zur Hofkammer gelangte. Die Hofkammer hat dann dem Rentmeister in Straubing folgenden Auftrag erteilt:[67] *Wir haben deinen samt des Verwalters zum Bärnstein dir zugetanen und uns mitüberschickten Bericht die Baufälle beim Jaidhaus im Reichenberg, dann die eingefallene Küche beim Pronnen* (Brunnen) ... *Soviel dann das Jagdhaus und* (die) *Wendung* (Behebung) *derselben Baufälle anlangt, wollen wir's zu machen hiermit bewilligen, doch daß der Unkosten nicht überschritten und eine beständige gute Arbeit verrichtet werde. Der Küchen halber, weil auch der Wildschütz* (Thomas Schmidt) *in seiner Supplikation* (Bittschrift) *davon einige Meldung nicht tut, beruht es derzeit auf ihm selbst. In der Ämterrechnung des Rentamt Straubing, Gerichts- und Kastenrechnung von 1599, wird diese Reparatur am Jagdhaus nicht erwähnt.*[68]

Herzog Maximilian I. ist seit 2 Jahren im Amt. Offensichtlich hat die Hofkammer die Anweisung, bei herzoglichen Bauten sehr sparsam mit den Reparaturen umzugehen. Am 9. Juni 1592 haben wir im Hofkammer-Protokoll erfahren, daß am Jagdhaus erst 6 Zimmer ausgebaut und noch keine Küche, kein Keller, kein Zehrgaden (zum Zerwirken des Wildes) und keine Pferdestallungen vorhanden waren. Daraufhin wurde eine Behelfsküche gebaut. Diese Behelfsküche in einen Schuppen im Hof beim Brunnen, ist nun offensichtlich nach 7 Jahren schon zusammengefallen. Wenn die Vermutung stimmt, daß das jetzige Weny- Haus in Reichenberg, Bergstr. 34, mit dem Grundriß des Jagdhauses übereinstimmt, müßte dieser Brunnen und die Behelfsküche östlich davon gestanden sein. Die Wasserzuleitung vom Goldberg (Kohlbet-Wald) würde diese Annahme bestätigen.

Die Aufzeichnungen in den Rechnungsbüchern des Kasten Bärnstein und die Umritts-Protokolle des Rentmeisters von Straubing,[69] geben weitere Aufschlüsse, über die im Laufe der Jahre notwendigen Reparaturen am Jagdhaus in Reichenberg. Viele Einzelheiten über das Aussehen dieses Jagdhauses sind diesen Quellen zu entnehmen. Die folgenden Reparatur-Arbeiten wurden nach der Häufigkeit des Auftretens geordnet nach Dach und Dachrinnen, Wasserleitung und Wassergrand, Fensterläden und inwändigen Tafelwerk, Kamine und Küchen:

Reparaturen am Dach und den Dachrinnen:

Die häufigsten Reparaturen waren am Scharschindel- Dach des Jagdhauses notwendig. Das erwähnte Rechnungsbuch beginnt mit dem Jahre 1600. Zwischen 1600 und 1614 werden keine Arbeiten an der Dachung erwähnt. Die erste große Erneuerung des Daches und der Dachrinnen scheint 1614, 24 Jahre nach der Fertigstellung des Rohbaues von 1590, notwendig gewesen zu sein. Über die Zeit der Erbauung hatte man 1614 keine genaue Vorstellung mehr: *Solches schon fast in die 36 Jahre* (alt). Demnach würde es 1578 erbaut worden sein. Auch die Kosten von 5.000 Gulden (richtig 2.500) hat man weit überschätzt.

1625, nur 11 Jahre nach dieser Zeit, mußte das Dach erneut gedeckt werden. Der Schindler von Spiegelau Niklasen Himmelreich hat die Schindel gefertigt.[70] Die langen Scharnägel oder Zwilchnägel zum Befestigen der Scharschindel mußten aus Steyr in Österreich eingeführt werden und waren besonders teuer. Man verwendete viel Zeit um die alten Nägel wieder zu verwenden. 7 Arbeitstage lang hat Paulus Hännsl aus Großarmschlag die alten, verrosteten Scharnägel wieder hergerichtet. Damit sich die alten, aber auch die neuen Nägel beim Befestigen der Scharschindel an den Dachlatten nicht verbogen haben, wurden sie vorher mit Leinöl geschmiert. In den Jahren 1630, 1632, 1633, 1634, 1647 wurden weitere Arbeiten notwendig. 1638 hat der starke Sturmwind das Dach zerrissen, Laden und Tafeln gesprengt:

1614 (=R837): Ausgab über Ihrer Durchlaucht Jagdhaus im Reichenberg: Zu solchen Baufällen sind von Kilian Hessen, Bürger in der Grafenau, zu dem Verschlag um 5 ... panntnögl (Panntnägel?), 1.000 Scharnägel per 45 Kr, 400 Spernägel per 20 Kr, dann 300 ganze Brettnägel um 36 Kr und wieder fünfzig panntnögl per 5 Kr abgeholt und alle miteinander verbraucht worden, ergibt 1 fl 5 ß 28 d 1 Hl. Georg Stuermb (Sturm), welcher vergangenen Sommer zu den Dachrinnen, nicht weniger auch zum Wasser geschaut und die Mängel, was zu wenden (reparieren) gewesen (ist), ausgebessert (hat), (als) seinen Taglohn (ge)geben: 1 ß 22 d 1 Hl.1623:[71] Es ist nicht allein vor diesem zu unterschiedlichen Malen untertänig angebracht (darauf hingewiesen) worden, sondern es hat solches in jüngst seinem verrichteten Umritt und Allhiersein höchstgedacht Ihrer Kürfürstlichen Durchlaucht Rat und Herr Rentmeister (von Straubing) selbst besichtigt, welchermaßen oben gedachtes Jagdhaus- zwar solches nunmehr schon fast in die 36 Jahre (wasmaßen) gelegen- in der Dachung so ganz in Baufälle (Reparatur) und Abgang (gekommen ist). Derowegen erfordert die unumgängliche Notdurft- will man anders die schönen Zimmer vor endlichen Verderben erretten und besagtes Haus (welches von Anfang in die 5.000 Gulden gekostet hat) zu fürstlicher Lust und Unterkommen fernerhin erhalten, daß solches Dach, sonderlich die Seite gegen Reichenberg und (der) Vorschuß das Einganges ganz von Neuem gedeckt werden. Gestalten vor diesem bereits ein ordentlicher Überschlag, was beiläufig solches Dach und Vorsprung kosten möchten, überschickt (wurde), gleichwohl hierauf bis dato nicht eigentliche Resolution (Entscheidung) erfolgt ist, doch in fertiger Amtsrechnung (letztes Jahr) kraft der Amtspunkte so viel befohlen und verwilligt worden (ist), daß man interim (inzwischen) die Schindel und andere notwendigen Baumateralien zur Hand trachten solle. Derowegen, wie (maßen) wohlgedachter Herr Rentmeister in seinem verrichteten Umritt und Alldasein zu Teil gesehen (hat), (haben wir) an Ihrer Kürfürstlichen Durchlaucht Hoch- und Forstwald 350 Haufen Zwildach (Zweifach-Dach) machen lassen, von jedem Haufen (welcher sich auf 250 Schindel beläuft) Niklasen Himmelreich, Schindler in der Spiegelau, zu machen und zu arbeiten in Bedacht der teueren Zeit gedingt (angeordnet um) 24 Kr. Trifft zusammen 140 Gulden.

1625:[72] Auf geschehenes untertäniges Anfügen, überschickten ordentlichen (Vor-) Anschlag, zudem auch die Schindel bereits vor zwei Jahren in Vorrat getrachtet (worden sind), sind anheuer an diesem Ihrer Kurfürstlichen Durchlaucht Jagdhaus drei Seiten ganz von Neuem gedeckt worden, und (es) haben an solchem Wolf Sturmb von Neudorf, zugleich Kaspar Winkler in der Grüb, beide Zimmermeister, samt 10 Knechten 21 Tage gearbeitet, unter solchem gleichwohl auch teils Holz zu Rafen und Latten, wie nicht weniger Dachrinnen geschlagen und ausgehackt, die Rinnen aufgezogen, und was dann die Notdurft erfordert, in Bedacht der großen Höhe, mehrere Zeit starker Wind, derowegen dieses Decken gar gefährlich. Zudem von Anfang das Dachwerk gar ?enng, flink? zusammengelattnet und ganz schwerlich an(ge)kommen. Einem Meister des Tags 20 und jedem Knecht 18 Kr zu Lohn gegeben. Ergibt ihnen samentlich 77 fl. Paulusen Hännsl im Ärmschlag (Großarmschlag) von den alten Nägeln zu richten gegeben 7 Taglohn, jeden Tag 12 Kr., ergibt 1 fl 24 Kr. Zu diesem Dachwerk von Steyr aus dem Land ob der Enns (Österreich) 50.000 der langen Zwilch- Nägel bringen lassen. Für Kilian Hössen, Bürger zu Grafenau, laut seinem Zettel Nr. 9 bezahlt. 68 fl 45 Kr. Ebenfals um 5.000 Lattennägel jedes per 2 fl 30 Kr., ergibt 12 fl 30 Kr. Um 4 Lb (Pfund) Leinöl, so man zum alte und neue Nägel zu schmieren braucht, hat ergeben 48 Kr.

1630:[73] Wolf Sturm hat die Dachrinnen ausgeräumt und die Seite des Daches gegen die Riedl-Glashütte ausgebessert, bezahlt 33 Kr.

1632:[74] Wolfen Sturmb, Zimmermeister ... auch das Dach auf der einen Seite etwas ausgebessert, samt zweien Knechten zwei Taglohn bezahlt: 1 fl 36 Kr.

1633:[75] Gleichfalls und nachdem die Dachung auf der Seite gegen die Riedlhütten etwas baufällig gewest, vorbemeldetem Sturmb samt zwei Knechten zur Reparierung deren jedem 1 Taglohn bezahlt: 48 Kr.

1634:[76] Bei diesem Jagdhaus ist an heuer nichts zuzurichten gewesen, allein, daß man die zerrissenen Dachungen wiederum, wie (es) fertiges (voriges) Jahr auch notwendig beschehen mußte, etwas erbessert (hat). Derowegen (sind) dem Wolfen Sturmb, Zimmermeister, 1 ½ Taglohn bezahlt worden: 27 Kr.

1637:[77] Den 11. und 12. September hat Wolf Sturmb, Zimmermeister, mit 2 Knechten das Dach auf einer Seite das Jagdhauses, so schier durchgehend baufällig ist, ausgebessert, und bei beiden Rauchfängen Wasserrindl (kleine Dachrinnen) aufgezogen und eingelegt. Damit (haben) Meister und Knecht wieder zwei Tage zugebracht. Ergibt (nach) Inhalt des Zettels Nr. 24 1 fl 40 Kr. Zu solcher Ausbesserung (sind) von Kilian Hössen in der Grafenau 500 Zwilchnägel per 36 Kr. und zu den Rauchfang-Rindln um 6 Kr. Brettnägel erkauft (worden), ergibt 42 Kr.

1638:[78] *Ingleichen hat auch der starke Sturmwind am Jagdhaus im Reichenberg an unterschiedlichen Orten das Dach zerrissen, Laden und Tafen* (Tafeln, Wandverkleidung) *zersprengt, welche durch Wolfen Sturmb, Zimmermann, vier Knechte von neuem wieder aufgezogen, gedeckt und sonsten allenthalben ausgebessert worden* (sind). *Damit* (haben sie) *zugebracht zwei Tage, dem Meister zu 21 und den Knechten zu 18 Kr. Ergibt laut Zettel Nr. 17: 3 fl 6 Kr. Dann um hierzu verbrauchte 1.000 Scharnägel zusammen mit den alten laut Zettel Nr. 18 erkauft per 1 fl 15 Kr., Summa: 4 fl 21 Kr.*

1641:[79] *Den 16. Juli mehr bedeutendem Preüherrn samt seinen Knecht die Dachung allda etwas auszuschiefern* (ausbessern, bezahlt) *39 Kr.*

Reparatur an der Wasserleitung und am Wassergrand

Besondere Mühen waren notwendig, um das Trinkwasser aus der etwa 600 m entfernten Quelle am östlichen Dorfausgang am Waldrand des Goldberges (Kohlbet-Wald) mit gebohrten Holzröhren zum Jagdhaus zu leiten. Immer wieder, so 1613, 1614, 1615, 1617, 1623, 1631 und 1642, ist das Wasser abgebrochen. 1623 wurden etwa 130 Holzröhren gebohrt. Nimmt man die Länge einer zu bohrenden Röhre mit 4,60 m an, so kommt man mit 130 Röhren zu der etwa 600 m entfernten Wasserquelle. Die Zimmerer- Familie Sturm war über 2 Generationen am Jagdhaus mit Reparatur- Arbeiten beschäftigt:

1613 (=R836): *Ausgab über Ihrer Durchlaucht Jagdhaus im Reichenberg: Demnach das Wasser, das zu ermeldetem fürstlichen Jagdhaus in das Char* (Brunnentrog) *rinnt, heuer zum zweiten Male abgebrochen* (ist), (hat) *vielgenannter Sturben* (Sturm), *Zimmermeister, dieses allzeit wieder hineingebracht und 2 Tage* (sind) *damit vergangen, Dem wurden bezahlt: 2 ß 24 d.*

1614 (=R837): Ausbesserung der Fensterläden ... und (weil) *das Brunn- Char* (Wassertrog) *solchermaßen überall geronnen* (hat), *daß kein Wasser darinnen verblieben* (ist), *hat vorgenannter Georg Sturben* (Sturm) *an solcher Arbeit aller den 20. , 21., 22. und 23. August mit einem Knecht gearbeitet, ergibt 1 fl 2 ß 24 d. Georg Stuermb* (Sturm), *welcher vergangenen Sommer ... auch zum Wasser geschaut und die Mängel, was zu wenden* (reparieren) *gewesen* (ist), *ausgebessert* (hat), (als) *seinen Taglohn* (ge)*geben: 1 ß 22 d 1 Hl*

1615 (=R838): *Dieses Jahrs, gleich nach fertigem, vergangenen Jahr,* (hat) *Georg Sturm, Zimmermeister, um daß er das Zimmerholz zum Brunn-Char geschlagen, dann das Wasser fleißig überall herein in das Char und Grannt* (Wassergrand), *nachdem einige Tropfen nicht hereingewollt, gekehrt, zugleich auch etliche Primbl* (oder Peimbl = Bäumel) *zu vermeldetem Brunn-Grannt ausgehauen* (hat), *also von 3 Tagen und* (für) *jeden 15 Kr Taglohn bezahlt, ergibt 5 ß 7 d 1 Hl*

1617 (=R840): *Demnach in* (an) *die 25 Wasserröhren fällig geworden sind und das Wasser nicht mehr herein zum Haus geronnen, sondern abgebrochen* (ist), (sind) *durch Lorenz Hänseln aus der Grüb solche geschlagen und ausgehaut, auch zu Längen (auf die richtige Länge) geschnitten* (worden), *und damit sind zwei Tage vergangen.* (Es sind) *auch* (für) *jeden* (Tag) *15 Kr Taggeld bezahlt worden, ergibt 3 ß 15 d.*

1617 (=R840): *Gedachtem Lorenzen, um daß er solche 25 Röhren gebohrt und gelegt* (hat) *von jeder 4 Kr, gebräuchigermaßen* (für das) *Bohren und Legen* (be)*zahlt. Ergibt 1 fl 4 ß 20 d. Um 4 neue Röhrenbüchsen* (be)*zahlt 14 d.*

1623:[80] *Gleichfalls ist das Wasser daselbst sowohl in dem Rohrbrunnen als* (auch im) *Fischbehälter, um willen die alten Röhren so gar* (v)*ermorscht und* (v)*erfault* (sind), *ganz abgebrochen und* (das Wasser) *ausgeblieben gewest ist. Also nicht weniger Wolfen Sturm* (Stuermb), *Zimmermeister* (wohl schon der Sohn von Georg Sturm), *von 130 Wasser- Röhren zu solchem Wasser wieder zum Bestand zu richten, von jeder Röhren zu bohren und zu legen 6 Kr bezahlt; macht 13 fl. Hierzu* (hat) *er auch130 neue Büchsen* (runde Buchsen aus Eisen) *gebraucht, für jede 6 ...?, ergibt 3 fl 15 Kr.*

1631:[81] *Wolf Sturmb, Zimmermeister, daß er bei solchem zugesehen, auch das Wasser gekehrt* (geleitet hat), *ein Taglohn bezahlt, 18 Kr.*

1642:[82] *Der Bärnsteiner Wildschütz und Waldgeher Martin Stöckl, Eigentümer eines Gütls in Reichenberg, hatte die Aufsicht über das Jagdhaus in Reichenberg. Auf eigene Kosten hat der die zwei Brunnen* (zum Brunn- Trog und Fischweiher) *reparieren lassen. Diese Wasserleitungskosten werden von ihm wieder zurückbegehrt.*

Reparatur der Fensterläden und des inwändigen Tafelwerks

Großen Schaden richtete der große Wind in den Jahren 1613 und 1614 an. Offensichtlich hat man vergessen, die Fensterläden zu schließen. Dadurch ging das vordere Tor, am Vorschuß beim Eingang des Jagdhauses entzwei. Auch das inwändige Tafelwerk in den herzoglichen Räumen im 2. Stock wurde heruntergerissen:

> *1613:*[83] *Nicht weniger, als der Wind heuer in die Fensterladen, welche offen gestanden* (haben)*, und* (auch) *sonsten ziemlich Schaden mit Herunterwerfen getan (hat),* (wurden) *besagtem Zimmermeister davon zuzurichten behändigt 1 ß 12 d.*

> *1614:*[84] *Als die großen Winde an ermeldetem fürstlichen Haus viel* (Fensterläden), *einen*(?) *zerschlagen, aufgerissen, das vordere Tor* (am Vorschuß beim Eingang des Jagdhauses) *entzwei und zu Schiefern gemacht, nicht weniger teils* (auch das) *inwändige Tafelwerk heruntergerissen* (haben) ... *hat Georg Sturben* (Sturm) *an solcher Arbeit aller den 20., 21., 22. und 23. August drinnen mit allem Fleiß neben einem Knecht gearbeitet. Dem Stuerben den Tag 15 und* (dem*) Knecht 12 Kr. beantwortet* (ausbezahlt). *Ergibt 1 fl 1ß 24 d.*

Reparatur der Kamine

Für das Aussehen des Jagdhauses sind die auch schon an anderer Stelle erwähnten sechs Kamine. Diese stimmen mit den belegten 12 Kachelöfen überein:

> *1612* (=R835): *Ausgab auf ihrer Durchlaucht Jagdhaus im Reichenberg: Durch Hans Peter Zsackh* (?), *Kaminkehrer von Vilshofen, sind aus Andeutung* (des Bärnsteiner Waldgehers) *Michaeln Schmidts, dem es Ihre Durchlaucht Herzog Albertus* (Herzog Albrecht VI.) *solle gnädigst mandiert haben, in bemeldetem Haus 6 Rauchfang gesäubert und ihm von jedem 6 Kreuzer bezahlt worden, ergibt 4 ß 6 d.*

> *1625:*[85] *Nicht weniger Michaeln König* (Khinig)*, Mauerer zu Schönberg, daß er 4 Rauchfänge vom Dach aufgemauert, wiederum neu gedeckt, verworfen und die steinern* (Abschluß-) *Platten daraufgebrochen* (hat), *laut seiner Zettel Nr. 11* (bezahlt): *26 fl. Hierzu* (hat er) *samt den alten noch in die 700 neue Ziegelsteine gebraucht, und darumben zu Grafenau den Ziegelmeister bezahlt: 3 fl 30 Kr. Sowohl von Deggendorf einen Dreiling Kalk bringen lassen, darumben samt dem Mösserlohn*(?*) ausgegeben: 3 fl 30 Kr.*

Reparatur der Kuchen (Küche)

Am 3. Juni 1599 wird die eingefallene Kuchen beim Brunnen erwähnt. Nachdem der geplante Küchenbau aus Kostengründen nicht mehr zustande kam, wurde eine Behelfsküche mit Herd in einem Schuppen im Hof beim Brunnen untergebracht. Vielleicht spielten für diese Anordnung auch Gründe des Feuerschutzes im dreistöckigen Holzbau eine Rolle. Bei den Jagdbesuchen des Herzogs mußte diese Behelfsküche immer wieder hergerichtet werden. 1632 standen wieder Reparatur- Arbeiten an. Möglicherweise war 1632 ein Jagdbesuch angesagt. Belege gibt es jedoch darüber nicht. Was mit *"Kuchen ufgeschraufft"* gemeint ist, bleibt unklar:

> *1632:*[86] *Wolfen Sturmb, Zimmermeister, daß er die Kuchen ufgeschraufft* (?) *und wieder verschlagen* (hat)*, auch das Dach auf der einen Seite etwas ausgebessert* (hat)*, samt zweien Knechten zwei Taglohn bezahlt: 1 fl 36 Kr.*

5.5 Wie hat das Jagdhaus einst ausgesehen?

Das Jagdhaus in Reichenberg stand nur 58 Jahre vom 8. Oktober 1590 bis zum 24. Juni (um Johanni) 1648. Als Wening, um 1730, seine berühmten Ansichten der Schlösser und Städte in Bayern etwa 80 Jahre später gezeichnet hat, war es schon zerstört. Er hätte gewiß eine wirklichkeitsgetreue Darstellung hinterlassen. In der Zeit von 1588 bis 1596 schuf der Maler Hans Donauer (1521-1596) im Auftrag von Herzog Wilhelm V. die bekannten 102 Ansichten im Antiquarium der Münchner Residenz (Doehlemann, 1918). Darunter auch die Ansichten von Bärnstein und Grafenau. Offensichtlich hat Hans Donauer seine Wandgemälde von Bärnstein und Grafenau wenige Jahre vor 1590 an Ort und Stelle erkundet und gemalt als das Jagdhaus noch nicht stand.

5.5.1 Die Altkarten von 1618, 1620 und 1667

Bei der Erkundung zur Geschichte des Klosters von St. Oswald fand Schober, 1991, 1998, in Altkarten von 1618, 1620 und 1667[87] Abbildungen über das Jagdhaus in Reichenberg. Diese alten Landkarten sind im Zusammenhang mit den langwierigen Grenzstreitigkeiten über den Waldbesitz des Klosters St. Oswald mit dem Herzog und Kurfürst entstanden. Sie wurden im Auftrag einer Regierungskommission hergestellt, die an Ort und Stelle die Besitzansprüche klären sollte. Von besonderem Interesse sind dabei die Altkarten von 1618 und 1620. Sie stammen aus der Zeit, in der das Jagdhaus noch stand (Abbildung 45, 46, 47).

Die Altkarte von 1618: Sie zeigt die Südseite des Jagdhauses in Reichenberg mit 3 Stockwerken. Die Darstellung ist nicht perspektivisch, weist zwei kleine Türmchen und zwei Kamine auf. Die Bedachung ist ein recht steiles Vollwalmdach, das mit Scharschindeln gedeckt ist. Nach der Dachform zu schließen, war das Gebäude länger als breit: Das entspricht dem Grundriß, der mit 34,5 m x 18,4 m angegeben werden kann. Es hatte auf der Süd- und Nordseite je 15 Fenster, auf der

Abbildung 45: Die Altkarte von 1618 zeigt die Südseite des Jagdhauses in Reichenberg mit 3 Stockwerken. Die Darstellung ist nicht perspektivisch, zeigt zwei kleine Türmchen und zwei Kamine. Der Vorbau östlich am Gebäude könnte die kleine Kapelle sein, die noch bis nach dem Krieg an dieser Stelle stand. Schriftzug unter dem Gebäude: Dorf Reichenperg; oberer Rand: Glashitten Reichenperg.

Abbildung 46: In der Altkarte von 1620 ist das Jagdhaus perspektivisch gezeichnet. Sie zeigt eine große Ähnlichkeit mit der Karte von 1618. Es ist ebenfalls ein Bau mit drei Stockwerken mit verdecktem Erdgeschoß: In diesem Dorf ist das Jagdhaus. Die beiden Türmchen sind eingezeichnet.

Abbildung 47: Die nicht perspektivisch gezeichnete Altkarte von 1667 zeigt die Südseite des Jagdhauses mit nur zwei Stockwerken. Die beiden Türmchen sind noch eingezeichnet. Am östlichen Eck des Gebäudes ist die Kapelle noch schwach angedeutet.

West- und Ostseite könnten es je 9 oder 12 Fenster, zusammen also 48 bis 54 Fenster gewesen sein.

Auf der östlichen Seite am Erdgeschoß ist ein kleiner Vorbau deutlich zu sehen, der die alte Kapelle sein könnte, die noch bis nach dem Krieg an dieser Stelle stand. Von Reichenberger Bürgern wird erzählt, daß sie nach 1945 mit einem Langholz- Fuhrwerk, das an dieser Stelle um die Kurve biegen wollte, angefahren, beschädigt und deshalb niedergerissen wurde (Abbildung 48).

Diese Kapelle wird auch 1623 in den Rechnungen[88] des Gerichts Bärnstein über die Reparaturen am Jagdhaus erwähnt. Sie war am Jagdhaus entweder angebaut oder stand unmittelbar daneben. Durch die Erwähnung in den Rechnungen von Bärnstein gehörte sie zur fürstlichen Bausubstanz:

> *1623: Jedoch ob* (oberhalb, gegen Reichenberger zu) *der Kapelle, wie zwar an unterschiedlichen Zeiten so stark eingeregnet, hat vielgedachter Sturmb* (der Zimmermann Sturm hat oft das Schindeldach repariert) *alldort eine neue Wasserrinne* (Dachrinne) *aufgezogen, allenthalben zugesehen (untersucht), so viel möglich geholfen und ausgeschiefert* (ausgebessert)*, auch unter diesem das Röhrenholz geschlagen* (für die Wasserrohre) *und samt einen Knecht 4 Tage zugebracht. Dem Meister des Tags 20 und dem Knecht 15 Kr Taglohn* (bezahlt)*, ergibt 2 Gulden, 20 Kreuzer. Einen Teil der Arbeitszeit nutzte er, um Bäume für die Wasserrohre der Wasserzuleitung aus der 600 m entfernten Quelle zu fällen.*

Im Tal der Großen Ohe ist die Glashütte abgebildet und beschriftet. Damit ist diese Karte von 1618 die erste bildliche Darstellung der Glashütte am Reichenberg, heute Riedlhütte. Besonders deutlich zeigt diese Altkarte nördlich der Glashütte bis zum Waldrand die Umzäunungen, die für die eingestellte Jagd genutzt worden sein könnten. Im Flurnamen Planling, (Urkataster von 1830 = Plankling, Planken = Einzäunung) kommt diese Bedeutung noch zum Ausdruck.

Der Ort Reichenberg läßt in der Karte eine Nord-Süd-Ausrichtung erkennen (richtig: West-Ost). Dadurch wird angedeutet, mit welcher künstlerischer Freiheit der Kartograph gearbeitet hat.

Die Altkarte von 1620: Sie zeigt eine große Ähnlichkeit mit der Karte von 1618, die bei der Erstellung als Grundlage gedient haben wird. Es ist ebenfals ein Bau mit drei Stockwerken. Die beiden Türmchen sind noch deutlich zu sehen.

Das Erdgeschoß ist durch das Fähnchen der Beschriftung verdeckt worden. Auf das Jagdhauses wird in ockerroter Schrift in einem ganzen Satz hingewiesen: In diesem Dorf ist das Jagdhaus. Im Gegensatz zu den Altkarten von 1618 und 1667 ist die Karte von 1620 jedoch perspektivisch gezeichnet. Im Bau sind 42 Fenster (Süd- und Nordseiten, 7 in einem Stockwerk) und 12 (West-Ostseiten), insgesamt ebenfals 54 angedeutet.

Die Altkarte von 1667:

Sie weicht in der Darstellung des Jagdhauses von den Karten von 1618 und 1620 am stärksten ab. Der Betrachter gewinnt den Eindruck, daß in den 19 Jahren, die seit der Zerstörung 1648 inzwischen vergangen sind, sich das Bild

Abbildung 48: In dieser Darstellung von Reichenberg aus den Dreißiger Jahren ist die ehemalige Kapelle am südöstlichen Eck des Anwesens von Kurt Weny, dem Standort des einstigen Jagdhauses, zu sehen. Archiv Ludwig Schober, sen.

über das Aussehen des Jagdhauses getrübt hat. Der Maler konnte sich nicht mehr am ursprünglichen Bau orientieren. Die mit lichten Wasserfarben ausgemalte Skizze des Baues hat nur zwei Stockwerke und ist nicht perspektivisch gezeichnet. Die Karte wurde von einem Straubinger Maler in St. Oswald gezeichnet.

Altkarten: Wirklichkeitsnahes Bild über das Jagdhaus

Bei der Betrachtung dieser drei Altkarten ist die Frage zu klären, ob der Kartograph bei seiner Zeichnung nur symbolisch einen Landsitz oder ein Schloß darstellen wollte oder ob es ihm um eine wirklichkeitsgetreue Abbildung ging. Besonders deutlich hat er vor allem den Unterschied zwischen der Schloßanlage und den umliegenden, mit Legschindel gedeckten Bauernhäusern herausgestellt.

Erstreckte sich der dreistöckige Bau des Jagdhauses von Westen nach Osten oder von Norden nach Süden? Alle drei Altkarten zeigen einen mächtigen Schloßbau, der sich einheitlich von Westen nach Osten erstreckte. Aus den bisherigen Ausführungen im Voranschlag der Kosten ist nicht eindeutig zu entnehmen, in welcher Richtung sich der Bau des Jagdhauses erstreckte. Von den Maßen 34.5 m x 18.2 m her sind beide Möglichkeiten im Gelände denkbar. Aus der Kastenrechnung über Reparaturen am Jagdhaus läßt sich diese Frage beantworten. Der Bau des Jagdhauses erstreckte sich von Westen nach Osten, gleichlaufend mit den Häuserzeilen des Angerdorfes Reichenberg:

> *1630: Ausgab auf Ihrer Fürstlichen Durchlaucht Jagdhaus im Reichenberg: Daß Wolf Sturmb, Zimmermeister daselbst zugesehen* (untersucht)*, die Dachrinnen enträumt, auch die eine Seite des Daches gegen die Riedl- Glashütten etwas bestiegen und ausgeschiefert* (ausgebessert)*, samt einem Knecht an Taglohn bezahlt: 33 Kreuzer.*
>
> *1633: Gleichfalls und nachdem die Dachung auf der Seiten gegen die Riedlhütten etwas baufällig gewest, vorbemelten Sturmb samt zwei Knechten zur Reparierung deren jeden 1 Taglohn bezahlt: 48 Kreuzer.*
>
> *Durch die Darstellung der 3 Stockwerke, der West- Ostausrichtung des Gebäudes, des steilen Scharschindeldaches und mehrerer Kamine geben die Altkarten, vor allem die von 1618 und 1620, ein recht wirklichkeitsnahes Bild des Jagdhauses.*

5.5.2 Grundriß und die Zahl der Stockwerke und Zimmer

Läßt sich aus den Zimmermaßen der Grundriß herleiten?

Über das Jagdhaus in Reichenberg konnte noch kein verläßlicher und eindeutiger Bauplan mit den Maßen der Länge und Breite gefunden werden. Es gibt jedoch einen Ansatz, Aufschluß über die Ausmaße zu bekommen. Das von Hans Reiffenstuel unterschriebene Verzeichnis vom 8. Oktober 1590, *was noch an dem fürstlichen Jagdhaus zu Reichenberg zu machen...,* enthält darüber Hinweise.

Das gesamte Obergeschoß, der 2. Stock oder der ober Gaden, war für den Herzog bestimmt. In diesem Geschoß sollten die Zimmer und der Gang vertäfelt werden. Die Kistler brauchten für diese Arbeiten genaue Maße, um die Arbeit zu planen. So wurden Angaben mitgeteilt, aus denen sich der Grundriß des Jagdhaus herleiten läßt.

Hans Reiffenstuel teilt mit:

> *Der ober Gaden* (2. Stock) *soll Zimmer, eins in das andere, in der Vierung 20 Schuch weit* (5,84 m x 5,84 m = 34,11 m^2) *und den mittern Gang so 116 Schuh* (33,90 m) *lang und 18 Schuh* (5,25 m) *weit übersich auszutäfeln. Im obersten 2. Stock sollten die Zimmer übersich, oberhalb, also die Decken, ausgetäfelt werden.*

Wie groß war die Grundfläche des Jagdhauses?

Aus diesen Angaben ist die Grundfläche des Jagdhaus sicher zu ermitteln. Der Gang im obersten 2. Stock war 33,90 m lang. Zählt man 2 Wandstärken mit je 0,30 m dazu, errechnet sich eine Gesamtlänge des Jagdhaus von 34,50 m. Die Breite errechnet sich aus 5,84 m Zimmerbreite + 5,25 m Flurbreite + 5,84 m Zimmerbreite = 16,93 m, also etwa 17,00 m. Auch hier sind 4 Wandstärken (2 Außenwände, 2 Innenwände) mit je 0,30 m hinzuzuzählen, so daß sich eine Gesamtbreite von 18,20 m ergibt. Ungewöhnlich breit ist mit 5,25 m der Flur. Das Jagdhaus hatte eine Länge von 34,50 m x 18,20 m = 627,90 m^2 oder 6,3 Dezimalen.

Zahl der Stockwerke

Im Brief vom 21. April 1590 an den Viztum (Regierung) in Straubing ordnete Herzog Wilhelm V. an, daß auf dem Reichenberg ein dreistöckiges Jagdhaus aus Holz gebaut werden sollte. Die Altkarten von 1618 und 1620 zeigen einen Bau mit drei Stockwerken. An diesem von drei Seiten einsehbaren Bergrücken ist zunächst ein so hohes Haus mit drei Vollgeschossen und steilem Scharschindeldach nicht vorstellbar. Die Baumeister dieser Zeit hatten ein besonders Gespür für Harmonie und Proportionen eines Gebäudes. Bedenkt man jedoch die große Grundfläche dieses Baues von 34,5 m x 18,2 m, so dürfte er sich wohlproportioniert in die Landschaft eingefügt haben.

Untersucht wurde auch die Frage, ob ein dreigadiges Haus in dieser Zeit auch ein Erdgeschoß, einen 1. Stock und ein ausgebautes Dachgeschoß haben konnte. Erdmannsdorfer, 1972, berichtet, daß zum Beispiel der Erdmannshof in Haidhausen, eine der vielen Herbergen in München aus dem 17. Jahrhundert mit Erdgeschoß und ausgebautem Dachgeschoß, als zweigadig bezeichnet worden ist. Der Begriff dreigadig in den Akten, könnte demnach für das Jagdhaus in Reichenberg auch einen Bau mit Erdgeschoß, einem 1. Stock und einem ausgebauten Dachgeschoß bedeutet haben. Die Altkarten von 1618 und 1620 zeigen jedoch drei Vollgeschosse.

Die Zahl der Zimmer im 1. und 2. Stock

Die Zahl der Zimmer im 2. Stock wird in dem von Hans Reiffenstuel unterschriebenen Verzeichnis von 1590 ...was noch an dem fürstlichen Jagdhaus zu Reichenberg zu machen... genau mitgeteilt. Er gibt an, daß im obern Gaden 11 Zimmer, eins ins andere in die Vierung 20 Schuh weit waren. Ein Zimmer hatte also 34,1 m^2. Diese Angabe gibt den wirklichen Bauzustand nach der Fertigstellung des Rohbaues des Jagdhauses an. Alle aufgefundenen Pläne müssen als vorläufige Skizzen angesehen werden, die dazu dienten, das notwendige Baumaterial abzuschätzen. Während der Planungsphase oder während der Bauausführung sind sicher noch Änderungen vorgenommen worden.

Zu diesen 11 Zimmern kommt man auch, wenn die Gesamtfläche des 2. Stockes berücksichtigt wird: Mit den Innenmaßen, ohne die Außenwände zu berücksichtigen, kommt man zu einer gesamten Innenfläche von 33,9 m x 17,0 m = 576,3 m^2. Von dieser Fläche muß die Fläche für den Gang (+ Innenwände) von 33.9 x 5,85 = 198, 32 m^2 abgezogen werden, was 378,0 m^2 ergibt. 378,0 m^2 geteilt durch die bekannte Zimmerfläche von 34,1 m^2, ergibt genau 11,1 Zimmer. Durch diese klare Aussage im Verzeichnis sind auch für den 1. Stock 11 Zimmer anzunehmen, zusammen also 22 Zimmer und Kammern.

Bei dieser Berechnung hat es den Anschein, daß der Treppenaufgang vom 1. Stock in den 2. Stock im Bereich des 5,85 m breiten Ganges erfolgte.

Erdgeschoß

Nimmt man für den Treppenaufgang die Mitte des langgestreckten Jagdhauses mit 34,5 m an, haben sich im Erdgeschoß in einem Teil die Wirtschaftsräume und im anderen ein großer Gemeinschaftsraum, einer Taferne ähnlich, befunden. Im Verzeichnis vom 8. Oktober von Hans Reiffenstuel werden zwei lange Tafeln in der Stuben erwähnt. Gleichzeitig werden die Türen an den Stieg und Zerwirkläden erwähnt. Zerwirken bedeutet, das Wild in Einzelteile zu zerlegen.

Aus vergleichbaren Jagdschlössern (z.B. Grünwald) können Schlüsse gezogen werden, welche Räume im Erdgeschoß vorhanden waren (v. Reitzenstein, 1885, Ried, 1938, Ergert, 1984). Die Wirtschaftsräume in gemauerten Jagdschlössern teilten sich in die Mund- Kuchel (Küche) und einem Zehrgaden, ein großer Vorratsraum für Nahrungsmittel war. Die Kuchel war in den Jagdschlössern immer recht groß. Der Zehrgaden diente zum Zerwirken, dem Zerlegen oder portionieren des Wildes und der Vorbereitung für den Transport nach München. Für diese Arbeit war der Zerwirkknecht zuständig. Er hatte das bei den Jagden eingelieferte Wild fachmännisch in seine acht oder neun Teile zu zerlegen (Kehrein, 1898, 1969, S. 332). Bei einem Umbau im Jagdhaus Grünwald, südlich von München, wird 1487 unterschieden in Küche und Zehrgaden. Es wird erwähnt, daß die Zimmerer Fleischtische für die Kuchel und den Zehrgaden herstellten. Gleichzeitig mußte der Schmied zwei große, zwei Zentner und 63 Pfund schwere, Eisenstangen in der Küche anbringen. Sie dienten sicher zum Aufhängen der zerwirkten, zerlegten, Fleischteile.

Da die Jagden des Herzogs auch immer der Fleischversorgung der Hofhaltung in der Münchner Residenz dienten, wurde im Zehrgaden auch das Wild in Salzlake eingelegt, gepökelt und in Holzfässern für den Transport in die Hofküche nach München vorbereitet. Dieser Transport war im Oberland die Aufgabe der Bauern, die damit ihr Scharwerk verrichtet haben. Im Rentamt Straubing war dieser Transport sicher ähnlich organisiert. Die Kuchel war durch ihre Ausstattung sicher einem Schlachthaus ähnlicher als einer Küche im heutigen Sinne. Sie war meist gemauert, da sie an den Wänden und an der Decke mit starken Fleischhaken versehen war. Die Hundskuchel für die Versorgung der Hunde war von der Kuchel durch eine Wand getrennt. Wahrscheinlich war sie von der Hofseite des Gebäudes zugänglich, wo sich auch der Wassergrand befand. In ihr wurde das Fressen für die zahlreichen Jagdhunde zubereitet und gekocht. Während der meist 14tägigen Jagden waren immer annähernd 100 Hunde zu verpflegen.

Der Grundriß und Aussehen des Jagdhauses

Dank des sehr genauen Voranschlags der Kosten vom 1. Mai 1590, der Baubeschreibung und der Angaben bei den Reparaturen nach 1590, war es möglich einen Grundriß zu erstellen. Demnach könnten die Grundrisse für den 1. und 2. Stock sowie für das Erdgeschoß wie in Abbildung 49 und 50 ausgesehen haben

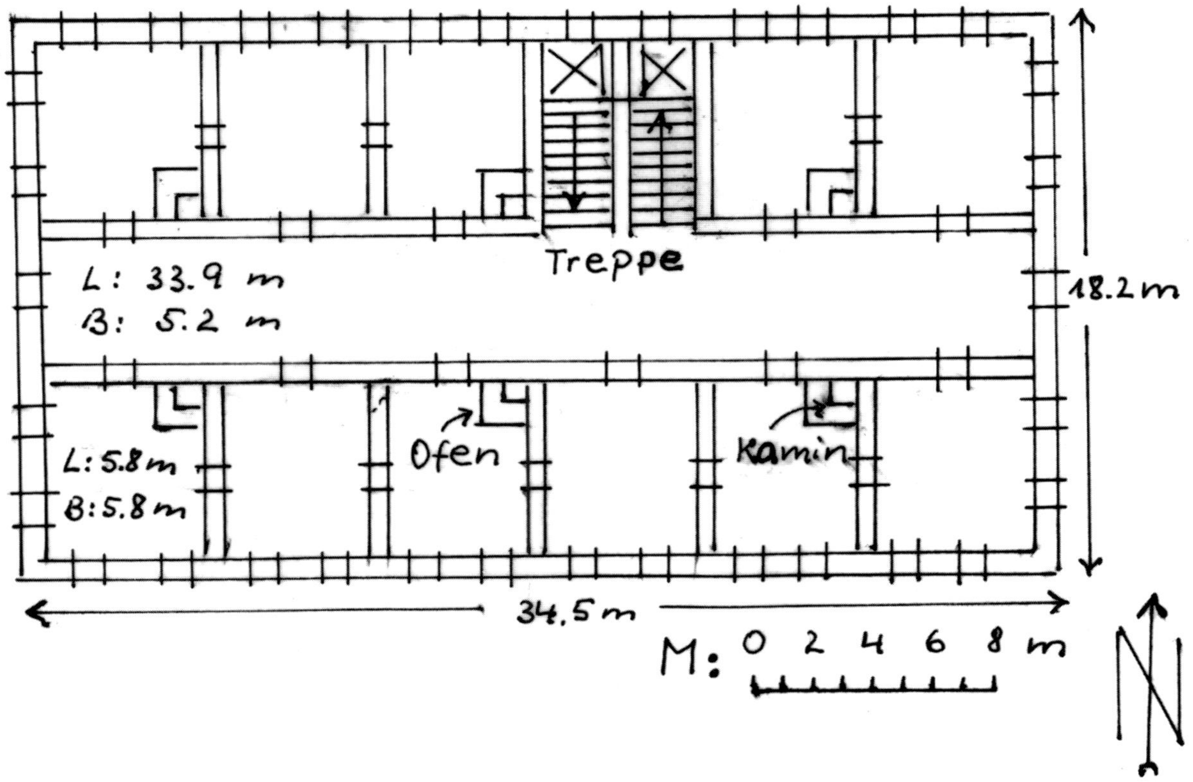

Abbildung 49: Der Grundriß für den 1. und 2. Stock im Jagdhaus in Reichenberg nach den Angaben im Kostenvoranschlag von 1590, der Baubeschreibung und den Reparatur-Rechnungen. Erläuterung im Text.

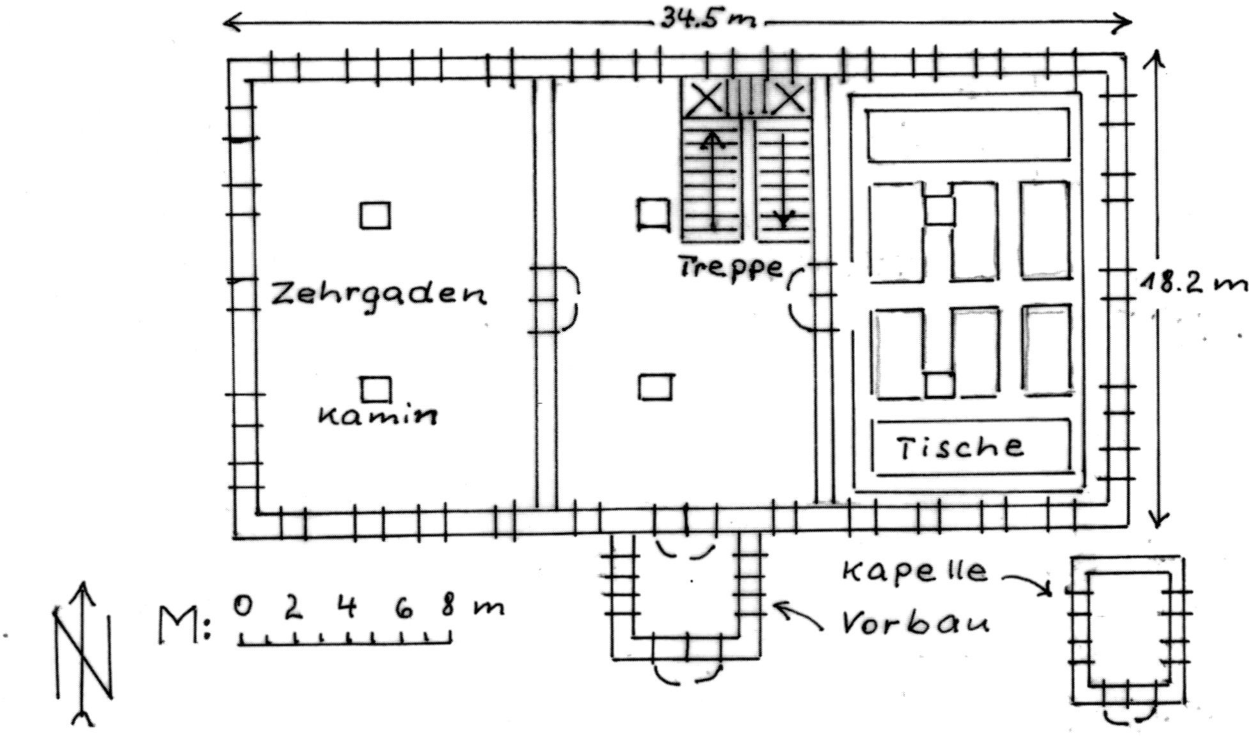

Abbildung 50: Der Grundriß für das Erdgeschoß im Jagdhaus in Reichenberg nach den Angaben in der Baubeschreibung. Erläuterung im Text.

Abbildung 51: Nach den Altkarten von 1618 und 1620, dem Kostenvoranschlag von 1590, der Baubeschreibung und den Reparatur-Rechnungen wurde diese perspektivische Darstellung erstellt.

Beschrieben ist die Verglasung von 98 Fenstern. Der in den Altkarten von 1618 und 1620 dargestellte Bau zeigt nur 48 und 54 Fenster. Von den beschriebenen 11 Zimmern im 2. Stock dürfte der Raum für das 12. Zimmer für den Treppenaufgang vom 1. in den 2. Stock genutzt worden sein. Das 1. Geschoß hat die selbe Einteilung gehabt. Nimmt man für die beiden Längsseiten mit den 11 Zimmern + Treppenaufgang je Zimmer 2 Fenster an, ergeben sich 24 Fenster. Auf einer Giebelseite könnten sich 4 Fenster befunden haben: 4 x 2 = 8 Fenster auf den 2 Giebelseiten des Gebäudes. Im 1. und 2. Geschoß befanden sich demnach 24 + 8 = 32 x 2 = 64 Fenster.

Im Erdgeschoß befanden sich auf den Längs - und Giebelseiten 2 x 12 = 24 + 2 x 4 = 32 Fenster. Auf der Südseite sind 2 Fenster durch den Vorbau beim Eingang verdeckt, deshalb müssen 2 Fenster abgezogen werden (32 - 2 = 30). Der Vorbau selber könnte an den beiden Seiten 4 Fenster gehabt haben (30 + 4 = 34). Mit den 64 Fenster im 1. und 2 Geschoß errechnen sich genau (64 + 34 = 98) die 96 Fenster, die im Voranschlag genannt werden.

Im Voranschlag wird der Einbau von 51 Türen beschrieben. Die 11 Zimmer und Kammern waren vom Hauptgang aus mit 11 Türen zugänglich. Die 11 Zimmer und Kammern waren mit 8 Türen verbunden (11 + 8 = 19). Im 1. und 2. Stock waren demnach 38 Türen (19 + 19 = 38) vorhanden. Die Türen im Erdgeschoß sind schwierig abzuschätzen, da nicht bekannt ist, ob im Zehrgaden 2 Räume über 2 Türen zu erreichen waren. Ebenso könnte der große Gastraum abgeteilt gewesen sein. Die weiteren Türen könnten sich in einem ausgebauten Dachgeschoß befunden haben.

Insgesamt werden 6 Kamine und 12 Kachelöfen beschrieben. Davon könnten sich 10 - 11 Kachelöfen im 1. und 2. Stock befunden haben, obwohl die Anschlüsse für 12 vorhanden waren. 1 - 2 Kachelöfen befanden sich wahrscheinlich im Erdgeschoß in der erwähnten Stube mit den zwei großen Tafeln. Neben den zwei großen Tafeln dürften in der großen Stube weitere kleiner Tafeln gestanden haben.

Nach den Altkarten von 1618 und 1620, dem Kostenvoranschlag von 1590, der Baubeschreibung und den Reparatur-Rechnungen wurde auch versucht eine perspektivische Darstellung zu erstellen. In diesem Holzbau mit drei Geschossen sind das steile Scharschindel- Dach, die erwähnten Dachrinnen, die 6 Kamine mit den Steinplatten als Abschluß, die beiden Zwiebeltürmchen, die 98 Fenster, der Vorbau beim Eingang und die Kapelle eingezeichnet

Wie wirkte das Jagdhaus in Reichenberg auf die Bauern?

Für die Untertanen der Propstei St. Oswald in Reichenberg und Höhenbrunn sowie die landgerichtlichen Bauern in den anderen Walddörfern, müssen die Abmessungen des Jagdhauses von 34,5 m x 18.2 m alle vorstellbaren Ausmaße für ein Wohngebäude weit überschritten haben. Der Eindruck dürfte vergleichbar gewesen sein mit einem modernen Menschen, der erstmals vor einem Wolkenkratzer steht. In dieser Zeit gab es in den Dörfern kein einziges gemauertes Bauernhaus. Das aufgezimmerte Erdgeschoß ist mit einem sehr flachen Legschindeldach gedeckt worden. Leider sind uns die Eindrücke, die dieser Bau auf die Einwohner von Reichenberg und Umgebung ausübte, nicht überliefert.

Der Jagdbetrieb der fürstlichen Herrschaften und ihren Jägern mit bis zu 100 Personen und ebensovielen Hunden muß ebenfals einen ungeheueren Eindruck auf die Bauern gemacht haben. Durch ihre Hilfsarbeiten bei den Vorbereitungen von Bärenjagden, während der Jagd und beim Bärenfang waren sie auch immer mitten im Geschehen. Während dieser Jagden sind immer wieder lebensgefährliche Unfälle, besondere Ereignisse oder auch Ungeschicklichkeiten der hohen Herrschaften vorgekommen, die an den langen Winterabenden in den Bauernstuben noch lange weitererzählt worden sind. Bei den Zeugenaussagen über den Grenzverlauf an der Thomasleiten von 1645 werden von den meist alten Bauern und Jägern solche Geschichten erzählt.

Eigenartig ist, daß in der Bevölkerung von Reichenberg heute über das Jagdschloß, wie sie es nennen, und die Bärenjagden nur wenige Geschichten, Redensarten, Legenden oder Sagen bekanntgeworden sind, die durch mündliche Überlieferungen über Generationen weitergegeben wurden.[89] Ein Zeitraum von 409 Jahren, was etwa 16 Generationsfolgen mit je 25 Jahren entspricht, ist offensichtlich nicht mehr durch mündliche Erzählungen zu überbrücken und in der Familie weiterzugeben.

Unterirdischer Gang vom Jagdhäuser zum Herrenhaus in Riedlhütte?

Besonders hartnäckig hat sich in der Bevölkerung die Legende von einem unterirdischen Gang vom Jagdhaus in nördlicher Richtung abwärts unter die Großen Ohe hindurch bis in das Untergeschoß des um 1840 vom Hüttenherrn Hermann Gottlieb Roscher gebauten Riedlhütter Herrenhaus in der Ortsmitte erhalten. Bei dieser Legende ist die mündliche Überlieferung in den Familien in Reichenberg und Riedlhütte heute noch sehr lebendig. Nur etwa 200 m in nordwestlicher Richtung vom ehemaligen Jagdhaus befand sich das Brechhaus von Reichenberg. Möglicherweise wurde die Phantasie der Einheimischen durch diesen sagenumwobenen Platz beflügelt.

Goldmann, 1990, teilt darüber folgendes mit:

> *"Auch eine Sage hat sich* (über das Jagdhaus in Reichenberg) *erhalten. Wie mir mein Großvater* (Josef Schedl) *einmal erzählte, soll vom Jagdhaus aus in Richtung Riedlhütte ein unterirdischer Gang bestanden haben. Nach Angaben des vor einigen Jahren verstorbenen Emmerich Weny* (Bruder von Kurt Weny), *wurde von Zeit zu Zeit festgestellt, daß sich der Boden an verschiedenen Stellen des vermuteten unterirdischen Ganges senkte und mit Erdreich wieder aufgefüllt werden mußte."*

Auch der heute 90 jährige Hermann Wandtner,[90] Riedlhütter Schleif erzählt von unterirdischen Gängen am Reichenberger Jagdschloß. Mit dem Vater des heutigen Besitzers war er sehr befreundet und oft in diesem Gebäude. Er kann sich noch erinnern,

> *daß von dem gewölbten Keller, der von der Küche aus über eine Falltüre zugänglich ist, in nördlicher Richtung zum ehemaligen Brechhaus und nach Riedlhütte ein Gang abzweigte. Diesen Gang konnte man etwa 10 m gebeugt begehen. Er hatte auch mehrere Abzweigungen.*

Zu dieser Zeit hat man den Gang als Fluchtgang erklärt, wenn das Jagdschloß von Feinden belagert werden sollte. Nach diesen Aussagen denkt man an die rätselhaften Schrazelgänge deren Bedeutung und Funktion bis heute nicht geklärt ist. Die Auflage an Erdreich an dieser Stelle des Reichenberger Bergrückens würde einen solchen Gang zulassen. Bisher sind noch keine Schrazelgänge in Riedlhütte und Reichenberg bekanntgeworden.

Auch der in Reichenberg aufgewachsene Fritz Hackl (geb. 1932) erzählt von Senkungen im Erdreich in der Nähe des Jagdhauses. Er sagt:

> *"Als ich ein Hüterbub war, versank vor meinen Augen plötzlich eine Kuh mitten in der Wiese. Sie konnte lebend aus dem trichterförmigen Erdloch befreit werden. Das Loch wurde danach aufgefüllt. Die Stelle befindet sich etwa 50 m nördlich von Kurt Weny und etwa 20 m oberhalb von Sepp Eichinger."*

Auch unsere mehrmalige Begehung des Geländes seit 1997 zu verschiedenen Jahreszeiten hat ergeben, daß sich besonders im Spätherbst hinter dem alten Heustadel von Kurt Weny in nordwestlicher Richtung über den Hang nach Riedlhütte die Andeutung einer leichten, etwa 1 m breiten Einsenkung zeigte. Diese Stelle ist besonders bei geringem Schneefall weiter zu beobachten. Diese Zeichnung wird möglicherweise durch unterschiedliche Wärmeverhältnisse im Boden verursacht. Sollte sich dieser Befund bestätigen, müßte dort einmal eine Grabung stattfinden. In Zusammenhang mit dieser Beobachtung steht möglichweise die Aussage von Sepp Eichinger, der beim Bau seines Einfamilienhauses an der Bergstraße große Granitplatten gefunden hat, die er heute noch als Wegplatten nutzt. Diese könnten allerdings auch von dem erwähnten Brechhaus stammen. In Riedlhütte erzählt man sich auch die Geschichte, daß vom Hirtastoa (Hirtenstein) nördlich der großen Kurve der Bergstraße von Reichenberg nach Riedlhütte ein unterirdischer Gang zum Jagdschloß ging. Man sagt, *"Verschlossen ist dieser Gang zum 100 m entfernten Jagdschloß mit einer drehbaren Felsentüre."*

Die Sagen, Legenden und Redensarten von diesen unterirdischen Gängen und Stollen könnten möglicherweise auch zusammenhängen mit den Bergbauspuren im Bereich der Bergstraße von Riedlhütte nach Reichenberg. So wird berichtet, daß in den 50er Jahren Fuhrwerke in Stollen eingebrochen sind. War so eine Stollenöffnung südlich in den Hang hinein in Richtung Jagdschloß zu beobachten, konnte leicht der Eindruck entstehen, daß es früher einen Verbindungsgang bis zum Herrenhaus in der Ortsmitte gegeben hat. Als das Herrenhaus um 1840 gebaut wurde, war jedoch das Jagdschloß schon seit 192 Jahren zerstört. In der Bevölkerung in Reichenberg wird auch erzählt, daß es früher beim Dreschen mit der Drischel auf der Tenne im Jagdschloß hohl geklungen hat.

Es weihrazt am ehemaligen Jagdhaus

Im Sommer 1999 wurde von Annemarie Strohmaier aus Reichenberg folgende Geschichte erzählt:

> *Zwei Frauen gingen um 1950 nach der Christmette* (Mitternacht) *von der Kapelle in Riedlhütte nach Reichenberg. Bei der Wandtnerbrücke überquerten sie die Große Ohe und folgten dem uralten Weg nach Reichenberg. Wegen der großen Kälte wärmten sie sich beim Schönberger in der Kurve noch kurz auf. Als sie nach wenigen Minuten weitergingen, waren die anderen Kirchgänger schon außer Sichtweite und so gingen sie alleine den langgezogenen Anstieg hinauf. Als die zwei Frauen am Hirtastoa vorbeikamen, hörten sie von rechts merkwürdige Geräusche. Sie horchten genauer und hören das Klingen von Blöchern (Holzstämmen), wenn diese aufgebollert werden. Diesen Klang von Langholzstämmen kennt jeder Waldler und er war laut und deutlich zu hören. Es war aber auf der Weny-Wiese, wo früher das Jagschloß stand, kein Mensch zu sehen.*

5.5.3 Geviertanlage: Ein nicht ausgeführter Bauplan

Über das Aussehen des Jagdhauses in Reichenberg geben bisher nur die drei Altkarten von 1618, 1620 und 1667 Aufschluß. Der Grundriß, nach dem gebaut worden ist, ist nicht überliefert. Schon der erfahrene Volkskundler Ritz, 1933, hat bei seinen ersten Erkundungen im Staatsarchiv in Landshut darauf geachtet. Er konnte 2 Bleistiftpläne bei den einschlägigen Akten einsehen. Einer davon muß der oben erwähnte und dargestellte Bauplan von Baumeister Sigmund Aug für den damals beabsichtigten Bau im Schloßhof in Bärnstein gewesen sein. Der zweite von ihm

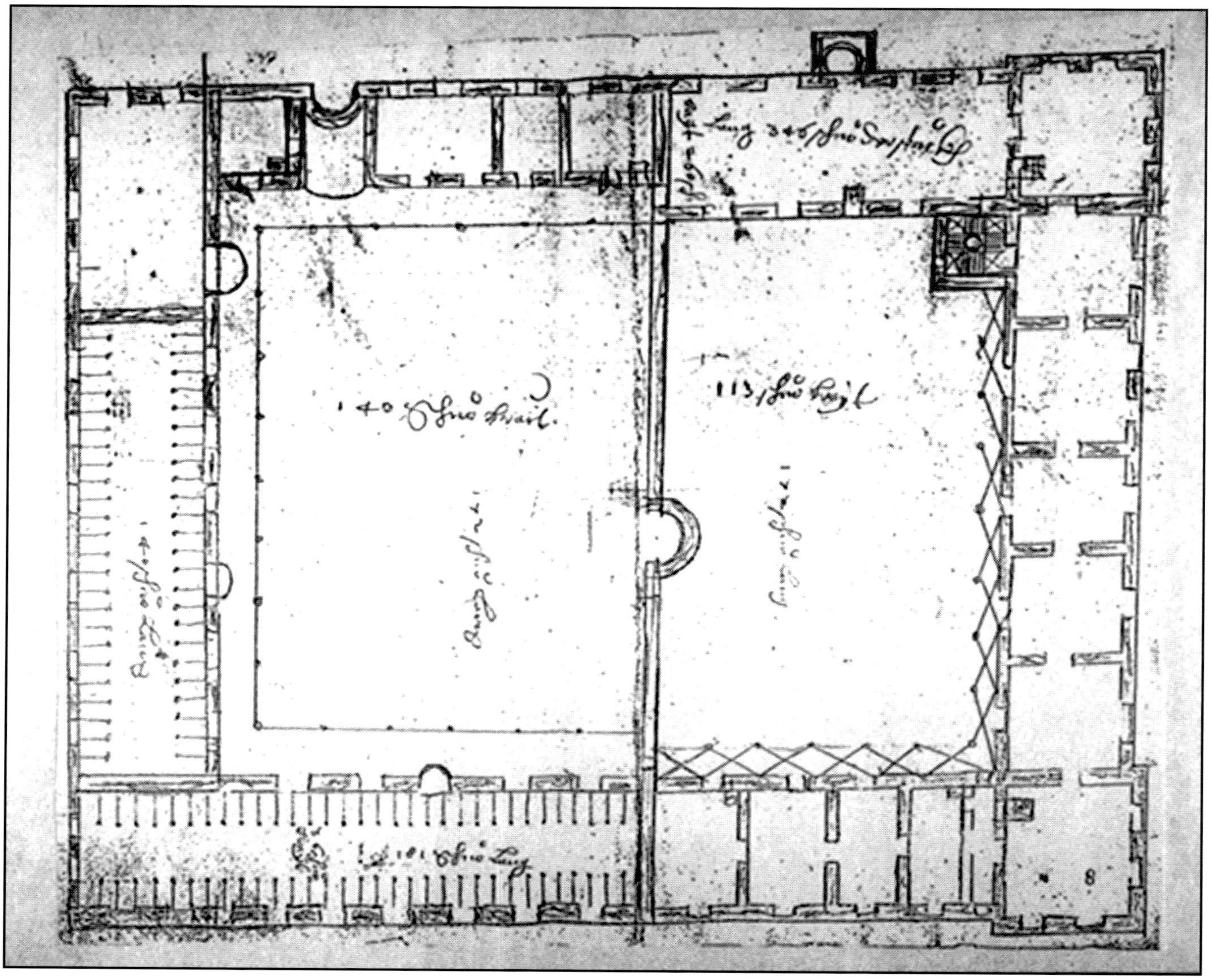

Abbildung 52: Der bereits von Ritz, 1933, bei den Akten über das Reichenberger Jagdhaus gefundene Bauplan mit den Baumaßen von 101 x 76 m. Die gemauerten Bauteile der Anlage sind mit Bleistift leicht schattiert. Es handelt sich um eine frühe Planung eines Jagdhauses im Grafenauer Land.

erwähnte Plan zeigt eine Geviertanlage. Welche Bedeutung hat dieser Plan für den Bau in Reichenberg und wer hat ihn erstellt?

Der Bauplan einer Geviertanlage

Die Möglichkeit, daß der zweite Grundriß, die Geviertanlage, mit dem Reichenberger Jagdschloß in Verbindung zu bringen ist, verneint Ritz, 1933, entschieden. Er nimmt also an, daß die Bleistiftskizze (fol. 8) für einen Standort bei Bärnstein oder Grafenau vorgesehen war (Abbildung 52).

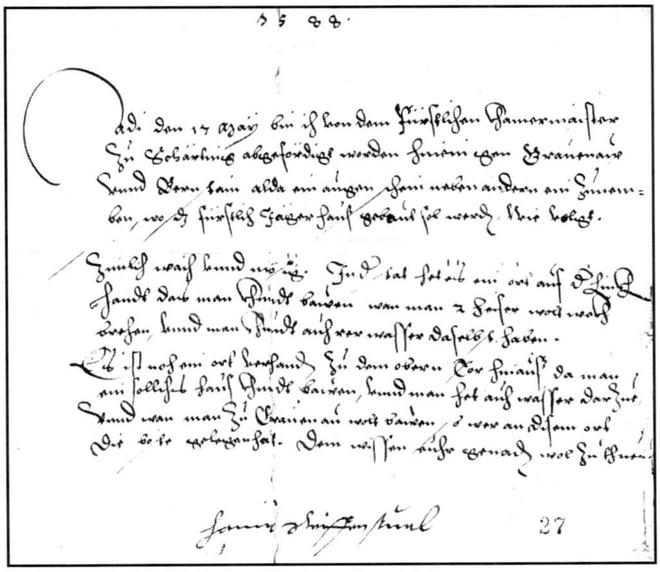

Abbildung 53: Das Gutachten des fürstlichen Werkmeisters Hans Reiffenstuel vom 17. Mai 1588 mit seiner Unterschrift über die Erkundung der Standorte für den Bau eines Jagdhauses in Bärnstein und Grafenau. Ausschnitt: 4 Zeilen von oben, 7 von unten für den Schriftvergleich.

Von Spengler, 1962, stammt der Hinweis, daß der Bauplan für das Jagdhaus in Reichenberg vom fürstlichen Werkmeister Hans Reiffenstuel in München selbst gezeichnet worden ist. Wie Spengler, 1962, zu dieser Aussage kommt, ist leider nicht ersichtlich. Hans Reiffenstuel hatte für den Herzog eine Materialliste zu erstellen und die voraussichtlichen Kosten abzuschätzen. Das war sicher erst möglich, nachdem er sich eine grobe Vorstellung und eine Skizze über dieses zu erstellende Bauwerk angefertigt hatte. Bevor er am 1. Mai 1590 die Materialliste zusammenstellte, könnte er sich eine Planskizze erstellt haben. Es fehlte jedoch bisher der eindeutige Hinweis darüber. So ist die Frage zu stellen: Ist der nicht unterschriebene Plan der Geviertanlage von Hans Reiffenstuel gezeichnet worden?

Ein Schriftvergleich

Der Plan der Geviertanlage enthält in Handschrift die genauen Maße, jedoch nur wenige Wörter wie Schuh, breit/lang und den Zahlen 0, 1, 3, 4, 6 und 8. Diese wenigen Buchstaben und Zahlen sollen mit dem Brief vom 17. Mai 1588 verglichen werden, der durch die Unterschrift eindeutig Hans Reiffenstuel zuzuschreiben ist (Abbildung 53).

Nach diesem Schriftenvergleich muß der Bauplan der Geviertanlage Hans Reiffenstuel zugeschrieben werden. Dem Leser, der diesen Vergleich nachvollziehen möchte, sei auf das S bei 140 Schu breyt und Schärding in der 2. Zeile des Briefes von oben verwiesen. Ebenso das S bei 113 Schu breyt und augen Schein in der 3. Zeile des Briefes von oben. Sehr charakteristisch ist das b bei breyt im Plan und bin in der 1. Zeile im Brief. Durch diese Beispiele kann der Grundriß (fol. 8) eindeutig Hans Reiffenstuel zugeschrieben werden.

Die Anlage des Jagdhauses in dem Plan nimmt eine wesentlich größere Grundfläche ein, als in Reichenberg tatsächlich bebaut worden ist. Deshalb ist anzunehmen, daß in den Monaten vor dem Baubeginn vorgesehen war, ein wesentlich größeres Jagdhaus mit umfangreichen Wirtschaftsgebäuden und Stallungen für über 100 Pferde zu bauen. Der Voranschlag der Kosten für diese Geviertanlage wird zu hoch ausgefallen sein, weshalb man das Bauvorhaben wesentlich kleiner ausgeführt hat. Es hat den Anschein als ob die Schuldenlast des Herzog in München beim Bau der großen Michaelskirche in der Fußgängerzone (Neuhauserstraße) in München so groß geworden ist, daß die Hofkammerräte die Anweisung gaben, bei diesem Bauvorhaben möglichst Kosten zu sparen.

Der Bauplan der gemauerten Geviertanlage mit den Maßen von 42 cm x 29 cm ist mit Bleistift grob skizziert und trägt weder eine Unterschrift noch einen Nordpfeil. Der Planfertiger hat jedoch die Maße des Baukörpers genau angegeben. Die Gesamtanlage hat die von bayerischen Schuh (1 Schuh = 29,19 cm) umgerechneten Maße von 76 x 101 m.

Der Plan zeigt das Erdgeschoß der Anlage. Die Gesamtanlage ist durch eine Mauer mit einem großen, weiten Torbogen in zwei Hälften geteilt. Im rechten Bauteil sind die Wohnräume mit der Küche im Erdgeschoß mit den Maßen von 76 m x 43,5 m zu sehen. Mit 34,5 m Länge und 18,2 m Breite wurde das Jagdhaus in Reichenberg nur etwa halb so groß gebaut. Auffällig im Wohnbereich sind die beiden ganz rechts, oben und unten angeordneten Quadrate, die etwa 1,60 m von den übrigen gemauerten Wänden hervorspringen. Es hat den Anschein als ob diese beiden Ecken des Jagdhauses als kleine Türmchen ausgebildet werden sollten. Die Altkarten von 1618 und 1620 zeigen diese zwei Türmchen mit Zwiebelhauben an der West- und Ostseite am Jagdhaus in Reichenberg. Vielleicht stammen diese beiden Zwiebeltürmchen noch aus dieser Planung.

Der größte Raum im oberen Bereich scheint die Kuchl gewesen zu sein. Kenntlich daran, daß an der Außenwand

(Rechteck mit doppeltem Kreis) ein großer Backofen angebaut worden ist. Dieser war sicher von der Küche aus zugänglich und zu beschicken. Eine ähnliche Anordnung eines zweifachen Backofens zeigt ein Grundriß der Schloßanlage in Wartenberg bei Erding (Dreier, 1980, S. 83). Im Erdgeschoß des Baues war sicher auch ein großer Gastraum für die Verpflegung der Jagdgesellschaft untergebracht.

Man sucht im rechten Wohnteil der Anlage vergeblich nach einen Zugang zum Innenhof des Wohnbereiches über einen großen Torbogen. Deshalb muß davon ausgegangen werden, daß dieser Teil des Plans das 1. Stockwerk mit den Zimmern und Kammern zeigt. Die Darstellung verschiedener Stockwerke in einem einzigen Bauplan ist auch im Plan von Sigmund Aug zu finden. Das erste und das zweite Stockwerk sind vom Innenhof aus über das Treppenhaus im Plan in der rechten oberen Ecke zugänglich. Diese wendelartige Stiege wird in den Verzeichnissen als Schnecken bezeichnet. Die Treppe erreicht einen Balkon, der im Innenhof über Säulen abgestützt ist. Als langgestreckte X und kleine Kreise wird dieser Balkon angedeutet. Der Zugang zu den Zimmern ist vergleichbar mit dem Plan von Sigmund Aug für den Zugang der Arkadengänge im geplanten Bau im Schloßhof in Bärnstein. Es ist also zu erkennen, daß Bauteile übernommen worden sind.

Im linken Bauteil sind die Stallungen für die Reitpferde und Wirtschaftsgebäude mit den Maßen von 51,4 m x 76 m zu sehen. Beide Bauteile sind durch eine Mauer getrennt. Der Zugang zum Wirtschaftshof (links oben) und der zum Wohnbereich durch die Mittelwand ist durch Torbögen angedeutet Es gab auch drei gewölbte Zugänge zu den Pferdeställen und anderen Wirtschaftsräumen. Im Wirtschaftshof sind zwei Stallungen für die Pferde zu sehen. Der Stall im unteren Teil des Planes hat 63 und der Stall links im Plan 47 Standplätze. Aus den angegebenen Maßen in Schuh (29,2 cm) kann die Größe eines Standplatzes für ein Pferd mit einer Breite von 1,60 m und einer Länge von etwa 2,80 m abgeleitet werden. Die übrigen Räume im oberen Teil des Wirtschaftshofes könnten als Hundskuchel, Hundezwinger und der Dachraum als Tücherstadel und Stauraum für Heu und Stroh genutzt worden sein.

Pferdestall, Hundezwinger, Tücher- und Heustadel

Schon bei den ersten Planungen für ein Jagdhaus am Martinstag (11. November) 1587 war von einem Pferdestall für etwa 50 Pferde die Rede. Wie hat im 16. Jahrhundert ein Pferdestall ausgesehen? Nach der zeitgenössischen landwirtschaftliche Literatur des 16. Jahrhundert soll versucht werden, zu erfahren, wie damals ein Pferdestall gebaut worden ist (Haushofer, 1975). Das älteste Lehrbuch der Pferdezucht gibt darüber Aufschluß (Marx Fugger,1584).

Hohberg,1682, vermittelt ein Bild eines Pferdestalles aus dem Jahre 1682 (Abbildung 54).

Ist nach dem Plan der Geviertanlage in Reichenberg gebaut worden?

Diese Frage ist eindeutig zu beantworten, wenn die Ausmaße dieser Geviertanlage von 76 x 101 m auf den Katasterplan 1: 5000 aus den 80er Jahren maßstabsgetreu übertragen wird (s. Abbildung Kataster 1980, Kapitel 5). Aus Gründen der Übersichtlichkeit wurden die Umrisse der Geviertanlage von 76 x 101 m südlich des ehemaligen Standorts des Jagdhaus eingetragen. Dieser maßstabsgenaue Vergleich zeigt recht eindeutig: Es war nicht möglich, diese große Geviertanlage in den angegebenen Maßen in Reichenberg zu bauen. Der nach Norden und Westen geneigte Hang hätte einen Bau mit dieser großen Grundfläche nicht zugelassen.

Abbildung 54: Ein Pferdestall aus dem Jahre 1682, wie er in der Vierseitanlage geplant war. Zu sehen sind vom Mittelgang aus die Heuraufen über den Köpfen der Pferde und darunter der Barren (Futtertrog). Durch Stangen sind die Stände abgeteilt.

5.5.4 Anwesen Kurt Weny: Noch Bauteile des Jagdhauses?

Der Standort des Reichenberger Jagdhauses ist sicher belegt: Bei den Grabungen an der Nordwestecke des Anwesens Kurt Weny, Haus-Nr. 34, wurde in 50 cm Tiefe in großer Menge Scherben von Ofenkacheln und geschmolzenes Glas gefunden. Es stellt sich deshalb die Frage, enthält das Anwesen noch Bauteile des Jagdhauses? Versucht man zunächst die bekannten Maße der Grundfläche von 34,5 x 18,2 m in den vergrößerten Katasterplan 1: 5.000 mit dem Standort des Anwesens von Kurt Weny in Reichenberg Bergstraße 34 maßstabsgetreu zu übertragen, ist die Überraschung groß. Das als Breite des Jagdhauses abgeleitet Maß von 18,20 m stimmt mit der Giebelseite des heutigen Anwesens von Kurt Weny recht genau überein. Die ermittelte Länge des Jagdhauses von 34,50 m wurde in den Katasterplan mit dem Anwesen übertragen (Abbildung 55).

Nach der Zerstörung des Jagdhauses um Johanni 1648 gibt es keine Hinweise, daß es wieder aufgebaut worden wäre. Es ist davon auszugehen, daß der Holzbau mit 3 Stockwerken bis auf die Bodenplatte aus Bruchsteinen und die 6 Kamine niedergebrannt ist. Allerdings ist es durchaus möglich, daß mit der großen Menge an Ziegelsteinen und Bruchsteinen möglicherweise die Küche gemauert wurde. Nach dieser Überlegung könnten vielleicht noch Bauteile des heutigen Anwesens Kurt Weny, Reichenberg, Bergstraße 34, vom alten Jagdhaus stammen. Überraschend ist, daß die Giebelseite des Anwesens von Kurt Weny mit dem angebauten früheren Kuhstall in den Ausmaßen recht genau mit der Breitseite des Jagdhaus von 18,2 m übereinstimmt. Aus diesem Grunde ist das Anwesen von Kurt Weny recht sorgfältig untersucht und vermessen worden[91].

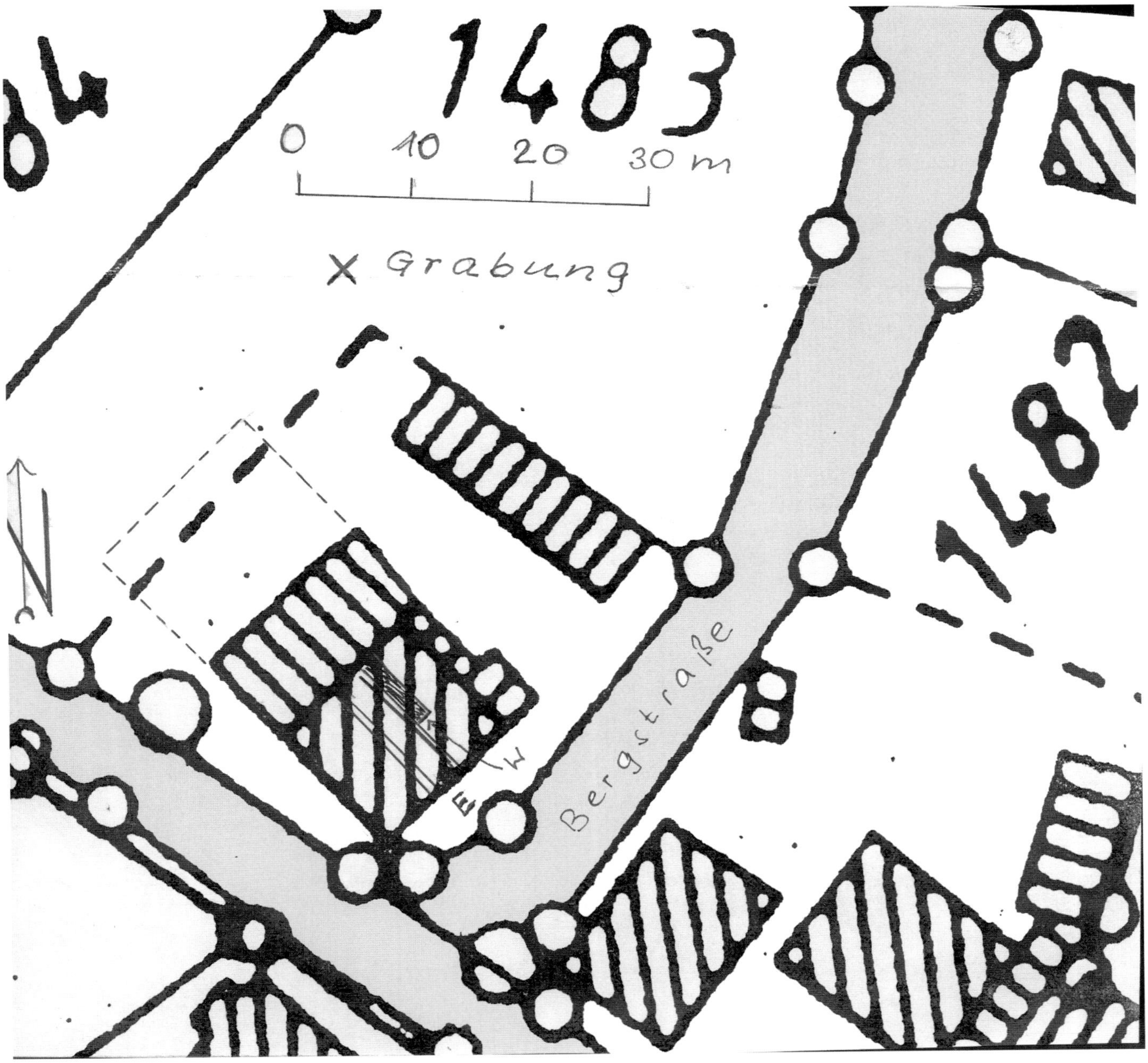

Abbildung 55: Der Grundriß des Jagdhauses in Reichenberg (Länge: 34,5 m; Breite: 18,20 m) wurde maßstabsgetreu in die Grundfläche des Anwesens Kurt Weny, Reichenberg, übertragen (gestrichelte Linie). Die Breite stimmt annähernd mit dem heutigen Anwesen Kurt Weny, Haus-Nr. 34 überein; X= Stelle der Grabungen; E= Eingang, W= 0,7 m dicke Wand, Vergrößerter Kataster 1: 5.000, um 1980.

Abbildung 56: Eine 75 cm starke Wand im heutigen Anwesen von Kurt Weny als Abtrennung zum ehemaligen Kuhstall ohne eine tragende Funktion. Sie könnte noch aus einem älteren Bauwerk stammen.

Abbildung 57: Im Anwesen von Kurt Weny befindet sich unter der Küche ein gewölbter Keller, der über eine Falltüre zugänglich ist. Über eine kleine Öffnung südlich zur Straßenseite wurden früher Kartoffel eingelagert. Ob er mit dem ehemaligen Jagdhaus in Zusammenhang steht ist nicht geklärt.

Eine rätselhafte Mauer mit einer Wandstärke von 75 cm

Die Untersuchung ergab im Hausflur eine ungewöhnlich dicke Wand von 75 cm Stärke, die sich von Westen nach Osten, der Ausrichtung des Jagdhauses, erstreckt. Eigenartig ist auch, daß diese Wandstärke nicht über die gesamte Länge des Flurs beibehalten worden ist. Diese dicke Wand als Abtrennung zum ehemaligen Kuhstall hat im heutigen Gebäude keine besondere tragende Funktion. Es muß deshalb angenommen werden, daß sie aus einem älteren Gebäude stammt und einst auch eine andere Bedeutung hatte. Im südwestlichen Bereich des Erdgeschosses unter der Küche befindet sich ein Keller mit einem böhmischen Gewölbe. (Abbildung 56, 57).

5.5.5 Der Baumeister Hans Reiffenstuel: Ein Lebensbild

Nach den bisherigen Befunden ist sicher, daß der bekannte herzogliche Werkmeister und spätere Hofbaumeister von Herzog Wilhelm V., Hans Reiffenstuel, das Jagdhaus in Reichenberg gebaut hat. Er hat in seinem Gutachten vom 17. Mai 1588 mehrere mögliche Standorte in Bärnstein und um Grafenau eingehend untersucht. Die Entscheidung für den Bau dieses Jagdhauses auf der Reichenberger Anhöhe hat wohl Herzog Wilhelm V. auf seiner Bärenjagd im September 1589 selbst getroffen. Der gleichaltrige Werkmeister hatte mit Herzog Wilhelm V. offensichtlich ein besonderes Vertrauensverhältnis. Um die notwendigen Arbeiten einzuleiten, hat ihn der Herzog mehrmals auf die beschwerliche Reise nach Bärnstein und Reichenberg geschickt.

Der Grundriß der Geviertanlage, wohl die Grundlage für die Kostenvoranschlag vom 1. Mai 1590, wurde von ihm selbst gezeichnet. Der Schriftenvergleich mit einem von ihm gezeichneten Brief vom 17. Mai 1588 hat das bewiesen. Das Gesamtwerk dieses Baumeisters ist noch nicht zusammenfassend gewürdigt worden. Bauexperten könnten an der Reichenberger Baubeschreibung sicher einige persönliche Besonderheiten und Vorlieben dieses Baumeisters entdecken. Während der Bauzeit in Reichenberg vom 1. Mai bis 8. Oktober 1590 hat er zu seiner Entlastung drei Zimmerer aus seiner Heimat Gmund am Tegernsee beschäftigt, wobei der gleichnamige Hans Reiffenstuel entweder sein Sohn oder ein enger Verwandter war. Deshalb wird er persönlich nicht während der gesamten Bauzeit in Reichenberg anwesend gewesen sein. Die Endabnahme des Neubaues in Reichenberg wurde am 8. Oktober 1590 von ihm selbst vorgenommen. Schon Ritz, 1933, hat ausgeführt, daß dem Schaffen von Hans Reiffenstuel mit dem Reichenberger Jagdhaus wir nun ein neues, bisher nicht bekanntes Werk hinzufügen können. Durch die Zuschreibung des Planes, kann diese Aussage noch gefestigt werden. Wegen dieser engen Bindung zum Bau eines Jagdhauses in Reichenberg ist es sicher von Interesse, mehr über das Wirken dieses bemerkenswerten Baumeisters und Architekten während der Regierungszeit von Herzog Wilhelm V. in der Zeit der Renaissance zu erfahren:

Hans Reiffenstuel (1548 - 1620) ist im Seeklasengütl bei Gmund am Tegernsee 1548 im gleichen Jahr wie Herzog Wilhelm V. als Sohn des Zimmermanns und Wirtes Leonhard Reiffenstuel geboren. Das Gütl hatte sicher einen sehr geringen Grundbesitz, wie es damals für die Handwerker in einem Bauerndorf üblich war. Der Familie entstammen fähige Bau-, Zimmer-, Brunnen- und Wasserbaumeister. Die Familie ist aus Finsterwald in die Pfarrei Gmund eingewandert. Gestorben ist er im Alter von 72 Jahren am 29. Juni 1620, 30 Jahre nach seinem Bau in Reichenberg, in seiner Heimatgemeinde Gmund. Diese Zeit seines Lebens und Wirkens von 72 Jahre soll kurz nachgezeichnet werden (Rée, 1970, 693f).

Die Familie Reiffenstuel erscheint erstmals um 1350 in der Gemeinde Gmund am Tegernsee, die von 1321 bis zur Säkularisation zum Kloster Tegernsee gehörte. In der älteren Zeit waren sie Bauern und Gerber. Doch schon sehr früh werden sie als tüchtige Baufachleute genannt. Es wird vermutet, daß sie über viele Generationen in der Familie das Erbzimmermeisteramt für Baiern (Rée, 1970, S. 695) ausgeübt haben.

Hans Reiffenstuel als Baumeister

Hans Reiffenstuel führte die Familientradition weiter. Es war für ihn ein großer Aufstieg, als der geschickte Zimmermann bereits mit 22 Jahren dem Herzog Wilhelm V. als Bautechniker empfohlen wurde. Zwischen 1570 bis 1580, von 22 bis 32 Jahren, war er für den Herzog meist an der Residenz in Ingolstadt tätig. Im Jahre 1586 holte in Wilhelm V. in das fürstliche Hofbauamt nach München. Seit 1. Juli 1587 ist er in München Werkmeister mit einem Jahresgehalt von 170 Gulden. Nach einer Notiz aus dem Hofzahlamt vom 27. August 1590 erhielt er eine Aufbesserung auf 200 Gulden.[92] Da dies während der Bauzeit des Jagdhauses in Reichenberg geschah, wird man mit seiner Arbeit in Reichenberg sehr zufrieden gewesen sein. Zum Vergleich: Der Hofmaler Hans Donauer, der die Wandmalereien im Antiquarium der Münchner Residenz geschaffen hat, darunter auch die Ansicht von Schloß Bärnstein, erhielt nur 40 Gulden Jahreslohn.

Hans Reiffenstuel war damit aber noch nicht zufrieden. Er hat im Anschluß daran noch die Bitte auf Zuteilung von Korn (Roggen) und Holz, freie Herberge, ein eigenes Roß für seine vielen Reisen in herzoglichen Bausachen (Baustellen) mit freiem Futter, Kostgeld bei Reisen und freien Tisch zu Hof gestellt.[93] Das hat die Hofkammer jedoch am 7. März 1591 strikt abgelehnt: Die übrigen Begehren aber (als 4 Schäl Korn, Holz und Herberge freizuhalten, item um ein eigenes Roß mit Sattel und Zaum oder ihm dafür 30 fl zu überantworten, auch ihm darauf von Hof aus das Futter, Nägel und Eisen (für den Hufbeschlag), und wann er in Bausachen auf'm Land stilliegen muß, ihm das Kostgeld zu reichen ... und den Tisch zu Hof, wann er ihn erreichen kann, mit Gnaden zu bewilligen), haben nicht statt.

In den Jahren 1588/89 wurde auch sein um 1564 geborener jüngerer Bruder Quirin Reiffenstuel vom Herzog V. als Werk-, Wehr- und Klausenmeister angestellt, der auch als Trift- und Holzmeister genannt wird. Von Interesse in Zusammenhang mit dem Reichenberger Jagdhaus ist, daß auch Quirin Reiffenstuel für seinen Arbeitgeber vier Tiroler Jagdhäuser gebaut hat. 1605 auch das Jagdhaus in der Riß (Bosl, 1983).

Angesichts dieser großen Erfahrung von Hans Reiffenstuel konnte Herzog Wilhelm V. anläßlich seines Jagdaufenthalts im Sonnenwald an Martini (11. November) 1587 im Jagdhaus der Grafen von Schwarzenberg in Schöfweg seinem Pflegverwalter Gartner die Anweisung geben, ein neues Jagdhaus zu errichten. In München hatte er einen erfahrenen Fachmann, der diesen Blockhausbau mit drei Stockwerken, planen und errichten konnte. Herzog Wilhelm V. hatte die Leistungen seines Werkmeisters offensichtlich sehr geschätzt.

Durch erst kürzlich aufgefundene Belege[94] ist bekanntgeworden, daß sich der Ausbau des Jagdhauses nach der Fertigstellung am 1. Oktober 1590 noch bis 1592 hinzog. Unter den vielen Reisen, die Hans Reiffenstuel 1591 unternahm, ist auch eine Reise nach Grafenau und Reichenberg (ohne Datum):[95] Mehr nach Grafenau verzehrt er 30 fl 32 Kr. Als sich Herzog Wilhelm V. bei seiner ersten Bärenjagd im Oktober 1592 wegen des immer noch nicht vollständig ausgebauten Jagdhauses bei der Hofkammer beschwerte, forderte diese einen Augenschein durch Hans Reiffenstuel:

Im Hofzahlamt 38 von 1592 heißt es (fol.415):[96] Hans Reiffenstuel, Werkmeister, wegen er auf einen Augenschein gewesen laut Zettel (be)zahlt 16 fl 12 Kr Hans Reiffenstuel war also 1591 und 1592 noch einmal in Reichenberg.

Seinem Einfluß ist es sicher zuzuschreiben, daß der Familie Reiffenstuel wegen ihrer Verdienste als herzoglich, bairische Werkmeister in welcher Kunst sie dann bishero ein sonder Lob erlangt vom Kaiser ein Familienwappen verliehen wurde. Im Jahre 1597, als Wilhelm V. die Regierungsgeschäfte an seinen Sohn Herzog Maximilian I. übergab, beförderte er Hans Reiffenstuel noch zum Baumeister Amtsverwalter mit einer Aufbesserung seines Lohnes um weitere 50 Gulden.

Welchen Anteil er am Ausbau der Münchner Residenz hatte, darüber sind sich die Bauhistoriker noch nicht einig. Einige sind der Ansicht, Hans Reiffenstuel habe die Pläne zu der unter Herzog Maximilian I. erweiterten Residenz geliefert (o. V. 1925). Andere sehen ihn mehr als den erfahrenen Praktiker, der mehr für die Bauausführung als für die künstlerische Leitung der Umgestaltung der Residenz verantwortlich war (o. V., 1937, S. 12). Hans Reiffenstuel scheint der Schöpfer des Entwurfs für den Steinzimmertrakt der Residenz und den maximilianeischen Residenzbau zu sein, die von 1611-1619 von Maximilian I. gebaut worden sind.

Im Jahre 1602 übernahm Hans Reiffenstuel, 54 Jahre alt, dann unter Herzog Maximilian I. (er regierte von 1597-1623), das verantwortungsvolle Amt des Hofbaumeister. Der erfahrene Zimmermann hatte das höchste Amt erreicht, daß am Münchner Hof zu vergeben war. Die Gründe, warum Hans Reiffenstuel 1608 das Hofbauamt an den Baumeister H. Schön abgeben mußte, sind nicht bekannt. Es ist zu vermuten, daß er damals mit 60 Jahren durch einen jüngeren Baumeister verdrängt worden ist. Sein Kurfürst hat aber weiter seine Dienste in Anspruch genommen. Er erhielt Reisegelder in Besichtigung etlicher Gebäu. Die kurfürstlichen Neubauten in Bayern zu beaufsichtigen, war seine neue Aufgabe.

Hans Reiffenstuel, der weltberühmte Wasserbaumeister

Die größte Leistung vollbrachte er jedoch im Alter von 68 Jahren im Wasserbau. Als Wasserbaumeister im Salzbergbau war Hans Reiffenstuel geschätzt und durch einzigartige Ingenieurleistungen bald berühmt in der damaligen Welt. Die Gewinnung von Salz im Salzbergwerk Reichenhall war die wichtigste Quelle der Einnahmen am bayerischen Hof unter Herzog Wilhelm V. und Maximilian I. Diese Quelle drohte zu versiegen: Die umliegenden Wälder waren abgeholzt. Das Brennholz zum Verdampfen der Sole um das in Wasser gelöste Kochsalz zu gewinnen, stand in der näheren Umgebung von Reichenhall nicht mehr zur Verfügung. Bei diesem Mangel an Brennholz wurde 1613 in Reichenhall eine neue Solequelle entdeckt, die besonders hohe Salzgehalte aufwies, also sehr hochgrädig war.

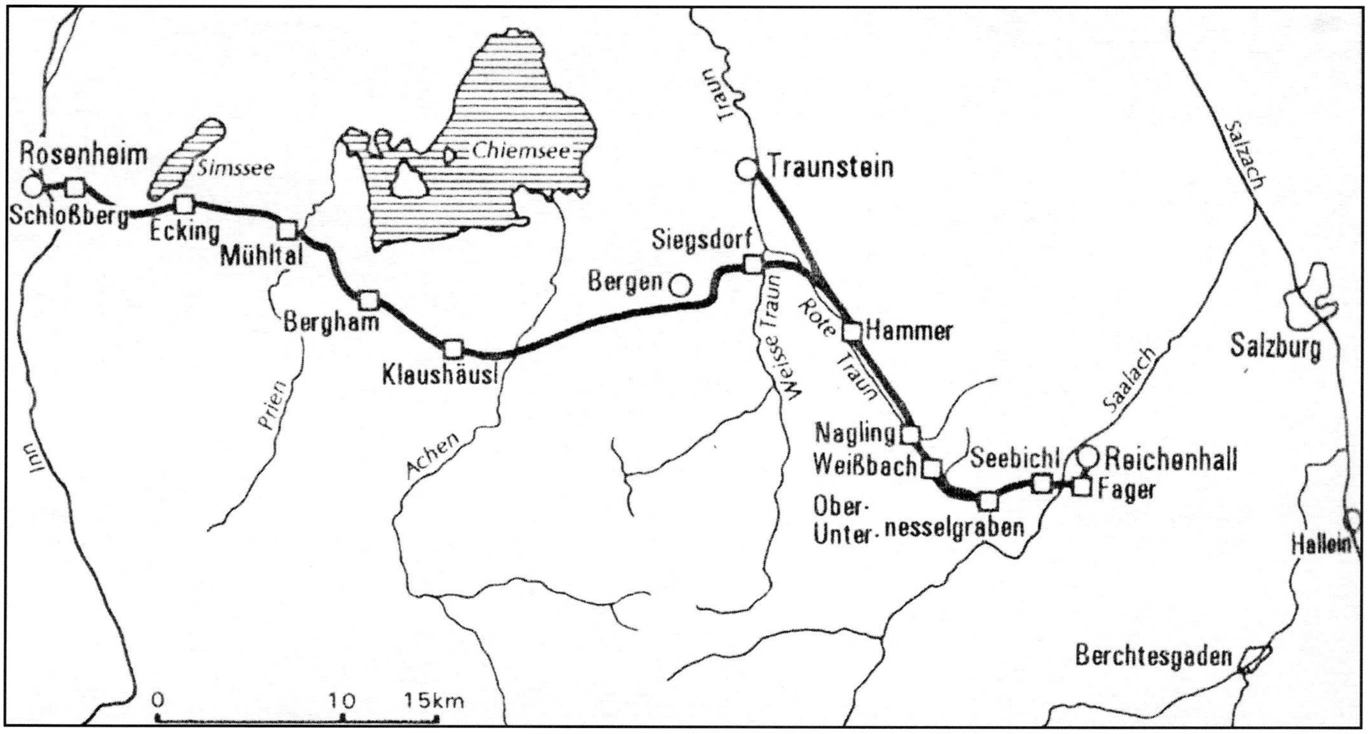

Abbildung 58: Verlauf der von Hans Reiffenstuel gelegten Soleleitung über 32,7 km von Reichenhall nach Traunstein. Mit 7 Pumpstationen konnte ein Höhenunterschied von 238 m überwunden werden. Später wurde sie bis Rosenheim verlängert (nach Deutinger, 1997, S.926, Vorlage: Deutsches Museum, München 1912).

Abbildung 59: Das Bild zeigt den herzoglichen Hofbaumeister Johann (Hans) Simon Reiffenstuel (1574-1620), den Sohn von Hans Reiffenstuel, der zusammen mit seinem Vater in den Jahren 1616 bis 1619 die Soleleitung über 33 km von Reichenhall bis nach Traunstein gelegt hat. Vieles spricht dafür, daß er 1590 auch in Reichenberg gearbeitet hat.

Ihre Ausbeutung war in Reichenhall jedoch nicht möglich, weil nicht genug Brennholz zur Verfügung stand. Der Herzog war in einer ausweglosen Lage. Hans Reiffenstuel kam auf eine für die damalige Zeit geradezu geniale Idee. Er wollte diese Sole in handgebohrten Holzröhren etwa 33 km von Reichenhall bis nach Traunstein pumpen. Der Transport von Wasser in gebohrten Holzröhren war für ihn nicht neu. Schon in Reichenberg mußte das Wasser aus einer etwa 600 m entfernten Quelle zum Jagdhaus geleitet werden.

Seine Idee hatte den besonderen Vorteil, daß nach Traunstein das Brennholz zum Befeuern der Siedepfannen aus den höheren Lagen der Alpen über die Weiße Traun, ein Nebenfluß des Inn, herangetriftet werden konnte. Die neue Herausforderung war jedoch gewaltig: Diese erste bayerische Soleleitung hatte eine Länge von 32,7 km. Sie überwand mit sieben über Wasserräder angetriebene Pumpstationen einen Höhenunterschied von 238 m (Stalla, 1995, Kurtz, 1978, Hofmann, 1970, Oberneder, 1960, Hörburger, 1921). Das war die bedeutendste technische Leistung von Hans Reiffenstuel als Ingenieur für Wasserbau, die er in den 3 Jahren von 1616 bis 1619, mit 68 Jahren, zusammen mit seinem damals 42 jährigen Sohn Johann Simon (geboren 1574 in Gmund) ausführte.

Sicher sind während dieser Arbeiten auch Schwierigkeiten aufgetreten. Berichtet wird, daß noch während der Bauzeit, vor 1617, der alte Vater seinen Sohn auf größere Reisen schickte, um die Wasserbaukunst in anderen Ländern zu studieren. Mit dieser erst 1920, 314 Jahre später, aufgelassenen Soleleitung, hat Hans Reiffenstuel die erste Fernleitung der Welt über 32,7 km mit 7 Brunnenhäuser (Pumpstationen) geschaffen. Eine vor dieser Zeit technisch nicht für möglich gehaltene Ingenieurleistung (Abbildung 58).

Hier drängt sich eine Vermutung auf: In seiner Endabnahme des fertigen Jagdhauses in Reichenberg, erwähnt Hans Reiffenstuel im Verzeichnis vom 8. Oktober 1590 vier Zimmerer aus dem Tegerseer Land. Darunter auch einen namensgleichen Hans Reiffenstuel. Sollte vielleicht sein Sohn Johann (Hans) Simon schon damals mit seinem Vater auf herzoglichen Baustellen als Zimmerer tätig gewesen sein? Er wäre damals erst 16 Jahre alt gewesen. In dieser Zeit erlernten die Söhne meist das Handwerk des Vaters. Gestützt wird diese Vermutung durch die Nachricht, daß Johann Simon 1601 mit 27 Jahren vom Herzog als Hofzimmermeister angestellt wurde. Er hatte also vor 1601 das Handwerk eines Zimmerer erlernt. Vieles spricht dafür, daß er auch in Reichenberg gearbeitet hat. Johann (Hans) Simon Reiffenstuel ist bereits 1620 mit 46 Jahren als fürstlicher Hofbrunn- und Zimmermeister in Gmund am Tegernsee gestorben.

Der Geologe Flurl, 1792, I. S. 81, beschreibt auf seiner Reise vom Rauschenberg nach Reichenhall diese großartige Leistung wie folgt: Kurfürst Maximilian I. hat diese Strasse mit einem fast unglaublichen Aufwande und größter Mühe zu Stande gebracht, als er im Jahre 1616 durch seinen geschickten Hofbaumeister, Hans Reiffenstuel, jene künstliche Wasserleitung anlegt, welche noch heut zu Tage (im Jahre 1792) einen ansehnlichen Theil der reichenhallischen Salzsohle sieben gute Stunden (Gehzeit) weit über die höchsten Berge gegen 2.000 Fuß (584 m) hoch nach Traunstein bringt. Zu dem Ende sind in diesem Thale, wodurch die Strasse zieht, sieben Brunnhäuser, oder eben so viele Druckwerker angelegt, welche aber heut zu Tage in einen etwas besseren Stand hergestellt werden sollen.

Erst mit 71 Jahren, 1619, trat der herzogliche Werkmeister Hans Reiffenstuel in den verdienten Ruhestand. Schon ein Jahr später ist er am 29. Juni 1620 in seiner Heimatpfarrei Gmund am Tegernsee gestorben. Sein Grabstein befindet sich in der Klosterpfarrkirche in Tegernsee. Hans Reiffenstuel war zweimal verheiratet und hatte sechs Söhne und eine Tochter: Simon, Leonhard, Wolfgang, Johannes (Hans), Abraham, Nikolaus, Maria. In dem Buch Ältere Geschichte der Saline Reichenhall von Flurl, 1809) befindet sich eine Lithographie, von der lange Zeit angenommen worden ist, daß sie Hans Reiffenstuel darstellt. Sie zeigt aber seinen Sohn Johann (Hans) Simon, der möglicherweise als Geselle im Zimmerhandwerk auch in Reichenberg am Jagdhaus gearbeitet hat (Abbildung 59).

An diesen bemerkenswerten Baumeister und Wasserbaumeister der bayerischen Herzöge Wilhelm V. und Maximilian I., seit 1623 Kurfürst, sollte jeder denken, der in den bekannten Pfälzer Weinstuben in der Münchner Residenz gegenüber der Feldherrnhalle, bei Saumagen und trockenem Pfälzer Wein sitzt. Er sollte sich erinnern, daß Hans Reiffenstuel diese Räume der Residenz gebaut und gestaltet hat, genauso wie das 200 km entfernte und vergessene Jagdhaus in Reichenberg im Inneren Bayerischen Wald. Dem Verzeichnis seiner vielen geschaffenen Bauwerke ist ein neues, bisher nicht beachtetes Jagdhaus in Reichenberg hinzuzufügen. Der Baumeister Hans Reiffenstuel hätte es verdient, in einer Informationstafel am früheren Standort des Jagdhauses in Reichenberg genannt zu werden.

5.5.6 Exkurs: S. Gartner und der Bergbau im Rendlmoos

Mit dem Brief vom 5. Januar 1588 über den beabsichtigten Bau eines Jagdhauses in Bärnstein wurden vom Pflegsverwalter Sigmund Gartner auch Gesteinsproben vom hiesigen Perkwerch mit einem Boten nach München geschickt. Sie sind von Herzog Ferdinand, dem Bruder von Wilhelm V., auf Befehl und Begehrs angefordert worden. Dabei kann es sich nur um Gesteinsproben aus dem Stollen im Rendlmoos an der Großen Ohe, etwa 500 m nördlich des Stausees bei Hartmannsreit gehandelt haben. Diese Information wurde bisher in Zusammenhang mit dem Bergbau im Rendlmoos nicht beachtet. Sigmund Gartner schreibt an Herzog Ferdinand:

> *Auf Euerer Fürstlichen Gnaden Befehl und (Euer) Begehren schicke ich demselben (Herzog Ferdinand), hierbei verwahrt, (Gesteinsproben) vom hiesigen Bergwerk (im Rendlmoos) das jetzt im Anbruch (ist) etliche Strif (?) (Stufen = Gesteinsproben), die in meinem selbigen Beisein abgeschlagen worden (sind). Die(se) haben Euere Fürstliche Gnaden gnädiglich zu empfangen. Will sich gleichwohl, in Bedenkung, (daß) solches noch zu nahe am Tag (nicht tief genug im Berg) und nur die Tiefe erfordert mehr, zu mild (schwach) und nicht recht ganghaft erzeigen. Aber das Waschwerk mit (Blei)glanz und Kiß (Quarz) ist gar preit und ganghaft. Verhoffentlich \werde\ der Allmächtige mit der Zeit seinen göttlichen, gnadenreichen Segen (Bergsegen) dazu verleihen und mitteilen. Hierauf untertänig bittend, Euere Fürstlichen Gnaden wollen meines mit Consorten (Mitbetreiber) Ordalphen von Schwarzenstein und meines hierin gnädigen Solicitator und Beförderer sein, auch solche Ärzte (Erz) damit es fleißig probiert werde, gnädige Verordnung tun lassen. Das, um Euerer Fürstlichen Gnaden Begehren, der vom Schwarzenstein und ich nach unserem einfügigen Vermögen in allem untertänigen, schuldigen Gehorsam zu verdienen. Hierauf Eueren Fürstlichen Gnaden mich untertänig befehlend. Datum Pernstein, den 5. Januar Anno (15)88, Euer Fürstlichen Durchlaucht untertäniger, gehorsamer Diener, Sig(mund) Gartner von Machtenhofden. Unterschrift: Sigmund Gartner.*

Daß der Pflegverwalter von Bärnstein Sigmund Gartner auch sein Bergglück herausforderte, teilte schon der Geologe Flurl, 1792, mit. Zusammen mit Christoph Graf von Schwarzenberg, Viztum in Straubing (Statthalter, Regierung von Niederbayern) und dem Rentmeister Christoph Nusser von Straubing hat er 1580 im Rendlmoos begonnen, Bergbau zu betreiben. Bei diesem genannten Christoph Graf von Schwarzenberg wird es sich um einen Verwandten des Pflegers von Bärnstein Ottheinrich von Schwarzenberg gehandelt haben.

In der topographischen Karte 1: 25.000 wird der Flurname Rendlmoos nicht mehr erwähnt. Auch den Einheimischen ist er nicht mehr geläufig. Der von Flurl, 1792, erwähnte, 136 m lange Bergbaustollen Rendlmoos liegt bei Schildertschlag, etwa 600 m südlich der alten Schildertschlager Brücke (Höhe 506 m, heute Rehbruck) auf der westlichen Seite der großen Ohe.[97] Ältere Einheimische erinnern sich noch, daß sie als Kinder in diesem Stollen spielten

Der Bergbauort Rendlmoos ist auf der Altkarte von 1620 (Schober, 1997) mit drei Gebäuden eingezeichnet: Rendlmoß. Nördlich davon: Schildertschlag Prugg, heute Rehbrücke.

Auf dieser Seite liegt auch das Dorf Hartmannsreit mit dem nahen Stausee. Der Begriff Rendlmoos könnte sich von einem Pochwerk für die Zerkleinerung des gewonnen Gesteins herleiten (rendeln = pochen). In Schildertschlag ist um 1534 auch der Urahne der bekannten Schmelzerfamilie Schwankl von Guglöd geboren worden (Reiner, u. a. 1995). Mit dieser von dem Geologen Flurl, 1792, sicher verläßlichen Angabe über die Länge, wäre das nach Bodenmais der längste bekanntgewordene Bergbaustollen zwischen Arber und Dreisessel.

Hier die Ausführungen von Flurl, 1792, I. Teil, S. 112, Reiner, Weber, u. a. 1996, S. 193f:

> *... Sie trieben einen Stollen, bey 70 Lachter* (135,8 m) *ins Gebirg, und wollten mit Gewalt auf reiche Anbrüche von Silber, Kupfer und Bley kommen. Allein die vielen mißlungenen Versuche bewogen die beiden ersten* (Graf Christoph zu Schwarzenberg und den Straubinger Rentmeister Nusser), *daß sie etliche Jahre darauf von diesem Gewerbe abstunden. Und nur der Landrichter Gartner trieb das Werk mit einigen Gewerken* (Bergbautreibende) *bis zu seinem Ende standhaft fort. Im Jahre 1600 ließen sich die Grafen von Viehböck mit anderen gleichfalls auf diese Grube belehnen. Da aber auch ihre Versuche nicht glücklicher ausfielen, als die ihrer Vorfahrer, so kam das Werk ins Stecken, und ist bis heut zu Tage der Vergessenheit ganz überlassen worden.*

Nach Veith, 1871, S. 239, sind die Gewerken die Partizipanten des Bergbaues,

... so auf den Bergwerken Geld anwenden, Kuxe (Anteil am Bergwerk) bauen und hernach Ausbeut bekommen. Demnach hat Gartner diesen Bergbau noch mit einigen Geldgebern und Anteilseignern zusammen betrieben. Das von Flurl, 1792, erwähnte alte Bergwerk auf dem Rendlmoose *... bey dem Dorf Hartmannsreit ... wovon ein Teil der Sachse* (Hoher Sachsen) *genannt wird ... mit seinem insgesamt 135,8 m langen Stollen* ist heute verschüttet. Die Stelle des Stolleneingangs ist jedoch bekannt. In seinen Statistischen Aufschlüssen über das Herzogthum Baiern, aus *"ächten Quellen geschöpft"* erwähnt auch Hazzi, 1805, den Bergbau im Rendlmoos:

> *Nicht fern von Grafenau am Rendlmose wurde schon 1580 ein Bergbau auf Anbrüche von Silber, Kupfer und Blei, aber mit nicht viel Glück eröffnet.*

Als Sigmund Gartner 1588 den Brief an Herzog Ferdinand nach München schrieb, war der Bergbau bereits 8 Jahre im Betrieb. In einem der ersten Reiseführer über den Bayerischen Wald erwähnt auch Adalbert Müller,1846, Rendelmoos:

> *Nicht weit von Grafenau, zur Seite des Dorfes Hartmannsreit, liegt das alte, schon seit zweihundert Jahren (also um 1646) aufgegebene Bergwerk Rendelmoos.*

Vor fast genau 420 Jahren gab es also bereits einen regen Bergbau auf Silber, Kupfer und Blei bei Grafenau, Großarmschlag und Schildertschlag im Tal der Großen Ohe. Im Jahre 2000 werden 420 Jahre vergangen sein, daß der Pflegsverwalter Sigmund Gartner im Rendlmoos sein Bergglück herausforderte.[98] Vielleicht gelingt es, anläßlich dieses Datums, den uns bekannten Stolleneingang mit Erlaubnis des Grundbesitzers, ein Bauer von Hartmannsreit, zu öffnen.

5.5.7 Josef Maria Ritz, der erste Berichterstatter

In den bisherigen Ausführungen war immer wieder von Josef Maria Ritz die Rede und seiner ersten archivkundlichen Studie über das herzoglich bayerische Jagdhaus zu Reichenberg bei Grafenau und die Baumeister Siegmund Aug und Hans Reiffenstuel in den heute schwer zugänglichen Heimatglocken, einer Beilage der damaligen Donauzeitung in Passau (Ritz, 1933, S. 100-101). Durch Abschriften dieses Artikels[99] ist der Beitrag nicht vergessen worden. Wie kommt ein Münchner Kunsthistoriker und Volkskundler dazu, über ein weitentferntes Jagdhaus im inneren Bayerischen Wald zu schreiben?

Abbildung 61: Das Schopfkreuz am westlichen Dorfausgang von Reichenberg wurde von J. M. Ritz, 1932, als kunsthistorisch wertvoll eingestuft. Nach einem Foto in den Kunstdenkmälern, Bezirk Grafenau konnte der alte Standort wieder gefunden werden.

Der promovierte Hauptkonservator J. M. Ritz am Bayerischen Landesamt für Denkmalpflege in München hat 1932 die Aufgabe übernommen, den vorletzten Band 24 der Kunstdenkmäler von Niederbayern über das damalige Bezirksamt Grafenau zu schreiben. In der Besprechung dieses 24. Bandes in den Heimatglocken wird er wie folgt gewürdigt (o. V. ,1933, S. 101):

> *J. M. Ritz, ein hervorragender Kunstkenner und Fachmann auf den Gebieten der Museumseinrichtung, der Volkskunst und Volkskunde. Die Passauer Heimatfreunde kennen ihn aus seinen gediegenen Lichtbildervorträgen in unserem Heimatverein und aus seiner Mitwirkung an der Einrichtung des Ostmarkmuseums auf dem Oberhaus. Der Band Grafenau spiegelt deutlich die Liebe des Verfassers zu Volkskunst und -kunde wider.*

Aus dieser Vorgeschichte ist anzunehmen, daß Dr. Ritz während der Vorarbeiten zu den Kunstdenkmälern im Bezirksamt Grafenau im Staatsarchiv in Landshut auf den Schriftverkehr über das Jagdhaus in Reichenberg gestoßen ist. Was er in seinen Kunstdenkmälern nur mit wenigen Daten kurz erwähnte, behandelt er in dem Beitrag über das Jagdhaus ausführlicher.

Zum 60. Geburtstag wurde Dr. Ritz mit einer besonderen Vortrags- Veranstaltung geehrt. Die Pflege der Heimat war seine Lebensarbeit (Diess, 1951, S. 14): Den Heimatgedanken, der Sie bewegt und der seit langem Ihren Lebensweg begleitet, in die Herzen der Menschen, vor allem unserer Heimat, zum klaren Verständnis zu bringen, ihn lebendig und fruchtbar werden zu lassen und zu erforschen, was von den Werten unseres Heimatlandes noch Kraft hat und verdient, erhalten und der Zukunft weitergegeben zu werden - das ist es, was Sie unter Pflege der Heimat verstehen. Diese Gedanken sind heute noch, nach fast 50 Jahren, genauso aktuell wie 1951, als sie gesprochen wurden.

Abbildung 63: Dr. Josef Maria Ritz hat den Schriftverkehr von 1590 über das Jagdhaus in Reichenberg entdeckt und erstmals ausgewertet. Um 1930 war er in Reichenberg und hat das alte Schopfkreuz fotografiert und im Buch abgebildet.

Die Reichenberger haben einen weiteren Anlaß, Dr. Ritz dankbar zu sein. In den Kunstdenkmälern bildete der begeisterte Fotograph, der mit den gründlichen Gelehrten den trefflichen Lichtbildkünstler vereinigt, beim Ort Reichenberg ein Feldkreuz mit einem kunsthistorisch sehr wertvollen, fast lebensgroßen Herrgott aus dem 17. Jahrhundert ab. Nach der Fotografie in den Kunstdenkmälern konnte von L. Reiner im Sommer 1996 zusammen mit dem Reichenberger Bürger Hans Weny und mit Hans Schopf der alte Standort und der Name Schopf-Kreuz für

Abbildung 62: 1997 wurde das ehemalige Schopfkreuz vom Heimatverein Ohetaler in Riedlhütte und Reichenberger Bürger wiedererrichtet und von Pfarrer Gerstl aus Spiegelau geweiht.

dieses Feldkreuzes am früheren Weg nach Grafenau durch die Haarau am westlichen Ortsausgang herausgefunden werden. Im August 1997 wurde dieses Kreuz vom Heimatverein Ohetaler in Riedlhütte und dem Reichenberger Bürger Herbert Hruschka wiedererrichtet und vom Pfarrer H. Gerstl aus Spiegelau geweiht. Auch der wertvolle, fast überlebensgroße Herrgott, konnte wiederentdeckt werden. Er befindet sich heute auf dem Dachboden des Pfarrhauses in St. Oswald[100] (Abbildung 61, 62).

Bei der Beschreibung der Kunstdenkmäler im Bezirk Grafenau, Band 24, 1932, wurde von J. M. Ritz darauf hingewiesen daß bei der gebirgigen und wenig aufgeschlossenen Landschaft, sowie dem Fehlen größerer Kulturmittelpunkte, ein reicher und wertvoller Bestand an Kunstdenkmälern nicht erwartet werden kann. Nach dem Urteil des Volkskundlers ist im Bezirk gleichwohl ein Bestand von werkhaften und volksverbundenen Dingen vorhanden, der genügend Anregung für den aufgeschlossenen Menschen bietet und den Schutz aller Gutgesinnten verdient. Das sind Anregungen eines Kenners und Förderers der Volkskunde im Grafenauer Land, die auch heute noch gültig sind. Diese Worte wurden von einem Auswärtigen bereits 1932 geschrieben, in einer Zeit, in der das Bewußtsein, Altes zu bewahren, bei den Einheimischen noch nicht weit entwikkelt war.

Dr. Ritz übte viele Ämter im Dienste der Heimatforschung aus: Er war der langjährige Direktor des Bayerischen Landesamtes für Denkmalpflege, viele Jahre Vorsitzender im Landesverein für Heimatpflege und leitete die Landesstelle für Volkskunde (Abbildung 63).

Wie kann das Andenken an das Jagdhaus in Reichenberg, seinen Erbauer und seinen Jagdherren lebendig gehalten werden? In Reichenberg sollten den Wittelsbacher Jagdherren Wilhelm V. Maximilian I. und Albrecht VI. sowie Hans Reiffenstuel Straßennamen gewidmet werden. Informationstafeln sollten Einheimische und Feriengäste darauf hinweisen, daß hier zwei Generationen Wittelsbacher Herzöge mit großem Hofstaat am Rachel, Plattenhausen und Lusen Bären gejagt haben.

5.6 Die Zerstörung des Jagdhauses in Reichenberg 1648

Der Nachfolger von Herzog Wilhelm V., Kurfürst Maximilian I., konnte sich nicht lange an seinem Jagdhaus in Reichenberg erfreuen. Es stand nur 58 Jahre vom 8. Oktober 1590 bis Juni 1648, etwa zwei Generationen. In den Wirren des letzten Kriegsjahres des 30jährigen Krieges ging es in Flammen auf. Diese kurze Zeit des Bestehens war auch der Grund, warum es beinahe vergessen worden wäre.

Die Hinweise über die Brandschatzung und Zerstörung sind spärlich: Wening, 1723, S.7, berichtet etwa 75 Jahre nach der Zerstörung des Jagdhaus in Reichenberg folgendes:

> *"... solches (Jagdhaus ist) aber anno 1648 um St. Johannes-Tag* (24. Juni) *durch Kayserliche und Bayerische Soldaten, so aus dem Lager bei Windorf unterhalb* (südlich) *Vilshofen, bis in diese Revier truppenweise hereinfouragieret* (um Lebensmittel einzutreiben)*, in die Aschen gelegt und völlig ruiniert worden.*

Auf welchen Quellen diese Aussage beruht, wird nicht mitgeteilt.

Die Zerstörung dieses Jagdhauses im letzten Jahre des 30jährigen Krieges, 1648, wird auch von Joseph Anton Zimmermann, 1754, 106 Jahre später im Chur-Bayrisch-Geistlichen Calender[101] indirekt angedeutet:

> *Unter Propst Franciscus Hort* (1645 bis 1649) *wurde die Propstey St. Oswald samt denen 6 Dorfschaften gänzlich geplündert, Grünbach gar verbrennt. Diese verheerenden Verwüstungen des Klostergebietes*

von St. Oswald im letzten Jahr des 30jährigen Krieges haben bayerische und kaiserliche Truppen ausgeübt.[102]

Es wird hier jedoch nicht ausdrücklich gesagt, daß auch das Jagdhaus in Reichenberg brannte.

Die nächste Mitteilung stammt von Klämpfl, 1855, 207 Jahre nach der Zerstörung:

... Allein im Jahre 1648 wurde dasselbe (Jagdhaus in Reichenberg) *von einem Trupp österreichischer und bayerischer Soldaten, welche aus dem Lager bei Windorf hierher kamen, um zu fouragiren, in Asche gelegt, und nicht wieder hergestellt.*

Erstmals erscheint der Hinweis, daß das Reichenberger Jagdhaus nicht wieder hergestellt, aufgebaut, worden ist.

Ein weiterer kurzer Hinweis findet sich in der bayerischen Landesbeschreibung Bavaria, Band 1, Abteil. 1, S. 1124, 1860:

... Doch schon 1648 legten es Österreicher und Bayern in Asche.

Der Brand des Jagdhauses in den Rechnungsbüchern.

Die verläßlichsten Angaben sind aber den Rechnungsbüchern[103] über die Baufälle, die Reparaturarbeiten, am Jagdhaus in Reichenberg zu entnehmen. Sie sind mit ihren Kosten in der Zeit von 1600 bis 1652 jährlich aufgeschrieben worden. Nachfolgend sollen die Einträge über die letzten Jahre von 1644 bis 1652 mitgeteilt werden:

1644, (R857): *Ausgab auf ihrer Fürstlichen Durchlaucht Jegerhaus im Reichenperg. Dieses Jahr* (1644): *Auch nihil* (nichts). *1645, 1646: Anheuer: Auch nihil. 1647: Ebenfals nihil.*

1648: (R861, fol.49) *Ausgab auf ihrer Fürstlichen Durchlaucht Jegerhaus im Reichenperg: Weil dasselbe verschienenen Sommer* (um Johanni, 24. Juni, 1648) *von den streifenden Parteien* (der Österreicher und Bayern) *in die Aschen gelegt worden* (ist) *und über untertäniges Berichten, was* (wie) *man sich deswegen zu verhalten* (habe), *anders keine Resolution* (Entscheidung) *erfolgt* (ist), *als daß* (dieser Vorgang) *künftiger Zeit wieder angemahnt werde solle, also beruht es auf ihm* (sich) *selbsten. Dahero Nihil.*

Dieser Eintrag im Rechnungsbuch dürfte zum Jahresende 1648 erfolgt sein. Er ist bisher der sicherste Hinweis über die Zerstörung im verschienenen, im vergangenen Sommer 1648. Der Pfleger in Bärnstein hat im Rentamt in Straubing mehrmals angefragt, wie er sich verhalten sollte. Die Entscheidung darüber ist offensichtlich immer wieder vertagt worden. Für die 4 Jahre von 1649 bis 1652 ist im Rechnungsbuch folgender gleichlautender Eintrag zu finden:

1649-1652 (R862-865)*: Ausgab auf ihrer Fürstlichen Durchlaucht Jegerhaus im Reichenperg: Weil selbiges Anno 1648 durch die streifenden Parteien in die Aschen gelegt worden, wird hierher gesetzt: Nihil* (nichts). *Noch 5 Jahre nach der Zerstörung fehlt also jeder Anhaltspunkt, daß man das Jagdhaus wieder aufbauen wollte.*

Der in Ehren ergraute, 1648 schon 75jährige Kurfürst und Feldherr Maximilian I. hatte nach den Schrecken des langen Krieges andere Sorgen. Schon drei Jahre nach der Zerstörung des Jagdhauses 1648 wurde der Sohn von Maximilian I. Ferdinand Maria (1636- 1679) Nachfolger im Amt und Kurfürst von Bayern. In diesen Jahren des Wechsels der Regierung von 1651 wird man wenig Interesse gehabt haben, über ein weitentferntes Jagdhaus eine Entscheidung zu treffen. Es gibt keinen Anhaltspunkt, daß der junge, erst 25jährige Kurfürst Ferdinand Maria jemals bei einer Bärenjagd anwesend war oder seine Jägerhäuser in Reichenberg und Lalling kannte.

Die letzten Kriegsjahre von 1641 bis 1648 im Grafenauer Land

Bei seiner Geschichte der Stadt Grafenau hat sich Wagner, 1954, auch eingehend mit dem Kriegsverlauf zum Ende des 30jährigen Krieges beschäftigt. Die Schweden sind unter ihrem General Baner im Winter 1641 nach Bayern vorgedrungen. Da keine Brücken mehr passierbar waren, wollten sie die gefrorene Donau überschreiten. Tauwetter vereitelte dieses Vorhaben. Sie zogen plündernd in den Bayrischen Wald und brannten im Januar und Februar die Stadt Regen nieder. In höchster Not verschlugen (errichteten Baumsperren) die Grafenauer auf Anordnung des Pflegsverwalters Engelhardt Notthafft von Bärnstein die Pässe oder Zufahrtswege in Eppenschlag, Pronfelden (Brücke über die Große Ohe bei der Spiegelauer Mühle), Schildertschlag (bei der Rehbruck), Harschetsreuth und bewachten sie. Am 3. Februar 1641 kam ein Trupp von 115 schwedischen Reitern nach Schönberg. Nach Grafenau sind sie nicht vorgedrungen. Bis 1645 blieb das Grafenauer Land vom Krieg verschont. Im März 1645 lag Torstenson mit seiner kaiserlichen Armee bei Jankau in Böhmen. Eine Gruppe von Musketieren kam auch durch das Grafenauer Land. Das war der Anlaß, Wachleute mit Trommeln aufzustellen. Im Kriegsjahr 1647 lagen Kürassiere der befreundeten österreichischen und bayerischen Armee unter dem Rittmeister Georg Christoph von Aurbach zur Einquartierung in Grafenau. Besonders unruhig sollte das letzte Kriegsjahr 1648 werden. Vom 11. April bis 5. Mai 1648 lagen 40 Reiter vom Regiment Fleckenstein unter Wachtmeister Isskhin in Grafenau.

Wagner, 1954, S. 84, schildert die für Reichenberg entscheidende Zeit im Juni 1648 wie folgt:

Im Sommer befanden sich bei Windorf nächst Vilshofen die Feldlager einer kaiserlichen und einer bayerischen Armee. Gleichzeitig bestand etwa von Anfang Juni an Feindesgefahr infolge eines Streifzuges der Schweden unter Königsmarck. Die Grafenauer wußten, was zu erwarten war, und richteten sich danach ein. Um in Grafenau Plünderungen zu verhüten, überbrachte man an den Generalfeldmarschall-Leutnanten Truckhmiller und Kholb in Windorf je ein Faß Bier, ein Kalb und einen Sack Korn, damit sie nach Grafenau eine Salvagardia (Schutztruppe) *schickten. Wegen den unruhigen Zeiten mußte die gesamte Bürgerschaft sechs Wochen lang Tag und Nacht in Bereitschaft liegen.*

Den weiteren Verlauf dieses Jahres 1648 schildert Wagner, 1954, S. 85 so:

Die Gefahr kam aber nicht von den Schweden, sondern von den beiden befreundeten Feldlagern *(der Österreicher und Bayern) bei Windorf. Von dort aus streiften vier Wochen lang unausgesetzt Banden und Fouragierer (Soldaten auf Nahrungssuche) tief in den Böhmerwald und raubten, mordeten und plünderten unterwegs alles, was sie bekommen konnten.*[104] *Solche Marodeure brannten um den Johannistag 1648 das kurfürstliche Jagdhaus am Reichenberg nieder, unter dem Vorwand, daß von der Riedlhütte aus auf sie geschossen worden sei. Solche Marodeure, vielleicht die nämlichen, waren es auch, die damals die Ortschaft Grünbach in Grund darniederbrannten.*[105, 106]

Der Verweis auf die Truppen aus dem Lager bei Windorf, die bis in dieses Revier truppenweise hereinfouragieret und das Jagdhaus in die Aschen gelegt und völlig ruiniert haben, ist noch zu ergänzen. Wie sah dieses kaiserliche (österreichische) und bayerische Heer aus? Unter diesem Heer darf man sich keine geordnete Truppe vorstellen. Damals bestand ein Heer nicht nur aus den für den Kampf angeworbenen Soldaten. Gegen Ende des Krieges 1648 betrug das kaiserliche Heer etwa 40 000 Mann. Dazu kamen noch 14 000 Knechte, Troßbuben, Weiber und Kinder. Proviant und Löhnung erhielten nur die Soldaten. In den Wirren der letzten Kriegszeiten werden sie überhaupt nicht mehr versorgt worden sein. Ihren Unterhalt haben sich die Knechte und Soldaten durch Plünderungen in den Dörfern der Bauern in der Umgebung besorgt (Prandstätter, 1919, S. 406). Da sie bis in den inneren Bayerischen Wald kamen, muß davon ausgegangen werden, daß bereits alle Dörfer im Vorland ausgeraubt und geplündert waren.

Die Not muß ungeheuer groß gewesen sein, wie der Passauer Dompropst Adolf Graf Althau von der Goldtburg dem kaiserlichen Feldmarschall Lorenz Romee berichtete:

...Daß nämlich das ganze Land der Abtei dermaßen ausgemergelt, alles verheert und verzehrt sei, daß nicht für einen Tag der Unterhalt (der Truppe) *mehr aufgetrieben werden kann.*

Ein anderer zeitgenössischer Bericht führt an (Prandstätter, 1919, S. 407):

8. Überdiesalles werden die Untertanen meistens von den Streitern (Soldaten) *mit Schlägen übel traktiert, ja niedergeschossen, beraubt, ausgeplündert, also, daß nicht wenige allbereit von Haus und Hof entwichen, die übrigen alles verderbt, daß man von denen in etlichen Jahren nichts mehr zu haben mag, wie den aus beigelegten Sublicationibus* (Bittschriften) *und ihren Beschwerden ... zu vernehmen. 9. Dieweilen auch die Untertanen dies Orts sich meistens von der Viehzucht nähren müssen, fällt ihnen diese Anlagung desto schwerer, daß demnach erstlichen das gute Schlachtvieh alles verschlachtet, auch die Melkrinder herhalten müssen, das Jungvieh ohne Unterschied hergenommen* (weggenommen)*, die Kälber alle verzehrt, also daß nichts mehr erzügelt* (erzeugt) *werden möge. Die wenigen ma-*

Abbildung 64: Dörfer wurden niedergebrannt und das Vieh, trotz der flehenden Bitten der Bauern, weggetrieben.

Abbildung 65: Plündernde Soldaten im 30jährigen Krieg: Die armen Bauern werden um Hab und Gut gebracht und mißhandelt.

geren Ochsen so zu der äußersten Not und Feldbau erhalten mögen, gleich aus dem Pflug hinweggenommen und von den Reitern alles ... verzehrt worden.

(Abbildung 64, 65).

Die Unruhen dauerten noch bis zum Herbst 1648. Schönberg wurde von den Schweden noch zweimal geplündert, Bibereck, Eberhardsreuth, Haus und Rammelsberg niedergebrannt. Endlich wurde am 24. Oktober 1648 in Münster in Westfalen der Friedensvertrag unterzeichnet. Dieser 30 Jahre währende Krieg sollte jedoch noch lange nachwirken.

Brandschatzung: Haben die Pröpste von St. Oswald "nachgeholfen"?

Die Pröpste und Untertanen von St. Oswald haben mit ihrem armen Klösterl im Wald und in den Fluren durch die Bärenjagden der Wittelsbacher viele Flurschäden erlitten. Aus diesem Grunde war sicher die Schadenfreude groß, als das Jagdhaus niederbrannte. Über die Frage, ob es mehr als Schadenfreude war, ob sie vielleicht sogar "nachgeholfen" haben, gibt es aus den Akten keinerlei Anhaltspunkte. Auch Weber, 1976, hat sich über dieses schwierige nachbarliche Verhältnis Gedanken gemacht:

Wie oft mögen die bayerischen Herzöge mit glänzendem Gefolge hinübergeritten sein zum nahen Plattenhausen, um dort Hirsch, Bär und Eber zu jagen. Bei fröhlichem Schmaus und Umtrunk wird man die Jagdhelden des Tages gefeiert haben. Dieses Treiben hat den Pröpsten von St. Oswald scheinbar von vorneherein nicht recht gepaßt. Ging doch die Hatz sicher oft durch ihre Waldgebiete und nach dem alten Sprichwort vom Ober, der den Unter sticht, werden wohl die herzoglichen Jagdgesellschaften nicht so genau auf die Reviergrenzen geachtet haben. So wurde das Jagdhaus zu Reichenberg bald ein Dorn in den Augen der Oswalder Pröpste. Noch dazu war das Jagdhaus, wie in späteren Schriftstücken behauptet wird, ohne Einwilligung der Propstei St. Oswald auf deren Grund errichtet worden. Bald setzte ein reger Papierkrieg zwischen der Propstei St. Oswald und dem herzoglichen Rentamte Straubing ein. Die Oswalder Pröpste hielten ihren Ärger nicht zurück, und wenn auch die Akten keine genauen Anhaltspunkte dafür geben, daß die Pröpste den späteren Brand angestiftet haben, dem das Jagdhaus zum Opfer fiel, so kann man doch leicht daraus erkennen, daß sie mit geheimer Schadenfreude alles taten, um dieses Jagdhaus aus ihrem Gebiet verschwinden zu lassen. Sie haben nach dem Brande 1646 (richtig 1648) *so gründlich aufgeräumt, daß im wahrsten Sinne des Wortes kein Stein auf dem anderen blieb. Was die Pröpste nicht abfahren ließen, bildete dann für die Bewohner der Ortschaft Reichenberg billiges Baumaterial und mancher sauber behauene Stein in Stallwänden und Hausecken beweist, daß sein Platz einst anderswo zu suchen gewesen wäre.*

5.7 Grabung: Ofenkachel, Tonscherben und Butzenscheiben

Vom einst so großen Reichenberger Jagdhaus mit drei Stockwerken hat kein Ziegelstein die Zeiten überdauert, der gesichert dem Gebäude zugeschrieben werden könnte. Immer wieder aber ist vermutet worden, daß so mancher Ziegelstein oder behauene Eckstein aus Granit in einem Reichenberger Bauernhaus oder am ehemaligen Gasthaus zur Post in Spiegelau vom ehemaligen Jagdhaus stammen könnte. Die Vermutung ist berechtigt: Als die Reichenberger Bauern ihre alten, in Zargenbauweise gezimmerten Holzhäuser mit Erdgeschoß und Dachraum, aus Gründen des Feuerschutzes mit Ziegeln und Steinen neu aufbauten, wurde Baumaterial gebraucht. Die nach dem Brand des Blockhauses um den 24. Juni 1648 stehen gebliebenen oder eingestürzten 6 Kamine könnten dabei über Jahrzehnte als begehrter "Steinbruch" genutzt worden sein. Vielleicht haben sich die späteren Besitzer des Jägerhäusels mit diesen handgeschlagenen Ziegeln ein bescheidenes Einkommen verschafft. Otto Morsak, der erste Berichterstatter über den Reichenberger Münzfund in Wald und Heimat, einer Beilage zum Grafenauer Anzeiger vom Juni 1913 weist darauf hin.

5.7.1 Die Untersuchung des Geländes

Seit dem Jahre 1994 ist das umliegende Gelände des einstigen Jagdhauses zu allen Jahreszeiten mehrfach begangen worden. Gleichzeitig wurde Kurt Weny, der heutige Besitzer und seine Brüder Hans und Adolf Weny, die nur wenige Meter westlich wohnen und auf dem Weny-Anwesen aufgewachsen sind, eingehend nach irgendwelchen Beobachtungen befragt. Mitgeteilt wurde die auffällige Besonderheit, daß man nur etwa 10 m westlich vom Heustadel über Jahrzehnte junge Kirschbäume angepflanzt hatte, die aber nach kurzer Zeit immer wieder eingegangen sind. Das weist auf eine Störzone im Wurzelraum dieser Kirschbäume hin.

Angeregt durch diese Beobachtungen ist nach der Schneeschmelze 1997 und im Sommer 1998 eine Untersuchung des Untergrundes des Geländes geplant worden. Eingesetzt wurde ein Pirkhauer - Bohrer, der es ermöglicht, in landwirtschaftlich genutzten Feldern dem Boden eine Bodensäule von 90 cm in drei Einstichen (0-30 cm, 30-60 cm, 60-90 cm) zu entnehmen. An dieser Bodensäule kann eindeutig geklärt werden, ob der Boden an dieser Stelle natürlich gelagert ("gewachsen") ist, oder aber durch einen menschlichen Eingriff (anthropogen) verändert oder gestört ist. Die Erwartung mit den etwa 50 Einstichproben in einer Tiefe bis 90 cm auf eine ehemalige Grundmauer des Jagdhauses zu stoßen, hat sich nicht erfüllt.

Bei der Pflanzstelle der Kirschbäume konnte in 60 cm Tiefe eine etwa 10 cm starke, stark verdichtete Kies- und Sandschicht gefunden werden, die an dieser Stelle nicht natürlich entstanden sein kann.

Bei den Einstichen etwa 20 m westlich und nördlich vom heutigen Heustadel hinter dem Wohnhaus entfernt, wurden an mehreren Stellen in 40 cm Tiefe eine etwa 30 cm starke Schicht mit Ziegelgrus, Ziegelbrocken und Holzkohle gefunden. Das war der Anlaß, auf diese von Obstbäumen bestockten Wiese durch eine Grabung näher zu untersuchen.

5.7.2 Nach 400 Jahren: Ofenkachel und Glasscherben entdeckt

Zunächst wurde im Frühjahr 1997 1 m^2 freigelegt und die Erde Schicht für Schicht sorgfältig gesiebt und untersucht. Die Überraschung war groß, als nach über 400 Jahren zahlreiche Scherben von Ofenkacheln, Tonkrügen und Butzenscheiben an das Tageslicht kamen. Durch diese erste Grabung konnte eine Stelle entdeckt werden, an der zweifelsfrei nach dem Brand des Jagdhauses der Brandschutt abgelagert worden ist. Nach allen Richtungen setzte sich die Schicht mit dem Brandschutt fort.

Im Sommer 1998 wurden in nordwestlicher Richtung weitere 2 m^2 freigelegt.[107] Im einzelnen wurden folgende Materialien gefunden, geordnet nach der Menge des Auftretens: Bruchstücke von handgeschlagenen Ziegelsteinen, Scherben von Ofenkacheln, Irdenware, Butzenscheiben, Stücke von Holzkohle und handgeschmiedete Nägel.

Nachdem keinerlei Erfahrungen in der Ansprache von Ziegelsteinen, Keramikkacheln, Tonscherben und Gläsern aus der Zeit um 1600 vorlagen, suchten wir Rat bei den Fachexperten. Um diese fachliche Einordnung der Funde nahm sich dankenswerter Weise die Archäologin MA. Cornelia Schink[108] an, die derzeit sehr erfolgreich durch Grabungen die wechselvolle Geschichte der Burg Weißenstein bei Regen versucht aufzudecken. Sie hat unsere Funde kritisch gesichtet und kam auf Grund ihrer langen Erfahrung zum Urteil, daß sie besonders typisch sind für die Zeit der

Abbildung 66: Etwa 12 m nordwestlich vom Anwesen Kurt Weny, betätigen sich (v. links) Dipl. Ing. Min. K. P. Martinek, Franz K. Hruschka, Hans Schopf und Karl Herzog bei der Grabung am ehemaligen Standort des Jagdhauses in Reichenberg.

Abbildung 67: An der Grabungsstelle befindet sich in einer Tiefe von etwa 30 cm eine Schicht von 40 cm mit Ziegelbrocken, Scherben von Ofenkacheln, Tonkrügen und Glas.

Abbildung 68: Ziegelbrocken, wie sie am Gelände des ehemaligen Jagdhaus in Reichenberg sehr zahlreich ausgegraben worden sind. Die Farbe vom hellen Gelb bis dunklen Rot läßt auf einfache Brennöfen schließen.

Abbildung 69: Als Einschlüsse des aus Babing bei Vilshofen angefahrenen gebrannten Kalkes sind wohl diese Flintsteine an die Baustelle des Jagdhauses in Reichenberg gebracht worden.

Renaissance (1520 bis 1620) in dieser Gegend. Die nachfolgenden Ausführungen stützen sich auf ihre Ergebnisse[109].

5.7.3 Handgeschlagene Ziegelsteine

Besonders zahlreich waren bis zu 8 cm große Bruchstücke handgefertigter Ziegelsteine. Auf einer freigelegten Fläche von 3 m² wurden etwa 4 Eimer (10 l) Bruchstücke von Ziegelsteinen gesammelt. Aufgrund der Einstiche und Sondierung mit dem Pirkhauer-Bohrer ist davon auszugehen, daß mehr als 100 m² der Fläche hinter dem Stadel in etwa 30 cm Tiefe diese Schicht birgt. Auf dieser Fläche wären also über 100 Eimer Ziegelsteine zu erwarten (Abbildung 66, 67).

Am Jagdhaus in Reichenberg sind die 6 erwähnten Kamine mit Ziegelsteinen gemauert worden. Die Farbe der Ziegel vom hellen Gelb bis dunklem Rot läßt darauf schließen, daß sie in einfachen Brennöfen gebrannt worden sind. Die von der Hitze des Ofens stärker betroffen Ziegel zeigten dabei eine dunkelrote Farbe. Diese stärker gebrannten und witterungsbeständigen Ziegel wurden früher für die Außenmauern verwendet. Die hellen, schlechter gebrannten Ziegel dagegen für die Innenwände (Abbildung 68. 69).

Die Magerung der Ziegelsteine

Der aus staubfeinen Korngrößen bestehende Ton mußte beim Ziegelschlagen mit gröberen Bestandteilen vermengt, "gemagert" werden, damit er beim Brennen keine Risse bekam. Dieses Material für die Magerung ist an den Bruchstücken heute noch deutlich zu erkennen. Daraus ergeben sich Rückschlüsse auf die Herkunft der Ziegelsteine. Das wichtigste Material für die Magerung der gefundenen Ziegelbrocken war der in Pochwerken zerkleinerter Quarzsand. Im Voranschlag wird erwähnt, daß die Ziegelsteine aus einem Ziegelstadel aus dem Grafenauer Land angefahren worden sind. Vielleicht kann eine mineralogische Untersuchung der Ziegelbrocken über die Herkunft mehr nachweisen. Als weiteres Material für die Magerung ist Kaff, die organischen Abfälle an Spreu beim Drusch des Getreides, deutlich zu erkennen. Im Brennofen verbrannten die Strohteilchen. Die größeren Teilchen hinterließen einen Abdruck im Ziegel, der noch deutlich zu erkennen ist.

5.7.4 Ofenkachel der 12 Kachelöfen

Nach der Anzahl der bei der Grabung gefundenen Scherben folgen die Ofenkachel, die zweifelsfrei von Kachelöfen stammen. Die Anzahl der von den Hafnern in Reichenberg eingebauten Kachelöfen ist genau bekannt: Im Verzeichnis über die beim Bau des Jagdhauses verwendeten Baumaterialien mit ihren Kosten werden 12 Öfen, 24 fl (Gulden) genannt. Erwähnt wird auch der Einbau der 6 Rauchfänge und andere Ofenarbeiten für 35 Gulden. Der Werkmeister Hans Reiffenstuel hält in seiner Endabnahme kurz vor Abschluß der Bauarbeiten am 8. Oktober 1590 schriftlich fest, daß noch 12 Ofentürl zu fertigen und (an den Öfen) anzubringen seien. Aus diesen Angaben in zwei zeitlich unterschiedlichen Schreiben ist eindeutig belegt, daß im Jagdhaus die Zimmer mit 12 Öfen beheizt worden sind. Von diesen 12 Kachelöfen dürften je sechs im ersten und zweiten Stockwerk eingebaut gewesen sein.

In den Unterlagen ist stets nur von Öfen und nicht von Kachelöfen die Rede. Nach einer Inschrift auf einem Kachelofen im Schloß von Füssen (Allgäu) aus dem Jahre 1515 besteht jedoch kein Zweifel, daß Kachelöfen gemeint waren: *Dieser Ofen wohlgestalt, ward gemacht do man zählt 1515 Jahr bei Hansen Seltzaman, Vogt zu Oberdorf* (Gebhard, 1980, S. 15).

Die zunächst recht unbedeutenden Hinweise auf die 12 Öfen werden erst anschaulich, wenn aus den Funden die vielen gefundenen Scherben an Ofenkacheln, Stegen zum Befestigen auf der Rückseite der Kacheln und der feuerfeste Ton aus der Innenverkleidung des Brennraumes betrachtet werden. Es ist davon auszugehen, daß beim Brand des Blockhauses um den 24. Juni 1648 die 8 Kachelöfen im 1. und 2. Stockwerk auf die aus Bruchsteinen bestehende Grundplatte stürzten und völlig zerstört worden sind. Die Ofenkachel sind dabei in viele Teile zersprungen. Das Jagdhaus brannte bis zur Grundsohle ab, nur die 6 Kamine dürften teilweise noch stehen geblieben sein. Der Brandschutt mit den zahlreichen Kachelscherben ist sicher in unmittelbarer Nähe des Gebäudes abgelagert worden.

Wie wurden die historischen Kacheln hergestellt?

Das Aussehen und die Funktion der gefundenen Bruchstücke der Ofenkachel sind erst zu verstehen, wenn die Fertigung von historischen Kachelöfen näher beschrieben wird. Der Begriff Kachel kommt vom althochdeutschen chachala und bedeutet soviel wie irdener Topf (Jansson, 1980, S. 7). Die frühesten Ofenkacheln waren runde Napf -, Schüssel- und Nischenkacheln. Wie andere Tongefäße auch, wurden sie auf der Töpferscheibe geformt. Im 14. Jahrhundert änderte sich das Herstellungsverfahren: Es gibt jetzt die Blattkacheln, die nicht mehr auf der Töpferscheibe, sondern ähnlich einer Fliese aus einem Model gepreßt wurden. Dadurch eröffneten sich völlig neue Möglichkeiten des Dekors und der Verzierung. Auf den Kacheln erscheinen jetzt erhabene Darstellungen, Reliefs, oder auch Vertiefungen, wie sie auch im Reichenberger Fund vorkommen. Der Model war meist aus gebranntem Ton gefertigt.

Wie entstand eine Ofenkachel? Die Schönheit im Dekor und in der Farbe der in Reichenberg gefundenen Bruchstükke von Ofenkacheln läßt nicht mehr vermuten, aus welchem unscheinbaren Rohstoff, dem Ton, sie vor genau 409 Jahren (1590) von erfahrenen Hafnern gefertigt worden sind. Nach dem Dekor und der Glasierung der Bruchstücke zu schließen, müssen sie aus einem Ort mit blühender Hafnerkunst stammen. Bei der Frage der Herkunft dieser Ofenkachel denkt man zunächst an den nahegelegenen, nur 12 km entfernten, alten fürstbischöflichen Hafnerort Kühbach bei Ringelai im Landkreis Freyung-Grafenau. In Kühbach konnte durch eine Grabung eine lange Töpfertradition nachgewiesen werden (Praxl, 1992, Ortmeier, 1995). Die Herstellung von irdenen Töpfen und Ofenkacheln wurde häufig von den selben Werkstätten ausgeführt. Von Ortmeier, 1995, wurden jedoch in Kühbach keine Funde von Ofenkacheln erwähnt. Durch eine mineralogische Untersuchung der Zusammensetzung des Tons der Ofenkachel aus Reichenberg und der in Kühbach auftretenden Tonvorkommen, könnte diese Frage entschieden werden.[111]

Wahrscheinlicher ist jedoch, daß die 12 Kachelöfen in Reichenberg aus dem Kröning bei Landshut und Vilsbiburg stammen. Hier ist die Herstellung von Ofenkacheln neben der Töpferei seit Jahrhunderten belegt: Schon 1453 hat der Kröninger Hafner Sigmund Offner für die Ratsstube in Hall in Tirol einen Kachelofen geliefert. Sein Beruf Ofner wurde zum Familiennamen (Gebhard, 1980, S.15). Das Heimatmuseum in Vilsbiburg pflegt die Tradition der berühmten Kröninger Hafner (Grasmann, 1982, Gümbel, 1982).

Ton entsteht durch die Verwitterung von Gesteinen. Er hat eine sehr feine Korngröße von nur 0,0002 bis 0,002 mm. Bevor Ton für die Herstellung von Kacheln geeignet ist, mußte er aufbereitet werden. Der Erdwäscher war zuständig während des Sommers den Ton zu graben, durch Sieben von Sand und Schmutz zu reinigen und in großen Holzzubern mit Wasser anzurühren und zu mischen. Der Erdtreter hatte dann die Aufgabe, den Ton, der sich beim Absinken in gröbere (unten) und feinere (oben) Bestandteile getrennt hatte, barfuß gründlich zu treten, um eine gleichmäßige Mischung und die geforderte Plastizität zu erzielen. Bei Bedarf gab er noch Wasser hinzu. In einem feuchten Kellerraum folgte dann das mauken oder durchfaulen des Tones. Die Feuchtigkeit sollte sich gut verteilen um die Formbarkeit zu unterstützen. Aufwendig aufbereitet konnte er dann vom Hafner zu Kacheln verarbeitet werden.

Der Ton wurde wie ein Teig ausgewalzt und auf den Model gelegt. Darüber kam ein grobes Leintuch, mit dem man den plastischen Ton fest in alle Vertiefungen des Models gedrückt hat. Der gebrannte Model entzog dem Ton etwas Feuchtigkeit. Nach einer gewissen Zeit konnte man den Tonabguß von der Matrize des Models lösen. Wichtig war dann eine längere Zeit der Lufttrocknung in Regalen. Es folgte dann das Brennen in Brennöfen und die Glasierung, eine Technik, die ursprünglich aus Italien kam. Man hatte gelernt, auf den braun oder rötlich gebrannten Tongefäßen einen opalweißen Zinngrund aufzutragen, auf den mit Metalloxiden verschiedene Farben aufgebracht werden konnten. Mit Kupfer erhielt man die besonders beliebte und häufig verbreitete dunkelgrüne Farbe. Mit Hilfe von Kobalt erhielt man Blau, mit Eisen Rot bis Braun, mit Mangan Violett bis Schwarz und mit Silber Gelb. Diese Farben auf den Kacheln wurden im Brennofen eingebrannt. So entstand die typische Glasierung (Abbildung 70).

Abbildung 70: Ein Hafner bei der Herstellung von Tonkrügen und Ofenkacheln. Links vom Hafner sind 3 Model mit Dekor für die Fertigung von Kacheln zu sehen. Im Hintergrund sticht ein Arbeiter Ton, ein Holzknecht spaltet Holz und ein Schürer heizt einen Brennofen. Holzschnitt von Jost Amman, um 1568.

Abbildung 71: So könnte einer der im Reichenberger Jagdhaus eingebauten 12 Kachelöfen mit reichverzierten Kacheln als Aufsatzofen mit Feuerraum, Aufsatz und Abschluß ausgesehen haben. Museum Wunsiedel.

Abbildung 72: Das Wappen der Wittelsbacher in der Zeit von Wilhelm V. und Maximilian I. Das Rautenmuster, vorherrschendes Dekor an den Kachelöfen in Reichenberg, stammt von den Grafen von Bogen.

Abbildung 73: Grünglasierte Ofenkachel mit der Darstellung eines Greif. Museum Trausnitz, Landshut.

Abbildung 74: Der einzige beim Brand auf der Burg Trausnitz in den 60er Jahren erhalten gebliebene, reich verzierte Kachelofen in den Räumen des Erbprinzen Wilhelm V. Kachelscherben des reichverzierten Frieses als oberer Abschluß wurden auch in Reichenberg gefunden.

Gibt es Hinweise, wie die 12 Kachelöfen ausgesehen haben?

Die Zeit, in der die 12 Kachelöfen in Reichenberg 1590 entstanden sind, ist die der Renaissance (1520-1620). Im Gegensatz zu den himmelstrebenden, spitzen Bauwerken der Gotik bevorzugte man nun wuchtige, die Breite betonende Formen. Über einen rechteckigen Sockel erhebt sich nun quadratisch der wuchtige Unterbau eines Kachelofens mit dem großen Feuerraum. Über die in den Archivalien genannten 12 Ofentürl konnten sicher größere Holzscheite in den Feuerraum geschürt werden.

Auf dem Feuerraum sitzt ein freistehender Aufsatz. Nach dem oberen Abschluß dieses Aufsatzes waren zwei verschiedene Grundformen an Ofentypen zu unterscheiden: Der Gewölbeofen und der konische Ofen, der sich nach oben verjüngte und mit einer runden Kuppel, ähnlich einer Kaffeekanne, abschloß. Dieser konische Ofen dürfte in Reichenberg eingebaut gewesen sein. Das schließen wir aus folgendem Hinweis im genannten Verzeichnis: 12 Öfen, 24 Gulden und eine Zeile darunter steht Schlußsteine dafür, 3 Gulden. Mit diesen Schlußsteinen dürften speziell geformte Ofenkacheln zum Fertigen dieser Kuppeln für die 12 Kachelöfen gemeint gewesen sein.

Der Kachelofen der Renaissance steht oft auf nachgebildeten Löwenpranken oder sitzenden Tieren (Gebhard, 1980, S. 62). Die Kacheln wurden in dieser Zeit im Vergleich zur Gotik größer. Um 1664 waren für einen Kachelofen 40 Ofenkacheln notwendig. Der Kachelofen wurde durch Verbesserung der Abzüge nun auch heiztechnisch verbessert. Der Brennwert des Holzes war so besser zu nutzen. Anzunehmen ist auch, daß die Kachelöfen in Reichenberg als Hinterlader von der Bedientenkammer aus beheizt worden sind (Abbildung 71).

Das Rautenmuster der Wittelsbacher auf den Ofenkacheln

Bei den in Reichenberg gefundenen Scherben überwiegt das Rautenmuster der Wittelsbacher als Verzierung auf den Ofenkacheln.

Nach den Formen und den Farben der Glasur konnten insgesamt sechs verschiedene Typen unterschieden werden. Es überrascht, mit welchen einfachen Mustern die Hafner in dieser Zeit ein sehr wirkungsvolles und gefälliges Dekor erzielt haben. Es überwiegt das für die Wittelsbacher kennzeichnende, von den Grafen von Bogen übernommene, Rautenmuster aus dem bayerischen Wappen. So gesehen repräsentiert dieses Rautenmuster an den Kachelöfen in Reichenberg auch das ehemalige Herrschaftsgebiet der Grafen von Bogen im Bayerischen Wald, das einst auch weit nach Böhmen reichte (Abbildung 72)

Dieses Rautenmuster ist in den Kacheln nicht erhaben als Relief dargestellt, sondern in die Kachel eingedrückt. Fast meint man noch zu erkennen, wie in dem Kachelmodel mit den erhöhten reliefartigen Rauten, die Vertiefungen der Rauten in den noch weichen Ton gedrückt worden sind. Auch die Rahmen der Ofenkachel sind sehr kunstvoll gestaltet. Als Verfahren der Herstellung ist aber auch denkbar, daß zunächst die glatte Kachel mit dem Rahmen im Model geformt worden ist und erst anschließend mit einem Stempel das Rautenmuster in den noch plastischen Ton gedrückt wurde. Folgende Typen von Ofenkacheln wurden gefunden:

- Typ 1: Ein etwa 20 mm langgezogenes Rautenmuster, das mit einem leuchtenden Lichtgrün glasiert worden ist. Die Glasur scheint aus Glasfluß zu bestehen.
- Typ 2: Ein etwa 20 mm langgezogenes Rautenmuster, unglasiert mit grünlich-grauer, matter Farbe.
- Typ 3: Ein etwa 20 mm langgezogenes Rautenmuster, mit Eisenoxid rostbraun glasiert.
- Typ 4: Ein Muster mit 10 mm tiefen, auf der Spitze stehenden Karos, die ebenfals mit Kupferoxid grün glasiert sind.
- Typ 5: Ein großes, glattes Medaillon in der Mitte mit Rändern, braun glasiert.
- Typ 6: Eine tellerartige Vertiefung in der Mitte, mit Eisenoxid rostbraun glasiert.
- Typ 7: Reliefartige Darstellungen mit dem Brustbild eines Jägers in einem Medaillon, grün glasiert.
- Typ 8: Reliefartige Pflanzenornamente, grün glasiert.

Gefunden wurde auch eine große Anzahl von Stegen, mit denen die Ofenkacheln an der Rückseite des Ofens vom Hafner befestigt worden sind. Charakteristisch waren auch die vielen gefundenen, gebrannten Wülste, die aus den Verfugungen im Brennraum der Kachelöfen stammen. Leider können die wunderschönen, lichtgrünen, grünlich-grauen, tiefgrünen, mattgrünen und rostbraunen Farben der Kachelscherben hier nicht farbig dargestellt werden. Einen Eindruck, wie die gefundenen Scherben einst als vollständige Kachel gewirkt haben und welche Motive dargestellt worden sind, sollen die folgenden beiden Abbildungen zeigen (Abbildung 73, 74).

Da Kachelöfen aus der Zeit der Renaissance (1520-1620) noch immer selten sind, soll eine Auswahl charakteristischer Formen aus dem reichhaltigen Reichenberger Fund gezeigt werden (Abbildung 75, 76, 77, 78, 79, 80, 81, 82, 83, 84, 85, 86, 87).

Nach dem Urteil der Archäologin Frau Schink, handelt es sich bei diesem Fund um Scherben und Reste von herrschaftlichen Kachelöfen aus der Zeit der Renaissance. Die 8 in der Form, dem Dekor, der Verzierung, Glasur und Farbe der Glasur verschiedenen Typen von Ofenkacheln deuten darauf hin, daß die 12 in Reichenberg eingebauten Kachelöfen insgesamt sehr verschieden waren. Möglicherweise hatten die Hafner den Ehrgeiz, 12 unterschiedliche

Abbildung 75: Ofenkachel vom Typ 1 mit einem etwa 20 mm langgezogenen, in den weichen Ton eingedrückten Rautenmuster, die mit einem leuchtenden Lichtgrün glasiert sind. Die Glasur scheint aus Glasfluß zu bestehen.

Abbildung 76: Ofenkachel vom Typ 2 mit einem etwa 20 mm langgezogenen, in den weichen Ton eingedrückten Rautenmuster, unglasiert mit grünlich-grauer Farbe.

Abbildung 77: Ofenkachel vom Typ 3 mit einem etwa 20 mm langgezogenen, in den weichen Ton eingedrückten Rautenmuster, rostbraun glasiert.

Abbildung 78: Ofenkachel vom Typ 4 mit einem in den weichen Ton eingedrückten, mehr quadratischen Rautenmuster, grün glasiert.

Abbildung 79: Typ 5 mit einem Medaillon und reliefartiger Darstellung, grün glasiert.

Abbildung 80: Ofenkachel vom Typ 6 mit einer tellerartigen Vertiefung in der Mitte, mit Rändern, mit Kupferoxid rostbraun glasiert.

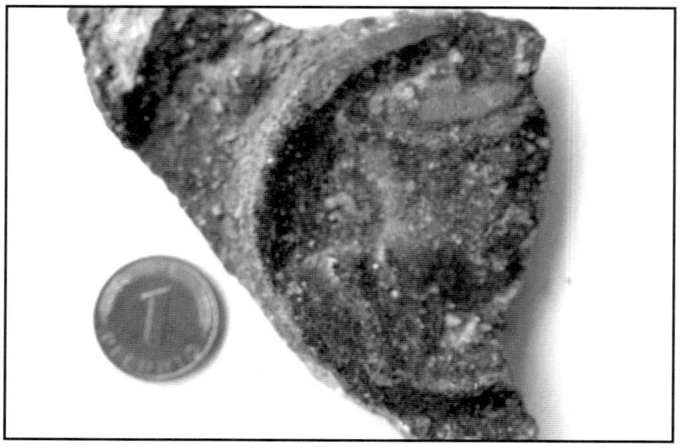

Abbildung 81: Ofenkachel vom Typ 7 mit einer reliefartigen Darstellung des Brustbildes eines Jägers in einem Medaillon, grün glasiert.

Abbildung 82: Die Seitenansicht eines Brustbildes eines Jägers. Durch die glatten Ränder an der rechten Seite dürften diese Darstellungen ein Fries als Abschluß des Kachelofens verziert haben.

Abbildung 83: Ofenkachel mit Fächern, die von einem Mittelpunkt ausgehen, grün glasiert.

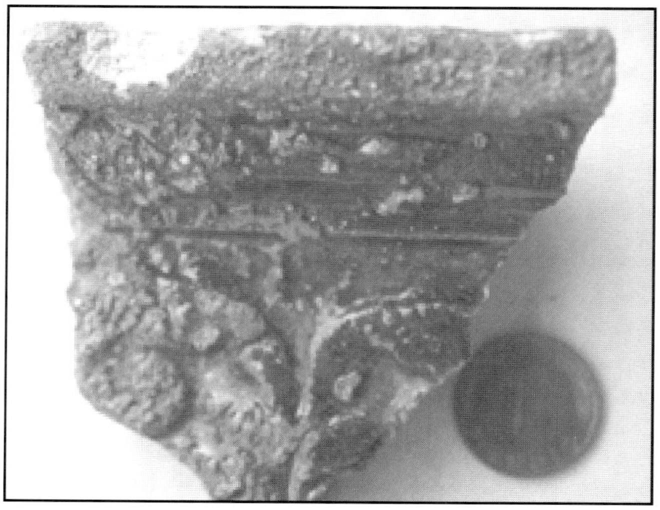

Abbildung 84: Reliefartige Ornamente von Pflanzen als Lebensbaum mit einem Hahn als Abschluß. Oben Rand der Ofenkachel, grün glasiert.

Abbildung 85: Schwierig zu deutende, reliefartige Darstellung mit dem Rand der Ofenkachel, grün glasiert.

Abbildung 86: Gefunden wurde auch ein Vielzahl von unglasierten Stegen, mit denen die Ofenkacheln an der Rückseite vom Hafner befestigt und verfugt worden sind.

Abbildung 87: Charakteristisch waren auch die vielen in Reichenberg gefundenen Wülste aus gebranntem Ton, die aus den Verfugungen im Feuerraum der Kachelöfen stammen.

Kachelöfen zu bauen. Nachdem sie im Voranschlag erwähnt worden sind, besteht überhaupt kein Zweifel, daß sie einst im Jagdhaus in Reichenberg standen. Ein verzierter Kachelofen war um 1590 ein Privileg des Adels oder reicher Bürgerfamilien. Für die Reichenberger Bauernhäuser um 1590 war die Ausführung dieser Öfen viel zu reichhaltig. In den Bauernhäusern dürften die mit Ziegeln und Bruchsteinen gemauerten, schmucklosen Gewölbeöfen gestanden haben.

5.7.5 Holzkohle von verbrannten Balken

Besonders auffällig waren bei der Reichenberger Grabung zahlreiche, bis zu 5 cm große Stücke von Holzkohle in der selben Schicht, in der sich auch die Ziegelbrocken und die Ofenkacheln befanden. Bei der Herausnahme sind sie oft zerbrochen. Die Holzreste der beim verheerenden Brand um Johanni 1648 angebrannten Balken sind längst verrottet. Die Holzkohle aber konnte über 350 Jahre lang von den Mikroorganismen im Boden nicht abgebaut werden und hat die Zeiten überdauert. Das früher bei den Bauern allgemein übliche Vorgehen, gespitzte Zaunsäulen in einem Feuer kräftig anzubrennen, bevor sie in den Boden gesetzt wurden, um sie so vor Fäulnis zu schützen, findet durch diese Beobachtung eine eindrucksvolle Bestätigung. Aus der Vermengung der Holzkohle mit den anderen Scherben ist belegt, daß in dieser Schicht der Brandschutt in unmittelbarer der Nähe der ehemaligen Brandstatt abgelegt worden ist (Abbildung 88).

Abbildung 88: Bis zu 4 cm große Stücke von Holzkohle sind zusammen mit den Ziegelbrocken, Ofenkacheln und geschmolzenen Scherben von Fensterscheiben gefunden worden sind.

5.7.6 Scherben von Irdenware

Bei der Reichenberger Grabung wurden auch einige Scherben von Tongefäßen gefunden, die unter Luftabschluß (reduzierend, schwarz) und mit Luftzutritt (oxidierend, rot) gebrannt worden sind. Der Formenschatz der dunkel, unter Luftabschluß reduzierend gebrannten Irdenware (Tonkrüge), ist nicht sehr umfangreich (Abbildung 89).

Es handelt sich um ein besonders dünnwandiges, unter Luftabschluß (reduzierend) gebranntes, henkelloses Gebrauchsgeschirr. Die Rundung des großen Scherbens läßt auf ein Tischgefäß mit einem äußeren Durchmesser von 17,5 cm schließen. Es wurde auf der Töpferscheibe gefertigt. Auf der Randinnenseite sind keine Kehlungen zur Führung eines Deckels zu beobachten. Das Gefäß besitzt einen einfachen Kremprand und eine schmuckfreie Gefäßoberfläche. Nach der Aussage von Frau Schink ist der

Abbildung 89: Auffällig dünnwandige Scherben eines unter Luftabschluß (reduzierend) gebrannten Tongefäßes. Die Rundung des großen Scherbens läßt auf ein Tischgefäß mit einem Durchmesser von 17,5 cm schließen.

Fund dieses Gefäßes in seiner Feinheit und Größe etwas Besonderes. Bei den Funden traten innen nicht glasierte und glasierte Scherben auf. Die Dünnwandigkeit, die wechselnden Farben des Brandes von grau bis schwarz und die fehlenden Glimmeranteile an den Bruchstellen, könnten einen Hinweis auf den Hafnerort der gefundenen Irdenware geben.

Dünnwandigkeit: Bei den Grabungen am alten Hafnerort Kühbach bei Ringelai, Landkreis Freyung-Grafenau (Praxl, 1992, Ortmeier, 1995) wurde bei den gefunden Topfformen festgestellt: Nahezu bei allen Gefäßen fällt die Dünnwandigkeit auf. Selbst bei Töpfen mit 30 bis 40 cm Gefäßhöhe werden 3-5 mm Wandstärke selten überschritten (Endres, 1995, S.79-86). Auch bei den Reichenberger Gefäßscherben sind mit der Schiebelehre Wandstärken von 2,4 bis 3,4 mm gemessen worden. 2 cm vom dicken Rand entfernt betrug die Wandstärke nur noch 2,9 mm.

Abbildung 90: Tonscherben eines Kruges mit großem Durchmesser, der mit Luftzutritt (oxydierend) gebrannt worden ist. Rechts oben ein Stück vom Boden.

Wechselnde Farben von grau bis schwarz: Ein weiterer interessanter Hinweis sind die ungleichmäßig gebrannten Scherben im Kühbacher Fund (Endres, 1995, S. 80): Es handelt sich ursprünglich um ungleichmäßig reduzierend gebrannte Irdenware mit changierenden Grau- bis Schwarztönen (Wechselbrandathmosphäre). Auch die Reichenberger Topfscherben sind reduzierend (unter Luftabschluß) gebrannt worden und wechseln in der Farbe vom hellen grau bis schwarz.

Glimmeranteile an den Bruchstellen: Die glänzenden Glimmeranteile an den Bruchstellen der Scherben geben Anhaltspunkte, ob der Ton mit silber- oder goldfarbigen Glimmer gemagert worden ist. Beim Kühbacher Fund wurde festgestellt (Endres, 1995, S. 83): Es liegen meist mittlere Magerungsanteile vor, darunter zahlreiche scharfkantige Gesteinsreste quarziger Struktur, grob gerundete Sande sind in der Minderheit, etwas eisenoxidische Konkretionen (Einschlüsse) und überraschend: bis zur 6fachen Vergrößerung sind keine Glimmeranteile zu beobachten.

Auch bei den Reichenberger Scherben konnte Frau Schink an den Bruchstellen nicht erkennen, daß der verwendete Ton mit silber- oder goldfarbigen Glimmer gemagert worden ist. Die Ausführungen zeigen, daß als Herkunftsort der Tongefäße aus der Zeit um 1600 im Reichenberger Fund, der nur 12 km entfernte Hafnerort Kühbach bei Ringelai in Frage kommen könnte. Untersuchungen des Gefüges an den Scherben durch Herrn Dipl. Mineralogen Martinek, Riedlhütte, werden weitere Hinweise geben. Der Fund von Kühbach wurde vorläufig in das späte 14. bzw. das frühe 15. Jahrhundert datiert (Endres, 1995, S. 85). Aber auch später wurde in Kühbach noch Irdenware hergestellt. Der Kühbacher Fund wird im Freilichtmuseum Finsterau aufbewahrt. Ein fachkundiger Vergleich bietet sich an. Mit Herrn Dr. Ortmeier, dem Leiter des Museums, soll Kontakt aufgenommen werden.

Oxydierend gebrannte Irdenware: Im Reichenberger Fund wurden auch einige mit Luftzutritt (oxydierend) gebrannte Tonscherben gefunden. Typisch für diese roten Scherben ist ebenfals ein großer Durchmesser der Gefäße. Sie sind innen alle glasiert Die Wandstärke 3 cm vom Boden entfernt betrug 5,75 mm (Abbildung 90).

5.7.7 Glasscherben von Butzenscheiben

Bei der Grabung in Reichenberg wurden auch einige Glasscherben gefunden. Sie sind an den Bruchstellen leicht grünlich gefärbt, insgesamt aber überraschend hell und nach über 350 Jahren Lagerung im Boden noch gut durchsichtig. Aus der Baugeschichte ist bekannt, daß am Jagdhaus mit 3 Stockwerken insgesamt 98 Fenster verglast worden sind. Die Glasscherben dieser 98 Fenster wurden nach dem Brand um den 24. Juni 1648 zusammen mit dem Brandschutt unmittelbar neben der Brandstatt abgelagert. Bei der Grabung gefunden wurden auch tropfenförmig geschmolzene und gefaltete Glasscherben von Fensterglas. Sie weisen darauf hin, daß beim Brand des Jagdhauses die Schmelztemperatur von Glas von über 1200^{0}C erreicht worden ist. Die Zinnruten sind geschmolzen, die Butzenscheiben lösten sich aus der Befestigung, zersprangen und fielen auf die steinerne Bodenplatte. Die Bruchstücke der Butzenscheiben wurden weich und konnten sich falten oder Glastropfen bilden.

Die Herkunft dieser Gläser dürfte in den nahegelegenen Glashütten, vor allem in der Hütte am Reichenberg (heute Riedlhütte), aber auch in Spiegelau oder Klingenbrunn und in Schönau (heute Neuschönau) zu suchen sein. Oft wurden die Glashüttenherren auch verpflichtet, zusätzlich zu den jährlichen Abgaben an den Herzog kostenlos Gläser zu liefern. Vielleicht erklärt eine kostenlose Lieferung an den Herzog die große Anzahl von 98 verglasten Fenstern. Aber auch wenn Herzog Wilhelm V. die Fenstergläser bezahlen mußte, sind die sonst üblichen hohen Kosten für Verpackung und Transport nicht angefallen.

Butzenscheiben am Jagdhaus in Reichenberg: Die Untersuchung dieser Glasscherben weist eindeutig auf eine Verglasung mit Butzenscheiben hin. Hält man die Scherben gegen das Licht, sind als kleine Erhebungen und Rillen deutlich die kreisförmigen Rundungen zu erkennen, die beim Schleudern der Butzenscheiben entstehen. Ein weiterer Hinweis ist die unterschiedliche Stärke der Glasscherben, die nach einer Messung mit der Schiebelehre zwischen 0,85 mm und 2,35 mm schwankt. Durch das Schleudern der plastisch- weichen Scheibe an der Glasmacherpfeife nimmt die Glasstärke zu den Rändern hin zu. Gleichzeitig sind die gefundenen Glasscherben besonders hell und im Gegenlicht auch nach über 350 Jahren noch sehr gut durchscheinend. Diese Eigenschaft ist kennzeichnend für die Butzenscheiben. Sie kamen beim Schleudern nur mit der Luft in Berührung. Fensterscheiben aus Zylindergläsern dagegen nahmen im plastisch- weichen Zustand bei der Fertigung durch das Strecken im Glasofen immer Spuren von Staub vom Ofenboden auf und sind deshalb nicht so durchscheinend.

Abbildung 91: Scherben von Butzenscheiben der 98 verglasten Fenster am Jagdhaus in Reichenberg. Sie weisen teilweise tropfenförmige Schmelzspuren und Falten auf (Mitte), die beim Brand des Jagdhaus mit Temperaturen um 1200ºC 1648 entstanden sind.

Folgende drei Kennzeichen bei den Reichenberger Glasscherben sprechen für Butzenscheiben: Die runden, kreisförmigen Rillen und Erhebungen, die unterschiedliche Wandstärke und die hohe Lichtdurchlässigkeit. Durch diese Besonderheiten der Herstellung können die gefundenen Glasscherben von den Archäologen recht sicher den beiden Verfahren der Herstellung zugeordnet werden (Abbildung 91).

In der Zeit um 1590 konnte Fensterglas nach zwei Verfahren hergestellt werden: Durch Blasen großer Glaszylinder mit anschließendem Strecken oder als Butzenscheiben. Die Fertigung von runden Butzenscheiben oder Mondgläsern, wie sie auch genannt wurden, ist seit 1350 in Frankreich bekannt. Welches Verfahren an den Hütten am Rachel und Lusen zur Anwendung kam, war bisher nicht bekannt. Der Reichenberger Glasfund ist recht sicher zu datieren und kann diese Frage eindeutig klären: Um 1590 wurden an der Riedlhütte und den umliegenden Glashütten Butzenscheiben gefertigt. Die gefundenen Glasscherben in Reichenberg lassen es nicht zu, über den Durchmesser der 1590 hergestellten Butzenscheiben eine Aussage zu treffen. Es überrascht die helle, durchsichtige Farbe der Glasscherben. Vielleicht hat man für die Butzenscheiben des Herzogs einen besonders hochwertigen Quarz mit wenig Eisenadern ausgesucht und verwendet. Die sonst übliche Entfärbung der grünlichen Waldgläser wird 1590 technisch noch nicht möglich gewesen sein.

Welcher Hüttenherr kommt als Hersteller der Butzenscheiben in Frage?

Die Butzenscheiben dürften von den Hüttenmeistern Greipl an der Riedlhütte und Moosburger in Spiegelau oder Klingenbrunn hergestellt worden sein. Diese Scherben von Butzenscheiben sind bisher die einzigen Glasfunde aus der Zeit von 1590, die gut datierbar den umliegenden Glashütten zugeschrieben werden können und über das Verfahren der Fertigung Aufschluß geben.

Bemerkenswert war auch der Fund eines schwarzen nicht durchscheinenden Glassplitters aus einem Glashafen von der Größe 1 cm x 1 cm x 0,5 cm. Es handelt sich um Schwarzglas, Hyalit oder auch als Glasopal bezeichnet. Dieses Schwarzglas wird dem Hüttenmeister Michael Müller von der Helmbachhütte 7 km südwestlich von Winterberg zugeschrieben (Melincharova-Vinarova, Horpeniak, 1991, S. 102). Bei den Ausgrabungen von Glashütten im Böhmerwald wurde das Schwarzglas öfter gefunden (Fröhlich, 1989, S. 60). Ein Sohn dieses böhmischen Hüttenmeisters, Jakob Müller, übernahm 1689 die Glashütte in Spiegelau (Beiler, 1998 S. 75). In dieser Zeit muß auch an der Glashütte in Riedlhütte Schwarzglas hergestellt worden sein.

5.7.8 Handgeschmiedete Nägel vom Scharschindeldach

Handgeschmiedete Nägel wurden beim Bau des Jagdhauses in Reichenberg in großer Zahl verwendet: Jedes Schindelbrett des steilen Scharschindeldaches mußte mit einem Nagel befestigt werden. Aus dem Verzeichnis vom 1. Mai 1590 ist bekannt, daß 70.000 Scharnägel, geschmiedete Schindelnägel, 3.000 Nägel zu den Dachlatten und ... zur fürfallenden Notdurft 3.000 Pferdnägel von Hans Reiffenstuel geplant worden sind. Man kann davon ausgehen, daß alle 15-20 Jahre das große Schindeldach neu zu decken war. Diese genannte Menge an Nägeln dürfte in der Zeit, in der das Jagdhaus stand, mehrmals verwendet worden sein. In den Rechnungen über die Reparaturen am Jagdhaus wird auch berichtet, daß die alten, sicher stark verrosteten Nägel wieder aufbereitet und in Leinöl getaucht, wieder verwendet worden sind. Durch diesen großen Verbrauch ist nicht verwunderlich, daß bei den Grabungen diese handgeschmiedeten Nägel wieder gefunden worden sind.

Abbildung 92: Zum Festnageln der Scharschindeln, der Dachlatten und der Verkleidungen der Außenwände sind beim Bau des Jagdhauses etwa 80.000 handgeschmiedete Nägel verwendet worden. Hier eine Auswahl von 10 Nägeln, die bei der Grabung gefunden worden ist (Länge: links, etwa 10 cm, rechts etwa 3 cm lang).

Abbildung 95: Grabung am Jagdhaus in Reichenberg: Ein gegossener Beschlag, wohl aus Bronze, möglicherweise von einem Gewehr.

Die Fertigung dieser Nägel war die Aufgabe der Nagelschmiede, heute ein längst ausgestorbener Beruf. Die Nägel war vierkantig und hatten eine Kopf. Wieviel Schläge eines Nagelschmieds mögen erforderlich gewesen sein, um einen einzigen Nagel zu formen. Durch den hohen Preis des Roheisens aus Steyr in Österreich und dieser aufwendigen Handarbeit waren die Nägel recht teuer (Abbildung 92, 93, 94, 95).

5.8 Weitere Anwesen am Standort des herzoglichen Jagdhauses

Der ehemalige Standort des herzoglichen Jagdhauses am westlichen Dorfausgang in Reichenberg ist heute im Besitz von Kurt Weny, Reichenberg, Bergstraße HNr. 34. Sicher ist auch, daß 1648 dieses Gebäude mit drei Stockwerken ein Raub der Flammen wurden. Da im Schriftverkehr öfter von einem *Jägerhäusl* der Bärnsteiner Jäger in Reichenberg die Rede ist, wurde zunächst angenommen, daß schon bald nach dem Brand an der gleichen Stelle wieder ein Anwesen errichtet worden ist. Heute ist jedoch belegt,[110] daß das herzogliche Jagdhaus und das Jägerhäusl der Bärnsteiner Jäger zwei verschiedene Gebäude an verschiedenen Standorten waren. Einige Jahre existierten diese beiden Gebäude auch gleichzeitig. Das Jägerhäusl befand sich nur etwa 20 Schritte oberhalb (östlich) vom Jagdhaus entfernt. Die Geschichte dieses *Jägerhäusls* wird im Kapitel 5.9 ausführlich geschildert.

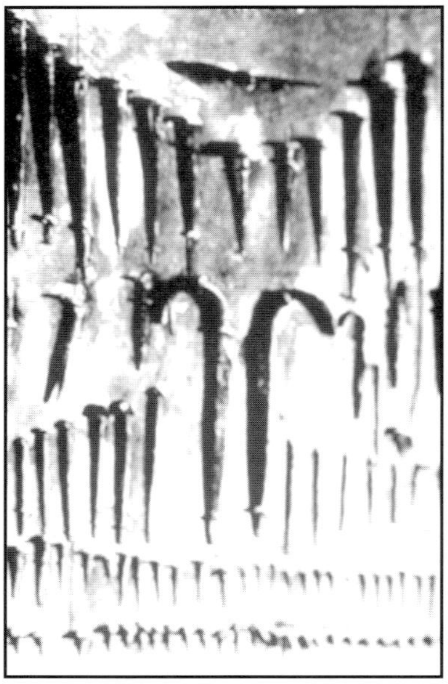

Abbildung 93: Das Museum in Wunsiedel i. d. Opf. verwahrt die Mustertafel (90 x 70 cm) mit handgeschmiedeten Nägeln des Nagelschmieds Johann Boesnecker, Wunsiedel, aus der Zeit um 1820.

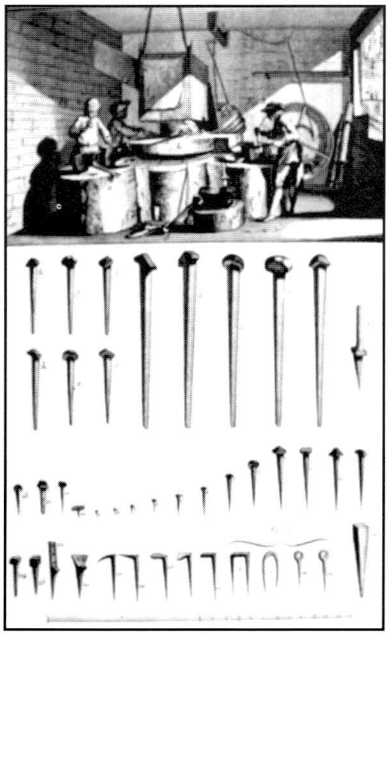

Abbildung 94: Die Werkstatt eines Nagelschmieds (oben). In der Schmiede sind zwei Nagelschmiede beschäftigt, Nägel herzustellen. Im Hintergrund (Mitte) die Esse. Unten: Die Mustertafel dieses Nagelschmieds zeigt alle Größen von Nägeln.

5.8.1 Standort Jagdhaus: Die Familien Stadler und Schöfmann

Welche Besitzer dieses ehemaligen Standortes des Jagdhauses sind zwischen 1648 bis heute bekanntgeworden? Nach einer sicheren Quelle[111] war dieses Anwesen mit der HNr. 13 (FlurNr. 1485) 1839 als *1/16 Gütl mit Wohnhaus, Stall, Stadel und Hofraum* im Besitz der Theres Stadler. Sie wurde bei der Registrierung des Eigentums 1839 wegen Krankheit durch ihren *großjährigen* (volljährigen) Sohn Benedikt Stadler vertreten. Die Familie Stadler hat das Anwesen aber schon 1817 besessen. Am 26. November 1817 ist der Ehemann Josef Stadler gestorben und die Familie Stadler mußte das *Laudemium*, die fällige Gebühr bei der Besitzübergabe entrichten. Auch am 27. November 1805 wurde bereits ein *Laudemium,* wohl bei der Übernahme durch Josef Stadler, bezahlt. Demnach war das Anwesen bereits eine Generation vorher im Besitz der Familie Stadler oder der seiner Frau. Von Interesse ist auch, daß eine Famililie Stadler auch mehrere Generationen im Besitz des Jagerhäusls war. Daß dieses *1/16 Gütl* eindeutig auf dem Platz des ehemaligen herzoglichen Jagdhauses stand, wird durch folgenden Eintrag sicher belegt: *Das auf Plan Nr. 1731a entspringende Quellwasser gehört dem Besitzer, welcher dasselbe mittelst Röhren über Plan Nr. 1732b ...* (5 weitere Plan Nr.) *über den Weg* (heute Bergstraße)*, den Garten und von da in sein Haus leitet.*

Der nächste gesicherter Nachweis über den Besitz stammt aus dem Jahre 1911. In diesem Jahr verkauften Heinrich und Maria Schöfmann aus Reichenberg ihr Gütl an die Holzhauerseheleute aus Riedlhütte Johann und Franziska Weny. Wie lange das Anwesen im Besitz der Familie Schöfmann war ist nicht bekannt. Es könnten jedoch mehrere Generationen gewesen sein. Die Bauernfamilie Schöfmann läßt sich in Reichenberg über 260 Jahre nachweisen.

Erstmals erscheint im *Stifft- oder Sallbuch de anno 1735 bis 1744*[112] ein Georg Schöfmann mit 1 Lehen, also einer Bauernstelle. Im *Verzeichnis über die vorhandenen Familien anno 1806/1807 im königlichen Landgericht Schönberg*[113] sind zwei Reichenberger Höfe im Eigentum der Familie Schöfmann: Max Schöfmann, Bauer, zusammen mit seiner Mutter, der Austräglerin Katharina Schöfmann sowie der Bauer Benedikt Schöfmann.

5.8.2 Standort Jagdhaus: Die Familie Weny

Über den nächsten Besitzer sind aus einem Notariatsvertrag[114] genauere Angaben möglich. Die Gütlerseheleute Heinrich und Maria Schöfmann aus Reichenberg verkaufen ihr Gütl, genannt das ehemalige *Jägergütl,* mit 6,612 ha oder 22 Tagwerk Grund um 7.800 Mark an die Holzhauerseheleute aus Riedlhütte Johann und Franziska Weny, eine geborene Herzog aus Riedlhütte-Häuser. Johann Weny stammte aus dem *Weny-Ferdinanden-Anwesen* in Riedlhütte-Häuser. Am 28. März 1911 beurkundet der Grafenauer Notar Georg Eckl den Verkauf des Wohnhauses mit Stallgebäuden (Fl. Nr. 1485), Garten (1486a, b), Äcker und Ödungen, Wiesen, Wald und gemeinschaftlichen Anteil am Brechhaus und am Backofen auf dem Gemeindeanger.[115]

Die Familie Weny lieh sich ein Darlehen von 1.300 Mark von *Franziska Frisch, Privatierswitwe in Reichenberg.* Mit der Urkunde vom 6. Juni 1918 wurde zwischen dem Ehepaar Weny, nun von besitzlosen *Holzhauerseheleuten* zu *Gütlerseheleute* gesellschaftlich aufgestiegen, noch ein Ehe- und Erbvertrag vor dem Notar vereinbart[116].

Die 10 Äcker und Ödungen (Flächen die einige Jahre als Wiesen genutzt und dann wieder zu einem Acker umgebrochen wurden) hatten eine Fläche von 2, 286 ha oder 7,6 Tagwerk. Im Mittel hatten die Äcker eine Größe von 0,8 Tagwerk. Zum *Gütl* gehörten 7 Wiesen mit einer Fläche von 2, 286 ha oder 7, 6 Tagwerk, im Mittel 1,1 Tagwerk und 4,7 Tagwerk Wald. Auf der Wiese der Plan-Nr. 1577 bestand ein *Wässerungsrecht* aus einer von mehreren Bauern genutzten Quelle. Wasserrechte wurden genutzt um die Wiesen im zeitigen Frühjahr zu bewässern, damit das Gras früher austrieb. Gleichzeitig bestand ein *Wasserbezugsrecht* für das Anwesen, Plan-Nr. 1485. Aus dieser Quelle wurde über Holzrohre auch bereits das Jagdhaus vor 1648 mit Trinkwasser versorgt.

5.9 Streit um das Reichenberger Jägerhäusl im 18. Jahrhundert

5.9.1 Der Standort des Jägerhäusls

Es sei zu Beginn vorweggenommen, daß das Reichenberger Jägerhäusl ein anderes Gebäude ist als das herzogliche Jagdhaus von Reichenberg. Wie wir sehen werden, besteht zwischen beiden ein enger sachlicher und historischer Zusammenhang, sie stehen auch topographisch in unmittelbarer Nachbarschaft, aber sie sind nicht identisch. Das Jagdhaus des Herzogs wurde im Jahre 1590 auf der Fläche erbaut, auf der heute das Anwesen der Familie Weny (Kurt Weny, Bergstraße 34) steht, das Jägerhäusl entspricht dem wenige Meter oberhalb stehenden Haus der Familie Gertraud und Karl Simmet (Reichenberg, Hs-Nr. 32). Eine wie auch immer geartete Identität zwischen beiden Häusern scheidet vor allem deswegen aus, weil das Reichenberger Jägerhäusl im Jahre 1641 errichtet wurde und das Jagdhaus zu Reichenberg erst 1648 in Schutt und Asche verfiel. Für sieben Jahre bestanden beide Gebäude unmittelbar nebeneinander. Die Frage, wie und warum es im Jahre 1641 zum Bau des Jägerhäusls kam, erfordert zunächst einen kurzen Rückgriff auf die Zeit, in der das Jagdhaus des Herzogs erbaut wurde (Abbildung 96).

Abbildung 96: Blick auf den Standort des ehemaligen Jägerhäusels in Reichenberg (rechts, heute Gertraud und Karl Simmet) und des herzoglichen Jagdhauses (links, heute Kurt Weny).

5.9.2 Die Bärnsteiner Jäger Thomas und Michael Schmidt

Es würde zu weit führen, hier den Anfängen und der frühen Geschichte der ordentlich angestellten und regelmäßig besoldeten Jäger, Förster, Wildschützen, Waldgeher, Überreiter (und wie sie sonst noch benannt worden sein mögen) im Landgericht Bärnstein nachzugehen. Nach den Amtsbesoldungslisten in den Rechnungsbüchern des Landgerichtes Bärnstein waren während des 17. und 18. Jahrhunderts in der Regel drei Jäger angestellt, ein Oberjäger, ein Mitterjäger und ein Unterjäger, wobei letzterer oftmals auch den Titel "Schloßjäger von Bärnstein" führte [117]. Von Bedeutung ist in unserem Zusammenhang vor allem, daß sich in den Jahren des Jagdhausbaues der landgerichtliche Jäger Thomas Schmidt zur besseren Beaufsichtigung des herzoglichen Baues in Reichenberg niederließ. Zu Beginn des 17. Jahrhunderts folgte ihm sein Sohn Michael nach. Beide hatten in Reichenberg natürlich in jenen Jahren ihre hohe und "geschäftige" Zeit, in denen hochherrschaftliche Jagdbesuche aus München im herzoglichen Jagdhaus weilten. So lieferte Michael Schmidt im Jahre 1611 für die Hofhaltung in Reichenberg 80 Forellen (Kap. 7.4.8), damals erhielt er auch vom Herzog persönlich den Auftrag, die Rauchfänge im Jagdhaus säubern zu lassen (Kap. 5.4.3), im Jahre 1615 beschaffte er mehrere Klafter Küchenholz (Kap. 7.5) und muß sich auch sonst sehr um das Wohlergehen der Hofgesellschaft gekümmert haben, denn auf ausdrücklichen Befehl Herzog Albrechts erhielt seine Frau ein Präsent von 5 Gulden aus der Hofstaatskasse [118], ein Betrag, der damals dem Wert einer guten Milchkuh entsprach.

Thomas und Michael Schmidt, Vater und Sohn, hatten in Reichenberg ein klösterliches Anwesen inne. Sie waren damit einerseits Grunduntertanen des Propstes von St.Oswald, andererseits als Jäger Angestellte des Landgerichtes. So sagt Michael Schmidt bei einer Zeugenbefragung im Jahre 1620 zu seiner eigenen Person aus, er sei *propsteiischer Untertan mit Grund und Boden, sonst aber Ihrer Durchlaucht Förster* [119].

Diese Spannung, von zwei verschiedenen Herren abhängig zu sein, ist wichtig. Sie führt im Jahre 1641 schließlich zum Bau des Jägerhäusls und wird dann, Generationen später, zu einem bestimmenden Faktor im Streit um dieses Jägerhäusl, der zwischen dem Kloster St.Oswald und dem Landgericht Bärnstein ausbricht.

5.9.3 Die Bärnsteiner Jäger Augustin Koch und Adam Wieser

Neben den beiden Jägern Thomas und Michael Schmidt wird uns in der frühen Geschichte des herzoglichen Jagdhauses auch der aus München stammende Jäger Augustin Koch begegnen. Er ist in unserer Geschichte der herzoglichen Jagdhäuser und Jagdbesuche deswegen erwähnenswert, weil er ursprünglich ein *Bsuechknecht* (ein Jagdgehilfe, spezialisiert auf das Aufspüren des Wildes) in herzoglichen Diensten war, als solcher bei der Bärenjagdreise Herzog Wilhelms V. im Jahre 1592 ins Bärnsteiner Land kam, in der Stadt Grafenau "hängenblieb" und dann neben dem Thomas Schmidt landgerichtlicher Jäger wurde [120]. Er bleibt auch als solcher der Herzogsfamilie in München eng verbunden. So läßt er etwa im Jahre 1613 eigens einen Boten nach München gehen, der Herzog Albrecht VI. melden sollte, es gäbe wieder genügend Bären im Bärnsteiner Gebiet [121]. Heimatgeschichtlich fast noch interessanter ist der Nachfolger des Augustin Koch. Es ist dies der Oberjäger Adam Wieser und dieser ist der Gründer oder Wiederbegründer der Ortschaft Pronfelden in der unmittelbaren Nachbarschaft von Reichenberg [122]. In den Amtsbüchern des Landgerichtes Bärnstein erscheint als sein Wohnort zunächst die Stadt Grafenau; im Jahre 1634 errichtet er sich aber - gegen den Willen des Klosters St.Oswald, das zu Unrecht auch die Grundherrschaft über die Öde von Pronfelden beanspruchte - das Pronfeldener Jägerhaus. Mit ihm nähern wir uns wieder den damaligen Gegebenheiten im Dorf Reichenberg.

5.9.4 Martin Stöckl baut 1641 das Reichenberger Jägerhäusl

So weit wir das einschlägige Quellenschrifttum gesichtet haben, taucht Martin Stöckl erstmals um die Jahre 1635/36 namentlich auf und zwar als landgerichtlicher Unterjäger und zugleich als Inwohner des Adam Wieser im Jägerhaus in Pronfelden. Möglicherweise bestand zwischen dem Oberjäger Adam Wieser und dem Unterjäger Martin Stöckl eine nahe Verwandtschaft. Zumindest fungierte Adam Wieser auch als Trauzeuge, als Martin Stöckl am 16. Februar 1637 heiratete. Weil der Jäger Michael Schmidt in Reichenberg mittlerweile verstorben war, verlegte dann Martin Stöckl seinen Wohnsitz nach Reichenberg und wird dort ebenfalls ein Grunduntertan des Klosters St.Oswald. Da in diesen Jahrzehnten aber ein erbitterter Streit zwischen dem Kloster und dem Landgericht Bärnstein um die Grenzen des Klosters im Hochwald in Gange war, geriet mit zunehmender Intensität der Auseinandersetzungen der Landgerichtsjäger in immer tieferen Zwiespalt zwischen seinem klösterlichen Grundherrn und seinem landgerichtlichen Brotgeber. Dies führte schließlich dazu, daß der Straubinger Rentmeister bei seinen Rentmeisterumritten von 1639 und 1640 den Martin Stöckl vor die harte Alternative stellte, er solle entweder sein klösterliches Anwesen in Reichenberg verkaufen oder aus dem Jägerdienst des Landgerichtes ausscheiden. Martin Stöckl löste sein Dilemma dadurch, daß er einerseits das klösterliche Gut in Reichenberg verkaufte, andererseits aber, um in Reichenberg bleiben zu können, die Erlaubnis erwirkte, sich am Rande des Gartens, der zum herzoglichen Jagdhaus gehörte, ein eigenes kleines Häusl erbauen zu dürfen. Im Kastenamt-Rechnungsbuch des Landgerichtes Bärnstein vom Jahre 1642 wird diese Geschichte folgendermaßen wiedergegeben:

> *Demnach die Kurfürstliche Durchlaucht allbereits vor einem Jahr durch Dero Rat und Rentmeister dem Wildschützen und Waldgeher im Reichenberg, Martin Stöckl, gnädigst doch ernstlich auferladen hat, sich seines daselbst eigentümlich* (als Eigentum) *innegehabten und nach St.Oswald gehörigen Gütls aus allerhand zwischen dem Gericht und dem Herrn Propst allda entsprungenen Ungelegenheiten gänzlich zu begeben* (= sich zu entledigen), *herentgegen zur Aufsicht und Verwahrung Dero daselbst stehenden Jagdhauses ihm* (=diesem) *zunächst dabei auf einem dahingehörigen Grund eine Hausstatt auf seine eigenen Kosten zu bauen, vorzeigen lassen, hat mehrgemeldeter Waldgeher dem untertänig nachgelebt...* [123],

und dieselbe Geschichte erfahren wir etwas später auch mit den eigenen Worten des Martin Stöckl, als dieser im Jahre 1644 eine Supplikation an die Regierung Straubing richtet, in der er um ein Räumrecht im Hochwald bittet:

> *Es erstrecken sich nunmehr in die drei Jahre, daß durch den kurfürstlichen gewesenen Herrn Pflegsverwalter Friedrich Engelhard Nothaft mir, Endsunterschriebenem, seit 9 Jahren bedienender Jäger und Waldgeher im Reichenberg, gnädigst aufgetragen worden war, entweder mein in der Propstei St.Oswald gehabtes Gütl zu verhandeln oder aber dieses Dienstes abzutreten. So ich dem nun mit Verkaufung ersagten Gütls, obwohl es mir so voreilend gleich nicht zu besonderem Nutzen gereicht hat* (d.h. er mußte es in der Eile zu billig verkaufen), *gehorsamlich nachgelebt habe und mich in ein kleines, auf den landgerichtlichen Gründen stehendes Häusl, welches ich auch auf meine Kosten bauen lassen mußte, begeben habe ...* .Unterschrieben ist der Brief mit:
>
> *Martin Stöckhl, Jäger und kurfürstlicher Waldgeher im Reichenberg, Kurfürstlichen Landgerichts Bärnstein* [124].

Martin Stöckl hat sich also im Jahre 1641 am Rande jener Grundfläche, die zum herzoglichen Jagdhaus gehörte, das "Jägerhäusl" erbaut. Später, aus der um 1750 verfaßten ausführlichsten Geschichte des Reichenberger Jägerhäusls, erfahren wir, daß zwischen beiden Gebäuden 20 oder 26 bis 28 Schritte lagen [125].

Ein weiterer Punkt wird ebenfalls noch aktenkundig. Da die Aufsicht über das herzogliche Jagdhaus zu den Dienstobliegenheiten des Reichenberger Jägers gehörte, ließ Martin Stöckl anläßlich seines Jägerhäusl-Baues die an anderer Stelle bereits mehrmals erwähnte Wasserrohrleitung zum Jagdhaus und die beiden am Jagdhaus stehenden Brunnen reparieren und zweigte davon zugleich eine Zuleitung zu seinem Häusl ab. Die Reparaturkosten betrugen über 20 Gulden, die ihm vom Landgericht Bärnstein erstattet wurden. Als in München die Hofkammer mit dieser Ausgabe konfrontiert wurde, wurde man sich der Existenz der Jagdhäuser im Bayerischen Wald und der ständigen Ausgaben für deren Unterhaltung seit langen Jahren wieder bewußt. Nach Rücksprache mit Kurfürst Maximilian I.

erging dann *die gnädigste Resolution, daß die Kurfürstliche Durchlaucht erwähntes Haus weiter unterhalten zu lassen nicht mehr gedächten*, und man hat dann *selbige "Wasserlaits-Cossten"* von Martin Stöckl, der nunmehr der einzige Nutznießer war, zurückbegehrt [126]. Der Reichenberger Jäger hat daraufhin eine Bittschrift an die Hofkammer gerichtet, über deren Erfolg oder Mißerfolg wir nichts mehr erfahren. Abgesehen davon müssen wir festhalten, daß man im Jahre 1641 in München nicht mehr daran dachte, das herzogliche Jagdhaus von Reichenberg weiterhin zu nutzen und unterhalten zu lassen. Man gab es dem Verfall preis und daher finden wir auch in den Bärnsteiner Amtsrechnungsbüchern in den folgenden Jahren keinerlei Jagdhaus-Reparaturen mehr verzeichnet.

Jedenfalls stehen dann in Reichenberg für wenige Jahre Jagdhaus und Jägerhäusl in enger Nachbarschaft nebeneinander. Während das herzogliche Jagdhaus im Sommer 1648 abgebrannt und nie mehr aufgebaut wurde, blieb das Jägerhäusl bestehen und ging dann auf die Nachkommen des Martin Stöckl über und damit kommen wir von der Mitte des 17. in die ersten Jahrzehnte des 18. Jahrhunderts und zugleich zum nächsten Reichenberger Stöckl-Jäger und dessen Familien- und Besitzverhältnissen.

5.9.5 Der landgerichtliche Oberjäger Jakob Stöckl

Wir können die genauen Verwandtschaftsverhältnisse innerhalb der Reichenberger Stöckl-Familie in der zweiten Hälfte des 17. Jahrhunderts nicht eindeutig klären, weil die Matrikelbücher der Pfarrei Grafenau zwischen 1640 und 1671 nicht erhalten sind. In den Grundzügen ist folgendes nachweisbar:

Der alte Martin Stöckl, der Erbauer des Jägerhäusls, war seit dem 16. 2. 1637 mit einer Katharina Lang aus Abtschlag verheiratet [127]. Am 7. Februar 1639 wird deren Sohn Michael Stöckl geboren [128]. Dieser wurde ebenso wie sein Vater landgerichtlicher Oberjäger, war aber von Reichenberg nach Langdorf gezogen [129]. Das Reichenberger Jägerhäusl war in der Zwischenzeit - wann und auf welchem Wege, wissen wir nicht - auf einen Jäger anderen Namens übergegangen und zwar auf den kurfürstlichen Schloßjäger von Bärnstein namens Michael Schreiner. Ob und inwieweit dieser mit der Stöckl-Familie verwandt war, ist nicht zu klären. Am 17. Januar 1702 heiratet jedenfalls der zweite Sohn des Oberjägers Michael Stöckl aus Langdorf. Dieser hieß Jakob Stöckl, seine Braut hieß Maria und diese war die Witwe des oben genannten Bärnsteiner Schloßjägers Michael Schreiner aus Reichenberg, der am 29. April 1701 verstorben war [130]. Der Trauungseintrag lautet :

> *Den 17. Jenner der Bräutigam ist genannt Jakob Stöckl als des ehrbaren Michael Stöckl, kurfürstlichen Oberjägers von Langdorf - noch im Leben,* (und der) *Maria, sein Eheweib selig, Schönberger Pfarrei, ehelich erzeugter Sohn;*
>
> *Die Braut: Maria, als des ehrbaren Michael Schreiner, gewesenen kurfürstlichen Schloßjägers von Reichenberg selig nachgelassene Wittib.*
>
> *Zeugen: Herr Lorenz Reisner des Rats und Simon Praumäntl, beide Bürger allhier* (in Grafenau) [131].

Die Schreiner-Witwe brachte in ihre neue Ehe einen Sohn namens Martin Schreiner mit. Zugleich erhielt der neue Ehemann Jakob Stöckl mit dieser Ehe wiederum das Reichenberger Jägerhäusl, das von seinem Großvater 1641 erbaut worden war. Nachdem dann die Maria Stöckl (die Witwe des Schloßjägers Schreiner) gestorben war, heiratete Jakob Stöckl am 16. November 1722 ein zweites Mal und zwar eine Barbara Schlederin aus *Dietramsmais* (?) *aus der Pfarr Regen,* offensichtlich eine gutbetuchte Braut [132]. Aus dem Heiratsbrief erfahren wir, daß sie 150 Rheinische Gulden in die Ehe mitbrachte. Beide Ehen des Jakob Stöckl blieben kinderlos, der einzige "Nachkomme" aus beiden Ehen war nur der in die erste Ehe eingebrachte Stiefsohn Martin Schreiner. Dieser sollte später einer der Hauptdarsteller im Streit um das Jägerhäusl werden.

Nachdem Jakob Stöckl das Jägerhäusl in Reichenberg übernommen hatte, hat er es in der Folgezeit von Grund auf renoviert. Zudem hat ihm sein Nachbar, der klösterliche Leheninhaber Johann Mandl, ein Stück angrenzender Grundfläche abgetreten und Jakob Stöckl errichtete darauf einen Stall und einen Stadel [133]. Die Ausgaben dafür werden auf 30 Gulden beziffert. Im Jahre 1711 hat er zudem ein Räumrecht im Hochwald, der Fleck genannt, an sich gebracht. Im Heiratskontrakt, der zwischen dem Jakob Stöckl und seiner zweiten Frau Barbara Schlederin ein knappes Jahr nach der Heirat abgeschlossen wurde, war Folgendes festgelegt worden:

HEIRATSBRIEF

> *Jakob Stöckl, Oberjäger und hiesiger Landgerichtsuntertan am Reichenberg, bekennt, daß er sich auf vorher erlangten Konsens der geistlichen und weltlichen Obrigkeit zu der tugendsamen Barbara, weiland Hans Schlederer, allhiesigen Landgerichts Untertans, und Barbara, dessen Eheweib, beider hinterlassener eheleiblichen Tochter christkatholischem Gebrauch nach ehelich "verliebt"* (verlobt) *und bereits wirklich verheiratet habe. Dieselbe, sein liebes Eheweib, hat ihm an barem Geld einhundertfünfzig Gulden*

Rheinisch samt einem gerichteten Bett wirklich zugebracht. Dahingegen und zu billigmäßiger Vergleichung dessen aber hat er ihr nicht allein sein besitzendes leeres Häusl, sondern auch das vermög Briefs de dato 31. August 1711 durch Vertrag an sich gebrachte Räumrecht, der "Fleck" genannt, item das unlängst unterm 5. Juli dieses Jahres von der kurfürstlichen Kastenamts- und Landgerichts-Obrigkeit am Bärnstein durch Kauf an sich gebrachte, ordentlich ausgemarchte 2-Tagwerk-Räumrecht, im Mittleren Hoch- und Forstwald entlegen, darangeheiratet, mit welchem sie dann auch ganz wohl content (zufrieden) *sein und verbleiben wolle.*

Der künftig unausbleiblichen Todfälle halber ist soviel paktiert und abgeredet worden, daß, wann er, der Oberjäger, ohne ehelich erworbenen Leibeserben mit Tod abgehen sollte, ihr sodann obiges Häusl nebst den 2 Räumrechten, ohne daß sie dessen Befreundeten (Verwandten) *einen Kreuzer hinausbezahlen darf, völlig beisammen bleiben sollte. Würde sich aber ereignen, daß die Stöcklin vor ihrem Ehemann ohne gleichfalls vorhandenen Leibeserben das Zeitliche segnen sollte, so wäre selbiger deren Befreundeten ebenfalls nicht das Mindeste hinauszugeben schuldig.*

Wegen der noch übrigen unerläuterten Punkte solle es den kurbayerischen löblichen Landrechten und des kurfürstlichen Landgerichts Bärnstein üblichem Gebrauch nach observiert werden. Actum den 3. August 1723 [134].

Im Frühjahr 1739 stirbt im Reichenberger Jägerhäusl der Oberjäger Jakob Stöckl. Nun soll er - so wird es später vom Propst des Klosters St.Oswald dargestellt - auf seinem Sterbebett noch eine Schenkung an den Heiligen Oswald und damit an das Kloster St.Oswald gemacht haben:

in Gegenwart seines Beichtvaters, Pater Julius Haiden, Kaplan in der Grafenau, habe er festgelegt, *daß der Bauschilling, also die 30 Gulden* (mit denen er das Häusl renoviert und Stadel und Stall erbaut hatte) *als Legat dem heiligen Oswald zufallen sollten: sein Nachfolger im Jägerhäusl, wer immer dies sei, müsse diese 30 Gulden nach St.Oswald bezahlen* [135].

Wie wir sehen werden, war die Rechtslage des Reichenberger Jägerhäusls schon zum Zeitpunkt seiner Erbauung problematisch, durch die Erweiterungsbauten und durch die hier erwähnte, letztlich unbeweisbare letztwillige Verfügung wurde sie in einem Maße kompliziert, daß nur bei bestem Willen der streitenden Parteien eine halbwegs tragbare Einigung möglich gewesen wäre. Dieser Wille war auf keiner Seite vorhanden.

5.9.6 Kloster St.Oswald contra Landgericht Bärnstein: die Rechtspositionen

Unmittelbar nach dem Tode des Jakob Stöckl beginnt der Streit zwischen dem Kloster St.Oswald und dem Landgericht Bärnstein um dieses Jägerhäusl und er wird über Jahrzehnte in einer Hartnäckigkeit geführt, die in keinem Verhältnis zum Wert dieses Jägerhäusls stand. Streitpunkt ist, wer die Grundherrschaft über dieses Jägerhäusl innehat und wer folglich berechtigt ist, beim Tode jedes Jägerhäusl-Besitzers das Haus zunächst zu versiegeln (Obsignation), alle Güter und Mobilien innerhalb des Hauses aufzunehmen und zu schätzen (Inventur) und davon dann in der entsprechenden Höhe die Todfall-Abgabe (Abstand) zu kassieren. Der Betrag, der hier zugunsten des Landgerichtes oder des Klosters zu erwarten war, ist lächerlich gering, letztlich kaum mehr als eine einstellige Guldenzahl. Dennoch wurde darüber in einer unvorstellbaren Vehemenz gestritten, einerseits, weil es um grundsätzliche Fragen der Grundherrschaft ging, andererseits, weil in den Jahren und Jahrzehnten um die Mitte des 18. Jahrhunderts ohnehin unüberbrückbare Gegensätze, ja meistens sogar tiefste Feindschaft zwischen Kloster und Landgericht Bärnstein herrschten - gestritten wurde, um nur einiges zu nennen, um die Holzflößerei-Berechtigung der Stadt Grafenau auf den Fischwassern des Klosters, um die Mühle in Forstwald, um die Waldnutzungsrechte der Klosterdörfer Schönanger und Grünbach in den Hüttenwaldungen der Glashütte Schönau, um die Standortverlegung der Glashütte Riedlhütte nach Guglöd und dabei wurden die meisten Streitigkeiten oft auch sehr handgreiflich ausgetragen. Wie wir sehen werden, wird auch vor der Türe des Jägerhäusls in Reichenberg handfest gerauft. Der Intensität des Streites entspricht auch seine Dauer - er beginnt im Jahre 1739, das letzte Dokument datiert aus dem Jahre 1793 - und damit korrespondiert auch die Fülle der Akten. Vergleicht man die noch vorhandenen Schriftstücke über Erbauung und Geschichte des großen herzoglichen Jagdhauses mit dem Prozeßschrifttum über das bescheidene Jägerhäusl, so ist letzteres fünfzigmal so umfangreich [136].

Die klösterliche Rechtsposition

Um die Rechtslage zu klären, müssen wir zunächst wiederum zurückblicken auf die Erbauung des herzoglichen Jagdhauses von Reichenberg im Jahre 1590. Dieses Jagdhaus wurde errichtet innerhalb der geschlossenen Klosterhofmark St.Oswald. "Geschlossen" bezeichnet eine Grundfläche innerhalb festgelegter Grenzen, über die ein Grundherr ohne jegliche Ausnahme und Einschränkung die Grundherrschaft innehat. Die Grenzen der Grundherrschaft des Klosters waren seit seiner Gründung im Jahre 1396 und in strittigen Teilstücken spätestens seit einem im Jahre 1669 geschlossenen Vergleich mit dem Landgericht Bärnstein bzw. dem Kurfürstentum Bayern eindeutig festgelegt. Die Grenze des Klostergebietes bildete im Westen die Große Ohe, im Osten das Sagwasser, die Südgrenze entspricht der heutigen Grenze der Gemeinde St.Oswald-Riedlhütte, die Nordgrenze setzt bei den Inseln in der Großen Ohe an und verläuft auf einer geraden Linie über die Handhab zur kleinen Ohe, dann etwa von Forstwald über den Katzberg zum Sagwasser [137]. Das Dorf Reichenberg mit allen zugehörigen Fluren und Waldungen war damit - ebenso wie die übrigen fünf Klosterdörfer (Höhenbrunn, Draxlschlag, Haslach, Schönanger, Grünbach) - uneingeschränkt Bestandteil der klösterlichen Grundherrschaft. Es bedurfte daher des Einverständnisses und der Zustimmung des St.Oswalder Propstes Benedikt Knoll (1581 - 1604), als Herzog Wilhelm V. im Jahre 1590 das herzogliche Jagdhaus in Reichenberg erbauen ließ. Bedauerlicherweise haben sich aus der Zeit dieses Propstes keinerlei Akten erhalten, aber abgesehen davon ist es ohnehin fraglich, ob hier zwischen Kloster und Herzog überhaupt Dokumente ausgestellt wurden. Die späteren Pröpste sind hinsichtlich der Rechtslage des herzoglichen Jagdhauses grundsätzlich von einer einstmals getroffenen Abmachung ausgegangen, wonach das Kloster dem Herzog nur den *fundus* (Baugrund) *zu einem Jägerhaus zu untertänigsten Ehren* zur Verfügung gestellt habe, und zwar *nicht auf ewig, sondern nur, solange es die Zeit und die Umstände zuließen, die Reichenbergerischen Waldreviere zu genießen.* Nachdem im Jahre 1648 das Jagdhaus zerstört und in der Folgezeit nicht mehr aufgebaut worden war, sei der *ipso facto* (tatsächlich) *verlassene Grund frei und eigen der Propstei heimgefallen* [138].

An dieser einsichtigen Position ändert auch die Tatsache nichts, daß einstmals im Jahre 1591 dem Reichenberger Bauern Georg Six der stolze Preis von 28 Gulden für die Abtretung eines Grundes bezahlt worden waren. Denn zum einen ist die Nachricht darüber so unpräzise, daß wir nicht mehr entscheiden können, ob es hier tatsächlich um die Grundfläche ging, auf der das herzogliche Jagdhaus erbaut worden war, oder nur um den Grund, auf dem die Quelle für die Wasserleitung zum Jagdhaus eingefangen wurde [139]. zum anderen konnte man von herzoglicher Seite diesem Reichenberger Klosteruntertan wiederum nur das Nutzungsrecht und eben nicht die Grundherrschaft über diesen Grund abkaufen. Letztere blieb beim Kloster St. Oswald und das herzogliche Nutzungsrecht erlosch, als das Jagdhaus abgebrannt und in der Folgezeit nicht wieder aufgebaut wurde.

Natürlich war es ein Versäumnis des Klosters, im Jahre 1641 nicht handfesten Protest gegen den Bau des Jägerhäusls eingelegt zu haben, um damals schon eine Klärung der Rechtslage herbeizuführen, oder dies nachzuholen, als absehbar war, daß das herzogliche Jagdhaus nie mehr von Neuem entstehen würde. Aber dies ist eher nebensächlich. Denn das beste Argument des Klosters bestand darin, daß gut 20 Jahre nach der Zerstörung des herzoglichen Jagdhauses und nach jahrzehntelangem Streit zwischen Kloster und Landgericht Bärnstein um die Klostergrenzen der Münchener Vergleich vom 24. Juli 1669 abgeschlossen und ratifiziert wurde. Die Vertragsurkunde trägt die Unterschrift und das Siegel des damaligen Kurfürsten Ferdinand Maria. Aus dem Vertragstext geht eindeutig hervor, daß innerhalb der oben angegebenen Grenzen dem Kloster St.Oswald ohne Ausnahme und Einschränkung Grundherrschaft und Jurisdiktion, damit auch das Obsignations- und Inventurrecht über jedes Anwesen oder Haus innerhalb dieser Grenzen, zustehen [140]. Da man in München schon im Jahre 1641 beschlossen hatte, das Jagdhaus von Reichenberg nicht mehr instandzuhalten und nach 1648 auch niemand mehr an einen Wiederaufbau dachte, ist von einer landgerichtlichen Enklave oder einem unter fremder Jurisdiktion stehenden Objekt innerhalb des Klosterterritoriums nirgends die Rede und dementsprechend findet sich auch im Vertragstext über das Reichenberger Jägerhäusl kein einziges Wort.

Die Rechtsposition des Landgerichtes

Man konnte der klösterlichen Argumentation zunächst sehr wenig entgegensetzen, zumal man innerhalb der Landgerichtsregistratur noch weniger über den Bau des Jagdhauses und des späteren Jägerhäusls fand als im Kloster St.Oswald. So bleibt dem zunächst mit dem Jägerhäusl-Streit befaßten Pflegkommissär Pankraz Albert Kajetan von Unfried (1712 - 1746) auch unbekannt, daß im Jahre 1641 vom landgerichtlichen Jäger Martin Stöckl das Jägerhäusl nur deswegen im Garten des Jagdhauses erbaut worden ist, damit er sich aus der Grundherrschaft des Klosters St.Oswald herauslöst. Auf Bärnsteiner Seite versteift man sich hingegen anfangs darauf, daß das Jägerhäusl erst auf den Trümmern und auf der Brandstätte des 1648 zerstörten herzoglichen Jagdhauses errichtet worden sei; daher bestehe eine Art ununterbrochener Rechtsnachfolge zwischen beiden Gebäuden. Aber dies kann man nicht lange aufrecht erhalten, weil man in Reichenberg und insbesondere auch im Jägerhäusl noch genau wußte, daß die Brandstätte des Jagdhauses nicht unter, sondern im Garten des Jägerhäusls lag. Hinzu kam dann die Aussage des Jägerhäusl-Nachbarn Johann Mandl, daß er dem Oberjäger Jakob Stöckl einstmals ein Stück Grund abgetreten habe, worauf dieser Stall und Stadel des Jägerhäusls errichtete. In seiner im Verlauf des Streites an den Kurfürsten gerichteten Supplikation schreibt er, daß *besagter Grund und Boden zu meinem, der Propstei St.Oswald mit allen Rechten unterworfenen Lehen und Gut gehört* [141] und dies konnte von Seiten des Landgerichtes nicht widerlegt werden, sondern man mußte zumindest die fatale rechtliche Zwitterstellung des Jägerhäusl-Anwesens zugeben. Die Rechtsposition des Landgerichtes wurde ferner durch die letztwillige Verfügung des Oberjägers Jakob Stöckl geschwächt (s.o.). Wenngleich man hierüber von Seiten des Klosters St.Oswald keinerlei Dokument vorlegen konnte und der einzige Gewährsmann, der Beichtvater Placidus Haiden, bereits verstorben war, so stand dies doch mit dem gewichtigen Ansehen einer Totenbett-Schenkung im Raum.

Das einzige stichhaltige und in der Tat gewichtige Argument des Landgerichtes bestand darin, daß im Jahre 1701, als im Jägerhäusl der damalige Oberjäger Michael Schreiner gestorben war, die Obsignation und die Inventur von Seiten des Landgerichtes Bärnstein vorgenommen worden waren. Aktenmäßig ist dies nicht nachzuweisen. Jedenfalls wird bei den Todfall-Abgaben im Bärnsteiner Kastenamt-Rechnungsbuch von 1701 [142] das Reichenberger Jägerhäusl mit keinem Wort erwähnt und die Inventurbücher (Briefprotokolle) des Landgerichts Bärnstein, die die Inventarisierung der Mobilien enthalten, weisen zwischen 1681 und 1722 eine schmerzliche Lücke [143] auf. Dennoch scheint die damals vorgenommene Inventur den Tatsachen entsprochen zu haben, denn von Seiten des Klosters St.Oswald wird dieses Argument zwar anerkannt, aber dahingehend relativiert, daß der damalige St.Oswalder Propst Oswald Holzhauser (1688 - 1703) dagegen Protest eingelegt, die Sache dann aber, weil er todkrank war, nicht weiterverfolgt hätte. Schriftstücke darüber können von keiner der beiden Parteien beigebracht werden. Zudem waren Stadel und Stall des Jägerhäusl-Anwesens offensichtlich erst lange Jahre nach 1701 hinzugebaut worden.

Nach unserem Rechtsempfinden war zweifellos das Kloster im besseren und fundierteren Recht. Warum Streit und Prozeß schließlich im klösterlichen Desaster enden werden, lag zum einen am Fehlen einer unabhängigen Judikative im absolutistischen Staat der Frühen Neuzeit - das Urteil fällt die Regierung Straubing und damit die vorgesetzte Behörde des Landgerichtes. Zum anderen machte es eine höchst fragwürdige und rechtswidrige Aktion eines St.Oswalder Propstes während des Streites der Regierung in Straubing leicht, im Endurteil das Kloster St.Oswald in allem ins Unrecht zu setzen.

5.9.7 Der Beginn des Streites im Jahre 1739

Unmittelbar nach dem Tod des Jakob Stöckl im Frühjahr 1739 kommt es zum ersten Akt des Obsignations- und Inventur-Streites um das Jägerhäusl. Die beiden Kontrahenten sind der St.Oswalder Propst Vitus Camuzzi (1733 - 1740) und der Bärnsteiner Pflegkommissär Pankraz Albert Kajetan von Unfried (1712 - 1746). Als der Tod des ausgedienten Oberjägers bekannt geworden war, trat sofort das Landgericht auf den Plan und nahm im Jägerhäusl zunächst die Obsignation und dann die Inventur vor. Deswegen wendet sich am 3. April 1739 der St.Oswalder Propst mit folgendem Protestschreiben an den Pflegskommissär:

> *Gleich diesen Augenblick ist mir, und zwar nicht ohne geringen Unwillen, hinterbracht worden, daß mein hochgeehrtester Herr Nachbar schon mehrmals auf meiner mir anvertrauten Jurisdiktion unweit Reichenberg in einem Tagwerker-Häusl, worinnen ich und meine Antecessores den bereits dienstlosen Oberjäger Jakob Stöckl lange Jahre aus gutem Willen geduldet haben, auf dessen Absterben die Obsignation und damit einen handgreiflichen Jurisdiktionseingriff vorgenommen haben solle.*

Im Anschluß daran bittet er einerseits um die Vorlage der *authentica documenta*, auf die sich das Landgericht bei diesem Vorgehen stütze, legt ferner dar, daß *Grund und Häusl eine undisputierliche Pertinenz zu dem Mändlischen Gut in Reichenberg* haben (was freilich nur zu einem Teil stimmt) und daß die Mandl'schen Eheleute *die Steuern, Anlagen und andere „Praestanda"* (Abgaben) *von diesem Grund unnachläßlich reichen* müssen. *Dessentwegen* wolle er *dann wider diesen Jurisdiktionseingriff* in bester juristischer Form aufs feierlichste *<in optima juris forma solemnissime> protestiert haben.*

Mit Schreiben vom 13. April 1739 antwortet der Pflegskommissär mit der Behauptung,

> *daß vor alters auf diesem Grund, wo das Jägerhäusl und der Stadl stehen, ein herzogliches Jagdhaus mit 15 bis 20 Zimmern sich befunden, worinnen die Herzöge von Straubing* (!), *wenn selbe auf die Bärenhatz hereingereist, jederzeit pernoctiert haben. Nachdem aber dieses Haus in den Schwedischen „Kriegstroubeln" völlig in Aschen gelegt* (worden ist), *ist auf herrschaftliche Unkosten* (!) *auf solche „Pranndtstatt" wiederum ein anderes Häusl errichtet worden, in welchem her und her die Ober- und andere Gerichtsjäger bis auf* (den) *jetzt abgeleibten ihre Wohnung genossen hätten. Folglich sei hierinnen bei sich ereigneten Todfällen die Obsignationes und Inventuren jederzeit ex parte des Gerichtes nemine reclamante* (wobei niemand Einspruch erhob) *vorgenommen worden* [144].

Eindeutig falsch ist dabei, daß das Jägerhäusl "auf herrschaftliche Unkosten" und daß es "über der Brandstätte" des Jagdhauses erbaut worden sei. Richtig ist, daß eine frühere Inventur von Seiten des Landgerichtes vorgenommen worden sei (wofür er allerdings nur das Bärnsteiner Inventur-Libell von 1701 anführen kann), weniger richtig scheint zu sein, daß dies *nemine reclamante* erfolgte.

Der Propst von St.Oswald ließ es zunächst dabei bewenden, vor allem auch deswegen, weil im Jägerhäusl weiterhin die alte Witwe Barbara Stöckl als Erbin des verstorbenen Oberjägers wohnte. Diese war auf Grund des 1723 geschlossenen Heiratskontraktes am 27. August 1739 von Seiten des Landgerichtes als neue Besitzerin des Jägerhäusls offiziell eingesetzt worden. Es war abzusehen, daß erst bei ihrem Tod der Jurisdiktionsstreit voll ausbrechen würde.

5.9.8 Kauf des Jägerhäusls durch den Bärnsteiner Schloßjäger

Ob es nun auf Zureden des Bärnsteiner Pflegkommissärs geschah (so die spätere klösterliche Version) oder weil es ohnehin Wunsch und Wille der Beteiligten war, erwarb mit Kaufbrief vom 27. September 1739 der Bärnsteiner Schloßjäger Martin Schreiner von der Oberjägerin das Reichenberger Jägerhäusl. Wie wir oben gesehen haben, war dessen leiblicher Vater der Bärnsteiner Schloßjäger Michael Schreiner gewesen; seine leibliche Mutter hatte 1702 in zweiter Ehe den Oberjäger Jakob Stöckl geheiratet. Da letzterer in seiner zweiten Ehe im Jahre 1722 die Barbara, geb. Schlederin, geheiratet hatte, war diese nun die Stiefmutter des Martin Schreiner. Man einigt sich auf eine Kaufsumme von 40 Gulden, die Oberjägerin *dürfe bis zu ihrem Lebensende* im Haus *wohnen bleiben und ebenso den zugehörigen Garten nutzen.*

Der Kaufbrief vom 7. September 1739 [145] lautet folgendermaßen:

Kaufbrief zu 40 fl

Barbara Stöcklin, verwittibte Oberjägerin am Reichenberg, auf Beistandleistung (des) Herrn Bernharden Gstöttners, verpflichteten Gerichtsprokurators allhier, bekennt, daß sie nunmehr um ihres besseren anerhofften Nutzens und (ihrer) Wohlfahrt willen ihr derzeit ruhig innegehabtes und unterm 27. August dieses Jahres mittels Gerichts-Einsetz-Briefes an sich gebrachte Häusl samt dem dabei vorhandenen Garten, worauf vor Jahren das kurfürstliche Herzogs- oder Jagdhaus gestanden, hernach aber solches nach und nach zusammengefaulet ist, dem ehrbaren, ihrem stets lieben Stiefsohn Martin Schreiner, verpflichteten kurfürstlichen Unter- und zugleich Schloß-Jäger am Bärnstein, und Katharina, dessen Eheweib, auch all deren Erben, respice aber vor allem seinem schon erwachsenen Sohn Albrechten Schreiner, noch ledig, doch genügsam vogtbaren Standes, dann seinem zukünftigen Eheweib, ihren Erben und Nachkommen um und zu 40 fl gemeinsam paktierter Kaufsumma, die innerhalb 14 Tagen bezahlt werden muß, ordentlich verkauft und zu kaufen gegeben hat, jedoch solchergestalten, daß er dagegen schuldig und verbunden sein sollte, ermeldeter Verkäuferin beim Häusl nicht allein den Unterschlupf oder die Herberge, sondern auch den ganzen Garten ad dies vitae (auf Lebenszeit) zur Nutznießung gemeinsam zu lassen.

Damit endet der erste Akt des Streites mit einem eindeutigen Sieg des Landgerichtes, nicht nur, weil künftig der landgerichtliche Schloßjäger Besitzer des Jägerhäusls sein würde, sondern weil der Kaufbrief vom Landgericht Bärnstein ausgestellt worden war. Von Seiten des Klosters St.Oswald konnte man lediglich bekunden, daß man diesen Kaufbrief nicht anerkenne.

5.9.9 Der Tod der Oberjägerin und der gewalttätige Übergriff des Propstes

Im März 1743 stirbt im Reichenberger Jägerhäusl die verwitwete Oberjägerin Barbara Stöckl. Da sich seit dem Kauf von 1739 der Bärnsteiner Schloßjäger Martin Schreiner, der Stiefsohn der Stöcklin, als rechtmäßigen Besitzer sieht, nimmt er sofort die Hausschlüssel an sich. Andererseits beorderte der neue Propst von St.Oswald, Bonifaz Sänftl (1740 - 1746), seinen Klosterrichter Jakob Joseph Holzner und seinen Klosterschergen Nickl nach Reichenberg, damit sie dort das Jägerhäusl versiegeln. Zugleich schickt er einen Boten nach Bärnstein, der vom Schloßjäger Martin Schreiner den Hausschlüssel abfordern soll. Ob Martin Schreiner den Schlüssel tatsächlich dem Boten übergeben hat, erfahren wir nicht. Jedenfalls hat dadurch in Bärnstein auch der Pflegkommissär Pankraz Kajetan von Unfried (1712 - 1746) von der St. Oswalder Aktion beim Jägerhäusl gehört und sofort reagiert. Er schickt - so die spätere Darstellung von klösterlicher Seite - *seinen Schreiber, einen Amtmann und einige* schnell zusammen gerufene *Bauern, "und zwar bewaffnete"*, nach Reichenberg. Diese haben *den Propstei-Richter von der Türe* des Jägerhäusls *hinweggerissen, sind in das Haus eingedrungen, haben das propsteiische Siegel spöttlich auf den Boden geworfen und sind nach Anheftung des landgerichtlichen Siegels wiederum abgezogen.*

Entscheidend für den Fortgang wie für den Ausgang des Streites ist nun die folgende Aktion des St.Oswalder Propstes. Im bereits mehrfach zitierten ausführlichsten Bericht über die damaligen Vorgänge, in der *Species facti* von 1748, heißt es:

Die Propstei hat sich durch diese Gewalttätigkeiten nicht schrecken lassen, sondern hat das Hausmobiliar des Jägerhäusls securitatis gratia (aus Sicherheitsgründen) *in zwei Reichenberger Häuser überbracht, das Jägerhäusl aufs Neue obsigniert, die Inventur vorgenommen und am 23. April* (1743) *den hierzu zitierten Erben die Hinterlassenschaft teils ausgeteilt, teils zur Begleichung der Unkosten verkauft, wie das hierüber aufgerichtete Inventarium zeigt, womit auch benannte Erben in allen Dingen zufrieden waren* [146].

Mehrere Punkte bedürfen hier der näheren Ausführung:

1. Die *Entfernung, Verwahrung, Verteilung* und *Verkaufung* des meisten Hausrats und Mobiliars aus dem Jägerhäusl war eine unangemessene und letztlich auch sehr unglückliche Aktion des Propstes Bonifaz. Von Seiten des Landgerichtes, der Regierung Straubing und des Hofrates in München wird dies in der Folgezeit immer als *attentatum* (=Gewalttat), *usurpatio* (Usurpation = gewaltsame Aneignung) und *spolium* (= Raub) empfunden. Als es schließlich zu Prozeß und Urteilsspruch im Jägerhäusl-Streit kommt, steht nicht die Entscheidung über die oben dargestellte komplizierte Rechtslage um das Jägerhäusl im Vordergrund, sondern die Bestrafung dieser klösterlichen Gewalttat.
2. Als man in späteren Jahren nachforscht, welchen Erben der Stöckl-Witwe hier Teile der Mobilien *ausgeteilt* worden sein sollten, findet sich niemand, weder aus der ohnehin spärlichen Verwandtschaft der Oberjägerin, noch aus den zahlreicheren Familienangehörigen der Stöckl-Familie. Sie alle geben zu Protokoll, niemals etwas aus der Stöckl'schen Hinterlassenschaft erhalten zu haben. Allem Anschein nach wurde vom Propst alles verkauft. So stellt es Pankraz von Unfried bereits in einem Brief vom 2. Mai 1743 dar:

   Alleinig aber hat ernannter Pater Propst nicht allein die gerichtlich vorgenommene Obsignation wiederum ab- und hinweggerissen, sondern auch alle vorhanden gewesene tote und lebendige Haus- und Baumannsfahrnis samt allen Mobilien und anderem in seine propsteiische Jurisdiktion überbringen, auch alle und jede inventierte Fahrnis und Mobilien hin und wieder verkaufen lassen [147].

   Der rechtmäßige Eigentümer dieser Mobilien, der Schloßjäger Martin Schreiner, wurde später zwar beim neuen Propst von St.Oswald, Gregor Pusch (1746 - 1768), vorstellig, um sich über das damalige Vorgehen des Vorgängers bitter zu beschweren und das ihm zustehende Hab und Gut zurückzufordern, wurde aber sehr spitzfindig abgewiesen:

   Anno 1746 hat sich Martin Schreiner, Unterjäger in Bärnstein, bei mir eingefunden und sich beschwert, daß ihm als einem rechten Erben oder vielmehr Käufer der hinterlassenen Stöckl'schen Mobilien durch Pater Bonifacium großes Unrecht geschehen sei. Darauf habe ich erwidert, daß, wenn er sich als einen rechten Erben oder Käufer legitimieren werde, ihm alle Gerechtigkeit widerfahren solle. Da er sich aber auf den einzigen von dem Landgericht widerrechtlich ausgefertigten Kaufbrief "beworfen" hat, habe ich ihn in Frieden abgewiesen, mit dem Bedauern, daß er sich lite pendente (bei anhängiger Streitsache) *in eine so gefährliche Sache hat verleiten lassen* [148].
3. Im Kloster St.Oswald fühlte man sich nun für mehrere Jahre als der eindeutige Gewinner im Jägerhäusl-Streit. Wie wir sehen werden, war dies freilich nur ein vorläufiger und um einen viel zu hohen Preis erkaufter Sieg. Er war damals ohnehin nur möglich vor dem Hintergrund der Ereignisse der großen Geschichte und ihrer verheerenden Auswirkungen auf die Landstriche des Inneren Bayerischen Waldes. Im Jahre 1741 war der Österreichische Erbfolgekrieg ausgebrochen - der bayerische Kurfürst Karl Albrecht erhob nach dem Aussterben der Habsburger im Mannesstamm Erbansprüche auf die österreichischen Lande - , seit 1742 war auch das Landgericht Bärnstein Kriegsgebiet, zunächst von feindlichen österreichischen, dann von verbündeten französischen Truppen besetzt, denen im Sommer desselben Jahres die grausamen Panduren unter dem berüchtigten Baron von Trenck folgten. In Bärnstein wurden alle Gebäude, Meierhof, Zehentstadel, Wirtshaus und Botenhaus, niedergebrannt und schließlich versank auch die Burg für immer in Schutt und Asche, "nicht als Folge wechselseitiger Gefechtshandlungen, sondern als planmäßig beabsichtigte Zerstörung und durch Sprengung der Gebäude" [149]. Die Stadt Grafenau und die meisten umliegenden Dörfer wurden geplündert und zerstört, Besatzungen und Truppendurchzüge währten bis zum Jahre 1746. Während dieser und der folgenden Jahre eines notdürftigen Wiederaufbaues - in Bärnstein entstand nur mehr ein schlichtes Landrichterhaus - war für den Pflegrichter von Bärnstein und noch mehr für dessen vorgesetzte Behörden der Streit um das Jägerhäusl von Reichenberg nur eine belanglose Lappalie.
4. Glücklicherweise haben wir sehr genaue Angaben darüber, worin im Jahre 1743 beim Tod der Oberjägerin *alle vorhanden gewesene tote und lebendige Haus- und Baumannsfahrnis samt allen Mobilien und anderem* bestanden. Einerseits haben wir eine kursorischen Auflistung des Martin Schreiner aus dem Jahre 1748. Als Stiefsohn der Stöcklin und Käufer des Jägerhäusls wußte er natürlich im Wesentlichen, was im Jägerhäusl an Hausrat und Mobiliar war. Zum anderen ist uns auf Umwegen auch das genaue Inventar erhalten geblieben, daß im Jahre 1743 der St.Oswalder Kloster-Amtmann Nickl bei der Inventur und anläßlich der Sicherungsverwahrung der Stöckl'schen Mobilien anfertigte. Es waren alles in allem keine großen Reichtümer und bezeichnenderweise gibt der St.Oswalder Propst im Verlauf des Streites selber einmal zu, daß dieser Streit, ginge es nur um den Preis der Hinterlassenschaft und nicht um grundsätzliche Fragen der Grundherrschaft, an sich gar nicht den Aufwand gelohnt hätte:

   So klein auch ein Streit, so große Verdrießlichkeiten kann er mit der Zeit verursachen, wenn er nicht gleich anfänglich "gehebt" (behoben) *oder die Sache zu höchsten Orten mit gehöriger der Sachen Information nicht eingeschickt, sondern nur zwischen den Herrn Beamten und Gerichtsobrigkeiten durch einen Privat-Briefwechsel abgehandelt und endlich von einer Zeit zu der anderen verschoben wird. Zu dieser Zahl gehört auch das strittige Jägerhäusl zu Reichenberg, von welchem kaum etwas zu "melken" ist und dennoch bis zu dieser Stunde die größten Uneinigkeiten zwischen dem löblichen Landgericht Bärnstein und der Propstei St.Oswald verursacht* [150].

Dabei gibt der mittlerweile vom Schloß- zum Mitter-Jäger aufgestiegene Martin Schreiner im Jahre 1648 in seinem Verzeichnis der Stöckl-Hinterlassenschaft mit 136 Gulden 9 Kreuzer den dreifachen Wert dessen an, was die klösterlichen Schätzleute, der Draxlschlager Bäcker Jakob Greipl und der Höhenbrunner Bauer Johann Schreiner, bei der 1743 vorgenommenen Inventur mit 46 Gulden 16 Kreuzern errechnet haben. Dies darf nicht verwundern. Denn ihm war von Seiten des Klosters in der Tat harte Brüskierung und massives Unrecht widerfahren. Immerhin sollte er viele Jahre später für seine Verluste in angemessener Höhe entschädigt werden. Aber unabhängig von der Frage nach den geschätzten Preisen der einzelnen Objekte bieten uns beide Auflistungen einen hervorragenden Einblick in das Wohnen und Wirtschaften in einem kleinbäuerlichen Anwesen innerhalb des Dorfes Reichenberg in der ersten Hälfte des 18. Jahrhunderts.

Exkurs: Die Hinterlassenschaft im Jägerhäusl im Jahre 1743

Die Specification des Bärnsteiner Mitterjägers

Zur Vorbereitung des Prozesses über die umstrittene Rechtslage des Reichenberger Jägerhäusls vor der Regierung Straubing listet Martin Schreiner im Jahre 1648 auf, was sich seiner Erinnerung nach fünf Jahre vorher im Stöckl-Anwesen an lebender und toter Habe befunden hat und was auf Anweisung des Propstes Bonifaz Sänftl gewaltsam in zwei Reichenberger Häuser verzogen und anschließend verkauft worden war. Er gibt zu jedem Posten einen Schätzpreis an, und weil es um sein verlorenes Hab und Gut geht, ist er dabei über die Maßen großzügig [151].

Specification

Was durch den gewesenen Propst, Pater Bonifacio Säfftl, in Anno 1743 mit Anhandnehmung des Propsteirichters, des Schergen und einiger Untertanen gewalttätig aus dem kurfürstlichen Jägerhaus am Reichenberg entzogen worden ist. Verfaßt den 14. Oktober 1748.

Erstlich eine Kuh, indem selbiger Zeit das Vieh in hohem Wert gestanden:	*30 fl*
ein Imken-Stock ("Imbben Stockh"):	*7 fl*
8 Lander Korn, jeder Lander a 1 fl 15 Kr, tut	*10 fl*
6 Lander Habern a 20 Kr:	*2 fl*
4 ganze neue Getreidesäcke ("Traidtsöckh") a 48 Kr:	*3 fl 12 Kr*
Einen kupfernen Sedel-Kessel (?) ("Sedl Kößl"):	*7 fl*
2 Fuder ("Futter") Heu:	*10 fl*
1 Bett ("Pött") samt der "Pöttstatt"	*8 fl*
feines härbernes Stück "Leinwath":	*7 fl*
1 verspörthe Truchen sambt 2 Cässten, darinnen der Verstorbenen Halskleider und anderes:	*32 fl*
11 neue Imken-Fässer ("Imbben Vässer"), jedes zu 27 Kr:	*4 fl 57 Kr*
Unterschiedliche Haus- und Baumanns-Fahrnis:	*15 fl*
Summa	*136 fl 9 Kr*

Martin Schreiner,
Mitterjäger am Pernstein

Das Inventar des Kloster-Amtmanns Nickl

Wesentlich ausführlicher ist freilich jenes Inventar, das der Kloster-Amtmann Nickl unmittelbar nach dem Tod der Oberjägerin Barbara Stöckl im Auftrag des St.Oswalder Propstes aufgenommen hat. Als klösterliche Schätzleute waren dabei anwesend der Draxlschlager Bäcker Jakob Greipl und der Höhenbrunner Bauer Johann Schreiner. Dieses Inventar verblieb zunächst im Kloster und wurde im weiteren Verlauf des Streites, nicht zuletzt, um die überhöhten Ansprüche des Martin Schreiner zu relativieren, in Abschrift an die Regierung Straubing geschickt [152].

Eingeteilt ist dieses Inventar nach den verschiedenen Räumlichkeiten des Hauses. Damit erhalten wir einen vorzüglichen Einblick in die Einrichtung von Stube, Kammer, Vorhaus (Flez), oberem Boden, Stadel und Stall und damit in die äußeren Gegebenheiten des Wohnens und Wirtschaftens auf einem ärmlichen Gut in einem kleinen Bauerndorf zweieinhalb Jahrhunderte vor unserer Zeit.

In der Stube befand sich:

1 Kruzifix

2 gemalte kupferne Stiche

1 Tisch, worin ein altes Tischtuch und ein hölzerner Löffel war

1 eiserner und ein kupferner Ofenkessel

1 blecherne Ofenröhre

1 alte Ehebettstatt

1 Laterne

1 Schüsselkorb, worin 4 irdene Schüsseln sind

1 Blecheimer

2 Haarhechel

1 irdener Durchschlag

1 Bartwisch

Wert zusammen: 8 Gulden

Nach den Forschungen Claudia Lischkes [153], die aus den Bärnsteiner Inventurbüchern 130 Inventare aus der Mitte des 18. Jahrhunderts ausgewertet hat, ist diese Stubeneinrichtung typisch für das Grafenauer Land. Jede Inventur beginnt mit der Stube und in nahezu allen Inventaren steht das Kruzifix zum Zeichen seiner Wertschätzung an erster Stelle: *"Man wird also gleich zu Anfang mit offensichtlich zentralen Werten der ehemaligen Hausbewohner konfrontiert: Stube, Kruzifix und Tisch sind Zeichen für religiöse Hausandacht und familiäres Leben."* Im Herrgottswinkel hingen schon zwei farbige Kupferstiche, wohl Heiligenbilder (keine Hinterglasbilder mehr).

Die Stuben der Bauernhäuser folgten alle der gleichen Einteilung. In der äußeren Ecke befand sich der Tisch mit der fest an der Mauer angebrachten umlaufenden Wandbank, in der inneren Ecke, diagonal gegenüber, die Feuerstätte. Das Fehlen von Stühlen ist typisch für diese Zeit. Auch eine Fürbank (ohne Lehne) wird nicht erwähnt. Die Bettstatt in der Stube war sehr verbreitet, wohl deswegen, weil die Stube der einzige geheizte Raum im Haus war.

In der Kammer:

1 Schnellwaage (Balkenwaage)

1 Krautfaß

1 paar Schaffl (runde Holzbehälter)

1 mittlerer Seiger (Seiher)

1 eiserne Klammer

1 Denglzeug oder Dengl g'schirr

1 Paar Feistlinge oder Handschuhe

1 Bettstatt, darinnen ein alter Polster

Wert zusammen: 1 Gulden 30 Kreuzer

Die Stubenkammer wird in den Inventaren immer nach der Stube aufgeführt. Es ist das Zimmer, das von der Stube aus zugänglich war. Weil sie nicht beheizt wurde, eignete sie sich gut zur Vorratshaltung.

Im Vorhaus:

1 Schüsselkorb, darinnen:

9 hölzerne Teller

1 irdene Teigschüssel

1 kleinere Schüssel

1 leerer Kasten

1 leere Truhe

Wert zusammen: 100 Kreuzer

Auf dem oberen Boden:

2 Imkenstöcke

2 Betttuchert

1 kupfernes Kastl

Wert zusammen: 11 Gulden 56 Kreuzer

Im Stadel

20 Bündel Stroh

2 Heugabeln

1 hölzerner Rifflstock

2 Rechen

Wert zusammen: 1 Gulden 22 Kreuzer

Im Stall:

1 lebende Kuh: 13 Gulden — Kreuzer

1 Hahn: — Gulden 10 Kreuzer

1 Henne

Dem Unterzeichner hat man ferner die auf das Häusl des Michael und Paulus Melch zu Reichenberg überbrachten Kästen und Truhen vorgezeigt. Darinnen, und zwar im alten Kasten, der vormals in der Kammer gestanden, hat man 29 Kreuzer Bargeld gefunden. Diese wurden sogleich armen Befreundeten (Verwandten) *zur Zehrung gegeben.*

Michael und Paulus Melch aus Reichenberg sind die Inhaber jener Anwesen, in denen auf Anweisung des Propstes sofort nach dem Tode der Oberjägerin die wertvollere Hinterlassenschaft aus Sicherheitsgründen verwahrt wurde (s.o.). Daß bei den Verwandten keinerlei Namen genannt werden, ist verdächtig. Keinesfalls kann hiermit der Jäger Martin Schreiner bezeichnet sein. Die hier angesprochenen Kästen und Truhen sind offensichtlich identisch mit der *versperrten Truhe samt zwei Kästen, darinnen der Verstorbenen Halskleider und anders* verwahrt waren, die Martin Schreiner in seiner späteren Auflistung geltend macht (s.o.).

Im Kasten fand man:

1 Paar Strümpfe

1 Halstuch

2 Stren Zwirn

2 Trauerschleifen

3 Weiberhauben

1 Schnupftüchl

2 Kopfkissen, davon 1 mit Spitzen

9 Ellen rupfene Leinwand

6 Pfund Garn

1 altes rotes Mieder

2 Bettbezüge, davon 1 schon geflickt

4 Ellen Leinwand

1 Paar Hosen

2 blaue, aber ziemlich abgenutzte leinerne Bettvorhänge

1 Polsterüberzug

Wert zusammen: 5 Gulden 60 Kreuzer

In der Truhe fand man:

3 Bund (?) *Habern: 45 Kreuzer*

1 Bund (?) *Korn und Gerste durcheinander: 40 Kreuzer*

In einem kleinen Kästl, welches noch beim Michl Melch zu Reichnberg steht:

2 Weiberhemden

1 alter gelber Weiberrock

1 altes Weiberwams

1 Weiberhauben

2 Vortücher (Schürzen)

22 Bund Roßhaar

½ Stren weißer Zwirn

Wert zusammen: 3 Gulden

ohne nähere Raumangabe werden noch aufgelistet:

1 alter Lehnstuhl

1 leere Speisetruhe

1 Sieb oder Reither (zum Sieben des gedroschenen Getreides*)*

2 Webspulen

1 Haarhechler (Gerät mit scharfen Drahtspitzen zum Kämmen des Flachses)

2 Brotkörbe aus Stroh

1 ganzes und 1 halbes Bandmaß

1 Paket Multerer (Malterer? Leere Mehlsäcke?*)*

1 altes Spulrad (zum Aufspulen des gesponnenen Flachses) *samt dem Hechl*

2 Spinnräder

1 Strohkörbl

6 leere Bienenkörbe (Bienenstöcke)

1 Wurfschaufel

2 Ster (m2) *Reisig /*

Wert zusammen: 2 Gulden 10 Kreuzer

In der Unteren Flezkammer

1 Waldsaag (lange Baumsäge)	*1 abgenutzter Schleifstein*		
1 abgenutztes Fleischbeil	*1 alte Blechhaue*		
		Wert zusammen:	*50 Kreuzer*
1 Kasten, welcher aber der Schönanger Müllerstochter gehörig		*Wert:*	*4 Gulden 25 Kreuzer*
Summe des Inventars und des beschriebenen Vermögens:			*46 Gulden 16 Kreuzer*

Der letzte Eintrag lautet:

Dem Boten zum Jäger nach Bärnstein sind 10 Kreuzer bezahlt worden. Pro memoria (zur Erinnerung).

Dies bezieht sich auf jenen Boten, der zum Martin Schreiner nach Bärnstein geschickt worden war, um von ihm im Auftrag des Propstes den Schlüssel zum Jägerhäusl abzufordern.

5.9.10 Der Kauf des Jägerhäusls durch den Glashüttenmeister Christian Hilz im Jahre 1754

Der Streit um das Jägerhäusl war trotz vielfacher Anmahnungen von Seiten des Pfleggerichtes Bärnstein seit dem Jahre 1643 bei der Regierung Straubing auf Grund der Zeitumstände bisher nie ernsthaft behandelt worden. Der Mitterjäger Martin Schreiner konnte sich in den Jahren nach 1643 zwar in dessen Besitz setzen, trauerte aber nach wie vor der verlorenen Hinterlassenschaft seiner Stiefmutter nach und war verständlicher Weise auf das Kloster St.Oswald und alle Propsteiischen nicht gut zu sprechen. Deswegen überließ er das Häusl zeitweilig einem in seinem Verhalten recht rüden "Tagwerker". Seinen Namen erfahren wir nicht, wir hören nur so viel, daß ihm die Reichenberger nicht gestatten wollten, seine Kühe in die gemeinsame Dorfherde einzubringen, und ihm auch andere *Dorfgerechtigkeiten* untersagten, worauf sich im Gegenzug das Landgericht Bärnstein weigerte, den Reichenbergern Holz aus den landgerichtlichen Waldungen zu überlassen, so daß *die armen Tropfen nicht mehr wissen, wohin sie sich wenden sollten* [154].

Der Streit bricht dann in erneuter Vehemenz erst wieder im Jahre 1754 aus. In diesem Jahr verkauft der Mitter-Jäger Martin Schreiner das Jägerhäusl. Wahrscheinlich hätte allein schon der Verkauf wieder zum Streit geführt, denn die Frage, wer den Kaufbrief ausstellen und die Zustands- und Abfahrtsgebühren erheben darf, war immer noch ungeklärt und bei der Regierung in Straubing anhängig. Aber möglicherweise hätte sich die Sache mit einigem guten Willen bereinigen lassen, wenn der Käufer ein Klosteruntertan gewesen wäre. Aber Martin Schreiner verkaufte nun - ob aus böser Absicht oder weil er keinen anderen Käufer fand - das Reichenberger Häusl an den Glashüttenmeister der Riedlhütte, seit Jahren ein erbitterter Feind des Klosters und zugleich potent genug, klösterlicher Gewaltanwendung Paroli zu bieten. Am 28. Januar 1754 wird der Verkauf offiziell vollzogen und ins Inventur- und Schätzbuch des Landgerichtes Bärnstein eingetragen. Die Kaufsumme betrug 97 Gulden, die *Ab- und Anstandsgebühr* von 10% - dies ergab 9 Gulden 42 Kreuzer - kassierte das Landgericht Bärnstein [155]. Propst Gregor Pusch konnte dazu natürlich nicht schweigen. Schon am Vormittag des nächsten Tages richtet er folgendes Schreiben an den Bärnsteiner Landrichter Joachim Joseph Franz Xaver von Hueb (1746 - 1780) [156]:

Besonders hochgeehrter Herr Nachbar !

Ich habe ganz unverhofft, obwohl mit nicht gar zu großer Verwunderung, weil die Gewalttätigkeiten wie das tägliche Brot auf dem Tisch liegen, vernommen, daß man das bis diese Stunde dem heiligen Oswald zugehörige .... Jägerhäusl zu Reichenberg dem Hüttenmeister auf der Riedlhütte, der ohnedas wie die diebische(?) *Elster mit ungerecht "betasten"* (besetzten) *Oswaldischen Gütern geziert ist, via facti verkauft und ihm gestern eingeantwortet hat. Also habe ich bis höchster Orten die untertänigste Demonstration geschickt, wider dieses schändliche und lite pendente widerrechtlich vorgenommene Verfahren hiermit solemnissime protestieren wollen, doch anbei auf Gott verhoffend und täglich in dem heiligen Meßopfer bittend, daß er durch die Fürbitte des heiligen Oswald diesen beständig anhaltenden, obwohl vor Gott verfluchten Ungerechtigkeiten doch einmal ein Ende werde und wolle machen.*

Vormittags, den 29. Januar Anno 1754
An das kurfüstliche Landgericht Pernstein
Von der Hofmark und Propstei St. Oswald

Im kurzen Antwortschreiben des Landrichters vom selben Tag heißt es, daß dieser *hiermit die gallsüchtige und unfügsame Protestation remittiere* und daß er es *nicht wert finde, einen "Saturnischen"* (giftigen) *Text* dieser Art *weiter zu widerlegen noch zu beantworten.*

5.9.11 Prozeß und Urteil der Regierung Straubing

Bevor die Sache weiter zu eskalieren drohte, sah auch die Regierung in Straubing ein, daß der Fall endlich auf dem Prozeßwege entschieden werden sollte. Eine unabhängige Judikative gab es im absolutistischen Staat nicht, Prozeßverfahren und Urteil waren Sache der Regierung. Bevor es zur Eröffnung eines Verfahrens zwischen dem Landgericht Bärnstein und der Klosterhofmark St.Oswald überhaupt kommen konnte, mußte das Landgericht zunächst von der Hofkammer in München den *Consens ad Litigandum*, die Zustimmung zum Prozeß, einholen. Das Gutachten darüber erstellte der Straubinger Rentmeister Franz Xaver Freiherr von Lerchenfeld (1753 - 1776) und dieser vertritt in seinen Ausführungen an die Hofkammer natürlich ganz die Position des Landgerichtes [157]. Seine vorbehaltlose Parteilichkeit zeigt sich vor allem darin, daß er überhaupt nicht auf die komplizierte ursächliche Frage eingeht, wem mit mehr Recht die Grundherrschaft, damit auch Obsignations- und Inventurrecht über das Reichenberger Jägerhäusl, zugestanden hat und zusteht, sondern daß er ins Zentrum seiner Darlegungen ganz das in der Tat fragwürdige Vorgehen des Propstes Bonifaz Sänftl im Jahre 1743 stellt, als dieser nach dem Tod der Oberjägerin Mobiliar, Hausrat und Kleider der Verstorbenen aus dem Jägerhäusl entfernen und dann verkaufen ließ.

Als daher am 24. März 1756 die Hofkammer in München den *Consens ad litem* für das Landgericht Bärnstein erteilt, wird im diesbezüglichen Schreiben an die Regierung Straubing ausdrücklich betont, *daß vor allem das Spolium* (= der Raub), *welches die Propstei St.Oswald auf eine höchst strafbare Art 1743 in dem ermeldeten Jägerhäusl zu Reichenberg begangen* (hat), *reintegriert* (wieder gut gemacht) *werden solle und müsse* [158].

Das Urteil der Regierung Straubing vom 16. Juli 1756, das den streitenden Parteien einen Monat später, am 20. August 1756, schließlich eröffnet wurde, konnte daher nur folgendermaßen ausfallen [159]:

> *1. Der beklagten Propstei St.Oswald wird die Ersetzung derjenigen Schäden, die durch die gewalttätige Vorenthaltung den rechtmäßigen Erben bisher beschehen ist, auferladen.* Ein bestimmter Betrag wird im Urteil nicht genannt, dieser war im einzelnen noch auszuhandeln.
>
> *2. Die beklagte Propstei St.Oswald wird wegen diesem gewalttätigen und strafbaren Attentato zu 12 Reichstaler Strafe ad Cassam Sportularum und in die sämtlichen Streitkosten condemniert.* Hierzu schickte man von Straubing einen Kanzleiboten nach St.Oswald, der dort so lange „in Verwarth" stehen mußte, bis ihm die 12 Reichstaler Strafe samt seinem Laufgeld und der Exekutionsgebühr bezahlt worden sind.
>
> *3. Der beklagten Propstei St.Oswald wird aufgetragen, daß sie nicht nur einen Revers "De non amplius turbando"* (eine Bestätigung, weiterhin in dieser Sache nicht mehr zu streiten) *dem Landgericht Bärnstein ausstellen, sondern auch bei 50 Dukaten Pönfall* (Strafandrohung) *das Landgericht Bärnstein künftig* (in dieser Sache) *nicht mehr perturbieren* (in Unruhe versetzen) *sollte.*

Am Ende wird der Propstei immerhin noch zugestanden, daß sie in dieser Sache eine Petition an den Hofrat in München richten könne. Der Propst von St.Oswald hat dies als letzte Möglichkeit wahrgenommen. Der Hofrat entscheidet darüber erst am 24. Juli 1761 [160]:

> (Wir) *wollen es hierauf bei der unterm 20. August 1756 eröffneten Regierungserkenntnis durchgehend belassen und die appellierende Propstei in die sämtlichen Appellationskosten condemniert haben.*

Für den Propst von St.Oswald war die Sache damit beendet. Die letzte Nachricht, die uns von seiner Seite in dieser leidigen Sache vorliegt, ist der folgende Eintrag ins Kloster-Rechnungsbuch von 1761/62 [161]:

> *Ausgab:*
>
> *Wegen dem Jägerhäusl zu Reichenberg, weil unmöglich durchzudringen war und wegen Auspfändung der Mobilien des Jägers in Bärnstein, so P. Bonifacius p.m. unternommen* (hat), (und weil) *die Gerichts- und andere Unkosten auf 300 Gulden aufgelaufen* (sind), *hat man auf Ratification Ihrer Hochwürden und Gnaden, Herrn Abt Ignatii, dem Landgericht Bärnstein und* (dem) *Jäger allda summatim gegeben: 55 Gulden.*

Ob Propst Gregor Pusch darüber hinaus eine offizielle Erklärung, wonach die Propstei das Landgericht nie mehr in der Sache des Jägerhäusls belästigen würde (den *Revers "De non amplius turbando"*), ausgestellt hat, erfahren wir nicht. Eigenartigerweise geht aktenmäßig der Streit viele Jahre später erneut los, weil in den Jahren um 1790 ein übereifriger Regierungsbeamter in Straubing bei der Sichtung der Jägerhäusl-Streitakten fälschlich vermeinte, das Kloster St.Oswald sei zwar verurteilt worden, habe aber eine Entschädigung an die Stöckl-Erben nie bezahlt. Weil Kajetan Schreiner, der Sohn des mittlerweile verstorbenen Martin Schreiner, angibt, eine klösterliche Entschädigungszahlung sei nie geleistet worden, steht plötzlich eine neue Geldforderung an das Kloster im Raum, die sich zusammensetzt aus den 136 Gulden 9 Kreuzern, die im Jahre 1748 Martin Schreiner als Wert der Stöckl'schen Hinterlassenschaft errechnet hatte, und einem Jahreszins von 6 Gulden vom Zeitpunkt der Beschlagnahme der Hinterlassenschaft an. Als die Sache im Jahre 1792 schließlich geklärt wurde, wäre allein der Zins auf 294 Gulden auferlaufen. Glücklicherweise kann dann der Abt des St.Oswalder Mutterklosters Niederaltaich die Bezahlung der 55 Gulden an den Bärnsteiner Jäger anhand des St. Oswalder Rechnungsbuches nachweisen. Weil man in dieser letzten Phase des Streites aber immerhin feststellt, daß ein *Revers "De non amplius turbando"* bei den landgerichtlichen Akten fehlt, stellt diesen schließlich mit Schreiben vom 20 Juli 1793 der Niederaltaicher Abt Ignaz II Krenauer (1775 - 1799) aus [162]).

5.9.12 Die weitere Geschichte des Jägerhäusls

In eben diesem Jahre 1761, als mit der vergeblichen Appellation an den Hofrat in München der letzte klösterliche Versuch gescheitert war, die Grundherrschaft über das Jägerhäusl zu erlangen, hat es der Hüttenmeister Christian Hilz weiterverkauft an den Glasmacher Wenzeslaus Stadler und offensichtlich verblieb es dann für viele Jahrzehnte im Besitz der Familie Stadler. Wenzeslaus Stadler ist noch im Jahre 1791 als Besitzer nachweisbar [163]. Hier ist noch darauf hinzuweisen, daß auch das Anwesen gegenüber am Standort des ehemaligen Jagdhauses, heute Kurt Weny, zwischen 1805 und 1839 im Besitz der Theres Stadler und *ihrem großjährigem Sohn* Benedikt Stadler war. Im Jahre 1839 [164] wird als Besitzer des ehemaligen Jägerhäusels, *¼ - Wenzel oder Wenselhofes*, Hs-Nr. 4 (Flurnummer Haus: 1483) der Bauer Michael Riedl genannt. Der Hofname *Wenzelhof* geht wohl auf den früheren Besitzer Wenzeslaus Stadler zurück. Nach einem erwähnten *Übergabsbrief* hat er den Hof am 25. April 1827 von seinem Vater Johann Riedl übernommen. Im April wurde auch das Laudemium von 25 fl, die fällige Gebühr der Besitzübergabe, bezahlt. Zum Hof gehörten ein *Gemeinderecht zu einem ganzen Nutzanteil an dem noch unverteilten Gemeindebesitzungen sowie am Backofen und Brechhaus.* 1915 haben dieses landwirtschaftliche Anwesen Josef und Maria Schedl besessen. Es folgte eine Familie Schwankl und um 1950 Kreszenz und Benno Hackl. Die heutigen Besitzer des ehemaligen Jägerhäusels sind Gertraud und Karl Simmet. Gertraud Simmet ist eine Tochter von Benno Hackl. Das Jägerhäusl befand sich links vom heutigen Lebensmittelgeschäft.

6. Das herzogliche Jagdhaus zu Lalling

"Die Pfarrei Lälling im bayerischen Walde, im Dekanate Hofkirchen und königlichen Landgerichte Hengersberg gelegen, ist großenteils von ziemlich hohen Bergen, dem Rusler Forste, dem Sonnenwalde, dem Bodenmaisl und den sog. Deggendorfer Bergen eingeschlossen und hat nur gegen Süden, der Donau zu, über die Hügel und kleineren Berge eine wenn auch nur beschränkte Aussicht. Durch die Umgebung von den benannten Bergen bildet diese Pfarrei, besonders zunächst um Lälling, einen Winkel, gewöhnlich der Lällinger Winkel genannt. Geschützt durch die Berge vor den kalten Nordwinden hat sie ein sehr gemäßigtes Klima, daher sie auch ziemlich fruchtbar und vorzüglich an Obst reich ist. Dieser kesselförmige Winkel gewährt den Naturfreunden, die von Deggendorf oder Hengersberg über Auerbach nach Schönberg oder Grafenau reisen und die tiefe Bergschlucht der Schleifmühle nächst Auerbach zurückgelegt und die Bergebene bei Mapferding erreicht haben, einen herrlichen, erquicklichen Anblick. Man meint, in ein Panorama zu schauen, wenn man auf einmal dieses fruchtbare Eiland und in dessen Mitte auf einem kegelförmigen Hügel die schöne Kirche erblickt."

Diese Sätze stehen am Beginn der "Beschreibung der Ortschaft und Pfarrei Lälling im bayerischen Walde", die der fleißige niederbayerische 'Heimatgeschichtsforscher' Joseph KLÄMPFL (1800-1873) im Jahre 1855 verfaßt hat [165]. KLÄMPFLs kleines Werk bietet die bisher einzige im Druck erschienene "Geschichte Lallings" vom 12. bis zum 19. Jahrhundert, es beruht auf passabler Quellenkenntnis und vor allem auf bestem Wissen um Land und Leute des Lallinger Winkels. Der Verfasser wurde im nahen Weiking bei Grattersdorf geboren, im benachbarten Auerbach liegt er begraben und in den Jahren von 1832 bis 1834 war er selbst Kooperator in Lalling. Sein Blick gilt in erster Linie den Anfängen und ersten Erwähnungen Lallings im Zuge der Niederaltaicher Rodungs- und Siedlungsleistung im Bayerischen Wald, der Errichtung von Kirche und Pfarrhof, der Reihenfolge der Seelsorger und der Beschreibung der übrigen Orte der Pfarrei nach ihrer damaligen Größe und ihrer Geschichte. Aber so kenntnisreich und für seine Zeit fundiert Joseph KLÄMPFLs Lallinger Geschichte auch sein mag, so lückenhaft und dürftig ist sie, wenn wir in seiner Darstellung nach einer Nachricht über das von den bayerischen Herzögen erbaute und genutzte Jagdhaus suchen. Klämpfl scheint nicht das Geringste davon gewußt zu haben und dementsprechend mißdeutet er auch die letzte sichtbare Spur, die seiner Zeit von diesem Jagdhaus noch geblieben war. So schreibt er: *„... man spricht noch jetzt von einer Herzogsmauer, wovon zu Anfang des jetzigen Jahrhunderts in der Nähe des Wirtshauses noch ein Überbleibsel sichtbar war."* Diese "Herzogsmauer" ist ihm ein Hinweis dafür, daß der im 12. Jahrhundert vom Kloster Niederaltaich gegründete Lallinger Amerhof (Amtshof) im Laufe des 14. Jahrhunderts *ein Kammergut der bayerischen Herzoge geworden zu sein scheint.* Diese Schlußfolgerung ist falsch. Wie wir sehen werden, war diese "Herzogsmauer" beim Lallinger Wirtshaus der letzte sichtbare Rest des einstigen herzoglichen Jagdhauses und hatte von diesem den "Herzogs"-Namen. Diese Vermutung hat übrigens schon der von 1829 bis 1832 in Lalling wirkende Kooperator Peter Engleder geäußert. In seiner auf den 9. Juni 1830 datierten, nur in Handschrift im Diözesanarchiv Passau vorliegenden "Historisch-statistisch-topographischen Beschreibung der Pfarrei Lalling"[166] heißt es:

Abbildung 97: Lalling („Lächling") in der Landtafel Philipp Apians von 1563.

An historischen Nachrichten ist unser einsamer Winkel ziemlich arm, so daß mit folgendem schon alles erschöpft sein möchte: Noch vor einigen Dezennien befand sich in Lalling eine ruinöse Mauer, die Herzogsmauer genannt, und in ihrer Nähe eine Ruine, welche das Badhaus hieß. Beides ist zwar gegenwärtig demoliert, die alten Mauern aber sind noch alle in frischem lebendigem Andenken, so wie die reichhaltige Quelle noch vorhanden ist, welche das einstige Badhaus bewässerte. Dann befanden sich in der Nähe der Kirche, auf einer schwachen Anhöhe, zwey Keller, die auch den Namen "Herzogskeller" führten. Aus dem bisher Angegebenen nun möchte man vielleicht nicht mit Unrecht auf die Vermuthung schließen dürfen, daß sich in dieser einstigen Wildnis ein herzogliches Jagdschloß befunden habe.

Sehr viel mehr ließ sich bisher in der historischen und heimatkundlichen Literatur über das herzogliche Lallinger Jagdhaus kaum finden. Daß es dieses Jagdhaus tatsächlich gegeben hat, konnte als sicher gelten, weil es mitunter auch in den wenigen bisher publizierten und behandelten Quellen über das Reichenberger Jagdhaus erwähnt wird, aber der Leser kann allein daraus schon erschließen, daß - anders als in Reichenberg - für den herzoglichen Bau zu Lalling die Quellenlage äußerst dürftig ist.

Dennoch - die langwierige Suche des Verfassers im einschlägigen Archivmaterial hat sich in vielerlei Hinsicht gelohnt. Auch wenn kaum spezielle “Lallinger Jagdhaus-Akten” (mit Baukosten-Voranschlägen, Kostenrechnungen u. dgl.) aufzufinden waren, so hat eine systematische Durchsicht der erhaltenen Amtsrechnungsbücher des Landgerichtes Hengersberg und vor allem der Münchner Hofkammer-Protokolle und der eine oder andere Zufallsfund in den Hofkammerakten immerhin so viele Nachrichten zu Tage gefördert, daß wir auch für das herzogliche Jagdhaus zu Lalling die Phasen der Planung und der Erbauung, die Baukosten und Baumaterialien, die notwendigen Leistungen der Untertanen und ihre verständlichen Proteste, spätere Reparaturmaßnahmen, den genauen Standort dieses Gebäudes und die weitere Geschichte jenes Grundstückes, auf dem es einst errichtet worden war, relativ präzise beschreiben können.

6.1 Planung, Finanzierung und Chronologie des Jagdhausbaues

6.1.1 Herzoglicher Jagdbesuch im Herbst 1592: Idee und Plan

Daß Herzog Wilhelm V. (1579 - 1597) spätestens im Jahre 1587 anläßlich seiner Bärenjagd im Sonnenwald die weiten Waldungen des Lallinger Winkels kennengelernt hatte, ist an anderer Stelle bereits festgehalten (Kap. 5.1) , und ebenso die Tatsache, daß er damals den Plan zum Bau eines Jagdhauses “hinten” im Landgericht Bärnstein faßte. Im Laufe des Jahres 1590 war dort dann das große Jagdhaus in Reichenberg erbaut und notdürftig fertiggestellt worden. Im Oktober des Jahres 1592 war der Herzog erstmals nach Reichenberg zur Bärenjagd gekommen (Kap. 7.3). Von dort begab er sich Ende Oktober zusammen mit der höfischen Jagdgesellschaft ins Lallinger Gebiet, um dort die Jagd auf Bären fortzusetzen. Spätestens damals reifte bei ihm der Plan, auch in Lalling ein Jagdhaus zu errichten. Vielleicht ist diese Idee bei Herzog Wilhelm V. auch aus seiner Enttäuschung über den noch unvollständigen Bau in Reichenberg entstanden. Zudem dürfte er gesehen haben, daß sich ein Jagdausflug der Hofgesellschaft von München in das ostbayerische Waldgebirge bei allem notwendigen Aufwand an Transportmitteln, Reisedauer und Reisebeschwernissen nur bei einem längeren Aufenthalt lohnte. Das Unterkommen in Reichenberg war bei der Vielzahl der herzoglichen Jäger, Höflinge und Bediensteten sehr beengt und wohl auch so unbequem, daß man es dort kaum länger als zwei Wochen aushalten konnte. Da von Reichenberg aus der Sonnenwald und der Leopoldswald nicht zu bejagen waren, bot sich die Errichtung eines weiteren Jagd-Stützpunktes im Vorwald ohnehin an, den man vor oder nach dem Aufenthalt in Reichenberg belegen konnte. Hier im Sonnenwald am Brotjacklriegel hatten die herzoglichen Brüder Wilhelm V. und Ferdinand bereits 1587 gejagt und dabei (einen oder mehrere) Bären gefangen. Daß die Wahl dann letztlich auf Lalling fiel, mochte an seiner schönen Lage unmittelbar am weiten Leopoldswald gelegen haben, vielleicht auch daran, daß es dort - anders als in Reichenberg - ein großes Wirtshaus gab.

Über den Aufenthalt Herzog Wilhelms V. im Lallinger Winkel im Herbst 1592 liegen nur wenige verstreute Notizen vor, aber diese lassen bereits die ganze Bandbreite dessen erahnen, was eine herzogliche Bärenjagd in jenen Zeiten allenthalben bedeutete:

1. In einem 1598 erstellten Verzeichnis der abgeleisteten Scharwerkfuhren der Untertanen des Landgerichtes Hengersberg heißt es, daß diese *im 1592. Jahr über die Fuhren zum Perngejaid, Lehenrösser und Botenlöhne* mit einem Betrag von 238 Gulden belastet worden waren[167]).
2. Daß bei diesen Bärenjagden darüber hinaus einzelne Untertanen an Leib und Leben und Hab und Gut schwer geschädigt werden konnten, wird noch vielfach erwähnt werden (Kap. 8.9 u. 10.1). Aus dem Hofkammer-Protokoll vom 24. November 1592 erfahren wir, daß damals *dreien Hengersberger Untertanen durch die Pern an ihrem Roß - und Kuh-Vieh großer Schaden beschehen sei.* Diese hätten *an Ihre Durchlaucht in Ihrem Derorten-Sein schon untertänig suppliziert und Ihre Durchlaucht werde nach dem Gutachten des Pflegers wohl nicht umhin können, ihnen Ergötzlichkeit zu tun.* Der Pfleger wird daraufhin angewiesen, dem betroffenen *Hans Ganstaler 10, dem Thomas Schiller 6 oder 7 und dem Siegmund Aber 4 oder 5 Gulden zuzustellen*[168].
3. Der ansässige Adel und noch mehr die Städte und Märkte im Umkreis jener Gebiete, die der Herzog mit seinen Besuchen beehrte, fühlten sich verpflichtet, ihre tiefe Ehrerbietung vor allem dadurch zu bezeigen, daß man dem Herzog und der Hofgesellschaft in reichem Maße Verpflegung und Proviant zukommen ließ und daß man sie bei einem Besuch in den Wirtshäusern der Stadt freihielt. Daß in dieser Hinsicht vor allem die Stadt Vilshofen von den herzoglichen Jagdausflügen in den Bayerischen Wald betroffen war, geht vielfach aus den erhaltenen städtischen Rechnungsbüchern hervor. Für das Jahr 1592 wird in Ausführlichkeit vermerkt, daß die Stadt damals dem Herzog *Wein und Hafer nach Lalling verehren wollte* und zum Transport sogar eigens Zwilch-Säcke anfertigen ließ, die mit dem Stadtwappen versehen wurden. Offensichtlich aber hat vor der Absendung dieser Verehrungen der Hofkammerpräsident von Lalling aus die Stadtväter unterrichtet, daß der Herzog seine Rückreise nach München ohnehin über Vilshofen nehmen wollte. Der Herzog ist mit seinem gesamten Gefolge daraufhin offiziell in der Stadt empfangen und auf Kosten der Stadt für 186 Gulden freigehalten worden[169] (Kap. 7.3).

Wo der Herzog und seine Gefolgschaft im Oktober 1592 im Lallinger Winkel ihre Wohnung nahmen, erfahren wir nicht. Wahrscheinlich beanspruchte man das große Wirtshaus zu Lalling und ein Teil der Jagdgesellschaft dürfte sich auch bei den einzelnen Untertanen in Lalling und in den umliegenden Dörfern einquartiert haben, vielleicht konnte man auch das im Jahre 1587 einmal erwähnte Jagdhaus der Schwarzenberger zu Schöfweg noch nutzen (Kap.4.2). Aber quellenmäßig gesichert ist lediglich, daß sich der Herzog für einen oder mehrere Tage auch im Kloster Niederaltaich aufhielt. Spätestens bei dieser Gelegenheit sprach der Herzog offen über seinen Plan, ein herzogliches Jagdhaus in Lalling zu errichten. Der damalige Niederaltaicher Abt dürfte dies mit großem Unmut zur Kenntnis genommen haben.

6.1.2. Der Bau des Jagdhauses auf Kosten des Klosters Niederaltaich

Die rechtliche Lage in Lalling war ähnlich wie in Reichenberg. Auch die Ortschaft Lalling war nicht unmittelbarer landesherrlicher Besitz. Die Grundherrschaft über das Dorf und seine Umgebung besaß das Kloster Niederaltaich. Damit wiederholt sich hier zunächst derselbe Vorgang wie im St.Oswalder Klosterdorf Reichenberg: der Herzog will sich auf fremdem Grund und Boden für sein privates Vergnügen ein Haus errichten. Aber in Lalling ging der fürstliche Anspruch noch wesentlich weiter. Waren für den Bau in Reichenberg die Ausgaben von rund 2500 Gulden vom Hofzahlamt in München beglichen worden, so sollte nun für den Bau des herzoglichen Jagdhauses in Lalling die Abtei Niederaltaich die Kosten übernehmen.

Im Donaukloster war im Januar 1592 der seit 1585 regierende Abt Augustinus I. Strobl (1585 - 1592) verstorben; zum Nachfolger wurde der aus Plattling gebürtige, seit 1576 in Rinchnach als Propst wirkende Quirinus Grasenauer gewählt. Ihm gegenüber hatte im Oktober 1592 Wilhelm V. sein Ansinnen geäußert, in Lalling ein Jagdhaus errichten zu lassen; zugleich bat er den Abt, ihn dabei finanziell zu unterstützen. Abt Quirin sah sich offensichtlich außerstande, sich diesem Wunsch des Landesherren zu verwehren und sagte ihm einen Betrag von 1000 Gulden zu. Aber bereits wenige Wochen später, am Weihnachtsfest 1592, segnete Abt Quirin unvorhergesehen das Zeitliche und zum neuen Abt wurde der tüchtige Bernhard III. Hilz (1593 - 1619) gewählt. Auch er fühlte sich dem Herzog verpflichtet, denn dieser hatte ihn einige Jahre vorher zum Administrator des Klosters Ebersberg ernannt[170]. Jedenfals betrachtete die Münchner Hofkammer die Zusage des verstorbenen Abtes als bindend und Abt Bernhard III. mußte sich dem fügen. Aber der Anspruch des Münchner Hofes ging nun sogar noch ein Stück weiter: denn im Frühjahr 1593 erwartete man vom Kloster Niederaltaich nicht mehr nur den zugesagten 1000-Gulden-Zuschuß, sondern der Abt sollte für den über alle Maßen verschuldeten Herzog das Gebäude in Lalling vollständig erbauen. Konkret erfahren wir dies aus einem an den Niederaltaicher Abt gerichteten Brief vom 19. März 1593, dessen Konzept im Hofkammer-Protokoll erhalten ist. Dabei sei zum Verständnis dieses Briefes eines vorweggenommen: im offiziellen Schrifttum der Hofkammer wird der in Lalling zu errichtende Bau zunächst konsequent als "Taverne zu Lalling" bezeichnet, um wenigstens terminologisch die fürstliche Unverschämtheit zu verschleiern; erst nach und nach verwendet man dann den (für das Gebäude in Reichenberg von Anfang an üblichen) Begriff "Jägerhaus" bzw. "Jagdhaus". Im Hofkammer-Protokoll vom 19. März[171] heißt es in modernem Deutsch:

> *Ferner ist dem Abt* <von Niederaltaich> *geschrieben worden:*
>
> *Ihre Durchlaucht* (Herzog Wilhelm V.) *mache sich gar keinen Zweifel, er* (der neue Abt Bernhard III.) *werde erfahren haben und ihm werde berichtet worden sein, daß sein Antecessor* (sein Vorgänger Abt Quirin) *zur Erbauung der Taverne zu Lalling 1000 Gulden gutwillig bewilligt hat, damit Ihre Durchlaucht samt den Ihrigen künftig, wann sie wieder dahin kommen, ein gutes Unterkommen haben möchten. Da er* (der Abt) *aber näher an Lalling sitze und zu solchem Bau daher bessere Gelegenheit habe, so halte man dafür, er* (der Abt) *werde diese Taverne viel füglicher und ungezweifelt mit geringeren Unkosten erbauen können. Daher ersuche und begehre man hiermit gnädigst, er wolle diese Taverne, damit Ihre Durchlaucht, wie vermeldet, unterkommen könne, für 5 oder 6 Zimmer erbauen und zurichten lassen und* (er solle) *Ihrer Durchlaucht deshalb um Nachrichtung willen seine Erklärung ehestens zukommen lassen. Tue man sich versehen und erkenne solches um das Gotteshaus, ihm und seinem Konvent wieder mit Gnaden.*

Immerhin ist es Abt Bernhard schnell gelungen, die volle Verantwortung für diesen Bau auf andere, insbesondere auf den zuständigen Pfleger von Hengersberg, abzuschieben. Aus der 1000-Gulden-Zusage seines Vorgängers konnte er sich freilich nicht mehr lösen.

6.1.3. Bauplanung, Kostenvoranschläge, Baubeginn

Schon anläßlich der Lallinger Bärenjagd im Oktober 1592 hatte Wilhelm V. den Pfleger des Landgerichtes Hengersberg, Eberhard Ainkürn von Biedenbach (1586 - 1596), beauftragt, nähere Erkundigungen über die Möglichkeiten und

Mittel zum Lallinger Jagdhausbau einzuziehen. Vorweggenommen sei dabei, daß auch diesem das fürstliche Vorhaben zutiefst zuwider war, nicht zuletzt deswegen, weil er damals schon ein schwerkranker Mann war und in der Folgezeit meistens gar nicht in Hengersberg, sondern fern seines Amtsgebäudes in Wolnzach zur besseren Pflege darniederlag. In seinem ersten "Jagdhaus-Bericht" nach München, der am 24. November 1592 in der Hofkammer behandelt wurde, versucht er vor allem darauf hinzuweisen, daß die Untertanen seines Landgerichtes - trotz des 1000-Gulden-Zuschusses aus Niederaltaich - mit dem Bau zu Lalling am meisten belastet sein würden und daß diese ohnehin schon seit mehreren Jahren über Gebühr mit den Belastungen unzähliger Scharwerksfuhren bedrückt worden seien[172]. Dennoch erhält er aus München postwendend den Auftrag,

er solle durch die Werkleute (Handwerker) *zwei ordentliche Überschläge* (Kostenvoranschläge) *machen lassen, was die Erbauung der Taverne zu Lalling von 4 Stuben und 8 Kammern mit Stein und Holzwerk - doch mit Einziehung* (= Geringhaltung) *der Unkosten - kosten werde und er solle diese um ferneren Bescheides willen mit ehestem allher* (nach München) *senden*[173].

Am 15. Januar schickt Eberhard Ainkürn diese *Überschläge* per Boten nach München[174]. Sie waren - wohl absichtlich - im Preis sehr hoch gehalten, um von Anfang an das Unternehmen zum Scheitern zu bringen. Die Münchner Reaktion bestand darin, daß man nun - wie oben erwähnt - die Gesamtlast und die Gesamtverantwortung für den Lallinger Jagdhausbau dem Abt von Niederaltaich aufhalsen wollte. Da Abt Bernhard dieses Ansinnen aber sofort abwehrte, richtete man von Seiten der Hofkammer ein weiteres Schreiben an Eberhard Ainkürn:

Der Abt von Niederaltaich habe gebeten, es bei den von ihm zugebilligten 1000 Gulden zu belassen; er (der Pfleger) *wolle dementsprechend einen neuen Kostenvoranschlag erstellen, denselben nach München schicken, indessen aber alle notwendigen Materialien auf den Bauplatz bringen lassen und diesen Bau dahin richten, daß derselbe noch vor Michaeli* (29. September) *zeitlich verfertigt werden könne*[175].

Da sich Ainkürn gerade um diese Zeit zur Pflege in Wolnzach aufhielt, nahm in Hengersberg der Gerichtsschreiber den Hofkammer-Befehl entgegen. Per eiligen Boten leitete er ihn umgehend nach Wolnzach weiter. Im Hengersberger Amtsrechnungsbuch vom Jahre 1593 hält Eberhard Ainkürn unter der Rubrik "Botenlohn" folgendes fest:

Am 23. März hat der mir zugeordnete Gerichtschreiber einen Boten zu mir nach Wolnzach abgefertigt mit dem fürstlichen Befehl des Baues zu Lalling halber, daß ich nämlich einen anderen (Kostenvor-)*Anschlag, der sich in allem nicht über 1000 fl erstreckt, machen und an die Fürstliche Hofkammer überschicken solle, wobei sich der Gerichtschreiber dafür entschuldigte, daß er sich nicht darauf verstehe, dergleichen Bauanschläge zu machen und dies der Notwendigkeit nach nicht zu verrichten wisse. Daraufhin habe ich den Boten mit einem Entschuldigungsschreiben nach München auf die Fürstliche Hofkammer geschickt, daß ich nämlich meiner bekannten Leibesschwachheit halber nicht nach Hause verreisen könne, um einen anderen Voranschlag und ein anderes Visier* (Planzeichnung) *zu machen, und habe zugleich gebeten, daß diese Sache aus verständlichen Gründen dem fürstlichen Herrn Rentmeister oder dem Richter zum Bärnstein oder sonst jemand anderem anbefohlen würde*[176].

Mit diesem Schreiben gelang es dem Hengersberger Pfleger, die Verantwortung für Kostenvoranschlag und Baupläne zunächst auf andere Schultern zu laden. Daß er dabei auch Sigmund Gartner von Machtenhofen, den Richter zum Pernstein, ins Spiel brachte, lag zweifellos daran, daß dieser beim Jagdhausbau zu Reichenberg seine diesbezüglichen Erfahrungen gesammelt hatte. Aber mit ihm und dem immer noch nicht ganz fertiggestellten und schließlich viel zu teueren Bau in Reichenberg war man in München wohl nicht recht zufrieden und daher übertrug man die Verantwortung für den Lallinger Bau vorerst dem Rentmeister in Straubing. Im April und in den ersten Maiwochen 1593 erstellte dieser einen ausführlichen Bericht, einen neuen Kostenvoranschlag, der sich auf genau 942 Gulden belief, und die weiteren notwendigen Bauunterlagen und übersandte sie nach München. Der diesbezügliche Eintrag im Hofkammer-Protokoll vom 24. Mai 1593 lautet[177]:

Dem Rentmeister zu Straubing ist geschrieben worden:

Man habe seinen untertänigsten Bericht samt dem Überschlag des Tavernenbaues zu Lalling und anderen Beilagen empfangen und vernommen. Darauf lasse man es bei solchem Überschlag, so sich auf 942 fl erlaufe, verbleiben. Und (man) *will, daß er beim Gericht Hengersberg die Verordnung tue, damit vermög desselben Überschlags unverlängt zur Arbeit gegriffen, fleißig zugesehen, auch solcher Bau ehist verrichtet und vollendet werde. Und dieweilen, wie ihm bewußt* (ist), *daß der Abt zu Niederaltaich hierzu 1000 fl bewilliget* (hat), *so wolle er dieselben solchermaßen begehren und die Anstellung tun, damit die Taglöhner und anderes, so man zu diesem Bau bedürftig, bezahlt und hierin ordentlich Rechnung gehalten werde.*

6.2 Größe, Architektur und Standort des Jagdhauses

Bedauerlicherweise konnten bisher weder die vom Rentmeister erstellten Bauunterlagen in den Akten gefunden werden noch irgend eine Baukosten-Abrechnung nach der Vollendung des Baues. Damit haben wir für das Lallinger Gebäude keinerlei Gegenstück zu den ausführlichen Verzeichnissen, die der herzogliche Werkmeister Hans Reiffenstuel für das Jagdhaus in Reichenberg erstellt hat, und daher wissen wir auch nicht, wer in Lalling die Bauarbeiten vor Ort leitete und welche "Werkleute" daran beteiligt waren.

Hinsichtlich der Baumaterialien und der Bauweise bieten einzelne Schreiben aus der Korrespondenz über die damaligen Scharwerksbelastungen der Hengersberger Untertanen einen gewissen Ersatz, vor allem jenes Verzeichnis, das der Hengersberger Pfleger Eberhard Ainkürn im September 1593 erstellte[178]. Manches können wir auch aus den mitunter recht ausführlichen Notizen über die einzelnen Reparaturmaßnahmen erschließen, die in der Folgezeit notwendig werden sollten.

6.2.1. Länge und Breite

Immerhin sind wir anders als beim Reichenberger Jagdhaus, dessen Länge (ca. 34 m) und Breite (ca. 17 m) wir nur aus vereinzelten Notizen erschließen konnten (Kap. 5.5.2), über die Ausmaße des Lallinger Gebäudes besser informiert. Aus späteren Zusammenhängen werden wir erfahren, daß das Jagdhaus auf einer Fläche errichtet worden war, die *in der Länge 72 ½* bis *79 Schuh* (ca. 21 bis 23,5 m) *und in der Breite 58* bzw. *58 ½ Schuh* (ca. 17,5 m) umfaßte.

Das Lallinger Jagdhaus war von Anfang an wesentlich kleiner konzipiert worden als der herzogliche Bau in Reichenberg. Dies mochte an der Geldnot des Herzogs gelegen haben, die ihn schließlich sogar gezwungen hatte, den Großteil der Kosten dem Abt zu Niederaltaich aufzuhalsen, zum anderen war "quartiermäßig" die Situation im Dorfe Lalling etwas besser geartet als in Reichenberg. Denn in Lalling stand seit Jahrhunderten ein großes Wirtshaus, das bei jedem herrschaftlichen Jagdbesuch zur Unterkunft und Verpflegung beansprucht werden konnte, und sinnigerweise sollte das neue Gebäude auch unmittelbar neben diesem Wirtshaus errichtet werden.

6.2.2. Zimmer und Stockwerke, Fenster und Türen

Über die Anzahl der Zimmer, die das Lallinger Jagdhaus umfassen sollte, haben wir nur zwei widersprüchliche Angaben. Im herzoglichen Auftrag an den Hengersberger Pfleger Eberhard Ainkürn vom Oktober/November 1592 heißt es zunächst, er sollte durch die Handwerker zwei Kostenvoranschläge über einen "Tavernenbau" von *vier* (Wohn-) *Stuben und 8* (Schlaf-)*Kammern aus Stein- und Holzwerk* erstellen lassen[179] Im Brief der Münchner Hofkammer vom 19. März 1593 an Abt Bernhard III. von Niederaltaich wird nur noch *von 5 oder 6 Zimmern* gesprochen[180]. Wie viele Räume es dann letztlich waren, ist kaum mehr zu entscheiden. Immerhin hören wir aus der Scharwerkskorrespondenz, daß für den Bau in Lalling von den Tischlern und Schreinern aus Hengersberg und Deggendorf *33 Fensterstöcke samt den Rahmen und Gläsern* und eine zunächst nicht angegebene Zahl von *Türgerichtern neben derselben* (Ver-)*Kleidungen* geholt werden mußten und im Jahre 1620 erfahren wir, daß *alle 22* (Tür-)*Schlösser verrostet und zerhadert* waren (Kap. 6.4.3).

Das Gebäude bestand aus mindestens zwei Stockwerken, dem Erdgeschoß und einem Obergeschoß; denn bei den umfangreichen Reparaturarbeiten des Jahres 1602 hören wir von der *Auspflasterung einer u n t e r e n Flez mit 20 Fuder Rauchsteinen.*

6.2.3. Baumaterial, Bauweise, Dachform

Ausschließen können wir von vornherein, daß das Lallinger Jagdhaus in Architektur und Bauweise eine "Miniaturausgabe" des Reichenberger Gebäudes war. Sicher dürfte es zu einem Teil auch ein vertäfelter Blockbau gewesen sein, vielleicht bei den Außenwänden des Obergeschosses. So hören wir ebenfals aus der Scharwerkskorrespondenz (Kap. 6.3), daß von den Hengersberger Untertanen in den landgerichtlichen und klösterlichen Waldungen *400* Stück *Zimmerhölzer und 300 Sagblöcher gehackt* (gefällt, entastet und entrindet) werden mußten; die 400 Zimmerhölzer waren direkt zur Baustelle nach Lalling zu transportieren, die 300 Sagblöcher wurden zunächst zu den Sägemühlen gefahren, *alsdann waren die daraus geschnittenen Bretter von dort auf den Bauplatz zu führen.* Bei den umfangreichen Instandsetzungsarbeiten am Jagdhaus im Jahre 1602 heißt es, *daß das alte Tafelwerk wiederum verschlagen werden mußte.*

Das Dach am Jagdhaus zu Lalling war offensichtlich nicht nur mit Holzschindeln gedeckt. Beim Neubau im Jahre 1593 hören wir zwar von *126 Haufen Dachschindel* und für die *Ausbesserung des Daches* im Jahre 1602 (Kap. 6.4.3) wurden insgesamt 33 ½ Haufen Schindel und *zum Niederschweren des Daches* eine gewisse Anzahl von *Rafen* gekauft, aber 1593 mußten neben den *Kachelöfen*, dem *Leim* und *Eisenwerk* auch *Dachziegel* nach Lalling transportiert werden.

Wie im Befehl an den Hengersberger Pflegrichter ausdrücklich vermerkt wird, sollte - anders als in Reichenberg - das Lallinger Gebäude nicht nur *aus Holzwerk*, sondern auch *aus S t e i n* bestehen und dementsprechend ist im "Bauschrifttum" von Lalling in weit größerem Umfang von Ziegeln, Kalk, Bruchsteinen und Maurerarbeiten die Rede als in Reichenberg. Im Zuge der Scharwerksleistungen wurden 1593 *aus Deggendorf 25.000 Ziegelsteine und 36 Dreilinge Kalk nach Lalling* gefahren, hinzu kamen noch *90 Klafter Bruchsteine und 500 Fuder Sand*. Bei den Reparaturen des Jahres 1602 hören wir von der *Aufmauerung zweier Zinnen und Giebel wegen des Windes* und dafür mußten *zu Hengersberg 4.200 Ziegel und zu Deggendorf 5 Dreilinge Kalk* gekauft werden. Damals war auch ein aufwendiges Gerüst für die Maurerarbeiten notwendig und die Kosten für Ziegel und Kalk und für die Entlohnung des Hengersberger Maurers Andreas Schlögel fielen um ein Vielfaches höher aus als alle Holzkosten und Zimmermannsarbeiten.

Da von *zwei Zinnen und Giebeln wegen des Windes* die Rede ist, scheidet ein Vollwalmdach, das wir in den Abbildungen des Reichenberger Jagdhauses erkennen können, für das Lallinger Gebäude aus. Wir müssen hier wohl von einem Satteldach ausgehen, bei dem die Giebelseiten spätestens bei den Reparaturarbeiten des Jahres 1602 wahrscheinlich über das Dach hinausgemauert und möglicherweise von jeweils einer Zinne gekrönt waren.

Bei der Inneneinrichtung hören wir nur einmal von *Kachelöfen*. Wie man sich mit Tischen, Bänken und Betten behalf, werden wir an anderer Stelle sehen (Kap. 7.4.7 und 7.5.6). Dies ist bedauerlicherweise alles, was wir über die Ausmaße, die Bauweise und das Aussehen des Lallinger Jagdhauses aus den wenigen vorhandenen Notizen erschließen können.

6.2.4. Der topographischer Standort

Der Grund und Boden, auf dem das Jagdhaus errichtet wurde, gehörte zum alten Lallinger "Amerhof", der ursprünglichen *Curia officiaria* (Amtshof), die bereits im Laufe des 12. Jahrhunderts von Niederaltaich aus gegründet worden war. Nach Joseph KLÄMPFLs Ausführungen[181] war dieser Amtshof im Laufe der Jahrhunderte stark "zertrümmert" worden: ein Teil der zugehörigen Grundfläche wurde dem Lallinger Wirtshaus zugeteilt, ein kleinerer Teil kam an einen anderen Bauern, "einige Grundstücke wurden an den Pfarrhof und an Gewerbetreibende abgegeben". Der "Amerhof" war dadurch von einem ganzen zu einem "halben Hof" herabgesunken, behielt aber nach wie vor seinen Namen bei; der Inhaber wurde als "Amann" bezeichnet (nicht zu verwechseln mit "Amtmann" = landgerichtlicher Scherge). Erst später kam dafür der heute noch gängige Hausname "Hofbauer" in Gebrauch (heute das immer noch größte Gehöft an der Lallinger Hauptstraße Nr. 18 unmittelbar neben dem Pfarrhof).

Daß der Amann von Lalling die für das Jagdhaus des Herzogs notwendige Fläche nicht kostenlos zur Verfügung stellen mußte, entnehmen wir einer Notiz aus dem Amtsrechnungsbuch des Landgerichtes Hengersberg vom Jahre 1593:

> *Dem Georg Rosnhamer, Aman zu Lalling, welchem mit der Erbauung des neuen "Jaidhauses" daselbst etlicher Grund entzogen worden* (ist), (wurden) *auf sein untertäniges Anhalten und darüber von Ihrer Fürstlichen Durchlaucht erfolgten Signatur aus Gnaden verwilligt und bezahlt: 12 Gulden*[182].

Wenigstens dafür wollte der Landesherr selbst "geradestehen" und er ließ den Betrag aus seinen Hengersberger Landgerichtseinkünften begleichen.

Daß wir den Standort des Jagdhauses in nächster Nähe des Lallinger Wirtshauses suchen müssen, können wir zunächst auch daraus erschließen, daß wenige Jahre nach der Fertigstellung des Jagdhauses auch noch ein Marstall errichtet wurde, den der Wirt von Lalling mitbenutzen konnte (Kap. 6.4.2); außerdem hat Joseph KLÄMPFL ausdrücklich festgehalten, daß sich die Herzogsmauer und damit der zu Beginn des 19. Jahrhunderts letzte sichtbare Rest des einstigen Jagdhauses in der Nähe des Wirtshauses befand (s.o.). Schließlich werden wir aus sehr späten Zusammenhängen ersehen, daß das herzogliche Jagdhaus auf der Fläche errichtet war, auf der der heute noch bestehende Lallinger Zehentstadel steht (Kap. 6.5.3).

6.3 Die Scharwerksnot der Hengersberger Landgerichtsuntertanen

6.3.1. Die Korrespondenz

Wie beim herzoglichen Jagdhausbau zu Reichenberg drei Jahre vorher hatten auch beim Bau zu Lalling die Untertanen die meisten und die härtesten Arbeitsleistungen zu erbringen und dies völlig unentgeltlich. Auch sie wenden sich nach einigen Wochen in ihrer Not völlig verzweifelt an den Herzog und an die landesherrlichen Behörden. Glücklicherweise sind uns auch hier ihre Klagebriefe und die darüber entstandene amtliche Korrespondenz in einem insgesamt sieben Schreiben umfassenden Akt[183] erhalten. Es sind dies zwei Supplikationsschreiben der Hengersberger Untertanen - das erste wurde in den ersten, das zweite in den letzten Septembertagen 1593 abgefaßt -, ein ausführlicher Bericht des Hengersberger Pflegers Eberhard Ainkürn vom 14. September 1593 mit einem genauen Verzeichnis der bis dahin geleisteten Scharwerksfuhren, drei Schreiben der Hofkammer (eines an Herzog Wilhelm V. vom 23. September, zwei an den Hengersberger Pfleger vom 24.Sept./6.Okt. und 22. Oktober) und schließlich auch ein persönliches Schreiben Herzog Wilhelms V (Kap. 6.3.5).

Die Bittschreiben der Hengersberger Untertanen gleichen im Tenor, ja mitunter auch in der Wortwahl denen der Bärnsteiner Untertanen (Kap. 5.3.3). Die Drangsale für die Bauern, die Überlastung ihres Zugviehs, die Arbeit, die Mühe und Not waren in ihrer Art die gleichen. Wir werden auch hier die einzelnen Schreiben in breiter Ausführlichkeit wiedergeben, weil sie in mehrfacher Hinsicht interessant und äußerst informativ sind. Sie dokumentieren ein weiteres Mal sehr einsichtig die enge Verknüpfung von fürstlich-höfischer Jagdleidenschaft und bäuerlicher Not. Zum anderen wird sich in dieser Korrespondenz zeigen, daß über viele Jahre hinweg die Scharwerksforderungen der Obrigkeit an die Hengersberger Untertanen noch wesentlich größer und belastender waren als jene, die die Untertanen von Bärnstein zu bewältigen hatten. Schließlich stoßen wir in diesen Schreiben auf eine ganz spezielle, sehr fortschrittlich anmutende Scharwerksorganisation, die die Untertanen dieses Landgerichtes wohl selbst ins Leben gerufen haben. Um die Hengersberger Scharwerkskorrespondenz des Jahres 1593 so weit wie möglich zu verstehen, müssen wir uns zunächst dieser Organisation zuwenden.

6.3.2 Die Hengersberger Scharwerksorganisation

Als im Jahre 1590 auf der Burg Bärnstein mit den Vorbereitungen zum Jagdhausbau in Reichenberg begonnen wurde, berief der dortige Pflegsverwalter Sigmund Gartner seine beiden Amtmänner und die Obleute der einzelnen Obmannschaften zu sich, damit diese die einzelnen Untertanen zu den anstehenden Arbeiten und Scharwerkfuhren einteilten. So weit wir ersehen können, hat damals im Landgericht Bärnstein jeder bäuerliche landgerichtliche Untertan entsprechend der Größe seines Anwesens das ihm bestimmte Maß an Fuhrleistungen und Handlangerarbeiten erbracht (Kap. 5.3.4). Dabei kann man sich gut vorstellen, daß es beim Organisieren und Einteilen zu den verschiedenen Leistungen vielfach zu Überschneidungen und Reibereien, zu unnötigem Leerlauf und natürlich auch zu den unvermeidlichen Ungerechtigkeiten kam.

Im Landgericht Hengersberg hatte man demgegenüber spätestens gegen Ende des 16. Jahrhunderts zu einer sehr ausgewogenen, ja professionellen Organisation gefunden, die im Vergleich zu den benachbarten Landgerichten für die damalige Zeit offensichtlich so außergewöhnlich war, daß sie im Jahre 1617 der damalige Straubinger Rentmeister ausführlich in seinem UmrittsProtokoll[184] beschrieb. Er heißt dort:

> *Mit der Scharwerk hat es bei diesem Gericht die Ordnung, daß alle Scharwerksfahrten, die das ganze Jahr beschehen, um ein gewisses Geld verdingt* (in Auftrag gegeben) *werden. Alsdann wird durchgehend im ganzen Gericht nach den Vietelbauern eine gleiche Anlage gemacht, welche sich nach Gelegenheit des Jahres mit den zutragenden Scharwerksfahrten von 600 bis 700 Gulden erstreckt, also daß zuweilen ein Vietelbauer 30 bis 45 Kreuzer oder gar 1 Gulden als Anlage gibt. Darüber hält der Gerichtsprokurator Andre Winzerer ordentliche Rechnung, welche jährlich durch den Pfleger in Gegenwart der Obleute aufgenommen wird. Dabei erhalten die "Gerichtsverwohnten"* (Gerichtsbeamten) *als der Pfleger 5 Gulden* (und) *der Gerichtschreiber 2 ½ Gulden, der Prokurator, der die Rechnung hält, 10 Gulden, der Schreiber 1 Gulden und jeder Amtmann 1 Gulden zu Sold. Dergleichen Rechnungen sind von 9 Jahren zurück vorgelegt worden.*

Diese Umwandlung der Scharwerkspflicht in eine Geldumlage, die je nach den obrigkeitlichen Ansprüchen von Jahr zu Jahr in ihrer Höhe schwanken konnte, hatte eine Reihe von Vorteilen. Sie gewährleistete eine gleichmäßige und daher weitgehend gerechte Verteilung der Belastungen auf die einzelnen Anwesen, sie bot darüber hinaus die Möglichkeit, die anfallenden Fuhrleistungen gegen Bezahlung vor allem jenen Bauern zu übertragen, die das geeignete Zugvieh besaßen und schließlich ermöglichte sie es den Untertanen und ebenso dem Hengersberger Pfleger, in der damals angespannten Lage dem Fürsten und seinen Hofkammerräten gegenüber sehr konkret und sehr genau auflisten zu können, in welchem Ausmaß sie bei allen möglichen Dienstleistungen und vor allem auch bei jeder Bärenjagd im Lallinger Gebiet mit der Scharwerk Jahr für Jahr belastet worden waren. Übrigens ist uns zumindest eine dieser Scharwerk-Jahresabrechnungen aus jener Zeit vollständig erhalten; glücklicherweise stammt sie aus dem Jahr einer herzoglichen Lallinger Bärenjagd und führt uns bestens vor Augen, was eine fürstliche Jagd für die Untertanen dieses Gebietes bedeutete (Kap. 7.2.3).

6.3.3 Der Bittbrief der Hengersberger Untertanen

Nachdem im Laufe der Sommermonate 1593 jene Mengen an Baumaterialien, die wir oben bereits aufgelistet haben, im Zuge der Scharwerksleistungen zum Bauplatz nach Lalling antransportiert und Anfang September die damit beauftragten Bauern dafür zu bezahlen und daher die Scharwerk-Geldumlagen einzutreiben waren, beschlossen sie, eine erste Bittschrift an den Herzog zu richten. Dabei beschritten sie nicht den üblichen langen Behördenweg über das Landgericht, die Regierung Straubing und die Hofkammer in München, sondern - wir erfahren dies aus dem zweiten Hengersberger Bittschreiben - sie versicherten sich dabei der Hilfe des Abtes Bernhard III. Hilz (1593 - 1619). Im nahen Kloster Niederaltaich hatte dieser ja die Not der Hengersberger Bauern täglich vor Augen. Dieser überreichte den Bittbrief dem Herzog persönlich auf dem damals beginnenden Landtag zu Landshut. Dem damals üblichen Formular solcher Supplikationsschreiben entsprechend lautet die Anrede an den Landesherrn folgendermaßen:

> *Durchleuchtigster hochgeborener Fürst, Euere Fürstliche Durchlaucht bitten wir arme Untertanen, nachfolgend unser untertänigstes Anlangen gnädigst zu vernehmen. Gnädigster Fürst und Herr !*

In der Schlußfloskel und in der Absenderangabe heißt es:

> *Euerer Fürstlichen Durchlaucht uns hierauf zu gnädigstem gewährlichem Bescheid untertänigst befehlend.*

> *Euerer Fürstlichen Durchlaucht untertänigste gehorsamste Untertanen einer ganzen Gemein*(de) *des fürstlichen Landgerichts Hengersberg.*

Im ersten Abschnitt des Briefes werden zunächst die bisher geleisteten Transporte zum Bauplatz nach Lalling aufgezählt, allgemein die damit verbundenen Schwierigkeiten angesprochen, wobei vor allem auch die Tatsache betont wird, daß alle diese Leistungen völlig unentgeltlich zu erbringen waren:

> *Auf Euerer Fürstlichen Durchlaucht an den fürstlichen Herrn Pfleger zu Hengersberg ausgegangenen Befehl haben wir das Scharwerk-Gefährt zum Bau Lalling unserem besten Vermögen nach zu verrichten. Obwohl die meisten unter uns nur mit dem schwachen Menath des Ochsenviehs versehen und teils weit vom Bauplatz entlegen sind, müssen wir es dennoch dahin anstellen. Das, was man an Gehölz, Mauerbruchsteinen, Kalk, Sand, Bretter, Fenster, Schlösser, Schreinerwerk und auch an anderer Notdurft bedurfte und was man bis zur Vollendung des Gebäudes noch bedürftig sein würde, wobei alles von Deggendorf, Hengersberg und anderen Orten herzubringen ist, wird denen unter uns, die mit Roß-Menath* (Zugpferden) *und tauglichen Geschirren versehen sind, von unserer vorgesetzten gnädigen Obrigkeit* (dem Landgericht Hengersberg) *nicht im geringsten vergolten.*

Im zweiten Absatz zählen sie dann in wenigen Sätzen auf, in welchem Ausmaße *die Gemein der Landgerichtsuntertanen von Hengersberg* in diesem und in den unmittelbar zurückliegenden Jahren durch die Hand- und Spanndienste belastet werden und wurden, wobei sie - auf ihre spezielle Form einer allgemein erhobenen Scharwerk-Geldumlage hinweisend - auch konkrete Summen nennen: Für die Jagdscharwerk-Fuhren zur herzoglichen Bärenjagd des Jahres 1592, für die bisher geleisteten Baumaterial-Transporte zum Jagdhaus in Lalling und für die darüber hinaus anstehenden Jagdscharwerk-Fuhren einer für den Spätherbst 1593 erneut angekündigten herzoglichen Bärenjagd nennen sie den Betrag von 2000 Gulden. Diese müssen vom *Scharwerkgeld-Faktor*, der für die Einsammlung der Umlage zuständig war, erst auf die einzelnen Anwesenbesitzer umgerechnet und eingetrieben werden. Sie führen ferner an, daß sie sogar außerhalb ihres Landgerichtes im Jahre 1590 beim Jagdhausbau in Reichenberg schwer belastet worden waren und daß sie auch erhebliche Leistungen für den Bau der neuen Donaubrücke in Vilshofen erbracht hatten; und innerhalb des Landgerichtes hatten sie alle Hand- und Spanndienste für die Renovierung und Erbauung des Amtsgebäudes des Pflegers, des Gerichtschreiberhauses und des Amts- und Wohnhauses des Amtmannes im Markt Hengersberg zu verrichten und dafür mußten insgesamt 1500 Gulden "umgelegt" werden:

> *So sind wir noch ausständig, denen, die im fertigen* (vergangenen) *Jahr das "Pernjhaid"* (Transporte bei der Bärenjagd) *gefahren haben und die jetzt wiederum zu Euerer Fürstlichen Durchlaucht Bedarf dafür gebraucht werden, diesen Fuhrlohn abzuledigen. Diese Gedinge* (Dienstlöhne) *und die deswegen bevorstehende Scharwerk-Anlage, in allem nicht unter 2000 Gulden, können nicht bezahlt werden.*

> *Dieweilen dann, gnädigster Fürst und Herr, wir armen Hengersbergerischen Untertanen auch sonst innerhalb von vier Jahren mit schweren Scharwerken beladen gewesen* (sind), *sind uns zur Erbauung Euerer Fürstlichen Durchleuchtigkeit "Jhaidhaus" zu Reichenberg, nachmals zu der Vilshoferischen Brücke und ferner zur Erbauung des fürstlichen Pfleg-, Gerichtschreibers- und Amtshauses in Hengersberg zu Verrichtung solcher Scharwerksarbeiten und ihrer Verdingug* (Vergabe gegen Bezahlung) *laut der noch vorhandenen Rechnungen über 1500 Gulden auferlaufen.*

Daß die Hengersberger Untertanen in dieser kurzen Aufzählung ihrer Leistungen weit entfernt sind von jeglicher Übertreibung, wird die weiter unten wiedergegebene ausführliche Stellungnahme des Hengersberger Pflegers zeigen.

Im Anschluß daran vergleichen sie zunächst ihre Lage mit der anderer Landgerichte. Sie geben dabei zwar ausdrücklich zu, daß sie ihre Pflicht zur Jagdscharwerk bei jeder fürstlichen Bärenjagd in ihrem Gebiet anerkennen, betonen aber zugleich, daß sie dadurch im Vergleich zu den benachbarten Landgerichten alles in allem viermal so viele Scharwerke zu verrichten hätten. Schließlich verdeutlichen sie ihre extreme Notlage noch mit dem Hinweis auf ihre weiteren Belastungen: Da viele von ihnen nur kleine Anwesen besäßen und sie daher sehr arm seien, müßten sich die meisten von ihnen schon für die Landsteuer und für die Bodenpacht das Geld borgen. Die Umlage der noch unbezahlten Scharwerke würde sie vollends ins Verderben stürzen:

> *Ebenso, wenn Euere Fürstliche Durchlaucht weiterhin das "Pernjhaid" bei uns am Sonnenwald besucht, treffen uns am allermeisten die Scharwerksfuhren, die zu leisten wir uns untertänigst immer schuldig erkennen und uns darüber nicht beschweren. Dagegen aber sind andere um und neben uns liegende Landgerichte solcher Bürden enthoben und diese trifft nicht der vierte Teil so vieler Scharwerk als uns. Zudem sind uns auch die für heuer ausgegebene fürstliche Landessteuer und die jährlichen Grundgülten auferlegt, so daß uns diese noch unbezahlten Scharwerke unerschwinglich oder allein - weiß Gott - mit unserem höchsten Verderben abzuledigen sind. Unsere Grund- und Vogteiobrigkeit* (Pfleger von Hengersberg) *weiß wohl, daß viele von uns - in Erwägung der so gar geringen Baustättl - die Landessteuer und die Gülten, bis sie sie zusammengebracht haben, an etlichen Orten entlehnen müssen.*

Diese Sätze leiten über zum eigentlichen Kern des Supplikationsschreibens. Es ist dies keine allgemein gehaltene Bitte um Erleichterung oder Befreiung vom Übermaß der Belastungen, sondern es ist ein von langatmigen, devoten Supplikationsformeln umrahmter, ganz konkreter Vorschlag: Genauso wie sie den Bärnsteiner und Vilshofener Untertanen durch eine spezielle Hengersberger Scharwerk-Geldumlage geholfen hätten, sollten nun die Nachbargerichte wie etwa Mitterfels, Deggendorf und Viechtach die Bezahlung der noch offenen Scharwerkslöhne übernehmen.

> *Demnach ergeht an Hochwohlgedachte Euere Fürstliche Durchlaucht unser aller Untertanen des fürstlichen Landgerichtes Hengersberg untertäniges und gehorsames Anrufen, Ihr wollet aus fürstlicher Milde und Barmherzigkeit nicht allein die vor dieser Zeit ausgestandenen Bürden und abgeleisteten Scharwerke, sondern auch unser armes Haushaben und die geringen Baustätten, von denen die meisten vor allem im heuerigen Jahr kaum die Speise des liebseligen Brotes angebaut haben, allergnädigst ansehen und uns aus den dargelegten Ursachen so gnädig erscheinen und durch gnädigsten fürstlichen Befehl verwilligen, daß Euerer Fürstlichen Durchlaucht Landgerichtsuntertanen in Mitterfels, Viechtach und Deggendorf, welche sonst mit weniger Scharwerk beladen und zudem große und vermögende Landgerichte sind, oder auch andere Landgerichte, die Euerer Fürstlichen Durchlaucht selbst gnädigst gefällig sind, uns diese bevorstehenden Scharwerkfuhren durch Erlegung einer Summa Geldes von jedem Gericht bezahlen und richtig machen helfen, wie es durch uns in Reichenberg und für Vilshofen auch beschehen ist.*
>
> *Aus sonderlicher gnädigster Erwägung, weil auch wir öftermals auf fürstlichen Befehl, wie hiervor in Kürze erwähnt, anderen Landgerichten nicht geringe, sondern starke Hilfe und Beistand geleistet haben, wollen wir samt und sonders mit Weib und Kind solches um Euerer Fürstlichen Durchlaucht langes Leben, glückliche Regierung und Wohlfahrt gegen Gott den Allmächtigen in unserem einfältigen Gebet fürzubitten jederzeit untertänig unvergessen sein.*

6.3.4 Die Stellungnahme des Hengersberger Pflegers vom 14. Sept. 1593

Nachdem Herzog Wilhelm V. vom Niederaltaicher Abt Bernhard Hilz die Bittschrift aus Hengersberg entgegengenommen und gelesen hatte, ließ er sie durch seinen Rat und Geheimen Sekretär Ulrich Speer dem Pfleger von Hengersberg zustellen. Daß letzterer eine tiefe Abneigung gegen den Jagdhausbau zu Lalling und gegen die herzoglichen Bärenjagden in seinem Amtsdistrikt fast unverhohlen zur Schau stellte, haben wir oben bereits erwähnt (Kap. 6.1.3), und sein Widerwille muß sich in den vergangenen Sommermonaten, in denen das ganze Baumaterial nach Lalling transportiert werden mußte, noch erheblich gesteigert haben. Jedenfals gibt er in seiner Stellungnahme seinen Untertanen in allem vorbehaltlos recht. So bestätigt er Armut und Not innerhalb seines Landgerichtes etwa folgendermaßen:

> *Diese armen, Euerer Fürstlichen Durchlaucht gehorsamsten und willigen Untertanen müssen sich meistenteils mit dem "Vichziegel"* (Viehzucht) *behelfen und erhalten; sie haben ansonsten keine einträglichen Baustätten. Nicht einmal der dritte Teil von ihnen kann* (an Getreide) *über seine Hausnotdurft hinaus etwas Übriges zum Verkauf anbauen, ja viele Bauern müssen sogar noch Getreide hinzuerkaufen.*

Bei den "Bürden und Reichnissen" nennt er - über das Supplikationsschreiben seiner Untertanen hinausgehend - nicht nur die Grundgült und die Landsteuer, sondern auch *die jährliche fürstliche Mai- und Herbststeuer und vor allem auch den beim Kloster Niederaltaich abermals zugetragenen Lehenfall*, der jene Untertanen betraf, deren Grundherr innerhalb des Landgerichtes das Kloster Niederaltaich war[185].

Unmut und Unwillen Ainkürns spürt man aber am meisten in der langen Passage, in der er auf die Scharwerksbelastungen zu sprechen kommt. Hier führt er noch wesentlich mehr an als die Untertanen selbst, hier nennt er auch ganz konkrete Zahlen und Beträge und dabei berichtet er auch sehr detailliert, worauf er sein Wissen stützt:

Unmittelbar *nach seiner Anheimkunft* von Wolnzach nach Hengersberg rief er die *Scharwerks-Faktoren, die von der ganzen Gerichtsgemein über das Einnehmen und Ausgeben bestellt waren*, zu sich und ließ sich alle ihre Abrechnungen vorlegen, die seit 1587, dem Jahr seines Amtsantrittes in Hengersberg, bis zum jetzigen Jahr 1593 angefallen waren. Daraus ergab sich:

1. für die *Erbauung des baufälligen Pfleghauses, daran fast seit 30 Jahren nichts gebessert worden ist, sind als Anlag oder Scharwerkgeld bei 752 Gulden auferlaufen;*
2. *die Osterhoferischen Fischfuder* - gemeint sind wohl die Fischfuhren von den herzoglichen Fischweihern von Osterhofen nach München - standen mit *über 145* Gulden zu Buche;
3. für *die Hafer-Fuhren von Deggendorf* und für die (Brennholz-)*Scheiterfuhren* zum Pfleghaus nach Hengersberg waren es 64 Gulden;
4. *zur Erbauung des fürstlichen Gejaidhauses am Reichenberg* sind den Untertanen *allenthalben auferlaufen in die 580 Gulden;*
5. *die Scharwerksfuhren zur Vilshoferischen Brücke haben über 145 Gulden gekostet;*
6. *die Scharwerksfuhren zum Perngejaid* von 1592 waren noch nicht abgerechnet und die nun bevorstehenden Fuhren konnten *noch nicht beschrieben werden*; der Pfleger geht dabei von der Annahme aus, daß sie *unter 300 Gulden nicht ablaufen mögen.* Aus dem bereits erwähnten Hengersberger Scharwerksverzeichnis vom Jahre 1598 erfahren wir dann, daß die Bärenjagdfuhren vom Jahre 1592 auf 238 Gulden und die des Jahres 1593 auf über 594 Gulden kamen[186)].
7. Kleinere regelmäßige *Amtsfuhren, das Deputat für die 17 Obleute* des Hengersbgerger Landgerichtes und *die Belohnung des von einer Gemein über die Einnahmen und Ausgaben bestellten Scharwerks-Faktoren* machten von 1587 bis 1593 alles in allem 263 Gulden aus.
8. als letzten und höchsten, ebenfals noch unbezahlten Posten führt er die von Mai bis September 1593 geleisteten Fuhren zum Jagdhausbau in Lalling an: *So seien beschließlich die Scharwerksfuhren zu dem neu erbauten fürstlichen Gejaidhaus Lalling auch noch alle unbezahlt, welche sich dann allbereits dieser Zeit vermög beigelegter summarischer Spezifikation auf 1.302 Gulden und etliche Schilling Pfennige extendieren und anlaufen.*

Diese summarische Spezifikation ist als drei Seiten umfassendes, übersichtlich gestaltetes und schön geschriebenes Schmalfolio-Heftchen seiner Stellungnahme beigelegt. Auf der folgenden Seite die Wiedergabe des gesamten Textes:

Als Summe der Scharwerksbelastung in den sieben Jahren von 1587 bis 1593 errechnet Pfleger Ainkürn einen Betrag von 3750 Gulden. Verständlicherweise stellt er sich in den abschließenden Absätzen seines Gutachtens voll hinter die Bitte der Untertanen, auch die benachbarten Landgerichte zur Begleichung der noch unbezahlten Summen heranzuziehen. Dabei hat er errechnet, daß die einzelnen Untertanen von Mitterfels, Deggendorf, Viechtach - und er fügt hier auch noch die Regener Untertanen hinzu - im Durchschnitt nur eine Kontribution von 4 oder höchstens 6 Kreuzern treffen würde.

Die Scharwerksleistungen der Untertanen des Landgerichtes Hengersberg beim Bau des Jagdhauses im Jahr 1593

Das drei Seiten umfassende Schriftstück innerhalb des Akten-Konvolutes BayHStAM <Landshuter Abgabe> Hofkammer Rep. 92 Verz. 8 Fasz. 64 Nr. 193 wurde vom Hengersberger Pfleger Eberhard Ainkürn von Biedenbach (1586 - 1596) verfaßt. Es ist überschrieben mit:

Kurzer Begriff, was den Hengersberger Landgerichts-Untertanen auf die Scharwerkfuhren zu dem neu erbauten fürstlichen Gejaidhaus Lalling beiläufig ist aufgegangen.

In wortgetreuer Wiedergabe heißt es:

Erstlich ist von 400 Zimmerhölzern und 300 Sagblöchern zu hacken gegeben und überhaupt gedingt worden 25 fl

Ebenermaßen hat eine ganze Gemein die 400 Zimmerholz zu führen einem überhaupt angedingt per 432 fl

Die dreihundert Sagblöcher zu den Sägemühlen, alsdann die geschnittenen Bretter wieder davon und auf den Bauplatz zu führen, sind hingedingt worden per 150 fl

Item von 36 Dreilingen Kalk von Deggendorf nach Lalling zu führen für jeden Dreiling 2 Lb Pfennige (= 480 d) *tut 82 fl 2 ß*

Mehr von 90 Klaftern Bruchsteinen, von jedem Klafter zu führen 2 ½ fl, tut 225 fl

Gleichfalls von 25.000 Ziegelsteinen von Deggendorf gen Lalling zu führen, jedes Hundert per 1 fl verdingt, facit 250 fl

Item 500 Fuder Sand sind einem zu führen überhaupt angedingt worden per 75 fl

Mehr so sind 33 Fensterstöcke samt den Rahmen und Gläsern, nicht weniger die Türgerichter neben derselben Kleidungen von Deggendorf und Hengersberg hinein gen Lalling zu führen verdingt worden: 17 fl 2 ß d

Von 126 Haufen Dachschindel, von jedem Haufen 12 Kr zu führen gedingt worden, tuen 25 fl 1 ß 12 d

So treffen beschließlich die Fuhren von den Kachelöfen, Leims, Dachziegeln und anderem Eisenwerk 21 fl

Summa der Unkosten auf die Scharwerkfuhren zum neuen Gebäu zu Lalling tuet bishero: 1.302 fl 3 ß 12 d

6.3.5. Der Brief Herzog Wilhelms V. aus dem Jagdhaus von Reichenberg

Des Herzogs Geheimer Sekretär Ulrich Speer, der weisungsgemäß die Supplikation der Hengersberger Untertanen dem Pfleger Eberhard Ainkürn zur Stellungnahme überbracht und deren Abfassung in Hengersberg abgewartet hatte, reiste damit nun weiter zum Jagdhaus nach Reichenberg, um sie dem Herzog, der dort zur Bärenjagd weilte, vorzulegen. Wilhelm V., nicht nur dort in Reichenberg weit entfernt von den täglichen Mühen und Nöten der Verwaltung seines Landes, sah sich außerstande, in eigener Person über das Hengersberger Bittgesuch zu entscheiden, und diktierte daher seinem Sekretär lediglich eine Anfrage an seine Hofkammerräte in München. Wir geben die wenigen Zeilen dieses Schreibens deswegen im vollen Wortlaut wieder, weil uns hier wohl der einzige erhaltene, vielleicht überhaupt der einzige Brief vorliegt, der von einem bayerischen Landesherren im Jagdhaus zu Reichenberg jemals konzipiert oder diktiert wurde (Abbildung 98):

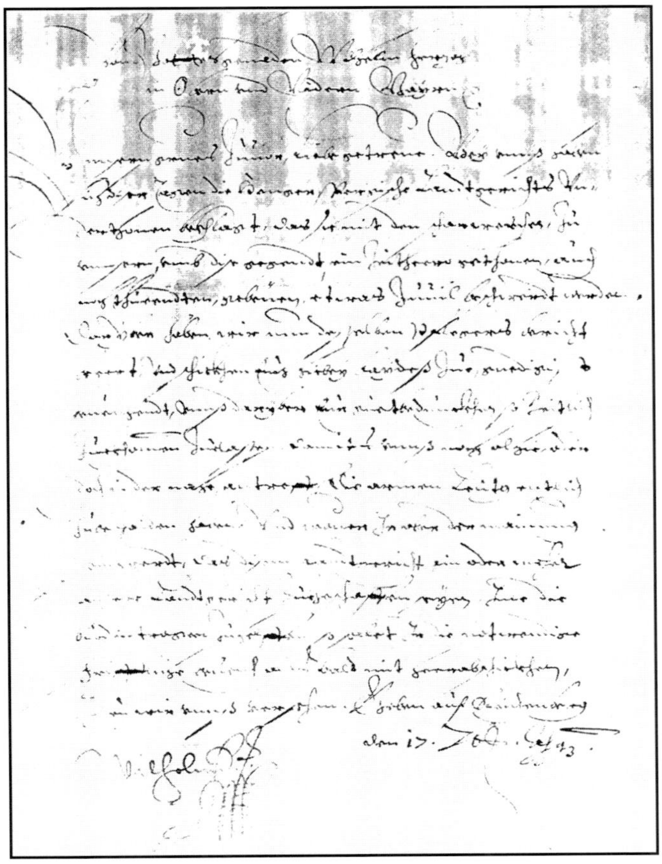

Abbildung 98: Der Brief Wilhelms V. aus dem Jagdhaus von Reichenberg an seine Hofkammerräte über die Scharwerksklagen der Hengersberger Bauern vom 17. September 1593 mit der eigenhändigen Unterschrift des Herzogs[187].

Von Gottes Gnaden Wilhelm, Herzog in Ober- und Niederbayern

Unseren Gruß zuvor, liebe Getreue !

Bei uns haben sich dieser Tage die Hengersbergerischen Gerichtsuntertanen beklagt, daß sie mit den Scharwerken zu unseren um diese Gegend eine Zeit hero getanen, auch noch zutuenden Gebäuen etwas zu viel beschwert werden.

Darüber haben wir nun desselben Pflegers Bericht begehrt und schicken Euch hierbei beides zu, gnädigst befehlend, uns darüber Euer Gutbedünken so zeitlich zukommen zu lassen, damit es uns noch allhier oder doch in der Nähe antreffe, (wie) wir die armen Leute endlich zu bescheiden haben. Und sofern Ihr aber der Meinung sein werdet, daß diesem Landgericht ein oder mehrere andere Landgerichte zuzuschaffen seien, ihnen die Bürden tragen zu helfen, so sollet Ihr die notwendigen schriftlichen Befehle alsbald mit herab schicken. Tuen wir uns versehen. Gegeben auf Reichenberg, den 17. September Anno 93. Wilhelm

6.3.6. Die Entscheidung der Hofkammer vom 23. September 1593

Die Hofkammerräte in München behandeln die Anfrage des Herzogs aus Reichenberg und damit auch die Supplikation der Hengersberger Untertanen und ebenso die Stellungnahme des Pflegers in ihrer Sitzung vom 23. September 1593. Ihre Entscheidung - sie liegt uns im Hofkammer-Protokoll dieses Tages und in den beiden Antwortschreiben an Herzog und Pfleger vor[188] - dürfte die Bittsteller tief getroffen haben. Denn man lehnt jegliche Hilfskontribution von Seiten der benachbarten Landgerichte mit der Begründung ab, daß auch diese vor allem beim Brückenbau in Vilshofen belastet worden seien, und man vertröstet die Hengersberger damit, daß nach Fertigstellung des Lallinger Gebäudes ohnehin nur noch die Jagdscharwerk-Fuhren anfallen dürften. Immerhin kommt man ihnen soweit entgegen, daß die noch ausstehenden Fuhrleistungen zum Lallinger Bau *von Ihrer Durchlaucht wegen erlegt und bezahlt werden sollten.* Wie viel oder wie wenig dies letztlich noch ausmachte, erfahren wir nicht[189]. Deutlich wird in diesen Schreiben auch eine gehörige Portion Ignoranz auf Seiten der Hofkammerräte, da sie offensichtlich nicht die geringste Ahnung davon hatten, welche Kosten in welcher Höhe bei Bauvorhaben dieser Art anfallen mußten. So bemängeln sie nun in geradezu naiv anmutender Verwunderung, daß sich die von den Untertanen getragenen Transportkosten auf über 1300 Gulden belaufen, *wo doch ausdrücklich befohlen worden war, daß zu Lalling nicht mehr als die vom Prälaten zu Niederaltaich bewilligten 1000 Gulden verbaut werden sollten.* Eberhard Ainkürn dürfte durchaus in der Lage gewesen sein, dem Herzog und seinem Gefolge gegenüber, als diese ihren Jagdstützpunkt von Reichenberg nach Lalling verlegten, einsichtig darzulegen, daß die 1000 Niederaltaicher Gulden allein für die Baumaterialien und für die Handwerkerlöhne aufgebraucht worden waren. Daß im Jahre 1590/91 die Kosten für den Jagdhausbau zu Reichenberg o h n e die Scharwerksfuhren, die damals in der Hauptsache die Bärnsteiner Untertanen leisteten, schließlich auf über 2500 Gulden angestiegen waren, wußte man in München nicht mehr oder man wollte es nicht mehr wissen. Jedenfals schreibt man an den Herzog am 23. September 1593 folgendermaßen:

> *Euerer Durchlaucht gnädigsten Befehl über der Hengersbergerischen Untertanen beschehenes untertänigstes Supplicieren und des Pflegers daselbst gegebenen Bericht haben wir mit gebührenden Würden untertänigst empfangen und vernommen. Darauf müssen sie nun selbst bekennen, daß die Supplikanten eine Zeit her mit der Scharwerk zur Wendung der Baufälle am Pfleg-, Gerichtsschreiber- und Amtshaus, Vilshoferischem Brückenbau, "Bernjhaid" und Tavernenbau zu Lalling hart angegriffen worden sind. Weil aber diese Scharwerke, außer der für das "Bernjhaid", inskünftig fast alle aufhören werden und sie sich deren nicht mehr zu besorgen haben, andere Landgerichte zur Brücke zu Vilshofen und sonst ebenfals "vasst"* (sehr) *gebraucht worden sind, so halten wir es nicht für rätlich, daß ihnen andere Landgerichte zugeschafft werden sollten, da sich dieselben alsbald auch beschweren würden. Sondern wir halten vielmehr untertänigst dafür: wenn sich auf eingezogene Erfahrung befinden werde, daß allein die Scharwerke 1300 fl gestehen sollen - wiewohl gedachtem Pfleger zu Hengersberg ausdrücklich befohlen worden ist, daß zu Lalling nicht mehr als die durch den Prälaten zu Niederaltaich bewilligten 1000 fl verbaut werden sollten -, möchten Ihre Durchlaucht den armen Untertanen mit einer Geldhilfe gnädigst entgegenkommen. So werden wir dann dem Pfleger hierbei auch schreiben, daß er dasjenige, was bisher noch nicht verdingt worden ist, von Ihrer Durchlaucht wegen erlegen und bezahlen soll. .....*

Wenngleich die Hengersberger Untertanen in den ersten Oktobertagen ein weiteres Supplikationsschreiben an den Herzog richten, in dem sie erneut betonen, daß für sie bei den Bärenjagd-Fuhren der Jahre 1592 und 1593 und für den Lallinger Jagdhausbau Scharwerkskosten in einer Höhe von über 2000 Gulden anfallen, war mit der hier wiedergegebenen Entscheidung der Hofkammer von Münchner Seite die Sache erledigt[190].

Das im Jahre 1598 erstelltes Hengersberger Scharwerksverzeichnis[191] zeigt jedenfals, daß sie alle Kosten, die aus den Bärenjagdfuhren von 1592 (238 Gulden) und 1593 (594 Gulden) und aus dem Lallinger Bau (1.302 Gulden) entstanden waren, alleine getragen haben.

6.4 Die Nutzung des Jagdhauses

Stallgebäude, Reparaturen und Verfall

6.4.1 Der Aufenthalt Herzog Wilhelms V. in Lalling im Herbst 1593

Neben den einzelnen Hinweisen in der Korrespondenz über die Hengersberger Scharwerksbelastungen und der oben erwähnten Notiz im Hengersberger Verzeichnis vom Jahre 1598 haben wir für die Bärenjagd des Herzogs im Spätherbst 1593 in Lalling nur noch eine kurze Nachricht im Vilshofener Rechnungsbuch dieses Jahres gefunden. Während die Stadtväter von Vilshofen im Jahr zuvor der höfischen Jagdgesellschaft mehrere Säcke Hafer nach Lalling schicken wollten und den Herzog mit seinem Gefolge bei deren Rückreise nach München in der Stadt freihielten, ließen sie ihm diesmal einen Donauwaller zukommen. Es heißt:

> *Als unser gnädigster Fürst und Herr herunten im Wald am Perngejaidt gewesen* (ist), (haben wir) *Ihrer Fürstlichen Durchlaucht einen Waller verehrt und hinein nach Lalling geschickt. Darum den Fischern allhier bezahlt: 7 Gulden*[192].

Wahrscheinlich war dies im Herbst 1593 der letzte Bärenjagdbesuch Herzog Wilhelms im Bayerischen Wald und damit zugleich der erste und letzte, bei dem er sich seines Lallinger Gebäudes erfreuen konnte. Dies mag bei allem Aufwand, der für die Bauten in Reichenberg und Lalling betrieben worden war, überraschen und man ist daher eher versucht, das Fehlen jeglicher Hinweise auf weitere Jagdbesuche der schon mehrmals berufenen dürftigen Quellenlage zuzuschreiben. Andererseits werden im Hengersberger Scharwerkkosten-Verzeichnis von 1598 nur die fürstlichen *Pernjaider* von 1592 und 1593 erwähnt. Auch in den Vilshofener Stadtrechnungsbüchern finden sich in den folgenden Jahren keinerlei "fürstliche Verehrungen" nach Reichenberg oder Lalling mehr verzeichnet. Ebenso fehlen jegliche Hinweise in den - zugegebenermaßen etwas lückenhaften - Hengersberger Amtsrechnungsbüchern von 1594 an[193] und letztlich stößt man auch in allen übrigen Beständen, in denen vielfach Notizen und Hinweise auf hochherrschaftliche Bärenjagden enthalten sind, auf keinerlei Andeutungen, die auf einen Jagdbesuch des seit 1597 resignierten Herzogs im Bayerischen Wald hinweisen könnten.

Möglicherweise hat Wilhelm V. bei der Jagd im Herbst 1593 auch die Abneigung, den Widerwillen, ja sogar den Zorn der Untertanen so deutlich gespürt, vielleicht auch die Armut und die Not im Bayerischen Wald so handfest erfahren, daß er es vorzog, auf fürstliche Vergnügungen dieser Art in diesem Gebiet fürderhin zu verzichten. Auch für seinen Sohn und Nachfolger, Herzog Maximilian I. (1597 - 1652), läßt sich nach seinem Regierungsantritt nur vereinzelt ein Bärenjagd-Vorhaben im Bayerischen Wald - etwa für die Jahre 1597 und 1599 - nachweisen, hingegen keine einzige tatsächlich durchgeführte Jagd. Bestens unterrichtet sind wir hingegen über die beiden höfischen Bärenjagden, die Herzog Albrecht VI., der jüngste Sohn Herzog Wilhelms V. und Bruder des regierenden Herzogs Maximilian, in den Jahren 1611 und vor allem 1615 im Reichenberger und Lallinger Raum veranstaltete (Kap. 7.4 und 7.5). Diese bieten uns auch ein einsichtiges Bild davon, wie die Bärenjagden Wilhelms V. in den Jahren 1592 und 1593 abgelaufen sein dürften.

6.4.2 Der Bau eines Stalles beim Jagdhaus im Jahre 1598

Wahrscheinlich hing es mit der Bärenjagd-Ankündigung Herzog Maximilians I. im Jahre 1597 zusammen, daß erst um diese Zeit beim Lallinger Jagdhaus ein Marstall gebaut wurde. Denn mit derartigen fürstlichen Jagdvorhaben waren in der Regel die Befehle an die betroffenen Landgerichte verbunden, in den Jagdhäusern nach dem Rechten zu sehen und sie für die Fürsten und ihre Gefolge bezugsfertig zu machen. Daß in Lalling nicht von Anfang an ein Stall geplant war und gebaut wurde, ist nicht verwunderlich. Auch beim wesentlich größeren Reichenberger Jagdhaus hatte man schließlich im Jahre 1592 auf die Errichtung eines Stalles, der dann ohnehin die meiste Zeit ungenutzt gewesen wäre, verzichtet[194]. Bei den großen Jagdunternehmungen von 1611 und 1615 mußte man sich daher mit schnell aufgeführten, notdürftigen Bretterbauten behelfen (Kap. 7.4 und 7.5), die anschließend wieder abgetragen wurden oder verfielen.

Die kurze Notiz über den Marstallbau zu Lalling aus dem Hengersberger Amtsrechnungsbuch des Jahres 1598 ist in zweierlei Hinsicht wichtig. Zum einen zeigt sie, daß hier deswegen zumindest ein kleines, wohl aus Ziegeln gemauertes Stallgebäude errichtet werden konnte, weil man im Wirt von Lalling einen Kosten-Mitträger und einen Mitnutzer des Stalles fand, zum anderen können wir auch daraus erschließen, daß wir den Standort des herzoglichen Jagdhauses in der Nähe des Wirtshauses von Lalling suchen müssen. Im Rechnungsbuch findet sich folgender Eintrag[195].

> *Zur Eindeckung des Marstalls bei dem fürstlichen Jagdhaus zu Lalling, welchen aber der Wirt daselbst, weil er denselben zu seiner Wirtschaft gebraucht, hinfüran mit Dachung und anderem unterhalten solle, auf dieses Jahr mit Vorwissen des Herrn Rentmeisters 14 Haufen Schindel* (er)*kauft, jeden per 12 Kreuzer, tut 2 Gulden 5 Schilling 18 Pfennige*

6.4.3 Größere und kleinere Reparaturmaßnahmen

Im Jahre 1602

Sieht man von der kurzen Notiz über die Eindeckung des Marstalls vom Jahre 1598 ab, findet sich ansonsten in unseren Quellen seit dem Ende des Jahres 1593 für den Rest des 16. Jahrhunderts keinerlei Nachricht mehr über das Lallinger Jagdhaus. Erst für die letzten Tage des Jahres 1600 wird im Hengersberger Amtsrechnungsbuch unter der Rubrik "Botenlohn" Folgendes festgehalten:

> *Den 26. Dezember einen Boten wegen des Jagdhauses zu Lälling zu Herrn Rentmeister gen Straubing geschickt; Botenlohn von 5 Meilen Wegs und einen Tag Wartgeld bezahlt, tut: 3 Schilling 25 Pfennige 1 Heller* [196].

Vom Inhalt jener Botschaft an den Straubinger Rentmeister hören wir nichts, aber auf Grund des Datums drängt sich der Verdacht auf, daß in diesen Tagen um das Weihnachtsfest 1600 das herzogliche Gebäude zu Lalling durch Stürme oder Schneemassen so schwer in Mitleidenschaft gezogen worden war, daß sich der herzogliche Pfleger von Hengersberg zu einer diesbezüglichen Meldung an die vorgesetzte Behörde verpflichtet sah. Daß es dann erst im Laufe des Jahres 1602 zu den notwendigen umfangreichen Reparaturmaßnahmen kam, braucht bei der Schwerfälligkeit der damaligen Bürokratie nicht zu verwundern. Wahrscheinlich wollte der Rentmeister beim bevorstehenden Umritt durch die einzelnen Landgerichte im kommenden Jahre 1601 die Schäden selbst besichtigen und möglicherweise verzögerte sich deren Behebung dann noch um ein weiteres Jahr, weil auch darüber verschiedene Kostenvoranschläge erstellt, geprüft und gebilligt werden mußten. Da jegliche Baumaßnahmen an herzoglichen Bauten innerhalb eines Rentamtes zu den Amtsobliegenheiten des Rentmeisters gehörten[197], wurden auf seine Veranlassung hin im Jahre 1602 die Reparaturen am Jagdhaus in größerem Stile in Angriff genommen. So wird es jedenfals im Hengersberger Amtsrechnungsbuch dieses Jahres unter der Rubrik "Ausgaben für die Gebäude" vor der Auflistung der einzelnen Kostenpunkte festgehalten.

Alles in allem beliefen sich die Ausgaben damals auf 77 Gulden. Einzelne Informationen aus der Bauabrechnung, so weit diese Architektur und Bauweise des Jagdhauses betrafen, haben wir bereits an anderer Stelle angeführt. Zum vollständigen Text aus dem Amtsrechnungsbuch siehe die folgende Seite.

Mit den Arbeiten betraut wurden zwei im Landgericht ansässige Handwerksmeister; ebenso bezog man die benötigten Materialien aus der näheren und weiteren Umgebung Lallings. Einige landgerichtliche Untertanen aus den umliegenden Dörfern und einzelne Bürger aus Hengersberg und Deggendorf erhielten damit die Möglichkeit, am herzoglichen Jagdhaus zu verdienen. Freilich dürften auch damals wieder unentgoltene Transportleistungen (vor allem bei Ziegeln und Kalk) im Zuge der Scharwerkspflicht angefallen sein, aber diese hielten sich diesmal im vertretbaren Rahmen. *Der Zimmermeister Hans Schiller aus Ranzing* hat *mit seinen zwei Zimmerknechten das Jagdhaus neu eingedeckt*, dabei auch ein *Dräm* (Tram = tragender Dachbalken) *eingezogen*, das Tafelwerk wieder verschlagen, neue Dach*rinnen* angebracht, ein *Pödel* (?) *eingerichtet* und die (Ge-)*Rüst- und Schwerläden* (zur Beschwerung des Schindeldaches?) *ausgehackt.* An Arbeitslohn fielen dafür knapp 7 Gulden an.

Der Hengersberger *Bürger und Maurer Andreas Schlögel* hatte als erstes den Kalk zu löschen, mußte dann die *zwei Zinnen und Giebel aufmauern* und *die untere Fletz mit 20 Fuder Rauchsteinen* (rauhen Steinen) *auspflastern.* Wie bereits erwähnt war der Maurerlohn mit über 21 Gulden der weitaus höchste Posten innerhalb der gesamten Abrechnung.

An Materialien kaufte man vom *Öller zu Dösing 5*, vom *Paulus Weiß aus Ranzing 3*, vom *Georg Paur zu Panholling* ebenfals *3* und vom *Wolf Aigner*, wiederum *aus Dösing*, 22 ½ Haufen Schindel. Ein Haufen umfaßte 250 Schindeln und kostete 12 Kreuzer.

Für die Maurerarbeiten waren 4.200 Ziegelsteine notwendig; diese bezog man *vom Ziegler zu Hengersberg*, wobei für 1.000 Ziegel 3 Gulden zu bezahlen waren. Die für den Mörtel benötigten 5 Dreilinge Kalk - 1 Dreiling zum Preis von 1 Gulden und 50 Kreuzern - stellte *der Deggendorfer Bürger Georg Jobst.* Die Nägel zum Aufnageln der Bretter lieferte der *Wolf Schmidt aus Ranzing* um 42 Pfennige.

Den Umfang der damaligen Baumaßnahmen zeigen auch die benötigten Materialien für das Baugerüst. So wurden vom *Georg Frank zu Padling* und vom *Matthäus Span zu Rohrstetten* insgesamt *30 Laden* (dicke Bretter) gekauft, einer zum Preis von 5 Kreuzern, vom *Peter Streicher aus Zueding 4 Falzläden* und vom *Michael Schauer aus Rohrstetten 7 Spindläden,* die wesentlich stärker gewesen sein müssen, weil einer davon mit 9 Kreuzern fast doppelt so teuer war als ein einfacher Laden. Ferner waren, teils für das Gerüst, teils zum Niederschweren des Daches *40 Rafen* (schwächere Balken) notwendig, die man zu gleichen Teilen vom *Sigmund Procher* und vom *Georg Wallner*, beide *aus Kaußing,* erwarb.

Die Bauaufsicht vor Ort führte der Hengersberger Pfleger. Es war dies nicht mehr Eberhard Ainkürn von Biderbach - dieser war bereits im Jahre 1596 gestorben -, sondern dessen Nachfolger Christoph von Götzengrien (1597 - 1620). Er hatte mit den Handwerkern die Kostenvoranschläge ausgehandelt und hat dann auch etliche Male mit seinem Diener und dem Amtmann den Fortgang der Arbeiten kontrolliert. Als *Zehrungsgeld* für ihn, seine beiden Begleiter und die drei Pferde fielen über 2 ½ Gulden an.

Im Jahre 1604

Erst im Hengersberger Amtsrechnungsbuch des Jahres 1608 wird in wenigen Zeilen unter der Rubrik "Sonderbare Ausgaben" eine Umbaumaßnahme erwähnt, die bereits im Jahre 1604 durch den Kauf und Antransport von 3400 Ziegelsteinen in Angriff genommen worden war. Wann (und ob) diese zur Ausführung kam, ist kaum mehr zu sagen, weil uns für das Jahr 1605 (ebenso für die Jahre 1611 bis 1619) keinerlei Hengersberger Rechnungsbuch erhalten ist. Wenngleich uns diese Notiz aus dem Jahre 1608 in zweifacher, völlig gleichlautender Ausfertigung vorliegt [198], bleibt die dort gebotene Begründung für diese Maßnahme weitgehend unverständlich. Klar ist, daß *im Jägerhaus zu Lalling in Ihrer Durchlaucht Wohnungsstube eine Scheidemauer* eingezogen werden sollte und zwar in der Stärke eines halben Steines. Deshalb wurden mit Zustimmung des Rentmeisters 3400 Ziegel antransportiert. Die Ziegelkosten von 10 Gulden 1 Schilling und 12 Pfennigen werden aber erst jetzt, im Jahre 1608, in die Amtsrechnung aufgenommen. Unklar bleibt aber, warum diese Scheidemauer eingezogen werden sollte. Der gesamte Text lautet im Original:

> *Erstlich zu machung ainer Schidtmaur mit ainem halben Stain in Ir Durchlaucht Whonung Stuben im Jegerhaus zu Läling hab, weil dise schwer halb abtragen werden solle, auf Herrn Rentmaisters Erlaubnus Ich Ao 4 3400 Zieglstain erkhauft, zu solchem fhüeren lassen und bis dato die in Rechnung noch nit eingefhüerth; für das hundert 18 Kr bezalt, tut X fl 1 ß XII dl.*

Verzeichnis der Reparaturmaßnahmen am Jagdhaus im Hengersberger Amtsrechnungsbuch vom Jahre 1602

(StAL Kurbayern-Hofkammmer, Ämterrechnungen, Rentamt Straubing, Ger. Hengersberg, Gerichts- und Kastenrechnung 1602)

Ausgab, was dieses Jahrs über Ihrer Fürstlichen Durchlaucht Jagdhaus zu Lalling geweste notwendigen Baufälle, welche mit Vorwissen höchsternannt Ihrer Durchlaucht Rat und Rentmeister zu Straubing gewendet worden, (auf)*gegangen* (ist), *wie folgt:*

Hans Schiller, Zimmermeister von Ränzing, welcher das Jagdhaus eingedeckt, ein "Drämb eingezogen, auch das alte Tafelwerk wiederum verschlagen, vermög seiner Zettel Nr. 14 bezahlt 1 fl II ß XIII d 1 Hl

Zu solchem Eindecken 5 Haufen Schindel vom Öller zu Dösing, eines per 12 Kr kauft, tut: 1 fl

Zur Aufmauerung zweier Zinnen und Giebel wegen des Windes auf ermeldetes Jagdhaus vom Ziegler zu Hengersberg 4200 Ziegelsteine, das Tausend per 3 fl, erkauft, tut: XII fl IIII ß VI dl

Georgen Jobst, Bürger zu Deggendorf, zur Wendung solcher Baufälle um 5 Dreilinge Kalk, jedes per 1 fl 50 Kr laut seiner Zettel Nr. 15 bezahlt VIII fl I ß V dl

Einem Maurer, welcher über eine Meile Weges dazu gehen müssen, von solchem abzulöschen gegeben II ß Xd

Zu dem Gerüst, auch anderer des Maurers Notdurft von Georgen Franken zu Pädling und Matthäus Span zu Rosteten 30 gemeine Laden, einer per 5 Kr, erkauft; tut 1 fl III ß XV dl

Ebenmäßig von dem Peter Streicher zu Zuerding 4 Falz- und (von) Michael Schauer zu Rosteten 7 Spindläden, einer in den anderen per 9 Kr kauft, machen 1 fl IIII ß XVI dl 1 Hl

Zur Aufmachung des Gerüstes und das Dach niederzuschweren vom Siegmund Procher von Kaussing 20, dann GeorgWallner allda 20 Rafen, einer per 6 dl erkauft; tut 1 fl 1 ß d

Zur Eindeckung und Ausbesserung des Daches vom Weiß Paulusen zu Ränzing 3 und von Georgen Paurn zu Panholling 3, dann von Wolf Aigner zu Dösing 22 ½ Haufen Schindel, jedes per 12 Kr, erkauft; tut zusammen: V fl IIII ß XXVII dl

Hansen Schiller, Zimmermeister zu Ranzing, und zwei seiner Zimmerknechte, welche ermeldtes Jagdhaus von neuem eingedeckt, die Rinnen aufgemacht, ein "Pödel" eingeri<chtet>, auch die Rüst- und Schwerläden ausgehackt, vermög eines Zettels Nr. 16 bezahlt V fl III ß III d 1 Hl

Wolfen Schmidt zu Ränzing zur Aufnagelung der Bretter um Nägel bezahlt 1 ß XII dl

Zur Auspflasterung der unteren Flez in ermeldetem Jagdhaus 20 Fuder Rauchsteine brechen lassen, von jedem 8 Kr zu brechen gegeben, tut 2 fl 4 ß 20 dl

Andreen Schlögel, Bürger und Maurer zu Hengersberg, von obenbemeldeter Arbeit aller zu verrichten vermög seines Zettel Nr. 17 gegeben XXI fl 1 ß XI dl

Als ich, Pfleger, vorgemeldeten Handwerksleuten diese Arbeit vorgesetzt und wegen der Notdurft mit ihnen einen Überschlag gemacht, auch etliche Male zugesehen (habe), *habe ich in Leihkauf? und überall samt einem Diener, 3 Pferden und* (dem) *Amtmann verzehrt II fl III ß VIII dl*

Summa der Ausgab, was über Ihrer Fürstlichen Durchlaucht Jagdhaus zu Lälling und gewendete Baufälle gangen LXVII fl II ß XXVIIII dl I Hl

Man ist versucht, den kausalen Nebensatz *"weil dise schwer halb abtragen werden solle"* in dem Sinne zu deuten, daß eine bisher schon bestehende Scheidemauer zu schwer war (der Schwere halber = des Gewichtes wegen) und daher abgetragen und durch eine dünnere und leichtere Mauer ersetzt werden sollte. Dies würde bedeuten, daß sich in Lalling die herzogliche Wohnstube im Obergeschoß befand und daß auch innerhalb des Jagdhauses die Zwischenwände zum Teil aus Ziegelsteinen gemauert waren. Aber wenn überhaupt, dann könnte hier letzte Klarheit nur ein Bausachverständiger aus jener Zeit schaffen (zu den Reparaturen und Baumaßnahmen im Zuge der Vorbereitungen für die Jagdbesuche Albrechts VI. in den Jahren 1611 und 1615 siehe Kap. 7.4 und 7.5)..

Ebenso wie im Jagdhaus zu Reichenberg, wo im Jahre 1625 Türschlösser und Fensterbänder erneuert und fehlende Schlüssel ersetzt werden mußten (Kap. 5.4.3), fielen derartige Renovierungsarbeiten auch in Lalling an, dort freilich schon fünf Jahre früher. Diese Arbeit hatte zu Beginn des Jahres 1620 der noch amtierende Pfleger Christoph von Götzengrien (1597 - 1620) einem Hengersberger Schlosser übertragen, der die *22 verrosteten und zerhaderten Schlösser abgebrochen und neu zugerichtet und etliche ganz neue Schlüssel* gefertigt hat. Pro Schloß waren 48 Kreuzer vereinbart worden und dies ergab eine Gesamtsumme von gut 20 Gulden. Offensichtlich war der Pfleger aber nur bereit, dem Schlosser 8 Gulden zu bezahlen. Nachdem Christoph von Götzengrien verstorben und der neue Pfleger Hans Georg Reittorner zu Schöllnach (1620 - 1636) im Amt war, wurde der Schlosser bei ihm wegen des noch ausständigen Betrages von gut 12 Gulden vorstellig. Hans Georg Reittorner fragte diesbezüglich beim Rentmeister in Straubing an [199] und erhielt von diesem den Auftrag, dem Schlosser den vollständigen Betrag auszuzahlen. Unter "Sonderbare Ausgaben" wird dies im Hengersberger Amtsrechnungsbuch von 1620 wiedergegeben[200].

> *Nachdem die Schlösser im fürstlichen Jagdhaus Lalling, deren 22, alle verrostet und stark zerhadert gewesen* (sind)*, also hat die Notdurft erfordert, solche wiederum erneuern und außerdem auch etliche ganz neue Schlüssel machen zu lassen. Daher hat der gewesene Pfleger, Herr Christoph von Götzengrien selig, solche Schlösser durch den allhiesigen Schlosser abbrechen und solche zurichten lassen, auch dieser Arbeit halber mit ihm, dem Schlosser, pro* (Schloß) *48 Kr gedingt* (vereinbart)*, doch daß er ein Verzeichnis, was er allenthalben gemacht habe, von sich gebe, inmaßen* (wie) *dann der Schlosser solche angedingte Arbeit verrichtet und beiliegende Spezifikation zu Gericht erlegt* (hat). *Wann aber der Schlosser der besagten Summa nur 8 fl von Herrn von Götzengrien empfangen, jedoch den Ausstand der 12 fl 48 Kr an mich, jetzigen Pfleger, begehrt, den ich ihm aber (außer Verwilligung des fürstlichen Rats und Rentmeisters zu Straubing) nicht zugestellt* (habe)*, sondern habe demselben derentwegen anfänglich die Notdurft berichtlich überschrieben; daher dann wohlermeldeter Herr Rentmeister mir kraft Schreibens befohlen, dem Schlosser den Ausstand richtig zu machen, dessen Geschäft ich dann nachgekommen und habe demselben* (den) *Ausstand bezahlt; der macht, wie verstanden 12 fl 48 Kr*

Bedauerlicherweise ist dies die bisher letzte Nachricht, die wir aus der Zeit, in der das herzogliche Gebäude von Lalling noch Bestand hatte, gefunden haben.

6.4.4 Der Verfall des Lallinger Jagdhauses

Anders als in Reichenberg, wo mit dem Johannis-Tag (24. Juni) des Jahres 1648 ein eindeutiges "Sterbedatum" des dortigen Jagdhauses feststeht, läßt sich die weitere Geschichte und das Ende des Lallinger Herzogsgebäudes nicht so einsichtig verfolgen. Sicher war die Erneuerung der Türschlösser und -schlüssel nicht die letzte Reparaturmaßnahme, die in Lalling vorgenommen wurde. Ein Blick auf das Jagdhaus in Reichenberg zeigt, daß dort noch am Ende der 30er Jahre sorgfältig ausgebessert und instandgesetzt wurde (Kap. 5.4.3). Es spricht nichts dagegen, Ähnliches auch für Lalling anzunehmen. Der Unterschied zu Reichenberg erklärt sich auch hier aus der für Lalling so dürftigen Quellenlage und dies in zweifacher Hinsicht: Während die Bärnsteiner Amtsrechnungsbücher ab dem Jahre 1604 nahezu lückenlos vorliegen, sind für das Landgericht Hengersberg ab dem Jahre 1620 in der Hauptsache nur noch die vollen Dekadenjahre 1630, 1640, 1650, 1660, 1670 abgedeckt[201]. In keinem dieser Rechnungsbücher wird das Lallinger Jagdhaus mehr erwähnt. Dies bedeutet freilich nicht, daß wir in Lalling schon für die 20er Jahre des 17. Jahrhunderts mit dem Verfall des Gebäudes rechnen müssen. Denn das Fehlen jeglicher Jagdhaus-Notiz - etwa in den Rechnungsbüchern von 1630 und 1640 - hat seinen Grund darin, daß für dieses Jagdhaus in den Hengersberger Büchern niemals eine eigene "Jagdhaus-Rubrik" eingeführt worden war. Während für das Jagdhaus in Reichenberg in den Bärnsteiner Amtsrechnungen von Anfang eine feststehende Seite mit der Überschrift *„Ausgab auf Ihrer Durchlaucht Jagdhaus zu Reichenberg"* reserviert" worden ist, unter der man in nahezu stupider Gleichförmigkeit bis weit ins 18. Jahrhundert hinein auch verzeichnet findet, in welchen Jahr *Nihil* (nichts) ausgegeben wurde, erhielt das Lallinger Jagdhaus in den Hengersberger Büchern keine eigene Seite, sondern es wurde dort unter der Rubrik *„Sonderbare Ausgaben"* geführt und es taucht daher nur in den Jahresrechnungen auf, in denen tatsächlich Kosten anfielen. In den Jahren 1630 oder 1640 dürfte dies eben nicht der Fall gewesen sein.

Aber abgesehen davon liegt es nahe, den beginnenden Verfall des Jagdhauses in Lalling ebenfalls in die 40er Jahre des 17. Jahrhunderts zu setzen. Beim Jagdhaus in Reichenberg haben wir für das Jahr 1642 die eindeutige Bekundung der Hofkammer, *daß die Kurfürstliche Durchlaucht nicht mehr gedächten, erwähntes Haus weiter unterhalten zu lassen* (Kap. 5.9.4) und für das Lallinger Gebäude müssen wir daher das Gleiche annehmen. Der Münchner Hof hatte - nicht zuletzt im Desaster der letzen Jahre des Dreißigjährigen Krieges - jegliches Interesse an der Bärenjagd im Bayerischen Wald und damit auch an der Instandhaltung der dortigen Jagdhäuser verloren. Von fürstlichen Jagdbesuchen im Bayerischen Wald werden wir in der Folgezeit nie mehr etwas hören.

Daß wir eben um diese Jahre vor oder in der Mitte des 17. Jahrhunderts den Beginn des Jagdhaus-Verfalles in Lalling ansetzen müssen, zeigen auch die wenigen und vereinzelten „Jagdhaus"-Erwähnungen der Folgezeit. Bezeichnenderweise geht es in ihnen nur mehr um das "Grundstück", auf dem das herzogliche Gebäude einstmals gestanden hatte.

6.5 Vom herzoglichen Jagdhaus zum Niederaltaicher Zehentstadel

6.5.1 „*Der Steinhaufen des zusammengefallenen Herzogshauses*" im Jahre 1688

Erste Kunde davon, wie es um das herzogliche Jagdhaus zu Lalling gegen Ende des 17. Jahrhunderts bestellt war, verdanken wir einer an die Münchner Hofkammer gerichteten Bittschrift und der darüber entstandenen amtlichen Korrespondenz aus dem Jahre 1688. Der Bittsteller hieß Georg Turner und war Bürger und Bäcker im Markt Hengersberg. Nachdem er sein Geschäft in Hengersberg aufgegeben hatte, war er gewillt, eine neue *Pachstatt* (*Pach* = Back) im Dorfe Lalling zu errichten und zwar genau auf dem Grund und Boden, auf dem einstmals das Jagdhaus gestanden hatte. Aus der insgesamt fünf Schreiben umfassenden Korrespondenz[202] sind in unserem Zusammenhang nur die beiden Formulierungen interessant, die sich in den beiden Pflegrichter-Schreiben auf das Jagdhaus beziehen. Zum 30. März 1688 heißt es:

> *das so genannte, jedoch ganz zu einem Steinhaufen zusammengefallene Herzogshaus zu Lalling,*

und etwas ausführlicher im Schreiben vom 12. Mai desselben Jahres:

> *daß derselbe* (der Bäcker Georg Turner) *in Ansehung, daß er diese Backstatt samt dem Häusl auf dem so genannten Herzogshaus, welches aber dermalen ganz zu einem Steinhaufen zusammengefallen ist, von Grund aus erheben und das bedürftige Gehölz, auch andere Baumaterialia, außer der Steine, erkaufen und beitrachten muß, ...*

Zum Bau der *Pachstatt* in Lalling kam es nicht. Die Sache verlief deswegen im Sande, weil - so geht es aus dem Rentmeisterschreiben vom 20. Juni 1688 hervor - der Lallinger Wirt seit Alters *bei der Taverne vom Lallinger Gotteshaus St. Stephan neben dem Schenkrecht* auch *die Gerechtsame für eine Pachstatt* und *für eine Fleischpenkh* besaß und dies schloß letztlich die Verleihung einer weiteren Bäckergerechtsame in Lalling aus.

6.5.2 "*Ein lautterer Steinhaufen und groß erwachsene Bäume*" im Jahre 1699

Elf Jahre später, im Jahre 1699, trat ein weiterer Interessent am Lallinger Grundstück des Herzogs auf. Diesmal war es der landgerichtliche Amtmann des Lallinger Gebietes namens Hans Grasman.

Das Landgericht Hengersberg war eingeteilt in die sechs Ämter Lalling, Winsing, Zell, Freywaldt, in das Landamt Hengersberg und in das Kastenamt[203]. zuständig für diese Ämter war jeweils ein Amtmann oder (Amts)Scherge. Letzteres ist die abträgliche und ehrmindernde Bezeichnung im Sprachgebrauch des Volkes. Er war der Vollzugsbeamte des Pflegers und sollte daher innerhalb seines Sprengels wohnen. Zu seinen Amtsgeschäften gehörte die Verbreitung der obrigkeitlichen Befehle und Gebote, die Vorladung der Untertanen vor das Landgericht, Pfändungen und Urteilsvollstreckungen, die Gefangennahme von Delinquenten und natürlich auch die Ausforschung von Vergehen und alle erdenklichen Spitzeldienste für die Obrigkeit. Abgesehen vom Hengersberger Amtmann, der ein landgerichtliches Amtshaus innerhalb des Marktes bewohnte, waren diese (recht schlecht besoldeten) Amtleute *mit keiner zum Amt gehörigen Wohnung versehen, sondern mußten sich* - so die Worte des Grasman - *in den Herbergen hin und wieder beschwerlich betragen*, d.h. in Miete wohnen, oder sich um ein eigenes Haus bemühen. Beides war nicht leicht, denn auf Grund ihres Amtes waren sie bei der übrigen Bevölkerung meist sehr unbeliebt und in keinem Dorf gern gesehen und geduldet (vgl. auch Kap. 6.5.3).

Hans Grasman hatte bis dahin im Dorf Rohrstetten ein "Gütl" besessen, das mit Grund und Boden dem Kloster Niederaltaich gehörte. Aus Gründen, denen nachzugehen hier zu weit führen würde, drängte das Kloster Niederaltaich darauf, daß er dieses Gütl aufgeben und sich eine andere Behausung suchen sollte. Da Hans Grasman für das Lallinger Gebiet zuständig war, suchte er diese neue Behausung verständlicherweise im Zentralort Lalling und dabei fiel sein Blick auf den immer noch leeren und verödeten Grund des einstigen Jagdhauses. In seiner an die Hofkammer in München gerichteten Supplikation vom Mai 1699[204] schreibt er:

> Zusammen mit dem *mitsupplicierenden Benedict Werxfellner, Schuhmacher zu Lalling, der auch kein Eigentum habe, wolle er den vorerwähnten Platz sauber ausräumen und hierauf ein Haus, doch mit zwei abgesonderten Wohnungen, „auf unsere selbsteigenen Kosten, jedoch daß uns das vorhandene alte Steinwerk gratis gelassen werde, erbauen".*

Zugleich wollten die beiden Supplikanten für dieses Haus die Verleihung des Erbrechtes. Es sei vorweggenommen, daß es auch dieses Mal nicht zum Bau eines Hauses kam. Die Gründe dafür kennen wir nicht genau, weil der diesbezügliche Akt nicht vollständig erhalten ist. Erwähnt seien immerhin die grundsätzlichen Bedenken der Hofkammer in ihrem Schreiben vom 5. Oktober 1699, wonach es nicht opportun sei, zwei verschiedenen Untertanen das Erbrecht auf ein einziges Haus zu verleihen.

Wie dem auch gewesen sein mag, wichtiger sind uns auch hier die vereinzelten Nachrichten über das Jagdhaus oder über das, was von ihm noch geblieben und bekannt war. In der Supplikation des Amtmanns vom Mai 1699 heißt es:

> *Es bezeigt sich, daß zu Lalling kurfürstlichen Landgerichts Hengersberg vor vielen Jahren ein herzogtumliches Jagdhaus gestanden, welches aber indessen nicht allein völlig eingefallen, sondern auch dermalen ein so mit Unrat verwaister Platz ist, daß solcher zu nichts zu nutzen und Euere Kurfürstliche Durchlaucht hiervon nicht einen Heller Wertes haben können.*

In seiner Stellungnahme zur Supplikation des Lallinger Amtmannes schreibt der Hengersberger Pfleger Maximilian Eberhard Freiherr von Seinsheim (1698 - 1716) am 21. Juli 1699 an den Straubinger Rentmeister,

> *daß er es nicht unterlassen habe, das zu bemeldetem Lalling gestandene so genannte Herzogshaus und die hiervon noch sichtbaren Gemäuer und Fundamenta nicht nur in Augenschein zu nehmen, sondern auch dessen inhabendes Spatium abzumessen. Dabei habe er befunden, daß selbes in der Länge 79, dann in der Breite 58 Schuhe halte, mit Erinnerung, daß übrigens alldort nichts als ein "lautterer" Steinhaufen und etliche hierauf ziemlich groß erwachsene Bäume, jedoch unfruchtbar und unnütz, zu sehen* (sind)*; man habe auch hierinfals keine andere Wissenschaft als der gemeine Ruf durchgehends zu verstehen gebe, daß nämlich an besagtem Ort vor diesem ein sehr schönes Haus gestanden habe, dessen sich der alte Kurfürst, wie die Worte der gemeinen Sag lauten, da er selbigen Reviers mit "Pern-Hatzen" sich zu erlustigen eingetroffen, bedient* (hat)*, woraus unzweiflich der Pöbel wird Anlaß genommen haben, erwähntem Haus den Namen "Herzog" beizulegen.*

Die hier angegebenen Maße des Jagdhauses mit 79 x 58 Schuhen (= 23 x 17,5 m) haben wir bereits an anderer Stelle genannt (Kap. 6.2.1) und wir finden ihre annähernde Bestätigung in den im Folgenden dargestellten Zusammenhängen, die uns dann auch sehr einsichtig den genauen Standort des einstigen Jagdhauses innerhalb des Dorfes Lalling offenbaren.

6.5.3 Der Streit um den *"Herzogsgrund"* in den Jahren 1760 bis 1762

Es sei vorweggenommen, daß uns über diesen Streit ein dicker Akt mit mehreren, teils nur noch schwer entzifferbaren Schreiben unterschiedlichster Herkunft vorliegt[205]. Sie alle zu referieren oder gar zu analysieren, würde den Rahmen dieser Darstellung weit überschreiten. Wir erfahren unter dem Blickwinkel unserer Themas aus diesem Akt letztlich nicht mehr und nicht weniger als den genauen Standort des herzoglichen Jagdhauses und dies könnte in wenigen Zeilen dargelegt werden.

Wenn wir diesen Streit dennoch in seinen Grundzügen und nach seinen Hauptschriften darstellen, dann deswegen, weil im Verlauf dieses Streites eine Planzeichnung angefertigt wurde, die uns nicht nur den Lallinger "Herzogsgrund" und damit den genauen Standort des einstigen herzoglichen Jagdhauses zeigt, sondern darüber hinaus eine höchst interessante Ansicht davon bietet, wie sich der Ortskern von Lalling mit seinen Häusern und Höfen um die Mitte des 18. Jahrhunderts dem Betrachter dargeboten hat.

Die Lallinger Dorfansicht von 1761

Das Original dieser farbigen Handzeichnung findet sich im Bayerischen Hauptstaatsarchiv München innerhalb des oben erwähnten Aktes (GL Fasz. 1291/51). Das 46,5 cm hohe und 39,5 cm breite, aus relativ dünnem Papier bestehende Blatt ist mit dicken schwarzen Linien umrahmt und unterteilt. Der 31 x 39,5 cm umfassende obere Teil enthält die Malerei, das untere Drittel des Blattes blieb frei und unkoloriert; hier sollte ausreichender Raum für eine ausführliche Legende zur Verfügung stehen (allerdings blieb diese dann auf anderthalb Zeilen beschränkt). Abgebildet sind die Gebäude und Grundstücke im Ortskern von Lalling, aufgenommen aus nördlicher Richtung (Abbildung 99).

Der Gesamtprospekt beeindruckt durch die ansprechend schöne Kolorierung und durch die perspektivisch vollendete Anordnung der einzelnen Höfe und Häuser. Ebenso zeigen die mit großer Liebe zum Detail ausgeführten Häuserfassaden mit ihrem Holz- und Mauerwerk, ihren Dächern und Kaminen und ihren Türen, Fenstern und Schroten den guten Blick und die routinierte Hand eines begabten Malers. Erwähnt sei auch das übrige "Inventar" des Dorfes: Straße und Weg, die Zäune, die Gartenbäume und Büsche, Hoftor und Holzschuppen, Handkarren, Gatter und Spalierstangen und was es bei längerer Betrachtung sonst noch zu entdecken und zu deuten gibt.

Die strittige Grundfläche und damit das für die Anfertigung dieses Planes entscheidende Objekt ist in der linken Mitte der Malerei mit dem Buchstaben A gekennzeichnet, die vier umliegenden Häuser sind mit B, C, D und E versehen, entlang der Dorfstraße ist zweimal ein F eingetragen. In der Legende unter der Zeichnung werden die einzelnen Buchstaben erklärt:

A: oedter Grundt, so bemerkht in der weithe und breithe mit 4 Stemppen.

Dieser *"öde Grund"*, dessen Grenzecken mit *"4 Stempen"* (runden Holzpfählen) *"gemerkt"* sind, ist der "Herzogsgrund", auf dem das Jagdhaus einst stand und auf dem wenige Jahre später der Niederaltaicher Zehentstadel errichtet werden sollte. Damit liegt, weil sich die bauliche Anordnung am Lallinger Dorfplatz bis heute kaum verändert hat (Abb. 100, 101, 102, 103), die Identifizierung der umliegenden Häuser für jeden Lallinger Ortskundigen auf der Hand: mit *B* ist das *Wirtshaus* (heute Dollmaier, Gasthof zur Post, Hauptstraße Nr. 10), mit *C: das Cramerhaus* (Krämerhaus, heute Hauptstr. Nr. 14), mit *D* der immer noch an dieser Stelle bestehende *Pfarrhof* (heute ein schöner Ziegelbau, Hauptstr. Nr. 16), mit *E* die nördlich der *Straße* (= *F*) gelegene damalige *Schmiede* bezeichnet, die sich auch noch im Uraufnahme-Plan von 1828 etwa an der Stelle des Dorfplatzes befand, an der heute die alte Linde steht.

Am linken Rande, östlich des Wirtshauses, steht ein nicht näher gekennzeichnetes Stadel- oder Stallgebäude; möglicherweise ist dies der im Jahre 1598 errichtete "Marstall", der vom Wirt als Stall genutzt wurde. Westlich des Pfarrhofes befinden sich, durch das große Hoftor und durch dichtes Gebüsch teilweise verdeckt, die Gebäulichkeiten des alten "Amerhofes", heute der "Hofbauer" (Hauptstraße Nr. 18).

Beste Gewähr dafür, daß die Gesamtansicht wie die einzelnen Details weitestgehend der baulichen Realität des Jahres 1761 entsprechen, bietet uns die Tatsache, daß diese Zeichnung von der Dorfschaft Lalling selbst in Auftrag gegeben worden war und zugleich einer offiziellen Inaugenscheinnahme des umstrittenen Grundes und seiner Umgebung als Beweismittel standhalten mußte. Das Bild ist nicht signiert, auch in den zugehörigen Schriften wird der Name des Malers nicht genannt. Immerhin läßt das, was er zeichnerisch bietet, auf beste Ortskenntnis schließen.

Weil man alten Karten und Plänen dieser Art nur dann in vollem Umfang gerecht werden kann, wenn man ihre Entstehungszusammenhänge so weit wie möglich klärt, müssen wir uns dem damaligen Streit um den "Herzogsgrund" in gebotener Kürze zuwenden. Abgesehen davon bieten die darüber noch vorhandenen Akten auch einen guten Einblick in das Lallinger Dorfleben um die Mitte des 18. Jahrhunderts, aber vieles davon können wir hier nur streifen und andeuten. Wichtiger ist uns, daß dieser Streit so endete, wie er endete, denn bei anderem Ausgang hätte der den Lallinger Dorfplatz heute noch beherrschende Niederaltaicher Zehentstadel nie errichtet werden können. Kommen wir zur Vorgeschichte und zum Grund des Streites.

Abbildung 99: Die Lallinger Dorfansicht von 1761. *A: oedter Grundt, so bemerckht in der weith unnd breithe mit 4 Stemppen; B: das Wirtshaus: C: das Cramerhaus; D: der Pfarrhof; E: das Schmidthaus; F: die Strassen.*

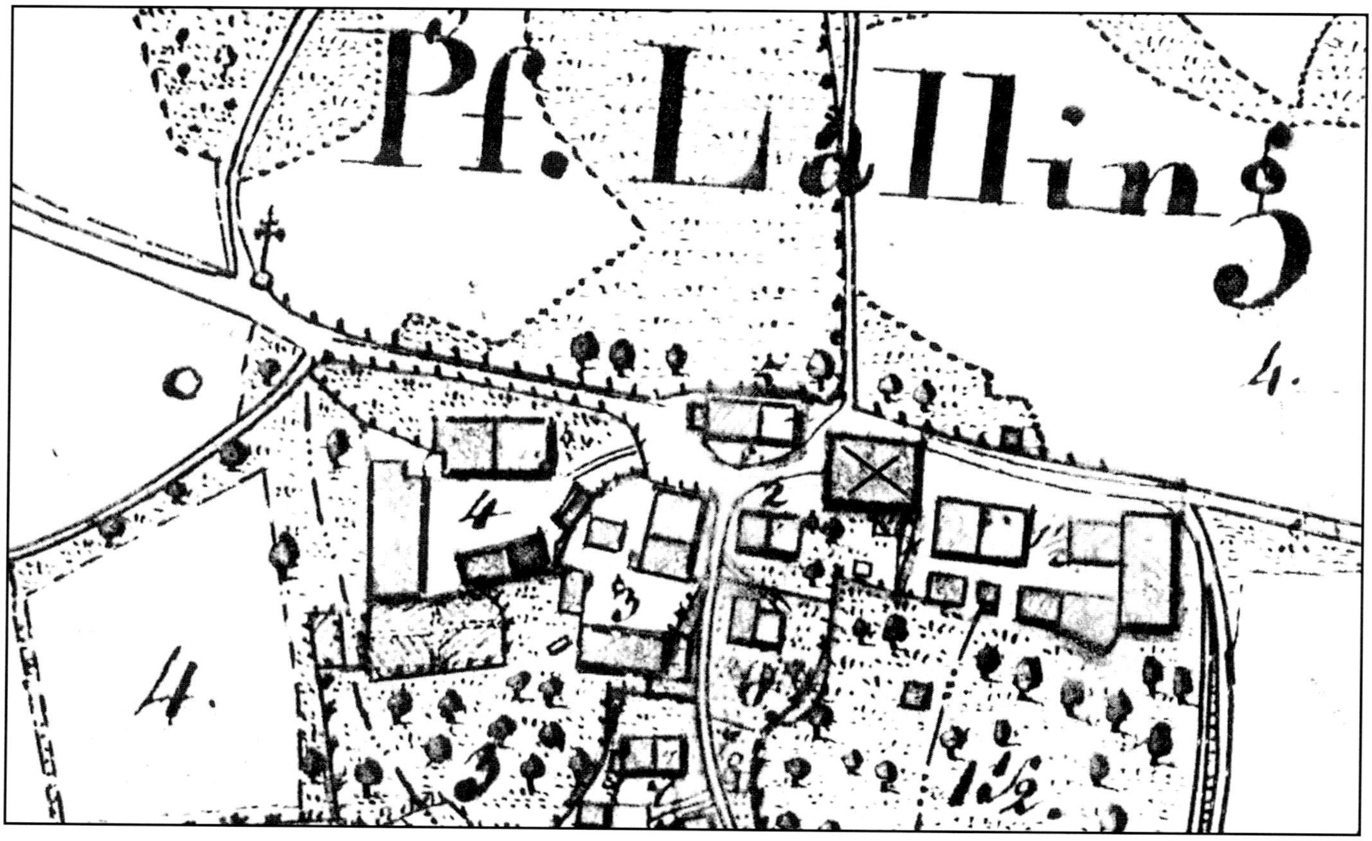

Abbildung 100: Die Uraufnahme von Lalling von 1828 läßt diese Gebäudegruppe aus der Zeit von 1761 noch gut erkennen . X: Zehentstadel der teilweise auf der Herzogsmauer erbaut wurde, 2: Kramerhaus, 3: Pfarrhof, 4: Amerhof, 5: Schmiedhaus. (Kartengrundlage: Urkarte 1: 5000, Blatt Nr. N. O. 35-50, Ausschnitt: 1: 2500, Wiedergabe mit Genehmigung des Bay. Land. Vermessungsamtes München, Nr. 5360/98).

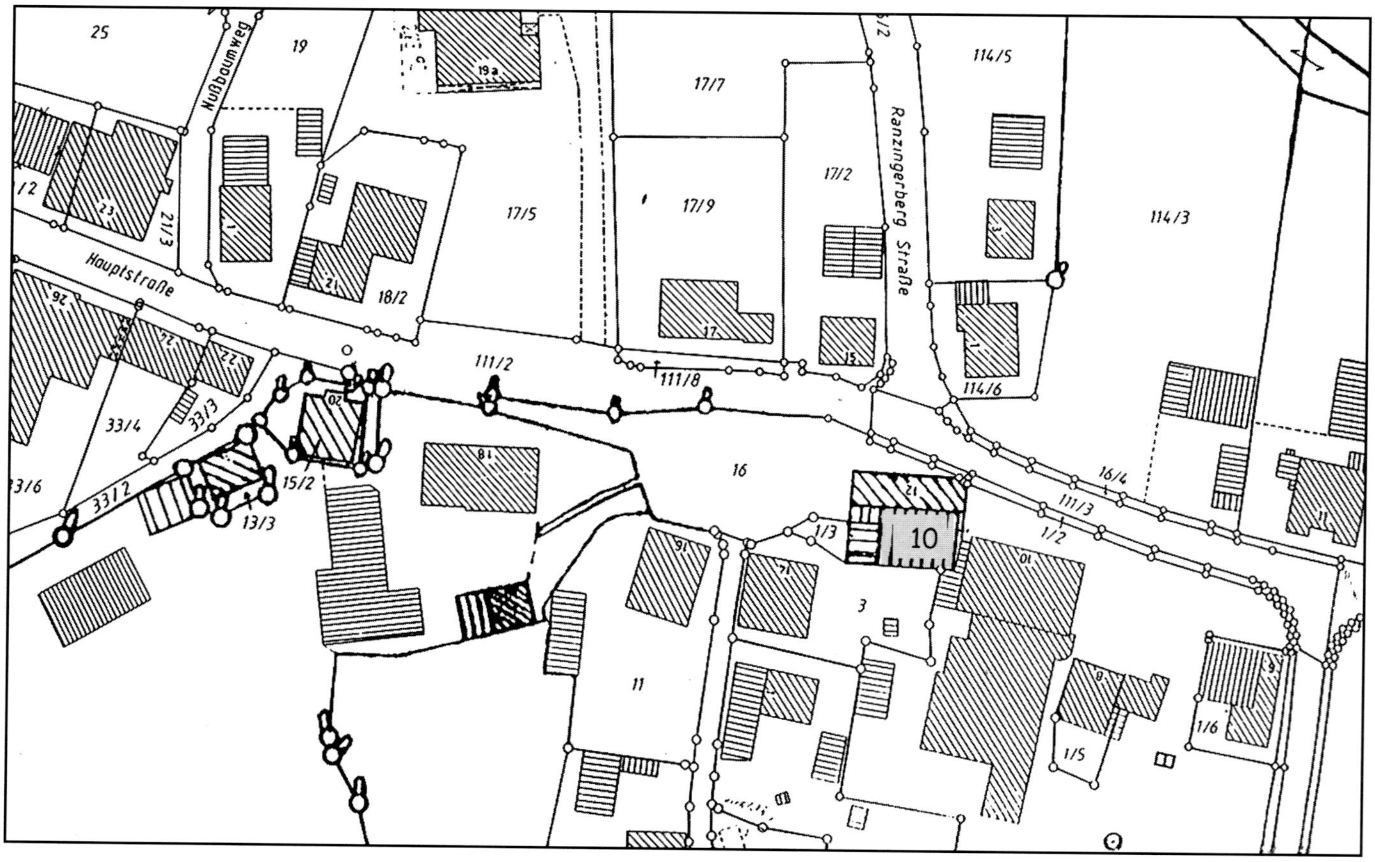

Abbildung 101: Die Anordnung dieser Gebäude nach den Lageplan 1: 1000 von 1990. 10: Zehentstadel, 14: Kramerhaus, 16: Pfarrhof, 18 Amerhof (Hofbauer)

Die Supplikation des Lallinger Amtmannes Joseph Steinbrecher

60 Jahre, nachdem der Lallinger Amtmann Hans Grasman mit seinem Vorhaben, auf den Fundamenten und mit den Steinen des herzoglichen Jagdhauses ein neues Haus zu errichten, gescheitert war (Kap. 6.5.2), kam einer seiner Nachfolger, der Amtmann Joseph Steinbrecher, auf dieselbe Idee. Dieser lebte damals wohl schon innerhalb oder in der Nähe des Dorfes Lalling, allerdings nur als kaum geduldeter Mieter in einem Bauernhof. Wir können uns in seine berufliche, häusliche und familiäre Notlage und in sein Ansinnen wohl am besten hineinversetzen, wenn wir ihn mit seinen eigenen Worten sprechen lassen. In seiner Bittschrift vom Oktober 1760 schreibt er an den Rentmeister in Straubing:

Ich, untertäniger Endsgesetzter, genieße zwar allbereits an die 18 Jahre den Amtmannsdienst zu Hengersberg, Gebiets Lalling, muß mich aber dieser Jahre noch mit Weib und habenden 9 Kindern bei einem Bauersmann elendiglich der Herberge und doch mit großem Herbergszins - alljährlich 10 Gulden - behelfen, welches ein so harter Umstand für mich ist, der in der Länge darum unerträglich erscheint, weil mich der Bauer, bei dem ich die Herberge genieße, von einer Zeit zur anderen hinausbittet und mir den Weg zur Türe hinaus weist. Ja es kommt nunmehro so weit, daß mir aufs Jahr nicht einmal eine Herberge überkommen kann, weil der Bauer einesteils die Vielzahl der Kinder, welche ihm doch keine Unruhe verursachen, scheut, andernteils auch den Antrag solcher Bauern-Inleute hoch achtet, die ihm das Jahr hindurch in die Arbeit gehen müssen. Und auf diese Weise hat es leider das Ansehen, daß ich endlich in die abgelegenste, allerschlechteste Hütte, die der Bauer nicht mehr zu erbauen vermag, einziehen oder ganz zuletzt unter dem freien Himmel meinen Aufenthalt nehmen müßte, ohne daß ich wüßte, meinen Dienstobliegenheiten wie bisher ferner vorstehen zu können.

Diesem Übel abzuhelfen und zu entgehen, wäre ich Vorhabens, auf dem jetzigen so genannten Herzogsgrund, welcher Seiner Kurfürstlichen Durchlaucht angehört und mitten im Amt Lalling selbigen Dorfes entlegen ist, aus meinen Kosten eine Wohnung zu erbauen, damit ich mit Weib und Kindern mein lebenslängliches Unterkommen erhalten und der so härtiglichen Bauernherberge befreit verbleiben möchte.

Solchemnach gelangt an Euer Reichshochfreiherrliche Gnaden mein untertänig gehorsamliches Bitten und Anlangen, diese meine notdringlichen Beschwerden der Herberge halber in hochgnädiger Erwägung zu vernehmen, folglich nach vorheriger Vernehmung meiner Herrn Beamten zu Hengersberg mir die hochgnädige Verwilligung zu erteilen und alldahin gelangen zu lassen, daß ich auf besagtem Herzogsgrund, weil selbiger schon über Menschengedenken öde und ansonsten lediglich als zusammengefallener Steinhaufen zu nichts dienlich ist, ein Amtshäusl aus meinen Kosten zu Erbrecht erbauen dürfte, damit die Untertanen nicht zu besorgen haben, daß nach meinem zeitlichen Hintritt ihnen Weib oder Kinder auf den Hals kommen. Zu welch hochgnädiger hoher Bitt-Erhörung und gedeihlicher Resolution ich mich Eueren Reichsfreiherrlichen Gnaden untertänig gehorsamlich empfehle.

Euerer Reichshochfreiherrlichen Gnaden
untertänig gehorsamer Joseph Steinbrecher,
Amtmann Gebiets Lalling, Gericht Hengersberg.

In seiner Stellungnahme vom 19. Februar 1761 bestätigt der Hengersberger Pflegskommissar Franz Xaver Hartinger (1736 - 1765) alle Angaben des Lallinger Amtmannes und befürwortet vorbehaltlos dessen Bittgesuch. Dabei macht er über den Herzogsgrund folgende Angaben:

Der von ihm, Amtmann, vorgeschriebene Grund, worauf vor alten Zeiten der allgemeinen Sag nach ein herzogliches Jagdhaus gestanden ist, in welchem die damaligen gnädigsten Landesherrschaften, wann höchstdieselben auf "Pernhatzen" sich in den Wald herein zu begeben geruhet, logiert haben und der seither immer öder darniederliegt, muß ganz richtig Ihrer Kurfürstlichen Durchlaucht angehörig sein, weil dieser nach so vielen Jahren von niemandem anprätendiert (beansprucht) *worden ist, ... welch öder Grund in der Länge 72 ½ und in der Breite 58 ½ Schuhe in sich hält.*

Über die Zeit der Erbauung und des Bestandes des Jagdhauses und von der Tatsache, daß es einstmals auf Niederaltaicher grundherrschaftlichem Boden und mit finanzieller Unterstützung des Niederaltaicher Abtes errichtet worden war, weiß damals niemand mehr Bescheid und der Pflegskommissar dürfte davon auch in der landgerichtlichen Registratur nichts gefunden haben. Darüber hinaus empfiehlt er, dem Amtmann diesen öden Grund nach vorhergehender Schätzung käuflich zu überlassen, die Ab- und Zustandslaudemien ortsüblich auf 2 ½ und 5 Prozent festzulegen, das neu entstehende Anwesen dann nach dem Hoffuß als $^{1}/_{16}$ Hof einzustufen, von dem dann Stift, Steuer und die Hofanlagen abgeführt werden sollten. Der Straubinger Rentmeister schließt sich in seinem Bericht an die Hofkammer vom 27. April all dem an und mit Schreiben vom 27. Mai 1761 billigt die Hofkammer den Verkauf des Herzogsgrundes an den Amtmann von Lalling. Am 20. Juli 1761 wird von zwei vereidigten landgerichtlichen Schätzleuten, den beiden Bauern Peter Streitberger von Frieberding und Michael Weber von Hatzenberg (beides bei Grattersdorf) die Schätzung vorgenommen. Sie taxieren den Wert des Grundstücks auf 10 Gulden, was sogar dem Amtmann zu billig vorkam, denn er erklärt sich anschließend bereit, 2 Gulden mehr zu bezahlen. Er hätte nun mit dem Bau seines Hauses beginnen können[206], wenn dies den übrigen Einwohnern von Lalling und den Anliegern des Herzogsgrundes gepaßt hätte.

Der Einspruch der Dorfschaft Lalling

Wahrscheinlich wurden sich die alteingesessenen Lallinger erst bei der eidlichen Schätzung des Grundstückes in vollem Umfang dessen bewußt, daß sich nun der über die Maßen unbeliebte Amtmann mitten im Zentrum des Dorf ein eigenes neues Haus bauen wollte und daß der Baubeginn unmittelbar bevorstand. Denn erst jetzt, ein Dreivierteljahr nach der Supplikation des Steinbrecher, als der Verkauf des Grundstückes beinahe abgeschlossen war, erheben sie in aller Eile, aber auch in aller Vehemenz ihre Stimme gegen dieses Vorhaben. Dabei war das damalige Lalling zwar der zentrale Ort seines Umlandes, weil dort seit Jahrhunderten eine Kirche, ein Pfarrhof und ein Wirtshaus bestanden, aber es war keineswegs ein großes und volkreiches Dorf. Die Güterkonskriptionen jener Zeit nennen für Lalling nur sechs Anwesen: das Wirtshaus, das Bündergut und Ebnergütl und daneben drei Söldenhäusl für einen Schneider, einen Schmied und einen Krämer[207]; in den Streitakten werden nur fünf Anwesensinhaber namentlich genannt. Diese bildeten damals die Dorfschaft Lalling.

Ihr umfangreiches, an die Hofkammer in München gerichtetes Schreiben ist folgendermaßen betitelt:

> *Untertänig gehorsamstes Bitten und Anlangen:*
> *die gesamte Dorfschaft Lalling, hauptsächlich aber der Tavernenwirt Franz Adam Mattschilles daselbst*
>
> *contra*
>
> *das Kurfürstliche Pfleggericht Hengersberg, praecipue dessen Amtsknecht Joseph Steinbrecher, Gebiets Lalling, um "Innstandt"* (Einstellung) *wegen eines vorhabenden Hausbaues.*

Alles in allem sind es 10 Punkte, die es nach Lallinger Ansicht geraten erscheinen ließen, einen Hausbau an dieser Stelle zu untersagen. Aber die meisten Einwände sind zunächst so wenig stichhaltig, daß sie in den anschließend erstellten „Gerichtlichen Erläuterung" des Hengersberger Pflegkommissars vom 14. August 1761 widerlegt, entkräftet oder zumindest relativiert werden konnten. Wir führen hier in gebotener Kürze gleich beides, die Einwände der Dorfschaft und die Gegendarstellung des Landgerichts, jeweils nebeneinander an. Die oben beschriebene Lallinger Dorfansicht mag dabei bei mehreren Aussagen zur Illustration dienen. Allerdings war sie - anders als der Bauplan des Joseph Steinbrecher - damals noch nicht erstellt; sie wurde von der Dorfschaft wohl erst im Anschluß daran in Auftrag gegeben.

Die Eigentumsfrage

Dorfschaft:

> *"Der Ort, auf dem das Jagdhaus stand, ist ein unwidersprechlicher Gemein*(de)*grund. Es hat der gnädigsten Herrschaft freigestanden, das Jagdhaus darauf zu erbauen und beliebig lange zu unterhalten. Aber es kann nicht die gnädigste Intention gewesen sein, diesen Grund der Dorfschaft nach dem Verfall des Jagdhauses zu entziehen und aus dem ein Amtshaus zu machen, was vormals dem Landesherrn bei den Jagden zur Bewohnung diente."*

Landgericht:

> *"Es kann nicht bewiesen werden, daß dies ein Gemeindegrund ist, denn Ihre Kurfürstliche Durchlaucht baut auch keine anderen Gebäude auf fremdem Grund. So lange die Dorfschaft nicht eindeutig beweisen kann, daß es tatsächlich ein Gemeindegrund sei, kann der Kurfürst zu ewigen Zeiten mit diesem Grund tun, was er will."*

Die Rechtslage ist hier genau so geartet und genau so kompliziert wie in Reichenberg (Kap. 5.9.6). Auch hier weiß im 18. Jahrhundert niemand mehr, wie die ursprünglichen Eigentumsverhältnisse waren und worin die eigentliche Problematik bestand. Wir haben gesehen - und eben dies wußten die Kontrahenten im 18. Jahrhundert nicht mehr -, daß dieser Herzogsgrund ursprünglich zum Lallinger Amerhof gehörte. Der Grundherr des Amerhofes und damit auch des Herzogsgrundes war (und blieb) das Kloster Niederaltaich. Sicher war im Jahre 1593 der Lallinger Amann für die Abtretung dieses Grundes entschädigt worden (Kap. 6.2.4), aber zum einen war dies kein offizieller, verbriefter und beurkundeter Kauf, zum anderen konnte der Herzog vom Amann nicht das Eigentum, sondern nur ein Nutzungsrecht über diesen Grund erwerben. Dabei war im Jahre 1593 - ebenso wie im Jahre 1590 in Reichenberg - für alle Beteiligten klar, daß die Nutzung dieses Grundes ausschließlich in der Errichtung eines Jagdhauses bestand. Rein rechtlich wäre es daher aus unserer späten Sicht Sache des Klosters Niederaltaich gewesen, den Bau eines landgerichtlichen

Amtshauses zu gestatten. Vorweggenommen sei, daß sich das Kloster zunächst aus dem offenen Streit heraus hielt, in seinem weiteren Verlauf aber deutlich zu verstehen gab, daß man sich nötigenfalls "inmiscieren" (einmischen) wolle, und dies ist dann in der Tat ein entscheidender Grund dafür, daß dieses Amtshaus in Lalling nicht gebaut wurde.

Die Feuergefahr

Dorfschaft:

> *"Um den leeren Herzogsgrund sind die Taverne, das Krämerhaus, der Pfarrhof, der Ambhof und die Schmiede engs herum erbaut. Wenn mitten darunter dieses Amtshaus käme, wäre es nichts anderes als eine pure unlöschliche Feuerhütte. Die vielen Kinder hätten leichtlich eine Occasion* (zum Feuerlegen), *da der Amtmann mehrerenteils nicht zu Hause ist. Vor wenigen Jahren sei im Pfarrhof ein Feuer entstanden, das anfangs nicht viel zu sagen gehabt hätte. Aber aus Abgang des Wassers konnte nicht nur nicht der Pfarrhof gerettet werden, sondern es mußte zugesehen werden, wie noch dazu zwei weitere Häuser abbrannten. Es würde also nichts als der größte Schaden von Euerer Kurfürstlichen Durchlaucht herkommen."*

Landgericht:

> *"Der Umstand wegen der Feuersgefahr obwaltet überall. Der Amtmann wohnt schon seit 19 Jahren im Amt Lalling und durch ihn und die Seinen ist Gottlob ein Feuer niemals ausgekommen. Dieser Punkt fällt von selbst hinweg, denn es könnte ansonsten der Amtmann in keinem Dorf geduldet werden, sondern müßte unter freiem Himmel wohnen."*

Wasser, Einfahrt, Dorfweide

Dorfschaft:

> *"Wenn der Amtmann diesen Grund vollständig bebauen will, hat er kein Wasser und keine Zufahrt. Dazu hat er drei Kühe, aber keinerlei Weideberechtigung, weil ihm diese weder die Dorfschaft noch das Kloster Niederaltaich als Grundherr über Lalling gestatten würde."*

Landgericht:

> *"Der beiliegende Riß* (Bauplan des Steinbrecher) *zeigt, daß der Amtmann nur einen Teil des Grundes überbauen will, und auf dem Herzogsgrund kann durchaus ein Brunnen gegraben werden. Die Einfahrt ist undisputierlich, weil der Herzogsgrund unmittelbar an der Straße liegt. Weder die Dorfschaft noch die*

Abbildung 102: Der Blick von Westen mit dem Pfarrhof (rechts), dem ehemaligen Kramerhaus (Bildmitte) und dem Zehentstadel (links hinter der Linde)

Abbildung 103: Der heutige Blick von Osten zum Gasthaus zur Post und dem Zehentstadel. An der Stelle der alten Linde (rechts im Hintergrund) stand das kleine Schmiedhaus. Auf dem Platz des alten Zehentstadels stand einst das Jagdhaus, das Herzog Wilhelm V. 1593 bauen ließ.

Grundherrschaft haben zu befürchten, daß der Amtmann eine einzige Kuh zu Weide auszutreiben verlangt."

Unerträgliche Dichte der Bebauung für die Nachbarschaft

Dorfschaft:

"Das neue Amtshaus würde hauptsächlich der Taverne, dem Crambhaus (Krämerhaus) *und der Schmiede das Licht verbauen und es käme auch hart an den Pfarrhof.* Offensichtlich widersprach es damals allen Konventionen, daß jemand zu nahe am Pfarrhof wohnte. Denn es heißt weiter: *Im ganzen Lande gibt es kein Exempel dafür, daß der Pfarrer und der Amtmann aneinander wohnen und einander in die Fenster sehen."*

Landgericht:

"Der Augenschein wird zeigen, daß keinem Haus das Licht genommen würde und zwischen dem Amtmannhaus und dem Pfarrhof sei noch ein ziemlicher Platz. Abgesehen davon gebe es durchaus Beispiele, etwa neuerdings zu Schönberg, wo das neue Amtshaus unmittelbar an Pfarrhof und Freythof anstößt. Zudem zeigt der Riß, daß die Fenster des Amtmannhauses hauptsächlich auf die Straße gehen und dem Herrn Pfarrer keineswegs an seiner Gelegenheit Hindernis machen."

Hühnerschäden

Dorfschaft:

"In unseren in nächster Nähe gelegenen Feldern wird uns durch das viele Geflügel, das sich der Amtmann hält, großer Schaden beschehen. Mit ihm deswegen einen Prozeß anzufangen, wird aussichtslos sein, weil man gegen ihn beim Pfleggericht Hengersberg klagen müßte."

Landgericht:

"Das Geflügel des Amtmanns besteht allenfals in einigen Hennen und einem Hahn, und es kann leicht ein eingeplankter Ort errichtet werden, aus dem das Geflügel nicht entlaufen kann. Es ist ein lächerlicher und schlechter Gedanke, daß der Dorfschaft dadurch ein gar notabler Schaden beschehen sollte."

Mißgunst und Streitlust des Amtmannes

Dorfschaft:

"Dieser Amtsknecht hat unter anderem diese feine Qualität an sich, daß er uns auf allen Seiten zu drücken trachtet und hierzu das Nächstbeste vom Zaune brechen dürfte. So hat er sich, als er erfuhr, daß wir (gegen seine Hausbaupläne) *hinwider gehen werden, schon dreimal in der Taverne berauscht, nachher Händel gesucht und dem Wirt die Krüge unter die Türe geworfen."*

Landgericht:

"Daß sich der Amtmann dreimal im Wirtshaus rauschig betrunken und Händel angefangen hat, dem wird von ihm widersprochen; er bekennt lediglich so viel, daß er, nachdem ihm der Wirt zum Despekt einen zweimal mit Draht gebundenen Krug mit Bier vorgesetzt hat, aus dem solches ausgeronnen ist, diesen Krug unter die Türe geworfen hat, wovon der Wirt das zinnerne Stück wieder gebrauchen kann, und wenn der Wirt vermeint, Recht zu haben, könne er gleichwohl den Amtmann verklagen."

Nachteile für den Wirt zu Lalling

Dorfschaft/Wirt:

"Absonderlich aber wäre ich, Franz Adam Mattschilles, Taverner daselbst, hierdurch zum Bettler gemacht. Denn abgesehen davon, daß mir der Amtmann gleichsam mit seinem Bau unter das Dach herein käme und so dem Tanzboden und dem für die Gäste erbauten Stübl das Licht glatt nähme, werden sich ermeßlichermaßen die jungen Burschen und der Bauersmann durchgehend scheuen, in mein Wirtshaus hereinzukommen, weil das Amtshaus so nahe steht, daß kein Gast ein- und ausgehen möchte, dem er nicht ins Gesicht hineinsehen wird. Dabei bin ich ein ganz junger Meier (Inhaber) *und ich muß zum Sankt-Stephani-Gotteshaus zu Lalling für ein unablösliches Kapital von 600 Gulden* (herrührend vom Kauf des Wirtshauses im Jahre 1720) *jährlich die Zinsen bezahlen."*

Landgericht:

"Beim Tag hat sich niemand zu scheuen, in das Wirtshaus zu gehen, und zu anderen unzulässigen Zeiten ist es gar löblich, wenn der Amtmann auf die Nachtschwärmer und andere liederliche Burschen Obsicht trägt, wodurch vieles Übel, ja auch Sünde und Laster abgestellt würde, welches dem Herrn Pfarrer gar anständig sein und das nächtliche Jodeln vor dem Pfarrhof unterbleiben würde."

In dem um mehr Objektivität bemühten „Zweitgutachten", das später der Deggendorfer Pfleger erstellte (s.u.), heißt es dazu:

"Es wird sich zwar bei Tag niemand scheuchen, in das Wirtshaus zu gehen; weil aber die außer(halb) *des Wirtshauses Raufenden und aus demselben zu spät nach Hause Gehenden die Kurfürstliche Gerichtsjurisdiktion trifft, also von dem Amtmann "gepfändet" werden können und sollten, so dürfte freilich des Wirtes Gewerbe gemindert werden. Die unterbleibenden Sünden und Laster aber würden in einem anderen Wirtshaus, das keinen solchen Nachbarn hätte, wohl doch ausgeübt werden. Daß aber der Schaden so groß sein sollte, daß der Wirt, da er doch auch einen großen Feldbau besitzt, zum Bettler gemacht würde, scheint schon einigem Zweifel unterworfen zu sein."*

Alternativen zum geplanten Bau des Amtshauses

Dorfschaft:

"Zum einen haben der Steinbrecher und seine Amtsvorgänger seit unvordenklichen Jahren ihren Dienst ohne ein Amtshaus versehen; zum anderen gibt es in der Umgebung Lallings eine Reihe von Brandstätten (gemeint sind abgebrannte Inhäuser oder Austragshäuser bei einzelnen Bauernhöfen) *und zwei davon sind dem Amtmann bereits angeboten worden. Würde sich der Steinbrecher dort ein Haus erbauen, hätte er für sich auch den Freizugang zum Dorfbrunnen und Backofen und auch die Weideberechtigung für einige Rinder."*

Landgericht:

"Weil die angebotenen Brandstätten als Pertinentien zu einzelnen Bauernhöfen gehören, bliebe der Amtmann dadurch der Inmann (= Untermieter) *eines Bauern und wäre daher jederzeit wieder kündbar. Er trachtet daher nach einer selbsteigenen Wohnung, weil er bisher, wenn er sich bei einem Bauern in der Herberge befand, nicht länger als ein Jahr geduldet wurde."*

Vorschlag: Kauf des Herzogsgrundes durch die Dorfschaft

Dorfschaft:

"Abgesehen davon, daß dieser Herzogsgrund bisher unbestritten und unangefochten ein von der Dorfschaft gemeinschaftlich genutzter Grund war, wäre man zur Abschneidung allen weiteren Streites bereit, diesen Grund, der dem sicheren Vernehmen nach nicht höher als auf 10 Gulden geschätzt worden ist, selbst zu kaufen, ja ehenter mehrers dafür zu geben."

Landgericht:

"Die Dorfschaft Lalling kann durch nichts beweisen, daß dies ein Gemeinschaftsgrund ist; dieser Grund soll dem bedürftigen Amtmann über lassen werden, nicht dem plus offerenti (dem, der mehr bietet)*."*

Androhung eines langwierigen Prozesses

Dorfschaft:

"Sollte es nicht zur Abstellung dieses unnotwendigen und unnützlichen Baues kommen, so wären wir - wenn auch höchst widerwillig - gezwungen, den Rechtsweg zu beschreiten, weil wir uns nicht der Feuersgefahr exponieren, weil wir uns das Unsrige nicht nehmen lassen und weil wir uns dieses Amtsknechts halber nicht mit Weib und Kindern zu Bettlern machen lassen wollen."

Landgericht:

"Es will im übrigen von der Dorfschaft Lalling eine große Vermessenheit sein, daß sie der gnädigsten Landesherrschaft so ungescheucht einen Prozeß diesfals androhen wolle. Damit die Sache dadurch nicht auf die lange Bank geschoben wird, soll eine löbliche Kommission entsandt werden, um die Sache vor Ort zu prüfen und die Dorfschaft Lalling mit ihrem unnötigen Gesuch abzuweisen."

Das Gutachten des Deggendorfer Pflegrichters und die Entscheidung der Hofkammer

Da die Hofkammer in München die Sache auf der Grundlage dieser beiden Schreiben nicht entscheiden wollte, beauftragte sie zunächst am 24. Juli 1761 den Pflegrichter des benachbarten Landgerichtes Deggendorf Joseph Klemens von Weichs (1752 - 1763), darüber ein um Unabhängigkeit und Parteilosigkeit bemühtes Gutachten zu erstellen. Es sei nur in Kürze festgehalten, daß sich auch dieser - trotz gewisser Einschränkungen - auf die Seite des Hengersberger Amtmannes stellte und eine Genehmigung seines Hausbaues empfahl. Wichtig ist sein Gutachten deswegen, weil nur in ihm die Lallinger Dorfansicht ausdrücklich erwähnt wird. Seinem Bericht zufolge hatte er sich am 18. August 1761 zusammen mit seinem Gerichtsschreiber zum Ortstermin nach Lalling begeben. Unmittelbar vorher seien ihm sowohl vom Steinbrecher wie auch von der Dorfschaft die *Risse* (= Pläne, Planzeichnungen) übergeben worden, und an anderer Stelle innerhalb seines Gutachtens heißt es einmal, daß *der von der Dorfschaft selbst übergebene Riß Nr. 3 zeige, daß der Pfarrhof* vom geplanten Haus des Steinbrecher weit entfernt und seitwärts liegt. Das Original des Lallinger Dorfplanes trägt auf der Rückseite tatsächlich die Nr. 3.

Die Entscheidung der Hofkammer vom 15. Mai 1762 fällt schließlich dennoch gegen den Amtmann und zugunsten der Dorfschaft Lalling aus, aber nicht deswegen, weil man in München ein Einsehen mit den Lallingern und ihren Nöten hatte, sondern aus rein utilitaristischen Erwägungen. Es waren im wesentlichen drei Gründe, mit denen man den Hausbau des Amtmannes ablehnte:

1. *Man würde wegen dieses auf nur 10 Gulden ästhimierten Grundes einen langwierigen, kostbaren Prozeß um so gewisser abzustreiten haben, als das Kloster Niederaltaich von Grundherrschafts wegen sich inmiscieren und seinen Untertanen Assistenz leisten würde.*
2. *Es entgeht dem kurfürstlichen höchsten Ärarium nichts, wenn anstatt des Amtmannes die sich graviert erachtende Gemeinde diesen Platz auf Erbrecht kauft*; wahrscheinlich war den Hofkammerräten das gesamte Anliegen des Amtmannes vor allem deswegen zuwider, weil man eingesehen hat, daß die Schätzung des umstrittenen Grundstückes auf nur 10 oder 12 Gulden von vornherein eine krumme Sache war; jedenfalls bemerkt man zu diesem Punkt weiter, daß man in den Verhandlungen *mit der Gemeinde auf etwas höheres als auf 12 Gulden trachten sollte.*
3. *Nach Inhalt der neuerdings in Landesökonomie-Sachen ergangenen gnädigsten Generalien ist es dem Amtmann ein Leichtes, anderwärtig einen bisher öden Grund ausfindig zu machen und sich hierauf eine Wohnung zu erbauen, wo er sodann noch dazu das Utile* (den Vorteil) *wegen der Freijahre* (in denen er keinerlei Abgaben zu entrichten hat) *zu genießen bekommt.*

Der Kauf des Herzogsgrundes durch den Lallinger Wirt

Über den Verkauf des umstrittenen Grundes an den Lallinger Wirt Franz Adam Mattschilles am 21. August 1762 sind alle einschlägigen Schriftstücke erhalten: das Verkaufsprotokoll, der Erbrechtsbrief und der diesbezügliche Bericht des Hengersberger Pflegers an die Hofkammer in München. Wir können uns hier auf die verkürzte Wiedergabe des ersten und zugleich inhaltsreichsten Dokumentes beschränken. Es ist überschrieben mit:

Protokoll,
so bei Verkaufung des öden Herzogsgrunds zu Lalling gehalten worden (ist)*,*
den 21. August Anno 1762.

Zu Beginn beruft sich der Hengersberger Pfleger Franz Xaver Hartinger (1736 - 1765) auf ein *Befehlsschreiben des Löblichen Rentamtes Straubing* vom 7. Juni des laufenden Jahres,

> *wonach Ihre Kurfürstliche Durchlaucht den im Dorf Lalling vorhandenen Herzogsgrund nicht dem hiesigen Gerichtsamtmann Gebiets Lalling zu seinem vorhabenden Häuslbau, sondern vielmehr der dortigen Dorfgemeinde auf deren gestelltes Gesuch auf Erbrecht käuflich zu übergeben gedenken.*

Er habe daraufhin *sämtliche Untertanen der Dorfschaft zur Abschließung dieses Kaufes zu sich berufen*. In diesem Zusammenhang bietet er uns auch die Zahl und die Namen der einzelnen Anwesenbesitzer von Lalling. Wie erwähnt, waren es nicht mehr als fünf, und zwar *der Wirt Franz Adam Mattschilles*, *der Amann* (Inhaber des Amerhofes) *Georg Ärbinger*, ferner ein *Lorenz Nirschl*, ein *Paul Rösl* und ein *Joseph Grümb*, wobei letzterer nicht persönlich erscheinen konnte; mit der Vertretung seiner Interessen hatte er den Paul Rösl beauftragt.

Im Verlauf der Verhandlungen eröffneten diese dem Pfleger,

> *daß sie den kurfürstlichen Herzogsgrund keineswegs für die Gemeinde behalten, sondern dem alldortigen Wirt Franz Adam Mattschilles und dessen Eheweib Anna Maria zur Errichtung eines Gartens, weil ohnehin deren Behausung zum nächsten daran angelegen, sohin selbe hiervon den höchsten Nutzen haben können, überlassen wollen.* Darauf hat der Pfleger *mit den beiden Mattschilles-Eheleuten eine Kauf-*

summa zu verhandeln angefangen und nach vielfältig angewandtem pflichtmäßigen Amtseifer sind sie so weit eins geworden, daß für diesen 72 ½ Schuh langen und 58 ½ Schuh breiten Herzogsgrund als Kaufgeld 50 Gulden bar, mithin um 38 Gulden mehr als die Schätzung ergeben hat, bezahlt werden mußten *und als jährliche Gült 17 Kreuzer 1 Heller und als Steuer 4 Kreuzer.*

Der Lallinger Wirt mußte damit das Vier- bis Fünffache dessen bezahlen, was man nach der offiziellen Schätzung des Grundstücks vom Amtmann Joseph Steinbrecher verlangt hatte. Dabei beruht dieser überhöhte Preis sicher nicht *auf dem vielfach angewandten pflichtmäßigen Amtseifer* des Pflegers, sondern dies war die Rache eines beschränkten Beamten, Vergeltung dafür, daß die Dorfschaft Lalling und allen voran der Wirt den Bau des Amtshauses zu Lalling verhindert hatte, obwohl er selbst nachhaltig dafür eingetreten war. Daß er bei diesem eklatanten Preisunterschied selbst bei seinen vorgesetzten Behörden in fragwürdigem Licht erscheinen mußte, wurde ihm in seinem dümmlichen Beifallheischen wohl gar nicht bewußt. Auf der anderen Seite zeigt das Einverständnis der Wirtsleute mit diesem Preis, wie sehr man damals die Nachbarschaft eines Amtsschergen fürchtete und wie groß die Abneigung gegen den Joseph Steinbrecher in Lalling gewesen sein muß.

Aber vielleicht ist dies nur die halbe Wahrheit. Denn verfolgt man die Geschichte des Herzogsgrundes noch ein paar Jahre weiter, so kann man sich des Eindruckes kaum erwehren, daß uns die einzelnen Schreiben dieses ganzen Streitaktes den tatsächlichen Hintergrund und den vielleicht entscheidenden Aspekt dieses Streites verschleiern und verdecken, und dies wären die speziellen Interessen des Klosters Niederaltaich, des Inhabers der Grundherrschaft über Lalling, und die tragende Rolle, die einer seiner Mönche in diesem Streit möglicherweise spielte. Wir haben bisher nur an einer einzigen Stelle und fast nur am Rande erfahren, daß sich das Kloster bei einem Prozeß um dieses Grundstück gegebenenfalls *inmiscieren* und der Dorfschaft Lalling *Assistenz leisten* wollte. Ansonsten findet sich innerhalb des Aktes keinerlei eigene Stellungnahme des Klosters, geschweige denn ein in Niederaltaich verfaßtes Schriftstück. Dennoch stand das Kloster wohl wesentlich entschiedener hinter seinen Lallinger Grunduntertanen und zog - die offene Konfrontation mit dem Landgericht meidend - im Hintergrund seine Fäden. Denn man hatte in Niederaltaich mit dem Lallinger Herzogsgrund seine eigenen Pläne.

Der Bau des Niederaltaicher Zehentstadels im Jahre 1766

Dieser Verdacht verstärkt sich, wenn wir im letzten Schreiben dieses Aktes, einem Bericht des Straubinger Rentmeisters Franz Xaver von Lerchenfeld (1753 - 1776) vom 22. April 1765, lesen,

daß die Mattschilles-Wirtsleute seit dem Kauf vom August 1762 den Herzogsgrund bis anhero öd liegen lassen und nicht zur Kultivierung gebracht haben und dies fürwärts auch nicht zu tun gedächten, sondern entschlossen seien, diesen Grund dem Kloster Niederaltaich zur Erbauung eines Zehentstadels käuflich zu überlassen.

In Niederaltaich wurde nach dem Tode des Abtes Ignaz I. Lang (1751-1764) am 27. August 1764 Pater Augustinus Ziegler an die Spitze des Klosters gewählt [208]. Stätten seines vorherigen Wirkens außerhalb seines Mutterklosters waren St. Oswald - dort war er Konventuale des Propstes Gregor Pusch (1746 - 1768) - und Salzburg, wo er sechs Jahre lang an der Benediktiner-Universität Philosophie lehrte. In den acht Jahren vor seiner Wahl zum Abt war er zuletzt kurzfristig Seelsorger in Auerbach (1763 - 1764) und Regen (1764) und zuvor, in den sieben Jahren von 1756 bis 1763, wirkte er als Pfarrvikar in Lalling[209]. Damit fällt der Streit um den Herzogsgrund genau in seine Lallinger Zeit. Weil er in diesen Jahren auch Herr des dortigen Pfarrhofes war, kannte er die Lallinger Verhältnisse und damit auch das umstrittene Grundstück bestens, und weil er sich um diese Zeit möglicherweise schon Hoffnungen auf den Abtstab des Mutterklosters machen konnte, zumindest aber im Laufe seiner Lallinger Tätigkeit auch eigene Vorstellungen über die Notwendigkeiten und Möglichkeiten der grundherrschaftlichen Verwaltung des Lallinger Gebietes entwickelt hatte, drängt sich unwillkürlich die Annahme auf, daß Pater Augustin Ziegler im Streit um den Herzogsgrund der versteckte Drahtzieher und der heimliche starke Rückhalt der Dorfschaft in der Abwehr des Amtsschergen-Häusels war - und so sehr das Lallinger Dorfbild vom Jahre 1761 vom großen Gebäude des Pfarrhofes beherrscht wird, so wenig kann man sich des Verdachtes erwehren, daß der Vikar (auch) bei dieser Zeichnung - in welcher Weise auch immer - seine Hand im Spiel hatte.

Wie dem auch sei, schon im zweiten Jahr nach seiner Abtwahl wird auf dem einstigen Herzogsgrund der Lallinger Zehentstadel des Klosters Niederaltaich erbaut. Wie dies im einzelnen rechtlich und organisatorisch vonstatten ging, sei der weiteren Lallinger Ortsgeschichtsforschung überlassen. Wir beschränken uns hier auf die einschlägige Passage im *Septennium primum Augustini II. Praesulis 1764-1771* des Niederaltaicher Paters Johann Baptist LACKNER, einer nur in Handschrift vorliegenden, höchst informativen und zugleich wunderschön ausgestatteten Chronik über die ersten sieben Amtsjahre des Abtes Augustinus II.[210]. Zum Frühjahr des Jahres 1766 heißt es:

Hoc in tempore novum Lallingae pro convehendis decimis nostris aedificatur et eodem adhuc anno consummatur horreum totum lapideum, stabulis habitaculisque instructum. Aedificatur autem in ea area, ubi antiquissima rudera, vulgo "die Herzogmauer", nostri iuris erant. Perhibent, olim duces nostros venationi indulgentes ibidem nocturna diversoria habuisse. Finis structurae huius non alius fuit, quam Monasterii evidens utilitas et populi salus .....

Übersetzung:

„Um diese Zeit wurde in Lalling zur Sammlung unseres Zehents ganz aus Stein ein Stadel mit Ställen und Zimmern erbaut und noch im selben Jahr vollendet. Errichtet aber wurde er auf einem Areal, das unser rechtmäßiges Eigentum ist und wo sich sehr altes zerbröckeltes Gestein befand, gemeinhin "die Herzogsmauer" genannt. Man erzählt, einst hätten dort unsere Herzöge, wenn sie der Jagd frönten, eine nächtliche Herberge gehabt. Das Ende ihres Gebäudes diente nichts anderem als dem augenscheinlichen Nutzen des Klosters und dem Wohle des Volkes ......"

7. Die Bärenjagden der Herzöge im Bayerischen Wald

Die heutigen Bewohner von Reichenberg, Schöfweg und Lalling wissen nichts mehr über die Bärenjagden, die vom Jagdhaus aus stattfanden. Über 400 Jahre konnten durch die mündliche Überlieferung in den Erzählungen der Alten nicht mehr überbrückt werden. Es soll deshalb versucht werden, anhand der Quellen kurz die Geschichte der höfischen Jagd dieser Zeit zu beleuchten und ihre Bedeutung und Auswirkungen auf die Bauern der Umgebung dieser Dörfer aufzuzeigen.

Das Recht auf den großen und kleinen Wildbann

Bis in die Karolingerzeit, etwa um 800, konnte Jedermann unbegrenzt die Jagd ausüben. In der Folge entstanden immer deutlicher abgegrenzte Waldgebiete, in denen die Jagd und sonstige Nutzung des Waldes hauptsächlich dem König zustanden. Diese Rechte fielen beim weiteren Ausbau des Landes an die Landesherren. In Bayern also an den Herzog. Bis um 1500 war diese Entwicklung so weit fortgeschritten, daß der Fürst das Jagdrecht für sich allein als Regal beanspruchte. Die Jagd stand ihm alleine zu. Unabhängig davon, auf welchem Boden das in Frage kommende Wild sich befand (Schwappach, 1886, Endres, 1901, Wendt, 1907, Gülsdorff, 1975). Aus diesem uneingeschränkten Anspruch ist auch zu erklären, daß die Herzöge die geschriebenen Jagdrechte der vielen Klöster kaum beachtet haben. So auch nicht die Jagdrechte der Pröpste in den Waldungen des Klosters St. Oswald.

Verfolgt man die Geschichte der Jagd zu der Zeit, in der das Reichenberger Jagdhaus geplant wurde und stand (1587 - 1648), ist immer vom Wildbann die Rede. Das Recht, Wild zu jagen, hatten sich die Herzöge von Bayern reserviert und blieb ihr Privileg. Dabei wurde noch nach dem kleinen und großen Wildbann unterschieden. Unter dem großen Wildbann, der hohen Jagd oder der Hochjagd, verstand man die Jagd auf das Rotwild, (Hirsche) und das Schwarzwild (Wildschweine, Bären), auf Auer- und Birkwild und Fasanen, die nur der Herzog ausüben durfte. Der kleine Wildbann, das kleine Waidwerk, die kleine Jagd oder die niedere Jagd durften auch von den herzoglichen Beamten, dem Landrichter, wahrgenommen werden (Kehrein, 1898, S 182, Ergert, 1984, S. 43). Zur Niederjagd gehörten Hasen, Füchse, Dachse, Biber, Fischotter, Marder, Wildkatzen, Iltisse, Eichhörner, Wiesel, Hamster, Rebhühner und andere kleine Tiere.

Bei der Vererbrechtung der ersten Glashütten im Bayerischen Wald gingen die Herzöge sogar noch einen Schritt weiter. Die Glashüttenherrn durften im Hochwald auch den kleinen Wildbann nicht ausüben. Sie wurden als Jäger aus dem Hochwald gänzlich verbannt. Über die Regelung des Jagdrechtes zwischen dem Grundherrn und den Glashüttenherrn gibt der Erbrechtsbrief der Glashütte in Spiegelau Auskunft. Herzog Ludwig und Wilhelm IV. (der Großvater des Erbauers des Jagdschlosses in Reichenberg Wilhelm V.) erlaubten im Jahre 1542 Sigmund Frisch aus Passau eine bereits bestehende Glashütte in Klingenbrunn und in Spiegelau zu betreiben. Hinsichtlich des Rechtes zu jagen wird jedoch genauestens festgelegt: ...doch nehmen Wir uns und unseren Erben die Hoch- und Forstwald hiermit aus, in denen er (Sigmund Frisch) und seine Erben Gejaids (Jagd) und Wildpans halber, gar nichts zu tun noch zu schaffen haben sollen. Dem Hüttenherrn war also nur die Jagd auf den Feldern und in den Gehölzen der Flur um Klingenbrunn, Reinhardsschlag und Spiegelau erlaubt. Der Pachtzins mußte an den Jäger von Pernstein entrichtet werden. Im Erbrechtsbrief wurde der Hüttenherr auch zum Jagdscharwerk verpflichtet. Er mußte mit seinen Gespannen mithelfen das Jagdzeug in die Wälder zu bringen. Nachdem bereits 1542 von Jagdscharwerk die Rede ist, kann man davon ausgehen, daß auch in dieser Zeit schon Bärenjagden stattfanden. Der Erbrechtsbrief der Glashütte von Riedlhütte aus dem Jahre 1505 ist verloren gegangen. Er wird aber ähnliche Bestimmungen über die Jagdrechte enthalten haben.

Ausschlaggebend für den Herzog bei der Beschränkung der Nutzungsrechte der Glashüttenherrn, war der Wunsch nach ungestörtem jagdlichen Vergnügen. Es ging aber auch um die Demonstration herzoglicher Vorrechte. Der Hofmark St. Oswald wurde bei der Vererbrechtung auch der große und kleine Wildbann zugesprochen. Allerdings haben sich die bayerischen Herzöge kaum daran gehalten und auch im Gebiet des Klosters gejagt, wie den Protestschreiben zu entnehmen ist. Daß der Kaiser gelegentlich auch den großen Wildbann als besonderen Gunstbeweis an Bevorzugte abtrat, wird aus einer Urkunde von 1344 an das Kloster Niederalteich ersichtlich. Der große Wildbann wurde vergeben für die Osterau, die Gundelau und die anderen Wälder, also auch für die Waldungen des Schenkungsgebietes der Propstei Rinchnach.

Die Jagd diente der Fleischversorgung der Hofküche in München

Das Legen des Wildbannes und die Überhege, der besondere Schutz des Wildes, vorzugsweise von Rotwild und Schwarzwild, hatte seine Ursache nicht allein in der Jagdlust der Fürsten. Ein wichtiger Grund wird heute auch in der Schwierigkeit der Fleischversorgung für die Hofgesellschaft in der damaliger Zeit gesehen. Die Tierzucht der Bauern war nur schwach entwickelt. Dadurch wurde es immer schwieriger, für das ständig zunehmende Personal des herzoglichen Hofes das nötige Fleisch zu beschaffen. Wegen der geringen Heuerträge der nassen und saueren Wiesen, war es für die Bauern immer schwierig, ihre Viehbestände im langen Winter durchzufüttern. Deshalb war es allgemein üblich, die Haustiere, die nicht unbedingt für die Nachzucht notwendig waren, im Herbst nach der Waldweide auf den Viehmärkten zu verkaufen. In den Städten gab es nur im Herbst genügend Frischfleisch. Durch Einsalzen konserviert, konnte es länger haltbar gemacht werden. Den Bediensteten der Hofhaltung setzte man Salzfleisch vor, die Herrschaften selbst bevorzugten natürlich nach den vielen Jagden frisches Wildbret, Geflügel und Fisch. Oft kam es auch vor, daß die Jagd so ergiebig war, daß die ganze Strecke von den Bediensteten des Hofes nicht verzehrt werden konnte. So kamen nach ergiebigen Jagdtagen oft auch die Untertanen, die Bauern, in den Genuß eines Wildbratens (Ernst, 1978).

Durch die Notwendigkeit, das Zerwirkgewölbe, die Vorratskammern für Fleisch am Hof in München, ständig aufzufüllen, fanden sehr viele Jagden statt. Im alten Zerwirkgewölbe, nahe dem Alten Hof in der Münchner Innenstadt, ist heute ein Wildgeschäft untergebracht. Es ist Bayerns ältestes Wildgeschäft mit einer Tradition, die bis in das 13. Jahrhundert zurückgeht. Bis zum Elchschinken aus Finnland werden heute dort viele Wildarten angeboten (Südd. Zeit., Nr. 291, vom 18. 12. 1997, S. 50).

7.1 Die Wittelsbacher als Jäger

Über die Jägerhäuser im Bayerischen Wald gibt es Nachrichten für die Zeit von 85 Jahren von 1563 (Jagdhaus in Schöfweg, Apian 1563) bis 1648 als das Jagdhaus in Reichenberg abbrannte. Sie erlebten den fröhlichen Ausritt zur Jagd auf Bären in die nahen Wälder. Die Jagdherren waren Herzog Wilhelm V. und sein Bruder Ferdinand I. sowie sein Sohn und Nachfolger Herzog Maximilian I. und sein jüngerer Bruder Albrecht VI. Zwei Generationen der Wittelsbacher fanden Freude und Erholung in ihren Jägerhäusern in Reichenberg und Lalling bei ihrer liebsten Freizeitbeschäftigung, der Bärenjagd. Es ist sicher von Interesse, über diese herzoglichen Bärenjäger, ihr Wirken und ihre Liebhabereien etwas mehr zu erfahren.

Herzog Wilhelm V.: Geb., 29. Sept. 1548, gest., 7. Feb. 1626

Wer war dieser Herzog Wilhelm V. (1548-1626), der 1587 im Jagdhaus der Grafen von Schwarzenberg in Schöfweg am Sonnenwald den Auftrag erteilte und 1590 das Reichenberger, 1593 dann das Lallinger Jagdhaus erbauen ließ? Er übernahm 1579 nach dem Tode seines Vaters Herzog Albrecht V. mit 31 Jahren die Regierungsgeschäfte und regierte bis 1597.

Von seiner Kindheit ist wenig überliefert. Nach der Sitte der Zeit stand er zusammen mit seinen Geschwistern, seinen Brüdern Ferdinand (1550- 1608), Ernst (1554- 1612) und seiner Schwester Marie (1551- 1608), bis zu seinem achten Lebensjahr in der Obhut seiner Mutter, der Herzogin Anna von Österreich (1528-1590), einer Tochter Kaiser Ferdinands I. in Wien. Schon mit 8 Jahren, 1556, wurde er und sein zwei Jahre jüngerer Bruder Ferdinand der Mutter entzogen (Baader, 1943, S. 2). Um die Erziehung und Ausbildung für jeden der beiden Prinzen kümmerten sich ein Hofmeister, ein Präzeptor und ein Silberkämmerer (Instruktion des Vaters von 1556). Gleichzeitig war ihnen ein Edelknabenwärter, ein Barbier und ein Türhüter zugeordnet. Ihr Leben in der Alten Feste in München, nur wenige Schritte vom Marienplatz entfernt, wurde nun nach einem strengen Tagesplan geregelt (Abbildung 104).

Abbildung 104: Der Innenhof der Alten Feste in München, der alten Residenz der bayerischen Herzöge, in der die beiden Prinzen Wilhelm und Ferdinand ihre Kindheit und Jugend verbrachten. Sie ist nur wenige Schritte vom Marienplatz entfernt.

Ihr Tag beginnt im Sommer um sechs, im Winter um sieben Uhr mit einer Messe. Die Anweisung des Vaters sah vor, daß mit der Rute nicht gespart werden sollte, damit die Erzieher auch geliebt und gefürchtet werden (Schmidt, 1892). Zu den wenigen Freizeitbeschäftigungen gehörten das Ballspiel, Reiten, Fischen, Kahnfahren, Armbrustschießen und vor allem die Jagd. Schon als Knaben durften sie einige Tage mit ihrem Vater auf die Jagd gehen. Ihr größtes Vergnügen aber hatten sie, wenn Ihnen ihr Vater Herzog Albrecht V. von seinen Jagden einen jungen Eber oder Frischling mitbrachte, den die Buben dann in einer Umzäunung mit großer Begeisterung mit Lanzen und Schwertern hetzen und töten konnten.

Mit diesen Spielen wurden sie schon als Knaben auf die Jagden vorbereitet, die an Grausamkeit nicht zu überbieten waren. Die Achtung vor der Kreatur stand offenbar nicht auf dem Ausbildungsplan.

Wilhelm V. hatte 1568 als 20jähriger Renata von Lothringen (1544- 1602), eine Tochter des Herzogs von Lothringen geheiratet. Das berühmte Glockenspiel im Münchner Rathaus erinnert heute noch an diese prunkvolle Hochzeit. Für den Erbprinzen und Thronfolger folgten zehn unbeschwerte Jahre auf der Landshuter Burg Trausnitz. Baader, 1943, hat den erhaltenen Schriftverkehr aus der Zeit von 1568 bis 1579 im Geheimen Staatsarchiv in München ausgewertet[232]. Es waren stürmische und verschwenderische Jahre mit ihren vielen Festen und Jagden auf Hirsche, Sauen und Bären. Die Zeitgenossen beschrieben dieses aufwendige Leben des jungen Erbprinzen am Hofe auf der Trausnitz als die bayerische Pracht (Beckenbauer, 1967, Abbildung 105).

Die Jagden von Wilhelm V. als Erbprinz auf der Trausnitz

Sicher war Wilhelm V. in seiner Jagdleidenschaft seinem Vater ebenbürtig. In einigen Briefen Albrechts V. an seinen Sohn erwähnt er, daß die Jagd seine liebste Erholung ist.[212] Hier eine Aufzählung der Jagden von Wilhelm V. in diesen Jahren auf der Trausnitz von 1568 bis zur Nachfolge seines Vaters als Herzog 1579. Es überrascht, daß der bereits verheiratete Erbprinz bei seinen Jagdvorhaben immer seinen Vater um Erlaubnis bitten mußte:

Brief vom 15. September 1568: Wilhelm bittet seinen Vater Albrecht V., mit seiner Frau Renata zwei bis drei Tage auf dem Jagdschloß in Isareck, westlich von Landshut, bleiben zu dürfen um das Hirschgerai (Hirschbrunft) hören zu können. Wilhelm V. jagte vom 24. bis 27. Juli 1570 in dem westlich von Landshut gelegenen Jagdschloß in Isareck.

Wilhelm V. reitet zur Falkenjagd aus: Wilhelms Briefe an seinen Vater Albrecht V. vom 3. und 14. Juli, 12. und 15. September 1568, 13. April 1574. Wilhelm ist mit wenigem Gesinde zur Jagd gefahren und hat unterwegs das Morgenmahl genommen: Ausgabenverzeichnis vom November 1573. Wilhelm V. hat große Lust beim Jagen gehabt: Brief seiner Frau Renata an Albrecht V. vom 13. Dezember 1573. Brief vom 30. Juli 1574 an Albrecht V.: Bitte um Hirschjagd. Wilhelm V. ist auf der Hirschjagd gewesen: Brief Christinas (Mutter von Renata) vom 31. Juli 1574. Wilhelm V. hat große Jagd für den Erzherzog Ferdinand ausgerichtet: Brief vom 28. Juli 1576. Wilhelm V. hat mit Jagen viel Lust gehabt: Brief vom 25. August 1574. Fuchsjagd in Isareck: Brief vom 10. Januar 1577. Gamsjagd von Innsbruck aus: Brief vom 26. Juli 1577. Wilhelm bittet seinen Vater Albrecht V. und erhält die Erlaubnis zur Pirsch: Briefe vom 19. und 23. Oktober 1577. Der Jägermeister seines Vaters Albrechts V. überläßt Wilhelm für eine Jagd einen Jäger. Wilhelm solle aber auf der Hirschjagd gewisse Gebiete schonen: Brief vom 7. September 1578.

Abbildung 105: Das Fresko an der Narrentreppe der Burg Trausnitz in Landshut zeigt den jungen Wilhelm V. als Thronfolger um 1573 im Alter von etwa 25 Jahren. 14 Jahre später, im Jahre 1587, gab er den Auftrag, im Kastenamt Bärnstein ein Jagdhaus zu bauen.

Häufig nimmt Erbprinz Wilhelm V. auch an Jagden teil, die ihm zu Ehren bei seinen Besuchen befreundeter Höfe ausgerichtet worden sind. So zum Beispiel 1572 bei den Verwandten seiner Mutter in Wien und 1573 in Graz. Bei seinem Besuch 1577 in Lothringen, veranstaltete der Vater seiner Frau Renata, Herzog Karl, eine Jagd bei Lunévill.

Die Bärenjagd im Herbst 1577

In einem Brief seines Bruders Herzog Ferdinand, des Wartenbergers, aus Prag vom 17. November 1577 wird erwähnt, daß Wilhelm V. von München aus auf der Bärenjagd gewesen war.[213] In diesem Brief wird der Ort, wo diese Bärenjagd stattfand, nicht genannt. Vieles spricht jedoch dafür, daß sie bei seinen Verwandten in Österreich stattfand:

Prag, 17. November 1577: Unser freundlicher Dienst, auch was wir in brüderlicher Treue, Liebs und Gutes vermögen zuvor. Hochgeborener Fürst, freundlicher lieber Bruder! ... So hat uns hoch berührt, daß sich das Perngejaid so glücklich und lustig angelas-

sen und einstmals einer (ein Bär) daraus das gleich bezahlt hat (getötet worden ist). Doch ist allein schad, weil unser würdiger, geliebter Herr Vater, etc. den Perners (Bären) viel Jagen, neben Aufwendung großer Kosten, nach(ge)zogen und auf den Dienst gewartet, daß seiner Gnaden sich mit einem so geringen Fang und nicht mit einem ganzen Dezet (Dutzend) oder mehr ersättigen sollen. Bei der Kaiserlichen Würden unseres allergnädigsten geliebten Herrn und Vetters Gejaid ist schlechte Lust und schier samet keins der in früheren Jahren zu vergleichen.

Erbprinz Wilhelm V. hat auf der Burg Trausnitz in seinem Tiergarten nicht nur exotische Tiere gehalten. Alle Pfleger auf den Kastenämtern in Bayern waren angewiesen, die heimische Wildarten zu liefern. Dem Geschmack der Zeit entsprechend, war er besonders an Wildarten interessiert, die sich durch eine nicht normale Farbe und Wuchsform auszeichneten. In einem Bericht vom 30. Juli 1572 wird erwähnt, daß ein sehr großer Bär auf die Burg Trausnitz in Landshut gebracht worden ist, den man in einen Käfig sperrte (Baader, 1943, S. 322, Bericht Gschwendtners).[214] Dieser Bär könnte auf einer Bärenjagd am Rachel oder Sonnenwald gefangen worden sein.

Der Erbprinz Wilhelm V. hatte vor allem in den ersten Jahren mit eigenem Hofstaat auf der Trausnitz einen höheren Bedarf an Jägern und Jagdhunden als ihm sein Vater zur Verfügung stellte. Öfter nimmt er deshalb die Jagdhunde seines Bruders Ernst, dem Bischof in Freising, in Anspruch (Briefe: 23. August 1572, 4. August 1574). Den weiteren Bedarf deckte er bei adeligen Freunden und Fürsten. Eine besondere Freundschaft verband ihn dabei mit dem Hause der reichen Fugger in Augsburg: Am 19. Juli und 16. August 1568 schickte ihm Hans Jakob Fugger seinen Jäger samt Leithunden solange es ihm beliebe. Der Pfalzgraf Ludwig von Veldenz schickte Rüden zur Schweinshatz (Brief vom 26. Sept. 1573). Den Herzog Ludwig von Württemberg bittet Wilhelm um Windspiele, die für die Vogeljagd abgerichtet sind (Brief: 19. Jan. 1576). 1578 werden mehrere Jäger mit ihren Hunden aus Württemberg gebracht.

Wilhelm V. war, wie schon sein Vater in München, ein großer Sammler. Viele Briefe im Schriftverkehr handeln von diesem Sammeleifer. Er sammelte aber nicht nur Altertümer und Kunstgegenstände sondern auch Hofnarren, Leibmohren, Kammerzwerge und Eunuchen. Besonders interessiert war er auch an exotischen Tieren wie Löwen, Leoparden, Elefanten, Kamelen, Papageien und Straußen. Das Jahrgeld seines Vaters reichte bei dieser aufwendigen und verschwenderischen Lebensweise nicht aus. 1575 mußte er dem Vater Albrecht V. in München eine Schuldenlast von 300.000 Gulden beichten. Der Kontrast könnte nicht größer sein: Seine 290 scharwerkpflichtigen Bauern im Gericht Bärnstein bekamen 1590 beim Bau seines Jagdhauses in Reichenberg je Arbeitstag noch nicht einmal den sonst üblichen Laib Brot oder ersatzweise einige schwarze (kupferne) Pfennige ausbezahlt.

Als Wilhelm V. dann nach dem Tode seines Vaters Herzog Albrecht V. 1579 die Regierung antrat, zeigte er bereits jene strenge Gläubigkeit, die ihm den Beinamen der Fromme eingetragen hat. Trotz aller Demut und Nächstenliebe bewahrte er sich aber stets die Liebe zur Kunst und zum Prunk bis ins hohe Alter. An der Neuhauserstraße in München entstanden das Jesuitenkolleg und die Michaelskirche. Die Münchner Prozession an Fronleichnam wurde zum großen Prunkzug. Im Alter kam der andere Zug seines Wesens stärker zum Vorschein. Die Schwermut, der Hang zur frommen Betrachtung und zum Nachgrübeln über die jenseitige Welt. Er war der Fürst, der die Armen speiste, sich geißelte, fastete und im Sommer bei großer Hitze, den Stecken in der Hand, nach Tuntenhausen bei Bad Aibling (Landkreis Rosenheim) wallfahrtete (Müller, 1977).

Er ging als ein schlechter Finanzverwalter seines Herzogtums Bayern in die Geschichte ein. Von seinem Vater Albrecht V. hat er schon über 600.000 Gulden an Schulden übernommen. Leider verstand er selber genausowenig hauszuhalten und vermehrte die Schulden. Seine Bauleidenschaft beim Bau der Michaelskirche verschlang 200.000 Gulden. Um den Katholizismus in Köln am Rhein zu retten, führte er einen Krieg, der 706.000 Gulden gekostet hat. Bei diesen hohen Beträgen erscheinen die Kosten für sein Jagdhaus in Reichenberg mit etwa 2.500 Gulden verschwindend gering. Wilhelm V. gilt als der Gründer des weltberühmten Hofbräuhauses in München. Salz und Weißbier waren wichtige Quellen der Einnahmen. Es sollte jedoch erst seinem Sohn Maximilian I. gelingen, mit dem herzoglichen Monopol auf die Herstellung von Weißbier im gesamten bayerischen Land, zusammen mit dem Monopol für den Salzhandel aus Reichenhall, seine Staatsfinanzen zu ordnen.

Durch diese aufwendige Wirtschaftsweise von Wilhelm V. war der Staatbankrott absehbar. In seiner Not hat Wilhelm V. den italienischen Alchemisten und Goldmacher Marco Bragadino nach Landshut und München geholt. Doch der konnte das nötige Gold auch nicht herzaubern. Er hatte dem Herzog zuviel versprochen: Enttäuscht hat er den Goldmacher am Münchner Marienplatz hinrichten lassen. Herzog Wilhelm V. war mit den Erzeugnissen seiner Glashütten am Rachel und Lusen bestens vertraut. Er hat den Goldmacher Marco Bragadino für seine alchemistischen Versuche mit Schaidkolben, Glasgefäße zum Erhitzen von Salpetersäure und Salzsäure, aus der Glashütte von Schönau (heute Neuschönau) ausstatten lassen (Wagner, 1959).

Als die Lage für ihn immer aussichtsloser wurde, entschloß sich der Herzog, die Regierung mit seinem Sohn Maximilian zu teilen. Wenige Jahre später, 1597, trat er dann ganz ab. Noch keine 50 Jahre alt, hat er sich auf das Altenteil gesetzt. Das Reichenberger Jagdhaus stand damals erst 9 Jahre. Er zog sich auf seinen Besitz in Schleißheim und Schloß Neudeck ob der Au zurück. Die melancholischen Züge seines Wesens traten dabei noch stärker hervor. Es folgte im Alter ein mönchisch zurückgezogenes Leben (Abbildung 106, 107).

Abbildung 106: Herzog Wilhelm V., genannt der Fromme. Geboren am 29. September 1548 in München. Gestorben am 7. Februar 1626 in seinem Schloß in Schleißheim. Er regierte von 1579 bis 1597.

Abbildung 107: Als 20jähriger hat Wilhelm V. 1568 Renata (1544-1602), die Tochter des Herzogs von Lothringen geheiratet. Der Ehe entstammen 6 Kinder, darunter Maximilian I. und Albrecht VI., die in Reichenberg und Lalling nach Bären jagten.

Gewiß hat der alternde Fürst nach seiner Abdankung in seiner Eremitage in Schleißheim nicht den jagdlichen Vergnügungen entsagt. Das beweist ein Vorfall am 16. September 1616. Auf einer Sauhatz im Grünwalder Forst retteten 4 Zimmerleute das Leben des 70jährigen Herzogs vor einem wilden Eber (Ergert,1984, S. 75). Wie muß dieser alte Draufgänger und Haudegen in jungen Jahren seine Bärenjagden in den Urwäldern am Sonnenwald, Rachel und Lusen genossen haben! Anzunehmen ist aber, daß er auch nach seinem Rücktritt 1597, erst 49 Jahre alt, seine geliebten Jagdgründe am Rachel und Lusen noch aufgesucht hat.

Erst 1626 ist er 78jährig gestorben. Als erster bayerischer Herzog ist er in der Gruft seiner von ihm erbauten Kirche St. Michael in der Neuhauserstraße begraben worden. Die Särge des Stifterehepaars Wilhelm V. und Renata von Lothringen befinden sich an der Südseite der Gruft in der St. Michaelskirche. Hier ist auch der schlichte Sarg seines Sohnes und Nachfolgers Kurfürst Maximilian I. und seiner zwei Frauen Elisabeth Renata von Lothringen und Maria Anna, Erzherzogin von Österreich. In der Mitte als Blickfang befindet sich der prunkvollste Sarg des volkstümlichen Wittelsbachers, König Ludwig II. (Winterstein, 1997). [215]

Aus Anlaß der 400jährigen Wiederkehr der Weihe der Münchner Jesuitenkirche St. Michael zeigte das Bayerische Nationalmuseum 1997 die Ausstellung Rom in Bayern. Kunst und Spiritualität der ersten Jesuiten (Abbildung 108).

Geplant war für Herzog Wilhelm V. zunächst ein prunkvolles Hochgrab im Innern der Kirche St. Michael. Der Kirchenarchitekt Friedrich Sustris lieferte die Entwürfe für dieses Grabmonument. Der Bau wurde aber 1597 unterbrochen, als Wilhelm V. abdanken mußte und die Schulden zu hoch geworden sind.

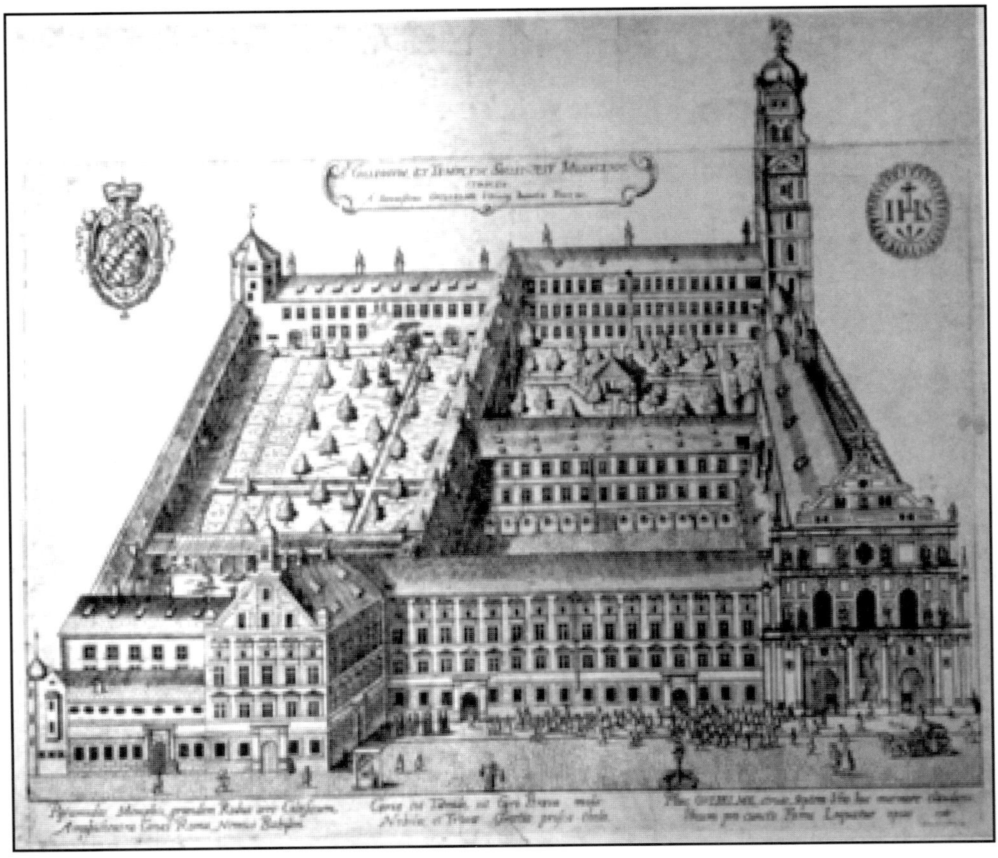

Abbildung 108: Die Michaelskirche (rechts) und das Jesuitenkolleg in München in der Neuhauserstraße. Sie verursachte Herzog Wilhelm V. 1589, ein Jahr vor dem Baubeginn in Reichenberg, hohe Schulden. In der Gruft dieser Kirche ist er und Renata begraben worden.

Auch in der Frauenkirche war für ihn ein großes Grabmonument geplant. Es sollte dort stehen, wo heute das Grabmahl Kaiser Ludwigs in der Frauenkirche steht. Sein Sohn Herzog Maximilian I. hat es sich anders überlegt: Eine für das Grab bereits fertiggestellte Madonna versetzte er auf die von ihm gestiftete Mariensäule vor dem Münchner Rathaus. Die bereits gegossenen Bayernlöwen aus Bronze fanden ihren Standplatz an der Westseite der Münchner Residenz (Ramisch, 1997, RR, 1997, S. 47). Dort, am Eingang zur bekannten Traditionsgaststätte der Pfälzer Weinstuben, steht auch heute noch einer der beiden lebensgroßen Löwen. Jeder Münchner weiß, daß es Glück verspricht, diesem Löwen im Vorbeigehen die Schnauze zu berühren. Die gelbpolierte Schnauze beweist, daß die Münchner das reichlich nutzen.

Abbildung 109: Herzog Ferdinand I., (1550-1608), der Bruder von Wilhelm V. Bei der Bärenjagd im November 1587 im Sonnenwald und im Jagdhaus der Schwarzenberger in Schöfweg war er mit anwesend.

Herzog Ferdinand I., geboren 1550, gestorben 1608

Der um zwei Jahre ältere Bruder von Wilhelm V., Herzog Ferdinand I., erscheint in der Geschichte um die Jägerhäuser im Bayerischen Wald erstmals bei einer Bärenjagd an Martini (November) 1587 im Jagdhaus des Grafen Ottheinrich von Schwarzenberg in Schöfweg im Sonnenwald. Wer war dieser Herzog Ferdinand I., der zusammen mit Wilhelm V. in der Alten Veste in München Kindheit und Jugend verbrachte ? Bei der Bärenjagd 1587 sind zwei Bärnsteiner Bauern von einem Bären lebensgefährlich verletzt worden, als versucht wurde, diesen lebend zu fangen. Herzog Ferdinand wurde gebeten, sich dafür einzusetzen, daß die hohen Arztrechnungen von der Hofkammer beglichen werden. Herzog Wilhelm V. hat bei dieser Bärenjagd dem Pflegverwalter von Bärnstein, Sigmund Gartner, den Befehl erteilt, einen Voranschlag für ein Jagdhaus zu erstellen. In dieser Bauangelegenheit richtete der Pflegverwalter im Januar 1588 ein Schreiben an Herzog Ferdinand I. in München. Es war wohl der Wunsch von Wilhelm V., seinen Bruder schon bei den ersten Planungen eines Jagdhauses einzuschalten.

Herzog Ferdinand wählte das Kriegshandwerk als Beruf. Als Kommandeur der herzoglichen- bayerischen Truppen vollbrachte er auch eine Tat, die ihm einen Platz in der Geschichte einräumte. Bayern stand in der Zeit der Glaubenskriege auf der katholischen Seite. Das Erzbistum Köln drohte protestantisch zu werden. Mit der Wahl eines Wittelsbachers auf den Stuhl des Erzbischofs und Kurfürsten von Köln wurde versucht, das zu verhindern. Am 23. Mai 1583 wurde der jüngere Bruder von Ferdinand, Ernst (1554-1612), vom Kölner Domkapitel einstimmig zum Erzbischof gewählt. Diese Wahl wollten protestantische Truppen verhindern. Unter dem Oberkommando von Ferdinand I. wurden sie aus dem Erzbistum Köln vertrieben. Diese kriegerische Auseinandersetzung in Köln dauerte insgesamt 6 Jahre und haben Herzog Wilhelm V. die hohe Summe von 700.000 Gulden gekostet (Glaser, 1980).

Herzog Ferdinand kehrte als erfolgreicher Feldherr nach Bayern zurück. Er führte nun ein recht unbeschwertes, aufwendiges Leben, daß durch keinerlei fürstliche Pflichten eingeschränkt worden ist. Ein wichtiger Zeitvertreib dürften nun auch die Bärenjagden am Rachel, Sonnenwald und im Leopoldswald bei Lalling gewesen sein. Er heiratete 1588 mit 38 Jahren die Bürgerliche Maria Pettenbeck, die Tochter des Landrichters von Haag bei Wasserburg. Die Nachkommen aus dieser Ehe begründeten die Nebenlinie der Wittelsbacher der Grafen von Wartenberg. In einem Palast am Münchner Rindermarkt führte er einen fürstlichen Lebensstil mit einer kostspieligen Hofhaltung. Als er bereits mit 58 Jahren, 1608, starb, hinterließ er ebenfalls eine hohe Schuldenlast (Abbildung 109).

Auch die Vorfahren von Wilhelm V. und Ferdinand waren schon eifrige Jäger.

Albrecht V., 1528-1579, Vater von Wilhelm V. und Ferdinand I.

In den bisherigen Ausführungen über Wilhelm V. und Ferdinand I. war öfter von ihrem Vater Herzog Albrecht V. die Rede. Hier eine kurze Würdigung, wie die Nachwelt seine Leistungen einordnet. Herzog Albrecht genoß an der Universität in Ingolstadt klassische Bildung, war mit der Erzherzogin Anna von Österreich verheiratet und regierte von 1550- 1579. Er war ein großer Sammler von Büchern und anderen Kunstgegenständen. Wertvolle Bestände der Münchner Staatsbibliothek gehen auf Albrecht V. zurück. Herzog Albrecht V. ist ein gottesfürchtiger, stattlicher und gar vernünftiger Herr gewesen, der gelehrte und kunstreiche Leute recht lieb hatte und Bayern zieren wollte, von innen und außen ... So wird er von den Zeitgenossen geschildert. Um seine Staatsfinanzen hat er sich wenig gekümmert. Er ging, genauso wie sein Sohn Wilhelm V. als schlechter Wirtschafter in die Geschichte ein. Dafür blieb Albrecht V. der Beiname der Prächtige (Hubensteiner, 1967, S. 168f).

Mit besonderer Leidenschaft betrieb er die Jagd. Er hinterließ ein Jagdbuch (Bay. Staatsbibliothek, München), Hierin begriffen, was der durchlauchtig hochgeboren Fürst und Herr Albrecht V., ... Herzog von Obern und Niedern Bayrn

Abbildung 110: Albrecht V. (1528-1579), der Vater von Wilhelm V. und Ferdinand I., ein leidenschaftlicher Jäger, der den Bären besonders eifrig nachzog.

von allerlei stiebenden (fliehenden) und fliegenden Wildpret, mit eigener fürstlicher Hand geschossen hat, alle Jahr von einem Karfreitag auf den andern. In diesem Tagebuch hat er voller Stolz mit eigener fürstlicher Hand in den 25 Jahren von 1555 bis 1579, seinem Todesjahr, alle Tage aufgezählt, an denen er jagte und was er erlegt hat. In dieser Zeit wurde noch viel mit der Armbrust und mit dem Spieß gejagt. Er hat eigenhändig (jährliche Anzahl in Klammern) 2779 Hirsche (111), 1784 Hirschkühe (71), 525 Sauen (21), 220 Hirschkälber (9), 100 Rehe und anderes Wild (Füchse, Hasen, Eichhörnchen) erlegt, zusammen 5686 (227). Von Interesse sind die Anzahl der Jagdtage während des ganzen Jahres, an denen er zur Jagd Austritt: In diesen 25 Jahren jagte er insgesamt an 1.852 Tagen, in der schneefreien Zeit im Monat 12 Tage. Die große Bedeutung der Jagd im Leben eines Fürsten um 1560 könnte nicht anschaulicher dargestellt werden.

Überraschend ist aber, daß in diesen 25 Jahren von 1555 bis 1579 von Herzog Albrechts eigener Hand im Jahre 1577 nur 2 Bären erlegt worden sind (Kobell, Föringer, 1855). Diese Bären könnten sich auf die Bärenjagd beziehen, die Herzog Ferdinand in seinem Brief aus Prag vom 17.11. 1577 erwähnt. Am 21. Oktober 1578 und bis zum Karfreitag 1579 werden weitere 2 Bären erlegt. Die geringe Anzahl von Bären in seiner Jagdbilanz ist erstaunlich, weil er den Bären nach den Aussagen in diesem Brief besonders eifrig nachzog: ... weil unser würdiger, geliebter Herr Vater, etc. den Bären viel Jagen neben Aufwendung großer Kosten nach(ge)zogen (ist)...

Herzog Albrecht V. mußte schon um 1570 in einer Verordnung festlegen, daß die Bären um Schongau sorgsam gehegt werden sollen, weil er dort auf Bären zu jagen beabsichtige. Das ist bereits ein deutlicher Hinweis, daß die Bären im Oberland selten geworden sind und geschont werden mußten. In dieser Zeit waren die Bären im Oberland weitgehend ausgerottet. Herzog Albrecht V. hat fast bis zu seinem Todestag gejagt und sein Jagdtagebuch geführt. Die Berichterstatter Kobell und Föringer, 1855, schreiben in der vaterländischen Gesinnung dieser Zeit darüber: In seinem Todesjahr 1579 sehen wir ihn am 1., 4. und 7. September noch mit gewohnter Lust und Sicherheit die Büchse führen, und - schon sechs Wochen darauf (24. Oktober 1579) trug man ihn zur Gruft der Väter. Wen überkommt nicht ein Gefühl der Wehmut bei dem Gedanken, daß jenes von schlichter Jägerhand geschriebene Tagebuch die letzten harmlos genossenen Stunden bezeichnet, die der edle Albrecht, der Gründer der Sammlungen, die noch jetzt (1855) der Stolz unseres Landes, in heiliger Waldeinsamkeit verlebte! (Abbildung 110)

Herzog Wilhelm IV. (1493-1550), der Großvater von Wilhelm V.

Herzog Wilhelm IV., er regierte von 1511 - 1550, hat ebenfalls ein einzigartiges Jagdregister aus dem Jahre 1545 hinterlassen. Dieses Gejaid- Register erwähnt auch die besuchten Jagdreviere, das Jagdpersonal, die Versorgung der Hofküche in München und vieles mehr. Die erste Seite des Originals trägt die Aufschrift Gjaid Register 1545: Vermekt, was der Durchleuchtig Hochgeboren Fürst unser genädiger Herzog Wilhelm IV. in Bayern etc. dies fünfundvierzigste Jahr bis auf den Schweinhatz an allerley Wildpret geschossen und gefangen hat. Folgt hernach (Kobell, Föringer, 1855). Der Unterschied zwischen geschossen und gefangen ist unklar. Kehrein, 1898: Wildpret mit einem Schuß oder Fang (dem Spies) um das Leben bringen. Herzog Wilhelm IV. paßte bei Wessobrunn 3 Tage lang auf einen ungewöhnlich starken Bären, bis er ihn am 16. Oktober 1523 erlegen konnte. Zu Ehren der Anwesenheit seines Bruders Ernst (1500-1560), Administrator von Passau und Erzbischof von Salzburg, hat er 1548 eine Bärenjagd am Untersberg bei Berchtesgaden abgehalten.

Abbildung 111: Herzog Wilhelm IV., der Großvater von Wilhelm V. hat am 23. April 1515 in Ingolstadt das Reinheitsgebot für Bier verkündet. Seit dieser Zeit darf deutsches Bier nur aus Malz, Hopfen, Hefe und Wasser hergestellt werden.

Kaum ein Wittelsbacher ist jedoch so bekannt geworden wie Wilhelm IV. mit dem Beinamen der Beständige: Wenn die deutschen Brauer am 23. April alljährlich bundesweit den "Tag des deutschen Bieres" feiern, so begehen sie damit den Geburtstag des deutschen Reinheitsgebotes von 1515. Wilhelm IV. hat es an diesem Tag 1515 in Ingolstadt verkündet. Damals 23 Jahre alt und schon seit 7 Jahren Herzog. Seit dieser Zeit darf nach dieser ersten Vorschrift des Lebensmittel-Rechtes der Welt, deutsches Bier bis zum heutigen Tag ausschließlich aus Malz, Hopfen, Hefe und Wasser hergestellt werden (Abbildung 111).

Auch die Söhne von Albrecht IV. (1447-1508), Urgroßvater von Wilhelm V., Christoph (1449-1493) und Sigmund (1439-1501) werden als große und gute Pernfaher (Bärenjäger) gerühmt. Damals hieß man das Erlegen von Wild mit der Nahwaffe, dem Spieß, *"fahen"*. Es heißt, sie fingen den Pern gern. Von Sigmund (1439-1501), der die Pirsch von Grünwald bei München zur Jagd und anderer Kurzweil schätzte, erzählt man eine besonders gruselige Geschichte: Nach einem erfolgreichen Jagdtag schmausten und tranken die Waidmänner und begaben sich zu später Stunde in ihre Zelte, um für den nächsten Tag wieder kampfbereit zu sein. Auch Herzog Sigmund legte sich zur Ruhe nieder. Nachts drang ein riesiger Braunbär in sein Zeltlager ein und verwüstete es. Aufgeschreckt von diesem Lärm, richtete sich Herzog Sigmund in seiner Liegestatt auf und stand Meister Petz gegenüber. Waffenlos stellte sich der Herzog dem Bären entgegen und rang mit ihm mit bloßen Händen. Endlich gab sich der Bär geschlagen und trollte sich unmutig von dannen. Herzog Sigmund wischte sich den Schweiß von der Stirn und sagte zu seinem erstaunten Hofstaat: So der wäre draußen, da könnte ja jeder kommen (Schnitzel, 1970) . Kaiser Maximilian von Österreich (1493 - 1519) lobte die Gebiete um Füssen, wegen der vielen Bären, auf die wir großen Haß und Verlangen tragen.

Mit welcher Leidenschaft die Jägerei am bayerischen Herzogshof des Mittelalters betrieben wurde, zeigt das Jägerleben von Ludwig des Bayern (1283-1347), Herzog von 1294-1347. Oft ritt er im Ammergau, wo er sein Kloster und das Ritterstift Ettal in das einsame und unwirtliche Hochland gebaut hatte, auf die Bärenjagd aus. Seiner Passion hielt er buchstäblich bis in den Tod die Treue: Auf einer Bärenjagd in der Nähe von Fürstenfeldbruck sank er 1347 vom Pferd und verschied in den Armen eines Bauern (Ergert,1984, S.46).

Herzog Maximilian I., geb. 17. April 1573, gest. 27. September 1651.

Maximilian I. (1573-1651) wurde von seinen Eltern streng im Geiste der Gegenreformation und des Jesuitenordens erzogen. Er war 17 Jahre alt, als sein Vater 1590 in Reichenberg sein Jagdhaus erbauen ließ. Im selben Jahre 1587, als Herzog Wilhelm V. im Jagdhaus der Grafen von Schwarzenberg in Schöfweg den Auftrag für den Bau eines Jagdhauses gab, bezog der junge Prinz, erst 14 Jahre alt, 4 Jahre lang die Ingolstädter Universität. Er studierte die Wissenschaft der Rechte und der Geschichte, lernte ein flüssiges Französisch und Italienisch und ein gewandtes Latein. Die besten Gelehrten dieser Zeit waren seine Lehrer. Seltener erwähnt man während seiner Ingolstädter Studienzeit den jugendlichen Draufgänger, der die Bären- und Hirschhatzen liebte und ein leidenschaftlicher Jäger war. Im Jahre 1593, mit 20 Jahren, war er zusammen mit seinem Bruder Ferdinand Gast der Stadt Vilshofen. Es ist anzunehmen, daß sie ihren Vater Wilhelm V. auf der Bärenjagd nach Lalling und Reichenberg begleitet haben. Ferdinand wurde später Erzbischof von Köln, Bischof von Hildesheim, Lüttich und Münster (1620-1650).

Bei der Aufzählung seiner Liebhabereien nennt Maximilian I., Rosse, Jagd, Juwelen, Kunst, Gemälde und als spezielles Hobby das Drechseln (Hubensteiner, 1967, S.184f; Ergert, 1984, S. 82). Auf den Sitzungen des Hofrates erlernte Maximilian I. auch die Verwaltungspraxis seines Landes. Dazu kamen Reisen nach Prag zu Kaiser Rudolf II., nach Rom zu Papst Clemens VIII., nach Nancy in Frankreich zu Herzog Karl von Lothringen, dem Oheim (Großvater) von der Mutterseite. Hier in Nancy konnte er 1595, das Reichenberger Jagdhaus stand bereits fünf Jahre, mit Elisabeth Renata, der Tochter des Lothringers, Hochzeit feiern.

Schon mit 21 Jahren, im Jahre 1594, beteiligte Herzog Wilhelm V. wegen der großen Schuldenlast seinen Sohn Maximilian an den Regierungsgeschäften. Drei Jahre später, mit 24 Jahren, übernahm Maximilian I. 1597 die Regierung und behielt sie bis 1651. Er hatte vom Vater nicht nur eine runde Million Gulden Schulden, sondern auch einen finanziell völlig zerrütteten Staat übernommen. Mit strenger Selbstzucht und eiserner Willenskraft ging er an die Arbeit: Überflüssigem Essen und Trinken, Spielen, zu vielem Jagen, Ritterspielen und anderen Vanitäten (Eitelkeiten) fragen ihre Durchlaucht nit nach, halten ein gutes Regiment, überlesen die Supplikationes (Bittschriften) und andere

Abbildung 112: Maximilian I. (1573-1651), der Sohn von Wilhelm V. Er regierte von 1597 bis 1623 als Herzog und bis 1651 als Kurfürst.

Abbildung 113: Die zweite Frau von Maximilian I., Maria Anna von Österreich (1610-1665), die den lange ersehnten Sohn und Nachfolger Kurfürst Ferdinand Maria (1636-1679) geboren hat.

Schriften zum Unterschreiben selbst, korrigieren selbst, dekredieren (verordnen, anordnen, bestimmen) oft selbst .... Das notierte sich der Augsburger Patrizier Heinhofer bei seinem Besuch in München. Das Sparen und das Wohlhausen waren für Maximilian I. die wichtigsten Leitsätze. Nicht auf das zu viele Jagen legte er Wert, sondern auf die Staatsgeschäfte und Finanzen seines Landes (Abbildung 112, 113).

Maximilian I. und das bayerische Salz- und Weißbiermonopol

Die Wirtschaftspolitik von Maximilian I. wirkte sich bis in die Dörfer und Märkte im Inneren Bayerischen Wald am Rachel und Lusen aus. Er war es, der sich das Monopol für den Handel mit Salz sicherte und dadurch in kurzer Zeit die übernommenen Schulden abbauen und die Staatskasse sanieren konnte. Bis um 1520 beherrschte das Fürstbistum Passau den Handel mit Salz von dem salzburgischen Hallein über die Saumwege in das salzlose Böhmen. Um 1520 fiel Böhmen an die österreichischen Habsburger, die von nun an Böhmen über andere Handelswege mit Salz aus eigenen Sudpfannen versorgten. Die wirtschaftliche Katastrophe für Passau brach dann endgültig herein, als sich Maximilian I. das Halleiner Salz sicherte und es über das bayerische Vilshofen auf bayerischen Saumwegen nach Böhmen brachte. So läßt 1609 Herzog Maximilian I. den Guldensteig von Grafenau über St. Oswald, Siebenellen und den Blauen Säulen nach Bergreichenstein neu anlegen. Damit begann ein wirtschaftlicher Aufschwung, ein Wirtschaftswunder, für die Stadt Grafenau und die umliegenden Dörfer. Als Säumer, Gastwirte, Hufschmiede und Händler nahmen alle Bewohner der Gegend an diesem regen Handelsverkehr teil.

Neben dem Salz war das Monopol des Herzogs, in den bayerischen Städten Weißbier zu brauen, die zweitwichtigste Einnahmequelle. Er ging als der Herrscher in die Geschichte ein, der mit Salz und Weißbier, das hochverschuldete Bayern saniert hat.

Nachdem er in wenigen Jahren 1,6 Millionen Gulden Staatsschulden getilgt hatte, konnten seine Baumeister für ihn in den Jahren 1611 bis 1618 noch seine Münchener Residenz ausbauen. Er war nicht nur ein leidenschaftlicher Jäger, sondern auch ein Kunstfreund und Kunstförderer. Rubens malte für ihn auf Bestellung die prächtigste seiner Löwenjagden in der Pinakothek in München.

Herzog Maximilian I. von Bayern wird am 25. Februar 1623 von Kaiser Ferdinand II. mit der pfälzischen Kurwürde belehnt. Der Herzog, nun zum Kurfürsten aufgestiegen, unterstützte auch die Bauern gegen die Willkür der adeligen und klösterlichen Grundherren. Im schlechten Wachsjahr 1615 mit großer Hungersnot, ließ er den Befehl ausgeben, daß jede Herrschaft in Bayern ihren Untertanen mit Saatgetreide beizustehen hatte. Er hat erkannt, daß ein gesunder Bauernstand dem Wohlstand des ganzen Landes nützt. Das 1616 erlassene Landrecht für Ober- und Niederbayern mit einer angefügten Gejaids-Ordnung enthielt viele Verbesserungen für die notleidenden Bauern. Den Bauern wurde die Einzäunung der Felder und Wiesen gestattet und damit die Wildschäden vermindert. Die Gebühr, die bei einer Hofübergabe nach einem Todesfall anfiel, das Laudemium, wurde von etwa 10 % auf 5 % vom Schätzwert des Hofes halbiert.

Auf Anregung der Jesuiten, den neuen protestantischen Glauben zu bekämpfen, forderte er von allen Untertanen den Beichtzettel, überwachte die Fastengebote und die Sonntagspflicht und schrieb den allgemeinen Gebrauch des Rosenkranzes vor. Alle Hofbeamten mußten jeden Tag in die Messe gehen. Das Tanzen war nur an Sonn- und Feiertagen erlaubt und ohne das grobe Halsen, Drucken und Aufheben. Ähnlich lauteten die Verordnungen über das Kartenspielen, Kegeln, Branntweintrinken, Hochzeithalten und Kleidertragen.

1618 ist in Prag die große Revolution ausgebrochen, der Beginn für 30 Jahre Krieg. 1620 kam es zu der berühmten Schacht am Weißen Berg bei Prag, die sein Feldherr Tilly gewonnen hat. Mit dem Eintritt der Schweden unter Gustav Adolf in den großen Krieg wurden die Siege seltener. Im Winter 1633/34 war der absolute Tiefstand erreicht. Die Schweden streiften durch die Oberpfalz und den Bayerischen Wald. Die Bauern hatten wegen der ständigen Einquartierungen große Lasten zu tragen. Die Staatskassen waren kriegsbedingt wieder leer.

Durch den langen Krieg sind alle Parteien müde geworden. Auf dem Regensburger Reichstag von 1640 hatte Maximilian I. den Frieden gefordert. Trostlos war der Winter 1646/47. Nördlich der Donau lagen die gegnerischen Regimenter im Winterquartier. Was hier allein im Amt Viechtach an Greueln verübt wurde, gehört zum Entsetzlichsten dieses langen Krieges: Der schwedische Trunk mit dem man die Leute zu Tode quälte, Ohrenabschneiden und Mäulerschlitzen, Bauern die man totprügelte. 1648 wurde dann in Münster und Osnabrück der Friede geschlossen. Es war das letzte Kriegsjahr 1648, in dem um Johanni am 24. Juni auch das Jagdhaus in Reichenberg in Flammen aufging. Nach 1648 blieben Kurfürst Maximilian I. nur noch wenige Jahre, um die ärgsten Wunden des Landes zu schließen. Durch die umsichtige Haushaltsführung des Kurfürsten ging Bayern als einziger deutscher Staat ohne Schulden aus dem langen Krieg hervor. Die 5 ½ Millionen Gulden für den Friedenschluß und die Abdankung der Truppen, waren schon nach 3 Jahren beglichen. Es gelang der Wiederaufbau des völlig zerstörten Landes.

Im naßkalten Herbst des Jahres 1651 ließ Kurfürst Maximilian I. noch einmal seine Kutsche einspannen, um Ingolstadt zu besuchen. In die Studentenstadt unbeschwerter Jugendjahre wollte er noch einmal zurückkehren. In der zugigen Wallfahrtskirche im nahen Bettbrunn hat sich der alte, 78 jährige Kurfürst die tödliche Krankheit geholt. Am 27. September 1651 ½ 4 Uhr morgens ist er im Ingolstädter Schloß gestorben.

Kurfürst Maximilian I. erscheint in den Geschichtsbüchern als der überragende Staatsmann. Er hat Bayern zu einer Macht von europäischem Rang gemacht und sein Land erfolgreich durch die Wirren des 30jährigen Krieges geführt. 78 Jahre alt, war er der einzige deutsche Fürst, der den 30jährigen Krieg von Anfang bis zum Ende miterlebt hatte. Unter den bayerischen Wittelsbachern war er eine große Persönlichkeit. Kurfürst Maximilian I., genannt der Große, gehört zu den größten Herrschergestalten seiner Zeit (Reiser, 1978, 1988, 1988a).

Herzog Albrecht VI. (1584-1666), Bruder von Maximilian I.

Herzog Albrecht VI., durch Regierungsgeschäfte nicht belastet, dürfte der häufigste Besucher in Reichenberg und Lalling gewesen sein. Er wurde 1584 geboren und ist 1666 mit 82 Jahren gestorben. Er war der jüngste Sohn von Wilhelm V. und war deshalb auch sein Liebling. In der Ehe von Herzog Maximilian I. mit seiner ersten Frau Elisabeth Renata aus Lothringen zeichnete sich schon bald Kinderlosigkeit ab. Deshalb wurde von seinem Vater Wilhelm V. nicht versucht, Albrecht VI. in den geistlichen Stand zu bringen. Durch eine Heirat und Nachkommen sollte der Bestand des Kurfürstentums Bayern sichergestellt sein. Die zweite Frau von Maximilian I., Maria Anna aus Österreich, brachte dann auch den lange ersehnten Kronprinzen und späteren Kurfürsten Ferdinand Maria (1636-1679) zur Welt.

Als 1590 das Jagdhaus in Reichenberg fertiggestellt wurde, war der jüngere Bruder von Maximilian I. erst 6 Jahre alt. Mit 26 Jahren heiratete er 1612 die Landgräfin Mechthild von Leuchtenberg (1588-1634) aus dem bekannten Oberpfälzer Grafengeschlecht. Ihre Vorfahren haben 316 Jahre früher, 1396, das Kloster St. Oswald gestiftet. Mechthild war die Erbin der großen Landgrafschaft Leuchtenberg. Seit dieser Heirat wurde Albrecht VI. der Leuchtenberger genannt. Für die Wittelsbacher war diese Heirat sehr bedeutsam. Mit dieser Heirat kam 1646 die Landgrafschaft Leuchtenberg in der Oberpfalz in herzoglich- bayerische Gewalt. Seine Söhne aus dieser Ehe stärkten durch die Kinderlosigkeit der Ehe von Maximilian I. mit seiner ersten Frau Elisabeth Renate seine Stellung bei Hofe.

Seine größte Leidenschaft war die Jagd, mit der er seine freie Zeit verbrachte (Glaser, 1980). Es ist anzunehmen, daß er bereits seit frühester Jugend seinen Vater Wilhelm V. und seinen Onkel Ferdinand I. bei den Jagdausflügen in den Bayerischen Wald begleitet hat. Von allen Wittelsbachern dürfte er in Reichenberg und Lalling am häufigsten gejagt haben. In jungen Jahren hat er mit seinem eigenem Hofstaat Bärenjagden abgehalten. 1611 wird er, 27 Jahre alt, erstmals bei einer Bärenjagd in Reichenberg und Lalling genannt. Er muß enge Bindungen an den Bayerischen Wald und die Menschen entwickelt haben. Einen besonders freundschaftlichen Umgang pflegte er mit den Grafenauer Ratsherren, die bei seinen Besuchen für ihn regelmäßig ein Festessen ausgerichtet haben. Auch die Pröpste von St. Oswald haben ihn und seine Frau Mechthild hofiert, wenn sie besondere Anliegen beim Herzog Wilhelm V. anbringen wollten.

Der Oberarchivar Mitterwieser, 1925, hat seine Jagdleidenschaft in dem Beitrag Albrecht der Leuchtenberger als Nimrod beschrieben. Er wird als ein besonders leutseliger Herzog geschildert. Mit seinem Sohn Albrecht Sigismund (1623-1685), dem späteren Bischof von Freising, nahm er bei den ausgedehnten Jagden in der Münchner Gegend das Morgenmahl in einem ländlichen Wirtshaus ein. Es machte ihm auch nichts aus, wie 1632 in der Rosenheimer Gegend geschehen, in einem bäuerlichen Wirtshaus zu übernachten. Als nachgeborener Wittelsbacher konnte er sich einen aufwendigen Lebensstil leisten. Er bewohnte die beiden Schlösser Eurasburg bei Wolfratshausen, südlich von München und Haag nördlich von Wasserburg. Von Haag aus sind auch seine zwei Reisen 1611 und 1615 zur Bärenjagd nach Reichenberg und Lalling in den Rechnungsbüchern des Jägeramtes dokumentiert.

Mit zeitraubenden Regierungsgeschäften war er nicht belastet. In der Jagd sah er seinen ganzen Lebensinhalt. Er konnte sich mit der Jagd die Weil verkürzen, wie er in einem eigenhändigen Brief an seinen älteren Bruder Maximilian I. vom November 1617 gesteht: Er sagte, daß er es für die höchste Lust erachte, nach der Sau zu jagen und das bisweilen ein wenig melancholisch und mir heftig zusetzt, wiewohl ich ihm (der Sau), Gott weiß, mit Fleiß wohl nicht hänge (töte) und also mit dem Waidwerk mir darnach viel Weil kürze.[216]

Seine Ausgaben für die Jagd stiegen in den 11 Jahren von 1608 bis 1619 von 1.888 auf 8.597 Gulden um das 4,5 fache. Wenn er sich nach Reichenberg und Lalling zur Jagd aufmachte, hat ihn folgendes Jagdpersonal begleitet: Mehrere Jäger mit Jungen, Jägerknechte, Jagdschreiber, Wagenmeister, Tücher- und

Abbildung 114: Albrecht VI. (1584-1666) dürfte am häufigsten in Reichenberg und Lalling gewesen sein um Bären zu jagen. In der Thomasleiten am Fuße des kleinen Geistlichen Steins, nahe Ringelai, hat ihn ein Bär lebensgefährlich bedroht. (Glaser, 1980).

Abbildung 115: Albrecht VI. war mit der Landgräfin Mechthild von Leuchtenberg verheiratet. 1396 haben ihre Vorfahren das Kloster Sankt Oswald gegründet.

Besuchsknechte, Wildbannknechte, verschiedene Überreiter und der Hundskoch. Dieses Personal von wenigstens drei Dutzend Mannen, also mehr als 36 Personen, unterstanden seinem Jägermeister.

Bei der Bärenjagd im Jahre 1615 war seine Frau Mechthild, die Landgräfin von Leuchtenberg in Reichenberg, der Thomasleiten und Lalling mit anwesend. Die Gräfin von Ortenburg, nahe Passau, hat ihr als besondere Verehrung nach Reichenberg Früchte schicken lassen.

Ob sie dabei war, als der naturverbundene und leutselige Fürst in der Thomasleiten am kleinen Geistlichen Stein bei Ringelai eine lebensgefährliche Begegnung mit einem wütenden Bären überstand, ist nicht sicher. Nach den Belegen fand diese Bedrohung entweder 1611 oder 1615 statt (Abbildung 114, 115).

Erst mit 82 Jahren, 1666, ist er gestorben. Vielleicht haben ihm seine Frühsommerkuren mit dem Sauerbrunnen in seinem Jagdhaus Laufzorn, westlich von München, den er mit seinem Sohne, dem Freisinger Bischof Albrecht Sigismund, regelmäßig einnahm, zu diesem langen Leben verholfen. Mit Albrecht VI. tritt ein ganz besonders sympathischer Wittelsbacher Jagdherr in Reichenberg und Lalling aus dem Dunkel der Geschichte: Durch die Rechnungsbücher von 1611 und 1615 erfahren wir über ihn mehr als über Wilhelm V. und Maximilian I. Er muß seine gefährlichen Abenteuer bei den Bärenjagden ganz besonders geliebt haben. In der weglosen Wildnis am Rachel, am Bärenfang hinter Siebenellen bei St. Oswald, in der Thomasleiten am kleinen Geistlichen Stein, im Sonnenwald und im Leopoldswald über Lalling ist er keiner Anstrengung und Gefahr aus dem Wege gegangen. Er war ein Naturbursche und Draufgänger. Die Bauern hat er fürstlich entschädigt, wenn ihnen ein Bär ein Haferfeld verratzt, vernichtet, hat, wie in Haslach. Oder wenn ihnen befohlen worden ist, den Hafer noch lange nach der Abreife stehen zu lassen, um die Bären in das Haferfeld zu locken, wie in Wolfertschlag.

Die Verherrlichung der Jagd

Für heutige Menschen - besonders für Nichtjäger- nicht mehr verständlich, ist die Leidenschaft, der Eifer, die Ideologie und das elitäre Denken, die hinter der Jagd damals stand. Man glaubte fest daran, daß die Jäger Menschen mit ganz besonderen Fähigkeiten sind. Die Grausamkeit mit der man der Kreatur Wild begegnete, war nicht mehr zu überbieten. Einige Äußerungen aus der Zeit um 1700 sollen diese Einstellung vermitteln:

Es ist das Jagen eine tapfere und ritterliche Übung und dem Adel gleichsam ein Praeludium belli (schönes Vorspiel), darinnen sie lernen, ein wildes Tier mit List und Geschwindigkeit anfallen, bestreiten und fällen. Zu Fuß und zu Pferde ihre Waffen und Gewehre geschicklich brauchen. Kälte, Hitze, Regen und Ungewitter sowohl als der Sonnen heiße Strahlen ertragen und dulden. Durst und Abmattung zu erleiden, die Gegend und Nachbarschaft von schädlichen, reißenden Tieren zu erledigen. Darum die Jagd von großen und berühmten Potentaten (Herrschern) allzeit geliebt und getrieben worden. Dann ist sie eine Gemüts- Erquickung, eine Schwermutsvertreibung, eine Feindin des Müßiggangs und aller derer daraus entspringenden Laster. Eine Ernährerin der Gesundheit, Übung des Leibes, Vorspiel und Spiegel des Kriegs und gute und reiche Küchenmeisterin, die unsere Tafeln mit guten und herrlichen Speisen versorget (o. V. 1701).

Lehner, 1899, verherrlicht die Jagd um die Jahrhundertwende wie folgt: Die Jagd zählt zu den edelsten Vergnügungen des Menschen. Im menschlichen Leben gab es nicht leicht eine Beschäftigung, bei welcher die Anwendung der körperlichen Kraft eine so große Befriedigung in sich selbst trägt. Der Jägersmann lebt in der freien Natur, die beengende Wand der Stube läßt er zurück, in Gottes weiter Natur kennt er nur die Grenze des Gesichtskreises. In der Schwierigkeit des Jagens erblickt er die edle Anwendung der Kraft, in der Bestehung des Abenteuers, in der Freude über das Gelingen seiner Mühen einen Lohn, den er sich um keinen Preis rauben lassen möchte.

Wehrhaftigkeit und die hohe Jagd sind Zwillingsgeschwister, so sagte man. Und Schwerterschlag und Jagdruf gehören zusammen. Mit der Jagd übte der Adelige und Herzog für den nächsten Kriegszug. Die Landwehr und die Jagd hielten die Waffen scharf. Und gute Waffen gab es damals im Lande. Besonders berühmt waren die Passauer Klingenschmiede in jener Zeit. Sie kannten den Graphittiegel, der aus dem schwarzen Ton um Hafnerzell bei Passau geformt wurde. In diesem wurde steierisches oder Amberger Eisen bis zur Weißglut erhitzt und dann von Hand geschmiedet, bis zur geheimnisvollen Härtung. In die Passauer Klingen wurde der Wolf eingehauen, das stolze Zeichen der Schwertfeger der Passauer Klingenschmiede (Putz, 1926). Die Jagd war die wichtigste Beschäftigung des Adels. Der Markgraf Alexander von Ansbach jagte von Anfang August bis St. Hubertus im November wöchentlich zwei Mal mit 50 bis 60 englischen Hunden.

Bei den Jagden wurden Waidmannsgeschenke ausgetauscht

Bei diesen Jagden machte man sich auch viele Waidmannsgeschenke (Mitterwieser, 1925). So erhielt Herzog Ernst (1554-1612), ein Bruder von Herzog Wilhelm V., seit 1566 Bischof von Freising, später Hildesheim, Lüttich, Münster und seit 1583 Erzbischof von Köln, als gewichtiges Geschenk 8 ganz neu gemachte Tücher sowie die dazugehörigen 3 ganz neuen Wägen zur Beförderung der Tücher und Netze. Man schenkte sich aber auch lebendes Wild, besonders Abnormitäten und Jagdhunde. So wurde dem bayerischen Herzog von einem Herrn Füll ein weißes Wildschwein (Albino) geschenkt. Man schenkte sich englische Hunde, wovon die egelfarbenen damals besonders begehrt waren, dann Fuchs- und Wachtelhunde, Rüden und Schafrüden, Windspiele, Windhunde und Saufinder, Schlieferl und Lautlöffel. Nicht nur die Namen der Hunderassen und Herkünfte werden erwähnt, sondern auch die Rufnamen von Hunden, wenn der Hundehalter bei Hof ein wichtiges Amt ausübte:

So wird das Windspiel Mariettl von einem Abdecker (Verwerter toter Tiere) geheilt. 1640 wird ein schwarzer englischer Hund Türk genannt, der in dem 1620 verreckten (gestorbenen) großen Türk schon einen Vorgänger hatte. Der Hund mit dem Namen Flamm hat 1617 den Hundskoch und einen Rüdenknecht (Hundeführer) auf der Hirschfaist (Hirschjagd) gebissen. Ein Kammerdiener des Kurfürsten hat 1624 den großen Hund Tyron nach dem Leben abconterfeien (malen) lassen, was damals an den Höfen recht beliebt war. Besonders mit Wildabnormitäten geschah das. Als der Salzburger Erzbischof den bayerischen Herzog ein Stuck Wild, darin ein starker Zaunsteken verheilt, daneben ziemlich feist (fett) gewesen, zu einem Wunder überschickt wurde, ist das vom Hofmaler im Bild festgehalten worden.

Bei der hier vorliegenden Geschichte der Bärenjagd der Wittelsbacher im Bayerischen Wald geht es vornehmlich um die 61 Jahre von 1587 bis 1648. Die Herzöge Wilhelm V. und Maximilian I. und ihre Brüder Ferdinand I. und Albrecht VI. jagten in dieser Zeit in den Wäldern am Rachel, Lusen, Sonnenwald (Brotjacklriegel) und im Lallinger Winkel. Hinsichtlich ihrer Jagdleidenschaft standen sie in einer langen Tradition. Alle ihre Vorfahren waren begeisterte Jäger. Das ist bis in die jüngste Zeit so geblieben: Zu nennen sind die Bücher über die Rehbeobachtungen am Weichselboden von Herzog Albrecht von Bayern (1977) und das Buch Die Wittelsbacher und ihre Hunde von Prinz Eugen von Bayern (1995). Über die Wittelsbacher Jagd wurde 1980 auch eine Ausstellung gestaltet (Ergert, 1980).

7.2 Der Ablauf einer herzoglichen Bärenjagd

Bärenjagden in einem unvorstellbar großen Jagdbogen

Die Rechnungsbücher von 1611 und 1615 geben auch erstmals einen Einblick in den für heutige Vorstellungen großen Jagdbogen. Das Gebiet, das bei den herzoglichen Bärenjagden bejagt wurde, erstreckte sich im Osten von Hengersberg aus über den Sonnenwald im Vorderen Bayerischen Wald bis zur damaligen Grenze zum Bistum Passau östlich von Grafenau und entlang dieser Grenze bis zum Lusen und Rachel an der böhmischen Grenze (Luftlinie 40 km). Die Westgrenze umfaßte die Wälder um den Rachel über Kirchdorf und Kirchberg und den Leopoldswald im Lallinger Winkel. Das ganze Gebiet umfaßte etwa 400 Quadratkilometer. Die Stützpunkte in diesem großen Bärenjagdgebiet waren die Jägerhäuser in Schöfweg im Sonnenwald (1563 erstmals genannt, im Besitz von Graf Ottheinrich von Schwarzenberg), in Reichenberg (seit 1590) am Fuße des Rachels und Lalling (seit 1593) im Lallinger Winkel (Abbildung 116).

Die Vorsuche der Bären durch die herzoglichen Jäger

Es erscheint in diesem großen Gezürk, in dem fast weglosen Gelände nahezu unvorstellbar, die Standorte der Bären zu suchen. Dieses Problem wurde vom Oberstjägermeister in München durch die Vorsuche gelöst, die bereits Monate und Wochen vor einer herzoglichen Bärenjagd einsetzte. Zwei Beispiele in den Jagdrechnungen von 1599 sollen das verdeutlichen: *Am 25. Juni 1599 wurde der herzogliche Jäger Peter Hiebe ausbezahlt, welcher von Ihrer fürstlichen Durchlaucht der Pern* (Bären) *halber zum Pernstein geschickt worden war. Gleichfalls die Jäger in der Grafenau* (Bärnstein) *und der Überreither* (berittener Jäger) *am Reichenberg, die ihm haben suchen helfen, und alle Gelegenheit* (Standplätze der Bären) *weisen müssen.* Ein zweiter Eintrag 1599 belegt: *Auf Fürsuchung* (Vorsuche) *der Pern in der Grafenau und dann an der Schopau bei Murnau ist den Jägern an Liefergelt* (Entlohnung) *geben worden ...*

Diese Hinweise zeigen, daß die Jäger in den Kastenämtern Bärnstein und Hengersberg angewiesen waren, während des ganzen Jahres die Wildwechsel, Standplätze und Höhlen der Bären aufzuspüren, um sie dem aus München angereisten herzoglichen Jäger zu zeigen. Bei einer herzoglichen Bärenjagd wurden in dem großen Gebiet zwischen Sonnenwald, Lallinger Winkel und den Grenzwäldern am Rachel dann diese Standplätze ganz gezielt aufgesucht um die Bären zu erlegen oder sie lebend einzufangen. Bei dieser Vorsuche wurden nach den Belegen nur die Bären beachtet. Offensichtlich war der Herzog hauptsächlich an den Bären interessiert.

Schlechte Wege und Brücken im Jagdgebiet

Das Gebiet um den Rachel und Lusen, Sonnenwald und Lallinger Winkel mit seinen Urwäldern und den von Gräben und Bächen der großen und kleinen Ohe durchschnittenen Wäldern, war ein geradezu ideales Jagdgebiet. Schwer vorstellbar, wie es vor etwa 400 Jahren, in der Zeit um 1590, ausgesehen hat. Noch bedeckten um die Ortschaften weite Wälder und Bachauen das Land. Nur wenige Saumpfade, der Gunthersteig, der Goldene Steig, der Guldensteig und schlechtausgebaute Wege durchzogen das Gebiet. Klein und unansehnlich waren die wenigen Dörfer. Nicht wie heute in strenge Ufer gefaßt, flossen die Bäche behaglich durch die Täler. Nach jedem Landregen, Wolkenbruch und zur Zeit der Schneeschmelze traten sie über das Ufer in die umliegenden Wiesen und Auen, bildeten ein neues Bachbett und hinterließen sumpfiges, morastiges Land. Die Brücken über die Bäche waren nicht vorhanden oder in einem schlechten Zustand. Einen geringen Flächenanteil nahm in den Siedlungen das dürftig kultivierte Ackerland ein. Auch die Menschen, die Glasmacher und die Bauern, waren anders als heute in ihren Sitten und Bräuchen, in Bildung, in religiöser Anschauung und in sozialer Abhängigkeit. Fast gottähnlich war der Herzog. Einige Abbildungen sollen einen Eindruck vermitteln, über die schwer zugänglichen Urwälder und die schlechten Wege im inneren Bayerischen Wald in der Zeit um 1590 (Abbildung 117, 118, 119, 120, 121).

Die Wilddichte in früherer Zeit

Der Forstmeister Leythäuser hat Anfangs dieses Jahrhunderts viele Jahre im Gebiet um den Rachel und Lusen zugebracht. Über die Wilddichte in früherer Zeit, hat er folgendes ausgeführt: Wegen den örtlich sehr winterlichen und rauhen klimatischen Verhältnissen (die Schneehöhen betragen in höheren Lagen des Hochwaldes bis zu 4 m) wird zwar der Wildstand nicht besonders stark gewesen sein. Aber das Hoch - und Schwarzwild (Hirsche und Wildschweine), dann Auer- und Birkwild, vor allem aber das große Raubzeug, wie Bären, Luchse und Wölfe waren stark vertreten. Also gerade das Wild, was die hohen Herren damals besonders zu jagen liebten (Leythäuser, 1914). Im Sprachgebrauch Raubzeug klingt um 1914 noch die damalige Ansicht der Forstleute nach, die um 1870 zur völligen Ausrottung der Bären führte. Am Rachel und Lusen sind vor allem der Braunbär, das Rotwild (Hirsche), Wildschweine (Sauen) und Birk- und Auerwild gejagt worden sein (Abbildung 122, 124, 125, 126).

Ridinger, 1740, schreibt "Von des Bären Gefährte", den Spuren, die er hinterließ:

Der Bär hat Bratzen oder Branten. Diese zeigen sich in der vorderen Spur kleiner, in der hinteren größer. Er spüret sich hinten als ein Mensch mit bloßen Füßen. Seine Fährte ist etwas kürzer, aber viel breiter und stärker als die der Bärin. Seine Fährte weiset sowohl vorne als hinten 5 Zähen (Zehen), an welchen auch die Waffen (Krallen) gar deutlich eingedruckt sind. Im Gang setzt er die hintere Branten nahe an die vordere, mit den Zähen aus- mit der Ferse einwärts. In der Flucht, da er an sich selbst einen beschwerlichen Gang hat, liegen die Hinter- und Vorder-Branten weiter auseinander. Neben den Bären sind im Bayerischen Wald sicher auch Hirsche und Wildschweine gejagt worden (127, 128).

Abbildung 117: Die Wege waren steil, schlecht ausgebaut und für Kutschen und Fuhrwerke kaum befahrbar, wie hier der Stubenbacher Weg im Böhmerwald, dargestellt nach Wenzig und Krejci, 1860.

Abbildung 118: Bei starken Regenfällen wurden große Löcher in den Straßen ausgeschwemmt, die oft ein Umschlagen der Kutsche mit den fürstlichen Herrschaften bewirkten. Die Damen der vornehmen Jagdgesellschaft wurden dadurch sehr *inkommodiert* (unbequem betroffen).

Abbildung 119: Einen Eindruck über die schwer zugänglichen Urwälder dieser Zeit, vermittelt der Stahlstich Fichtenwald am Bergkamme des Böhmerwaldes nach Wenzig und Krejci, 1860

Abbildung 120: Die Hochlagen der Wälder wurden nur von wenigen Aschenbrennern genutzt. Dargestellt ist der Urwald am kleinen Falkenstein nach Reder, 1861

Abbildung 121: Von den Bergen herabstürzende Gewässer, wie hier die Partie am Rißloch am Arber, konnten während der Schneeschmelze zu reissenden Bächen werden.

7.3 Bärenjagden in Reichenberg und Lalling

Diese Frage läßt sich nur unvollständig beantworten. Die Geschichte der Jagd der Wittelsbacher wurde noch nicht geschrieben. Der Archivar Mitterwieser, 1925, S. 461, hat dieses umfassende Vorhaben angefangen. Leider konnte er es aber nicht zum Abschluß bringen: *... habe ich für eine Jagdgeschichte der Wittelsbacher, zu der ich jahrelang gesammelt habe, fast sämtliche* (Archivalien) *ausgezogen...* Zu umfangreich dürfte diese Arbeit gewesen sein. Allen Anschein nach sind seine wertvollen Auszüge in den Archiven wieder verlorengegangen. Obwohl es vor allem über Wilhelm V. und Maximilian I. eine umfangreiche Literatur gibt, fehlen vollständige, chronologisch geordnete Übersichten über ihre Reisen. Vor allem ihre Jagdreisen erschienen den Bearbeitern offensichtlich zu unbedeutend, um sie mitzuteilen.

Wie man sich frühmorgens den Auszug der herzoglichen Bärenjäger mit einer kläffenden Hundemeute vom Jagdhaus in Reichenberg in die Wälder am Plattenhausen vorstellen kann, soll die Abbildung veranschaulichen (Abbildung 129).

Die wenigen bis heute nachweisbaren, aufgrund besonderer Umstände wahrscheinlichen, Bärenjagden der Wittelsbacher Herzöge im Bayerischen Wald sollen nachfolgend chronologisch mitgeteilt werden. Oft ist von Vorbereitungen für Bärenjagden die Rede. Es läßt sich jedoch nicht immer sicher entscheiden ob sie auch stattfand. Der Herzog selbst war nicht bei jeder Bärenjagd anwesend. Machmal wurden die Hofjäger in den Bayerischen Wald geschickt, um Bären einzufangen.

Abbildung 122: Der Braunbär war das stärkste Tier unter den Wildarten. Er hatte keine natürlichen Feinde. Das Recht, den Braunbären zu jagen, war herzogliches Privileg.

Abbildung 125: In dem weiten Urwäldern, wie hier am Weitfällen-Filz bei Mader (heute: Weitfäller-Filz) nördlich vom Plattenhausen, konnte sich der Braunbär besonders gut entwickeln. Dargestellt nach Wenzig und Krejci, 1860.

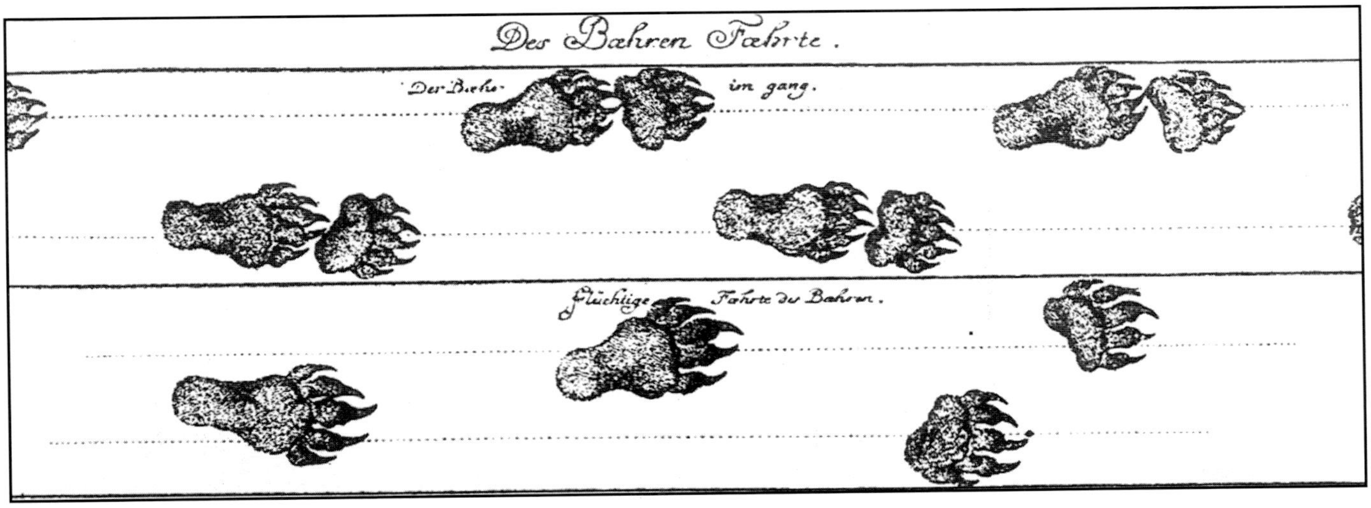

Abbildung 124: Des Bären Fährte: Oben: Der Bär im Gang. Unten: Flüchtige Fährte des Bären (Erklärung im Text).Nach Ridinger, 1740.

Abbildung 126: Das unzugängliche Gebirge war ein Rückzugsgebiet für die Bären. Friedlich zieht ein Bär im Gebirge seine Fährte. Nach einer zeitgenössischen Darstellung um 1800.

Abbildung 127: Neben den Bären wurden die Hirsche, das Rotwild, gerne gejagt.

Abbildung 128: Auch die Hatz auf Wildschweine (Sauen) war ein beliebtes herzogliches Jagdvergnügen. Sauen zu jagen war ein herzogliches Privileg.

Die Bärenjagd im Jahre 1587

Die Bärenjagd von 1587 ist durch die beiden Briefe von 1588 über den beabsichtigten Bau eines Jagdhauses im Kastenamt Bärnstein nachgewiesen. Die Jagdgesellschaft ist im Schloß Bärnstein untergekommen. In einem der beiden Briefe heißt es als Begründung für einen Neubau: Nachdem das Unterkommen im Pernstein gar schlecht... Der damalige Jagdbogen für eine Bärenjagd ist bekannt. Man kann davon auszugehen, daß nicht nur in Schöfweg am Sonnenwald, sondern auch am Rachel und im Leopoldswald bei Lalling gejagt worden ist.

Die Bärenjagd im September 1589

Die Bärenjagd von 1589 ist durch mehrere unterschiedliche Quellen aus den Protokollen der Hofkammer belegt:[217] Von Seiten der Hofkammer wird dem Pflegverwalter Sigmund Gartner zu Bärnstein befohlen, er solle dem vom Hof dorthin abgesandten Jäger gegen dessen Nachweis das notwendige Geld und Futter zustellen, so lange er sich dort aufhalten werde. Die andere Notiz aus den Protokollen der Hofkammer ist überschrieben:[218] Pernstein: 200 fl für Ihre Gnaden Reisen nach Bärnstein. Dem Rentmeister zu Landshut ist geschrieben worden, daß er gegenwärtigem Jagdküchenschreiber Hans Schalckhen, welcher samt dem Jaidt (der Jagdgesellschaft) zum Pernstein abgefertigt worden, von der Rentkammer 200 fl gegen einer Bekenntnis (Beleg) zustelle oder ihm dieselben bei den Beamten zu geben verordne und hernach solch sein Bekenntnis (Beleg) bei fürstlicher Zahlstube an Geldes statt übergebe.

Auch am 16. September 1589 ist der Rentmeister in Landshut benachrichtigt worden, daß er 200 Gulden vorstrecken sollte:

> *16. September 1589, Dem Rentmeister zu Landshut (Rentamt Landshut) ist geschrieben worden, daß er gegenwärtigem Futterschreiber Casparn Menzinger zu jetzt verstandener (vorgesehener) Ihrer Fürstlichen Gnaden (Herzog Wilhelm V.) Rais (Reise) nach Pernstain 200 fl bei fürstlicher Rentstuben (in Landshut) zustelle oder ihm dieselben bei anderen Beamten gegen einer Bekenntnis, dieselbe künftig bei fürstlicher Zahlstuben (in München) an Geldes statt zu übergeben habe, verordne....*[219]

Ebenso und fast gleichlautend wurde dem Pflegverwalter in Bärnstein geschrieben. Aus diesen Notizen geht hervor, daß Herzog Wilhelm V. im Herbst 1589 in Bärnstein auf der Bärenjagd war. Die Kosten dieser Reise betrugen 200 Gulden. Die Rentkammer in Landshut sollte die 200 Gulden für die Reise vorstrecken und die fürstliche Zahlstube in München diesen Betrag wieder erstatten. Der Futterschreiber war dem Oberstallmeister unterstellt, der auch die Reisen des Herzogs vorbereitet hat. Nachdem Herzog Wilhelm V. im Herbst 1589 sich zur Bärenjagd in Bärnstein aufhielt, ist davon auszugehen, daß er den Standort für sein Jagdhaus in Reichenberg selbst festgelegt hat.

Diese Bärenjagd 1589 ist auch durch eine weitere Quelle belegt: In der Kammeramtsrechnung 1589/90 der Stadt Vilshofen wird erwähnt, daß die Räte der Stadt Herzog Wilhelm V. einen 89 Pfund schweren Donauwaller überbracht haben:[220]

Der Eintrag lautet:

> *Dem Hannsen Gölderer, Fischer allhier, um einen Waller oder Schaiden, so 89 Lb (Pfund) gewogen, das Pfund per 6 Kr, welchen man Ihrer Fürstlichen Gnaden verehrt (hat), bezahlt: 8 fl 6ß 9d. Auf der Reise haben drei Personen und drei Rösser verzehrt: 12 fl 24 d 1 Hl. (Scharer, 1956, S. 60ff; hier S. 65). Da das Rechnungsjahr von Georgi 1589 (24. April) bis Georgi 1590 ging, kann diese Bärenjagd nur im Herbst 1589 stattgefunden haben. Auch in den Jahren 1592 und 1593 wurden Herzog Wilhelm V. Donauwaller nach Reichenberg und Lalling gebracht, wo er sich beim Berngejaid befand (Abbildung 130).*

Die Bärenjagd im Jahre 1592

Die Bärenjagd 1592 wurde über eine lange Zeit vorbereitet. Nach dem Protokoll der Hofkammer[221] wurde der Pflegverwalter von Bärnstein Sigmund Gartner angewiesen, dem fürstlichen Jäger Hans Pekh aus München, der nach Bärnstein zum Aufspüren von Bären (daselbst nach Pern zu suchen) geschickt worden ist, Geld und Futter zuzustellen. Erstmals erfahren wir aus diesem Hinweis, daß die Bärensuche zusammen mit den Bärnsteiner Jägern und Bauern über zwei Monate dauerte. Über diese Bärenjagd 1592 gibt es zwei weitere Schreiben der Münchner Hofkammer an den Rentmeister zu Straubing:[222] Im ersten (fol. 131) heißt es, der Jägermeister, der ranghöchste Jagdbeamte am Hof, werde mit dem Jhaid, zur Bärenjagd in den unteren Wald, nach Reichenberg und Lalling kommen. Er solle ihm Geld und Futter für die Pferde und Hunde verordnen. Im zweiten Schreiben (fol. 137) soll der Rentmeister dem Küchenschreiber Andre Klepffer Geld, Futterei und andere Notdurft zukommen lassen, weil man nun mit dem Hoflager in den Unteren Wald an das Pernjhaid vorrücke.

Im Oktober 1592 weilte Wilhelm V. mit seinem Hofstaat zur Bärenjagd im Jagdhaus in Reichenberg. Das dürfte der erste Besuch in seinem neuerbauten Jagdhaus gewesen sein. Belegt ist diese Bärenjagd durch die Protokolle der Hofkammer.[223] Schon am 9. Juni dieses Jahres wurde Wilhelm V. von der Hofkammer überredet, aus Kostengründen im Jagdhaus in Reichenberg auf die ursprünglich geplanten Pferdeställe für 50 - 100 Pferde, auf Küche, Keller und Zehrgaden zum Zerlegen des Wildes zu verzichten. Dieser Verzicht wird dem ausgabefreudigen Herzog schon schwergefallen sein. Doch die Schuldenlast seiner Regie-

Abbildung 129: Die herzoglichen Bärenjäger ziehen frühmorgens mit einer kläffenden Hundemeute vom Reichenberger Jagdhaus aus in die Waldungen am Plattenhausen.

Abbildung 130: Bei den Bärenjagden 1589, 1592 und 1593 verehrten die Räte der Stadt Vilshofen als Geschenk Herzog Wilhelm V. in Reichenberg und Lalling einen Donauwaller (1589: mit 89 Pfund). Bild: Landkreis Vilshofen, 1966, S.77.

rung war so erdrückend, daß er wohl zustimmen mußte. Herzog Wilhelm V. war von seinem neuen Jagdhaus in Reichenberg wegen weiterer Mängel enttäuscht und er beschwerte sich bei der Hofkammer. So waren von den ursprünglich geplanten 22 Zimmern im ersten und zweiten Stock erst 6 ausgebaut. Die Küche wurde als Behelfsküche in einem Schuppen außerhalb des Jagdhauses untergebracht. Nach einem Augenschein in Reichenberg und einen Kostenvoranschlag durch Hans Reiffenstuel hätte die endgültige Fertigstellung weitere 870 Gulden gekostet. 2.500 Gulden waren bereits verbaut. Als die Hofkammerräte ihm das vorlegten, entschied er alle unnotwendigen Gebäu und Ausgaben möglichst einzustellen und die Bären als ein schädliches Tier nicht zu hegen. Diese Bärenjagd im Oktober 1592 führte zu großen Schäden in den Haferfeldern der Bärnsteiner Untertanen. Der Herzog versprach, die Untertanen zu entschädigen.

Die Bärenjagd von Herzog Wilhelm V. in Reichenberg und Lalling 1592 ist auch aus dem Stadtarchiv und der Stadtgeschichte von Vilshofen belegt.[224] Die Hinweise finden sich in der Festschrift 750 Jahre Vilshofen (Wild, 1956) im Kapitel Salzhandel in Vilshofen von Scharrer, 1956, S. 66. Neumann, 1976, S. 139, hat auf diese Quelle aufmerksam gemacht. Nach den Rechnungen des Kammeramtes schickten die Ratsherren von Vilshofen im Oktober (ohne Datum) 1592 eine Abordnung nach Reichenberg, wo sich Herzog Wilhelm V. zur Bärenjagd aufhielt. Es wird nicht ausdrücklich erwähnt, was dem Herzog verehrt worden ist. Doch es dürfte sich, genauso wie 1589 und 1593 in Lalling belegt, um einen Donauwaller gehandelt haben.

Aus den Einträgen im Rechnungsbuch der Stadt Vilshofen vom Jahre 1592 geht auch hervor, daß die Stadt dem Herzog damals Wein und Hafer nach Lalling verehren wollte. Dafür wurden eigens aus einem Stück Zwilch Säcke mit dem Stadtwappen angefertigt. Bevor jedoch diese Verehrung an den Herzog geschickt wurde, hat der bei der Jagd mit anwesende Hofkammerpräsident mit einem Boten von Lalling aus die Stadtväter unterrichtet, daß der Herzog die Stadt auf der Rückreise von der Jagd nach München besuchen wollte. Der Herzog ist mit seinem Gefolge daraufhin offiziell in der Stadt empfangen und auf Kosten der Stadt für über 186 Gulden freigehalten worden. Anschließend ist auch noch der etwas später von Deggendorf her durchreisende Hofkammerpräsident um über 35 Gulden verköstigt worden.[225]

Die Räte von Vilshofen hatten allen Grund sich dem Herzog gegenüber großzügig zu zeigen. Für den Salzhandel und den Saumverkehr nach Grafenau und Böhmen wurde 1591 mit der finanziellen Unterstützung des Herzogs die erste Brücke über die Donau gebaut. Der Herzog selbst war damals am Salzhandel sehr interessiert und wollte ihn fördern: Im selben Jahr 1591 bekamen auch die Ratsherren von Grafenau vom Herzog Wilhelm V. zur Erhebung der uralt Guldenstraßen aus unserem (den herzoglichen) Salzhandel ein Darlehen von 1.000 Gulden, um die uralte Guldenstraße für den Saumhandel wieder instandzusetzen (Neumann, 1976, S. 139). Der Salzhandel und das herzogliche Privileg Weißbier zu brauen, waren die wichtigsten Einnahmen im damaligen, schuldengeplagten Herzogtum Bayern. Interessant ist an diesen Mitteilungen, daß die Bürgermeister und Ratsherren von Vilshofen und Grafenau den Jagdaufenthalt des Herzogs genutzt haben, um wichtige Angelegenheiten mit ihm persönlich zu besprechen. Bei diesen Jagdreisen konnte er sich die Sorgen und Nöte der Ratsherrn der Städte anhören.

Der Münchner Augustin Koch wird Jäger in Bärnstein

Aus dem Jagdbesuch von 1592 erfahren wir noch eine weitere interessante Einzelheit. Sie zeigt sehr anschaulich den umständlichen Behördenweg bei der Anstellung eines Bärnsteiner Jägers im herzoglichen Bayern von 1592. Durch den Jagdhausbau in Reichenberg, den 1593 beabsichtigten Bau eines Jagdhauses in Lalling und anstehende Jagdbesuche des Herzogs, wurde dieses Bärenland im Bärnsteiner Gebiet aufgewertet. Deshalb hat sich der bisherige Besuchsknecht Augustin Koch (Schober 1997, S. 466), der öfter von München aus anreiste, um die Bären aufzuspüren, entschlossen, sich in Grafenau niederzulassen. Er bat erfolgreich um eine Anstellung als landgerichtlicher Jäger. 1592 (ohne Datum) erscheint er noch in der Hofzahlamtsrechnung der Hofkammer unter Jaidspersonen:[226] Augustin Koch per sein Liefergeld (be)zahlt: 52 fl. Das wird sein Gehalt als herzoglicher Besuchsknecht gewesen sein.

Am 14. Januar 1593 wies die Hofkammer den Bärnsteiner Pflegverwalter an, ihm die ordentliche Besoldung zukommen zu lassen.[227] Offensichtlich schrieb Gartner zurück, daß er nicht wisse, worin diese Besoldung bestehen sollte, denn am 8. Februar und erneut am 20. März 1593 beauftragt die Hofkammer den Rentmeister in Straubing, er möge in Erfahrung bringen, was der nächstgewesene Förster zum Pernstein an Besoldung, Traid (Getreide, Korn) und anderer Nutzung in allem gehabt habe.[228]

Über die Besoldung des Augustin Koch, früher Besuchsknecht, nun angestellter Jäger zum Pernstein, wurde seit den Schreiben vom Frühjahr 1593 in München immer noch nicht entschieden. Deshalb richtet er am 12. Oktober 1593 nach München die Bitte[229] ihm die Besoldung zu seinem verlassenen Jägerdienst zu benennen. Die Hofkammer mahnt vom Rentmeister in Straubing den längst fälligen Bericht an.

Dem Augustin Koch war zwischenzeitlich die bisherige Besoldung eines landgerichtlichen Jägers von Bärnstein mitgeteilt worden und diese war so gering, daß er sich samt Weib und Kind nicht erhalten könnte. Er bittet daher (18. November 1593)[230]um folgende Jahresbesoldung: 40 fl an Geld, ein Kleid, 2 Schaff (1 Schaff = 600 l) Korn, 1 Schaff Weizen und 4 Schaff Hafer zur Unterhaltung eines Kleppers (Pferd), das kleine Reisjaid (niedere Jagd), Wiesen und Fischwasser. Die Hofkammer erbittet dazu die Stellungnahme des Jägermeisters, der oberste Jagdbeamte. Am 19.

November[231] ist nun auch die Stellungnahme des Rentmeisters aus Straubing eingetroffen. Man schickt sie um weitere Nachrichtung willen an den Jägermeister weiter. Anfang März 1594 wird nun die Frage der jährlichen Besoldung des neu angestellten Bärnsteiner Jägers Koch wie folgt abgeschlossen:[232] 40 fl, 2 Schaff Korn, ½ Schaff Weizen, 5 Schaff Habern für Klepper und Leithunde, ein Kleid. Von den Leithunden ist er einen oder zwei zu halten schuldig.

Kurz vor seinem endgültigen Abzug aus München und dem Dienstantritt in Bärnstein bittet Augustin Koch, das ihm für 8 Monate geschuldete Liefergeld seines bisherigen Dienstes als Angehöriger des Hofjägerpersonals zu bezahlen. Zugleich möchte er, daß sein Hausrat, den er wohl zu Schiff bis nach Hengersberg zu bringen gedachte, durch eine Scharwerkfuhre nach Grafenau gebracht würde. Bescheid der Hofkammer vom März 1594:[233] Sein Liefergeld wird ihm nur für 4 Monate bezahlt. Die Scharwerkfuhre wird abgelehnt. Als Augustin Koch für seinen Umzug nach Grafenau um ein Gnadengeld zu Zehrung (Umzugskosten) bittet, lehnt dies die Hofkammer (März/April 1594) entschieden ab. Inzwischen gab es einen Wechsel im Amt des Pflegers in Bärnstein. Der neue Bärnsteiner Sinekuren-Pfleger (1594-1596) Rudolf Freiherr von Pollweiler, Geheimer Rat und Statthalter in Ingolstadt, ist anscheinend mit der Bestallung des neuen Bärnsteiner Jägers (er meint wohl Augustin Koch) auf Grund der damit verbundenen Unkosten nicht einverstanden. Die Hofkammer wendet sich im August 1594[234] daraufhin an den Jägermeister. Offensichtlich konnte der Pfleger von Pollweiler diesen Umzug nicht mehr rückgängig machen. 1599 gibt es folgenden Eintrag:[235]

> *Augustin Koch, Jäger in der Grafenau, vermög von Ihrer Fürstlichen Durchlaucht Hofkammer München ausgebrachten Befehls seine Besoldung anjetzt das sechste Jahr (ge)geben und bezahlt: ... 40 Gulden. Durch Rentmeisterschreiben 12 Gulden.*

Die Bärenjagd von 1593

Zur Vorbereitung der herzoglichen Bärenjagd im September 1593 in Reichenberg und Lalling wurden schon am 27. Juli mehrere Jäger nach Pernstein entsandt. Der Rentmeister von Straubing wird laut Hofkammer-Protokoll[236] vom 27. Juli 1593 angewiesen, diesen Jägern, so nach Pernstein abgefertigt sind, die Notdurft an Geld, Futter zu verordnen. Ebenso wird dem Verwalter zum Pernstein befohlen, daß er unseren nach Pernstein abgefertigten Jägern die Notdurft Hundaß (Hundenahrung), dieweil dessen ungezweifelt noch ein Vorrat vorhanden sein werde, auf die mitgenommenen Hunde gegen Bekenntnis dargebe. Im September 1593 weilte Herzog Wilhelm V. auf Reichenberg zur Bärenjagd. In einem persönlichen Schreiben[237] am 17. September 1593 fordert Wilhelm V. von Reichenberg aus von der Hofkammer in München eine Stellungnahme und ein Gutachten zu den Hengersberger Scharwerkbelastungen im Zusammenhang mit dem Bau des Jagdhauses in Lalling. Offensichtlich schickte er während seines Aufenthaltes in Reichenberg einen Boten nach München. Das ist das einzige, erhalten gebliebene Schreiben eines Herzogs, das im Reichenberger Jagdhaus geschrieben worden ist.

Nach den Rechnungen des Kammeramtes schickten die Ratsherren von Vilshofen auch 1593 Abordnungen nach Reichenberg und Lalling.[238] Was sie in Reichenberg dem Herzog verehrten wird nicht genannt: Als Achatz Lehner wegen Ihrer Fürstlichen Durchlaucht in den Reichenberg geschickt worden (ist), ihm Zehrung wieder erstattet: 3ß 15d. Nach Lalling überbrachten sie einen Donauwaller als Geschenk:

> *Als unser gnädigster Fürst und Herr herunten im Wald am Perngejaidt gewesen (ist), Ihrer Fürstlichen Durchlaucht einen Waller verehrt und hinein nach Lalling geschickt. Darum den Fischern allhier bezahlt: 7 fl.*

Bei der Heimreise von dieser Bärenjagd hat Herzog Wilhelm V. mit seinem Hofstaat der Stadt Vilshofen einen ehrenvollen Besuch abgestattet (Scharrer, 1956, S. 65).

Aus den Rechnungen des Kammeramtes von Vilshofen erfahren wir noch eine weitere interessante Einzelheit: Schon am 5. Juni 1593 hielten sich die beiden Söhne Wilhelm V., die Prinzen Maximilian (1573-1651) und Ferdinand (1577-1650) in Vilshofen auf. Die Stadt Vilshofen bezahlte den fürstlichen jungen Herrschaften das Frühstück mit 33 Gulden.[239] Ob im Juni 1593 eine Bärenjagd stattfand wird nicht gesagt. Das wäre der erste Hinweis, daß Prinz Max, der spätere Herzog Maximilian I., damals 20 Jahre alt, bei einer Bärenjagd in Reichenberg und Lalling dabei gewesen ist. Sein Bruder Ferdinand wurde später Erzbischof von Köln, Bischof von Hildesheim, Lüttich und Münster (1620-1650).

Diese Bärenjagd im September 1593 in Reichenberg und Lalling wird noch in weiteren Quelle genannt: Dollinger, 1968, S. 301, berichtet, daß Herzog Wilhelm V. damals viel auf Reisen war: Am 16. September 1593 hielt er sich nachweislich in Reichenberg auf und am 22. und 23. Oktober in Schäftlarn.[240]

Eine mögliche Bärenjagd 1597

Als Herzog Maximilian I. im August 1597 beabsichtigte, die Scharwerkverpflichtung in eine ständige Geldanlage umzuwandeln, richteten die Bärnsteiner Untertanen ein Gesuch an den Rentmeister in Straubing um dies abzuwenden. Sie betonen, daß sie für ihr Bittgesuch Ihrer Fürstlichen Durchlaucht Perngjaidts-Ankunft erwarten wollten. Ob diese herzogliche Bärenjagd im Jahre 1597 auch stattfand, ist nicht belegt. Möglicherweise war sie beabsichtigt und angekündigt und kam nicht zustande.

Eine mögliche Bärenjagd im Jahre 1599

Über die Vorbereitung der Bärenjagd 1599 erfahren wir erstmals am 25. Juni. Der fürstliche Rat und Jägermeister Lorenz Wensin von Rollestorf zu Altenpreysing zahlt dem Jäger Peter Hieber für 7 Tage Kostgeld, weil er für diese Zeit nach Bärnstein (voraus)geschickt worden war, der Bären halber.[241]:

> *Erstlich den 25. Juni 1599 Peter Hieber (?), Jäger, welcher aus Ihrer Durchlaucht (Maximilian I.) Befehl der Pern halber zum Pernstein geschickt worden: 7 Tage Kostgelt bezahlt 4 fl, 4 Kr, 20 d. Dann für den Jäger in der Grafenau (Bärnstein, Augustin Koch ?) und den Überreither (berittener Jäger) am Reichenberg, so ihm auch suchen helfen, und alle Gelegenheit weisen (Standplätze der Bären zeigen) müssen, jedem 2 Tag Kostgeld 2 fl, 4 Kr, 20 d, (insgesamt) bezahlt 7 fl, 2 Kr, 10 d.*

Im Ausgabenbuch von 1599 heißt es:

> *Auf Fürsuchung (Vorsuche) der Pern in der Grafenau (in Reichenberg) und dann an der Schopau bei Murnau ist den Jägern an Liefergelt geben worden ...*

Es gab also Jäger am Hofe in München, die das ganze Jahr in den Wäldern des Herzogtums unterwegs waren, die Wechsel und Fährten der Bären aufzuspüren und Bärenjagden vorzubereiten.

Am selben Tag, 25. Juni 1599, schreibt Herzog Maximilian I. von Landshut aus[242] an den Herrn von Degenberg, den Abt von Niederaltaich, an den Herrn von Schwarzenberg, Besitzer der Hofmark der Haimgüter am Sonnenwald und ähnlich lautend an den Pfleger zum Bärnstein, daß er anheuer das Bärengejaid in eigener Person besuchen wolle und daß sich daher die Benachbarten beim Jagen von Bären zurückhalten sollten. Etwa ein Monat später hören wir wieder von den Vorbereitungen dieser Bärenjagd: Herzog Maximilian I. schreibt am 23. Juli 1599[243] an die Pfleger in Neustadt, Wernsberg (?), Abbach, Kelheim, Hengersberg und Bärnstein, daß er nach der Hirschfaist das Bärengejaid besuchen wolle. Da damals in weiten Teilen (Nieder)bayerns wieder einmal die Pest ausgebrochen ist, verlangte er von den Pflegern Berichte wie es der Infektion und bösen Lüfte halber im jeweiligen Gebiet beschaffen sei. An den Abt von Niederaltaich richtete er ein ähnliches Schreiben. Die Regierung in Straubing schickt am 6. August 1599 Boten an die Landgerichte, damit diese wegen der Infektion berichte sollten.[244] Dem Boten wird Wartegeld bezahlt, weil die Berichte von den Pfarrern nicht so eilend gekommen sind. Ob diese sorgfältig vorbereitete Bärenjagd 1599 in Reichenberg und Lalling stattfand, ist nicht bekannt geworden.

Möglicherweise wurde sie wegen der in dem Gebiet ausgebrochenen Pest abgesagt: Am 6. Oktober 1599 fragen die beiden Gerichtsbeamten, der Pflegverwalter und der Gerichtsschreiben über die Regierung in Straubing bei der Hofkammer in München an, ob sie sich wegen der in ihrem Gebiet ausgebrochenen Pest einige Zeit von Bärnstein entfernen dürften.[245] Die Hofkammer lehnte ihr Gesuch ab*: "... wir ihnen der Grenze und* (des) *Salzwesens halber* (das) *nicht erlauben können."* Auch der Rentmeisterumritt ist wegen der *leidigen regierenden Infektion 1599* (ohne Datum) *nicht gehalten worden.*[246]

Die Vorbereitung einer Bärenjagd im Jahre 1600:

Im Herbst 1600 war offensichtlich wieder eine Bärenjagd geplant. Es gibt darüber drei Hinweise. Frühsommer, 18. Juni: Das Münchner Oberstjägermeisteramt teilte in Bärnstein mit, daß Herzog Maximilian I. beabsichtigt, von seinem Schloß in Dachau aus, zum Bärengejaid in eigener Person nach Reichenberg zu kommen (Seyfert, 1978, S. 58). Dem Ausdruck in diesem Brief in eigener Person ist indirekt zu entnehmen, daß der Herzog nicht bei allen Bärenjagden in Reichenberg und Lalling selbst teilgenommen hat. Bei der großen Beliebtheit, dem hohen gesellschaftlichen Stellenwert der Jagd und der großen Familie der Wittelsbacher, werden in Reichenberg auch Jagden anderer Mitglieder der Familie stattgefunden haben. Frühherbst, 4. September: Das Oberstjägermeisteramt beauftragte den Verwalter von Bärnstein, etliche Schaff[247] Haber (Hafer für die Pferde und Hunde), so viel man vermeintlich auf 14 Tage (dauernde Bärenjagd) bedürfe zu besorgen (Seyfert, 1978, S. 58).

Erstmals gibt es in diesem Brief jedoch die wichtige Mitteilung, daß diese Jagden in der Regel etwa 14 Tage gedauert haben. Bei den Jagden waren etwa 100 Reitpferde dabei. Der Pfleger in Bärnstein hatte dafür zu sorgen, daß die Pferde mit Hafer und Heu versorgt werden konnten. Die landgerichtlichen Bauern mußten jedes Jahr den Haferzehent am Zehentstadel in Bärnstein abliefern. Aus dem Zehentstadel hat der Pfleger die Pferde des Herzogs in Reichenberg versorgt.

Herbst, 30. September: An diesem Tag ist ein herzoglicher Jäger vom Oberstjägermeisteramt des Hofes in München in das Jagdhaus nach Reichenberg gekommen (Seyfert, 1978, S. 58). Es ist davon auszugehen, daß dieser Jäger zur Vorsuche der Bären vorausgeschickt wurde, um zusammen mit den Jägern von Bärnstein und den Bauern der Umgebung die Wildwechsel und Standplätze der Bären in den weiten Waldungen aufzuspüren und die Bärenjagd vorzubereiten. Bei der Bärenjagd im Herbst 1599 oder 1600 ereignete sich auch ein Jagdunfall. Mitgeteilt wird er 1600 (ohne Datum) in den Ämterrechnungen des Rentmeisteramtes Straubing:[248] Auf der Fürstlichen Durchlaucht ausgegangenen Befehl ist Georg Frischen, Propsteiischer Untertan in Schönanger gegen St. Oswald gehörig, wegen des ihm in jüngst (1599 oder 1600) verrichtetem Bärengejaid durch einen Bären zugefügten und empfangenen Schadens für Arztlohn, Zehrung und Versäumnis gegeben und zugestellt worden in allem: 12 Gulden. Ob Herzog Maximilian I. im Jahre 1600 tatsächlich in Reichenberg und Lalling jagte, ist kaum eindeutig zu belegen.

Nach den Protokollen der Hofkammer vom 31. Oktober[249] plante Herzog Maximilian I. 1600 auch eine Bärenjagd in Murnau. Dazu wurden die Pfleger von Weilheim und Starnberg aufgefordert, für genügend Hafer zur Fütterei zu sorgen:

> *Dem Pfleger zu Weilheim. Demnach es vielleicht darauf steht, daß wir wegen des Bernjaids in Kürze nach Murnau verreisen möchten, damit aber allda wie auch unterwegs an der Futterei nicht Mangel erscheine, so wollen wir, daß du unsere Urbarsuntertanen ... den Habern förderlich auszudreschen. In simili (gleichlautend) an den Pfleger zu Starnberg.*

Der Hafer wurde geerntet, die Garben in der Scheune eingelagert und erst während des Winters mit der Drischel ausgedroschen. Der Herzog gibt die Anweisung den Hafer gleich nach der Ernte zu dreschen.

1604 kam es noch zum Streit um einen toten Bären zwischen den Landgerichten Hengersberg und Deggendorf. Der Hengersberger Pfleger richtete ein Protestschreiben[250] an den Pfleger von Deggendorf, weil seine Amtleute diesen toten Bären aus dem zum Landgericht Hengersberg gehörigen Freiwald nach Deggendorf gebracht haben.

1611: Herzog Albrecht VI. jagte in Reichenberg und Lalling

Im Jahre 1611 hielt sich der jüngste Bruder von Herzog Maximilian I., Herzog Albrecht VI. (1584-1666), genannt der Leuchtenberger, zur Bärenjagd im Reichenberger und Lallinger Jagdhaus auf. In den Rechnungsbüchern ist diese Bärenjagd in allen Einzelheiten dokumentiert. In der Analyse dieser Jagdreise wird darauf zurückzukommen sein (s. Kapitel 7.4).

1612: Der Hofjäger und Bärenfänger Hans Peck in Reichenberg

Es wurde immer schon vermutet, daß die Herzöge nicht bei allen Bärenjagden in Reichenberg und Lalling selbst mit anwesend waren.

In der Fürstlichen Gejaidsamtsrechnung von 1612 (ohne Datum) gibt es einen Beleg für diese Vermutung. Mehrere Jäger sind nach Reichenberg zum Bärenfang geschickt worden:[251]

> *Ausgab auf die Bernjaider: Hanns Peckh, Förster und Jäger zu Forstenried, ist auf Ihrer Durchlaucht (Herzog Maximilian I.) gnädigsten Befehl, lebendige Bären zu fangen und hierher (nach München) zu bringen, nach Bärnstein in den Wald geschickt worden. Was er nun deswegen für ihn und andere bei sich gehabte .. Jäger, auch Amtleute, nicht weniger für die zu den gefangenen Bären gemachten Truhen in allem ausgegeben (hat), gibt seine Rechnung ... 244 Gulden. Ferner waren noch des Herrn von Törring zu Seefeld Jäger und Rüdenknechte zur Hetzung beider Bären mit den Rüden dabei: bezahlt 13 Gulden. Als man den anderen Bären allhier gehetzt (hat), (ist) dreien Tagwerkern, die zur Auf- und Abladung desselben - in Mangel der Tücher- und Netzknechte - gebraucht worden (sind) jedem 15 Kr bezahlt (worden).*
>
> *Stephan Pockmeier, Tücherknecht, der um die Hunde zur Hetzung der Bären nach Geisenfeld geschickt worden (ist), bezahlt 1 fl 25 Kr.*
>
> *Georgen Koller, Überreiter zu Wartenberg, der mit dem Hans Peckhen am Perjaid gewesen (ist), Kostgeld bezahlt 2 fl 20 Kr. Summa der Ausgab auf Pernjhaider: 261 fl 53 Kr.*

Insgesamt wurden bei diesem Bärenfang 3 Bären eingefangen. Dieser Beleg ist einzigartig: Er weist nach, daß nicht nur der Herzog Bärenjagden veranstaltet hat. Seine Hofjäger bekamen auch den Auftrag, in die Jägerhäuser in Reichenberg und Lalling zu reisen, um zusammen mit den Bärnsteiner Jägern und den Bauern als Treiber, Bären lebend einzufangen und in Truhen nach München für die Lusthetzen zu bringen. Leider wird nicht mitgeteilt, wie häufig diese herzoglichen Bärenfang- Trupps am Rachel unterwegs waren. Bei diesen Fangmethoden mit Netzen und Stricken, brennenden Pechpfannen und Fangeinrichtungen in dem großen Revier von Lalling bis zum Rachel hatten schon damals, 1612, die Bären keine Chance mehr in großer Population zu überleben. Deshalb hat Herzog Albrecht VI. bei seinem Aufenthalt 1611 dem Pflegverwalter von Bärnstein eindringlich aufgetragen, die Bären sehr sorgfältig zu hegen.

Diese Bärenjagd vom Hofjäger Hans Peckh muß Franz Poschinger, der Glashüttenherr auf der Riedlhütte, gemeint haben, wenn er folgendes berichtet: Im Jahre 1612 seien 2 Bären lebend gefangen und für 244 Gulden nach München zum fürstlichen Lusthetzen gebracht worden. An dieser Mitteilung, die aus der Geschichte der Glashütte Riedlhütte bekannt wurde, überrascht der übereinstimmende Betrag von 244 Gulden, der auch von Hans Peckh für die Ausgaben der gesamten Bärenjagd genannt wird. An der Nachricht von Franz Poschinger war schon immer rätsel-

Abbildung 131: Das Mittagessen hat die Jagdgesellschaft in den schwer zugänglichen Wäldern eingenommen. Über Boten aus den nächstgelegenen Ortschaften wurden sie versorgt. Ausschnitt aus einer zeitgenössischen Darstellung.

haft, daß ein Pferdegespann nach München mit den beiden Bärenkisten 244 Gulden kosten sollte. Der neuerliche Fund im Archiv löst das Rätsel: Die gesamte Bärenjagd hat 244 Gulden gekostet. Der Glashüttenherr war über diesen Bärenfang 1612 in seinen Hüttenwäldern bestens unterrichtet. Er hat mit seinen Leuten möglicherweise das Bärenjagd-Scharwerk leisten müssen, das im Erbrechtsbrief verpflichtend festgelegt war.

Bei der Beschreibung des Jagdaufenthaltes von Herzog Albrecht VI. im Jahre 1615 wird folgendes mitgeteilt:

Drei Jahre früher (also 1612) aber hat ein Herr von Roth (dem Herzog) einen jungen lebendigen Pern verehrt (Mitterwieser,1925, S. 466). Aus diesem Zusammenhang ist herauszulesen, daß im Jahre 1612 in Reichenberg gejagt worden ist. Anläßlich dieser Jagd hat der Jagdgast von Roth eine Bärin getötet und einen jungen Pern gefangen, den er Herzog Maximilian I. verehrte. Diese jungen Bären wurden aufgezogen und in München beim Lusthetzen zu Tode gemartert. Herzog Maximilian hat 1600 einen Dr. Roth aus Augsburg nach München eingeladen, der vom Gastgeber Hans Weinhardt versorgt worden ist (Dollinger, 1969, S. 560).

Für 1613 (ohne Datum) werden in der Fürstlichen Gejaidsamtsrechung drei erlegte Bären zu Rueprechting erwähnt: Ausgab auf die Bernjaider: Erstlichen Wilhelmen Pronperger, Förster zu Rueprechting, und seinen Knechten, die dieses Jahr von 3 geprischten Bären 12 Pranken hierher nach München geschickt (haben). Für Jägerrecht und Botenlohn bezahlt: 8 fl 48 Kr. Die Pranken waren eine besonders begehrte Spezialität und mußten zur Hofküche gebracht werden. Auch 1615 werden neben der Reichenberger und Lallinger Bärenjagd zwei erlegte Bären zu Rueperting, das oben erwähnte Rueprechting genannt:[252] Dem Förster zu Rueperting Wilhelmen Pronperger und seinen Knechten, die dieses Jahr zwei Bären gepirscht. Ihr Jägergeld oder Pürschgeld für jeden 2, tut 4 fl. In Rueperting wurde 1616 vom dortigen fürstlichen Jäger mit gleichlautendem Eintrag ein weiterer Bär erlegt.

1615: Herzog Albrecht VI. jagte in Reichenberg und Lalling.

Im Jahre 1615 hielt sich der jüngere Bruder von Herzog Maximilian I., Herzog Albrecht VI., genannt der Leuchtenberger, wiederum zum Perngejaidt auf dem Reichenberg und zu Lalling auf (Kapitel 7.5).

Nach 1615 keine herzoglichen Bärenjagden mehr

Nach bisheriger Kenntnis fand im Jahre 1615 die bisher letzte, nachweisbare fürstliche Bärenjagd in den Jägerhäusern in Reichenberg und Lalling statt. Nach den Aussagen von 8 Bärnsteiner Untertanen scheint es in der Thomasleiten nach 1615 - der Zeitpunkt wird nicht genannt- noch 2 Bärenjagden der Münchner Oberjägermeister ohne Beteiligung des Herzogs gegeben zu haben.

Der Zeitraum von 33 Jahren ohne herzogliche Bärenjagd, von 1615 bis zum verheerenden Brand in Reichenberg von 1648, erscheint sehr lang. Der Grund dürften neben der Pest die Kriegshandlungen des 30jährigen Krieges gewesen sein. Insgesamt waren es also nur die 25 Jahre von 1590 bis 1615, in denen sich die bayerischen Herzöge an ihren Bärenjagden in ihren Jägerhäusern erfreuen konnten. Es ist auch nicht überliefert, wie ausgelassen die Feste abends nach einer anstrengenden Jagd waren. Die großen Mengen an Wein, die während der Jagd auf den Jägerhäusern getrunken wurden, lassen auf eine gute Stimmung schließen, wenn das besondere Jagdglück der fürstlichen Bärenjäger gefeiert worden ist (Abbildung 131, 132).

Bärenköpfe unter dem Giebeldach der Jägerhäuser

Der Maler Franz von Kobell, ein Jagdgenosse des bayerischen Königs Maximilian II. (1848-1864), berichtet in seinem Buch Wildanger von der Gewohnheit und hergebrachten Sitte, an den herzoglichen Jagdhäusern die Köpfe der Bären und Luchse als Trophäen unter dem Giebeldach anzubringen (Heinz, 1925). Dieser Brauch erinnert an die germani-

Abbildung 132: Nach einer anstrengenden Jagd werden auf den Jagdhäusern in Reichenberg und Lalling ausgelassene Feste gefeiert worden sein. Ausschnitt aus einer zeitgenössischen Darstellung.

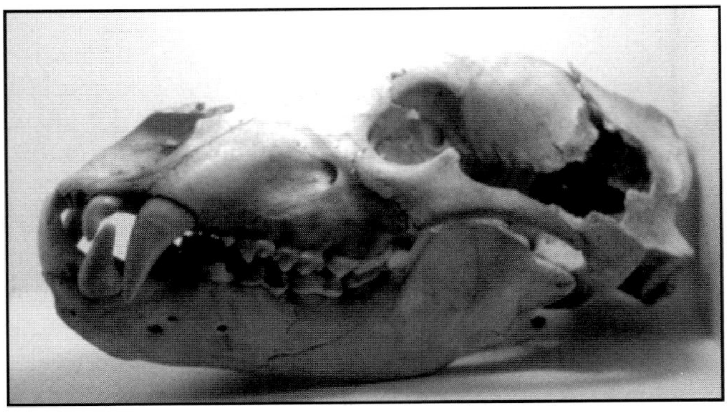

Abbildung 133: Der Schädel eines Bären in einer Vitrine im Deutschen Jagdmuseum in München, wie er recht zahlreich an der Giebelwand der Jagdhäuser in Reichenberg und Lalling nach altem Weidmannsbrauch angebracht gewesen sein wird.

Abbildung 134: Bei den Grabungen im Bereich des ehemaligen Jagdhauses in Reichenberg wurde auch ein großer Backenzahn und Knochenreste ausgegraben, die möglicherweise von Bären stammen könnten

sche Sitte, das Roßhaupt, den Kopf der geopferten Pferde, an Bäume und Häuser aufzuhängen (Höfler, 1894, S. 32). Die an der Giebelseite des Firstes in den Brettern eingeschnittenen Pferdeköpfe der niedersächsischen Bauernhäuser haben den selben Ursprung. In dem Bericht ist von Bärenköpfen die Rede und nicht vom Schädel. Nach dem Abziehen der wertvollen Decke dürfte jedoch der Schädel übriggeblieben sein, der als Jagdtrophäe an gut sichtbarer Stelle zur Schau gestellt wurde. Vielleicht versteht die Waidmannsprache mit dem Begriff Kopf den Schädel des Tieres.[253]

Es ist davon auszugehen, daß dieser alte Waidmannsbrauch auch an den Jägerhäusern in Reichenberg und Lalling gepflegt worden ist. Wieviele Bärenköpfe oder Bärenschädel die regengeschützten Dachtraufen und Giebelwände dieser Jägerhäuser zierten, ist nicht überliefert. Es muß schon ein archaischer Anblick gewesen sein, viele wettergebleichte, weiße Bärenschädeln, eingerahmt von den kunstvoll gestalteten Balkenabschlüssen der alten Zimmerleute an den Wänden zu betrachten. Von Bärenköpfen ist auch in einer Beschreibung von 1786 über das Schloß Bärnstein bei Grafenau die Rede (Neumann, 1979, S. 216) :[254]

> *"... Dieses Schloß war oben mit einem großem Gang versehen, welcher mit natürlichen Bärenköpfen und ungeheueren Hirschgeweihen spaliert war. Hier ist jedoch nicht klar, ob der große Gang sich innen oder außen am Giebel (Balkon) sich befand."*

Bei den Grabungen im Bereich des ehemaligen Jagdhauses in Reichenberg wurde auch ein großer Backenzahn und Knochenreste ausgegraben, die möglicherweise von Bären stammen könnten (Abbildung 133, 134).

7.4 Die Bärenjagd-Reise Herzog Albrechts VI. von 1611

7.4.1 Quellen

Während wir die Jagdbesuche Herzog Wilhelms V. und das eine oder andere Bärenjagd-Unternehmen herzoglicher Jägermeister im Bayerischen Wald meist nur mit vereinzelten, sehr versteckten und großenteils nur indirekten Zeugnissen und Belegen nachweisen können, liegt uns über die beiden Bärenjagd-Reisen Albrechts VI. reichstes Quellenmaterial vor. Abgesehen von seiner Fülle hat es den unschätzbaren Vorzug, daß es aus dem unmittelbaren höfischen Umfeld des Herzogs stammt und vor Ort, in Reichenberg und Lalling, aufgezeichnet wurde. Wir gewinnen daraus ein sehr umfassendes Bild von Aufwand und Ablauf einer fürstlichen Jagdreise in den Bayerischen Wald und dies gestattet zugleich Rückschlüsse auf die übrigen Bärenjagd-Unternehmen des Münchner Hofes, so weit sie sich im Gebiet unserer herzoglichen Jagdhäuser abspielten.

Vom Jahre 1608 an, als Albrecht als jüngster Sohn Wilhelms V. alt genug war, einen eigenen Hofstaat zu führen, bis zum Jahre 1665, seinem Todesjahr, sind innerhalb der *Hofamtsregistratur II* im Bayerischen Hauptstaatsarchiv nahezu lückenlos alle seine "Hofstaat-Rechnungsbücher" erhalten[255]. Ferner liegen uns noch vereinzelte Rechnungsbücher aus anderen Bereichen seines fürstlich-höfischen Lebens vor : die Hofmarstall-Rechnungen, die Jägerei- und Falknerei-Rechnungen, die Reise-Rechnungen und spezielle Küchen- und Keller-Rechnungen[256].

Die bayerische Geschichtsforschung hat bisher relativ wenig Interesse am Leben und Wirken dieses Wittelsbachers gezeigt und dies mag auch der Grund sein, warum dieses umfangreiche Quellenmaterial über das höfisch-barocke Leben dieses Fürsten noch kaum zur Kenntnis genommen, geschweige denn ausgewertet worden ist.

Es würde innerhalb dieses Rahmens zu weit führen, näher auf all dies einzugehen. Erwähnt sei hinsichtlich der Hofstaat-Rechnungsbücher nur so viel:

Für jedes Jahr wurden vier Quartalshefte angelegt. Sie sind benannt mit *Fasten*(-zeit), *Pfingsten, Michaelis* (29. September) und *Weihnachten.*

Überschrieben sind diese Hefte mit: *Rechnung über des Durchleuchtigsten unseres Fürsten und Herrn, Herzog Albrechten in Bayern, Hofstaat allhier in München und über Land ...*

Geführt wurden sie vom *Auszahler*, dem "Finanzminister" des Herzogs. In den ersten Jahren war dies ein gewisser Martin Giegl. Er spricht in den Rechnungsbüchern durchwegs in der Ich-Form.

Als erster Posten wird jeweils der *Empfang an barem Geld* aufgeführt. Es ist dies in erster Linie die fürstliche Apanage, die Albrecht VI. vom regierenden Bruder zugestanden bekam. Zunächst waren dies 25.000 Gulden, nach seiner Heirat im Jahre 1612 etwas mehr als das Doppelte, in späteren Jahren konnte er sich einer Erhöhung auf 66.000 Gulden erfreuen. Vor allem in seinen jungen Jahren war er unablässig am Klagen über sein unzureichendes Einkommen, was der sparsame Maximilian I. mit der Frage beantwortet haben soll: *"Ist es nicht besser, mediocriter* (mittelmäßig) *fürstlich zu leben, als hochfürstlich zugrunde zu gehen ?*

Innerhalb des Rechnungsbuches werden alle Ausgaben des Hofstaates unter verschiedenen Rubriken aufgelistet: die Herren- und Dienerbesoldungen, die Ausgaben für die Kleidung des Herzogs und des Hofstaats, für den fürstlichen Haushalt, für Küche und Keller, für Verehrungen (Geschenke) und Gnadengelder, für Almosen, für Bücher, für Malerei und Goldschmiede, für Hunde und Zimmervögel, für Spiele, für Reisen und Jagdausflüge.

Da die einzelnen Einträge innerhalb der verschiedenen Rubriken vielfach nach Tagesdaten geordnet sind, könnte anhand dieser Rechnungsbücher ein sehr präzises und umfangreiches Diarium eines langen fürstlichen Lebens gezeichnet werden. Schon bei flüchtigem Durchblättern würde der Leser dann den durchaus richtigen Eindruck gewinnen, daß Albrecht VI. zumindest die mittleren Jahrzehnte seines Lebens fast ausschließlich auf der Jagd und auf Jagdausflügen - unterbrochen von mancher längerer Reise oder vielerlei Wallfahrten - verbracht hat.

7.4.2 Reise und Jagdaufenthalt im Überblick: 16. Aug. bis 4. Sept.

Ablauf und Ausgaben dieser ersten Bayerwald-Bärenjagd des damals 27jährigen Fürsten finden wir zunächst innerhalb der Hofstaat-Rechnungsbücher im dritten Quartalsheft des Jahres 1611[257]. Über das gesamte dreiwöchige Reiseunternehmen liegen uns etwa 200 Einträge vor. Vereinzelte Notizen, so weit sie die ganz speziellen Jägerei-Kosten berühren, finden sich auch in der glücklicherweise ebenfalls erhaltenen "Jägerei- und Falknerei-Rechnung" des Jahres 1611[258] und ergänzt wird dies durch verstreute Notizen aus anderen Aktenzusammenhängen.

Das dritte Quartal eines Jahres umfaßt in den Rechnungsbüchern die Monate Juli, August und September. In diesem Vierteljahr hat sich Albrecht VI. mit seinen Jägern und Höflingen zunächst von Mitte Juli bis Mitte August auf der *Hirschfaist zu Aichpichel* (Eichbichl in der Gegend von Tegernau bei Wasserburg) aufgehalten. Die Reise zur Bärenjagd in den Bayerischen Wald beginnt am Morgen des 16. August vom Schloß Haag aus, dem bevorzugten Residenzort des Herzogs in jenen Jahren. Am Abend des 18. August trifft man im Jagdhaus von Reichenberg ein. Dort hält man sich volle zehn Tage lang bei der Bärenjagd auf. Am 29. August bricht man von Reichenberg zum Jagdhaus nach Lalling auf. Dort bleibt man nur drei Tage. Am 1. September beginnt die Rückreise. Am Abend des 4. September hat man wiederum Haag erreicht (Abbildung 135).

7.4.3 Der Hofstaat Herzog Albrechts VI. auf Reisen

Die einzelnen Einträge ermöglichen trotz ihrer Vielzahl keine vollständige Namensliste aller Reiseteilnehmer und wir finden auch keinerlei Angaben über die genaue Zahl des Hofpersonals, das den Herzog damals begleitete. Immerhin bieten die Rechnungsnotizen eine Reihe namentlicher Erwähnungen. Aus ihnen können wir in etwa erschließen, wie viele Personen die fürstliche Reisegesellschaft damals umfaßte.

Da waren in der unmittelbaren Umgebung Albrechts VI. *der herzogliche Kämmerer Albrecht von Muggenthal* und die beiden vertrauten *Räte Dr. Jobst* und *Dr. Rath*, ferner der bereits erwähnte *"Auszahler" Martin Giegl* (s.o.), der die Geldsäcke bei sich führte, der *Kammerdiener* des Herzogs namens *Thomas Reutter, die drei Lakaien Michael Herzog, Jakob Mair* und *Franz Ludwig* und der *Leibbarbier* des Herzogs namens *Hans Schmidt, die beiden Edelknaben Ferdinand Perndorfer* (dieser erscheint mitunter auch als Junker Perndorfer und sollte später zum Jägermeister Albrechts VI. befördert werden) und der *Scharpfensteiner*. Bei diesen war auch deren *Präzeptor* (Lehrer) und ein eigener *Edelknaben-Diener* namens *Paulus Assn*, der auf dieser Reise zugleich als (Wein-)*Kellerer* fungieren mußte. Dabei waren auch *der Hoforganist Jonas Schießtl* und der *Geigerjunge Martin*. Neben dem *Hofküchen-Schreiber Hans Wagner* durfte natürlich auch der herzogliche *Mundkoch Meister Hans Steinmair* nicht fehlen und neben diesem werden noch mindestens *zwei weitere Köche* ohne Namen erwähnt, ferner der *Zergaden-Gehilfe Wolf Embler*, ein spezieller *Silberdiener*, der *Wasserträger Paulus* und ein *Brotbube*. Namentlich genannt werden ferner ein *Meister Wolf Pader*, ein *Joachim Schießtl* und *Dr. Raths Vetter*. Das für Reise und Transport wichtigste Amt bekleidete *Sebastian Sautter*, er war ansonsten ein fürstlicher *Silberdiener*, auf dieser Reise aber fungierte er als *Furier*: ihm oblag die gesamte Organisation der Reise, die Lösung aller logistischen Aufgaben und vor allem die Sorge um die Quartiere für alle Reiseteilnehmer.

Neben diesen annähernd 30 Personen werden mehrfach auch *Kutscher, Truhenknechte, Stallknechte* und die für die damalige Jagdpraxis unabdingbaren *Netz- und Tücherknechte* genannt und dabei war selbstverständlich auch die Vielzahl der *Hofjäger* Herzog Albrechts mit ihren Jägerjungen. Da in dieser Zeit zu jedem fürstlichen Jagdunternehmen eine große Meute an Jagdhunden gehörte, waren zu deren Führung und Pflege auch spezielle *Hundeknechte und -buben* dabei. Namentlich tauchen unter allen diesen nur der leitende *Oberjäger Michael Christl* und der oben bereits unter den Edelknaben genannte *Junker Perndorfer* auf. Nicht in der Hofstaats-Rechnung, sondern im speziellen Jägerei-Rechnungsbuch des Jahres 1611 lautet der diesbezügliche Eintrag[259]:

> *Dem Michael Christl, Jäger, als er mit Ihrer Fürstlichen Durchlaucht auf gehaltenem "Perngejaid" gewesen, das Kostgeld für ihn, Junker Perndorfer samt allen anderen Jägern, Buben und Amtleuten, so von Anfang bis zu Ende den "Perngejaidern" beigewohnt, ihnen das Kostgeld laut dieser Zettel zahlt 132 Gulden 52 Kreuzer.*

Alles in allem dürfen wir daher bei der Bärenjagd-Reise dieses Jahres von einer Teilnehmerzahl von weit über 50 Personen ausgehen und damit haben wir auch - um noch einmal einen Blick zurückzuwerfen auf die Jahre, als die Herzöge den Bayerischen Wald als Bärenjagd-Reservat zu entdecken begannen - einen gewissen Rahmen dafür, welchen Aufwand die Bärenjagd-Reisen Herzog Wilhelms V. erfordert haben mögen. Vor diesem Hintergrund wird dann auch eine Formulierung aus dem Jahre 1592 verständlich: Laut Hofkammer-Protokoll vom 28. September dieses Jahres schrieb man an den Straubinger Rentmeister, er solle dem Küchenschreiber Geld und Futter zukommen lassen, *dieweil man jetzt mit dem Hoflager in den Unteren Wald an das Pernjhaid vorrückt* [260].

7.4.4 Transportmittel

Der stattliche Zug ritt zu Pferd oder reiste in Kutschen. Erwähnt werden eine Leibkutsche, eine Kaiserkutsche, die Ungarische Kutsche, das *kleine Gütschl* und eine spezielle *Kammerdiener-Gutschen*, ein *Silberwagen* und ein *Silber-Gütschl*, wobei bei den einzelnen Einträgen nicht auszuschließen ist, daß mitunter dieselbe Kutsche unter verschiedenen Bezeichnungen angeführt wird. Diese Kutschen waren in erster Linie dem Herzog und den "Officieren", den höher gestellten und älteren Höflingen, vorbehalten. Für die Zahl der Zug- und Reitpferde liegen uns kaum Anhaltspunkte vor. Erwähnt sei, daß man sich für die einzelnen Etappen der Reise an verschiedenen Orten in der Regel vier oder fünf, manchmal sogar sieben oder acht Reitpferde und mehrmals auch annähernd viele Vorspannpferde ausleihen mußte.

Für die Hauptlast des Trosses, für die Jagdtücher und Jagdnetze, für die große Zahl der Truhen, in denen man Hausrat, Kleidung, Waffen, Proviant und vieles mehr mit sich führte, war man auf die Scharwerksfuhren der an den einzelnen Etappenorten ansässigen Untertanen angewiesen. Es war vor allem die Aufgabe des Furiers, von Ort zu

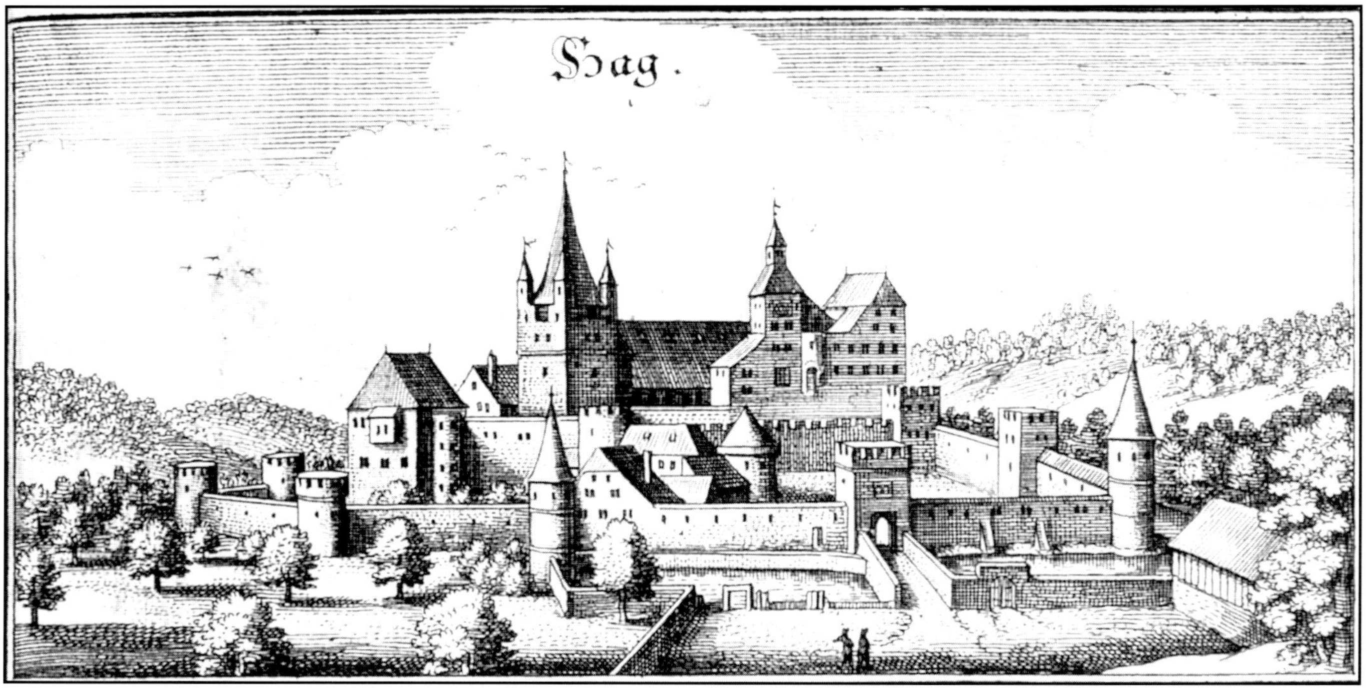

Abbildung 135: Das Schloß zu Haag bei Wasserburg um die Mitte des 17. Jahrhunderts, bevorzugter Aufenthaltsort Herzog Albrechts VI. In der waldreichen Umgebung ging er mit seinen Jägern in den Sommermonaten Jahr für Jahr der *Hirschfaist* nach (Matthäus MERIAN, Topographia Bavariae, Tafel n. S. 76).

Abbildung 136: Kartenskizze zur Reiseroute Herzog Albrechts VI. im Jahre 1611. Der Weg führte von Haag über Neumarkt-St.Veith, Eggenfelden, Pfarrkirchen, Vilshofen und Grafenau zu den Bärenjagd-Revieren am Leopoldswald bei Lalling, am Sonnenwald bei Schöfweg, in der Thomasleiten bei Ringelai und am Rachel und Lusen bei Reichenberg.

Abbildung 136a: Der Markt Pfarrkirchen im Stich Michael WENINGs vom Jahre 1726. Im Hintergrund die Wallfahrtskirche auf dem Gartlberg und Schloß Reichenberg (hier fälschlich als Reichersberg geschrieben, Michael WENING, 1726, Rentamt Landshut, L. 139).

Ort vorauszueilen oder einen Lakaien vorauszuschicken, um von Station zu Station den Weitertransport zu organisieren. In der Regel benötigte man jeweils sechs Scharwerkfuhren, für den letzten schwierigen Streckenabschnitt nach Reichenberg waren es acht, wobei die einzelnen Untertanen für ihre Fuhrleistung jeweils mit mehren Kreuzern entlohnt wurden. Mitunter ritten auch der Silberdiener und die Köche mit wegekundigen Boten dem Zug um einige Stunden voraus, um am Etappenziel in den Wirtshäusern alles Notwendige für das Mahl vorzubereiten.

7.4.5 Reiseroute und Reisestationen

Die Anreise

16. August:

von Haag über Neumarkt-St.Veith nach Pfarrkirchen

Vom Schloß in Haag war man am Morgen des 16. August sehr früh aufgebrochen, denn zum *Morgenmahl* (dieses entspricht einem zeitlich etwas vorgezogenen Mittagsmahl) weilte man bereits in Neumarkt-St.Veith. Zusätzlich zu den erwähnten Kutschen und Pferden benötigte man für diese erste Etappe sechs Scharwerkfuhren Haager Bauern und man mußte sich bereits in Haag zwei Vorspann- und fünf Reitpferde ausleihen. Daß dieser erste Reiseabschnitt gut vorbereitet war, zeigt der Hinweis, daß *der Amtmann von Ampfing die Wege bessern lassen hat und Ihrer Durchlaucht vorausgeritten ist.* Das Morgenmahl zu Neumarkt wurde *bei der Gastgebin und Wittib Anna Göppenbergerin* eingenommen - der Lakai Michael Herzog und zwei Köche waren zur Vorbereitung vorausgereist. Man verzehrt *Wein, Fleisch, Bier und andere Viktualien* um knapp 12 Gulden. Im Wirtshaus erfuhr Herzog Albrecht, daß die Tochter der

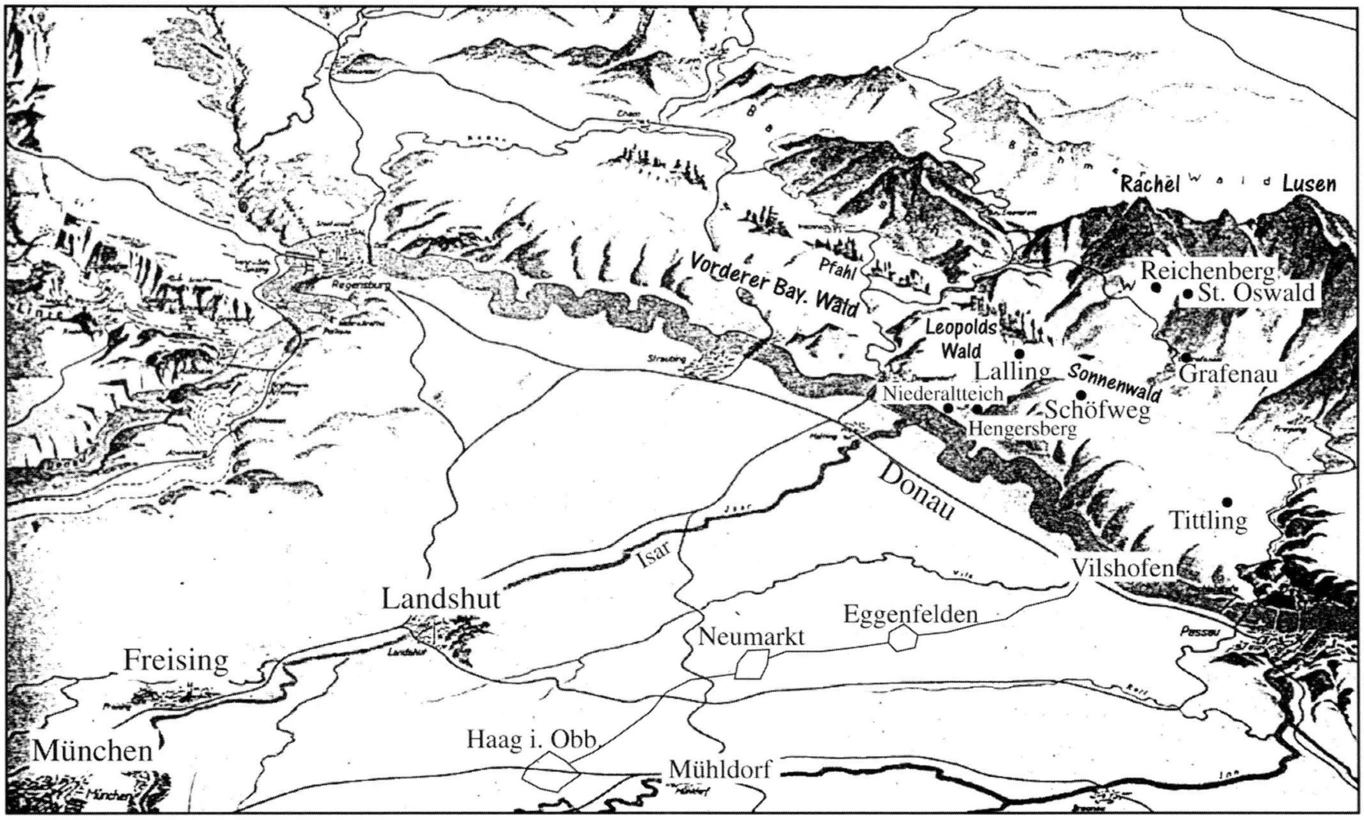
Rachel
Lusen
Reichenberg
St. Oswald
Vorderer Bay. Wald
Pfahl
Leopolds Wald
Lalling
Sonnenwald
Grafenau
Niederaltteich
Hengersberg
Schöfweg
Donau
Tittling
Vilshofen
Isar
Landshut
Eggenfelden
Neumarkt
Freising
München
Haag i. Obb.
Mühldorf

Marckh Pfarrkirchen.
SE.
OR.
OC.
ME.

Wirtin am nächsten Tag Hochzeit feierte und daher *verehrte er der Tochter als einer Braut zwei schöne "Grofel"* (nach SCHMELLER: Nelken), die Wirtin als Brautmutter bedachte er mit 1 Taler. In Eggenfelden machte man nur kurz Halt zum Umladen. Die sechs Haager Bauern wurden nach Hause entlassen, die Güter wurden von sechs Scharwerksfuhren aus Eggenfelden übernommen.

Nach der abendlichen Ankunft in Pfarrkirchen übernachtet der Herzog mit seinen *Officieren* und Leibdienern bei der *Gastgebin und Wittib Anna Ecklhuberin*; man verspeist beim Nachtmahl *Fleisch, Wein, Bier, Brot und andere Viktualien*; der Wein in Pfarrkirchen war recht schmackhaft, denn man nahm davon eine gehörige Menge mit auf die weitere Reise; insgesamt zahlt man für Nachtmahl und den *eingespeisten Wein* fast 24 Gulden. Während der Nacht hielten vor dem Wirtshaus in Pfarrkirchen 12 Bürger Wache; wörtlich heißt es: *In* (an die) *zwölf Bürger haben vor dieser Behausung die ganze Nacht gewacht; ihnen samentlich zu vertrinken verehrt:1 Gulden* (Abbildung 136).

17. August:

von Pfarrkirchen über Vilshofen nach Grafenau

Auch in Pfarrkirchen bricht man in den frühesten Morgenstunden zur Weiterreise auf. Der dortige Amtmann hatte sechs neue Scharwerksfuhren organisiert *und ritt dem Zug auf zwei Meilen Weges voraus*. Das Morgenmahl nimmt man bereits in einem Wirtshaus in Vilshofen ein. Anders als in Neumarkt und in Pfarrkirchen übernehmen dort die Stadtväter alle Kosten: *Den 17. August sein Ihre Durchlaucht auf das Morgenmahl nach Vilshofen gelang; allda haben die Herren von der Stadt Ihre Durchlaucht freigehalten.* In den Stadtrechnungsbüchern von Vilshofen werden die Kosten, die bei der Durchreise Herzog Albrechts der Stadt entstanden, erst im Rechnungsbuch des Jahres 1612 aufgeführt[261]:

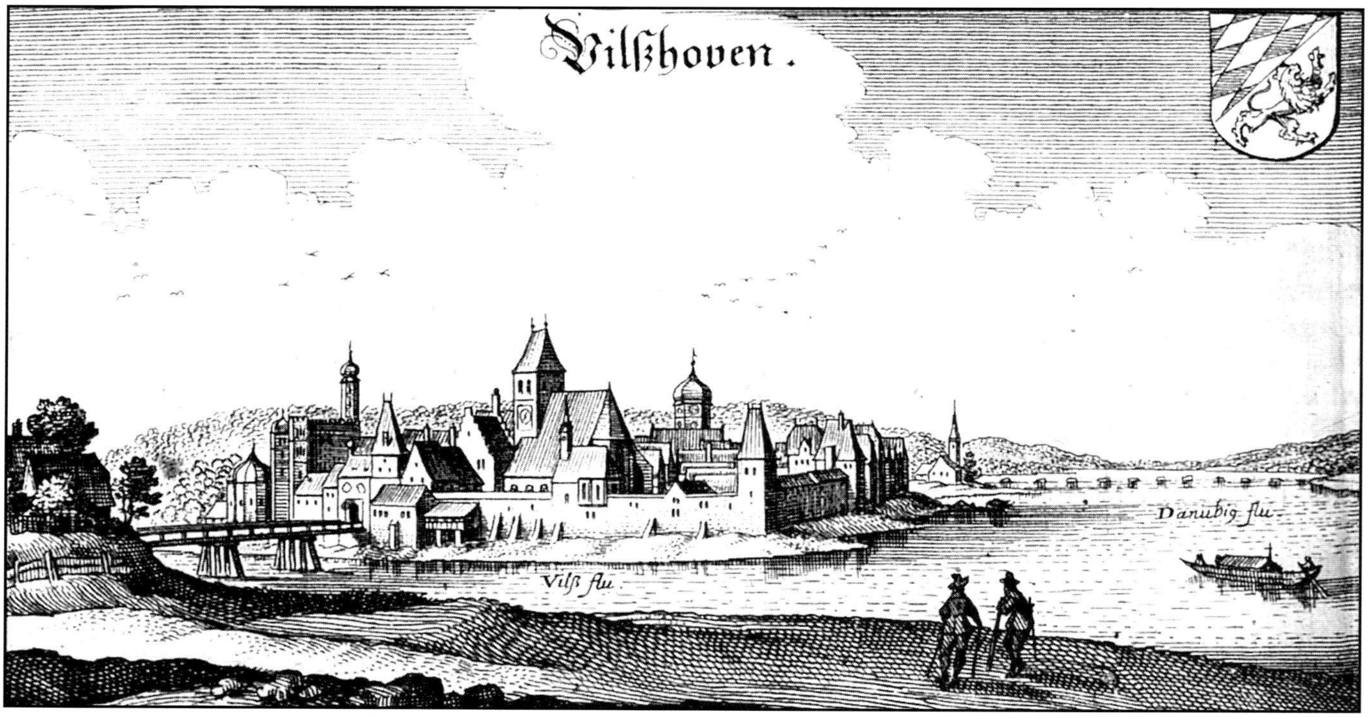

Abbildung 137: Die Stadt Vilshofen zur Zeit Herzog Albrechts VI., damals mit der um 1590/92 neu erbauten Donaubrücke das wichtigste Tor zum Unteren und Mittleren Bayerischen Wald und Ausgangsort der Grafenauer Salzsäumerstraße nach Bergreichenstein. Im Hintergrund sind die vielen Pfeiler der Donaubrücke angedeutet (Matthäus MERIAN, Topographia Bavariae, 1644, Tafel n. S. 66). Von dieser Brücke in Vilshofen heißt es bei Matthäus Merian, daß im Jahre 1595 bei einem außergewöhnlichen Eisstoß *das Wasser alle Brücken von Ulm bis nach Wien außer zu Vilshofen und der steinernen* (Brücke) *zu Regensburg hinweg gerissen, und habe das Wasser allhie das Eis über die Brücken hinweg geführt, dieweil* (die) *hülzernen Brücken- Pfeiler unten im Fundament breitlecht* (sehr breit), *oben aber auß sich zugespitzt verliehren und dem Strom entgegen mit stark spitzigen Eisen- Schienen wol versehen sind.* In unserem Zusammenhang ist dies deswegen bemerkenswert, weil der Baumeister dieser Brücke Hans Reiffenstuel war, derselbe herzogliche Werkmeister, der auch das Jagdhaus zu Reichenberg erbaut hat (vgl. Kap. 5.1.2; 5.4.1; 5.5.5).

Als Ihre Fürstliche Durchlaucht, Unser Gnädigster Herr Herzog Albrecht in Bayern, auf das "Berngejaidt nach Graffenaw" und der Enden verreist (ist), *haben Dieselben allhier eine Morgen- und Nachtmahlzeit eingenommen, welche man von gemeiner Stadt wegen freigehalten und deswegen Inhalt der Zettel* (dem) *Paulusen Gruebmüller bezahlt* (hat)*: 55 Gulden 3 Schilling und 15 Pfennige.*

Die hier erwähnte Nachtmahlzeit fand erst bei der Rückreise des Herzogs am 2. September statt. Albrecht zeigt sich dem Wirt gegenüber großzügig: er gab ihm *für gehabte Bemühung 4 Taler* und *seinem Hausgesinde samentlich* gibt er ein *Trinkgeld* von anderthalb Gulden. Daß man in Vilshofen bestens auf die herzogliche Ankunft vorbereitet war, zeigt auch die interessante Notiz, wonach die Vilshofener Stadtmusikanten das festliche Mahl mit ihrer Musik umrahmten: *Die Musikanten daselbsten haben unter währender Mahlzeit vor der Tafel musiziert; ihnen samentlich verehrt 3 Taler* (Abbildung 137).

Am Abend dieses Tages war man zum Nachtmahl bereits in Grafenau. Die schlechten Wege im bergigen Gelände erforderten ein Umladen des Transportgutes von bisher sechs auf acht Scharwerkfuhren - für jede dieser Fuhren gab man mit 12 Kreuzern das Doppelte dessen, was man bisher bezahlt hatte -, und wiederum mußte man sich mehrere Vorspann- und Reitpferde ausleihen. Der Weg von Vilshofen nach Grafenau berührte auch Eging: *einem eigens Reitenden, der Ihrer Durchlaucht von Eging den Weg gewiesen*, hat man *15 Kreuzer bezahlt.*

In Grafenau war es Ehrensache des Herrn Bürgermeisters - es war dies damals der Bäcker Wolf Streitberger -, dem Herzog sein Haus für Nachtmahl und Übernachtung zur Verfügung zu stellen. Neben Wein, Bier und Brot stand auch Geflügel auf der Tafel. Die Frau Bürgermeisterin bot ihr bestes *Bett- und Leinwand-Gewand* für die Nachtruhe des Herzogs auf; für ihre *vielgehabte Mühe und Arbeit verehrte* er ihr *einen Taler und dem Hausgesinde* ließ er *15 Kreuzer* zukommen. Haus, Haushalt und Küche des Wolf Streitberger waren freilich nicht groß genug, alle Angehörigen des Hofstaates aufzunehmen und zu verpflegen. Denn im weiteren heißt es, daß man auch *bei dem Grafenauer Bürger Hans Gmaininger gekocht hat* und daß bei diesem *auch etliche Personen über Nacht gelegen haben.* Festgehalten wird ferner, daß *beim Grafenauer Stadtschreiber* der herzogliche Kämmerer *Albrecht von Muggenthal* einquartiert war und daß *beim Müller Adam Wagner* der *Auszahler Martin Giegl und der Furier* übernachteten.

Das Morgenmahl des nächsten Tages wurde ebenfalls noch in Grafenau eingenommen. Beide Mahlzeiten für den gesamten Hofstaat kamen alles in allem auf gut 30 Gulden, wobei man von Grafenau auch wieder eine gehörige Menge Wein nach Reichenberg mitnahm.

18. August

von Grafenau nach Reichenberg

Man muß sich in Grafenau am nächsten Tag noch für mehrere Stunden aufgehalten, möglicherweise auch der Burg Bärnstein einen Besuch abgestattet und bei den dortigen Beamten verschiedentlich Erkundigung eingezogen haben. Denn erst am Abend des 18. August kommt man nach dreitägiger Reise im Jagdhaus zu Reichenberg an. Dorthin war schon von Vilshofen aus der *Organist Jonas Schießtl* mit einem eigenen Boten vorausgeschickt worden, um alles für die Ankunft der Hofgesellschaft vorzubereiten. Konkret heißt es: *dreien Zimmermännern, so die "pärmb"*(SCHMELLER 278: Barn, Futtertröge für Pferde und Hunde) *und Küchen aufgeschlagen und andere Arbeit verrichtet, jedem 1 ½ Tage zu 12 Kr bezahlt, tut 54 Kreuzer...* (zum Aufenthalt in Reichenberg vom 18. bis zum 29. August, Kap. 7.4.7).

29. August:

von Reichenberg nach Lalling

Am 29. August brach die gesamte Jagdgesellschaft mit Kutschen und Pferden, acht Scharwerkfuhren und zwei geliehenen Vorspannpferden *vom Reichenberg auf die Nacht nach Lalling* auf. Der dort notdürftig aufgezogene Bretter-Küchenbau (s.u.) dürfte noch nicht fertig gewesen sein oder nicht ausgereicht haben. Das Nachmahl nahm man jedenfalls im unmittelbar benachbarten Lallinger Wirtshaus für über 10 Gulden ein . In Lalling hielt man sich nur vom Abend des 29. August bis zum Morgen des 1. September auf, also nur wenig mehr als zwei volle Tage mit drei Übernachtungen.

Die Rückreise

31. Aug. bis 2. Sept.:

von Lalling über Tittling nach Vilshofen

Während bereits am 31. August *auf 13 Scharwerkfuhren die Güter, Küchen und Keller, der Hafer und die Netzwägen nach Vilshofen geführt* wurden und auch *der Mundkoch Meister Hansen Steinmair voran nach Vilshofen verreiste,* blieb der Großteil der Jagdgesellschaft noch für eine Nacht in Lalling und brach erst im Laufe des 1. September auf, nicht nach Vilshofen, sondern *auf die Nacht nach Tittling zu Herrn Nußdorfer* (der Tittlinger Hofmarksherr Hans Christoph von Nußdorf), der den Herzog mit seinem Gefolge schon Tage zuvor in sein Schloß eingeladen hatte: *Herr Nußdorfer hat Ihre Durchlaucht neben dero ganzem Hoflager in allem freigehalten.* Im Ausgabenbuch vermerkt ist dies deswegen, weil man ihm dafür 12 Silbertaler verehrte. Selbstverständlich stand für den Herzog und den Großteil seiner Begleitung das Tittlinger Schloß zur Übernachtung zur Verfügung. Fünf Personen waren beim Tittlinger Richter "einlogiert"; es waren dies der Pflegsverwalter von Vilshofen, der dem Herzog nach Tittling entgegengereist war, der *Organist Jonas Schießtl*, der *Auszahler Martin Giegl*, der *Vetter des Herrn Doktor Rath* und der *Geigerjunge Martin.* Dem Richter gab man dafür 1 Gulden.

Zunächst hatte man geplant, gleich am frühen Morgen des 2. September zum Morgenmahl nach Vilshofen aufzubrechen. Auf Drängen des Nußdorfers entschloß sich Albrecht dann, auch zum Morgenmahl des 2. September noch in Tittling zu bleiben. Da man die Reise- und Speiseetappen damit unversehens abgeändert hatte, mußten in der Frühe des 2. September der Pflegsverwalter von Vilshofen und der Auszahler Martin Giegl eilends nach Vilshofen vorausreiten, damit man dort *die bestellte Mahlzeit erst auf die Nacht zurichtete.* Dort hatte freilich der *Gastgeber Paulus Gruebmüller* schon *die Viktualien auf zwei Mahlzeiten zu kochen dargegeben* und man mußte ihm daher *vermög seiner Zettel 28 Gulden 48 Kreuzer 4 Heller* bezahlen. Rechnet man das hinzu, was ihm später aus der Stadtkasse noch bezahlt wurde, hat er am Herzogsbesuch wohl bestens verdient. Im Wirtshaus achteten dann zwei Wächter über die Nachtruhe des Herzogs. Durch den längeren Aufenthalt in Tittling war die gesamte weitere Reiseplanung durcheinandergeraten. Daher heißt es:

> *Georgen Mair von Vilshofen ist, die Fuhren anders zu bestellen, nach Pfarrkirchen, Eggenfelden und Neumarkt verschickt worden; von 9 Meilen Weges Botenlohn bezahlt 54 Kreuzer.*

3. September:

von Vilshofen über Pfarrkirchen nach Eggenfelden

Am 3. September morgens brach man nach Pfarrkirchen auf. Dort hat der damalige Pfleger, Horst Sebastian Lung, *Ihre Durchlaucht auch in allem freigehalten* und er erhält dafür 8 Taler.

Bei der Ankunft in Eggenfelden haben *die Herren des Marktes* den Herzog zunächst *mit zwei Kandeln Wein und 8 Forellen* empfangen und sie übernahmen dann auch alle weiteren Kosten für Nachtmahl und Übernachtung beim Wirt Adam Zergenhueber. Dessen *gehabte Mühe* wird mit 2 Talern entlohnt, sein Hausgesinde erhielt 1 Gulden 6 Kreuzer als Trinkgeld und *den Soldaten, welche vor Ihrer Durchlaucht Zimmer die ganze Nacht Wache gehalten*, gab man 1 Taler *zum Vertrinken* und dem, *der die Güter bewachte*, 8 Kreuzer.

4. September:

von Eggenfelden über Neumarkt-St.Veith nach Haag

Mit 11 Scharwerkfuhren und einem *Karrner*, der die ermüdeten Hunde fuhr, reiste man in der Frühe des 4. September *aufs Morgenmahl nach Neumarkt.* Man nahm es ein beim *Gastgeber Lienhard Ecklhueber. Für Wein, Brot und andere Viktualien, auch für Holz, Mühe und Arbeit* zahlte man über 11 Gulden, dem Hausgesinde gab man 36 Kreuzer. Vom Neumarkter Gerichtsschreiber erfahren wir, daß er *mit den Fuhren so vielfältig bemüht gewesen* ist, daß er *dadurch das Essen versäumte. Ihm hernach einen Trunk bezahlt auf 42 Kreuzer.* Mit 12 Scharwerkfuhren, 4 Vorspannpferden für das Silber-Gütschl und ebenfalls ausgeliehenen 6 Reitpferden begab man sich auf die letzte Etappe. Schließlich heißt es: *An dato auf die Nacht sein Ihre Durchlaucht wieder glücklich nach Haag gelangt.*

Es sei zum Abschluß der Reise noch ein kurzer Hinweis auf die folgenden Tage gestattet. Herzog und Hofgesellschaft bleiben nur eine Nacht im Schloß zu Haag. Höflinge und Gesinde brechen am nächsten Morgen mit 11 Scharwerksfuhren nach München auf. Auf dem Weg dorthin speisen sie beim Wirt Matthesen Stauthammer in Anzing - ohne den Herzog. Es heißt:

> *Den 5. September haben Ihre Fürstliche Durchlaucht das Morgenmahl aufm Gejaid, dero Officiere und anderes Gesinde aber zu Änzing genommen.*

Als Albrecht am 7. September schließlich auch nach München aufbricht, macht er zum Morgenmahl in Parsdorf Station und läßt dann dorthin *durch einen Boten die Falkner und Jäger eilends herausbestellen.*

7.4.6 Reisebegebenheiten

Das hier in Auszügen analysierte Hofstaat-Rechnungsbuch ist kein Reisetagebuch. Denn notiert wird nur das, was Ausgaben verursachte. Es würde auch zu weit führen, jeden einzelnen der rund 200 Einträge anzuführen und zu kommentieren. Vieles an Selbstverständlichem, etwa das ständige Verschicken von Boten, die Entlohnung wegekundiger Führer, die dem Zug von Ort zu Ort vorausritten, das Umladen der Güter an den einzelnen Etappenzielen auf die jeweils neuen Scharwerkfuhren, das Transportieren der ermüdeten Hunde auf Handkarren von Ort zu Ort, all dies ist nur kurz erwähnt, mitunter nur angedeutet. Darüber hinaus sei an Bemerkenswertem nur noch Weniges angeführt:

Almosen und Spenden

Daß der Herzog auf seiner Reise an Trinkgeldern und Verehrungen nicht geizte, haben wir bei der Entlohnung der Wirtsleute und des Wirtshaus-Gesindes, von Musikanten, Soldaten, Nachtwachen und Amtleuten verschiedentlich gesehen. Aber nicht nur diese kamen in den Genuß fürstlicher Gnade. Von Anfang der Reise an wurden Straßen und Wege, auf denen sich der imposante Zug der Kutschen, Wagen und Reiter bewegte, von neugierig-ehrerbietigen Untertanen und vor allem von armen, kranken, verkrüppelten Menschen gesäumt. Auch letztere erfreuten sich oftmals seiner Großzügigkeit:

In Neumarkt-St.Veith wurden *einem armen, am Schenkel bresthaften Buben 3 Kreuzer gegeben* und *einem an den Händen erkrumpten Weib 6 Kreuzer.* In Vislhofen bedachte man *einen armen Pilgramen mit 18 Kreuzern.* In Reichenberg gab es *ein armes,* ebenfalls *am Schenkel bresthaftes Weib;* weil es *Vorhabens* war, *zur Erlangung ihrer Gesundheit in ein warmes Bad zu ziehen,* erhielt sie *30 Kreuzer.* In Lalling begegnete man *zwei Armen vom Adel, so des Ihrigen beraubt worden* waren. Sie erhielten 1 Gulden. Hingegen wurde *ein armer alter Mann mit drei kleinen Kindlein* nur mit 24 Kreuzern unterstützt. Auf dem Weg von Reichenberg nach Lalling sah man sich in Euschertsfurth mit dem Unglück eines *Michael Vaith* konfrontiert. Ihm war *vor drei Tagen all seine Armut verbronnen.* Die *Brandsteuer* (Brandhilfe) des Herzogs bestand in *4 Gulden* - dies ist damals immerhin der Preis für 1 Kuh.

Eben in jenem Jahr 1611, in dem Albrecht nach Grafenau kam, bemühte man sich dort, ein städtisches Spital zu errichten. Es heißt:

> *Aus gnädigstem Befehl Ihrer Durchlaucht zur Erbauung eines Spitals in der Grafenau auf untertäniges Anhalten Bausteuer* (Bauhilfe) *gegeben, so Herr Streitberger, Bürgermeister, empfangen: 12 Taler.*

Ebenso spendete der Herzog kleinere Beträge in Neumarkt-St.Veith ins Siechenhaus und in Vilshofen ins Bruderhaus. Daneben war es vor allem Sache der Lakaien und der Kammerdiener des Herzogs, Geld unter die Armen und Bedürftigen auszustreuen. So heißt es mehrfach: *Den Lackaien auf Almosen gegeben 1 Gulden* oder *einem armen Menschen durch den* (Thomas) *Reutter Almosen gegeben 9 Kreuzer.* Einem der herzoglichen Räte, Herrn Dr. Jobst, mußten 2 Taler erstattet werden, *so er hin und wieder an Trinkgeld verehrt hat.*

Ein Geiger, ein alter Diener und ein Unfall

Am 30. August, als der Herzog schon in Lalling weilte, erschien ein Musikant aus der Umgebung vor dem Jagdhaus, um eine Kostprobe seiner Kunst darzubieten. Albrecht VI., der selbst eine kleine Hofkapelle unterhielt, hat offensichtlich Gefallen daran gefunden. Der Auszahler notiert:

> *Einem Geiger, mit dem Ihre Durchlaucht Kurzweil gehabt, 10 Kreuzer gegeben.*

Aus dem nahen Euschertsfurt erschien in Lalling auch ein alter Mann und brachte dem Herzog einige Forellen. Er scheint in seinen früheren Jahren an einem der herzoglichen Höfe in München gedient zu haben und erhält daher eine großzügige Gegengabe:

> *Kilian Fülser von Euschertsfurt, so Ihrer Durchlaucht Ferchl verehrt, ihm aus gnädigstem Befehl als einem alten Diener gegeben: 1 Gulden.*

Verglichen damit war die Entschädigung eines Untertanen aus der Schar derer, die beim Transport und beim Be- und Entladen der Güter unentgeltlich helfen mußten, eher blamabel gering. Ein Untertanen-Finger war damals offensichtlich nur einen halben Gulden wert:

> *Auf gnädigsten Befehl Ihrer Durchlaucht* (wurde) *Simon Christ von Ort, welcher an einem Netzwagen einen Finger übel verderbt und besorglich, er möchte um ein Glied kommen, Ergötzlichkeit gegeben: 30 Kreuzer*

Neben den schönen Kutschen und den vielen Berittenen in ihren vornehmen Kleidungen mögen Almosen und Spenden einen sehr nachhaltigen Eindruck auf die Bevölkerung der berührten Orte gemacht haben. Daneben hören wir freilich auch von einer Begebenheit, die dazu angetan war, das Ansehen der Hofgesellschaft in Mißkredit zu bringen:

Der betrunkene Edelknabe

Als man auf der Rückreise am 3. September das Morgenmahl beim Pfleger von Pfarrkirchen einnahm, hat ein Teil des herzoglichen Gefolges dort zu reichlich Wein gebechert, denn einer der Edelknaben war danach so "sternhagelvoll", daß er die Weiterreise nach Eggenfelden nicht mehr zu Pferd bewältigen konnte. Der Eintrag lautet:

> *Einem Bauern, der den Scharpfensteiner Edelknaben, welcher trunkenerweise nicht mehr reiten konnte, auf einem Karren allher* (nach Eggenfelden) *geführt, und einem, der ihn auf dem Karren gehalten* (hat), (wurden) *18 Kreuzer gegeben.*

7.4.7 Unterkunft und Wohnen in den Jagdhäusern

Schon mehrere Tage, bevor der Herzog mit seinem Gefolge in Reichenberg und Lalling eintraf, waren dort mehrere Handwerker tätig, um die Jagdhäuser, die seit Jahren nicht genutzt und daher etwas heruntergekommen waren, wieder hinlänglich bewohnbar zu machen. Da es in keinem der beiden Jagdhäuser eine hinlänglich große Küche gab, mußten aus Laden und Brettern größere Behelfsküchen errichtet und aus Ziegeln große Herde gemauert werden. Wichtig waren vor allem auch Futter- und Trinktröge für die vielen Pferde und Hunde. So erfahren wir für Reichenberg am Tag der Ankunft, daß dort seit anderthalb Tagen *drei Zimmermänner die pärmb* (Barn, Futtertröge) *und Küchen aufgeschlagen und andere Arbeit verrichtet haben*, daß *der Zimmermann Georg Sturm 4 Tage lang aller Orten hin und wieder mit seiner Arbeit zugebracht* hat, ebenso hat *ein Zimmermann* namens *Sebastian Schopf 3 Tage alle Notdurft machen helfen.* Der beim Reichenberger Jagdhaus schon vielfach erwähnte *Maurer Georg Puckl hat samt drei Gesellen den Herd in der Küchen zugerichtet* und *der Hammerschmied Michael Langprucker* mußte *zur Sperrung der Küchen zwei Paar Pänntl* (Eisenbänder) und *Narben* (Sperreisen, Klammer; SCHMELLER Sp. 1756) anfertigen. Von einem *Hafner* wurden mehrere *Häfen* erworben, wenige Tage nach der Ankunft benötigte man einen *Kesselflicker wegen Besserung eines Kessels.* Das meiste Brennholz für Küchenherd, Kachelöfen und zum Waschen lieferten Tag für Tag drei Reichenberger Bauern. Am 28. August rechnete der Auszahler mit ihnen ab:

> *Andreasen Fritsch, Paulusen Rotkopf und Siegmund Riedl haben in die Küchen und zum Heizen, auch zur Wäsche 9 Fuder Holz dargegeben, eines 15 Kreuzer, tut 2 Gulden 15 Kreuzer.*

Auch in Lalling war in den Tagen vor der Ankunft eine notdürftige Bretterküche aufgeschlagen und das Jagdhaus bezugsfertig gemacht worden. So heißt es etwa,

> daß *dem Zimmermann Hans Schilcher aus Ranzing und seinem Sohn wegen Aufschlagung der Küchen und anderer Arbeit 1 Gulden 36 Kreuzer* bezahlt wurden und *der Schreiner Hansen Hierstand* hat für 1 Gulden *die Bettstätten aufgeschlagen und auch an der Küchen geholfen.* Ferner erfahren wir, daß dem Lallinger *Amann vier Bretter* abgekauft wurden*, so zu der Küchen verschnitten und gebraucht worden* (sind).

In Reichenberg wie in Lalling hatte man 1590 und 1593 aus Kostengründen auf eine Möblierung der Jagdhäuser verzichtet. Dieser Mangel wurde bei den Jagdbesuchen dadurch behoben, daß man sich das benötigte Mobiliar, vor allem aber Bettzeug und Bettwäsche, von den Bürgern der nahen Städte und Märkte für die Dauer des Aufenthaltes ausgeliehen hat. Für Reichenberg heißt es:

> *Von Schönberg und aus der Grafenau sein durch die Bürgerschaft 28 Bettgewand dargeliehen worden, von einem 14 Kreuzer* (als Leihgebühr) *bezahlt* und *ein Hansen Lindtner, welcher solch Bettgewand wieder abgefordert und an gehörige Orte geliefert hat, erhielt 24 Kreuzer.*

Übrigens stehen diese 28 Bettgewänder in keinem Widerspruch zu der oben angenommenen Zahl der Hofgesellschaft von weit über 50 Personen, denn zum einen mußten sich die unteren Hofchargen oftmals ein Bett teilen, zum anderen haben nicht alle Teilnehmer der Reise im Jagdhaus genächtigt. So haben wir etwa den Hinweis, daß die Jäger und ihr Anhang für Kost (und wohl auch Unterkunft) einen eigenen Betrag von weit über hundert Gulden verbrauchten. Sie dürften bei Untertanen der Umgebung oder in Grafenau und Schönberg einquartiert gewesen sein.

Wie man sich in Reichenberg mit Bettstätten behalf, bleibt unklar. Wie bereits erwähnt, hat in Lalling *der Schreiner Hans Hierstand die Bettstätten aufgeschlagen,* und *zwei Bürger aus Hengersberg haben das Bettgewand* von Hengersberg nach Lalling *heraus- und wieder hineingeordnet.*

Die *Leibwäsche* des Herzogs und der höheren Chargen wurde *von den Leuten des Pflegsverwalters auf Bärnstein gewaschen*, anschließend wurde sie von einem *Kaspar Prückl aus Innernzell von Bärnstein nach Lalling getragen.*

Allzu bequem war das Wohnen in den Jagdhäusern nicht. In Reichenberg wie in Lalling mußte man sich von den Hafnern spezielle *Kammerkacheln* beschaffen. Zudem waren fünf Kachelöfen in Reichenberg im Laufe der Zeit rissig geworden, denn der Reichenberger *Adam Grienberger* mußte sie *des Rauches halber verstreichen.* In anderem Zusammenhang erfahren wir, daß Albrecht auf der Abreise Anweisung gegeben hat, die Kamine kehren zu lassen (Kap. 5.4.3). Die Kerzen zur nächtlichen Beleuchtung mußten zweimal aus Grafenau geholt werden. Von dort wurden auch drei Frauen, *die Augusten Prentlingerin und noch zwei*, für die ständig anfallenden Hausarbeiten gedungen. Sie haben *für die Edelknaben und den Präzeptor gewaschen*, haben *hin und wieder aufgebettet*, abgewaschen (*Wascherlohn für die Kuchen*) *und andere Hausnotdurft verrichtet.* Sie bekamen dafür zusammen 5 Gulden. In Lalling haben *zwei Weibspersonen die Betten gemacht, abgespült und sind sonsten allerorten gebraucht worden*, um 36 Kreuzer.

7.4.8 Proviant und Verpflegung

Küchenpersonal, Speisen und Getränke, Vorratsbeschaffung

Wir haben bei der Auflistung der namentlich erwähnten Reiseteilnehmer gesehen, daß zur Jagdgesellschaft *drei Köche, ein Küchenschreiber, ein Zergadengehilfe, ein Wasserträger und ein Brotbub* gehörten. Der *Zergaden* bezeichnet die Vorratskammer (SCHMELLER II Sp.1147 und I Sp.871) und damit war der *Zergaden-Gehilfe* zuständig für die Beschaffung und Bereitstellung der Speisevorräte. Er dürfte bei seinen Lebensmitteleinkäufen ständig in der näheren Umgebung unterwegs gewesen sein. Es liegt auf der Hand, daß wir über ihn und seine Ausgaben innerhalb des Rechnungsbuches Tag für Tag die meisten Einträge finden. So heißt es etwa zum 20. August:

Wolfen Embler, Zergadengehilfe, hat in (den) *fürstlichen Zergaden erkauft:*

2 Hennen um	*17 Kr*
11 Hühner bezahlt um	*47 Kr*
2 Tauben per	*5 Kr*
2 Köpfl Schmalz, einer 10 Kr, tut	*20 Kr*
3 Pfund Butter bezahlt um	*17 Kr*
Um Eier, 4 per 1 Kr, bezahlt	*35 Kr*
Für neue Eier, 3 per 1 Kr, bezahlt	*15 Kr*
38 Köpfl Milch, eines 1 Kr, tut	*38 Kr*
Um Salz auch gegeben	*36 Kr*

Allerdings umfassen die Ausgaben des Zergadengehilfen nur den kleineren Teil der Vorratsbeschaffung. Denn verstreut über das gesamte Rechnungsbuch finden sich unzählige weitere Ausgabenotizen über alle erdenklichen Lebensmittel. Diese zeigen zugleich, daß täglich mehrere Knechte, Diener und wohl auch die landgerichtlichen Amtleute im weiten Umkreis der Jagdhäuser unterwegs waren, um Lebensmittel zu kaufen und zu den Jagdhäusern zu transportieren. Für den Tag der Ankunft und für die ersten beiden Tage in Reichenberg erfahren wir Folgendes:

Noch bevor die Hofgesellschaft am 18. August Grafenau erreicht hatte, wurde ein Bote nach Schönberg geschickt, um dort *Fische* zu kaufen und nach Reichenberg zu bringen. In Grafenau kaufte man dann vom *Georg Enzl 2 Hennen und 9 Hühner.* Am nächsten Tag holte man aus Klingenbrunn *zwei Hennen, über 130 Eier und 12 Forellen.* Am 20. August kaufte man in Klingenbrunn, Großarmschlag, Grafenau und Hammertsreith (?) *17 Köpfe Schmalz, 38 Hühner und Hennen, 1* (großes) *Kalb um 2 Gulden, einen Sack Birnen, 30 Eier* und zudem heißt es noch: *Einem, der das bestellte Fleisch aus der Grafnau allher geführt hat,* (wurden) *3 Kreuzer gegeben.*

Es würde zu weit führen, Tag für Tag alle einzelnen Einkäufe aufzuführen. Beschränken wir uns daher auf eine zusammenfassende Aufstellung, geordnet nach der Art der Lebensmittel. Dabei müssen wir von vornherein festhalten, daß die hier gebotenen Stückzahlen und Mengenangaben nur Annäherungswerte sein können, weil wir mehrfach auch recht unkonkrete Angaben haben. So heißt es etwa zum 19. August: *Für eine Scharwerksfuhre, so Wein und anderes aus Grafenau allher geführt, gegeben 9 Kreuzer,* oder: *Den 22. August überschickt Herr Landrichter zu Regen Schmalz, Geflügel und anderes; dafür bezahlt ihm vermög der Zettel 12 Gulden 44 Kreuzer.*

An **Rindfleisch** kaufte man am 20. und 21. August jeweils ein *Kalb*, ferner hören wir von *50 Pfund Ochsenfleisch und 108 Pfund Jungfleisch.* Gleichzeitig wurde in Reichenberg noch eine ganzer Ochse verspeist, von dem wir später noch hören werden (s.u.). Vom *Metzger Hans Schießtl aus Schönberg* bezog man am 23. und 27. August insgesamt *vier* ***Schafe*** (eines zum Preis von 1 Gulden, 15 Kreuzern); in Lalling erhielt man *fünf Schafe* vom dortigen *Amann Georg Raßhammer* zum Preis von insgesamt 5 Gulden. Bei beiden Käufen heißt es: *gegen Widergebung der Felle.*

An **Geflügel**, bei dem zwischen *Hennen, Hendl und Hühnern* unterschieden wird, werden in den 10 Tagen in Reichenberg 96 Stück aufgelistet, für die 2 Tage in Lalling 28 Stück.

An **Vögeln** scheint man von den Untertanen alles gekauft zu haben, was erreichbar war und angeboten wurde: *1 Haselhuhn und 3 Widlvögel* [262] am 18. August, *1 Haselhuhn* am 20., *8 Vögel, 60 kleine Vögel und 1 Habichl* am 21. August, wobei vor allem der Habicht mit einem halben Gulden im Preis sehr hoch war, *8 Widlvögel und 24 kleine Vögel* am 23., *1 Haselhuhn und 2 Vögel* am 24. *4 Wachteln* am 26., *5 Widlvögel, 20 kleine Vögel und 17* (sonstige) *Vögel* am 28. und schließlich noch in Lalling *4 Rebhühner und etliche Wachteln* am 29. August. Zusätzlich kaufte der Zergadengehilfe *3 Tauben* und etliche weitere Vögel.

Neben Fleisch und Geflügel gehörten offensichtlich **Fische** und **Krebse** zu den Hauptspeisen in den Jagdhäusern. Allein an gezählten *Forellen* sind es 150, wobei 80 davon der in Reichenberg ansässige *Landgerichtsjäger Michael Schmidt* lieferte (eine Forelle zum Preis von anderthalb Kreuzern). Hinzu kamen 160 *Äsch*, 23 *Huechl* [263], *1 Waller* und weit über 600 *Krebse.* 200 davon lieferte der *Bauer Nicklas Pruckmüller* am 26. August, wobei das Hundert 20 Kreuzer kostete.

Auch **Eier** wurden offensichtlich in Massen erworben, allerdings fehlen hier oft die konkreten Zahlenangaben. Insgesamt waren es sicher weit über 1000. Mehr als 700 Stück hat nach und nach der Zergaden-Gehilfe in den umliegenden Bauerndörfern gekauft, wobei im Preis zwischen alten (4 Stück = 1 Kreuzer) und neuen Eiern (3 Stück = 1 Kreuzer) unterschieden wird. *Vier Schilling* (120 Stück) kamen einmal aus Weißenstein und einen größeren Posten lieferte auch der Landrichter von Regen gegen Rechnung. Zum 22. August heißt es:

> *Herrn Landrichter zu Regen um 250 Eier vermög der Zettel bezahlt: 1 Gulden, 2 Kreuzer und 4 Heller. Seinem Amtsknecht, so mir gemeldete Eier allher getragen, gegeben 12 Kreuzer.*

17 Köpfe **Schmalz** kauft man am 20. August in Großarmschlag, *25 Köpfe Schmalz und 6 Pfund* **Butter** liefert am 23. August gegen Rechnung der *Amtsknecht aus Bärnstein. Butter und Eier* bezieht man am 24. August auch aus dem Kloster St.Oswald (s.u.); der Zergaden-Gehilfe hat weitere *14 Köpfl Schmalz* (1 Köpfl = 10 Kreuzer) und *18 Pfund Butter* (1 Pfund = 7 Kreuzer) besorgt.

Auch **Obst, Früchte und Gemüse** werden mehrfach erwähnt. *Einen Sack Birnen* kaufte man am 20. August in Grafenau. Für den nächsten Tag erfahren wir, daß man den *Schneider Paulus Vogl aus Hohentann um Früchte nach Winzer schickte*. Er und noch ein Träger erhalten für Wegstrecke und Transport jeweils 36 Kreuzer. Weitere *Zwei Körbe mit Früchten* kommen auch am 27. August aus Winzer. Der Zergaden-Gehilfe kauft einmal *Äpfel* um 22 Kreuzer und *Weiße Rüben* um 18 Kreuzer. *Weiße Rüben* zum Preis von 15 Kreuzern lieferte auch ein *Wolf Schuech aus Haibach.* Am 26. August bringt *ein armer Mann Pfifferlinge* ins Jagdhaus nach Reichenberg und erhält dafür 3 Kreuzer. *Allerlei Früchte aus Winzer* werden auch nach Lalling geliefert und dorthin kamen auch *etliche und gute Melaunen* (Melonen) aus Hengersberg.

Das **Brot** nach Reichenberg wurde Tag für Tag offensichtlich nur von einem einzigen Bäcker aus Grafenau geliefert. Zum 28. August, als mit ihm abgerechnet wurde, heißt es:

> *Herrn Wolfen Streitberger, Bürgermeister und "Pöckh" in der Grafenau um allerlei geantwortetes* (= geliefertes) *und verspeistes Brot vermög der Zettel bezahlt: 23 Gulden 26. Kreuzer.*

23 Gulden entsprechen damals dem Wert von ebenso vielen Kälbern oder Schafen oder von fünf guten Kühen. Dies läßt auf die Unmengen von Brot schließen, die in Reichenberg vonnöten waren, und zeigt zugleich, daß es sich für den Bürgermeister Bäcker zweifellos gelohnt hatte, den Herzog und die höheren Hofchargen bei der Ankunft in Grafenau in sein Haus aufzunehmen. In Lalling war der Brotlieferant ein Bäcker aus Hengersberg. Dort heißt es beim Abrechnen am 31. August:

> *Dem Georgen Schmidtmair, "Pöckh" zu Hengersberg, um allerlei auf zwei unterschiedliche Male dargegebenes Brot bezahlt: 3 Gulden 15 Kreuzer.*

Ansonsten werden vor allem in den Einkäufen des Zergaden-Gehilfen noch kleinere Mengen an **Essig** und **Salz** genannt, einmal (von uns nicht definierbare) *9 Mäßl* ***Schemel*** (?) und *5 Mäßl* ***Griesmehl***.

An **Getränken** werden genannt **Milch, Wein, Bier** und vor allem **Weizenbier**. Die Milch besorgte ausnahmslos der Zergaden-Gehilfe, wohl bei den Bauern von Reichenberg und in den Nachbardörfern. Zählt man seine einzelnen Tagesrechnungen zusammen, kommt man auf gut 130 *Köpfl* (1 Kopf = etwas weniger als 1 Liter). Soweit Morgen- und Nachtmahl in den Wirtshäusern eingenommen wurden, kam während der gesamten Reise nur einmal Milch auf den Tisch und zwar unmittelbar nach der Ankunft in Lalling. Beim Nachtmahl im dortigen Wirtshaus heißt es: *Daviden Pönznhauser, Wirt zu Lalling, für Fleich, Milch, Brot und andere Zehrung bezahlt: 10 Gulden 51 Kreuzer.* Vielleicht wollte oder mußte man einmal einen Abstinenztag einlegen.

Denn ansonsten stehen eindeutig Wein und Weizenbier im Vordergrund. Schon bei der Anreise hatte man sich in Pfarrkirchen entschlossen, *etlichen Mundwein mitzuführen* und auch aus Grafenau wurde bereits am 18. August *Wein mit auf den Reichenberg* genommen. Tags darauf kam eine erste Scharwerkfuhre an, *so Wein und anderes aus der Grafenau allher geführt.* Als der *Kellerer* binnen weniger Tage sah, daß er zur Neige ging, eilte am 23. August ein

Bote nach Vilshofen, *so an Herrn Pflegsverwalter ein Schreiben hingetragen, Wein allher zu schicken*. Am 26. August kam die Fuhre aus Vilshofen an:

> *Herrn Georg Wallner, fürstlichem Pflegsverwalter zu Vilshofen, um auf drei Eimer* (1 Eimer = ca. 68 Liter) *überschickten Negkher- und Osterwein* (der "Negkher"wein hat vom Neckar, der "Osterwein" von Österreich seinen Namen) *samt den Fäßln vermög Schreibens und eingeschlossener Zettel bezahlt: 36 Gulden 32 Kreuzer*
>
> *Einem eigenen Boten, der mit allher die Weinfuhre zu begleiten geschickt worden, von 6 Meilen Weges, für 1 Meile 6 Kreuzer, Botenlohn bezahlt, tut 36 Kreuzer.*
>
> *Einer Scharwerkfuhre, so den Wein und anderes mit 6 Pferden allher geführt, Kostgeld 18 Kreuzer.*

Der Weinbedarf zu Reichenberg war damit gedeckt. Als man am 29. August nach Lalling zog, erhielt man ein Faß Wein aus dem Kloster Niederaltaich (s.u.).

Eine Spezialität des Bayerischen Waldes war in dieser Zeit das Weizenbier. Im besten Ruf hat damals wohl das Bräuhaus von Zwiesel gestanden. Schon während der Anreise wurde zum dortigen *Gerichtsschreiber Christoph Hörl* ein Bote geschickt. Dieser sendet daraufhin *auf zwei Scharwerkfuhren 3 Viertel-Fässer weißes Weizenbier* (1 Viertelfaß = ca. 420 Liter) nach Reichenberg. Die beiden Fuhren brauchten dafür zwei Tage. Der Preis des Bieres *samt dem Spundtgeld* betrug 16 Gulden. Eine weitere Fuhre aus Zwiesel mit 2 Viertelfässern folgte bereits vier Tage später um 11 Gulden, und für den nächsten Tag, den 23. August, wird vermerkt, daß der *Reichenberger Siegmund Riedl* von einem nicht genannten Ort (St.Oswald oder Grafenau?) *Bier für die Pferde und zum Verspeisen* abgeholt hat.

„Lebensmittel-Agenten"

Um im armen, kargen Bergland den hohen Bedarf für die Tafelfreuden in den Jagdhäusern genügend abdecken zu können, war man innerhalb der ansässigen Bevölkerung auch auf einzelne Untertanen angewiesen, die in diesen Tagen, weil sie sich auskannten, "Verbindungen" und besondere Fähigkeiten besaßen und "organisieren" konnten, als "Lebensmittel-Agenten" für die Hofgesellschaft unterwegs waren. So beschaffte etwa der *Kirchberger Michael Greipper* am 20. August *9 Hühner und 7 Köpfe Schmalz* und wenige Tage später brachte er *17 Hühner und 30 Eier*. Der *Rosenauer Abraham Geyer* verstand sich bestens auf den Vogelfang: am 21. August bringt er *8 große und 20 kleine Vögel und ein "Habichl"*, am 23. August *8 Widlvögel und 24 kleine*, und am 28. August noch einmal *5 Widl- und 20 kleine Vögel*. Am rührigsten war der "Hühner-Agent" *Georg Enzl aus Grafenau*. Am 20. August bringt er *5 Hennen und 7 Hühner*, tagsdarauf beschafft er *ein junges "Häsl"*, zwei Tage später *2 Hennen und 7 Hühner* und am 28. August noch einmal *3 Hennen und ein Hendl*. *Für sein Hin- und Widerlaufen zur Erkaufung des Geflügels* und weil er *3 Tage umlaufen mußte*, erhält er vom Auszahler einmal 15, einmal 12 Kreuzer als zusätzliches Trinkgeld.

Geschenke der Landstände und der Landgerichtsbeamten

Die in der Nachbarschaft der Jagdhäuser ansässigen Landstände, also Adel, Klöster, Städte und Märkte, und ebenso die Beamten der umliegenden Landgerichte brachten ihre Ehrerbietung für den Herzog dadurch zum Ausdruck, daß sie ihn einluden oder mit besonderen oder reichlichen Lebensmittelgeschenken bedachten. Daß der Herzog mit seiner Begleitung bei seiner Anreise in Vilshofen auf Kosten der Stadt und bei der Rückreise im Schloß zu Tittling und vom Landrichter in Pfarrkirchen freigehalten wurde, haben wir oben bereits erwähnt.

Unmittelbar nach der Ankunft in Reichenberg eröffnet den Reigen solcher Ehrerbietungen der *Propst* des nahegelegenen *Klosters St.Oswald*. Noch am Abend des Ankunfttages schickt er seinen Klosterfischer nach Reichenberg und dieser überbringt dem Herzog *30 Forellen*. Dem Fischer gibt man an Trinkgeld 24 Kreuzer. Zum 24. August heißt es: *Herr Propst von St.Oswald verehrt Ihrer Durchlaucht Butter und Eier*, und zwei Tage später schickt er noch einmal *28 Forellen*. Daß das Kloster mit Fischwassern reichlich ausgestattet war und daß sich die St.Oswalder Mönche bestens auf die Fischzucht verstanden, braucht hier nicht erneut lang und breit ausgeführt zu werden[264].

Das zweite Geschenk dieser Art kam aus der Propstei Rinchnach am 19. August:

> *Herr Propst von Rinchnach verehrt Ihrer Durchlaucht 200 Krebse. Dem Antworter* (Überbringer) *Trinkgeld gegeben: 24 Kreuzer.*

Zum Tag der Ankunft in Lalling am 29. August kam das standesgemäß wertvollste Geschenk aus dem nahen Donaukloster:

> *Herr Prälat von Niederaltaich schickt und verehrt Ihrer Durchlaut ein Faß Wein und 6 Schaff Habern.*

Dementsprechend hoch war der Lohn für die Überbringer: *ihnen entgegen Trinkgeld gegeben: 6 Taler.*

Aus dem Kreis der Adeligen der Umgebung *schickt und verehrt* nur *der Hauzenberger von Eberhardsreuth* am 23. August *Fische.*

Die Beamten der Landgerichte hatten einerseits verlangte und bestellte Ware gegen Rechnung nach Reichenberg geschickt, andererseits hören wir aber auch von einzelnen Verehrungen: Der Pfleger von Weißenstein schickt am 24. August *15 Äsch und 100 Krebse*, Hildebrand Tengler, der Pflegsverwalter von Winzer, schickt am 27. August *zwei Körbe mit Früchten* nach Reichenberg, und am 30. August, als man schon in Lalling war, heißt es:

Herr Tengler, Pfleger zu Winzer, verehrt Ihrer Durchlaucht allerlei Früchte aus dem Garten allda.

Am 29. August, bei der Ankunft in Lalling, kommen vom Pfleger von Hengersberg *1 Waller, 4 Rebhühner und etliche Wachteln* und am Tag der Abreise läßt er noch *durch seinen Gärtner etliche gute Mellaunen* ins Jagdhaus bringen.

Die zwei Ochsen aus Grafenau

Ein überaus großzügiges Geschenk, durchaus vergleichbar dem des Niederaltaicher Abtes, bot allem Anschein nach die Stadt Grafenau. Am zweiten Tag nach der Ankunft in Reichenberg heißt es:

Die Herren aus der Stadt Grafenau verehren Ihrer Durchlaucht zwei Ochsen.

Dem Überbringer wird 1 Gulden Trinkgeld gereicht. Diese beiden Ochsen werden innerhalb des Rechnungsbuches noch mehrfach erwähnt und einzelne Notizen legen die Annahme nahe, daß es sich um wahre Prachtexemplare gehandelt haben muß. Da man in den ersten Tagen des Reichenberger Aufenthaltes ohnehin reichlich mit Fleisch eingedeckt war, wurden die beiden Ochsen zunächst beim *Reichenberger Bauern Georg Schmidt* eingestellt. Am 23. August mußte der *Schönberger Metzger Hans Schießtl* nach Reichenberg kommen, um für 36 Kreuzer eines der beiden Tiere zu schlachten. Das Fleisch des zweiten Ochsen wurde in Reichenberg nicht mehr benötigt, verkaufen oder zurückgeben konnte oder wollte man ihn nicht und daher engagierte der *Auszahler Martin Giegl* den *Reichenberger Adam Grienberger*, den Ochsen nach Lalling zu bringen:

Abbildung 155: Adam Grienberger aus Reichenberg hat 1611 bei der Bärenjagd von Herzog Albrecht VI. in 4 Tagen einen Schlachtochsen etwa 170 km von Reichenberg über Lalling, Vilshofen bis nach Haag bei Wasserburg in das herzogliche Schloß getrieben.

Adamen Grienberger hat mir den verehrten Ochsen allher nach Lalling getrieben; ihm gegeben 30 Kr.

Auch in Lalling lohnte sich wohl die Schlachtung des Ochsen nicht mehr. Er muß deswegen - in welcher Weise auch immer - ein Prachtexemplar gewesen sein, weil der Auszahler nun diesen Ochsen durch den Reichenberger Bauern heim bis nach Haag treiben ließ:

Adamen Grienberger ist durch mich verdingt (angestellt) *worden, den verehrten Ochsen nach Haag zu treiben und* (ich) *bezahlte ihm für 4 Tage ½ Taler.*

Insgesamt hat der Reichenberger als Treiberlohn fast 3 Gulden, damit den Wert dreier Kälber oder Schafe, erhalten. Wir hören nichts mehr davon, ob er mit dem Ochsen in Haag gut angekommen und wieder glücklich heimgekehrt ist. Eigenartig an dieser Geschichte ist auch Folgendes: die beiden Ochsen, die immerhin einen Wert von weit über 20 Gulden haben mußten, tauchen innerhalb des Grafenauer Stadtrechnungsbuches von 1611 an keiner Stelle auf, obwohl dort an verschiedenen Stellen der herzogliche Jagdbesuch durchaus gut dokumentiert ist. Dies muß nicht bedeuten, daß die Grafenauer diese Ochsen, bevor sie sie dem Herzog schenkten, gestohlen hatten. Es könnte auch sein, daß unser Auszahler den Absender des Geschenkes verwechselt hat, und wenn dem so wäre, dann käme als Schenker in erster Linie der Propst von St.Oswald in Frage; denn dieser war zugleich der Pfarr-Herr von

Grafenau, und daß der damalige Propst Laurentius Seiberer mit 50 Stück weit und breit den größten Viehbestand hatte[265], ist bestens belegt und ebenso die Tatsache , daß er in den Jahren nach 1611 für seine verschiedensten Anliegen in Herzog Albrecht und dessen nächster Umgebung potente Fürsprecher beim Landesherrn suchte und fand (s.u.).

7.4.9 Begebenheiten während des Aufenthaltes in Reichenberg

Es liegt im Wesen dieses Rechnungsbuches, daß wir über das eigentliche Jagdgeschehen und den Ablauf der täglichen Jagdunternehmungen nahezu nichts erfahren. So weit hier Kosten anfielen, wurden sie im speziell geführten Jagdrechnungsbuch verzeichnet, bedauerlicherweise aber nicht in den Einzelheiten, sondern wir finden dort nur den Bärenjagd-Pauschalbetrag von etwas über 130 Gulden angegeben (Kap. 7.4.3). Wir können wohl davon ausgehen, daß sich die Jäger, die Jägerjungen, die Hunde und Hundsknechte und die Tücher- und Netzknechte nahezu ununterbrochen im Gelände aufhielten.

Der kleine Waldbauernbub und ein kleiner Bär

Wir erfahren nichts davon, daß oder ob man tatsächlich auf den einen oder anderen Bären stieß, ihn erlegte oder einfing. Sicher gab es einige Bären im weiteren Umfeld von Reichenberg. Dies zeigt folgender Rechnungseintrag vom letzten Tag des Reichenberger Aufenthaltes:

> *Dem Michael Brunner von Obern Haßlaw* (Haslach)*, welchem die Bären den Habern seines Ackers gar verderbt* (haben), *zur Hilfreichung aus gnädigstem Befehl Ihrer Durchlaucht dafür gegeben: 2 Gulden.*

Ansonsten taucht im gesamten Rechnungsbuch nur noch einmal ein Bär auf. Unter dem 25. August findet sich folgende Notiz:

> *Einem kleinen Bauernbübl, so einen zweijährigen Bären gefangen, gegeben:30 Kreuzer.*

Vielleicht war dies der einzige Bär, den der Herzog und die Hofjäger damals zu Gesicht bekamen. Es bleibt auch im Dunkel, was mit dem armen Tier geschah. Bei der Rückreise nach Haag erfahren wir zwar, daß die ermüdeten Hunde und ein betrunkener Edelknabe auf Karren transportiert werden mußten und daß ein Reichenberger Bauer den Grafenauer Ochsen bis nach Haag trieb, aber eigenartigerweise tauchen in der Fülle der Rechnungsnotizen nie Bären oder ein kleiner Bär auf.

Herzogsbesuch im Kloster St Oswald und im Schloß zu Tittling

Der Herzog selbst nahm sicher nicht an jedem Tag an der Jagd teil. Seine hohe Stellung gebot ihm den einen oder anderen "Anstandsbesuch". Daß er vom Jagdhaus in Reichenberg aus auch den Weg ins nahegelegene Kloster St.Oswald fand, ist bestens belegt. Im Hofstaat-Rechnungsbuch wird dies zwar mit keinem einzigen Wort erwähnt, aber wir erfahren es aus einem Brief des St.Oswalder Propstes Laurentius Seiberer (1604 - 1624), der die damit geknüpfte enge Verbindung zum Herzogshaus im Interesse seines Klosters durchaus zu nutzen wußte. So schreibt er am 2. Januar 1612 nach München, *Herr Albert habe in seinem jetzigen Allhiersein mit selbstfürstlichen Augen nicht nur die Armut* (des Klosters) *gesehen*, sondern auch *das Bierbrauen im Kloster erfahren*. Auf Grund dieser persönlichen Beziehung gelang es dem St.Oswalder Propst, für sein Kloster die landesherrliche Braukonzession für Weißes Bier zu erlangen[266].

Einen weiteren Besuch stattete Albrecht mit einigen Höflingen schon während seines Reichenberger Aufenthaltes dem Nußdorfer in dessen Schloß in Tittling ab. Auch davon steht nichts in den Notizen des Auszahlers, aber wir erfahren es aus einem Eintrag im Stadtrechnungsbuch[267] von Grafenau:

> *Als Ihre Durchlaucht von hier auf Tittling verreist ist, hat Herr Bürgermeister, Wolf Weigl und Siegmund Rauch jeder ein Roß hergeliehen; den Buben zur Zehrung gegeben XIIII Kreuzer.*

Offensichtlich hat der Nußdorfer damals seine Einladung an den Herzog und sein Gefolge zu Nachtmahl und Übernachtung in seinem Schloß ausgesprochen, der man dann von Lalling aus bei der Rückreise am 1. September auch nachgekommen ist.

Die Besteigung des Rachel

Die Gipfel der beiden markantesten Berge im nördlichen Panorama des Reichenberger Jagdhauses - Rachel und Lusen - dürften seit den Zeiten der ersten Besiedlung des Inneren Bayerischen Waldes von den landgerichtlichen Jägern und Waldgehern, denen auch die Kontrolle der Landesgrenzen oblag, von den Glashüttenleuten beim Aschenbrennen und Quarzstein-Suchen und vielfach auch von den ansässigen Beamten und Untertanen bei den Grenzbegehungen und Grenzausmarchungen nach Böhmen hin gelegentlich aufgesucht worden sein. Darüber, wann erstmals auswärtige und hochgestellte Besucher einen dieser Gipfel bestiegen haben, gab es bisher kaum Hinweise. Aus dem herzoglichen Hofstaats-Rechnungsbuch des Jahres 1611 erfahren wir in einer kurzen Notiz von der wahrscheinlich frühesten Unternehmung dieser Art, einer "touristischen" Erstbesteigung des Rachelgipfels. Der Herzog selbst nahm nicht daran teil, wohl aber sein vertrauter Rat, sein Leibbarbier und einige weitere namentlich nicht genannte Angehörige des Hofstaates:

> *Drei Personen aus der Spiegelau, so mit Herrn Doctor Rath, dem Schmidt und anderen aufm Berg, der Rächl genannt, und Kräuter herabgetragen, einem gegeben 12 Kreuzer, tut 36 Kreuzer.*

Herr Hieronymus Rath war *beider Rechte Doctor*, stand als engster Berater in Diensten Albrechts VI. und hielt sich als solcher ständig in dessen nächster Umgebung auf. Bei einer Besoldung von 152 ½ Gulden pro Quartal hatte er ein recht gutes Auskommen, er war ausgewiesen im Kirchenrecht und im weltlichen Recht und seine Stellung läßt auch auf eine in jeder Hinsicht umfassende Bildung schließen. Ihm können wir, dem Geist der späten Renaissance entsprechend, durchaus einen Hang zu Natur- und Gipfelerlebnis unterstellen. Daß als zweiter Teilnehmer namentlich der herzogliche Leibbarbier genannt und weil ausdrücklich festgehalten wird, daß man vom Rachelgipfel auch *Kräuter herabgetragen* hat, so wird es wohl in erster Linie die Kunde von besonderen Heil- oder Gewürzpflanzen gewesen sein, über die die Ortsansässigen möglicherweise berichtet haben. Vielleicht hat man speziell nach Enzian oder Bärwurzen gesucht, um damit Magenbeschwerden bei Menschen und Pferden behandeln zu können.

Pflanzenkunde gehörte jedenfalls auch zur Ausbildung der herzoglichen Jäger:

> *Ein guter Jäger soll auch kurios sein und die Kräuter und ihre Tugenden erkennen und wissen. Wenn er in den Wäldern und Wildnussen ein unbekanntes und merkwürdiges Kraut, Gewächs, Blume oder Stein findet, so soll er es ausgraben und seiner Herrschaft mit nach Hause bringen*[268].

Es werden wohl bis zu 10 Personen gewesen sein, die sich am 28. August 1611 frühmorgens vom Jagdhaus in Reichenberg aus auf den Weg zum Rachel machten und sie dürften wohl auf dem kürzesten Weg über den Hammerwald, die Föhrau, über Faistenberg, Steinkopf, Schuhnagelkopf den Rachelgipfel erreicht haben. Ortskundige Führer waren drei Spiegelauer, wohl Aschenbrenner oder Quarzsucher. Denn diese kannten die Plätze in der Seewand über dem Rachelsee und in der Nähe des heutigen Waldschmiedhauses, wo der blaue Enzian auch heute noch wächst, am besten. Für den Dr. Rath und die übrigen Teilnehmer aus der Hofgesellschaft war die Besteigung des Rachel am 28. August das letzte Erlebnis während ihres Aufenthaltes im Jagdhaus zu Reichenberg und vielleicht auch das Erlebnis, das ihnen später am nachhaltigsten in Erinnerung blieb (Abbildung 138).

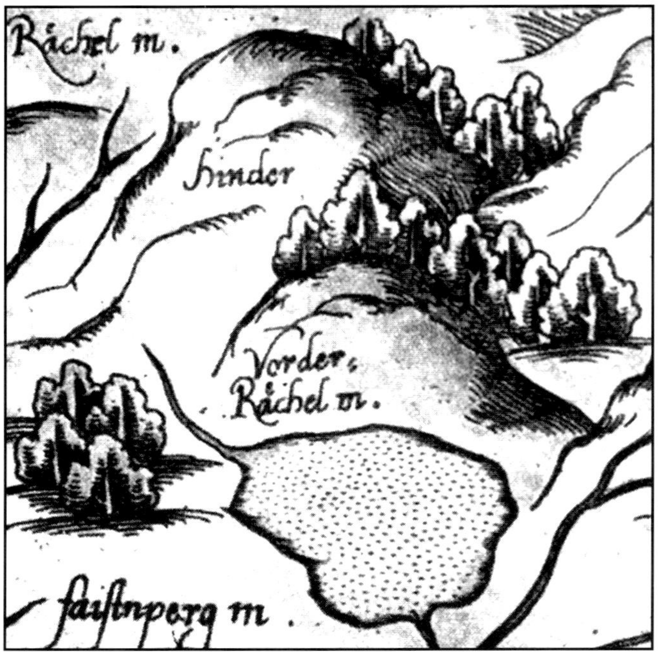

Abbildung 138: Bei der Bärenjagd Herzog Albrechts VI. hat sich am 28. August 1611 eine herrschaftliche Reisegruppe mit *Doctor Rath* und *Hans Schmidt*, dem *Leibbarbier* des Herzogs, und drei Männern aus Spiegelau auf den Weg gemacht, um am Rachel Kräuter zu sammeln. Im Jahre 2001 werden 390 Jahre vergangen sein, seit dieser „Erstbesteigung" des Rachel. An den Waldverein, Sektion Spiegelau- Riedlhütte, ergeht die Anregung, am 28. August 2001 zu einer Wanderung auf den Hausberg einzuladen.

7.5. Die Bärenjagd-Reise des Jahres 1615

7.5.1 Quellen

Das Hofstaat-Rechnungsbuch Albrechts VI. vom Herbst 1615 [269]

Das zweite Bayerwald-Bärenjagd-Unternehmen Herzog Albrechts VI. und seines Hofstaates übertraf jenes vom Jahre 1611 in jeder Hinsicht. Die Zahl der Reiseteilnehmer war wesentlich höher, An- und Rückreise und der Aufenthalt in den Jagdhäusern dauerten länger und erforderten eine zunächst kaum vorstellbare komplexe Logistik. Glücklicherweise korrespondiert mit dem Aufwand und der Länge dieser Reise auch die Vielfalt unserer Quellen. Auch hierfür liegt uns das Hofstaat-Rechnungsbuch des Michaeli-Quartals von 1615 vor, in dem wir wiederum Reiseroute, Reiseetappen und Aufenthalt anhand der Ausgaben, die Tag für Tag aus der herzoglichen Hofkasse beglichen wurden, verfolgen können. Geführt wurden diese Quartal-Rechnungsbücher nun nicht mehr vom *Auszahler Martin Giegel*, sondern an dessen Stelle war der *Hausmeister Hans Langmayr* getreten. Der Charakter der Einträge hat sich unter seiner Rechnungsführung aus unserer Sicht allerdings etwas verschlechtert. War die Jagdreise des Jahres 1611 in mehr als 200 Notizen erfaßt worden, so bietet der neue Hausmeister für das weit umfassendere und größere Unternehmen des Jahres 1615 nur knapp 150 Einträge. Der Hofstaat Herzog Albrechts VI. hatte sich im Vergleich zum Jahre 1611 wesentlich vergrößert, die Ausgaben waren zahlreicher und vielfältiger geworden und dies gestattete es nicht mehr, jeden kleineren Betrag im Rechnungsbuch anzuführen und zu benennen, sondern er faßt mitunter vieles unter Pauschaleinträgen mit höheren Summen zusammen (vgl. Kap. 7.5.3)[270]. Dieses Manko wird allerdings durch die weiteren Quellen in anderer Hinsicht mehr als ausgeglichen.

Das Jagd-Rechnungsbuch Albrechts VI. vom Jahre 1615 [271]

Zum Vorteil hat sich die Führung des speziellen Jagd- oder Jäger-Rechnungsbuches verändert. Geführt wurde es nun vom Inhaber des neu geschaffenen Jägermeisteramtes. Bei einer Quartalsbesoldung von 100 Gulden war damit *Ferdinand von Perndorf* betraut worden, der beim Jagdunternehmen des Jahres 1611 noch als Edelknabe oder Junker auftauchte (Kap. 7.4.3). Während das Rechnungsbuch von 1611 nur einen einzigen pauschalen Bärenjagd-Eintrag mit geringem Informationsgehalt bot (Kap. 7.4.9), verdanken wir der Rechnungsführung des Jägermeisters nicht nur eine ausführliche Liste des ständig besoldeten Jagdpersonals Albrechts VI., sondern auch ein Dutzend mehr oder weniger detaillierter Einträge über die Bärenjagd[272].

Das Hengersberger Scharwerk-Rechnungsbuch[273]

Diese beiden oben vorgestellten herzoglichen Rechnungsbücher werden nicht nur ergänzt durch vereinzelte Notizen aus anderen Zusammenhängen wie etwa den Stadtrechnungsbüchern von Grafenau und Vilshofen, sondern mit dem Hengersberger Scharwerk-Rechnungsbuch vom Herbst 1615 liegt uns ein drittes und mit rund 200 Einträgen zugleich das ausführlichste Verzeichnis über die Bärenjagd dieses Jahres vor. Es enthält nicht nur die wichtigsten Informationen über die Logistik dieses Reise- und Jagdunternehmens, sondern es bietet in der Fülle der Einzelnotizen einen umfassenden Überblick und zugleich einen detaillierten Einblick in das Ausmaß der Belastungen, dem die Untertanen bei Jagdunternehmungen des herzoglichen Hofstaates ausgesetzt waren - ein Aspekt, der uns bei der Bärenjagd des Jahres 1611 vollständig verborgen geblieben ist[274].

Wir haben bereits an anderer Stelle in gebotener Ausführlichkeit auf Form und Vorteile der Hengersberger Scharwerksorganisation hingewiesen (Kap. 6.3.2): in diesem Landgericht hat nicht jeder zu Hand- und Spanndiensten verpflichtete Anweseninhaber diese Arbeiten tatsächlich verrichtet, sondern es wurde von jedem Anwesen seiner Größe entsprechend eine Geldumlage erhoben; die anstehenden Leistungen wurden nur auf jene Bauern verteilt, die die besten Voraussetzungen (starkes Zugvieh, Zeit und Gesinde) zur Ableistung dieser Dienste hatten, und zwar gegen Bezahlung aus der vorher eingesammelten Umlage. Organisiert wurde dies von einem Scharwerk-Factor aus dem Kreis der Untertanen in Zusammenarbeit mit den Obleuten und den landgerichtlichen Beamten. Hauptaufgabe des Scharwerk-Factors war die Verwaltung der Scharwerk-Umlage, die Bezahlung der geleisteten Dienste und die genaue Rechnungsführung in einem speziellen Scharwerk-Rechnungsbuch. Aus der Beschreibung dieser Hengersberger Scharwerksorganisation durch den Straubinger Rentmeister haben wir zum Jahre 1617 erfahren, daß als Scharwerk-Factor damals *der Gerichtsprokurator Andre Winzerer* fungierte (Kap. 6.3.2). Eben dieser hat auch im Jahre 1615 das Hengersberger Scharwerk-Kostenbuch geführt. Seine Auflistung der durchgehend numerierten Ausgabenposten leitet er folgendermaßen ein:

Und erstlich folgen die "Pernjaydt"-Fuhren samt anderen Ausgaben, so in allem auferlaufen sind, als Ihre Fürstliche Durchlaucht Herzog Albrecht in Bayrn im Herbst Anno 1615 zu Lalling, Reichenberg und anderen umliegenden Orten am "Pernjaydt" gewesen (ist).

Es werden dann bis zum Ende des Heftes insgesamt 202 Einzelausgaben angeführt, wobei sich die weit überwiegende Zahl auf die verschiedensten Dienste der Untertanen bezieht, die bei der Reise des herzoglichen Hofstaates und seines Aufenthaltes in Lalling erbracht werden mußten. Vereinzelt werden allerdings auch "normale" Leistungen angeführt, die gleichbleibend über das ganze Jahr hinweg anfielen, etwa die Getreide- und Holztransporte für den landgerichtlichen Pfleger in Hengersberg. In den letzten 11 Rechnungsposten geht es nur um die Taxe der landgerichtlichen Beamten, der 19 Obleute des Hengersberger Landgerichtes bei der Rechnungskontrolle und um die Besoldung des Scharwerk-Factors und seines Viertelschreibers. Dies fällt immerhin mit 76 ½ Gulden ins Gewicht. Alles in allem beliefen sich die Ausgaben des Scharwerk-Factors für das Herbstquartal des Jahres 1615 auf 527 Gulden und 37 Kreuzer.

Wie der Scharwerk-Factor *Andre Winzerer* zu diesem Geld kam, können wir der ersten Seite des Rechnungsbuches entnehmen. Es ist dies die "Einnahmenseite" und sie enthält zwei Einträge, die uns wiederum Einblick in die konkreten Abläufe dieser Organisation gewähren. Wir lernen darin auch den Mitarbeiter des Winzerer kennen: er wird als *unser angenommener verlobter* (vereidigter) *Viertelschreiber* bezeichnet, hieß *Hans Spermayr* und dessen Aufgabe war es, die Geldumlage von den Untertanen einzusammeln, um deren Summe dann dem Scharwerk-Factor zu übergeben:

So hat mir Hansen Spermayr als unser angenommener verlobter Viertelschreiber von der jüngst eingebrachten Anlage, allda das Viertelbau mit 30 Kreuzern belegt worden (ist)*, zugestellt: 490 Gulden. Davon* (habe) *ich nachfolgende Ausgabe verrichtet ... .*

"Viertelbau" ist eine Hofgrößen-Maßangabe und entspricht - von Gegend zu Gegend wechselnd - dem früheren Halb- oder Viertel-Lehen. War ein Anwesen höher eingestuft, etwa als halber, dreiviertelter oder ganzer Hof, betrug die Scharwerkanlage das dementsprechend Vielfache der 30 Kreuzer. Bei der Umlage für die bevorstehende Bärenjagd im Herbst 1615 waren 490 Gulden eingesammelt worden. Der andere Eintrag auf der Einnahmenseite lautet:

Als ich, Winzerer, jüngstlich Rechnung getan, bin ich damals einer Gmein vermög beiliegender Rechnung per Rest schuldig geblieben 21 Gulden 18 Kreuzer 2 Pfennige.

Dies heißt, daß bei der vorausgehenden Scharwerk-Geldumlage um über 21 Gulden zu viel eingesammelt worden waren und daß dieser Rest in der Kasse des Winzerer seither verblieben war. Zusammen mit den neuerlich eingesammelten 490 Gulden ergab dies als *Summa der Einnahmen: 511 Gulden 18 Kreuzer und 2 Pfennige.*

Da seine Ausgaben im Herbstquartal über 527 Gulden umfaßten, schuldete ihm, wie er auf der letzten Seite seiner Abrechnung festhält, *die Gemein der Gerichtsuntertanen von Hengersberg* für das nächste Quartal über 16 Gulden. Die Scharwerkkosten der Hengersberger Untertanen, die damals ausschließlich aus den Jagdscharwerk-Diensten für Albrecht VI. resultierten, beliefen sich auf etwa 430 Gulden[275].

7.5.2 Reise und Jagdaufenthalt im Überblick: 21. Aug. bis 12. Sept. 1615

Die Reise in den Bayerischen Wald und der Aufenthalt in den Jagdhäusern fallen ähnlich wie vier Jahre zuvor wiederum in die letzten August- und in die ersten Septemberwochen. Auch im Jahre 1615 beginnt die Reise vom Schloß in Haag aus, mit dem 23. August allerdings erst eine Woche später als im Jahre 1611. Wie wir sehen werden, nahmen Herzog und Hofgesellschaft wiederum den Weg über Neumarkt-St.Veith, Pfarrkirchen und Vilshofen nach Grafenau und Reichenberg. Vier Jahre zuvor hatte man diese Strecke in drei Tagen bewältigt. Die weit höhere Zahl der Reiseteilnehmer und der dementsprechend größere Reisetroß benötigten nun auf der Hin- und noch mehr auf der Rückreise eine wesentlich längere Zeit. Bei der Anreise mußte man dreimal (Schwindegg, Pfarrkirchen, Vilshofen), bei der Rückreise gar viermal übernachten. Am Abend des 26. August kamen Herzog und Hofgesellschaft im Jagdhaus zu Reichenberg an. Ein Teil des Trosses, das *Jaidtzeug*, die Jagdhunde und wohl auch die Jäger waren bereits am 21. August aufgebrochen[276] und auf einer anderen Route nach Reichenberg gekommen: zunächst mit Flößen auf Isar und Donau von München über Landshut nach Niederaltaich, dann auf Hengersberger Scharwerkfuhren bis Grafenau und Reichenberg.

Im Jagdhaus zu Reichenberg hält man sich genau eine Woche lang auf. Am 2. September sind dann *Ihre Durchlaucht vom Reichenberg weg nach Lalling* gezogen. Im Jagdhaus zu Lalling bleibt man dieses Mal vier Tage, fast doppelt so lange wie im Jahre 1611. Ab dem 6. September beginnt der Rückzug. Während am 7., 8. und 9. September der Troß von Niederaltaich über die Donau nach Thundorf übergesetzt wurde, beehrten Herzog und Hofstaat zwei Tage lang mehrere donauaufwärts gelegene Orte bis hinauf nach Straubing mit ihrem Besuch. Der Weg zurück nach Haag führte dann nicht mehr auf der gewohnten Route über Vilshofen und Pfarrkirchen. Man brauchte von Straubing bis Haag schließlich fünf volle Tage; Übernachtungsorte auf der Rückreise waren die Stadt Landau, Schloß Gern bei Eggenfelden, Altötting und Ampfing. Am 12. September kommt man schließlich wieder im Schloß zu Haag an.

Übersicht:

Aufbruch des Trosses und der Jäger	21. August
Abreise des Herzogs u. des Hofstaates von Haag:	23. August
Ankunft im Jagdhaus in Reichenberg:	26. August
Aufenthalt in Reichenberg:	26. August bis 2. September
Umzug nach Lalling:	2. September
Aufenthalt in Lalling:	2. September bis 6. September
Abzug aus Lalling:	6. September
Besuche des Herzogs in den Donauorten:	6. September bis 8. September
Übersetzen des Trosses über die Donau:	7. September bis 9. September
Rückkehr nach Haag:	12. September

7.5.3 Der Hofstaat Albrechts VI. und die Reiseteilnehmer

Im Jahre 1612, ein Jahr nach seiner ersten Bärenjagd-Reise in den Bayerischen Wald, hat Herzog Albrecht VI. als 28jähriger geheiratet. Zu seiner Gemahlin erwählte er sich die vier Jahre jüngere, "ausbündig schöne und holdselige" Landgräfin Mechthildis von Leuchtenberg. Eine Folge dieser Heirat war, daß sich der Hofstaat des Herzogs mindestens in dem Maße vergrößerte, in dem sich seine Apanage von jährlich 25.000 auf nun 50.500 Gulden verdoppelte. Nicht nur die Zahl seiner Herren und Diener vermehrte sich, sondern es kam auch eine vielköpfige *Frauenzimmer-Partei* hinzu: Hofdamen, Jungfrauen, Kammerzofen, ein eigener Koch und manche mehr. Die Landgräfin nahm damals an der Reise in den Bayerischen Wald teil (Kap. 7.5.7). Natürlich hatte dies zur Folge, daß sich die Zahl der Mitreisenden und der Umfang von Tross und Bagage - verglichen mit dem ohnehin schon überraschenden Aufwand des Jahres 1611 - auch deswegen erheblich vergrößerte.

Ein Blick in die Besoldungsliste des Hofstaat-Rechnungsbuches zeigt, daß der engere Kreis der Höflinge, Diener und Knechte Albrechts und Mechthilds damals gut und gerne 80 Personen umfaßte.

Der Hofstaat Albrechts VI. im Jahre 1615

Da waren auf der Ebene der *Hof-Herren* Georg-Wilhelm und Albrecht von Muggenthal* als Oberhof- und Oberstallmeister, der Kämmerer Johann Christoph von Dachsberg*, der Jägermeister Ferdinand von Perndorf*, der bei der Bärenjagd des Jahres 1611 noch als Edelknabe und Junker bezeichnet wird, der fürstliche Rat Dr. Johann Götz*, der nun die Stellung des Dr. Hieronymus Rath, des Rachelbesteigers, innehatte, der fürstliche Mundschenk Friedrich Plomberg und als Geistlicher Herr der fürstliche Kaplan Alexander Eresinger* (mit einem Stern (*) sind jene versehen, die in unseren Quellen eindeutig und namentlich als Reiseteilnehmer nachzuweisen sind).

Der Kreis der Diener im nächsten Umkreis des Herzogs umfaßte die vier Kammerdiener Ulrich Stauder*, Thomas Reutter*, Jeann della Marche und Gallus Guggemoß*, den Secretari Johann Georg Scheichenstuel* und den Kanzlisten Wilhelm Gerhard, den fürstlichen Hausmeister Hans Langmayr* (zu ihm Kap. 7.5.6), den Kammerknecht Paulus Asm* und die drei Lakaien Jakob Mayr*, Hans Haller* und Hans Scherübel* und den Edelknaben-Diener Kaspar Notenstein. Hinzu kommen der zweite Rachelbesteiger, der Leibbarbier Hans Schmid* (Kap. 7.4.9), der Hofbader Kaspar Döbstl und der Leibschneider Peter Feder.

Ähnlich groß ist die Zahl derer, die für Speise und Trank zu sorgen hatten, der Angehörigen der Küchen- und Kellerpartei: der Küchenschreiber Hans Albrecht Löchl*, der Verwalter der Vorratskammer (*Zergadner*) Christoph Obermayr, der Mundkoch Hans Steinmayr*, der Frauenzimmerkoch Gabriel Springer*, der Nebenkoch Hans Georg Schmid*, die Silberdiener Sebastian Sautter* und Christoph Neuenner*, der Kellerer Andre Haas* und der Metzger Georg Heuß*. Ferner waren angestellt ein Musicus, ein Trompeter* und der Maler Johann David Wörl. Auf der Besoldungsliste finden wir weiter den Hauspfleger Michael Herzog, vier Gärtner und drei Heizer, einen Torwart, einen Bräuknecht, einen Zimmermeister, einen Kammerhund-Warter, jeweils eine Leibwäscherin*, Haus- und Silberwäscherin*, Spülerin* und zugleich Geflügel- und Krautwärterin.

Das weibliche Gefolge der Landgräfin* bestand aus ihrer Obersten Hofmeisterin Maria Jakobin Lungin, den drei Jungfrauen Margaretha von Rainzon, Rosina von Königsfeld und Scholastika Lungin zu Landern, der Kammerfrau Maria Rauchin*, den beiden Kammerdienerinnen Susanna Höflin* und Anna von Clain*, der Jungfrauenmagd Elisabetha Präuhauserin*, der Krankenwärterin Rosina Krebsin und der "Warterin" Margaretha Pillerin.

Namen und Zahl der Jäger und des sonstigen Jagdpersonals, das damals von Albrecht besoldet wurde, finden wir aufgelistet im Jagd-Rechnungsbuch von 1615. Unter der Aufsicht des oben erwähnten Jägermeisters Ferdinand von Perndorf standen der Oberjäger Michael Christl*, dem die vier Jägerjungen Georg Christl, Hansen Obermayr*, Matthias Schödl* und Hans Leudl* und der Tücherknecht Jobst Mosmüller* unterstellt waren. Wenn sich diese nicht auf irgend einer der zahlreichen Jagden aufhielten, hatten sie ihr Unterkommen in oder bei der Residenz Albrechts in München. Daneben stehen auf der Besoldungsliste aber auch mehrere Jäger und deren Gehilfen, die an verschiedenen Orten in der Münchner Umgebung ansässig waren: in Ebersberg die "Bsuechknechte" Georg Wenckhen und Georg Keglmayr, zu Winhöring (bei Altötting) der Jäger Georg Keller* mit dem Jägerjungen Andre Mosner* und dem *Überreiter* (unmittelbarer Aufseher eines Jagdbezirkes) Kilian Grundtner, zu Haag der Jäger Melchior Kolb mit dem Jägerjungen Bernhard Ab und den beiden Überreitern Wolf Seidl und Kaspar Mosmayr und dem Tücherknecht Simon Pockmayr. Mit Georg Resl* hatte er einen weiteren Jäger zu Aschau, dessen Jägerjunge hieß Georg Seyer*; dazu kam noch ein "Bsuechknecht aufm Kaltenbach". Wichtig in organisatorischer Hinsicht war vor allem der "Hofmeier" und "Gejaidschreiber" Georg Christl*, der als solcher auf der Jägerbesoldungsliste steht und als "Furier" auf der Hofstaat-Besoldungsliste. Er war bei den ständigen Reisen und Umzügen für die Suche und Bereitstellung der Nachtquartiere zuständig.

Aus dem Kreis dieser annähernd 80 Personen tauchen namentlich weit über 30 in der Reisebegleitung des Herzogspaares auf. Dies ist nicht einmal die Hälfte der in den Reisenotizen sonst noch genannten Personen. Mitreisende auf höchster und hoher Ebene waren auch die beiden jungen Landgrafen *Maximilian Adam und Rudolf Philipp von Leuchtenberg*, die Neffen der Herzogin Mechthildis, die in ihren damaligen Knabenjahren bei ihrer Tante in München lebten (zu ihnen ausführlich Kap. 7.5.7), der Beichtvater Albrechts VI. - er erscheint als *Pater Johannes* - und ein (Kloster-) *Bruder* namens *Antonius*, einmal werden als Begleiter auch *die Jesuiten* genannt und dies mag auf diese beiden zu beziehen sein. Ferner wird wiederum - wie 1611 - ein *Doctor Jobst* genannt. Auf der Stufe des höfischen Gesindes war wiederum dabei der *Zergadengehilfe Wolf Embler*, ferner *der Gutschier Konrad Mayr*, der *Sängerknabe Georg Pengkher, der Heizer Thomas Metzger, der Tücherknecht Hans Treml* und eine Reihe weiterer Knechte und Boten, die nicht ständig auf der Hofstaat-Besoldungsliste standen, sondern nur für diese Reise angestellt waren. Stallknechte (*Stallpartei*), Hundeknechte, Kutscher und manche mehr werden nur im ungezählten Kollektiv erwähnt.

Aus der Schar der Jäger und ihrer Gehilfen werden namentlich nur genannt *der Oberjäger Michael Christl mit dreien* seiner vier *Jägerjungen* und *dem Tücherknecht Jobst Mosmüller*, *der Jäger Georg Keller* aus Winhöring *mit seinem Jungen*, ebenso *der Jäger Georg Resl* und *der Jägerjunge Georg Seyer* aus Aschau. Aber dies ist sicher der geringere Teil des mitgereisten Jagdpersonals. Denn eine Notiz im Jagd-Rechnungsbuch von 1615 lautet:

> *Dann auch ist auf gewertem* (gegenwärtigem) *Berngejaid aufm Reichenberg und zu Lalling vom 21. August bis auf den 9. September allen fremden Jägern, Forstknechten und anderen Weidleuten, so beim Gejaid gebraucht worden und nicht ordinari* (regelmäßig) *in Ihrer Fürstlichen Durchlaucht Diensten sind, an Kostgeld laut Zettel bezahlt* (worden)*: 46 Gulden 9 Kreuzer*

Daß man -verglichen mit dem Jahre 1611 - für das Reise- und Jagdunternehmen des Jahres 1615 wohl mit der doppelten Anzahl an Teilnehmern, also mit mindestens 100 Personen rechnen muß, geht auch daraus hervor, daß man für die Übernachtungen im Reichenberger Jagdhaus vier Jahre vorher nur 28 Betten ausgeliehen hatte; im Jahre 1615 requirierte man in Reichenberg 68 und in Lalling 52 Betten (Kap. 7.5.6).

7.5.4 Vorbereitungen in Reichenberg und Lalling

Vielleicht weil man es aus den Erfahrungen des Jahres 1611 wußte, vielleicht auch, weil im Jahre 1615 der bis dahin gekannte Rahmen einer Hofstaatsreise Albrechts VI. bei weitem übertroffen wurde, hat man mit den organisatorischen Vorbereitungen schon sehr früh begonnen. So heißt es im Jagd-Rechnungsbuch, daß bereits *am 26. Juli der Tücherknecht Jobst Mosmüller zum Jäger in die Grafenau geschickt* worden ist, und im Hofstaat-Rechnungsbuch steht, daß *der Furier am 12. August* und damit zwei Wochen vor Beginn der Reise *einen Boten mit Schreiben nach Bärnstein gesandt* hat. Neben der Organisation des Transportes, der Reiseunterkünfte und der Verpflegung waren vor allem umfangreiche Bau- und Reparaturmaßnahmen an den beiden Jagdhäusern vorzunehmen. Dabei war es die Aufgabe der jeweiligen Landgerichtsbeamten von Bärnstein und Hengersberg, hier für die Erledigung des Notwendigen Sorge zu tragen.

Reichenberg

Wie schon im Jahre 1611 mußte erneut aus Balken und Brettern eine große Behelfsküche errichtet werden. Dazu kam ein großes Becken für frische, lebendige Fische. Die Organisation oblag dem Bärnsteiner Gerichtsschreiber:

> *Andre Hayder, fürstlicher Gerichtschreiber zum Pernstein, wegen Auferbauung einer neuen Küchen und eines Fischbehälters, auch anderer notwendiger ausgelegter Ausgaben vermög Zettels bezahlt 14 Gulden 47 Kreuzer.*

Wiederum mußte der Draxlschlager *Maurer Andre Puckl den Herd* in der Bretterküche aufmauern, *die Ziegel* kaufte man *vom Grafenauer Bürger Georg Pronpeck*. Erneut arbeitete am Jagdhaus auch der Neudorfer *Zimmermeister Georg Sturm;* er und später sein Sohn Wolfgang waren die Handwerker, die über Jahrzehnte hin in Reichenberg die meisten Reparaturen am Dach und an den Außenwänden erledigten (Kap. 5.4.3). *Der Grafenauer Schmied Peter Pech* verrichtete die notwendigen *Arbeiten am Fischbehälter, an der Küchen und anderwärts* und *der Grafenauer Glaser Lurassen Scherr war um etliche im Jagdhaus am Reichenberg durch den Furier angefriembte Arbeit tätig* - es ging wohl um das Ausbessern und Ersetzen zerbrochener Fensterscheiben.

Diese Handwerker; Tagelöhner und mehrere "Putzfrauen", von denen wir in anderem Zusammenhang hören (Kap. 7.5.6), waren über viele Tage vor der Ankunft des Herzogs am Jagdhaus beschäftigt und wurden dort vom Reichenberger Schneider verköstigt:

> *Andreen Frisch, Schneider am Reichenberg*[277] *, für Zehrung, so durch diejenigen, welche vor Ihrer Durchlaucht Ankunft Bettaufschlagen und andere Sachen richten helfen, beschehen ist, gegeben 1 Gulden 44 Kreuzer.*

Aber all dies ist sicher nur der geringere Teil aller Arbeiten gewesen, die am Jagdhaus zu Reichenberg verrichtet werden mußten. Von dem, was tatsächlich geleistet werden mußte, erfahren wir deshalb nichts, weil die meisten Arbeiten nicht aus der Hofstaatskasse bezahlt, sondern von den Untertanen im Zuge ihrer Scharwerkspflicht umsonst eingebracht werden mußten. Im Landgericht Bärnstein haben sich darüber keinerlei Nachrichten erhalten. Wohl aber erfahren wir dies für die Arbeiten am Lallinger Jagdhaus aus dem Hengersberger Scharwerk-Rechnungsbuch.

Lalling

Zunächst finden wir im Hofstaat-Rechnungsbuch des Herzogs für Bau- und Reparaturmaßnahmen am Jagdhaus zu Lalling nur drei Einträge in einer Gesamtkostenhöhe von gut 14 Gulden: Der höchste Betrag mußte hier *dem Wirt zu Lalling* bezahlt werden; wahrscheinlich führte dieser im Auftrag des Landgerichtes Hengersberg vor Ort eine Art Bauaufsicht über die Handwerker:

> *Mehr ihm die Baukosten über die neu aufgeschlagene Küche und anderes bezahlt vermög Zettels 13 Gulden 43 Kreuzer.*

Daneben finden sich noch zwei eher nebensächliche Notizen. Die erste betrifft den *Zimmermann Thomas Steinberger von Kauntzing*, der um 10 Kreuzer neben einer *Geflügelsteigen* noch *anderes mehr gemacht* hat und einen weiteren *Zimmermann alldort,* der um 5 Kreuzer *die aufgeschlagene Küchen wiederum "abgeprücht"* (abgebrochen) hat. Was in Lalling aber tatsächlich geleistet werden mußte, steht im Hengersberger Scharwerk-Rechnungsbuch: Die Belastungen der Hengersberger Untertanen bei den Reparaturmaßnahmen am Lallinger Jagdhaus und während des Jagdaufenthaltes der Hofgesellschaft währten über viele Wochen und hatten mit weit über 400 Gulden einen immens hohen Preis. Sie bestanden zunächst darin, daß insgesamt 20 *Schindelbäume* in den umliegenden Wäldern gefällt, bearbeitet und nach Lalling transportiert werden mußten. Denn das Jagdhaus mußte für den bevorstehenden Besuch des Herzogs völlig neu eingedeckt und auch sonst allenthalben ausgebessert und wieder bewohnbar gemacht werden.

> So heißt es:*(165) Item zur Eindeckung Ihrer Fürstlichen Durchlaucht Jagdhaus zu Lalling hat Thoman Eyßner von Kieflitz und 5 seiner Mithelfer 10 große Bäume zu Schindeln am Wald geschlagen, auch zu Lalling "gerumplet"* (wohl "gespalten" ?, SCHMELLER II Sp. 99) *und auf das Haus und die Stallung aufgedöckt; mit diesem haben sie 26 Tage zugebracht;* (für) *jeden Tag 10 Kreuzer gegeben; macht 4 Gulden 20 Kreuzer.*

Zehn weitere Schindelbäume haben die beiden Untertanen *Hans Cramer und Paulus Pindter aus Rohrstetten* am dortigen Wald *geschlagen, "geloht und ausgeschnaidt"*. Fünf dieser Blöcher haben fünf Hundinger Untertanen nach Lalling gebracht, die übrigen fünf hat *die Nachbarschaft Kieflitz geführt.* Alle diese Untertanen wurden dafür mit insgesamt 10 Gulden und 5 Kreuzern entlohnt, freilich nicht aus der Hofstaatskasse des Herzogs, sondern aus der Scharwerk-Geldumlage der Hengersberger Untertanen[278].

Abbildung 139: Zeitgenössische Abbildung eines langen Jagdzuges mit Kutschen, Zeugwagen und vielen Hundeführern. Einen ähnlichern Eindruck mochte der Zug des Hofstaates erwecken, als Herzog Albrecht VI. in den Jahren 1611 und 1615 von seinem Schloß in Haag nach Reichenberg und Lalling zur Bärenjagd reiste.

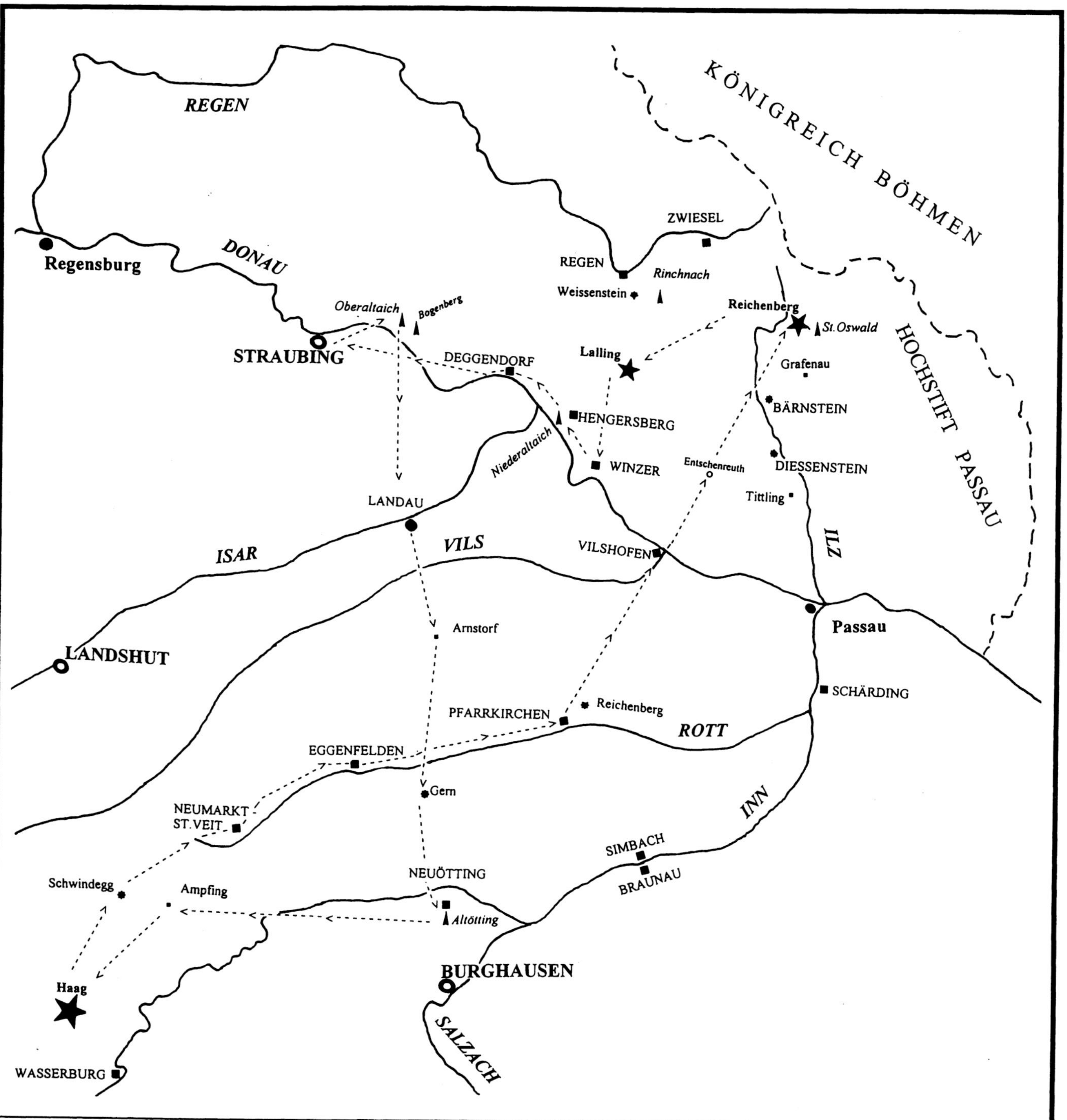

Reiseroute Herzog Albrechts VI. und seines Hofstaates
anläßlich der Bärenjagd in Reichenberg und Lalling im Jahre 1615
(23. August bis 12. September)

Abbildung 140: Reiseroute 1615

Ebenso aufwendig und zahlreich sind die Scharwerkarbeiten für den Bau der notdürftigen *Kuchen*, der *Roßstände* und vor allem für die *Roßgrände* oder *Pärn* (SCHMELLER Sp. 1003 s.v. "Grand" und Sp. 278 s.v. "Barn"), die Futter- und Trinktröge für die Pferde der Hofgesellschaft. Acht Fuhren mit Brettern und Laden mußten von *Hengersberg*, aus *Zueding*, *Padling*, *Ensbach*, *Prechhausen* und von der *Frohnmühle* von zwölf Untertanen aus den umliegenden Dörfern *zu der Kuchl Lalling* antransportiert werden. Der Fuhrlohn des Scharwerk-Factors richtete sich nach der Länge der Strecke und schwankte pro Fuhre zwischen 15 Kreuzern (Zueding und Rohrstetten) und 1 ½ Gulden (aus Hengersberg)[279]. Neben Laden und Brettern wurden auch *Zimmerhölzer* (Balken) benötigt. Sie wurden im Lallinger Holz geschlagen und mit sieben Fuhrwerken der *Lallinger* Bauern herangeschafft[280]. Den Bauern von *Euschertsfurth* wurde der Transport von Lehm und Ziegeln für den Herd übertragen:

> *(44) Die Nachbarn zu Euschertsfurth haben auch zu der neu gemachten Kuchl in Lalling zwei Fuder "Laimb" geführt; (als) Fuhrlohn gegeben 30 Kreuzer.*
>
> *(45) Wiederum haben sie, die Euschertsfurther, zur Machung des Herds in der Kuchl 2 Fuder Ziegel von Hengersberg gen Lalling geführt; denselben Fuhrlohn bezahlt: 3 Gulden*

Drei fertige Roßgrände mußten aus Gerholling angefahren werden, drei weitere wurden aus den rohen Stämmen erst ausgehauen. Der Amann zu Lalling hat dafür drei große Stämme abtreten und heranschaffen müssen:

> *(53) Item zu den neu aufgerichteten Roßständen in Lalling haben drei Nachbarn zu Gerholling drei Roßgrände geführt; von jeder Fuhre bezahlt 20 Kreuzer.*
>
> *(54) So hat Georg Stingl, Amann zu Lalling, aus seinem eigenen Holz 3 Stämme zu Roßgränden geführt; davon Fuhrlohn bezahlt 1 Gulden 15 Kreuzer.*

Die schwierige Arbeit des Aushauens wurde ebenfalls durch Hand- und Spanndienste verrichtet. 18 Untertanen haben zu einem Taglohn von 10 Kreuzern einige Tage daran gearbeitet und *teils auch am Aufstellen der Kuchl* mitgeholfen[281]. Die Zahl der Pferde, mit denen die Hofgesellschaft nach Lalling anreiste, war so hoch, daß sie zum Teil auch in den Bauernhöfen der Umgebung notdürftig eingestellt werden mußten. Auch dort mußte von einzelnen Untertanen vorher alles vorbereitet werden:

> *(152) Balthasar Pichlmayr zu Schwarzach und zwei seiner Mitkonsorten haben auf Herzog Albrechts Allherkunft beim Christoph Kechl, auch (beim) alten und jungen Galle die Roßstände gebessert; jedem* (für) *1 Tag 5 Kreuzer gegeben; tut 15 Kreuzer.*

Da darüber hinaus das Jagdhaus seit langen Jahren nicht bewohnt, daher ungepflegt, in jeder Hinsicht heruntergekommen und damit kaum bewohnbar war, mußten in Lalling - ebenso wie in Reichenberg - mehrere *Weiber* für mehrere Tage als Putzfrauen eingesetzt werden - wiederum zu Lasten der Scharwerk-Umlage:

> *(156) So hat Caspar Tagberchers zu Hunding Weib und 8 andere Weiber und Mithelferinnen auch im Jagdhaus ausgeputzt und abgefegt; jedweder einen Taglohn gegeben 10 Kreuzer; tut ihnen 9: 1 Gulden 30 Kreuzer.*

7.5.5 Anreise:

Personen- und Gütertransport zwischen Haag, Reichenberg und Lalling

Während wir bei der Reise des Jahres 1611 vielfach von Kutschen und Scharwerkfuhren hören, die auf den einzelnen Reiseetappen die mitgeführten Güter von Ort zu Ort transportierten, fehlen derartige Notizen im Hofstaat-Rechnungsbuch vom Herbst 1615 für die Anreise nach Reichenberg vollständig. Man sucht auch vergeblich nach Hinweisen auf ein Vorausschicken von Boten oder Amtleuten zur Organisation des Weitertransportes oder auf ein Umladen der Güter. Sicher tauchen im Verzeichnis der Ausgaben zwei Posten in einer Höhe von über 500 und 600 Gulden auf (Kap. 7.5.6), in die - auch wenn sie ihrem Wortlaut nach nur auf Kost und Unterkunft bezogen sind - diese Transportkosten eingeschlossen sein könnte, aber wichtiger und interessanter ist in dieser Hinsicht wohl folgende Notiz:

> *Dem Martin Schuech und Hansen Gmaininger, beide Bürger zu Grafenau, bei denen die 22 Bauern von Haag logiert gewesen* (sind)*, für 11 Betten vermög Zettels bezahlt: 2 Gulden 34 Kreuzer.*

Dies erklärt das Fehlen jeglicher Transportkosten, denn man wird dies nur in dem Sinne interpretieren, daß diese 22 Haager Bauern im Zuge ihrer Scharwerkspflicht den Transport der meisten Personen und vor allem der mitgeführten Güter von Haag bis Grafenau oder sogar bis Reichenberg zu bewerkstelligen hatten. Weil sie später nirgends mehr genannt werden, dürften sie nach ihrer Ankunft und nach einer Übernachtung in Grafenau mit den leeren Wagen wieder heimwärts gezogen sein. Wahrscheinlich hatte man vier Jahre zuvor mit dem wiederholten Umladen der Güter und der Schwerfälligkeit des Transportes zu schlechte Erfahrung gemacht. Freilich schließt dies eigene Kutschen und

Wagen des Hofstaats nicht aus. Im Hengersberger Scharwerkbuch werden immerhin eine herzogliche Kutsche und auch mehrere Wagen erwähnt, weil deren Räder repariert werden mußten: So haben *Jörg Hödl aus Padling* und *Urban Kotbauer zu Lalling* insgesamt sechs schadhafte *herzogische Räder zum Wagner nach Padling* und wieder zurück nach Lalling transportiert und ein *Melcher Preyherr aus Hengersberg* hat *sechs herzogischen Wagen* bei der Abreise *den Weg nach Eichendorf gewiesen*[282].

Daß die Hofgesellschaft zudem viele Reit- und Vorspannpferde mit sich führte, zeigen zum einen die zahlreichen Arbeiten für die Roßstände und Roßgrände und zum anderen verschiedene Haferfuhren, die die Hengersberger Untertanen nach Lalling führen mußten[283]. Sechs Münchner Schäffel Hafer erhielt man vom Abt aus Niederaltaich (Kap. 7.5.6). Abgesehen davon wurden mehrfach auch von einzelnen Untertanen Pferde requiriert.

Gütertransport auf Isar und Donau, Scharwerkfuhren von Niederaltaich nach Grafenau und Reichenberg

Die Hauptmasse des Trosses und der Bagage, des Proviants und der Jagdausrüstung, ebenso die Meute der Jagdhunde und wohl auch ein Teil des Jagdpersonals waren zunächst von München aus nach Landshut und von dort mit Flößen und Kähnen auf Isar und Donau an die Anlegestelle in Niederaltaich gefahren worden. Für die Hunde erfahren wir dies aus dem Jagd-Rechnungsbuch:

> *Dem Jobst Mosmüller, Tücherknecht, was er von den Netzen und Hunden aufm Wasser von Landshut auf Niederalta zu führen ausgegeben, ihm dies alles vermög seines beiliegenden Zettels wieder bezahlt: 23 Gulden 26 Kreuzer,*

und der erste Eintrag im Hengersberger Scharwerk-Rechnungsbuch lautet:

> *(1) Item als höchstgedacht Ihrer Fürstlichen Durchlaucht, Herzog Albrechts, hergeschickte Güter, auch Wein und Jagdzeug in gemeldetem verschienenen Herbst auf Flößen zu Niederaltaich angekommen* (sind)*, haben die Hengersbergerischen Landgerichtsuntertanen solches alles auf Geschäft* (= auf Anschaffen des) *Herrn Pflegers nach Reichenberg und Grafenau führen müssen.*

Aufgelistet werden insgesamt 13 Fuhren. Das Transportgut wird dabei nur vereinzelt genauer benannt: es waren zwei Weinfuhren und zwei Jagdzeugfuhren, ansonsten heißt es *Fuhre mit herzogischen Gütern*, *herzogische Fuhre* oder nur *eine solche*, *eine dergleichen, eine ebenmäßige Fuhre*[284]. Die Kosten zu Lasten der Kasse des Scharwerk-Factors beliefen sich dafür auf insgesamt 55 Gulden. Drei Gespanne, darunter die beiden Weinladungen, mußten die weite und beschwerliche Strecke von Niederaltaich bis nach Reichenberg zurücklegen und wurden dafür mit jeweils 5 Gulden entlohnt, die restlichen zehn hatten für nur 4 Gulden als Zielort Grafenau. Dort mußten wohl die Bärnsteiner Untertanen mit ihrer *Menat* den Weitertransport übernehmen. Die Hengersberger Gespanne kamen aus den Dörfern *Ellenbach*, *Manzing*, *Schwarzach*, *Reichersdorf* und *Lapferding*. Bei drei Fuhren haben jeweils zwei Bauern *zusammengespannt*.

Beim Aufenthalt in Lalling vom 2. September an und vor allem beim Aufbruch aus Lalling am 6. September waren wiederum die Hengersberger Untertanen in vielfältiger Weise belastet. Aus dem Scharwerk-Rechnungsbuch hören wir, daß sie vielfach ihre Pferde für mehrere Tage herleihen mußten: So hat *Hans Präntl zu Hörpolling* um 1 Gulden und 15 Kreuzer *1 Roß und 1 Knecht bis gen Straubing* hergeliehen, *Wastian Paur zu Rading* hat *gen Lalling, Winzer und Deggendorf für zwei Tage* ein Pferd gestellt, der *Wastl Paur von Manzing* hat *ein Roß gen Deggendorf zugespannt*, der *Pauls Preiherr von Durchfurth* und *der Amann von Lalling* jeweils eines *gen Winzer. Wolf Graf von Zueding* und *Peter Reisinger von Schwarzach* liehen jeweils ein Roß bis Grafenau und Reichenberg her, *Michael Piermayr zu Waltersdorf* und *Hans Schallhammer aus Lalling* mußten jeweils *ein Roß zuspannen, als ein herzogischer Herr nach Passau verreiste* und als die herzogliche *Gutschij* einmal von Lalling nach Hengersberg fuhr. *Zum Reiten ein Roß* von Lalling nach Hengersberg mußte der *Peter Streicher aus Zueding* zur Verfügung stellen. Die "Pferdemiete" schwankt dabei je nach Beanspruchung zwischen 15 Kreuzern und 1 ½ Gulden und auch diese Beträge gingen zu Lasten der Hengersberger Scharwerkkasse[285].

Reiseroute und Reisestationen

23. August:

von Haag nach Schwindegg

Nachdem man erst im Laufe des Tages - das Morgenmahl wurde noch im Schloß eingenommen - von Haag aus aufgebrochen war, gelangte man *auf die Nacht* nur die kurze Strecke bis Schwindegg ins prächtige, heute noch bestehende Renaissance-Wasserschloß der Herren von Haunsberg. Einige Jahre später sollte Albrecht VI für einige Jahre selbst Besitzer dieses Schlosses und der zugehörigen Hofmark sein. *Alldort hat Herr von Haunsberg alles freigehalten.* Der hier erwähnte Schloßherr - zugleich der Erbauer des Schlosses - war Sebastian von Haunsberg

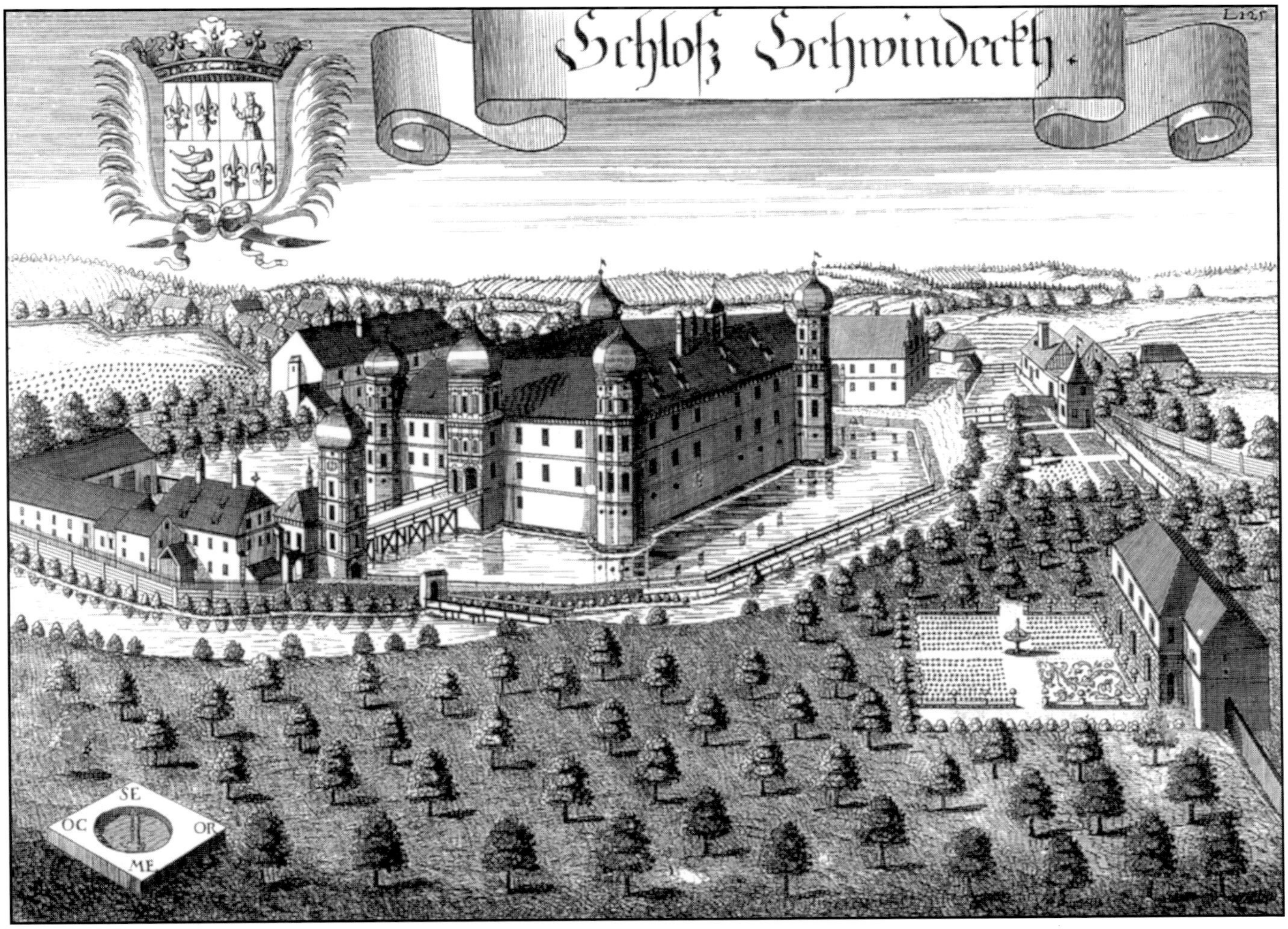

Abbildung 141: Das Wasserschloß zu Schwindegg, zwischen Dorfen und Mühldorf im Landgericht Neumarkt gelegen. Der prächtige Renaissancebau, in dem Herzog Albrecht VI. und seine Hofgesellschaft am 23./24. August 1615 Aufnahme fanden, entstand unter dem Freiherrn Sebastian von Haunsberg ab dem Jahre 1594 (Michael WENING, Rentamt Landshut, L. 125).

(gest. 1616); dessen Bruder Ferdinand war zeitweilig Kämmerer bei Albrecht VI. Der Haunsberger brauchte freilich nicht unentgeltlich allen Aufwand für Übernachtung und Verköstigung der Reisegesellschaft übernehmen - die Gegengabe war durchaus fürstlich: von Seiten Albrechts *ist in die Küchen und allenthalben verehrt worden 30 Goldtaler* und dies entsprach dem Wert von nahezu 50 Gulden.

24. August:

von Schwindegg über Neumarkt nach Pfarrkirchen

Das Morgenmahl des nächsten Tages nimmt man in Neumarkt-St.Veith beim *Gastgeber Bernhard Wüdmann* um 30 Gulden ein. Über Eggenfelden - hier hören wir lediglich, daß der *Edelknabe Hans Wolf Gallus für Ihre Durchlaucht ein Maß Wein um 12 Kreuzer* besorgte - kam man *auf die Nacht gen Reichenburg.*

Der Name des Ortes und der damals wehrhaften, heute nicht mehr erhaltenen Burganlage lautet Reichenberg. Um dieses Reichenberg bei Pfarrkirchen nicht mit dem Jagdhaus-Standort Reichenberg bei St.Oswald im Bayerischen Wald zu verwechseln, wird es im Hofstaat-Rechnungsbuch konsequent als *Reichenburg* bezeichnet.

Die Herren von Pfarrkirchen schenkten dem Herzog ein ganzes Faß *Neckar-Wein* - vielleicht wußten die Stadtväter noch, daß er schon im Jahre 1611 aus Pfarrkirchen eine ansehnliche Menge Weines mit auf die weitere Reise genommen hatte (Kap. 7.4.5) - und *etliche Säcke Futter* für die Pferde. In der Burg wird man wiederum - wie bei der Rückreise vier Jahre zuvor - vom Pfarrkirchener Pfleger freigehalten, auf das Nachtmahl und auch auf das Morgenmahl des nächsten Tages. Dafür werden *auf gnädigstes Anbefehlen dem Herrn Lung 100 Gulden verehrt.* In der Nacht haben *12 Soldaten und ein Leutnant* aus Pfarrkirchen *das Schloß verwacht. Der Herr Stallmeister* des Herzogs gibt ihnen dafür *4 Gulden.*

25. August:

von Pfarrkirchen nach Vilshofen

Als man *auf die Nacht gen Vilshofen gekommen* ist, wird man *alldort durch Kämmerer und Rat freigehalten*, ohne daß wir etwas von einer fürstlichen Gegengabe hören, wie sie der Schwindegger Hofmarksherr und der Pfarrkirchener Pfleger erhalten hatten. Nur *dem Wirt* und *seiner Hausfrau verehrt man 4* und dem Wirtshaus-*Gesinde* 1 Taler.

Aus der Kammeramtsrechnung der Stadt Vilshofen erfahren wir die Höhe der Unkosten, die der Stadt durch den Aufenthalt des Herzogs und seines Hofstaates entstanden sind:

> *Als Ihre Fürstliche Durchlaucht Herzog Albrecht zu Bayern Anno 1615 allhier*(her) *verreist und über Nacht geblieben* (ist)*, dazumalen* (sind) *über bemeldetes Nachtlager erlaufen und Paulusen Grubmüller, Bürger und Gastgeber,* (nach) *Inhalt der Zettel bezahlt worden: 87 Gulden 6 Schilling 23 Pfennige.*

Bei der vier Jahre zurückliegenden Reise des Herzogs sind uns schon einmal die Stadtmusikanten von Vilshofen begegnet (Kap. 7.4.5). Dieses Mal hören wir, daß *der Schulmeister daselbst samt seinen Musikanten vor Ihrer Durchlaucht Zimmer musizierten,* und vor den hohen Hofgästen boten auch *vier Turner* ihre Kunststücke dar. Sie werden mit jeweils 1 Gulden bedacht und *der Organist, der sich noch absonderlich* (gesondert) beim Herzog *angemeldet*

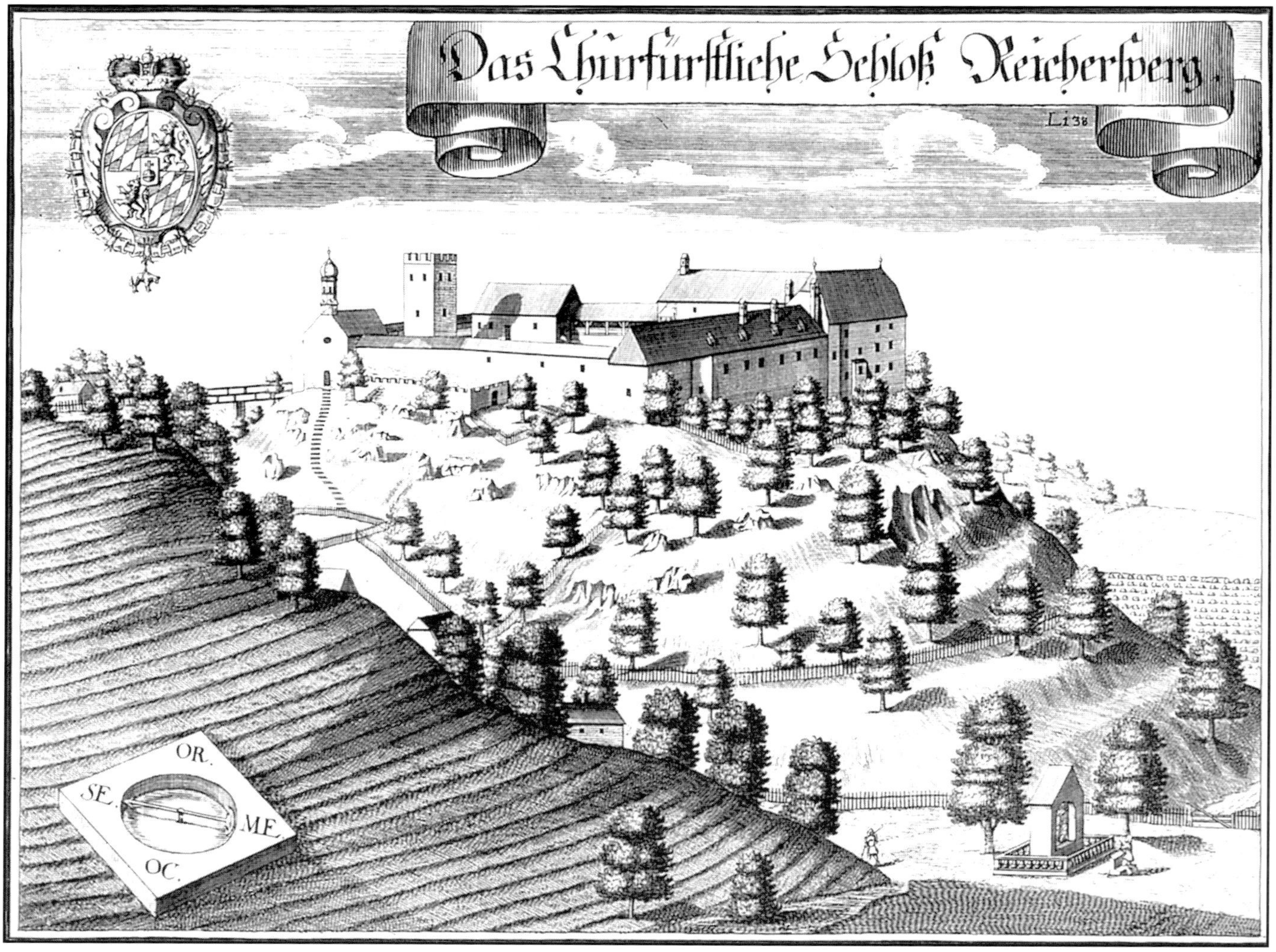

Abbildung 142: Die weitläufige Burganlage von Reichenberg, Sitz des Pflegers des Landgerichtes Pfarrkirchen und wiederholt Zwischenstation bei den Hofstaatsreisen Herzog Albrechts in den Bayerischen Wald, in der Abbildung Michael WENINGs aus dem frühen 18. Jahrhundert. Auch hier ist der Name mit "Reichersberg" falsch geschrieben (Michael WENING, Rentamt Landshut, L. 138). In Michael WENINGs Text (S. 65) steht zu lesen: *So viel wissend, ist solches* (Schloß) *jederzeit dem Lands-Fürsten zugehörig gewesen und sollen vor diesem die Herzöge aus Bayern ein Jagdhaus an solchem gehabt haben.* Ein solches herzogliches Jagdhaus ist allerdings in der Umgebung Pfarrkirchens ansonsten nirgends belegt. Diese Nachricht beruht daher a.W.n. auf einer Verwechslung mit dem herzoglichen Jagdhaus zu Reichenberg bei Grafenau.

hatte, erhält zusätzliche 24 Kreuzer. Der Furier war zu diesem Zeitpunkt mit einem Teil der Dienerschaft bereits nach Grafenau vorausgereist (s.u.).

26. August:

von Vilshofen über Entschenreuth nach Grafenau und Reichenberg

In Vilshofen brach man am nächsten Tag in aller Frühe auf. *Die Frau Gräfin zu Ortenburg*[286] brachte ihre Ehrerbietung für die hohen Herrschaften und insbesondere für die Landgräfin Mechthildis dadurch zum Ausdruck, daß sie von Schloß Ortenburg aus ins nahe Vilshofen *Ihrer Durchlaucht, meiner gnädigsten Frau, etliche Früchte* übersandte. Das Morgenmahl nimmt man etwa auf halber Strecke nach Grafenau im kleinen Dorf Entschenreuth im Wirtshaus des *Andreas Winter* für 11 Gulden ein.

Von Empfang und Mahl in der Stadt Grafenau lesen wir dieses Mal in den Aufzeichnungen des Hausmeisters nichts. Aber ausführliche Kunde gibt darüber das Grafenauer Stadtrechnungsbuch :

> *Als Ihre Fürstliche Durchlaucht, Herzog Albertus in Bayern, unser auch gnädigster Herr, zu dero fürstlichen Lust an das Bärenjagen allhier durch- und in Reichenberg verreist* (ist)*, ist höchstermeldete Ihre Fürstliche Durchlaucht selbst, dann Ihrer ganzen Hofhaltung zu erzeigter gehorsamster Schuldigkeit ein Trunk geboten, auch vorher mehrhöchstgedacht Ihrer Durchlaucht Furier und Vorreisende über Nacht und morgens, also dieser einzigen ganzen Zehrung freigelassen* (freigehalten worden) *und* (es ist) *in allem bereitermaßen aufgegangen: 9 Gulden 39 Kreuzer 3 Pfennige*[287]*.*

Man konnte sich, weil man vor dem Abend noch das Jagdhaus erreichen wollte, nur für eine kurze Zeit in Grafenau aufhalten. Daß die hohen Herrschaften zu einem späteren Zeitpunkt der Stadt einen offiziellen Besuch abstatteten, werden wir aus einer späteren Notiz noch ersehen (zum Aufenthalt in Reichenberg vom 26. Aug. bis zum 2. Sept. s. Kap. 7.5.6)

2. September:

von Reichenberg nach Lalling

Über den Umzug vom Jagdhaus zu Reichenberg in das Lallinger Jagdhaus finden wir innerhalb des Hofstaat-Rechnungsbuch nur eine einzige Notiz: *den 2. September sind Ihre Durchlaucht vom Reichenberg weg nach Lalling.* Weitere Hinweise finden wir auch in den beiden anderen Rechnungsbüchern kaum. Es wird wohl die Aufgabe der Bärnsteiner Untertanen gewesen sein, mit ihren Scharwerkfuhren die herzoglichen Güter von Reichenberg nach Lalling zu bringen. Nur vom Transport des Jagdzeuges hören wir genaueres. Es waren allein dies sechs Fuhren und diese wurden von fünf Hengersberger Dorfschaften in Hilgenreith und damit im Grenzgebiet zwischen Bärnsteiner und Hengersberger Landgericht zum Weitertransport übernommen.

7.5.6 Unterkunft, Wohnen und Verpflegung in den Jagdhäusern

Reichenberg

Die Betten

War man im Jahre 1611 noch mit 28 Betten im Jagdhaus zu Reichenberg ausgekommen, so benötigte man vier Jahre später für die Jagdgäste mit insgesamt *68 Betten* weit mehr als das Doppelte. Daß es nicht leicht war, diese hohe Zahl bei Bürgern und Untertanen aufzutreiben und zu entleihen, mag daraus hervorgehen, daß man mit ihrer Requirierung nicht mehr - wie im Jahre 1611 - zwei Bürger beauftragte, sondern daß damit der Bärnsteiner Gerichtschreiber zusammen mit seinem Nebenschreiber betraut wurden. Zur Seite stand ihnen dabei der tüchtige *Grafenauer Stadtschreiber Heinrich Zimbs*. Im Hofstaat-Rechnungsbuch heißt es im einzelnen:

> *Andre Hayder, fürstlichem Gerichtsschreiber, für 68 entlehnte Betten,* (für) *jedes 20 Kreuzer, bezahlt laut Zettel: 22 Gulden 40 Kreuzer.*
>
> *So ist ihm, Gerichtsschreiber, für seine gehabte Bemühung 4 Goldtaler und seinem Schreiber, der auch viel Mühe und Arbeit gehabt, 2 Gulden verehrt worden, tut 7 Gulden 20 Kreuzer.*
>
> *Heinrich Zimbsen, Stadtschreiber zu Grafenau, der mit Entlohnung und Herzubringung der Betten und auch anderem gleichfalls bemüht gewesen, verehrt 4 Goldtaler, tut 5 Gulden 20 Kreuzer.*

Über die Betten lesen wir für Reichenberg ferner:

> *Vier Weibern, welche vor und nach Ihrer Durchlaucht Verreisen mit Aufbringen und Wiederwegrichten der Betten 5 Tage zugebracht* (haben)*, 1 per 10 Kreuzer bezahlt, tut 3 Gulden 20 Kreuzer.*

Wir haben an anderer Stelle bereits dargelegt, daß sich mit der Vergrößerung des Hofstaates und der Erhöhung der Ausgaben auch der Charakter der Ausgabeneinträge in den Rechnungsbüchern etwas verändert hat (Kap. 7.5.1). War im Jahre 1611 der *Auszahler Martin Giegel* noch bemüht gewesen, auch alle kleinen Ausgaben möglichst genau nachzuweisen, so bevorzugt nun der neue Hausmeister Hans Langmayr nur vage umschriebene Pauschaleinträge oft in beachtlicher Höhe. So finden wir im Rechnungsbuch von 1615 nicht mehr die vielen Einzelnotizen über die kleineren und größeren Einkäufe des *Zergadengehilfen*, sondern dafür und für noch vieles mehr wurden eigene (nicht erhaltene) Rechnungen geführt und es finden nur noch deren Gesamtsummen Eingang ins Rechnungsbuch des Hausmeisters:

> *Durch Hans Albrechten Lächl, fürstlichen Küchenschreiber, ist unter währendem Perngejaid um allerlei Victualia zum fürstlichen Zergaden, item auf Almosen, Botenlohn und dergleichen ausgegeben worden vermög Rechnung: 515 Gulden 38 Kreuzer,* und:
>
> *Dann hat er an Kostgeld auf die Küchen-, Keller- und Stallpartei, auch Herrendiener, Wäscherin und andere Personen ausgegeben laut seiner Rechnung: 614 Gulden 59 Kreuzer.*

Ein Einblick in die Vielfalt der Lebensmittel und der Lebensmittelbeschaffung wird uns mit Einträgen dieser Art weitgehend verwehrt. Dennoch kam man auch 1615 ohne konkrete Einzelkäufe, die Eingang ins Rechnungsbuch fanden, nicht aus.

In weit höherem Maße als vier Jahre zuvor hat man nun Proviant und Lebensmittel bereits nach Reichenberg mitgeführt oder auf anderen Wegen - unabhängig vom Zug des Hofstaates - vorausgeschickt. So gehen bereits vier Tage vor Antritt der Reise - von München kommend über Haag - *zwei große Fässer Neckarwein, das eine mit 4 Eimern 56 Maß* (ca. 350 Liter)*, das andere mit 3 Eimern 48 Maß* (ca. 250 Liter)*, beide zusammen zu einem Preis von über 85 Gulden,* auf die Reise *nach Reichenberg.* Ferner hören wir vom *Boten Christoph Castner*, daß er *ein Gstatl* (Schachtel, Kiste SCHMELLER II Sp. 796 s.v. "Stattel", "Gestattel"*) und Krüge mit eingemachten Sachen von Haag nach Reichenberg getragen* hat.

Während des Aufenthaltes in Reichenberg werden folgende Lebensmittelkäufe verzeichnet:

Vom *Schönberger Metzger Georg Praunsberg* kauft man *4 Kälber, 6 Schafe und 4 Lämmer* um 15 Gulden 54 Kreuzer; noch wesentlich mehr zahlte man einem Grafenauer Metzger um Rind- und Kalbfleisch:

> *Salomon Poppen, Bürger und Metzger zu Grafenau, um dargegebenes Jung- und Altfleisch vermög Zettels bezahlt: 27 Gulden 6 Kreuzer 1 Heller.*

Der *Grafenauer Bürgermeister und Bäcker Wolf Streitberger* lieferte wiederum das Brot nach Reichenberg, dieses Mal um knapp 23 Gulden. Der bereits erwähnte *Grafenauer Stadtschreiber Heinrich Zimbs* besorgte *1 ½ Viertelfässer Weißbier* (ca. 600 Liter) aus dem Bräuhaus *in Grafenau* und *ein Viertelfaß Weißes Zwiesler Bier.* Freilich war es gegen Ende mit der Bierversorgung nicht mehr zum Besten gestellt, denn der letzte Eintrag während des Reichenberger Aufenthaltes lautet:

> *Zum Reichenberg, als Abgang an Bier erschien, um 32 Köpfe Bier, 1 per 1 Kreuzer, ausgegeben: 32 Kreuzer.*

Es tauchen auch keine "Lebensmittel-Agenten" aus der einfachen Bevölkerung mehr auf, wie wir sie im Rechnungsbuch von 1611 kennengelernt haben, sondern die Lebensmittelbeschaffung vor Ort lag nun vor allem in den Hände der landgerichtlichen Beamten:

> *Den zwei landgerichtischen Amtleuten zum Pernstein, die mit Hinzubringen und Aufbieten allerlei Viktualien bemüht gewesen, aus Befehl Herrn Stallmeisters gegeben: 1 Gulden.*

Auch die Angaben über die Lebensmittelgeschenke der im Gebiet der beiden Jagdhäuser ansässigen Landstände sind auf einen einzigen konkreten Eintrag reduziert. Zum 4. September, dem zweiten Tag des Aufenthaltes in Lalling, heißt es:

> *Den 4. September ist Ihrer Durchlaucht durch den Herrn Prälaten zu Niederaltaich überschickt und verehrt worden ein Faßl Neckerwein von 4 Eimern, bei 6 Münchner Schäffel Habern und ein Waller von 56 Lb schwer; auf gnädigstes Anbefehlen den Antwortern Trinkgeld gegeben: 8 Gulden*

Aber aller Wahrscheinlichkeit nach dürfen wir mit mindestens der gleichen Anzahl von Geschenken dieser Art rechnen wie im Jahre 1611. Daß sie im Hofstaat-Rechnungsbuch nicht verzeichnet sind, mag wiederum seinen Grund darin haben, daß die Gegengaben für die Überbringer meistenteils vom Küchenschreiber übernommen wurden; dessen Ausgaben aber sind nicht im Detail aufgeführt, sondern haben nur in beiden bereits zitierten hohen Pauschalposten Eingang ins Rechnungsbuch gefunden. Denn wir wissen schon seit langem von einem großzügigen Geschenk der Stadt Grafenau an Herzog Albrecht VI. aus dem Stadtrechnungsbuch vom Jahre 1615[288]. Dort heißt es in etwas umständlicher Formulierung, daß der Herzog zu seiner *fürstlichen Hofhaltung in Reichenberg* aus Grafenau *vier Eimer Wein begehrte* und sich dabei *erboten* hat, diese *zu bezahlen*, was aber die Grafenauer nicht zuließen, sondern die Rechnung von 28 Gulden dem Weinlieferanten *von gemeiner Stadt wegen bezahlten*:

> *Gleichermaßen hat aber höchstbestimmte Ihre Durchlaucht zu dero fürstlicher Hofhaltung nach Reichenberg 4 Eimer Wein gnädigst begehren lassen, so man gehorsamst hinaufgeführt* (hat). *Unerachtet aber, daß man sich gleichwohl dieselben von Ihrer Durchlaucht wegen zu bezahlen erboten und anders nicht begehrt* (hat), *hat man doch dahin solchen Wein zu untertänigsten Ehren von gemeiner Stadt wegen dem Sebastian Aufschläger dafür bezahlt: 28 Gulden.*

Von der "fürstlichen Hofhaltung" in Reichenberg, von der Speisenzubereitung und der sonstigen Haushaltsführung hören wir nur wenig. Die *vier Weiber*, die im Jagdhaus vor der herzoglichen Ankunft die Betten hergerichtet hatten (Kap. 7.5.4), wurden auch während des Aufenthaltes zur Hausarbeit angestellt. Wahrscheinlich waren diese Frauen aus oder aus der Nähe von Reichenberg, denn die nächste Notiz lautet:

> *Dann unter währendem Alldortsein sind sie 7 Tage zum Betten, Spülen und Kehren gebraucht worden, jeder den Tag neben der Kost 4 Kreuzer gegeben, tut 1 Gulden 52 Kreuzer.*

Mobiliar und Hausrat

Das Fehlen jeglichen Hausrates kam *dem Grafenauer Küfner Wolf Schieber* zugute. Bei ihm kaufte man mehrere *Schäffer und Zuber*, die *für die Küchen*, den (Wein-)*Keller und die Metzgt* benötigt worden sind. Weil nun auch die Herzogin im Jagdhaus weilte, lieferte er *auch eine neue Badewanne für Ihre Durchlaucht zum Baden. Der Zimmermann Paulus Erbl* sorgte für *Holzteller und Stöckelleuchter.* Zusätzlich mußte man sich eine Menge *Sechtergeschirr* (Kessel, Zuber und kleinere Gefäße, SCHMELLER II Sp.218 f. s.v. "sechteln" und "Sechter") ausleihen und dies besorgte ebenfalls der Grafenauer Stadtschreiber Heinrich Zimbs. Zugleich mußte er sich um die Unterkunft der Wäscherin kümmern und zusammen mit dem in Reichenberg ansässigen landgerichtlichen Jäger Michael Schmidt lieferte er mehrere Klafter *Küchenholz und Holz zum Waschen.*

Ob und woher man notwendiges Mobiliar, vor allem Tische und Bänke, entlieh, erfahren wir für den Aufenthalt in Reichenberg nicht, wohl aber für Lalling.

Lalling

Betten und Bettfuhren

Das herzogliche Jagdhaus zu Lalling war kleiner als jenes in Reichenberg (Kap. 6.2.2). Wurden für letzteres 68 Betten requiriert, so fanden in Lalling nur 52 Platz. Die Beschaffung dieser Betten hatten zwei Hengersberger Bürger und der Nebenschreiber des Hengersberger Gerichtsschreibers übernommen; dabei kamen wohl die meisten Betten aus dem Markt Hengersberg, ein geringerer Teil aus dem kleinen Sondorf bei Hunding und aus Euschertsfurth[289]:

> *Für 52 gerichtete Betten, so von unterschiedlichen Orten nach Lalling entlehnt worden, dann zwei Bürgern von Hengersberg, die damit bemüht gewesen und solche wieder an ihre gehörigen Orte geliefert; item auch des Gerichtsschreibers daselbst Schreiber für seine gehabte Bemühung bezahlt und verehrt vermög Zettels: 21 Gulden 30 Kreuzer.*

Dies ist für Lalling die einzige Betten-Notiz aus dem Hofstaat-Rechnungsbuch und der genannte Betrag umfaßt nur die Betten-Leihgebühr und die Entlohnung derer, die für die Bereitstellung der Betten gesorgt hatten. Der Transport wurde wiederum den Landgerichtsuntertanen übertragen. Der Scharwerk-Factor leitet seine Liste der Bettgewand-Fuhren folgendermaßen ein:

> *Item da höchstgedacht Ihre Fürstliche Durchlaucht an desselben Pern Jaydt* (seinen Hofstaat) *von Reichenberg nach Lalling verrücken wollte, haben die Bürger des Marktes Hengersberg Bettgewand hergeliehen; mit demselben hat Stephan Kern zu Ellenbach eine Fuhre von Hengersberg gen Lalling verrichtet. Ihm davon Fuhrlohn bezahlt: 1 Gulden 30 Kreuzer.*

Im Anschluß daran folgt eine Liste mit weiteren 18 Fuhren. Geleistet wurden sie von Bauern, die in ihrer überwiegenden Mehrzahl aus den Dörfern Schwarzach, Buch und Ellenbach stammten[290]. Da man sich in der Zahl der benötigten Fuhren erheblich verschätzt hatte, waren 8 Fuhrwerke zu viel nach Hengersberg beordert worden:

> *(29) Und nachdem wegen ermeldeten Bettfuhren noch etlichen Untertanen angesagt* (wurde), *dieselben aber nicht mehr zu beladen gewesen* (sind) *und dennoch einer 1 Tag mit Roß und Geschirr in der "Warth" stehen mußte, ist jedem für solche Versäumnis zu geben bewilligt* (worden)*: 30 Kreuzer*[291].

Zum Rücktransport der Betten nach dem Abzug der Hofgesellschaft wurden ab dem 6. September wiederum an die 20 Fuhrwerke benötigt, die nun aus nahezu allen Dörfern in der näheren Umgebung Lallings angefordert werden mußten[292].

Da anders als in Reichenberg im Jagdhaus zu Lalling mehrere Personen aus der engeren Gefolgschaft des Herzogspaares kein Unterkommen fanden, mußte der Furier für sie in den Nachbarhäusern Quartiere suchen. Das Hofstaat-Rechnungsbuch gibt darüber recht genaue Auskunft: *Ihrer Durchlaucht Beichtvater, Herr Pater Johannes*, und dessen Begleiter, *Bruder Antony*, logierten *beim Herrn Pfarrer zu Lalling, beim Kramer allda* ist *der Secretari Scheichenstuel* untergekommen und bei einem *Wolf Frohmüller* war *die Wäscherin* untergebracht. Die Hauptlast hatte freilich der Lallinger Wirt zu tragen:

> *Wolfen Peinherrn, Wirt zu Lalling, der in seiner Taverne aus etlichen Zimmern weichen müssen, darinnen Herr D. Jobst, Kammerdiener und Edelknaben logiert gewesen, ihm auch sonst im einen und anderen Ungelegenheit gemacht, verehrt 5 Gulden.*

Ein Blick auf die Lallinger Dorfansicht von 1761 (Kap. 6.5.3) zeigt, daß sich keiner der Höflinge zu weit vom Rest des Hofstaates mit seinem Nachtlager entfernen mußte. Denn in den Lallinger Nächten scheint man sich nicht allzu sicher gefühlt zu haben. Zwei Knechte aus der eigenen Gefolgschaft - ihrer Funktion nach waren sie *Heizer und Tücherknecht* - mußten die Nachtwachen übernehmen:

> *Thoman Metzger und Hansen Treml, welche zu Lalling 4 Nächte gewacht* (haben), *jedem die Nacht 6 Kreuzer, tut 48 Kreuzer.*

Mobiliar und Hausrat

Wie erwähnt, fehlte es in den Jagdhäusern nicht nur an Betten, sondern auch an jeglichem Mobiliar und Hausrat. Wie man das Möbelproblem in Reichenberg löste, erfahren wir nicht. Für Lalling erhalten wir nähere Auskunft aus den Transporteinträgen des Scharwerkverzeichnisses: *Tische und Bänke* entlieh man dabei von den Wirten zu Euschertsfurth, Padling und Sondorf, mehrere *Stühle* aus dem Kloster Niederaltaich, *Kuchlgeschirr* aus Winzer und Hengersberg und *Bratspieße* aus Deggendorf[293].

Hinsichtlich der Hausarbeit finden wir einen ähnlichen Eintrag wie in Reichenberg:

> *Dreien Weibern zu Lalling, welche vor Ihrer Durchlaucht Ankunft mit Säubern der Zimmer und Zuerrichtung der Betten jede vier Tage, 1 per 10 Kr, dann unter Ihrer Durchlaucht Dortsein mit Spülen und Betten auch 4 Tage, 1 per 4 Kr, und zum Aufräumen, jede 1 Tag per 4 Kr, tut 2 Gulden 48 Kreuzer*

Für insgesamt 4 Klafter *Holz zur Küchen und zur Waschküchen* sorgten ein *Blasius Sager* und ein *Paulus Pausser*, eine Kuchlscheiterfuhre brachte ein *Hans Crotzer aus Rohrstetten* im Zuge der Scharwerksleistung[294].

Die Lebensmittel

Was die Verpflegung in Lalling betrifft, so beschränken sich auch hier die Rechnungseinträge des Hausmeisters auf wenige größere Einkäufe: Von *zwei Metzgern aus Hengersberg, Michaeln Hauff und Georgen Painzl*, wird am 3. September um 7 ½ Gulden *altes und junges Fleisch* gekauft und *dem Adamen Schafhauser, Bäcker zu Hengersberg*, werden *um nach Lalling dargegebenes Brot vermög Zettels bezahlt 10 Gulden 30 Kreuzer. Der Wirt zu Lalling, Wolfen Painherr*, stellte *ein Viertelfaß Weißes Zwiesler Bier* um 6 Gulden. Ansonsten heißt es noch - ähnlich wie beim Aufenthalt in Reichenberg-, daß *Matthäus Haas, Amtmann zu Lalling, mit Darbringung allerlei Viktualien bemüht gewesen* ist. Neben Rind- und Kalbfleisch kam wiederum viel frisches Geflügel auf die Tafel, denn *der Zimmermann Thomas Steinberger von Kaunzing* (Kaussing) mußte um 10 Kreuzer eine *Geflügelsteige* anfertigen. Daß aus Niederaltaich ein großes Faß Wein, Hafer und ein schwerer Waller kamen, ist oben bereits erwähnt. Allerdings benötigte man den Wein aus Niederaltaich nicht mehr und man hatte dann auch keinerlei Hemmungen, dieses Faß in nächster Nähe des Klosters wieder zu verkaufen. Genauso verfuhr man später mit einem Faß Wein, das die Stadt Landau dem Herzog geschenkt hatte (Kap. 7.5.9). Denn der einzige Einnahmeposten im Hofstaat-Rechnungsbuch während der gesamten Bärenjagd-Reise lautet:

> (Es) *sind verkauft worden 2 Fäßl Wein, das erste zu Hengersberg, welches Herr Prälat zu Niederaltaich Ihrer Durchlaucht verehrt und* (das) *gehalten* (hat) *4 Münchener Eimer, per 46 Gulden, das andere, so zu Landau verehrt worden,* (wurde dem) *Jakoben Sinkhofer, Stadtkämmerer daselbst, verkauft, welches gehalten hat 3 ½ Eimer, per 45 Gulden, tut 91 Gulden.*

Mehr über die in Lalling verzehrten Lebensmittel erfahren wir wiederum aus den Einträgen im Hengersberger Scharwerkbuch. Denn die armen Untertanen wurden nicht nur zu den umfangreichen Transport- und Bauleistungen eingesetzt, sondern in vielfältiger Weise auch zur Lebensmittelbeschaffung. So hat *Hans Stöckl zu Oisching Copaunen* (Kapaunen) *und anderes Geflügel auf einem Karren von Hengersberg gen Lalling geführt*; der *Paul Vogl aus Schwarzach* mußte den Hengersberger *Gerichtsschreiber zur Einkaufung von Fischen gen Winzer und Altach* fahren; der *Jörg Wagner aus Manzing* hat für 2 Gulden *eine Fuhre mit einem Fäßl Kraut, Essig und sonsten 2 Stibich* (Kübel) *von*

Altach gen Lalling getan; *Peter Reisinger aus Schwarzach* hat *auf einem Karren Fische gen Lalling geführt*; der *Müller zu Auerbach, Stephan Weinberger*, mußte *ein Viertelfaß mit Fischen bei Nacht* nach Lalling schaffen; *Hans Pichlmayr* hat *der herzogischen Fische halber ein Schreiben gen Deggendorf getragen*, *Jörg Wallner zu Rohrstetten* ist um *Ferchen* (Forellen) geschickt worden; der *Peter Cramer zu Lalling* hatte *zweimal um Krebse und Kuchlgeschirr gen Hengersberg zu* gehen; *Jörg Sambhamer, ein Inmann zu Dösing,* mußte von *Rinchnach und anderen Orten Fische und Krebse* besorgen; der *Wastl Putz von Rohrstetten* mußte sich *von Fischen wegen zweimal gen Sondorf und Gneisting* begeben. Daß man vor allem auf frische Fische Wert legte, zeigt die Nachricht, wonach sogar einzelne Untertanen zum Fischen *an den Zinckher-Bach* (wohl Ranzinger Bach) geschickt wurden[295].

7.5.7 Begebenheiten während des Aufenthaltes in Reichenberg

Waren bereits die Nachrichten im Rechnungsbuch von 1611 kaum dazu angetan, unser Fragen nach dem Tagesablauf, nach Ereignissen und Erlebnissen des Herzogs und der Hofgesellschaft während des Aufenthaltes in Reichenberg und in Lalling in befriedigendem Maße zu beantworten, so gilt dies fast noch mehr für das Rechnungsbuch von 1615. Letztlich werden auch hierüber nur ganz wenige, mitunter aber höchst interessante Notizen geboten.

Besuch der Glashütte Klingenbrunn

Zwei Tage nach der Ankunft in Reichenberg hat der Herzog mit einigen seiner Hofchargen der Glashütte zu Klingenbrunn einen Besuch abgestattet und einige Gläser eingekauft:

> *Den 28. August, als Ihre Durchlaucht zu Klingenbrunn auf der Glashütten gewesen, dem Hüttenmeister um gemachte Gläser bezahlt: 35 Kreuzer*
> *Ihm und seinen Gesellen verehrt auf Befehl Herrn Oberstallmeisters: 1 Gulden*

Wahrscheinlich war man von den Klingenbrunner Gläsern so angetan, daß man noch einen sehr großen Posten in Auftrag gab. Wir erfahren dies ebenfalls aus dem Hofstaat-Rechnungsbuch, aber nicht aus den Rechnungseinträgen während der Bärenjagd-Reise, sondern innerhalb der Rubrik *Ausgabe über Küchen und Keller bei fürstlichem Hofstaat.* Dort finden wir folgende vier Notizen:

> *Matthiasen Greipl, Hüttenmeister zum Clüngenprunnen, um 600 gläserne "Schälel" (Schalen) zu eingemachten Sachen und 60 Kellerfläschl vermög Zettels bezahlt 16 Gulden 21 Kreuzer.*
> *Zweien Kräxentragern, die solche von Clüngenprunnen nach Lalling getragen, 24 Kreuzer.*
> *Zweien Zimmerleuten, die zwei Trühel dazu gemacht, gegeben: 9 Kreuzer.*
> *Georg Wagner von Dasing um 4 Bretter dazu, 1 per 6 Kreuzer, tut 24 Kreuzer.*

(Zu den Waldglashütten siehe ferner Kap. 7.7).

Die letzten Leuchtenberger und die Stadt Grafenau

Die beiden Leuchtenberger Knaben, Maximilian Adam, damals acht Jahre, und Rudolf Philipp von Leuchtenberg, damals sechs Jahre alt, sollten (zusammen mit ihrem jüngsten Bruder Wilhelm Friedrich, 1611 - 1631) die letzten ihres berühmten Geschlechtes sein. Ersterer stirbt im Jahre 1646 kinderlos, letzterer endet bereits 1633, ebenfalls kinderlos, als Offizier Wallensteins in Prag. Weil sie in Wilhelm von Leuchtenberg (1586 - 1634), dem Bruder der Mechthildis, einen völlig verkommenen, verschwenderischen, dem Trunk ergebenen Vater hatten ("ein wahrer Schandfleck des Fürstenstandes")[296], lebten sie in ihren jungen Jahren bei ihrer Tante Mechthildis im Hofstaat Albrechts VI. Beide nahmen an der Reise in den Bayerischen Wald teil und sie kamen damit in ein Gebiet, in dem über zwei Jahrhunderte vorher ein Zweig ihrer Familie Hervorragendes geleistet hatte: der bedeutendste aller Leuchtenberger, Landgraf Johann I. (1334 - 1407), hatte als Inhaber der Grafschaft Hals (seit 1375) Grafenau von Kaiser Karl IV. zur Stadt erheben lassen, unter seiner Ägide wurden aller Wahrscheinlichkeit nach alle Dörfer im östlichen und nördlichen Umkreis Grafenaus gegründet und besiedelt und im Jahre 1396 hatte er innerhalb dieses Gebietes das Kloster St.Oswald gegründet[297]. Seit seinem ersten Besuch Grafenaus und St.Oswalds im Jahre 1611 mag Albrecht VI. um die einstige Rolle der Leuchtenberger im Bärnsteiner Gebiet gewußt haben und er und seine Gemahlin dürften im Jahre 1615 von Seiten der Grafenauer Stadtväter erneut darauf hingewiesen worden sein, daß im Stadtbrief Karls IV. vom Jahre 1376 der Name des Leuchtenbergers ausdrücklich erwähnt wird. Der folgenden Notiz können wir entnehmen, daß sich Albrecht VI., als er am 1. September in Begleitung der beiden Leuchtenberger Knaben nach Grafenau kam, der geschichtsträchtigen Bedeutung dieses Besuches durchaus bewußt war:

> *Den 1. September* (ist) *den armen Leuten im Spital zu Grafenau für beide jungen Herrn Landgrafen aus gnädigstem Befehl Ihrer Durchlaucht, meines gnädigsten Herrn, gesteuert* (geholfen) *worden laut Supplikation: 12 Gulden.*

Besuch im Kloster St. Oswald

Es wäre mehr als überraschend, wenn damals die Leuchtenberger nicht auch das von ihrem Urahnen gestiftete Kloster St.Oswald besucht hätten. Bedauerlicherweise fehlt im Hofstaat-Rechnungsbuch jeglicher Anhaltspunkt dafür; auch der Propst von St.Oswald wird - anders als im Jahre 1611 - kein einziges Mal erwähnt. Dennoch können wir aus anderen Zusammenhängen eindeutig erschließen, daß dieser Besuch tatsächlich stattgefunden hat.

Im Jahre 1611 hatte Propst Laurentius Seiberer (1604 - 1624) die Fürsprache Herzog Albrechts um die landesherrliche Konzession zum Weißbier-Brauen im Kloster St.Oswald erbeten und - wenn auch spät, so doch noch vor dem zweiten Jagdbesuch Albrechts VI. - mit Vitztumschreiben vom 15. März 1615 erhalten (Kap. 7.4.9). Das größere Anliegen des Propstes in jenen Jahren war aber sein Streit mit dem Landgericht Bärnstein um die Grenzen des Klosters im Hochwald. Hier hatte er sich ebenfalls schon im Jahre 1611 - freilich vergeblich - an Albrecht gewandt. Der Klosterbesuch des Jahres 1615 gab ihm nun Gelegenheit, die Fürsprache der Leuchtenbergerin zu erbitten und tatsächlich ist zumindest ein Brief der Mechthildis erhalten, in dem sie am 17. Februar 1617 ein Bittgesuch des St.Oswalder Propstes an ihren Schwager, den regierenden Herzog Maximilian I., weiterleitet (*Was dieser Propst deswegen schriftlich an uns gelangen lassen hat, das wollen Euer Liebden dem Beigefügten unschwer entnehmen*[298] und ebenso erhalten ist ein Brief des Propstes vom 2. Mai 1617, in dem sich dieser beim herzoglichen *Secretari Hans Georg Scheichenstuel* für dessen Einsatz in der St.Oswalder Streitsache bedankt[299].

Bedauerlicherweise liegen uns während des viertägigen Aufenthaltes in Lalling keinerlei vergleichbare Notizen aus dem Hofstaat-Rechnungsbuch vor. Aus dem Hengersberger Scharwerkbuch erfahren wir zwar, daß in diesen Tagen vielfach Boten mit Schreiben an alle möglichen Orte verschickt wurden, aber dabei ging es wohl ausschließlich um organisatorische Fragen hinsichtlich des Proviants und des Transportes [300]. Einmal hören wir, daß ein *herzoglicher Herr* aus dem Hofstaat nach Passau verreisen mußte[301] und über den Herzog selbst finden wir in Lalling einzig die Notiz, daß er sich vom Hausmeister 20 Goldgulden zu eigenen Händen geben ließ:

> *Dito zu Lalling Ihrer Durchlaucht, meinem gnädigsten Fürsten und Herrn, zu dero selbstfürstlichen Händen geliefert 20 Goldgulden, 1 per 1 Gulden 48 Kreuzer, tut 36 Gulden.*

Da wir während der gesamten Reise nur noch zwei vergleichbare Einträge finden und diese beiden wohl auf Wallfahrt-Opfergaben auf dem Bogenberg und in der Gnadenkapelle zu Altötting schließen lassen, könnte Albrecht VI. diese 20 Goldgulden in der Marien-Wallfahrtskirche auf dem Frauenberg zu Hengersberg oder beim heiligen Mauritius in Niederaltaich dargebracht haben. Näheres erfahren wir freilich nicht.

5.7.8 Nachrichten über die Jagd

Im Hofstaat-Rechnungsbuch beziehen sich nur drei spärliche Notizen auf die Jagd im Reichenberger Raum:

> *Einem Bauern von St.Oswald, der Ihrer Durchlaucht meinem gnädigsten Herrn auf dem "Bsuech" die Wege gewiesen, auf gnädigstes Anbefehlen Trinkgeld gegeben: 12 Kreuzer.*

Der Wortlaut erweckt hier fast den Eindruck, als hätte sich der Herzog zumindest an einem Tag allein oder mit ganz geringer Gefolgschaft beim *Bsuech*, dem Suchen und Aufspüren der Bären (SCHMELLER II Sp. 215 s.v. suchen: "Gehen nach einer Sache"), einem St.Oswalder Bauern anvertraut. Ansonsten werden in der Umgebung von Reichenberg nur in zwei Notizen tatsächlich Bären erwähnt. In fast gleichlautenden Formulierungen ist beide Male von Haferfeld-Schäden die Rede, die von den Bären verursacht worden waren:

> *Hansen Carl von Wolfertsschlag, armem Söldner, der ein Äckerl mit Habern wegen der Bären stehen müssen lassen und ihm dadurch verfretzt worden, auf Ansagen Herrn Jägermeisters gegeben: 1 Gulden*[302].

Aus ganz anderen Zusammenhängen erfahren wir allerdings, daß wohl während dieses Jagdaufenthaltes Albrecht VI. in der Thomasleiten bei Ringelai beinahe einem Bären zum Opfer gefallen wäre (Kap. 7.6). Die Rechnungsbücher vermelden davon nichts. Bedauerlicherweise sind auch im Jagd-Rechnungsbuch die Einträge sehr allgemein gehalten, daß wir daraus nur weniges über das Jagdgeschehen erschließen können.

Die Jäger

Wir kennen nicht die genaue Anzahl der Jäger, Jägerjungen, Tücher-, Netz- und Hundeknechte, die zur Jagd aus München oder Haag angereist waren. Aus dem ständig besoldeten Jagdpersonal lernen wir neben dem *Jägermeister Ferdinand von Perndorf* die drei Jäger *Michael Christl, Georg Keller* und *Georg Resl* kennen, erwähnt sind daneben fünf Jägerjungen und einzelne Tücher-, Netz- und Hundeknechte[303]. Aber daneben heißt es in einer der Jagd-Rechnungsnotizen auch, daß mehrere *fremde Jäger, Forstknechte und andere Weidleute beim Gejaid gebraucht worden* sind, *die nicht ordinari* (= regelmäßig) *in Ihrer Fürstlichen Durchlaucht Diensten sind* und darüber hinaus finden wir im selben Zusammenhang noch folgenden Eintrag:

Ingleichem auch ist auf gewertem (gegenwärtigem) *Berngejaid aufm Reichenberg und zu Lalling allen beim Gejaid gebrauchten berittenen und fußgehenden Amtleuten an Kostgeld laut einem Zettel bezahlt* (worden)*: 31 Gulden 16 Kreuzer.*

So erfahren wir aus anderen Zusammenhängen, daß der in Grafenau wohnende landgerichtliche Amtmann Michael Röckl an der herzoglichen Bärenjagd in der Thomasleiten teilnahm und dabei einen Bären erschossen hat (Kap. 7.6). Weil neben dem Herzog sicher auch einzelne Angehörige aus dem engeren Hofstaat und aus der Dienerschaft an den Bärenhatzen teilnahmen und weil man in den weitgehend unbekannten Waldungen auch auf die ortskundigen Untertanen nicht verzichten konnte, müssen wir bei diesen Jagdaktionen durchaus mit 40 bis 50 Personen rechnen.

Jagd-Scharwerkfuhren

Dabei bewegte man sich mit der Masse des *Jaidzeuges* innerhalb der weiten Waldungen langsam von Ort zu Ort zu den einzelnen Jagdstationen fort. Dies zeigen vor allem jene Notizen im Hengersberger Scharwerk-Rechnungsbuch, in denen es während der Lallinger Bärenjagd um die eigentlichen Jagd-Scharwerkfuhren einzelner Dorfschaften geht:

(38) Item eine Nachbarschaft des Dorfes Ranzing hat in gemeldeter währender herzogischen Bärenjagd zusammengespannt, zu Hilgenreith Jaidzeug aufgeladen, sind alsdann 5 Tage an den Wäldern mit dem Jaidzeug umgefahren und den 6. Tag solche alsdann von Lälling gar hinüber (über) *die Donau gen Thundorf geführt. Derowegen* (ist) *ihnen von solcher langwährender Fuhr auf Abbruch* (des) *Herrn Pflegers bezahlt* (worden)*: 9 Gulden.*

Neben Ranzing stellten die Dorfschaften *Durchfurth, Watzing* und *Nabin* ebenfalls jeweils ein Gespann, *die Nachbarschaft Kieflitz hat gleicherweise zusammengespannt und zwei Jagdfuhren verrichtet*[304]. Diese haben nach dem Abjagen des Bärnsteiner Gebietes in Hilgenreith die Jagdgerätschaften, Netze, Tücher und Waffen, übernommen und wurden dann von den Jägern fünf Tage lang in den Wäldern zu bestimmten Jagdstandorten im Sonnenwald und im Leopoldswald beordert, wo man Bären aufzuspüren, zu stellen und zu fangen gedachte. Daß hier nicht einzelne Bauern, sondern ganze Dorfschaften genannt werden, mag Hinweis dafür sein, daß vor jeden Wagen vier, möglicherweise sogar sechs Pferde gespannt waren. Dies garantierte hinlänglich schnelle Beweglichkeit im schwierigen Gelände, stellte andererseits aber auch höchste Anforderungen an Zugtiere und Fuhrleute. Da dieselben Fuhrwerke bei der Abreise der Hofgesellschaft aus Lalling das Jagdzeug auch noch über die Donau nach Thundorf fahren mußten, dürften Tiere und Menschen durch die tagelange Überbeanspruchung schließlich so ausgemergelt gewesen sein, daß sogar der Hengersberger Pfleger eingriff, um für eine halbwegs angemessene Entschädigung zu sorgen.

Die Reviere der Bärenjagd

Waren es im Reichenberger - Bärnsteiner Raum vor allem die Hochwaldungen nördlich von Siebenellen und die Thomasleiten bei Ringelai (Kap. 7.6), so werden im Gebiet, das von Lalling aus bejagt wurde, im Scharwerk-Rechnungsbuch die Orte Hausstein, Durchfurther Schuß, Höllmannsried, "Pernpach" (bei Bischofsmais), Raindorf (bei Kirchberg) und Hilgenreith genannt:

Auf den Hausstein und *aufm Durchfurther* hat *Georg Stingl, der Amann von Lalling, den Jägern Speise und Brot mit einem Roß zugeführt*, zum Hausstein zweimal, auf den Durchfurther einmal; nach Höllmansried mußte ein *Veith Paur aus Euschertsfurth einen Karren mit "Hundeaß"* fahren und ein *Hoiß Gruber* mußte von dort die *herzogischen Jäger* holen; nach Bärnbach und Raindorf ist ein *Michel Procher zu Perholling* um die herzoglichen Jäger geschickt worden und nach Hilgenreith hat ein *Hans Thanner von Ranzing den Jägern auf einem Roß Proviant* gebracht [305].

Die Jäger hielten sich an einzelnen Orten mehrere Tage lang auf und verbrachten die Nacht in den Planwagen im Wald, auf freiem Feld oder in nahestehenden Bauernhäusern. Denn in einem der Rechnungsposten im Jagd-Rechnungsbuch heißt es:

Dann so bin ich, Ferdinand von Berndorf, Ihrer Fürstlichen Durchlaucht Jägermeister, unter gewertem Berngejaid aufm Reichenberg und zu Lalling mit den Jägern 3 Tage von dem fürstlichen Hoflager hinweg gelegen; tut mir derowegen das Kostgeld vermög der Zettel, so bezahlt 9 Gulden.

Bärenfallen und Waffen

Bedauerlicherweise geben die Rechnungsbücher kaum Auskunft über die Praxis der Bärenjagd (Kap. 7.2). Einige Notizen deuten darauf hin, daß man zunächst die ortskundigen Untertanen *auf den Bsuech* ausgeschickt hat, um die Bärenstandorte genau auszukundschaften:

(188) Also ist Wolf Gruber von Dösing und Christl Huber von Ranzing jeder einen Tag an gemeldetem "Pernbsuech" gegangen; ihnen beiden davon bezahlt 24 Kr.

Wurde ein Bär von den Jägern gestellt, versuchte man ihn im günstigsten Falle in eines der Bärengerichte oder Richtstätten, groß angelegte Bärenfangvorrichtungen (Kap. 8.8), und dann in einen Käfig zu treiben. Diese Bärengerichte sind im Reichenberger Raum für das Gebiet nördlich von Siebenellen an der Handhab aus anderen Zusammenhängen gut belegt, für den Lallinger Winkel heißt es im Scharwerk-Rechnungsbuch:

(185) Item Matthäus Haß, auch Hoißen Jörg und Matthäus Oller zu Dösing haben im Herbst vor Anfang des Pernjaids 1 Richtstatt neu gemacht und 4 alte Richtstätten ausgeräumt; jeder 6 Tage damit umgegangen; derwegen jedem 1 Gulden 12 Kreuzer bezahlt; tut 3 Gulden 36 Kreuzer.

Die Pechpfannen, mit Hilfe derer man einen Bären in Schach zu halten versuchte, werden ein einziges Mal erwähnt:

(97) Noch hat er, Peter (Reisinger von Schwarzach), *die Pechpfannen von Thundorf hierher geführt;* (als) *Fuhrlohn bezahlt 30 Kr.*

Daß die Jäger darüber hinaus mit Bärenspießen und vor allem mit Schießgewehren ausgestattet waren, können wir anderen Zusammenhängen entnehmen. Im Scharwerk-Rechnungsbuch werden vereinzelt mehrere Pfund *Pulver* und *Zündstricke*, *Blei* und *Lundt* (Lunte), an einer Stelle auch einmal ein *Schützenbuch* erwähnt[306].

Die Jagdhunde

Die Hundemeute spielte bei der Jagdpraxis der damaligen Zeit eine herausragende Rolle. Die Hunde wurden gehegt und gepflegt, waren beliebte Geschenke und Statussymbole des jagdbesessenen Adels. Betreut wurden sie von den Jägerjungen, den Hundeknechten und vor allem vom *Hundekoch Wolf Pockmayr.* Daneben steht mit einem *Kaspar Schüsser* auch ein *Kammerhund-Warter* auf der Besoldungsliste des Hofstaats. Der hohe Stellenwert dieser *Blut- und Hetzhunde* zeigt sich auch darin, daß die zweite Rubrik im Jagd-Rechnungsbuch nach der Besoldungsliste des Jagdpersonals die *Ausgab auf Hundaß* ("Aß" = Speise, Futter; SCHMELLER Sp. 157), *Brot und Einguß* umfaßt; in der sechsten Rubrik werden die *Ausgaben auf Trinkgeld wegen verehrter und erzogener Hunde*[307] aufgelistet. Leider finden wir keinen brauchbaren Anhaltspunkt dafür, wie viele Hunde bei der Bärenjagd im Jahre 1615 eingesetzt wurden. Wir hören lediglich, daß sie zur Jagd von Flößen auf Isar und Donau bis Niederaltaich gefahren wurden (Kap. 7.5.5), daß Hundeknechte und Hundekoch *an allen unterschiedlichen Orten um Holz zur Hundtskuchen und um Stroh wegen ihrer Stallung* über 6 Gulden ausgaben und daß ihnen einmal das Futter von Lalling nach Höllmannsried nachgefahren werden mußte. Ihr Futter bestand größtenteils im "Hafer-Hundt-Aß" (SCHMELLER Sp. 157: Hund-As-Habern), wohl eine Art Haferschleim- oder Hafergrützesuppe, in *Brot*, in *Kutteln* (Gedärme, Wanst, Magen; SCHMELLER Sp. 1312) und in *"Kherrn"*(?), die der Abdecker lieferte[308].

Die Bären

Nur aus dem Scharwerk-Rechnungsbuch erfahren wir, daß damals, während des Jagdaufenthaltes in Lalling, tatsächlich mindestens zwei Bären gefangen wurden, der eine in der Nähe von Hilgenreith, der andere am Leopoldswald:

(105) Also hat er, Faith (Michael Faith zu Sondorf), *den gefangenen Bären auf einem Karren gen Hilgenreith geführt; Fuhrlohn bezahlt 30 Kreuzer.*

(187) Vorgedachter Hoiß Öller (aus Rohrstetten), *auch Jörg Procher, Wolf Ambros zu Ranzing und Stephan Ebmayr zu Durchfurth sind sonderbar, als man den Bären am "Loypolds Wald" gefangen* (hat), *jeder 2 Tage am Bsuech gegangen; jedem 24 Kr, bezahlt 1 Gulden 36 Kreuzer.*

Erst zum letzten Tag des Jahres 1615 erfahren wir aus dem Jagd-Rechnungsbuch des 4. Quartals, daß einer der herzoglichen Jäger, nämlich der Georg Keller aus Winhöring, damals von einem Bären so schwer verletzt worden war, daß seine Heilung einer längeren Zeit bedurfte:

Den 31. Dezember dem Johann Schmid, Ihrer Fürstlichen Durchlaucht Leibparbierer, welcher den Georgen Kheller, Jäger, als ihn aufm Berngejaidt der Peer geschedigt, gehailt (hat), ... *ihm dafür laut seiner Zettel bezahlt 2 Gulden 39 Kreuzer*[309].

7.5.9 Rückreise

Anders als bei der Anreise des Hofstaates, bei der die Hauptlast des Transportes 22 Bauern aus Haag zu leisten hatten (Kap. 7.5.5), während man zugleich einen Großteil der Güter und das Jagdzeug auf Isar und Donau bis nach Niederaltaich schaffte, mußten bei der Rückreise von Etappe zu Etappe wiederum die Untertanen jener Landgerichte eingesetzt werden, die man auf dem Weg bis nach Haag durchquerte. Zur Organisation der Gespanne und der

Quartiere wurden mehrere Boten vorausgeschickt. Nach einer Notiz des Hofstaat-Rechnungsbuches begab sich *der Bote Kaspar Günzberger mit Schreiben nach Landau, Arnstorf und Ötting* und im Scharwerk-Rechnungsbuch hören wir, daß man *unter währendem Perngejaid* den *Martin Kurz* aus Hengersberg *mit einem herzogischen Wagen gen Landau und mit einem Schreiben um Fuhren gen Osterhofen* geschickt hat; ebenso mußte deswegen ein *Peter Poth nach Deggendorf, gen Osterhofen, Landau und mehrere Orte* eilen[310].

Aufbruch des Trosses von Lalling und Überquerung der Donau

6. - 9. September

Daß die fünf Dorfschaften Ranzing, Durchfurth, Watzing, Nabin und Kieflitz auf sechs Fuhrwerken das *Jaidzeug* nicht nur durch Sonnenwald und Leopoldswald, sondern schließlich auch noch über die Donau nach Thundorf transportieren mußten, ist bereits erwähnt worden. Weitere Fuhren, die ebenfalls ganz zu Lasten der Hengersberger Untertanen gingen, übernahmen *Paul Wartinger* und der *Wirt zu Hunding*, weitere zwei die *Dorfgemein zu Padling*, und ebenso hat ein *Hans Crotzer zu Rohrstetten eine solche Fuhre mit Truhen und anderem verrichtet*[311]. Beim Beladen der Wagen in Lalling waren fünf Untertanen aus *Ensbach*, zwei aus *Kieflitz* und jeweils einer aus *Datting* und *Zueding* beschäftigt[312].

Mit dem Übersetzen aller Fuhren von der Anlegestelle in Niederaltaich an das südliche Donauufer nach Thundorf benötigten die Fährleute insgesamt drei Tage. Offensichtlich ging selbst der Fährlohn zu Lasten der Hengersberger Untertanen:

> *(161) Den Förgen zu Niederaltaich, welche am Wegreisen des Pernjaydts herzogische Wägen mit Jagdzeug und Gütern, auch sonsten einschichtige Reitrösser und Personen den 7., 8. und 9. September Anno 15 übergeführt,* (nach) *Inhalt ihrer Zettel Urfahrgeld bezahlt 2 Gulden 53 Kreuzer.*

Dort wurden die Güter auf andere Wagen umgeladen, die dann in Richtung Eichendorf weiterzogen[313]. Herzog und Hofstaat hingegen nützten diese drei Tage, um verschiedene Orte der Donau entlang zu besuchen.

Reise des Herzogs entlang der Donau von Winzer nach Straubing

6. - 8. September

Während der größte Teil des Trosses seit dem Morgen des 6. September in Lalling auf die Scharwerkfuhren verladen und nach Niederaltaich an die Donau transportiert wurde, begab sich das Herzogspaar mit dem größten Teil der Hofgesellschaft nach Winzer. Im dortigen Schloß hat man *das Morgenmahl eingenommen*, wobei man *durch den Pfleger alldort* - wie schon im Jahre 1611 amtierte dort noch Hildebrand Tengler von Ramelsberg (1609 - 1617) - *meistenteils freigehalten worden* (ist); *in die Küchen verehrt* wurden *12 Gulden.*

Am selben Tag *auf die Nacht ist man gen Hengersberg gekommen* und durch Herrn *Götzengrün* (Pfleger Christoph von Gözengrien, 1597 - 1620) *alldort freigehalten worden.* Die Einladung des Pflegers schloß auch die Übernachtung der hohen Herrschaften im Hengersberger Pfleghaus mit ein. Da dies zur Aufnahme des gesamten Gefolges keineswegs ausreichte, mußte der größte Teil *an 15 unterschiedlichen Orten* innerhalb des Marktes nächtigen. Laut eines *Verzeichnisses* wurden *für diese Betten über 3 Gulden* bezahlt. Daß die *Frau des Pflegers und ihr Gesinde aus gnädigsten Befehl Ihrer Durchlaucht* den hohen Betrag von *80 Gulden* erhielt, zeigt, daß auch auf der Donaureise der größte Teil der Reisegesellschaft beim Herzogspaar geblieben war. Teile der Bagage wurde ebenfalls von Untertanenfuhrwerken transportiert[314].

7. September:

von Hengersberg über Deggendorf nach Straubing

Das Morgenmahl des nächsten Tages nimmt man im nahen Deggendorf im Wirtshaus des *Georg Jobst* ein. Während wir von Seiten des Marktes Hengersberg von keinerlei Ehrengaben für Herzogspaar und Hofgesellschaft hören - man mag dort schon das Herleihen der vielen Betten als lästig genug empfunden haben - wurde man in Deggendorf wiederum *von gemeiner Stadt freigehalten.* Wie in Vilshofen erscheinen auch hier Musikanten und Turner zur Unterhaltung der hohen Gäste:

> *Den Musikanten auf der Schule verehrt 1 Gulden, dem Organisten und Zungenblaser ("Zünggenplaser") absonderlich 1 Gulden und den Turnern 48 Kreuzer.*

Für die Deggendorfer Stadtgeschichte mag auch folgende Notiz von Interesse sein:

> *Den Kapuzinern von Passau zur Erbauung ihres neuen Klösterls daselbst auf Anbefehlen Herrn Oberstallmeisters Bausteuer gegeben: 20 Gulden.*

Abbildung 143: Deggendorf um das Jahr 1590 im Freskenzyklus des Hans Donauer (1521-1596) im Antiquarium der Münchener Residenz.

Abbildung 144: *Diß ist* - neben Landshut - *die andere Hauptstatt in Nieder-Bayern, allda ein Fürstliche Regierung und Rent-Ampt ist, zu welchen verordnet seyn Vicedom, Cantzler und Räte .... . Sie ist einer ziemlichen Größe und hat ein schöne Collegiatkirchen zu S.Jacobo und Tiburtio.* Von Straubing aus wurden neben Kelheim, Stadt am Hof, Haidau und Leonsberg alle nördlich der Donau gelegenen Landgerichte des Bayerischen Waldes regiert (Matthäus MERIAN, Topographia Bavariae, 1644, Tafel n.S. 62).

Mit dem Bau des Deggendorfer Kapuzinerklosters wurde freilich erst zehn Jahre später begonnen. Daß sich aber bereits seit dem Jahre 1607 zwei Kapuzinermönche, die offensichtlich aus Passau stammten, ständig in der Stadt aufhielten, ist auch aus anderen Zusammenhängen[315] bekannt.

Nachdem man *auf die Nacht gen Straubing gekommen* war, mußte man sich auf mindestens drei Gasthäuser verteilen, auf das des *Kaspar Gerwolf* und des *Kaspar Furter* und auf das *Bräuhaus des Hansen Kamermayr*. Bei letzteren waren *die Herren Kammerer, der Herr Beichtvater, der Secretari Scheichenstuel, die Edelknaben, Officiere und andere gelegen*. Ob und inwieweit Herzog Albrecht VI. mit der hohen Beamtenschaft der Regierung Straubing, Vitztum, Rentmeister, Kanzler und Regierungsräten, in Berührung kam, hören wir aus keiner einzigen Notiz des Rechnungsbuches. Verzeichnet wird hier lediglich ein Auftritt der Straubinger *Stadtpfeifer*.

Reiseroute und Reisestationen der Rückreise

8. September:

von Straubing über Bogenberg und Kloster Oberaltaich nach Landau

Nachdem jener *Bote Kaspar Günzberger*, den man schon von Lalling aus nach Landau, Arnstorf und Altötting vorausgeschickt hatte, am 7. September wieder bei der Hofgesellschaft in Straubing eingetroffen war, konnte die Heimreise beginnen. Von den beiden ersten, noch nördlich der Donau gelegenen Etappenorten, der Wallfahrtskirche auf dem Bogenberg und dem Benediktinerkloster Oberaltaich, erfahren wir nur wenig. Es entsprach ganz der Frömmigkeit und der religiösen Praxis des Herrscherhauses, daß Albrecht VI., wenn er denn schon in der Gegend weilte, die Marienkirche auf "Niederbayerns Heiligem Berg" aufsuchte. Eine Opfergabe, wie wir sie ansonsten bei seinen zahlreichen Wallfahrten in den Rechnungsbüchern verzeichnet finden, wird nicht ausdrücklich vermerkt. Allerdings mußte ihm der Hausmeister noch in Straubing 10 Goldgulden aushändigen und diese mochten für den Opferstock auf dem Bogenberg bestimmt gewesen sein:

> *Alldort zu Straubing Ihrer Durchlaucht, meinem gnädigsten Herrn, 10 Goldgulden zu dero selbstfürstlichen Händen untertänigst geliefert, 1 per 1 Gulden 48 Kreuzer, tut 18 Gulden.*

Vom Kloster Oberaltaich heißt es lediglich, daß man dort *zum Morgenmahl freigehalten* wurde und als Gegengabe 12 Gulden reichte.

Es fehlt jeglicher Hinweis, wo und wie Herzog und Hofgesellschaft die Donau überschritten und welche Transportmittel man benutzte. Gegen Abend erreichte man jedenfalls die Stadt Landau und hier bietet uns das Rechnungsbuch für Nachtmahl und Übernachtung wiederum zahlreiche Einträge. Zunächst *verehrt die Stadt Ihrer Durchlaucht ein Faß Neckarwein zu 3 ½ Eimern* (s. dazu auch Kap. 7.5.6) *und etliche Säcke Hafer*. Bei der Suche und Organisation der Nachtquartiere wurde der herzogliche *Furier* vom Landauer *Ratsknecht* unterstützt, denn die Reisenden mußten auf mehrere Häuser verteilt werden. *Beim Herrn Kastner zu Landau sind Ihre Durchlaucht logiert und abgespeist worden für 6 Gulden,* beim *Elias Härtl* hatte *das ganze Frauenzimmer Losament* (viell. von "Lussam", "Lusung": Ergötzlichkeit, SCHMELLER Sp.1520) *und Betten, die Herren Kämmerer und die ganze Küchenpartei* waren beim *Hansen Haferbräu* untergebracht, *der Oberstallmeister, der Kaplan, die Edelknaben, die ganze Kammerpartei und die Lakaien* nächtigten beim Landauer *Stadtkämmerer Jakob Sinskofer* und beim *Tobias Fülser* erhielten *die Herren Jesuiten*, wohl der Beichtvater Pater Johannes und der Bruder Ambrosius, *Losament und Betten*. Die Lebensmittel für das Nachtmahl mußte man sich größtenteils selbst besorgen. Wir hören von *Weißbier, Wein und Viktualien* für mehr als 20 Gulden, für *Fleisch* bezahlte man beim Landauer *Metzger Wolf Hochholzer* 4 und für *Brot* beim *Bäcker Sigmund Mittermayr* knapp 2 Gulden und *zwei Spülerinnen* mußte man mit 6 Kreuzern entlohnen. Bei der Abreise am nächsten Morgen wird ausdrücklich *eine Suppe für das Frauenzimmer* zu 9 Kreuzern notiert.

9. September:

von Landau über Arnstorf nach Gern

Im Schloß von Arnstorf, das den Freiherrn von Closen gehörte, wurde man vom dortigen Closner Richter *zum Morgenmahl freigehalten*, während *Organist und Musikanten* von Arnstorf *vor Ihrer Durchlaucht Zimmer musizierten*. Als man *auf die Nacht gen Gern gekommen* war, erfreute man sich für Nachtmahl, Übernachtung und Morgenmahl des nächsten Tages der Gastfreundschaft des dort residierenden Hans Jakob von Closen.

Das große Schloß, das wenige Jahrzehnte später von den Schweden vollständig zerstört werden sollte, war geräumig genug, den Hauptteil der Reisenden auch während der Nacht aufzunehmen. Nur *der Herr Beichtvater*, Pater Johannes, *der Bruder Antony* und ein Teil der *Küchen- und Stallpartei* wurden ausquartiert. Erstere nächtigten *beim Herrn Richter zu Gern*, letztere beim dortigen Wirt.

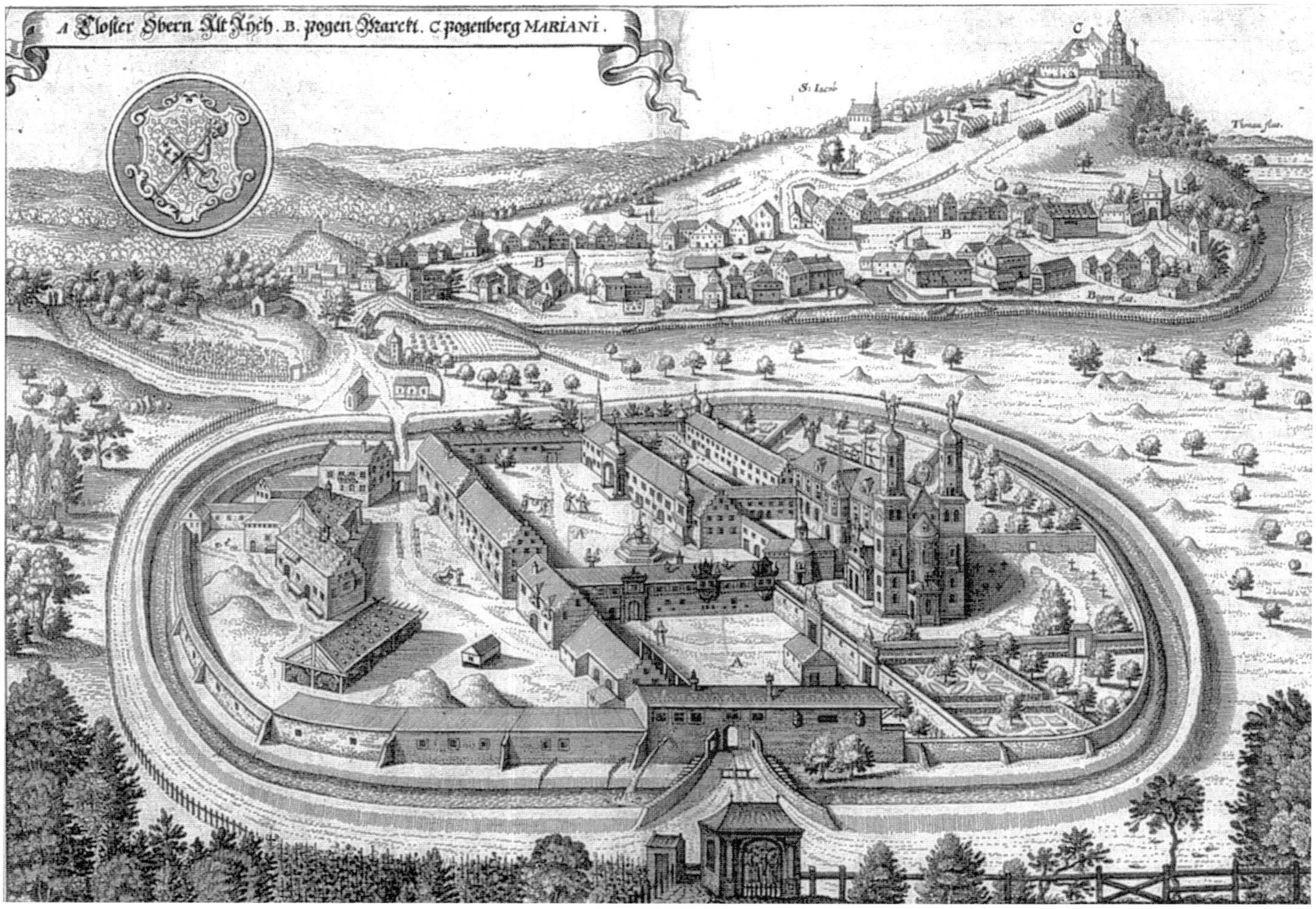

Abbildung 145: Kloster Oberaltaich, der Markt Bogen, im Hintergrund der Bogenberg, der "Heilige Berg Niederbayerns" mit der Marienwallfahrtskirche. Das Kloster Oberaltaich haben Herzog Albrecht VI. und sein Hofstaat bei ihrem Besuch am 9. September 1615 noch nicht in dieser barocken Pracht gesehen, wohl aber haben sie den tüchtigen Abt Veit Höser (1614 - 1634) kennengelernt, in dessen Regierungszeit die Klosterkirche neu erbaut wurde (Matthäus MERIAN, Topographia Bavariae, 1644, Tafel n.S. 70).

10./11. September:

von Schloß Gern nach (Neu-) Ötting

Nachdem man im Laufe des Tages in Ötting angekommen war, traf noch *der Fischer des Herrn von Closen* ein und überbrachte dem Herzog *drei schöne Karpfen*. Da es in Ötting keine besondere Einladung und offensichtlich auch keinerlei Lebensmittelgeschenke gab, waren wieder vielfältige Anstrengungen für Verpflegung und Nachtquartier notwendig: *Brot* für 5 Gulden *beim Bäcker Wolf Parth* und *Fleisch* zum selben Preis *beim Metzger Marxen Hauben*. Man speiste teils *beim Gastgeber Adam Erznberger* - dort zahlte man *um Essig und Bier* und für die Übernachtung *des Stallmeisters* über 5 Gulden -, großenteils aber *beim Hofwirt Christoph Präntl*. Über 28 Gulden kostete *der dargebotene Wein* und das Nachquartier *des Herrn Kämmerer und der Küchen- und Stallpartei*. Herrschaft und höhere Chargen dürften im nahen Altötting in der Nähe des Augustiner Chorherren-Klosters *beim Propsteiverwalter Michael Aicher* um 6 Gulden für die Nacht untergekommen sein. S*einer Hausfrau wurden drei Goldtaler verehrt*, auch *Köchin, Spülerin, Torwart und das andere Hausgesinde* wurden mit 2 Gulden belohnt. Jedenfalls waren in Ötting die Betten knapp, denn es mußte eigens *der Schreiner Georg Schott* geholt werden, um *vier Betten hin- und wiederzuschlagen* (Abbildung 148).

Der Weg über Altötting wurde bei der Heimreise wohl nur deswegen gewählt, weil man dort *Unser Lieben Frauen Gnadenkappelle* aufsuchen wollte. Für *die beiden Kapellendiener* werden 24 Kreuzer *Trinkgeld* vermerkt. Auch hier wird nicht ausdrücklich eine fürstliche Opfergabe erwähnt, aber dafür finden wir - wie erstmals vor dem Besuch der Wallfahrtskirche auf dem Bogenberg - wiederum den Vermerk:

> *Den 11. dito zu Ötting Ihrer Durchlaucht, meinem gnädigsten Herrn, untertänigst zugestellt 10 Goldgulden, 1 per 1 Gulden 48 Kreuzer, tut 18* (Silber-)*Gulden.*

Abbildung 146: *Landau, sechs große Meilen unterhalb Landshut auf einem Berg gelegen;* im Vordergurn der Stadt die Uferlandschaft an der Isar, auf der zwei beladene Flöße treiben, wie sie zum Transport des herzoglichen Jagdtrosses von München nach Niederaltaich benutzt wurden. (Fresko des Hans Donauer im Antiquarium der Münchner Residenz aus der Zeit um 1590).

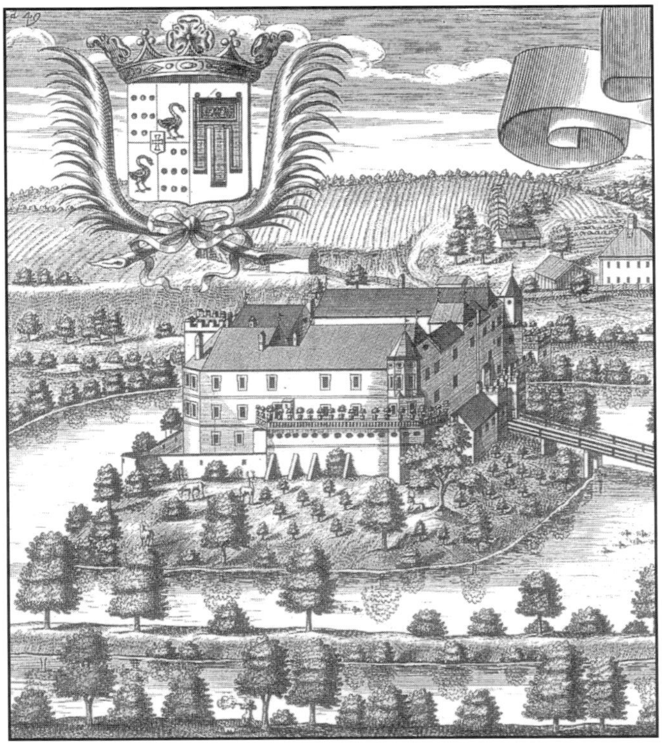

Abbildung 147: Die Wasserburg zu Gern bei Eggenfelden an der Mündung des Geratskirchner Baches in die Rott, Sitz der Freiherren von Closen, Quartier des Herzogs und seines Hofstaats bei der Rückreise nach Haag am 9. September 1615. Die in ihrem Kern mittelalterliche Burganlage wurde im Jahre 1742 zerstört (Michael WENING, Rentamt Landshut, L. 138).

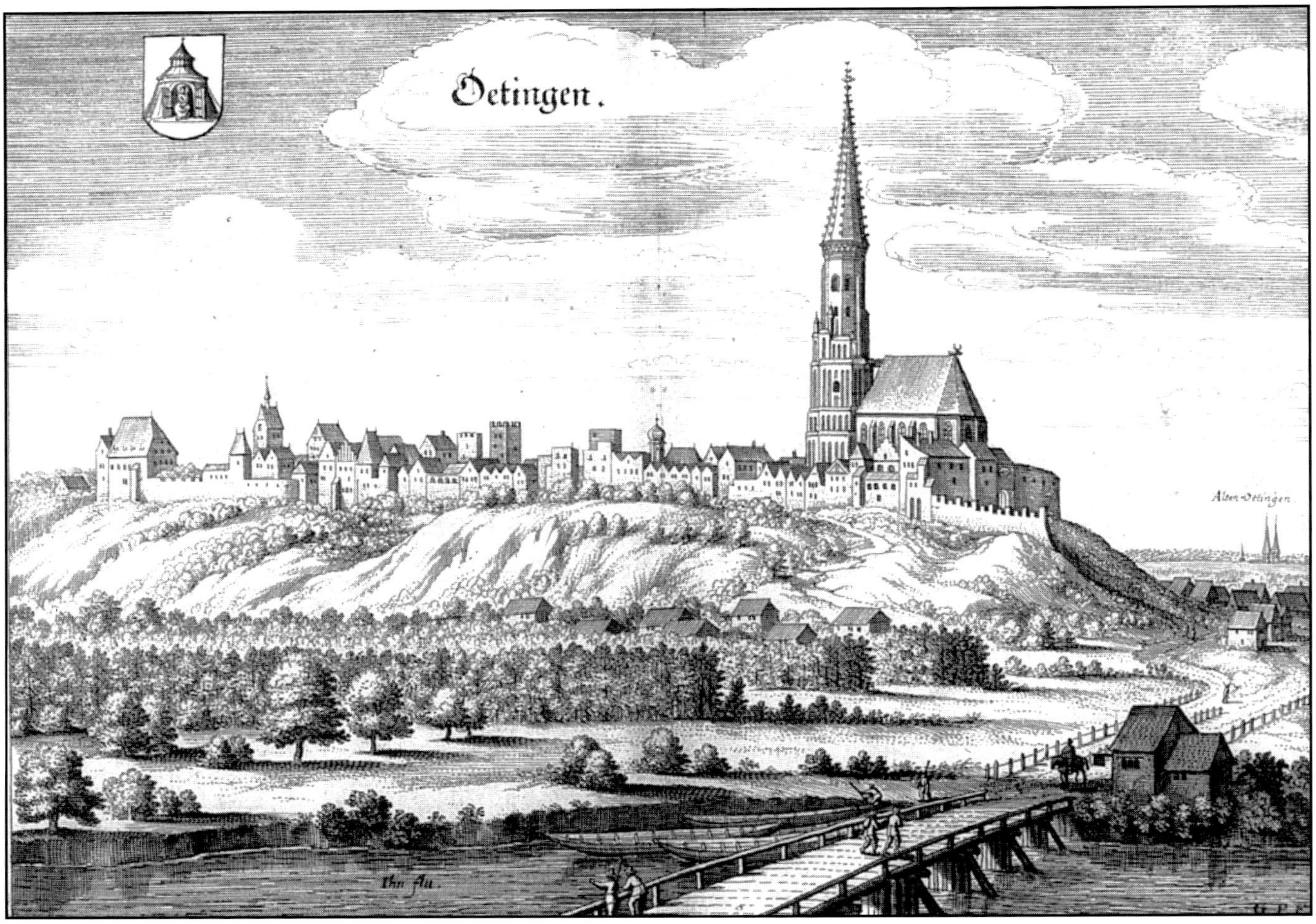

Abbildung 148: (Neu-)Ötting am Inn um die Mitte des 17. Jahrhunderts im Stich des Matthäus Merian. Im Hintergrund die Wallfahrtskirche Alten Öttingen, der berühmteste Wallfahrtsort Bayerns, den Albrecht VI. von Haag aus fast alljährlich einmal aufsuchte (Matthäus MERIAN, Topographia Bavariae, 1644, Tafel n. S. 38).

An der Gnadenkapelle traf man auf mehrere arme und kranke Wallfahrer und bedachte sie mit kleineren Almosen:

Johannsen Griesmayr, armem, mit dem Hinfallen beladenen Menschen, gegeben 24 Kreuzer.

Jobsten Gebmayr, armem, gehörlosen Mann vermög Zettels gegeben 15 Kreuzer.

Konrad Keller, armem, herrenlosen Diener vermög Zettels gegeben 15 Kreuzer.

11./12. September:

von Ötting über Ampfing nach Haag

Man konnte sich im ältesten und berühmtesten Wallfahrtsort Altbayerns bis in die frühen Nachmittagsstunden aufhalten, denn das nächste Etappenziel war das auf ebener Strecke bequem erreichbare Ampfing. Auch hier mußte sich der Reisezug zu Nachtmahl und Übernachtung auf mehrere Häuser aufteilen. Das Mahl wurde *beim Wirt Hans Kronsberger* gehalten und dort dürfte auch der Herzog mit seinem engeren Gefolge genächtigt haben. Ferner heißt es, daß *Landgraf Rudolf* von Leuchtenberg *und das fürstliche Frauenzimmer bei dem Zollner alldort logiert* (hat) *und abgespeist worden* (ist). *Der Wirt Paulus Steger* hat *für Herrn Stallmeister und für die Herrn Kämmerer und deren Diener die Betten* gestellt, *der Wirt David Haider für die Edelknaben, den Trompeter, die Frauenzimmer-Diener* und für einen Teil der *Stallpartei*, *beim Wirt Georg Hammer* übernachtete *der junge Landgraf Maximilian* zusammen mit 9 weiteren Personen. Wie schwierig es für den Furier gewesen sein mag, für jeden einzelnen der Mitreisenden eine annehmbare Unterkunft zu finden, mag zum Abschluß folgende Notiz zeigen:

Abbildung 149: Während die Hofgesellschaft in Kutschen reiste, wurden Hausrat, Tafelgeschirr, Proviant, Geräte und Mobilien aller Art auf Pferde- und Ochsenfurwerken auf holprigen Straßen von Ort zu Ort transportiert. (Ausschnitt aus einem zeitgenöss. Stich, Graphische Sammlung Albertina Wien)

Hansen Kapser, Bauern zu Ampfing, der eine Kammer geräumt und ein Bett für Herrn Scheichenstuel (den herzoglichen Sekretär) *gerichtet* (hat), *verehrt 12 Kreuzer.*

Im Laufe des 12. September, dem 20. Tag seit Antritt der Reise, kehrte man schließlich zum Ausgangspunkt, dem Schloß zu Haag, wieder zurück.

7.6 Die Bärenjagden in der Thomasleiten bei Ringelai

Neben dem Rachel und Lusen, dem Sonnenwald bei Schöfweg, dem Leopoldswald bei Lalling, war die Thomasleiten am Geistlichen Stein bei Ringelai für die bayerischen Herzöge ein beliebtes Jagdgebiet für Bären. Der Flurname Thomasleiten läßt sich genau lokalisieren. Als Leiten werden tiefeingeschnittene Täler von Gebirgsbächen bezeichnet: Bärnsteiner Leite bei Grafenau, Buchberger Leite bei Freyung. Die Pforte zur Thomasleiten liegt 1.000 m nördlich von Ringelai und östlich vom Geistlichen Stein bei der Heindlmühle am Schwemmerbach, der weiter oben bei den beiden historischen Grenzsteinen Thomasbach genannt wird. Der nach Osten geneigte, schwer zugängliche Steilhang mit sehr großen, haushohen Felsen, bot den Bären ein ideales Versteck und während des Winters genügend Höhlen für den Winterschlaf (Abbildung 150).

Die ersten Belege über Bärenjagden in der Thomasleiten gibt es von Herzog Wilhelm V., unmittelbar nach der Erbauung des Jagdhauses 1590 in Reichenberg. Mehr Einzelheiten sind von Herzog Albrecht VI., dem Bruder von Herzog Maximilian I. bekanntgeworden, der 1611 und 1615 hier Bären jagte. 1610 beabsichtigte der damalige Fürstbischof von Passau und Straßburg, Erzherzog Leopold (geboren 1586, Bischof: 1605-1625) in der Thomasleiten zu jagen und 1621 läßt sich eine Bärenjagd auch belegen. Die Thomasleiten lag im Grenzgebiet zwischen dem Fürstbistum Passau und Bayern. Die Kenntnisse über die Bärenjagden stammen meist aus Zeugenbefragungen über diesen Grenzverlauf. Um die Zusammenhänge verstehen zu können, ist dieser Grenzverlauf von Bedeutung.

Die Grenze zwischen Bayern und dem Fürstbistum Passau verlief vom Markfleckl an der böhmischen Grenze, 700 m nördlich vom Lusen, dem Sagwasser entlang, zwischen Neudorf und Kapfham auf die Quellen des Thomasbaches zu, der im unteren Bereich Schemerbach (heute zu Schwemmbach verfälscht) heißt. In der Thomasleiten, nahe dem Geistlichen Steins war die Grenze zwischen dem Fürstbistum Passau und Bayern lange Zeit strittig.

Zu den Aufgaben des Pflegverwalters Hans Sigmund Gartner (1572-1598) von Machthofen zu Thallersdorf und Neunußberg, der mit seinen 11 lebenden Kindern auf der Burg Bärnstein wohnte, gehörte es auch, mit Ortskundigen von Zeit zu Zeit die Landesgrenzen in seinem Bezirk abzureiten. So stammt von ihm auch die erste genaue Grenzbeschreibung aus dem Jahre 1577. Etwa 400 m nordöstlich vom Geistlichen Stein, im ostseitigen Hangwald am Thomasbach, stehen heute noch die beiden restaurierten, historischen Grenzsteine. Sie tragen die Jahreszahl 1691 und die jeweiligen Wappen des bayerischen Kurfürsten und der Passauer Fürstbischöfe (Dillinger, 1998, S. 57). Der Landwirt und Freizeitarchäologe Paul Freund aus Lichtenau bei Ringelai, zeigt bei seinen geführten Wanderungen auch diese Grenzsteine am Geistlichen Stein. Bei dieser Begehung des Grenzverlaufes 1577 durch Sigmund Gartner waren unter anderen der Grafenauer Gerichtsschreiber Christoph Hölzler, der Edle Christoph Thumberg auf Klebstein bei Schönberg, der Jäger, Förster und Bürger von Grafenau Lienhart Pliembl und sein Sohn Georg sowie Wolf

(Riedl) der Hüttenmeister in Reichenberg anwesend. Über weite Strecken war diese Grenze zum Bistum Passau, heute kaum mehr vorstellbar, mit einem dichten Zaun gesichert und nur an einigen Stellen durchlässig [315a].

Auch am 8. bis 10. November 1645 kam wegen der strittigen Grenze eine Grenzkommission mit den Räten aus Passau und Straubing in Bärnstein zusammen. Um den Grenzverlauf nach der Einigung genau festzuhalten, hatten die Passauer Räte den Maler Philipp Scheirer mitgebracht, weil der Grenzverlauf ohne einen Abriß nicht wohl vor Augen gestellt werden kann. Er hat die Marchungen und Gänge zu Papier gebracht und aufgerissen und dafür 4 Gulden erhalten (Abbildung 151).

Durch diese Karte und eine Beschreibung in einem ausführlichen Kommissionsbericht des Straubinger Regimentsrates Johann Weingärtler an den Vitztum von Straubing vom 27. November 1645[316] sind wir über diesen Grenzverlauf und durch Zeugenaussagen von alten Leuten und Jägern über die Bärenjagd der bayerischen Herzöge genau unterrichtet. Da an dieser Grenze bei den Bärenjagden auch die Garne und Netze gespannt wurden, soll der Verlauf dargelegt werden.

Für die Grenzbegehung war es zunächst schwierig, die notwendigen Informationen auszutauschen, um die gemeinsame Grenzkommission in die Thomasleiten zu bekommen:

> *Weingärtner vom Vitztum (der Regierung) in Straubing hat sich nach Pernstein verfügt und mit dem Pflegverwalter vom Pernstein, Joachim Troyer, die Acta, die vorhandenen Grenzunterlagen, daselbst allen Fleißes durchgesehen, und bei Zeugen und alten Leuten, verpflichteten Waldgehern und Jägern gehörige Informationen eingeholt. Der Pflegverwalter hat sich mit seinem Gerichtschreiber vorher in loco (an Ort und Stelle) des strittigen Ortes Beschaffenheit erkundigt.*
>
> *Am 18. Oktober schon sollten die beiden Kommissionen in der Thomasleiten zusammentreffen. Die Passauer Räte sind jedoch wegen vorgefallener erheblicher Verhinderung nicht erschienen und so mußte ich ,Weingärtler, unverrichteter Sachen wieder nach Hause und Straubing verreisen. Am 8. November wurde eine neue Besichtigung vereinbart, die aber durch ein starkes, unaussägliches Regenwetter und weil sich wegen erhobenen Nebels die Tageszeit also verkürzt hat, abgebrochen werden mußte. Die Passauerischen Herrn Abgeordneten konnten wegen Übel der Wege ohne größere Ungelegenheit Perlesreuth oder Fürsteneck nicht mehr erreichen. Deshalb wurden sie gebeten, sich über Nacht zu gedulden und nach Pernstein gebeten.*
>
> *Jedoch am folgenden Pfinztag (Donnerstag) den 9. November, haben wir uns, zusammen mit dem Tag erhoben, und uns an den strittigen Ort verfügt, um die Kommission, im Beisein vieler Untertanen und Jäger, deren Namen zu künftiger Nachricht ordentlich verzeichnet werden, fortzusetzen. Nach dem bayerischen Standpunkt verlief die Grenze, in der Karte links dargestellt, vom Schemerbach oberhalb der Heindlmühle in westlicher Richtung auf die Höhe 731 m, dem kleinen Geiselstein (heute kleiner Geistlicher Stein) zu. Von da in der gleichen Richtung auf eine Felsgruppe, die zwischen den Höhen 731 m und 800 m liegt. Von dieser Felsgruppe, genannt Krummpper (krummer) Ahorn, nahm die Grenze wieder einen südlichen Verlauf.*
>
> *Nach der Meinung der Passauer Räte verlief die Grenze jedoch von den Wiesen am nördlichen Oberlauf des Thomasbaches auf den kleinen Geiselstein (Höhe 731 m) zu.*[317]

Bei diesen Grenzverhandlungen ging es genau um dieses Dreieck: Wiese, kleiner Geiselstein, Schemerbach. Weingärtler beschreibt die in der Karte dargestellte Grenze wie folgt: Daraus ist zu sehen, daß der ordentliche Grenzgang gleich von Lindhof aus (heute Lindenhof, westlich von Arfenreut und nördlich von Seiboldenreuth) über die bayerischen Felder dem Ort in der Gruebwiese zu, dann auf dem Schemerbach, der zwischen Seiner Kurfürstlichen Durchlaucht Landen der Enden und dem Bistum Passau ein lebendiges March ist. Vom Lindenhof ging also die Grenze zu den heute noch vorhandenen Gruebwiesen am Oberlauf des Thomasbaches. Diese Bezeichnung deutet auf ehemalige Seifenhügel von Goldwäschern hin (Reiner u. a., 1996).

Oberhalb der Heindl-Mühle nimmt der Grenzverlauf vom Schemerbach aus einen westlichen Verlauf, der durch die Karte gut dargestellt wird und im Gelände zu verfolgen ist:

> *Folgends geht die Grenze durch den Leitenweg auf den herunten gleich am Weg stehenden (mit) Nr. 1 bezeichneten Lögerstein, darin ein sichtiges Kreuz gehauen (ist). Dieser Lögerstein am Leitenweg befindet sich links unten in der Karte. Die erwähnten eingehauenen Kreuze in den Steinen konnten bei einer Begehung nicht mehr entdeckt werden. Die Grenze verläuft ... folgends nach Ausweisung der Beschreibung hinaufwärts gegen die Höhe auf das andere March, das (mit) Nr. 2 signiert und an den gleich darneben liegenden Stein, den man den kleinen Geislstein zu nennen pflegt. In der Karte befindet sich dieser Stein links und der große Geislstein (Geistlicher Stein) rechts auf halber Höhe des Berges: Alsdann weiters auf den Berg hinaufwärts auf (mit) Nr. 3 und 4 notierte und mit sichtigen eingehauenen Kreuzen gezeichneten Marchungen bis auf die krumpe Ahorn (krumme Ahorn) directe zugetroffen, wie*

Abbildung 151: Am Geistlichen Stein bei der Thomasleiten war die Grenze zwischen dem Fürstbistum Passau und Bayern strittig. 1645 kam eine Grenzkommission zusammen. Da aber diese Grenzbegehung in der Thomasleiten ohne einen Abriß nicht wohl vor Augen gestellt werden kann hat ein Maler die Grenze aufgerissen.

> *alles aus dem Abriß mit Umstehenden klarlich (ist). Diese Steine mit den Nummern 3 und 4 und der krumme Ahorn sind an der Spitze des Berges zu sehen.*

Nun folgt der Grenzverlauf, wie er von den Passauer Räten vertreten wurde:

> *Und obzwar die von der Hochfürstlichen Durchlaucht deputierten Herrn Commissarii einen anderen Grenzgang, nemlich von einem abgehauenen Stock, welchen sie die Ranna am Schemerbach nennen, unter Nr. 5 im Abriß zu finden, zu erzwingen vermeint (haben), oder wie sie melden - von der Ranna an auf den großen Geislstein und gleich auf die khrumpe Ahorn nach Gutdünken ihren Grenzgang extendiert (haben). Nach Ansicht der Passauer Räte verlief die Grenze rechts über den Berg von der Ranna (verfaulender Baumstamm) am Schemerbach, mit Nr. 5 rechts in der Karte zu sehen, über den großen Geistlichen Stein zum krummen Ahorn. Die bayerische Seite vertrat jedoch die Meinung, daß die Grenze links in der Karte über den Lögerstein, Nr. 1, kleinen Geistlichen Stein, Nr. 2, zum krummen Ahorn verlief. Über eine Zeugenbefragung setzte sich schließlich die bayerische Ansicht durch: (Es) sind auch allezeit die Jagdbarkeiten, wie nicht weniger die Zeugenaussagen bestätigen, Abschlagung des Gehölzes, Einforderung des Forstes(zinses) und anderes von den kurbayerischen und Pernsteinerischen Verwaltern - wie (jetzt) noch de facto - behauptet (worden) ...*

Über den weiteren Verlauf der Grenze vom krummen Ahorn, gibt die Grenzbegehung von 1577 Gezirk und Grenze des fürstlichen Landgerichtes Pernstein Aufschluß.[318] Von diesem Gemerk und Kreuzstein, dem krummen Ahorn, verläuft die Grenze bis zum sogenannten Rotenbaum. (Dies) ist ein felsiges Ding und Steinwerk. Nach dieser Beschreibung kann der Rotenbaum nur bei der Höhe 800 m am Waldrand der Flur Seiboldenreuth zu suchen sein. Vom Rotenbaum hinum zwischen deren von Seiboldenreuth und Krininger Gründen ist auch eine Grenz Khaag (Zaun), bis hinum zum Spannbühl (Höhe 709 m). Zwischen (den) Rentpoldenreuther und Kringinger Gründen hebt sich ein Tobl (Senke) an und währt (erstreckt sich) hinum bis zu beider Teile Wiesmad. Gemeint sind die Wiesen zwischen diesen beiden Dörfern (Höhe 515 m). Allda entspringt ein Wässerle, das Rentpolden-Bächel genannt. (Dieses) scheidet das Land und die Untertanen, dem Wasser nach, bis zu dem Biber- Bach. (Es) ist (also) eine lebendige March, ungefähr dreiviertel Meilen Weges. Nachdem - wie gehört - das Rentpoldenreuther Bächel in den Biber- Bach fällt, ist der Biber-Bach von dieser Conjunction (Einmündung) an zwischen der Abtei Passau und Bayern ein lebendig March bis zur Ohe- Mühle, wo der Biber- Bach in das Wasser, die Ohe genannt, fällt. Von dannen (ist) dieses Wasser die Ilz.

Die Bärenjagden in der Thomasleiten

Die Aussagen der Bärnsteiner Untertanen zum Grenzverlauf zwischen dem Kurfürstentum Bayern und dem Fürstbistum Passau im Jahre 1645.[319] enthalten auch Angaben über die Bärenjagden in der Thomasleiten. Befragt wurden fünf alte Bauern aus den benachbarten Dörfern Seiboldenreuth und Neudorf sowie drei Bärnsteiner Jäger und Waldgeher aus Pronfelden, Reichenberg und Elmberg. Erst durch die Kenntnis aller Aussagen ist es möglich, abzuleiten, wann die bayerischen Herzöge in der Thomasleiten Bären gejagt haben:

Erfahrung so auf leiblich geschworenen Eid bei nachgeschriebenen Untertanen wegen der Gerechtsamkeit des strittigen Grenzortes in der Thomasleiten eingeholt worden den 18. November 1645.

Adam Wieser auf der Pronfelden, verpflichteter Jäger und Waldgeher, kurfürstlichen Landgerichtes Bärnstein, Alters 56 Jahre, sagt über abgelegten Eide:

daß, als er vor 31 Jahren zu diesem Dienst gekommen, damals der gewesene Verwalter, Herr von Thumberg (1609 -1619), dem Michael Schmidt im Reichenberg und Augustin Koch zu Grafenau, beiden Jägern selig, alsbalden aufgetragen (habe), ihm diesseits die Grenzen gegen Beham (Böhmen) und Passau vorzuzeigen. Dem (seien) sie dann schuldigermaßen nachgekommen und (haben) neben anderem auch diesen Grenzgang vom Schemer - Bächl schnurgerade herauf zum Geisl-Stein, am Leitenweg stehend (gemeint war hier der Lögerstein), von dannen die Höhe über sich auf den kleinen Geislstein, welcher so groß als ein gleiches Bauernhaus, und ferner auf den krummppen Ahorn hinauf, davor zwei Legersteine mit eingehauenen Kreuzen vorhanden (seien), (auf die) die Grenzbeschreibung ausdrücklich darauf hindeute, vorgezeigt und abgegangen. Ebenso (inmaßen) (sei) dann hernach dieselbe (Grenze) auch durch Herrn Wieninger (1619- 1636) drei- oder viermal, ebenso (durch) Herrn Nothaft (1636 - 1643), beide gewesene Verwalter, dreimal im Beisein der Jäger und etlicher Untertanen abgegangen worden. (Er) habe nie von einem andern March gehört, noch Wissen gehabt, wie (gestalten) dann diesseits die Jagdbarkeit bis dahin jederzeitt exerziert und vom abgegebenen Gehölz sowohl von den Passauischen als den Kurbayerischen Untertanen der Forst (Abgabe, dem) Landgericht Bärnstein unweigerlich bezahlt worden (ist), wie dann gedachter Deponent vermög geleisteter Pflichten sich schuldig erkannt, auch hinfort ohne seiner Kurfürstlichen Durchlaucht gnädigsten Befehl nichts Widriges zu verstatten, was ihm Gleichfalls vom Kurfürstlichen Landgericht wegen weiter eingebunden worden (ist).

Sebastian Ranzinger von Seiboldenreuth, Alters 82 Jahre, sagt:

Daß er über die Thomasleiten 28 und sein Vater 42, also in allem auf die 70 Jahre Förster (in der Familie) gewesen (seien) und er (es) noch sei. Wenn Kurfürstlicher Durchlaucht wegen, die Grenzen begangen worden seien, sei man entweder von dem krummppen Ahorn herab gegen den großen Stein auf dem Leitenweg und gerade hinab dem Schemer- Bächl (zugegangen) oder vom Schemer- Bächl herauf gegen den großen Stein am Leitenweg, dann dem kleinen Geislstein und (dem) krummppen Ahorn zugegangen. Solchergestalt (sei) die (Grenze) durch Herrn Thumberg, Herrn Wieninger und Herrn Nothaft, gewesene Verwalter allda zum Pernstein, zum öfteren, ja gewiß in die 10 oder 12mal gesucht worden. So sei auch vor 60 Jahren, als man das Jagdhaus im Reichenberg gebaut (habe), ein Fürst aus Bayern allda gewesen und (habe) in der Thomasleiten auf Pern gejagt, welcher ebenmäßig die Stricke (strickh, Netze) auf diesem Grenzen vom krummppen Ahorn herab auf den großen Stein, auf dem Leitenweg stehend, ausrichten lassen habe. So (habe) er, Ranzinger, als dazumalen ein kleiner Bub, selbst gesehen und (sei) soweit mitgewesen, daß höchstgedachter Fürst derorten einen Pern mit den Hunden gleich vor dem großen Stein am Leitenweg gestellt (bestelligt) habe, welcher aber, bevor derselbe in das an diesem Stein gerichtete Garn (Netze) gekommen, durch einen Jäger geschossen worden sei. (Er) habe von (k)einer Ein- oder Widerrede niemals gehört, außer was die Premen von Lichtenau, die allzeit unruhige Leute gewesen, wegen einer Wiese oder Edern (als Wiese und Acker genutzt), (die) zwischen beiden Fürsten strittig (sei), aufgewiegelt haben.

Gotthard Parth von Neudorf, Landgericht Bärnstein Untertan, 80 jährigen Alters, hause nunmehr auf die 50 Jahre, sagt bei geleistetem Eid,

daß er etliche Male zu (der) Begehung der Grenzen in der Thomasleiten erfordert worden (sei). (Er) wisse aber von einem anderen Grenzgang als von dem Schemerbah auf den Leitenweg gegen den großen und folgends den kleinen Geislstein und krummppen Ahorn das geringste Aussagen. Obzwar die Passauerischen vorgeben, als ob von einer alten Tannen nächst dem Schemerbach gegen den Krummppen Ahorn eine Marchung zugehe, so habe er nie gehört, daß diese ein Grenzzeichen sein solle, wie er dann wohl wisse, daß diese Tanne, die aber nur ein roter, frischer Baum (Fichte) ohne Zeichen und Pletz (eingehauen) gewesen und erst vor ungefähr 20 Jahren - und wissentlich - zu dem Ende umgehauen worden (sei), damit denjenigen die Fahrt und (der) (Vieh)-Trieb über die Wiese, die sich dessen anmaßen wollten, versperrt werde. (Diese) Tanne sei lange Zeit alldort gelegen ... (Es) gehe das Grenzmarch zwischen Bayern und Passau vom Schemerbach auf den großen Stein am Leitenweg, dann zu dem kleinen Geislstein und hinauf zum krummppen Ahorn. ... (Er) habe sonsten einige Widerwärtigkeiten oder Einhalt wider obenerzählten Grenzgang niemals gehört, sondern dies vernommen, daß sowohl die Jagdbarkeit als (auch die) Abschlagung der Gehölze und (die) Einforderung des Forstes (Abgabe) und anders von den kurbayerischen behauptet worden (sei), wie (gestalten) dann vor ungefähr 33 oder 35 Jahren ein Fürst aus Bayern allda gewesen und in der Thomasleiten gejagt habe, unter welchen ein sehr großer Bär im Gejaid gewesen, dem der gewesene Amtmann zu Grafenau, Michael Röckl, den ersten Fang gegeben. Dermalen (sei) ebenermaßen (genauso) auf diesem Grenzgang wie andere Male gerichtet (Bären im Bärengericht gefangen) worden.

Paulus Parth, Nahrungsmann zu gemeldetem Neudorf, Alters 72 Jahre, sagt seines Wissens,

daß er zweimal zur Begehung der Grenze (in der) Thomalsleiten berufen worden (sei). Je und alleweg (habe) man den Anfang am Schemerbach gemacht, dann (sei man) dem großen Stein, am Leitenweg stehend, und weiters die Gerade über sich dem kleinen Geislstein und (dem) krummppen Ahorn zugegangen... Die alte Tanne ist deswegen umgehauen worden, daß diejenigen, die diesen Ortes mit dem Vieh hin und wider getrieben und Laub gestreift (haben), ihren Hochgang nicht mehr gehaben mögen.

Er erwähnt die interessante Mitteilung, daß damals im zeitigen Frühjahr, wenn das Heu verfüttert war und die Wiesen noch nicht zu beweiden waren, Laub gestreift, geschneitelt, wurde, um das Vieh über diese Futterknappheit zu bringen.

Adam Schopf von Neudorf, Alters 62 Jahre, erläutert auf abgelegten Eid,

daß es nunmehr 40 Jahre her sei, daß er das erste Mal zur Grenzbegehung erfordert worden und mitgegangen (sei).... So sei er auch bei zwei Herzogsgejaidern gewesen, bei welchem anderen, das ungefähr vor 35Jahren gehalten worden, ein Fürst aus Bayern, den er aber nicht zu nennen weiß, selbst gewesen (sei), und (er habe) beide Male gesehen, daß die Gahrn (Garn, Netze) nach dem Grenzgang vom Schemer- Bächl an auf den großen Stein am Leitenweg, dann die Höhe über sich gegen den krummppen Ahorn zugerichtet worden (sind).

Wolf Ranzinger aus'm Elmberg, 56 Jahre alt und nunmehr in die 24 Jahre verpflichteter Jäger und Waldgeher, erläutert über abgelegten Eid,

daß er bei (der) Begehung der Grenze in der Thomasleiten, so oft solche durch die allda gewesenen Beamten ... allezeit persönlich dabei gewesen (sei). (Sie) haben jedesmal entweder beim Schemerbach oder aber bei dem großen Stein, am Leitenweg stehend, den Anfang genommen. Dann (seien sie) hinauf dem kleinen Geislstein und hernach dem krummppen Ahorn zugegangen, wie (inmaßen) dann auch vor ungefähr 32 oder 33 Jahren ein Fürst aus Bayern, vermeine, daß es Herzog Albrecht mit seiner Frau Gemahlin allda gewesen (und) in der Thomasleiten gejagt haben, habe er von diesen (und) sowohl hernach von 2 unterschiedlichen allhier gewesenen Obristen Jägermeistern gesehen, daß sie die Gahrn (Stricke, Netze, Tücher) jedesmal auf diesen Grenzgang richten lassen (haben)...

Martin Stöckl, im Reichenberg wohnhaft, auch Ihrer Kurfürstlichen Durchlaucht Jäger und Waldgeher, 30 Jahre alt, deponiert,

daß er bei (der) Begehung der Grenze etliche Male gewesen (sei) und (man habe) den Anfang allweg unten am Schemerbach genommen...

Andre Stützendorfer von Seiboldenreuth, Alters 70 Jahre, sagt,

daß er bei (der) Begehung der Grenze in der Thomasleiten ein Dreimal gewesen (sei) und (man habe) allzeit am Schemer- Bächl den Anfang genommen, hernach (sei man) auf den großen Stein am Leitenweg, von hinnen dem kleinen Geislstein und die Höhe hinauf dem krummppen Ahorn zugegangen. Die Ursache seines Wissens sei, daß Ihre Fürstliche Durchlaucht aus Bayern, höchstseligen Gedächtnisses, vor ungefähr 40 Jahren allda auf Bären gejagt (habe). Er, Deponent, sei auch mit- und (da)beigewesen und (habe) gesehen, daß die Gahrn (Netze, Tücher) dieser Marchung nach hinauf gerichtet worden (sind). Er, (der Fürst) sei auch dem Bären im Gewehr (im gewöhr) so nahe gekommen, daß höchstgedacht Ihre Fürstliche Durchlaucht selbst geschrien, man solle ihm zu Hilfe kommen und vor der Gefahr sicher machen. Er wisse außer dieser Marchung um keine andere nicht, auch von keiner anderen Zusage.

Unterzeichnet ist das Protokoll mit Kurfürstliches Landgericht Bärnstein.

Wann wurde in der Thomasleiten gejagt ?

Unter den acht befragten Zeugen bieten fünf Hinweise auf herzogliche Bärenjagden in der Thomasleiten. Es sind dies:

1. Adam Wieser aus Profelden, Jäger, 56 Jahre;
2. Sebastian Ranzinger aus Seiboldenreuth, Bauer, 82 Jahre;
3. Gotthard Parth von Neudorf, Nahrungsmann (Austrag), 80 Jahre;
4. Paulus Parth von Neudorf, Inmann, 72 Jahre;
5. Adam Schopf von Neudorf, Bauer, 62 Jahre;
6. Wolf Ranzinger aus Elmberg, Jäger, 56 Jahre;
7. Martin Stöckl aus Reichenberg, Jäger, 30 Jahre;
8. Andre Stützendorfer von Seiboldenreuth, Bauer, 70 Jahre

Diese unter Eid gemachten Aussagen der Untertanen und Jäger müssen insgesamt der Realität sehr nahe kommen. Demnach dürfte sich die Erzählung des 82 jährigen Sebastian Ranzinger aus Seiboldenreuth, er ist 1563 geboren, auf eine Bärenjagd beziehen, die entweder noch im Oktober 1590 oder in den Jahren unmittelbar danach stattfand. Er erwähnt ausdrücklich den Bau des Jagdhauses in Reichenberg. Der herzogliche Jäger dürfte damals wohl Wilhelm V. , vielleicht auch dessen Bruder, Herzog Ferdinand, möglicherweise aber auch schon der von 1593 gemeinsam mit dem Vater, ab 1597 allein regierende Maximilian I. gewesen sein.

Es heißt:

So sei auch vor 60 Jahren, als man das Jagdhaus im Reichenberg gebaut (habe), ein Fürst aus Bayern allda gewesen und (habe) in der Thomasleiten auf Pern gejagt ... So (habe) er, Ranzinger, als dazumalen ein kleiner Bub, selbst gesehen und (sei) soweit mitgewesen, daß höchstgedachter Fürst derorten einen Pern mit den Hunden gleich vor dem großen Stein am Leitenweg gestellt (bestelligt) habe, welcher aber, bevor derselbe in das an diesem Stein gerichtete Garn (Netze) gekommen, durch einen Jäger geschossen worden sei.

Vor 60 Jahren wäre Sebastian Ranzinger 22 Jahre alt gewesen. Er sagt jedoch, er war dazumalen ein kleiner Bub. Möglicherweise bezieht er sich noch auf eine weitere Bärenjagd, die früher um 1575 stattfand. Er wäre damals ein kleiner Bub mit 12 Jahren gewesen. Der Herzog hat mit den Hunden einen Bären vor dem großen Stein gestellt. Bevor er aber in das Garn gekommen ist, wurde er erschossen. Vielleicht wollte man den Bären mit brennenden Pechpfannen und Fackeln rückwärts in das Garn und Netze treiben, wo er sich so verstricken und verwickeln sollte, daß er lebend gefangen werden kann. Es scheint, als ob dieser Bär die Flucht nach vorne angetreten hat und erschossen werden mußte. Das wäre neben den in Lalling und Siebenellen erwähnten Bärengerichten eine weitere Fangmethode, eine mit Stricken und dem Garn.

Die übrigen vier Jagdaussagen beziehen sich wohl eindeutig auf die Jagdbesuche von Herzog Albrecht VI. in den Jahren 1611 und 1615. So betont der 62 jährige Bauer Adam Schopf aus Neudorf, daß er bei zwei Gejaidern dabeigewesen sei:

So sei er auch bei zwei Herzogsgejaidern gewesen, bei welchem anderen, das ungefähr vor 35 Jahren gehalten worden , ein Fürst aus Bayern, den er aber nicht zu nennen weiß, selbst (dabei)gewesen (sei), und (er habe) beide Male gesehen, daß die Gahrn (Garn, Netze) nach dem Grenzgang vom Schemer-Bächl an auf den großen Stein am Leitenweg, dann die Höhe über sich gegen den krummppen Ahorn (etwa 1.000 m) zugerichtet worden (sind).

Der 56jährige Wolf Ranzinger aus Elmberg berichtet in seiner Aussage mit Sicherheit von der Bärenjagd 1615, weil er ausdrücklich auch die Anwesenheit der Frau Gemahlin des Herzogs Albrecht VI. erwähnt, was nach allem oben Dargelegten nur auf dieses Jahr zutreffen kann:

... wie (inmaßen) dann auch vor ungefähr 32 oder 33 Jahren ein Fürst aus Bayern, vermeine, daß es Herzog Albrecht (VI.) mit seiner Frau Gemahlin (Gräfin Mechthild von Leuchtenberg) allda gewesen (und) in der Thomasleiten gejagt haben ... Die Anwesenheit der Gräfin Mechthild von Leuchtenberg bei der Bärenjagd 1615 ist auch aus den Rechnungsbüchern belegt: Die Gräfin von Ortenburg bei Passau hat ihr als besondere Verehrung nach Reichenberg Früchte schicken lassen. Der Jäger Wolf Ranzinger

erwähnt auch, daß hernach (nach 1615) von 2 unterschiedlichen allhier gewesenen Obristen Jägermeistern ... die Gahrn (Netze, Tücher) jedesmal entlang dieser Grenze aufgerichtet worden sind.

Das bedeutet, daß nach 1615 noch zwei weitere Bärenjagden stattfanden, die von den Obersten Jägermeistern vom Hofe in München, ohne Beteiligung eines Herzogs, ausgerichtet worden sind.

Bei einer der beiden Bärenjagden 1611 und 1615 kam nach der Aussage des Andre Stützendorfer von Seiboldenreuth, der im Jahre 1645 schon 70 Jahre alt war, Herzog Albrecht VI., 27 oder 31 Jahre alt, einem Bären in so lebensbedrohende Nähe, daß er um Hilfe schrie: Die Ursache seines Wissens sei,

daß Ihre Fürstliche Durchlaucht aus Bayern, höchstseligen Gedächtnisses, *vor ungefähr 40 Jahren allda auf Bären gejagt (habe) ... Er, (der Fürst) sei auch dem Bären im Gewehr* (im gewöhr, in Abwehr) *so nahe gekommen, daß höchstgedacht Ihre Fürstliche Durchlaucht selbst geschrien, man solle ihm zu Hilfe kommen und vor der Gefahr sicher machen.*

Daß dies zugleich jene Jagd war, über die der 80jährige Gotthard Parth von Neudorf berichtet und dabei erzählt, damals habe der Grafenauer Amtmann Michael Röckl einen sehr großen Bären ...den ersten Fang gegeben, ist denkbar, vielleicht sogar wahrscheinlich, aber keineswegs so sicher, wie es Neumann, 1976, S. 58, darstellt. Er hat willkürlich die beiden Aussagen des Gotthard Parth und des Andre Stützendorfer zu einer zusammengezogen. Die Aussage des Gotthard Parth lautet:

wie (gestalten) dann vor ungefähr 33 oder 35 Jahren ein Fürst aus Bayern allda gewesen und in der Thomasleiten gejagt habe, unter welchen ein sehr großer Bär im Gejaid gewesen, dem der gewesene Amtmann zu Grafenau, Michael Röckl, den ersten Fang gegeben. Dermalen (sei) ebenermaßen (genauso) auf diesem Grenzgang wie andere Male gerichtet worden. Der Familienname Röckl ist im Grafenauer Land heute noch verbreitet.

Wie andere Male gerichtet worden, bedeutet, daß Bären bei den Jagden in der Thomasleiten öfter gefangen wurden. Fangvorrichtungen, ein Bärengericht wie in Siebenellen, eine Richtstatt wie im Leopoldswald bei Lalling oder ein Bärenfang wie im Fichtelgebirge, werden in der Thomasleiten nicht erwähnt. Denkbar ist als Fangmethode, den Bär rückwärts in die Stricke zu drängen, wie es Sebastian Ranzinger mitteilt. Ein von der Natur geschaffener Bärenfang befindet sich beim kleinen geistlichen Stein mit einer Engstelle von zwei Felswänden, die drei Meter aufrechtstehen und glatt sind. Wenn, wie oft erwähnt, der Hang und die linke Felswand mit Stricken und Garn abgesperrt war, konnte der Bär mit den brennenden Pechpfannen in das Garn und in diese Engstelle getrieben werden.

Wird der Ausgang durch eine geöffnete Bärenkiste versperrt, kann er rückwärts in die Kiste getrieben und die Falltüre geschlossen werden (Abbildung 152).

In der Thomasleiten war bei den Bärenjagden nach den Aussagen der Zeugen die Strecke der Grenze vom Schemerbach bis zum krummen Ahorn, etwa 1.000 m, mit Stricken und Garn abgesperrt. Das ist die erste verläßliche Angabe, wie lang diese Absperrungen bei den Bärenjagden sein konnten. Es muß ein kaum vorstellbarer Aufwand an Stricken, Netzen und Pfosten gewesen sein, dieses Material mit einigen schweren Zeugwägen, meist mit Vorspann, in den Steilhang der Thomasleiten zu bringen. Im unwegsamen Gelände der Thomasleiten mußte dieses Jagdzeug von den vielen Hilfskräften über weite Strecken auf den Schultern getragen werden.

In den Zeugenaussagen von 1654 hören wir von einer ersten Bärenjagd in der Thomasleiten, die noch 1590 oder unmittelbar danach stattfand. Von mehreren Zeugen wurde über die beiden Jagden in den Jahren 1611 und 1615 berichtet. Zwei Bärenjagden fanden dann von den Obersten Jägermeistern, den höchsten Jagdbeamten am herzoglichen Hof in München, auch nach 1615 statt.

Fürstbischof Leopold von Passau jagte in der Thomasleiten

Weitere Bärenjagden in der Thomasleiten sind in mehreren Briefen von Fürstbischof Leopold von Passau, Erzherzog von Österreich (geboren 1586, Bischof: 1605- 1625), bekanntgeworden. Hierbei ist es wichtig zu wissen, daß die Großmutter von Herzog Maximilian I. eine Habsburgerin war. Später war er auch in zweiter Ehe mit der Erzherzogin Maria Anna von Österreich (1610 - 1665) verheiratet. Fürstbischof Leopold hat 1616 auch Herzog Maximilian I. in München besucht (Dollinger, 1969, S. 303):[320]1616, 19. April, dem Erzherzog Leopold, Bischof von Passau entgegengereist; 22. April, mit Erzherzog Leopold nach Graßlfing; 25. April, ins Feld paissen (prischen). Durch diese verwandtschaftlichen Beziehungen wird diese Anfrage verständlich.

In einem persönlichen Brief vom 26. Oktober 1610 an den Bärnsteiner Pflegverwalter Sigmund von Thumberg (im Amt von 1609 - 1619) teilt Fürstbischof Leopold folgendes mit: 321 Ende Oktober erwartete man in Passau den hohen Besuch des Herzogs Heinrich Julius von Braunschweig-Wolfenbüttel (1589-1613). Für diesen vornehmen Gast wollte man zur Rekreation gerne ein Bären-, Schwein- oder Wildbretgejaid zurichten.

In unseren Stiftsgejaidern (ist) aber dieser Zeit nichts (an Bären und Wildschweinen) anzutreffen. Also ersuchen wir Dich hiermit gnädigst, die wollest uns (mitteilen), was in Deiner Amtsverwaltung diesfalls sich befindet, so wie auch, wo das Gejaid am bequemsten anzustellen (ist).

Der Fürstbischof äußerte noch die Bitte, er möge dem Überbringer des Briefes dies alles unverzüglich mitteilen (Abbildung 154).

Schon am nächsten Tag, den 27. Oktober 1610, antwortete der Pflegverwalter Sigmund von Thumberg dem Fürstbischof in Passau als treuer Beamter seines Kurfürsten:[322] Er teilt mit, daß sich nach Auskunft seiner Förster oder Jäger das ganze Jahr über kein Bär, kein Wildschwein und auch sonst kein Wildbret gezeigt hat und noch weniger ein einziges Stück gefällt worden ist. Daher vermute ich wohl, in Erwägung, daß es bereits auch an der Zeit zu spät ist, so daß sich nichts mehr um die Wege ist und nunmehr (alles) an den Hochwald gelaufen ist. Obwohl er hinsichtlich des Passauer Jagdansuchens noch keinen Befehl von seinem Landesfürsten erhalten habe, stehe er dem Fürstbischof jederzeit zu Diensten. Das war eine besonders geschickte Ausrede des Pflegverwalters, was aus den weiteren Briefen deutlich wird. Der Hinweis, daß es nach dem 27. Oktober für eine Bärenjagd bereits zu spät ist, erscheint glaubhaft. Die datierten Bärenjagden fanden alle Anfang bis Mitte September statt.

Etwa eine Woche später, am 3. November 1610,[323] nachdem der Bärnsteiner Pflegverwalter das Passauer Jagdansuchen mit der Entschuldigung, es gäbe in den Bärnsteiner Jagdgebieten derzeit nichts zu jagen, beantwortet hatte, legt er persönlich in Straubing bei der Regierung diese Schrei-

Abbildung 152: Der kleine geistliche Stein bietet durch zwei, 2,50 m breite, senkrecht stehende Felswände eine Engstelle für einen natürlichen Bärenfang.

Abbildung 153: Der historische Grenzstein von 1691 auf dem kleinen Geistlichen Stein. Zu sehen ist die westliche Seite mit dem bayerischen Wappen. Gegenüber das Wappen des Bistums Passau.

ben vor. Gleichzeitig fragt er an, wie er sich bei künftigen Ersuchen dieser Art zu verhalten habe. Die Regierung in Straubing teilt ihm am 3. November 1610 mit,[324] daß er sich völlig richtig verhalten habe. Auch förderhin solle er derartige Entschuldigungen anwenden. Ein endgültiger Bescheid darüber wird ihm später noch zugeschickt werden. Die Regierung in Straubing schickt den bisherigen Briefverkehr wegen Anstellung eines Lust- oder Bärengejaides des Fürstbischofs von Passau am 3. November 1610 an Herzog Maximilian I. und an die Hofkammer in München. Die Regierung betont, daß man das Verhalten des Pflegsverwalters vorbehaltlos gebilligt hat. Da auch künftig mit derartigen Passauer Bitten zur rechnen sei, erbittet man Bescheid, wie man sich künftig verhalten sollte.

Nun Schweigen die Akten über 11 Monate lang in dieser Angelegenheit. Am 21. September 1611[325] teilt der Passauer Jägermeister Hans Christoph von Schonburg vom Schloß Wolfstein aus dem Bärnsteiner Pflegsverwalter Hans Sigmund von Thumberg mit, daß der alte Herzog Wilhelm V. abgereist und Herzog Albrecht VI. nie dagewesen ist:

> *Demselben soll ich in Kürze und Eile halber auf sein Schreiben beantworten, daß nämlich ihre Fürstliche Durchlaucht, Herzog Wilhelm allbereits verreist und Albertus niemals allda gewesen (ist).*

Offensichtlich war Herzog Wilhelm V. Jagdgast von Fürstbischof Leopold. Zudem habe der alte Herr, Wilhelm V. dem Fürstbischof gestattet, in den Bärnsteiner Jagdgebieten auf Bären zu jagen. Der Pflegverwalter solle daher am nächsten Tag in der Frühe mit dem Steidl aus Grafenau an die Bräuhütte, wohl in der Thomasleiten, kommen.

Dieses Vorhaben des Fürstbischofs, im Bärnsteiner Gebiet Bären zu jagen meldet der Pflegverwalter sofort, am 22. September 1611 an die Regierung in Straubing.[326] Er teilt die Absicht mit, zwar zum Fürstbischof zu gehen, aber dann so viel viel möglich zu excusieren (sich herauszureden) zu versuchen. Denn Herzog Albrecht VI., der die Bärenjagd heuer (1611) selbst verrichtet hat, hat sowohl mündlich als auch schriftlich, nicht einmal, sondern etliche Mal, ernst mandiert (aufgetragen),

> *die Bärengejaider zu haien (hegen), soviel tunlich, damit diese auf nächstes Jahr (1612) und öfter dero gnädigstem Gefallen nach Ihro fürstlich Lust haben und sehen mögen.*

Der Pflegverwalter hat sich dafür eingesetzt, daß Herzog Albrecht auch 1612 und später noch genügend Bären vorfindet. Vielleicht hat ihm Albrecht VI. bei seiner Jagd 1611 auch mitgeteilt, daß er 1612 wieder jagen wollte. Dieser Äußerung ist aber auch zu entnehmen, daß bei einer herzoglichen Bärenjagd im Gebiet, Rachel, Thomasleiten, Sonnenwald und Leopoldswald, die Bären sehr gründlich bejagt, abgeschossen und gefangen worden sind. Damit sich die Population der Bären wieder erholen konnte, waren einige Jahre der Schonung dringend notwendig. Durch diese Mitteilung wird man die Vorstellung von einer unerschöpflichen Bärenpopulation aufgeben müssen. Jedenfalls erbittet Sigmund von Thumberg von seiner vorgesetzten Behörde dringend einen Befehl, wie er sich hier und in weiteren, vergleichbaren Fällen zu verhalten habe.

In ihrer Ratlosigkeit schickt die Regierung in Straubing diesen Bericht des Pflegverwalters an die Hofkammer nach München weiter und erbittet eine eindeutige Entscheidung.[327] Zugleich schreibt man dem Pflegverwalter zu Bärnstein, er möge sich in seiner mißlichen Lage aufs glimpfichste und beste, wie du immer kannst, mit guter Bescheidenheit entschuldigen. Die Antwort Herzog Maximilians I. auf dieses Vorhaben einer Bärenjagd des Erzbischofs von Passau ergeht eine Woche später am 1. Oktober 1611 an die Regierung in Straubing[328] in einem höchstpersönlich geschrieben und gezeichneten Brief: Ist unser Befehl, daß ihr Euch erkundiget, ob Seiner Erzherzogen Liebden solch Jaid selbst in eigener Person zu besuchen Vorhabens (ist), auf welchen Fall wir dann Seiner Liebden solche fürstliche Lust nicht zu verweigern oder zu verwehren gedacht sind. ... Auf den Fall aber, daß Erzherzogen nicht in der Person zu erscheinen, sondern allein dero Jäger abzuordnen gesinnt (ist), sollen sie abgewiesen und das Jagen nicht verstattet werden. Mit diesem Befehl wollte Maximilian I. verhindern, daß der Jägermeister von Passau ohne den Fürstbischof in der Thomasleiten eine Bärenjagd ausrichtet.

Abbildung 154: Fürstbischof Leopold von Passau, Erzherzog von Österreich, fragt bei dem Verwalter von Bärnstein an ob in den Gejaidsgebieten derzeit Bären für eine Bärenjagd vorhanden sind.

Da die Grenzen in der Thomasleiten immer strittig waren, trägt er dem Verwalter auf, daß er sich fürderhin bei unseren Grenzen finden lassen, dieselben öfter bereiten und bei solchen Jaid ebenfalls finden lassen, auf die Passauischen Ihr fleißig Acht geben, daß sie Ihres Gefallens darin umgehen, auf daß nicht etwa heute oder morgen uns gegen Passau ein Praejudicium deswegen generiert werde. Der Herzog fürchtete, daß daraus eine Gewohnheitsrecht entsteht und das Gebiet von Passau beansprucht werden könnte. Diese Entscheidung des Herzogs teilt die Regierung in Straubing sehr ausführlich am 6. Oktober 1611 dem Pflegverwalter in Bärnstein mit.[329]

Über 10 Jahre gibt es keine Mitteilungen mehr, daß der Erzbischof Leopold von Passau im Bärnsteiner Gebiet Bären jagen wollte. Am 28. September 1621 überrascht uns der Pflegsverwalter von Bärnstein Joachim Wieninger auf Bleibach (1619 - 1636) in einem langen Brief an die Regierung in Straubing mit der Kunde, daß der Erzbischof in der Thomasleiten ohne Ankündigung und Erlaubnis Bären jagte:

> *Er teilt mit,[330] daß der Bischof zu Straßburg und Passau sich etliche Tage hin und wieder im* (Hoch)-*Stift auf dem Jagen gefunden hat. Dabei ist er verschienen Freitag, den 17. dieses Monats* (September) *auf die Passauische Herrschaft Wolfstein gekommen und am Perngejaid* (be)*sonders fürstliches Verlangen getragen. Dabei haben ihm seine Jäger den Anschlag* (den Vorschlag) *auf die Thomasleiten gegeben, welches Gehölz ein Grenzgehölz, daran der mehrere Teil unserem gnädigsten Herrn in Bayern gehörig* (ist). *Obwohl es richtige, sichtige Marchen* (gibt), *ist durch die Passauerischen Jäger ein Bär bestettet* (bestätigt, gesichtet) (worden). *Um den Bär zu fangen, haben sie das Jagdzeug auf bayerischen, zu hiesigem Landgericht gehörigen Grund, 660 Schritte lang, von der Anhöhe etwa beim kleinen Geistlichen Stein bis zum Schemerbach im Tal aufgerichtet. Sie haben eben an denjenigen Orten die Heftstecken, die Pfosten für die Befestigungen errichtet, wie vor diesem allwegen höchstgedacht Ihre Durchlaucht, unser gnädigster Herr aus Bayern* (Herzog Albrecht VI. und Maximilian I.), *die Richtstatt* (Fangvorrichtung für Bären) *nehmen lassen.*
>
> *Die Jäger aus Passau haben das ganze, sowohl bayerische als passauerische Gehölz abgejagt. Sie haben dabei nichts gefangen, aber den bestätigten, entdeckten Bären gegen das Holz, wohl auf Passauer Gebiet, geschafft* (geschoffen). *Die hiesigen Förster und Waldgeher haben* (den Pfleger) *Wieninger verständigt. Der hat die Besichtigung der March und des Gerichts* (Fangvorrichtung) *vorgenommen und* dabei dann die Zeugstangen noch allda stehend gefunden. Das Gejaid (ist) so still und geschwind zugangen, wie man dann erst gegen 2 oder 3 Uhr nachmittags eingehetzt (das Wild gegen die Netze gehetzt), daß die Gerichtsuntertanen und Bauern in den nächsten Dörfern (Seiboldenreuth, Kringing, Lichtenau, Neidberg, Wasching) des wenigsten davon gewiß, bis sie gleich das Geschell gehört, folgends erst zugelaufen (sind), gesehen und gefragt (haben), was es sei.

Dieser Bericht ist von besonderem Interesse. Er bestätigt noch einmal die Zeugenaussagen der Bauern und Förster, daß die Netze an der Grenze vom krummen Ahorn über den kleinen Geistlichen Stein bis zum Schemerbach (heute Schwemmerbach) aufgerichtet wurden. Der Hinweis auf die Richtstatt und das Gericht belegen Fangvorrichtungen für Bären, wie im Leopoldswald bei Lalling und in Siebenellen bei St. Oswald. Auch der Fürstbischof von Passau war offensichtlich am Bärenfang für die Lusthetze am Hof in Passau mehr interessiert, als die Bären abzuschießen. Nachdem der Pfleger Wieninger die Besichtigung der March und des Gerichtes eingenommen hat, dürfte es sich um den Bärenfang bei der Engstelle der beiden senkrechten Felswände am kleinen Geistlichen Stein, direkt an der Grenze gehandet haben. Auf der südlichen Seite waren entlang der Grenz die Netze gespannt. Die Bären wurden mit brennenden Pechpfannen vom bayerischen Gebiet gegen diese Netze, in die Engstelle und rückwärts in die aufgestellten Truhen getrieben. In zwei Schreiben wurde der Pflegsverwalter Joachim Wieninger von der Regierung in Straubing aufgefordert, alle alte Acta und Streitigkeiten über die Thomasleiten in Originali zu überschicken. Im Brief vom 6. Dezember 1621 kommt er dieser Aufforderung nach.

Er teilt noch mit,[331]

> *daß sich vorher dergleichen Streit und Irrfall (über Bärenjagden) bei meinen Antecessori (Vorgängern) nicht begeben, allein was Anno 73 (1573) sich etliche Passauerische mit Holzschlag und Kohlenbrennen über das March unterstanden, welche ihnen aber unsererseits genommen (die Holzkohle) und verkauft und Ihrer Durchlaucht Herzog Wilhelm V. hochseligsten Gedächtnisses in der Amtsrechnung verraith (verzeichnet?) worden sind.*

Auf diese Begebenheit haben auch die Zeugen über den Grenzverlauf 1645 hingewiesen, ohne jedoch die genaue Jahreszahl 1573 zu nennen.

In einem weiteren Brief[332] vom 16. Dezember 1621 überschickt er nun einen gar alten Akt, berührte Thomasleiten betreffend in Originali. Daraus mehrers erscheint, wie das Anno 1572 von den Passauerischen abgehauenes Holz und Kohlenbrennen halber (war), so in meinen jüngsten Bericht eingekommen. Leider hat dieser ausführliche Bericht die Zeiten nicht überdauert. Durch diese Hinweise über die Kohlenbrenner in der Thomasleiten findet möglicherweise die vom Freizeitarchäologen Paul Freund, Lichtenau, entdeckte Ebene an einem Südhang (Länge: etwa 50 m), südlich der

Höhe 800 m, mit sehr vielen Holzkohlenresten eine Erklärung. Nach der Aussage in dem Brief, müßte sich diese Fläche jedoch noch auf bayerischem Gebiet, also westlich der Linie Höhe 800 m (Roter Baum) und Höhe 709 (Spannbühl) befunden haben. Eine erneute Begehung im Gelände erscheint notwendig.

Durch das langwierige Studium der alten Akten berichtet die Regierung in Straubing erst über ein Jahr später, am 12. Oktober 1622, an Herzog Maximilan I. und die Hofkammer über das verbotene Perngejaid in der bayerischen Thomasleiten durch Erzherzog Leopold zu Österreich und Bischof zu Passau am Freitag den 17. September Anno 1621:

> *Eben an den Orten und Heftstecken, da Euere Druchlaucht die Richtstatt (hat) nehmen lassen... Diese Formulierung von Joachim Wieninger würde bedeuten, es wäre der erste Hinweis, daß Herzog Maximilian höchstpersönlich vor 1621 in der Thomasleiten Bären gejagt hat. Es will gleichwohl der jetzige Pflegverwalter zum Pärnstein vermuten, als wenn das jüngste Gericht (Bärenfang) und Jagen viel mehr auf gutnachbarschaftliches Vertrauen als zu Praejudicio gemeint und angesehen gewesen (sein), weil Ihre Durchlaucht (der Bischof) dergleichen Perngejaid (et)was begierig gewesen...*

Die verbotene Jagd durch den Bischof von Passau wird hingenommen, da er selbst bei dieser Bärenjagd mit anwesend war. Das war die Forderung von Maximilian I. im Brief vom 1. Oktober 1611. Bei Gericht und Jagen wird noch einmal eindeutig gesagt, daß es bei den Bärenjagden zuerst um den Bärenfang und erst an zweiter Stelle um den Bärenabschuß ging.

Weiter wird dem Herzog berichtet:[333]

> *Aus Durchsehung der Akten befindet sich hauptsächlich so viel, daß Anno 1573 die Sache erstlich durch einen unruhigen Passauerischen Bauern, der verbotenerweise an den Orten Kohlen gebrannt (hat) und derowegen ihm wieder genommen worden, strittig gemacht (wurde), dem hernach etliche andere (Bauern) seinesgleichen gefolgt (sind). Durch gebührende Gegenhandlung aber Euerer Durchlaucht recht und gerecht Sicherheit jedesmal manuteniert und erhalten worden (ist).*

Bei dem unruhigen Passauerischen Bauer könnte es sich um den Prem aus Lichtenau gehandelt haben. Er wird bei den Zeugenaussagen 1645 über den Grenzverlauf öfter genannt. Auf diesen Prem bezogen sich bei der Grenzbegehung die Passauer Räte mit dem Standpunkt, daß die Grenze von einer Tanne am Schemerbach bis zum krummen Ahorn verläuft und dadurch ein großer Teil der Thomasleiten Passauer Gebiet sein soll. Gotthard Parth von Neudorf ist in seiner Aussage der Meinung, daß diese Premen jedermal für unruhige Leute gehalten worden (seien). Denkbar ist, daß dieser unruhige Prem aus Lichtenau jener Köhler war, der im bayerischen Gehölz Holzkohle herstellte, die ihm dann abgenommen wurde. Auf den bayerischen Pflegverwalter war er dadurch sicher nicht gut zu sprechen und wollte sich an den Bayern beim Grenzverlauf rächen.

Am 23. Januar 1623 läßt Herzog Maximilian I. mitteilen:[334]

> *Darauf ist unser gnädigster Befehl, daß ihr Euch gewisser Nachricht erkundigt, ob seiner Liebden (Erzherzog Leopold Bischof von Passau) solchem Bärengejaid selbst beigewohnt. Da aber nicht, sollet Ihr von den Passauerischen Räten die Stellung derjenigen Personen, so sich auf unseren unmittelbaren Gehölzen zu jagen unterstanden oder aber diesfalls einen gnügsamen Revers begehren und den Erfolg wiederum untertänig anher berichten. Daran beschieht unser Heißen.*

Damit endet der Schriftverkehr über die beabsichtigten und verbotenen Bärenjagden des Erzherzogs Leopold von Österreich, Bischof von Straßburg und Passau in der Thomasleiten. Kurfürst Maximilian I. trifft seine Anordnung dem Verwandten, Seiner Liebden, gegenüber mit größtem Respekt und ohne seine ausgeprägte Lust auf eine Bärenjagd in der Thomasleiten zu beschneiden.

7.7 Die Herzöge und die Waldglashütten

Nach bisheriger Kenntnis haben die bayerischen Herzöge und Kurfürsten ihre Bärenjagden in den Bayerischen Wald auch genutzt um den Bergbau zu fördern (Brief vom 5. Jan. 1588 über Gesteinsproben vom Rendelmoos), den Salzhandel wieder zu beleben und seltene Kräuter für die Hofapotheke auf dem Rachel zu sammeln. Bei diesen vielfältigen, meist wirtschaftlichen Interessen, wurde immer schon vermutet, daß sie auch versucht haben, sich mit der Glaserzeugung in der Gegend vertraut zu machen.

Zur Zeit der Errichtung des Jagdhaus in Reichenberg 1590 stand die Glashütte am Reichenberg (heute Riedlhütte) bereits seit mehr als 140 Jahren. Der herzogliche Hof in Münchner hatte einen hohen Bedarf an edlen Gläsern. Das durch den hohen Eisengehalt im Rohstoff Quarz noch grünlich gefärbte Waldglas aus den Glashütten des Bayerischen Waldes wurden in München überhaupt nicht geschätzt. Die damals schon reinen, nicht grüngefärbten Gläser aus Venedig haben den Geschmack der Zeit bestimmt. Sie waren aber sehr teuer. Um die teueren Einfuhren zu umgehen, hat schon Herzog Wilhelm V. um 1580, im ersten Jahr seiner Regierung und 10 Jahre vor der Erbauung seines

Jagdhauses in Reichenberg, italienische Glasmacher angeworben und in München eine erste Glashütte errichtet. Diese herzogliche Glasherstellung war jedoch so teuer, daß der Betrieb bald wieder aufgegeben worden ist.

Herzog Wilhelm V. war an der Glasherstellung also sehr interessiert. Er mußte bei seinem Ritt zur Bärenjagd in die Hochwälder vom Jagdhaus in Reichenberg im nur 700 m entfernten Tal der Großen Ohe über die Brücke den Bach überqueren. Er wird es nicht versäumt haben, in der nur 100 m entfernten Glashütte am Reichenberg, in der heutigen Ortsmitte von Riedlhütte, den Glasmachern bei ihrer Arbeit zuzuschauen. Was hier als Annahme geäußert worden ist, läßt sich für seinen Sohn Herzog Albrecht VI. auch nachweisen.

Im Rechnungsbuch[335] Ausgab über die fürstliche Hirschfeist zum Haag und Pernjaidt zum Reichenberg und Lalling Anno 1615 ist folgendes zu lesen:

> *Den 28. August, als ihre Durchlaucht (Herzog Albrecht VI.) zu Klingenbrunn auf der Glashütte gewesen, dem Hüttenmeister (Mathias Greipl) um gemachte (bestellte) Gläser bezahlt 35 Kreuzer. Ihm (Mathias Greipl) und seinen Gesellen verehrt aus Befehl Herrn Oberstallmeisters 1 Gulden.*

Herzog Albrecht VI. hat also den Hüttenmeister Mathias Greipl auf der früheren Klingenbrunner Glashütte, heute im Ortsteil Reinhardsschlag besucht und hat offensichtlich bestellte Gläser bezahlt. Da Fensterglas nicht ausdrücklich erwähnt wird, dürfte es sich um Hohlgläser für seine Hofhaltung in Haag bei Wasserburg oder sogar für den Hof in München gehandelt haben. Den Kauf von Butzenscheiben für die Fenster seines Schlosses in Haag hätte er wohl vom Oberstallmeister erledigen lassen. Der Oberstallmeister führte die Oberaufsicht über das gesamte Hofwesen, den Fuhrpark, war Reisemarschall und hatte für die Jagdgäste zu sorgen. Er war also der ranghöchste Beamte am Hof.

Mathias Greipl war in dieser Zeit auch Hüttenherr auf der Rirlhütte, Riedlhütte. Er wird in Klingenbrunn die besseren Gäser hergestellt und deshalb den Herzog dort empfangen haben. Vielleicht hat er in Klingenbrunn aber auch Hohlglas und in Riedlhütte Butzenscheiben gefertigt (Abbildung 156).

Abbildung 156: So könnte der Besuch von Herzog Albrecht VI. am 28. August 1615 in der Glashütte in Klingenbrunn ausgesehen haben. In diesem Jahre war auch seine Frau, die Landgräfin Mechthild von Leuchtenberg mit bei der Bärenjagd. Interessiert sehen die herzoglichen Besucher dem Glasbläser zu. Im Hintergrund ein weiterer Glasbläser am Ofen und (sitzend) der Schürer.

Herzog Albrecht VI. hat vom Hüttenherrn Greipl möglicherweise aber auch diejenigen Butzenscheiben gekauft, mit denen ein Monat später die Fenster seines Jagdhauses in Haag ausgebessert worden sind: Dem 30. September dem Hans Georg Dechinger, Glaser allhier, so die Fenster in Ihrer Fürstlichen Durchlaucht Jagdhaus (in Haag) ausgebessert, laut seiner Zettel davon bezahlt 45 Kreuzer.

Um 1619 hat man auch am Hofe von Maximilian I. mit den Destillierkolben aus den Waldglashütten praktische Versuche angestellt, um aus dem unedlen Kupfer, Gold zu machen. In seiner Leibbibliothek hatte er mehrere alchemistische Bücher stehen mit genauen Anleitungen, wie dabei vorzugehen ist. Diese Versuche wurden von Johann Peter de Isnard, Doktor der Medizin und kurze Zeit Leibarzt des Herzogs ausgeführt. In den Hofzahlamtsrechnungen von 1617 findet sich folgender Eintrag:[336] Johann Pietro de Isnard Medizinae (Arzt) d. für ihn bei der Glashütten Zuislaw (Zwieselau) angefriemten (bestellten) Destillierzeugs samt den Fuhrlohn ... 185 Gulden. Offensichtlich blieb er ohne Erfolg. Nach kurzer Zeit wurde er aus seinem Dienst entlassen und verhaftet. Nur wenige Jahre früher hat Herzog Wilhelm V. den Goldmacher Bragadino angestellt. Dieser hat mit Destillierkolben aus Glashütte Schönau (heute Neuschönau) experimentiert, blieb ohne Erfolg und wurde auf dem Marienplatz hingerichtet.

Bischof Sigismund von Freising: Das Bleiglas und Rubinglas

Der größte Glasexperte unter den Wittelsbachern war jedoch Herzog Albrecht Sigismund (1623-1685), der von 1652 bis zu seinem Tode 1685 Bischof von Freising und von 1668 bis 1685 Bischof von Regensburg war (Meichelbeck, 1724, S. 405). Er war der Sohn von Albrecht VI. (1584-1666) und Mechthild von Leuchtenberg (Abbildung 157).

Die große Jagdleidenschaft von Albrecht VI. ist auch auf seinen Sohn Sigismund übergegangen. Genauso wie Herzog Wilhelm V. seine Söhne Maximilian und Ferdinand zur Jagd mitnahm, wird auch Sigismund seinen Vater bei den Jagden um Haag und in den Bayerischen Wald begleitet haben. Wir gehen davon aus, daß auch nach 1625, der letzten dokumentierten Bärenjagd in Reichenberg, auch später dort noch gejagt worden ist. Als Bischof von Freising war er auch ständiger Gast bei den Hofjagden seines Onkels Maximilian I. in den Münchner, Landshuter und Erdinger Jagdgründen.

Bischof Sigismund von Freising und das Bleikristallglas

Der Freisinger Bischof Sigismund ist für die Geschichte der Glashütten am Rachel und Lusen von Interesse. Er ist als leidenschaftlicher Glasschmelzer und Alchemist in die Geschichte eingegangen. Berühmt wurde sein Freisinger Flüß, ein sehr reines Glas mit hoher Lichtbrechung als Edelsteinersatz, das er zusammen mit dem Freisinger Bürger und Büchsenmacher Christian Murr zu schmelzen verstand. Diese Reinheit und Klarheit konnte er nur durch sehr hohe Bleigehalte im Gemenge erzielen. In der reichhaltigen Freisinger Dombibliothek stand ihm das technologische Wissen dieser Zeit zur Verfügung: Der Florentiner Priester Antonius Neri schrieb 1612 das Buch L árte vetraria, die Kunst der Glasherstellung: Eine Sammlung von Rezepten der Glasmacher der Renaissance, in denen auch bleihaltige Rohstoffe erwähnt werden. Eine Originalausgabe dieses Buches von Antonius Neri gehört heute noch zu den wertvollen Beständen der Dombibliothek. Vorhanden gewesen waren damals sicher auch die Schriften des Heraclius, ein Mönch aus dem 10. Jahrhundert nach Chr. und des Theophilus Presbyter. Beide haben nicht nur darauf hingewiesen, daß jüdische Glasmacher schon in früherer Zeit aus einer Glaspaste mit hohem Bleigehalt imitierte Edelsteine herstellen konnten, sondern wie man auch Glas für farbige Kirchenfenster bereitet (Neri, 1612, Kunckel, 1679, Weiß, um 1980, Hofmann, 1997).

Im Jahre 1662 übersetzte Christopher Merret, ein englischer Arzt und Mitglied der Royal Society, das Buch von Neri L árte vetraria in die englische Sprache und ergänzte es durch einen Abdruck wesentlicher Teile aus Georg Agricolas De re metallica (1556) über die Glasöfen (Stein, 1972). 1674 beantragte dann der Engländer Georg Ravenscroft für seine Glashütte in London ein Patent auf das Kristallglas mit hohem Bleizusatz, das Bleikristallglas. Das Rezept hierzu hat er dem Buch von Merret entnommen, das wiederum auf Neri, 1612, zurückgeht. Er gilt heute als der Erfinder des Bleikristals. Von England ausgehend wurde das Bleiglas in allen europäischen Ländern verbreitet, sehr bekannt und ein großer wirtschaftlicher Erfolg. Die Entwicklung des Glasschliffes ist ohne des weniger spröden, sehr weichen, Bleikristals mit hoher Lichtbrechung nicht denkbar.

Bischof Sigismund hat auf dem Freisinger Domberg schon bald nach seinem Amtsantritt 1652 zusammen mit dem Büchsenmacher Christian Murr an seinen künstlichen Edelsteinen, dem Freisinger Flüß, experimentiert. Meichelbeck, 1729, S. 408) berichtet, daß sich Sigismund die Zeit durch die Anfertigung künstlicher Edelsteine vertrieb, viele Leute diese gegossenen Steine sehr hoch schätzten und auch trefflicheFerngläser erzeugt worden sind. Die Linsen für diese Fernrohre sind selbst hergestellt worden, da nach einem Hinweis in einem alten Lexikon am Schleiferbach Linsen geschliffen worden sind. Auch der Ingolstädter Astronom und Professor Scheiner rühmt die in Freising hergestellten und geschliffenen Linsen für die Fernrohre.

Da zwischen 1652 und dem Patent von Ravenscroft 1674 in London 22 Jahre liegen, ist es durchaus möglich, wenn nicht sogar wahrscheinlich, daß Bischof Sigismund in Freising wesentlich früher als Georg Ravenscroft in London das Glas mit den hohen Zusätzen von Bleioxid versehen hat und so das Bleikristall, (wieder)entdeckt hat. Durch die höhere Lichtbrechung und das Funkeln war dieses Glas den Edelsteinen ähnlich. Allerdings war Bischof Sigismund offensichtlich nur an der Imitation von Edelsteinen interessiert. Über die Herstellung von Hohlglas aus Freisinger Flüß ist bisher nichts bekannt geworden. Die chemische Untersuchung von Glasscherben könnte diese Frage klären.

Bischof Sigismund in Freising und das Goldrubinglas

Als Erfinder des Goldrubinglases gilt Johann Kunckel. Er wurde 1630 als Sohn eines Glashüttenmeisters in Rendsburg geboren. Nach dem Studium der Chemie und Pharmazie veröffentlichte er 1677 die Chymischen Anmerkungen. Zuerst war er beim Herzog von Lauenburg im Dienst, dann beim Herzog von Sachsen. Nach 1778 arbeitete er beim Großen Kurfürsten 10 Jahre lang in Potsdam. 1779 erschien sein bedeutendstes Werk, Ars Vitraria experimentalis oder die vollkommene Glasmacher- Kunst. In dieser Zeit in Potsdam gelang ihm die Herstellung des Goldrubinglases.

Der große Experimentator und Alchemist Bischof Sigismund hat auf dem Freisinger Domberg zusammen mit Christian Murr auch Goldrubingläser hergestellt. Bei seinem Tode in Freising 1685 wurde ein ausführliches Inventar seiner Hinterlassenschaft erstellt, das im Geheimen Staatsarchiv[337] einzusehen ist. In diesem Inventar werden auch künstliche Edelsteine aus Goldrubinglas, Kreuze aus Rubinflüß und roten Flüß und ein Pectoral (Brustschmuck) mit Rubinflüß genannt.

Während der Regierungszeit von Bischof Sigismund wurde auch in der kurfürstlichen Glashütte im Stadtteil Lehel (heute U-Bahnstation) in München durch den Hüttenmeister Fiedler Goldrubinglas geschmolzen und Hohlglas hergestellt. Von der Glashütte im Lehel, erbaut 1677 vor dem Isartor (Oppelt, 1904, S. 16ff, Berliner, 1929) gab es auch Verbindungen zum Freisinger Domberg und zur Glashütte in Schönau (heute Neuschönau bei Grafenau) im Bayerischen Wald. Fiedler hat sich mit seinem Auftraggeber Kurfürst Ferdinand Maria in München überworfen und gründete später eine eigene Glashütte bei Eisenstein an der böhmischen Grenze. Bekanntgeworden sind vier Rezepte einer Goldrubinschmelze im Rezeptbuch des Hüttenmeisters Preißler auf der Glashütte Klostermühle bei Unterreichenstein im Böhmerwald. Preißler kam von einer Hütte bei Eisenstein zur Klostermühle. Der Weg der Goldrubinschmelze könnte über den Freisinger Domberg, zur Glashütte von Kurfürst Ferdinand Maria im Lehel (Fiedler) in München nach Eisenstein und dem Böhmerwald (Klostermühle, Winterberg) gegangen sein.

Die Beherrschung der Goldrubinschmelze in Freising findet heute wieder großes Interesse, nachdem Gläser aufgetaucht sind, die Kunckel an der Potsdamer Glashütte nicht zugeschrieben werden können. Seit dieser Zeit bestehen Zweifel, ob Kunckel in seiner Glashütte auf der Pfaueninsel, nahe Potsdam bei Berlin, dieses Glas wirklich als Erster hergestellt hat. In diesem Zusammenhang wird auf die 1684 erschienene Schrift des hessischen Bergbeamten Joh. Chr. Orschall Sol sine veste oder 39 Experimenta, dem Gold seinen Purpur auszuziehen, welches theils die Destructionem Auri vorstellet, mit angehängtem Unterricht, den schon längst verlangten Rubin- Fluß oder Rothe Glas in höchster Perfection zu bereiten. Hier teilt Orschall (Seite 70) mit, daß Dr. Cassius einen sehr schönen Rubinfluß zuwege gebracht, solchen auch an unterschiedlichen Orten vor ein gewisses Geld communicieret, davon dann hin und wider etwas zu sehen und biß auf den heutigen Tag (1684) zu Freysingen dergleichen verfertigt, doch sehr geheim gehalten wird. Das Buch von Orschall ist in der Bay. Staatsbibliothek in München in mehreren Ausgaben erhalten. Die Freisinger Glashütte muß 1686, 2 Jahre vor dem Tod von Bischof Albrecht Sigismund technologisch einen beachtlichen Stand gehabt haben. Über das Rubinglas berichtet Meichelbeck, 1729, S. 408, leider nichts.

Abbildung 157: Der Wittelsbacher Herzog und Bischof von Freising, Albrecht Sigismund, Sohn von Herzog Albrecht VI., erfand zusammen mit dem Büchsen- und Perspektivmacher Christian Murr den Freisinger Flüß, ein Bleiglas. Er stellte auch Goldrubinperlen her.

Bischof Sigismunds wichtigster Mitarbeiter war der Tiroler Büchsenmacher Christian Murr. Er hat seine Wanderjahre in Holland verbracht und beherrschte auch die holländische Sprache (Meichelbeck, 1724). Möglicherweise ist er in Holland mit Dr. Cassius zusammengetroffen, der die Voraussetzungen und Vorarbeiten geschaffen hat, Gold aufzulösen, dem Gemenge beizugeben und so Rubinglas zu schmelzen. Hier drängt sich die Frage auf ob vielleicht Johannes Kunckel und Christian Murr die experimentellen Vorarbeiten von Dr. Cassius gekannt und etwa zur gleichen Zeit in Potsdam und in Freising die Schmelze von Rubinglas zur Praxisreife gebracht haben?

Zu vermuten ist aber auch, das schon der junge, jagdbegeisterte Albrecht Sigismund, er ist 1623 geboren, sich in den 29 Jahren vor seinem Amtsantritt als Bischof von Freising, mit seinem Vater Albrecht VI. im Jagdhaus auf dem Reichenberg zur Jagd aufgehalten hat. Falls diese Annahme zutrifft, hat der handwerklich begabte und den geheimnisvollen Künsten seiner Zeit zugewandte Albrecht Sigismund bei seinen Jagdausflügen sicher auch die drei umliegenden Glashütten besucht: So die nur 750 m vom Jagdhaus entfernte Glashütte am Reichenberg (heute Riedlhütte), Klingenbrunn (heute Spiegelau, 2 km entfernt) und Schönau (heute Neuschönau, 6 km entfernt).

Die 3 Glashütten standen in dieser Zeit in der Herstellung von Butzenscheiben in hoher Blüte. Mit den Butzenscheiben dieser Glashütten sind 1590 auch die 90 Fenster des Jagdhauses in Reichenberg verglast worden. Bei diesen Besuchen bei den Glasmachern an der Glashütte am Reichenberg könnte der junge Sigismund auch die ersten entscheidenden Anregungen bekommen haben, sich später als 29 jähriger Bischof von Freising in seiner freien Zeit mit der geheimnisvollen Glasherstellung zu beschäftigen. Dieser sehr praktische Anschauungsunterricht bei den Glasmachern am Reichenberg, in Verbindung mit der Kenntnis der alten, überlieferten Glasrezepte aus dem technologischen Schrifttums dieser Zeit in der Bibliothek auf dem Freisinger Domberg könnten ihn veranlaßt haben, mit der Zusammensetzung des Gemenges bei der Glasherstellung zu experimentieren. Durch das Zusammentreffen dieser günstigen Umstände, wäre es durchaus möglich gewesen, wenn er noch vor Georg Ravenscroft in England (1674) Bleikristall und vor Johannes Kunckel (1679) in Potsdam Goldrubinglas geschmolzen hätte. Es wäre sicher von Interesse, die bei den Grabungen auf dem Domberg in Freising gefundenen Glasscherben chemisch zu untersuchen, um diese Frage zu klären.[338] Ferner ist auch zu erwarten, daß in den Archiven noch Hinweise über die Glasherstellung aus der Zeit von Bischof Sigismund erhalten geblieben, die bisher nicht beachtet worden sind.

7.8 Der 30jährige Krieg und die laidige Sucht der Pest

Die beiden Jägerhäuser in Reichenberg (erbaut 1590) und Lalling (erbaut 1593) standen unter keinem guten Stern. Nach nur 28 Jahren Frieden begann 1618 der 30jährige Krieg. Neben den kriegerischen Auseinandersetzungen war der Ausbruch der Pest ein weiterer Grund, den Kurfürsten und seinen Oberstjägermeister davon abzuhalten, die beschwerliche Reise anzutreten, um in Reichenberg zu jagen. Heute nicht mehr vorstellbar, was diese Seuche für die Menschen damals bedeutet hat. Die Pest ist aus dem Orient eingeschleppt worden. Sie ist in diesen schrecklichen Kriegsjahren immer wieder an verschiedenen Orten ausgebrochen.

Den ersten Hinweis über die Pest gibt es bereits 1599 (ohne Datum), nur wenige Jahre nach der Fertigstellung des Rohbaues des Jagdhause in Reichenberg 1590. In diesem Jahr ist der Rentmeisterumritt, die Begehung der Grenzen zu Böhmen und zum Bistum Passau ausgefallen:[339] Rentmeisterumritt wegen der leidigen regierenden Infektion nicht gehalten. 1599 wird auch berichtet, daß zur Vorbereitung einer Bärenjagd in Reichenberg auch gehörte, sich von München aus beim Pflegsverwalter in Bärnstein und bei den Geistlichen zu erkundigen, wie es der Infektion und bösen Lüfte halber, in diesen Gerichtswaldungen beschaffen sei. Die schlimmsten Kriegs- und Pestjahre im Bayerischen Wald waren aber die Zeiten von 1632 - 1634 und von 1646 -1648. Die irrtümliche Ansicht war allgemein verbreitet, daß die Pest über die bösen Lüfte, über den Wind, verbreitet wurde. Vom Klerus wurde als Ursache der Pest die Ansicht verbreitet, daß sie vom Herrgott geschickt worden ist, um die sündigen Menschen zu bestrafen. In vielen Bildern wurde der Herrgott im Himmel dargestellt, der spitze Pfeile auf diese Menschen schleuderte um sie so zu vernichten. Wegen diesem Unwissen hatte die Krankheit auch viele Namen. Hier eine Aufzählung, die in den alten Berichten erscheinen: Pest, schwarze Blattern, Beulenpest, schwarzer Tod, laidige Sucht, Sterbsucht, Sterblauf, sterbende Läuf, hitzige Krankheit, abscheiliche Krankheit, gestorben an der Hitz, ungarisches Fieber (Melter,1890, Lammert, 1896, Ritzer, 1906, Prandstätter, 1919, o. V., 57, Baumgartner, 1977, Wittgräfe, 1984, Haertel, 1985, Hartinger und Helm, 1986).

Es war damals nicht bekannt, daß die Pest aus Asien durch Wanderratten eingeschleppt wurde. Von der Ratte zu den Menschen wurde sie von Flöhen übertragen, die in den ärmlichen Behausungen zahlreich vorhanden waren. Flöhe können selbst nicht an der Pest erkranken. Sie übertragen den Erreger durch ihren Stich in die Blutbahn von Menschen und Säugetieren. Man ist heute überzeugt, daß die Verschleppung der Krankheit über hunderte Kilometer dann durch die Menschen selbst erfolgt ist. Die dichtbesiedelten Regionen der damaligen Welt wurden durch den Handel immer mehr erschlossen. Händler haben die Pest in der ganzen Welt verbreitet. Durch den regen Verkehr auf dem

Abbildung 158: Die Ursache für den Ausbruch der Pest, waren nach damaliger Ansicht die sündigen Menschen, auf die der Herrgott im Himmel spitze Pfeile schleuderte, um sie so zu vernichten. Druck aus dem 16. Jahrhundert (Hartinger und Helm, 1986.).

goldenen Steig waren die Dörfer und Städte im Bayerischen Wald damals besonders gefährdet.

Die Bedeutung dieser Krankheit ist erst richtig einzuschätzen, wenn einige Einzelheiten über das Krankheitsbild bekannt sind. Man unterscheidet zwei Arten dieser Krankheit. Ausschlaggebend ist dabei die Art des Eindringens des Erregers, ein Bakterium, in den Körper. Gelangt er durch Flohstiche über die Haut in das Blut und das Lymphsystem, liegt die Beulenpest vor. Gelangt der Erreger über die Lungenschleimhäute in den Körper, spricht man von der Lungenpest.

Die Beulenpest scheint die vorherrschende Art gewesen zu sein. Die Zeit vom Eindringen bis zum Ausbruch der Krankheit, die Inkubationszeit, beträgt hier nur 6 Tage. Innerhalb dieser kurzen Zeit setzte bei gesunden Menschen schlagartig hohes Fieber um 40ºC ein. Es folgten Schüttelfrost, heftige Kopf- und Gliederschmerzen sowie Benommenheit. Das wichtigste Kennzeichen der Beulenpest war dann das Anschwellen der Lymphdrüsen zu den Bubonen in der Leistengegend, in der Achselhöhle oder im Nacken. In ein bis zwei Tagen waren die Bubonen dann so groß wie eine Walnuß oder eine Faust. Durch die Spannungen dieser großen Verdickungen der Lymphdrüsen waren die Bubonen auch sehr schmerzhaft. Nun bestand oft innerhalb eines Tages die Gefahr eines Herz- und Kreislaufversagens (Hartinger und Helm, 1986). Herzversagen war dann auch häufig die Todesursache in diesem Stadium (Abbildung 158, 159).

Obwohl die Infektionswege noch wenig bekannt waren, wurden von den Herrschern schon sehr früh Pest-Ordnungen erlassen, um die Ausbreitung der Pest zu verhindern. Von Interesse ist die Pest-Ordnung von Herzog Maximilian I. von Bayern aus dem Jahre 1613, die in die Zeit der Bärenjagden in Reichenberg fällt. Als Ursache der Pest wird immer noch der pfeileschleudernde Gott im Himmel erwähnt. Doch war auch bereits bekannt, daß die Pest durch herumziehende Menschen verbreitet wird. So wurde die Todesstrafe allen angekündigt, die heimlich von einem infiziertem Ort zu einem gesunden (Ort) ziehen. Die Quarantäne, die Isolierung der infizierten Personen, war damals die einzige Möglichkeit, die Pest zu bekämpfen:

> *Von Gottes Gnaden, wir Maximilian Pfalzgraf bei Rheyn, Herzog in Obern- und Niedernbaiern, etc. entbieten allen von jeden unseren Land- und Hofmeistern ... Hauptleuten, Rentmeistern, Pflegern, Richtern ... und im (all)gemeinen allen unseren Dienst- und Amtleuten, Untertanen, Gemeinden und Angehörigen unseren Gruß und Gnad und verfügen denselben zu wissen: Nachdem sich die Sterbläuf und vornehmlich die schreckliche, abscheuliche Sucht der Pestilenz an unterschiedlichen Orten in und außer unserer Land und Fürstentum, zweifelsohne von Gott dem Allmächtigen um unserer großen unaufhörlichen Sünden wegen, geschickte Straf und Ruten erzeigt und eingerissen.*

Herzog Maximilian I. fühlte sich für seine Untertanen verantwortlich: Aber eine jede Oberigkeit schuldig ist, bei dergleichen gefährlichen Läufen gut Vorsehung und Ordnung zu tun, damit ihre von Gott anbefohlenen Untertanen und Verwandten, soviel durch menschlichen Fleiß und Vorsehung immer möglich, vor Schaden und Gefahr verhütet werden. Zu diesem Ende wir uns gleichwohl der vor diesem von uns ausgefertigten Mandaten gute Bestellung und Ordnungen auch Fürseh und Aufstellung der Wachten wider (gegen) das Aus- und Einlaufen zu und von den infizierten Orten, so wir bei ernstlicher Leibstraf verbieten lassen, zu entsinnen haben.

Wenn ein Pestkranker einen Gesunden infizierte, wurde das als einem Totschlag nit ungleich angesehen: Dessen aber alles ungeachtet, befinden wir in gewisser und täglicher Erfahrung, daß von unsern Landsuntertanen, bei denen dies Unheil bereits eingerissen, diesen unseren aus väterlicher, getreuer Fürsorg angestellten Ordnungen ganz in gegen und zuwieder gehandelt und dies Ein- und Auslaufen zu und von den infizierten Orten dadurch nun einmal gewiß dergleichen Unheil der laidigen Infektion mehr teils hin und wieder

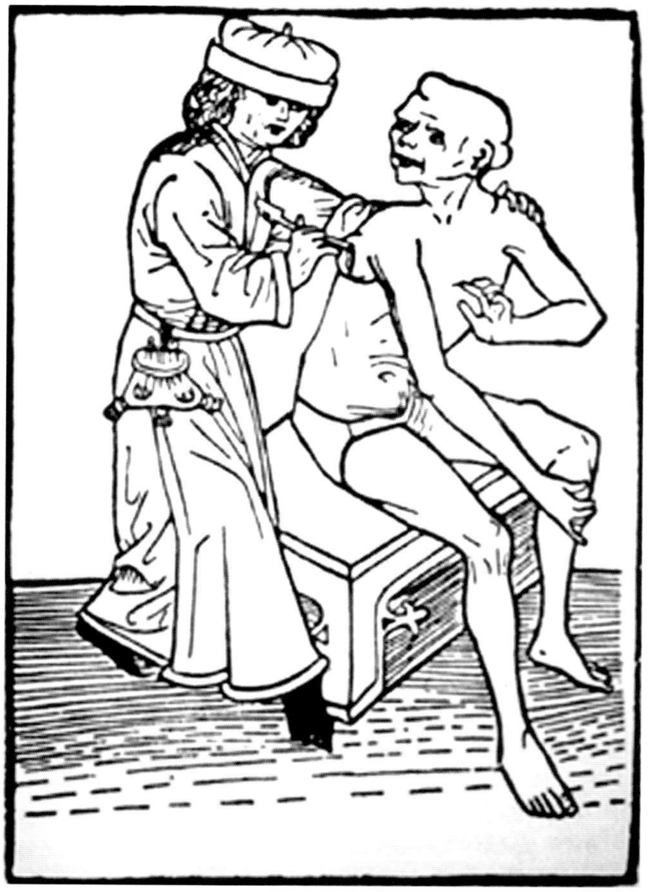

Abbildung 159: Die typischen Pestbeulen von der Größe einer Walnuß bis zu einer Faust sind an Hals, Achselhöhlen, in der Leiste und den Geschlechtsteilen aufgetreten. Die sehr schmerzhaften Pestbeulen wurden von einem Arzt aufgeschnitten. Holzschnitt, Nürnberg, 1482 (Hartinger und Helm, 1986).

gezettlet (?) würdet. Durch die bishero fürgenommene Strafen den Leuten nit hat erleidet oder verwehrt werden mögen. Dieweil aber bei so wachsenden Ungehorsam auch daraus Land und Leuten entstehender Gefahr davon einem einzigen Menschen nit allein ein ganzer Flecken, sondern wohl eine ganze Gegend weit und breit infiziert werden mag, die Strafen billig zu schärfen und es einem Totschlag nit ungleich ist, wann einer der allbereits infiziert, aut quasi, sich unter den Gesunden gefährlich und vorsätzlicher Weis einmischen und einmengen, auch dieselben durch sein Person infizieren und vergiften tut.

Vorsätzliches Umherziehen wurde mit dem Strange bestraft: Deswegen ist unser ernstlicher Befehl, Will und Meinung zu vorkommen aller bevorstehender und täglich der Infektion halber wachsender Gefahr von nun an hinführo das obenerzählte Auf- und Einlaufen von und zu den infizierten Orten, da es gefährlich und vorsätzlicher Weis geschieht mit dem Strangen und am Leben gestraft werden soll. Sonderlich gegen denjenigen, die von einem ganz gesunden an einen infizierten Ort Erbschaften oder anderer ihrer Geschäft halber sich begeben und Einlaufen. Dergleichen Strafen auch diejenigen ganz wohl verschulden, welche von infizierten Flecken an gesunde Ort nicht von Fliehens wegen, sondern ihrer vermeinten Geschäft oder anderer Ursachen halber auslaufen und hernach sich wiederum heim an das infizierte Ort begeben.

Nun kommt die Pest-Ordnung auf die Menschen zu sprechen, die sich in den Städten und Dörfern in verriegelten Häusern aufhalten mußten:

Darunter auch die, welche aus infizierten und versperrten Häusern, nachdem sie ein Zeit darin gewesen und nicht beizeiten geflohen sind an gesunde Ort auslaufen zu rechnen. Sowohl auch die, welche in einem infizierten Flecken, darin das Übel noch gefangen und errettet werden möchte, aus einem gesunden Haus in ein infiziertes mutwillig und gefährlicher Weis einlaufen. An denen allen und jeden, welche so großen gefährlichen und vorsätzlichen Ungehorsam mit Aus- oder Einlaufen und von oder zu den infizierten Orten begehen werden, es werde die Infektion durch sie weitergebracht oder nicht, sollen auch Publikation dieses unseres Mandates mit der Strang und Lebenstraf ohne Mittel verfahren werden.

Nach der Pest-Verordnung durften auch die nächsten Familienangehörigen nicht geschont werden: Auch sollen Vater, Mutter, Kinder, auch andere nächstbefreundete (Verwandte), da sie schon aus mitleidigem Heimsuchen wider (gegen) dieses ernstliche Verbot, von oder zu den infizierten Orten aus- und einlaufen würden, hierin nicht für entschuldigt gehalten oder der aufgesetzten Straf enthebt werden, dieweil sie des gemeinen Vaterlands Heil und Wohlfahrt und damit Land und Leut von ihnen nicht infiziert werde, mehr als das Geblüt (die Familie) und die Freundschaft (Verwandtschaft) in Acht nehmen sollen.

Auch 1611, als Herzog Albrecht VI. im Bayerischen Wald jagte, herrschte in Bayern die Pest. Auf dem Weg von seinem Schloß in Haag zu seinem Jagdschloß in Aichpichl, heute Eichbichl bei Frauenneuharting über Wasserburg, begegnete die Jagdgesellschaft Pestkranken. Eintrag im Rechnungsbuch: Zwei armen Personen, darunter einer die abscheuliche Krankheit (sicher Pest), gegeben 4 Kreuzer (Almosen).

Jahre später ist die Pest aber auch im Bayerischen Wald ausgebrochen. Das Jahr 1634 ist den Chronisten in Erinnerung geblieben, weil in Passau die gräßlich wüthende Pest viele Menschen dahingerafft hat (Erhard, 1899, S. 52). Über den Glashüttenmeister an der Riedlhütte, der 1638 die Glashütte nach Guglöd verlegt hat, wird berichtet: Hans Adam Wieland und die Riedlhütten verfielen dem (30jährigen) Krieg und dem leidigen Sterb. Es ist nicht genau bekannt, wann das war. Es dürfte aber um 1648 zum Ausgang des 30jährigen Krieges gewesen sein. 1652 gibt es wieder eine Nachricht: Hans Adam Wieland ... als auch seine Hausfrau (Ehefrau) und Kinder (sind) im Sterblauf zeitlichen Todes verstorben. Weiter wird mitgeteilt, daß seine Hauswohnung auch vorher (also vor 1652) durch die Reiter abgebrannt worden und bisher (seither) öd gestanden ist. Daß wäre ein weiterer Hinweis auf versprengte Reiter, die 1648 alles niederbrennend durch das Land zogen und auch das Jagdhaus in Reichenberg angezündet haben.

Kriegerische Auseinandersetzungen im 30jährigen Krieg

In den 23 Jahren zwischen 1625 und 1648 gibt es keine Hinweise mehr über Bärenjagden im Reichenberger und Lallinger Jagdgebiet. Diese lange Zeit der Abwesenheit hängt sicher auch mit den kriegerischen Auseinandersetzungen im Land zusammen. Am 17. Mai 1632 kam Gustav Adolf, von Freising her, in die mit Flüchtlingen angefüllte Stadt München. Der Bürgermeister übergab dem Schwedenkönig die Schlüssel der Stadt. Kurfürst Maximilian I. befand sich im Feldlager bei Regensburg. Gustav Adolf verlangte 455.000 Gulden, die aber nicht aufgebracht werden konnten. Deshalb nahm er 42 Geiseln auf seinem Weiterzug mit nach Augsburg.

Schlimmer als der Krieg war jedoch für München die Pest, die 1634 und 1635 von den befreundeten spanischen Soldaten des Kaisers eingeschleppt worden ist. An die 7.000 Menschen, ein Drittel der Bevölkerung von München, fielen der Pest zum Opfer (o. V. 1957, S. 27).

Kurfürst Maximilian I. und sein Bruder Albrecht VI. hatten in dieser schrecklichen Zeit andere Sorgen als in Reichenberg und Lalling Bären zu jagen.

8. Die Methoden der Jagd

Die bayerischen Herzöge und Kurfürsten jagten von ihren Jägerhäusern in Reichenberg und Lalling aus am Rachel und Lusen, in der Thomasleiten (Ringelai), im Sonnenwald und im Leopoldswald im Lallinger Winkel in den zwei Generationen oder 49 Jahren von 1587 bis 1648. In diese Zeit fallen zwei sehr verschiedene geistige Strömungen und technische Entwicklungen, die sich auf die Methoden der Jagd und ihre Technik ganz entscheidend auswirkten. Es handelt sich um die Zeit der Renaissance (etwa von 1520 - 1620), dem Übergang vom Mittelalter in die Neuzeit und die Zeit des Barocks (von 1620 - ca. 1800). Wenn im folgenden versucht wird, den Ablauf der Jagden der Wittelsbacher nachzuzeichnen, sind diese beiden Geistesströmungen zu berücksichtigen.

8.1 Renaissance (1520-1620): Jagen mit Armbrust und Spieß

Die Methoden der Jagd und die Einstellung zum Wild änderten sich im Laufe der Jahrhunderte dramatisch. In früherer Zeit wurde die Jagd nach weidmännischen Grundsätzen durchgeführt. Die Begriffe Weidmann und weidmännisch werden in einem alten Wörterbuch als ein im Jagdwesen unterrichteter Jäger und wie es einem Weidmann gebührt ausgelegt (Kehrein, 1898, S. 320). Das Wild hatte eine echte Chance, zu entkommen oder sich zu wehren. In späterer Zeit verkümmerten diese hehren Grundsätze. Aus der Jagd wurde ein grausames Abschlachten. Sie diente zur Ergötzung und Unterhaltung einer gelangweilten, sensationshungrigen Hofgesellschaft.

Um diese Veränderungen der Ausübung der Jagd zu erkennen, erscheint ein kurzer Abriß notwendig. Das Schrifttum über die Geschichte der Jagd ist umfangreich.[340] Über das Jagen vor dem Jahre 900 unserer Zeitrechnung gibt es kaum urkundliche Überlieferungen. Der Auerochs und Wisent waren bereits ausgerottet. An wehrhaften Wild verblieben nach dieser Zeit nur mehr der Bär, das Wildschwein und der Hirsch. Zur Jagd auf dieses Großwild wurden schwere kräftige Hatzhunde eingesetzt. Sie hatten das Wild in ihren Standplätzen aufzustöbern und zu stellen, festzuhalten, bis der nachfolgende Jäger es mit der Nahwaffe, dem Spieß, angreifen und töten konnte. Diese Jagd-

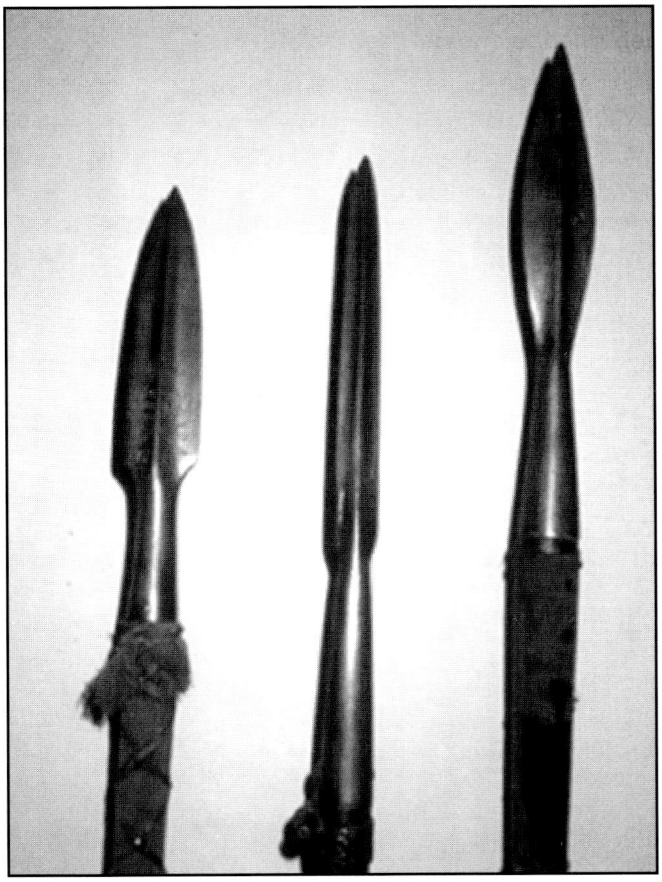

Abbildung 160: Mit dem Spieß als Nahwaffe wurde am Rachel und Sonnenwald der von den Jagdhunden gestellte Bär getötet (Deutsches Jagdmuseum in München).

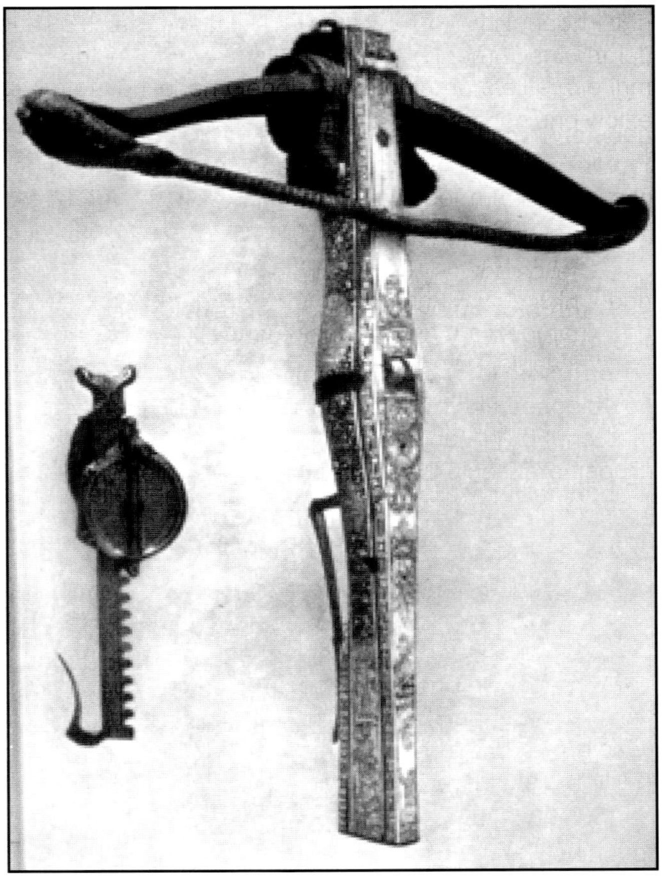

Abbildung 161: Bei den Jagden in Reichenberg und Lalling wurde bis etwa 1620 auch die Armbrust eingesetzt. Der Bogen aus Stahl wurde mit einer Wind (links) gespannt.

methode ließ dem Wild die größte Überlebenschance. Der Jäger mußte erst im unwegsamen Gelände die weit entlegenen Standplätze aufsuchen, um das von den Hunden gestellte Wild anzugreifen und zu töten. Während der Zeit der Renaissance (etwa von 1520-1620) wurde noch mit dem Bogen, der Armbrust und dem Spieß gejagt. Vor der Abreise zur Bärenjagd von Albrecht VI. 1615 in Haag bei Wasserburg wurden noch Geschosse (Balluster) für die Armbrust eingekauft.

Die Grausamkeit dieser Zeit kannte aber keine Grenzen: Es wurde nicht nur wehrhaftes Wild gejagt. Man hetzte die Hunde auch auf schwache Tiere und Kälber, auf Bachen (weibliche Wildschweine) und Überläufer (Frischling im 2. Jahr), auf junge Bären und Frischlinge (junges Wildschwein im 1. Jahr). Sie waren meist von den Hunden schon niedergerissen, stark verletzt und bluteten aus vielen Wunden, wenn der Jäger nachgeeilt kam, um es zu erlegen. Der Jagdhund hatte wichtige Aufgaben zu erledigen. Er war die andere Hälfte des Jägers (Hauber,1933). Er vertrat bei der Hetzjagd die Stelle des späteren Feuergewehrs (Abbildung 160, 161).

8.1.1 Die Hetzjagden auf Hirsche, Sauen und Bären

Hetzjagden auf Hirsche

Es folgen nun einige Schilderungen von herzoglichen Jagden, um einen Eindruck zu vermitteln, wie sie auch im Bayerischen Wald abgelaufen sind. Von Ende Juli an, wenn die Felder der Bauern im Bayernland sich zu leeren begannen, bis in den September hinein, war für den Herzog die Zeit der Hirschfaist, der Hirschjagd. Großen Wert legte man bei den Jagden auf die Fährtenkunde, dem Vorsuchen und Bestätigen der Hirsche, in der Leitung und dem Anhetzen der Hunde, in der Zucht der Leit- und Spürhunde. Als Spürhunde wurden bei den Hirschhatzen leichtere Hündinnen französischer Aufzucht verwendet. Sie wurden in Gruppen von etwa 10 Stück in gewissen Abständen an den vermutlichen Fluchtrichtungen aufgestellt. Sobald die Hirsche in der Nähe dieser Gruppe vorbei flüchteten, wurde diese Gruppe angehetzt, losgelassen. So waren immer frische, ausgeruhte Jagdhunde hinter dem Hirsch her. Man ließ ihn nicht mehr zu Atem kommen.

Nicht alle Hunde der angehetzten Meute, die oft auf hundert oder mehr anwuchs, waren fest auf der Fährte. Nur einige sogenannte Kopfhunde führten sicher und fanden die verlorene Fährte unter den schwierigsten Umständen wieder. Die gehetzten Hirsche machten es den Hunden nicht leicht. Sie änderten oft die Richtung und flüchteten lange Strecken in Wassergräben, über Brandflächen und auf viel begangenen und befahrenen Wegen, wo sich die Witterung rascher verflüchtigte. Sie sprangen durch Dörfer, zwischen Häuser und Gärten hindurch, so daß die Hetze oft zum Stocken kam und das Gebell der Meute verstummte. Hatten die Kopfhunde die Fährte wieder gefunden oder waren sie von den Picören wieder auf die richtige Spur gebracht, dann gaben sie wieder Laut. Alle anderen Hunde mußten sich ihnen wieder zuschlagen. Es war eine Kunst der Jäger, die Hunde zusammenzuhalten und immer wieder auf die Fährte zu bringen.

Umso bequemer suchte man es den berittenen Teilnehmern der herzoglichen Jagd zu machen. Man ließ der Länge nach durch die Wälder Schneisen, Durchhaue, schlagen, welche von Wurzeln und Steinen gesäubert wurden, damit die Pferde der Hofgesellschaft eine bequeme Bahn und die Reiter einen angenehmen Ritt hatten. An zentral gelegenen Plätzen wurden 6-8 fach sternförmig nach allen Seiten auslaufende Durchhaue und Reitbahnen angelegt, um von dort aus den Verlauf der Hetze übersehen und bequem verfolgen zu können. Am Laut der Meute war zu erkennen, wenn sich der völlig ermattete Hirsch den Hunden gestellt hatte. Derjenige Teilnehmer der Jagd, der als erster eintraf, durfte den Hirsch mit dem Spieß abfangen, ihn töten. Er wurde so zum gefeierten Helden des Tages.

Die Jagd war ein gewaltiges Waldspektakel. Der St. Oswalder Propst Gregor Pusch, selbst kein Jäger, sondern ein Mann der Wissenschaft, spricht 1755 in einem Schreiben an den neuen Waldforstmeister in Zwiesel über eine Hirschhatz vom unordentlichen Jagen und von einer Komödie und Wildtragödie (Seyfert, 1978, S. 64): Ein im Gebiet des Bistums Passau wundgeschossener Hirsch (ein Achtender) flüchtete, von drei großen Hunden gejagt, in den Wald der Propstei. Als der St. Oswalder Propstei- Jäger dazukam, hing bereits einer der Hunde dem Hirsch an der Gurgel. Mit einem gezielten Schuß machte er der Wildmorderei ein Ende ohne daß er mir (sein Jäger) hierdurch eine Freude gemacht, wie der Propst bemerkte. Einen Eindruck von diesem grausamen Töten vermittelt die Abbildung 162.

Verbreitet waren damals auch die Sulzen im Walde, um Hirsche anzulocken. Hier wurde Salz mit Lehm vermischt in einer hölzernen Zarge (runder Holzbehälter) oder in einer Vertiefung im Boden den Hirschen angeboten. Das Wild hat einen besonders hohen Bedarf und entwickelt einen Heißhunger nach Salz. Diese Sulzen sollten die Hirsche gewohnheitsmäßig aufsuchen, damit sie von den Jägern leichter erlegt werden konnten. Für diese Hirschsulzen wurden jährlich mehrere große Salzscheiben eingekauft. In den Flurnamen Hirschsulz oder Sulzriegel sind diese Stellen am Rachel und Lusen zum Anlocken der Hirsche noch lebendig.

Abbildung 162: Ein über weite Strecken von der Hundemeute gehetzter Hirsch, wird gestellt und von den nachfolgenden Jägern mit dem Schwert getötet.

Die Schweinshatzen

Von Ende Oktober bis gegen Weihnachten hin, war es Zeit für die Schweinshatzen. Dazu brauchte man starke Hunde, Saupaker. Es galt der derbe Ausspruch: Wer Schweinsköpfe haben will, muß Hundsköpfe dransetzen. Mehrere hundert Saurüden standen für die einzelnen Jagdschlösser der Herzöge als Fronleistung bei den Bauern, Abdekkern (verwerteten verendete Haustiere), Müllern und Metzgern in Hundelege, von wo sie bei Bedarf von den herrschaftlichen Jägern geholt wurden (Mitterwieser, 1925). Es wurde sehr lebendig am Rachel und Lusen, wenn die flinken, kleinen Steinbraken zu stöbern anfingen, die großen Finder aufjauchzten und endlich der dumpfdröhnende grobe Hals der riesigen Paker ankündigte, daß die Sauen den Kessel verließen, um ihr Heil in schleunigster Flucht zu suchen (Abbildung 163).

Die Bärenhatzen

Die Bärenhatz war ganz besonders aufregend. Wenn die Treiber mit ihren Hunden, spitzen Stangen und Pechbränden (Fackeln), den alten Hauptbär im Winterlager hochmachten. Dieser dann, äußerst mißgestimmt, vor der Hundemeute sich davon machte. Die Meute der Hunde hat den Bären verfolgt und gestellt, bis der Bärenjäger nachkam und dem Bär mit dem Spieß den Fang hinter das Schulterblatt gab. Maximilian I., der deutsche Kaiser (1493-1519), fand noch eine besondere Lust daran, *den Bären ohne andere Hülfe mit dem Wurfspieß zu fällen.*

Im Lexikon von Zedler von 1731-54, (Spalte 117) wird ein Bären-Beißer wie folgt beschrieben: Bärenbeißer, Boll- oder Bullenbeißer, sind eine gewisse Art Hunde, welche einen

Abbildung 163: Die Hunde haben die Sau aus ihrem Kessel getrieben und gestellt. Von den nachfolgenden Jägern wird sie mit dem Spieß und dem Schwert getötet.

dicken Kopf, breite und schwarze Schnauze, weiten Rachen, und gelblichte Haare haben, mit Augen freundlich sehen, auch nicht so hoch von Schenkeln, als stark von Leibe sind. Sie werden auf wilde Schweine, Wölfe, Bäre und Luchs abgerichtet. Weil dieselbe grimmig, und Menschen und Vieh öfter unversehens anfallen, so ist in den sächsischen sowohl als brandenburgischen Gesetzen solche zu halten, bei Strafe, daß sie vom Schinder tot zu schlagen, verboten worden. In einigen Bildern soll diese Bärenjagd mit dem Spieß dargestellt werden Abbildung 164, 165, 166, 167 168, 169).

Noch während der Zeit der Renaissance (1520-1620) erscheint auch zum ersten Mal die Feuerwaffe. Auf Grund der schwierigen Hand- und Luntenzündung fanden die ersten Feuerwaffen zur Jagd aber kaum Verwendung. Für Kriegszwecke wurden sie aber bereits im 14. Jahrhundert eingesetzt. Umwälzend für das ganze Jagdwesen wirkten sich dann im 17. Jahrhundert die Verbesserungen der Feuerwaffen aus.

Abbildung 164: Ein Bär wurde von Hunden gestellt. Er greift einen der drei Jäger an. Die beiden anderen töten den Bär mit dem Spieß. Adelige Weidwerke, Prag, 1699.

Abbildung 165: Etwa 24, mit Speeren bewaffnet Jäger und eine Meute Hunde bedrängen drei Bären und und töten sie mit dem Spieß. Kupferstich von Stradanus (Jan van der Straat), 1536.

Abbildung 166: Eine von Hunden gestellte Bärenmutter mit zwei Jungen greift einen berittenen Jäger an. Fresko einer Bärenjagd im Jagdhaus der Herren von Jenner (Klausen) in Ranui (Tirol) um 1650.

Abbildung 167: Sechs Bärenjäger greifen eine Bärenmutter (rechts) mit ihren drei Jungen (links) an. Bernau, Der Böhmerwald, um 1860

Abbildung 169: Ein Braunbär wurde von einer Hundemeute gestellt. Während der Bär versucht, die Hunde abzuwehren, gibt ihm der Bärenjäger den Fang hinter das Schulterblatt.

Abbildung 168: Ein Braunbär wurde von Hunden aufgestöbert und liegt am Boden. Der Bärenjäger eilt herbei und gibt mit der haarscharf geschliffenen Feder, dem Bärenspieß, den Fang hinter das Schulterblatt, welcher richtig geführt, das Herz trift.

8.2 Barockzeit (1620-1800): Die Jagd als Hofspektakel

Mit der Erfindung des Radschlosses im 16. Jahrhundert mit dem weich und ruckfrei arbeitenden Mechanismus, wurde die Feuerwaffe handlicher und leichter. Um 1590 wurden extrem lange Flintenläufe eingesetzt. Sie erlaubten den Schuß auf besonders weite Entfernungen (Ergert, 1980, S. 14 ff, Laturell und Mooseder, 1997 S. 348). Jetzt wurde auch die Jagd auf Federwild interessant. Die ersten Fasanengärten entstanden, um für die Jagd genügend Nachzucht zu bekommen (Abbildung 170).

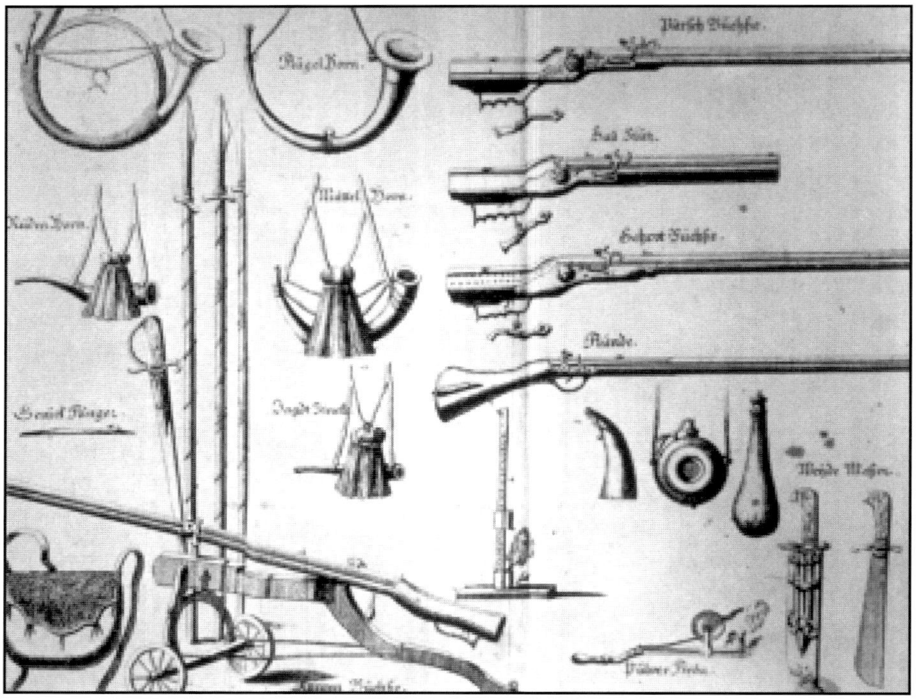

Abbildung 170: Die bei der Jagd benutzen Feuerwaffen. Rechts oben: eine Pürsch-Büchse, links unten eine fahrbare Karren-Büchse mit sehr langem Lauf.

Während der Barockzeit und im Rokoko (von 1620 - 1800) wird die Jagd zu einem gesellschaftlichen Ereignis. Den Beginn kann man um 1620 ansetzen und sie geht etwa bis 1800 (Ergert, 1984, S. 82). Bogen, Jagdarmbrust und Jagdschwert verschwinden fast völlig. Die Hetzjagden und eingestellten Jagden, bei der das Wild in einen durch Tücher und Netze umgebenen Raum getrieben wurde, forderten in ihren Anfängen noch viel Geschicklichkeit, Können und vor allem Mut von den Jägern. Nun degenerierte die Jagd im Barock zu einem prunkvollen Hof- Spektakel. Über die Grausamkeit, das Wild jämmerlich zu Tode zu hetzen, machte man sich damals keine Gedanken. Die Jäger waren Kinder ihrer Zeit. Die Gefühllosigkeit wurde noch größer, als im 18. Jh. das Radschloßgewehr so verbessert wurde (Hauber, 1933), daß man auch noch auf das flüchtende Wild schießen konnte.

Die Jagdhäuser in Reichenberg (1590-1648) und Lalling (1593- ?) liegen an der Schwelle, in der sich die Methoden der höfischen Jagd und die Einstellung zum Wild so dramatisch geändert haben. Nur während der ersten Zeit werden die Grundsätze der weidmännischen Jagd mit Armbrust und Spieß noch eingehalten worden sein. Als Ende des 17. Jahrhunderts an den fürstlichen Höfen der Luxus und die Verweichlichung von Frankreich her zunahmen, sanken die Hetzjagden auf Hirsche, die Parforcejagden, zu prunkvollen Veranstaltungen der feinen Hofgesellschaft herab. Mit ihren höfischen Gebräuchen entfernten sie sich immer mehr vom wirklichen Weidwerk. Dabei waren die Jäger von damals der ernsthaften Meinung, eine Verfeinerung und Veredlung des Weidwerks eingeführt zu haben.

8.3 Die Jagd mit Netzen und Tüchern

Die Anstrengungen der früheren Hetzjagden auf Bären, Hirsche und Sauen, mit ihren hohen körperlichen Anforderungen an Mann, Roß und Hund, waren nun die herrschaftlichen Jäger nicht mehr bereit auf sich zu nehmen. Das Aufstöbern und Stellen des Wildes im unwegsamen Gelände ist ihnen zu mühsam geworden. Ein tüchtiger Jäger erfand eine beinahe geniale Jagdmethode, die den körperlichen Aufwand für die herzoglichen Jagdherren erheblich vermindert hat. Im Kern ging es darum, nicht mehr dem von Hunden gestellten Wild nach zu pirschen und zu erlegen, sondern das Wild von den Bärnsteiner Jägern und Bauern mit ihren Hunden schon Wochen vor der Jagd aufzustöbern und in große Umzäunungen zu treiben: Der herrschaftliche Jäger brauchte das Wild nicht mehr im unwegsamen Wald aufsuchen. Das Wild wurde bei der Jagd in den Pferchen vor die Flinte des herrschaftlichen Jägers getrieben.

Mit dieser Änderung der Jagdmethode kamen auf die Bauern im Grafenauer Land neue Fronlasten zu. Zusammen mit den Bärnsteiner Jägern mußten sie ihr auferlegtes Jagdscharwerk erledigen und Treiberdienste leisten. Sie mußten das Wild schon Wochen vor einer Bärenjagd mit den Hunden vorsuchen und in einen mit Planken umzäunten Bezirk, einem großen Kral für Schafe nicht unähnlich, zusammentreiben oder einstellen (Abbildung 171).

Zum Fangen des Wildes bei den Jagden im Zeug dienten zunächst vorzugsweise lebende Hecken mit beutelförmigen

Abbildung 171: Schon viele Wochen vor dem Jagdbesuch des Herzogs begann die Vorsuche der herzoglichen Suchjäger, Pernsteiner Jäger, Streifer und Bauern mit ihren Hunden nach dem Braunbären. Im Bild ein Suchjäger oder Besuchsknecht mit seinem Leithund.

Netzen in den Durchgangsöffnungen. Nach und nach wurden diese Hecken aber durch bewegliche Netze, hohe Tücher und Stricke, dem Jagdzeug, ersetzt. Das Jagdzeug hatte den Vorteil, daß man je nach Bedarf diesen Kral im Gelände beliebig verlegen und aufstellen konnte.

An einigen Stellen unterbrach man die Hagen oder Hekken und ließ Lücken frei. Durch sie konnte das Wild längere Zeit hin und her wechseln und sich an die Umzäunung gewöhnen. An den Tagen der Jagd aber schloß man diese Lücken mit Netzen und stellte in der Nähe einen Gehilfen auf. Das Wild wurde aus weitem Umgriff mit Hunden und Treibern gegen diese Hecken gehetzt. Suchte es dann durch die gewohnten Lücken zu entkommen, so fing es sich in den Netzen und wurde von den nahen Aufpassern mit der Keule, dem Spieß oder Pfeil erlegt, später dann geschossen. Auch manches Raubwild geriet in die starken Netze. Je nach der Wildgattung, die man vornehmlich zu erbeuten hoffte, unterschied man zwischen Hirsch-, Schwein- oder Rehhecken und hing verschieden starke Netze ein (Abbildung 172, 173, 174, 175).

Für dieses Schlachten des zusammengetriebenen Wildes in einem mit Tüchern und Netzen umstellten Bezirk, taucht nun der hehre Name teutsches Jagen auf. Küchenjagd wäre der bessere Ausdruck gewesen. Es scheint, daß die Jagdherren in dieser Küchenjagd ihr Hauptvergnügen fanden. Ihre persönliche Tüchtigkeit suchten sie durch eine möglichst große Strecke erlegten Wildes unter Beweis zu stellen.

Abbildung 172: Schon im Altertum trieb man das Wild in Netze. In Mitteleuropa wurden Hecken gepflanzt mit Durchlässen zum Fangen und Erlegen des Wildes, die später durch Tücherwände oder Planken (Flurname Plankling in Riedlhütte-Häuser) ersetzt worden sind (Deigné Delacourt, 1858).

Abbildung 173: Die schweren Zeugwagen mit den Tüchern, Netzen, Stricke, Stangen (Planken) und Pfähle wurden mit dem Floß auf der Isar und Donau von Landshut nach Niederalteich und in das Jagdgebiet nach Reichenberg gebracht (Spengler, 1962).

Abbildung 174: Das Bild zeigt das Aufstellen der Tücher und Netze über weite Strecken durch die Tücherknechte und Bauern als Absperrung für das Wild zur Vorbereitung einer herrschaftlichen Jagd. Der Wagen mit den Tüchern steht rechts in der Schneise.

Abbildung 175: Das eingestellte Jagen: Links das Zwangstreiben, in der Mitte die Kammer, rechts der Lauf, von der Kammer durch Rolltücher getrennt. In der Mitte der Fürstenstand oder Schirm aus dem geschossen wurde. Nach einem Kupferstich aus Döbels Jäger-Practica, Leipzig, 1754, gezeichnet (Koch, 1961).

8.4 Die Jagd auf der Plangling in Riedlhütte-Häuser

Streckenweise waren Teile des Hages (Hecken) auch mittels Planken und Stangen abgesperrt. Im Ortsteil von Riedlhütte, auf den Häusern, gibt es den bekannten, aber rätselhaften Flurnamen Planling, der in der Mundart der Einheimischen als die Plangling ausgesprochen wird. Im Urkataster von 1829 wird sie noch so genannt. Vor dieser Zeit wird sie Plankling geheißen haben, ein mit Planken eingezäunter Bereich.

Dieser Flurname findet in der Jagdmethode der Absperrungen mit Tüchern und Netzen, in der "Eingestellten Jagd", eine Erklärung. In den Übergabeverträgen des Anwesens Georg Sammer wurde auch die westlich des Neuhüttenweges befindliche Fläche so genannt (Sammer, 1994). Früher hat also die gesamte Hochebene so geheißen.

Die Plangling ist die große Wiese zwischen der Anton-Hilz-Straße und der Großen Ohe. Betrachtet man diese fast ebene, leicht nach Osten geneigte Fläche in Riedlhütte-Häuser von Reichenberg aus, ist leicht einzusehen, daß hier die ideale Auftriebsfläche vorhanden war, um das Wild hier einzustellen. Von einer erhöhten Tribüne des Fürstenstandes herab, wurde der herrschaftlichen Jagdgesellschaft ein zielsicheres Abschießen des Wildes ermöglicht. Schon im Kataster 1843 wurde der Begriff Plangling nicht mehr verstanden und zu Planling verfälscht. Er läßt die frühere jagdliche Einrichtung nicht mehr erkennen. Die Einheimischen haben diese Wiese immer als die Plangling bezeichnet und so die alte Bedeutung gut konserviert. Die Fläche der Plangling oder eigentlich Plankling wird nach dem ersten Kataster von 1829 dargestellt (Abbildung 176, 177).

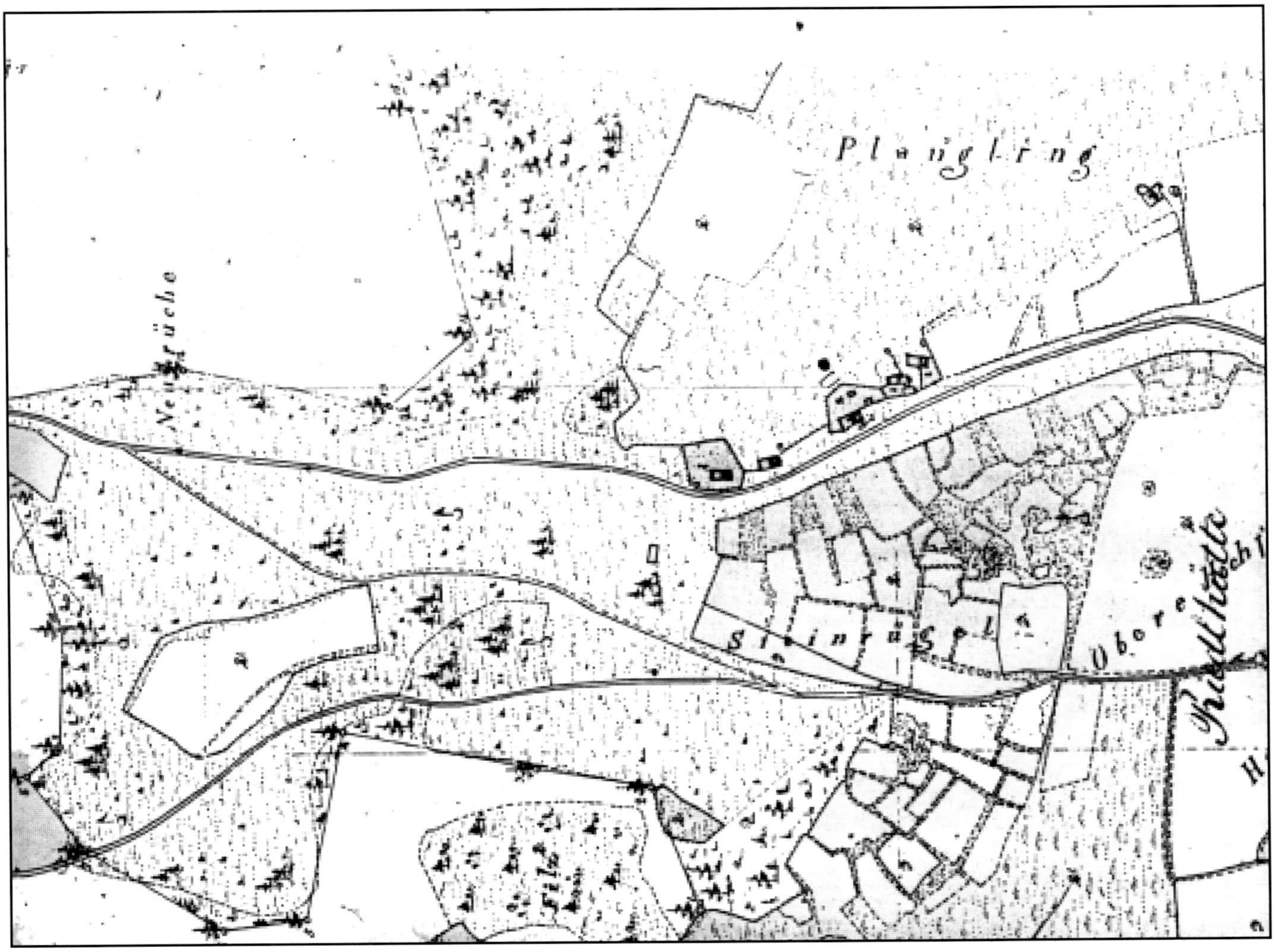

Abbildung 176: Die östlich der alten Häuserer-Straße (heute Anton Hilz Straße) leicht nach Osten zur Großen Ohe hin geneigte Fläche der Pangling (heute Planling) im Urkataster von 1829. Mit Planken und Zäunen wurden hier Absperrungen errichtet, um das Wild zusammenzutreiben und für die herzoglichen Jagden einzustellen.

Abbildung 177: Ein Blick von der weiten Hochebene der Plangling in Riedlhütte- Häuser nach Süden auf den Bergrücken von Reichenberg. Diese Hochebene eignete sich besonders gut für die Jagd mit 2 m hohen Tüchern und Netzen.

Dieses ebene Gelände eignete sich besonders gut, um über weite Strecken Absperrungen aufzubauen. Es liegt nur etwa 1000 m in nördlicher Richtung vom Jagdhaus in Reichenberg entfernt. In der Altkarte (Schober, 1997) aus den Jahre 1667 sind diese Einzäunungen noch deutlich zu erkennen (Abbildung 178).

Über mehrere Wochen wurde das Wild bei der Vorsuche durch nächtliches Lärmen und Büchsenschüsse, untertags mit Hunden und Treibern in diese Absperrungen getrieben. Sobald das Wild vorgetrieben war, wurde der Einfangbogen auf der Eintriebsseite mit Tüchern und Netzen zugezogen. So war das Wild in einer geschlossener Wildkammer gefangen. In einer Ecke dieser Wildkammer ist ein kleinerer, 4 bis 6 ha fassender Raum, der Lauf mit Rolltüchern abgetrennt worden. In diesem Lauf wurde eine Tribüne errichtet, auf welcher die Damen und Herren der Jagdgesellschaft mit ihren Schießgewehren bereitstanden. In entsprechenden Zeitabständen wurden die Rolltücher geöffnet, ein Teil des Wildes in den Lauf gehetzt und die Rolltücher wieder zugezogen. War das eingehetzte Wild abgeschossen und von den Bauern mit Karren entfernt, ist neues Wild eingehetzt worden. Das wiederholte sich so oft, bis das letzte Stück Wild der Wildkammer erlegt war. Man sprach bei dieser Art zu jagen von den eingestellten Jagden auf den Lauf. Das Wild wurde, in Panik geraten, meuchlings und ohne Möglichkeit sich zu retten, recht unweidmännisch abgeschlachtet.

Abbildung 178: In der Altkarte von 1667 sind die Einzäunungen der Plangling nördlich der Glashütte in Riedlhütte, der Plangling, deutlich zu sehen.

Durch die Lappen gegangen

Ein gebräuliches Sprichwort sagt, "Etwas ist mir durch die Lappen gegangen", oder "Gib acht, damit nichts durch die Lappen geht". Dieses Sprichwort stammt aus der historischen Jagd. Bei der "Eingestellten Jagd", oder "Deutschen Jagd" wurden an langen Leinen sogenannte Jagdlappen befestigt. Diese waren etwa 70 cm lang, 40 cm breit und farbig bedruckt. Mit ihrer Hilfe war es möglich, dem Wild variabel die gewünschte Treibrichtung zur "eingestellten" Umzäunung zu geben. Wenn ein Stück Wild seitlich durch die Lappen flüchtete, war es "Durch die Lappen gegangen".

Abbildung 180: Historische Jagdlappen. Diese können im Jagdschloß Moritzburg oder im Deutschen Historischen Museum in Berlin besichtigt werden.

Abbildung 179: Die "Eingestellte Jagd", auch "Deutsche Jagd" genannt, war im 16. und 17. Jahrhundert weit verbreitet. Von den Fronbauern wurde das Wild trichterförmig in Planken, Lappen, Tücher und Netze getrieben und vom Herzog und seiner Jagdgesellschaft mühelos abgeschossen. Unser Bild zeigt eine Sauhatz in der Dresdner Heide, es befindet sich im Jagdschloß Moritzburg bei Dresden. Das Wild wurde in die Planken "eingestellt". Bei der im Bild dargestellten Jagd sind auch drei Fronbauern *"erlegt"* worden.

8.5 Blindwütiges Schießen am Fürstenstand

Ein Jagdgebiet, das die herrschaftlichen Jäger besuchen wollten, mußte natürlich bequem zugänglich sein. Nach Möglichkeit verwendete man zum Anmarsch in die Wälder für die Herren von Stand das Saumroß. Ein Pferd, das mit den beschwerlichen Wegen bestens vertraut war und eine gute Trittsicherheit hatte. Die Vorbereitungen auf einem solchen Fürstenstand wurden am Tag einer Galajagd besonders sorgfältig getroffen. Da an diesen Hofjagden auch die Damen teilnahmen, wurden für sie Klappstühle mitgeführt. In einer Rechnung von 1612 wurden 6 klaine lederne Gejaidtstüel für das Frauenzimmer erwähnt. In Truhen wurden Zeltbahnen, Scherm, Schirme, in das Jagdgebiet gebracht, damit der Fürstenstand von dem vorbei getriebenen Wild nicht eingesehen werden konnte. Der Herzog hatte stets zwei Büchsenspanner und drei schwere Pirschbüchsen im Gebrauch (Abbildung 181, 182, 183).

Ein Pirschrohr in der damaligen Zeit wog bis zu 12 kg. Eine Waffe von heute wiegt nur etwa 3,5 kg. Es waren Radschloßgewehre mit Feuersteinzündung. Der Rückstoß war so stark, daß dem Schützen beim Schuß die Waffe fast aus der Hand flog. Er bekam einen derartigen Schwung, daß stets einer der beiden Büchsenspanner bereit sein mußte, den allerhöchsten Jagdherrn liebevoll in seinen Armen aufzunehmen.

Das Jagdmuseum in München gibt einen guten Einblick in die fürstliche Waffenkammer mit ihren Jagdgewehren aus den letzten Jahrhunderten. Prächtige Waffen von erlesener Technik und hohem Kunstwert finden sich darunter. Die Waffe wurde bei den eingestellten Jagden nicht mehr so sehr beansprucht, wie früher bei der Pirsch im unwegsamen Gelände. Im besten Jagdgewand konnte der Jäger nun zur Jagd reiten. Vom Fürstenstand aus wurde die Jagdkleidung bestens geschont. Jeder Jäger trug damals den langen haarscharfen Hirschfänger umgeschnallt. Griffbereit steckten links und rechts vom Fürstenstand zwei je 3 m lange Saufedern oder Bäreneisen im Boden. Für den Fall, daß die Hunde eine wehrhafte Sau oder gar Meister Petz aufspürten. Trat dieser stets heißersehnte Fall ein, daß 8 bis 12 der stärksten Paker eine Sau oder den Bär zum Stehen zwingen konnten, so lief der Herzog hinzu und gab mit der haarscharf geschliffenen Feder den Fang hinter das Schulterblatt, welcher richtig geführt, das Herz traf.

Abbildung 181: Der Herzog mit seinem Lieblingshund und dem Büchsenspanner links im Hintergrund.

Die Leibhunde des Herzogs

Höchster Wertschätzung erfreuten sich stets die Leibhunde des Herzogs. Es waren zwei meist gleichfarbene, ausgesucht schöne, in Normalgröße stehende, bitterböse Paker. Zu Hause durften sie nachts bei ihrem Herrn im Schlafzimmer sein und lagen tagsüber neben dem Schreibtisch. Wenn gejagt wurde, hielt man sie am Fürstenstand zum

Abbildung 182: Bei den eingestellten Jagden mußte eine große Anzahl von Bauern und Jagdgehilfen das Wild in die Absperrungen aus Stoffbahnen, Lappen und Netzen treiben. Rechts der überdachte Fürstenstand.

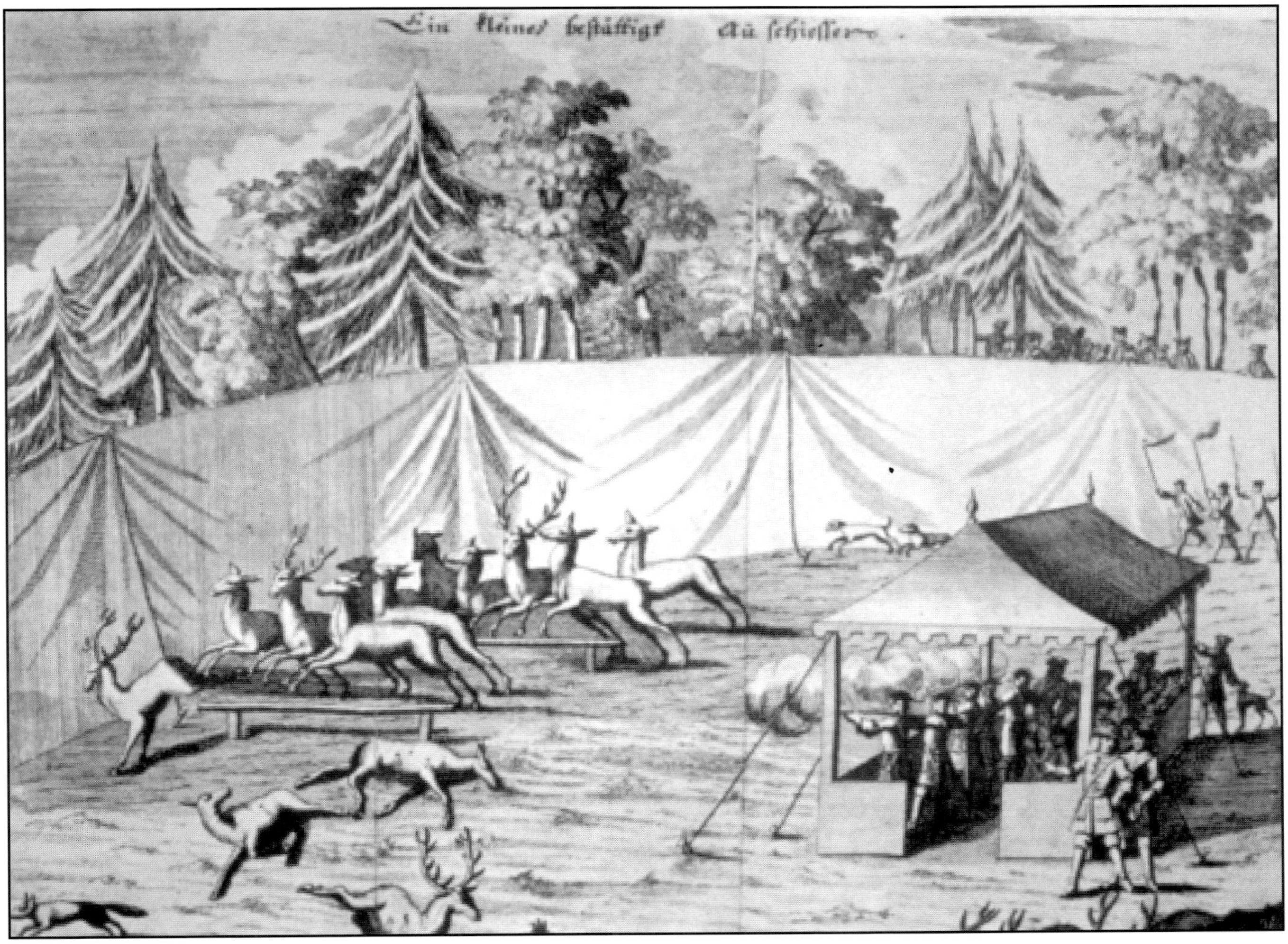

Abbildung 183: Portionsweise wurde das aufgeschreckte Wild von den Treibern und Hunden (rechts im Bild) vor die Büchse der herrschaftlichen Jäger im überdachten Fürstenstand getrieben und abgeschossen. Das eingestellte Jagen nach dem Jagdlehrbuch "Der vollkommene Teutsche Jäger" von 1719 (Ergert, 1978).

Eingreifen bereit, falls etwa ein Bär oder eine grobe Sau die Hoheit annehmen wollten.

Die Hunde trugen zum Schutz gegen Mensch und Tier handbreite Halsbänder, Brust- und Rückengeschirr aus feinstem silberplattierten Juchten. Innen mit Rehdecke besetzt, außen mit langen Stahlstacheln garniert. Solche Hatzen (Hunde) fielen im Bewußtsein ihrer Kraft und des Stachelpanzers ohne Bedenken den stärksten Stier oder den größten Bär an. Sie rissen auch einen Mann vom Roß und haben alles zerbissen, was ihnen ihr Herr befahl. Sie galten als noch wertvollerer Schutz für Leib und Leben des Herzogs als der schwerbewaffnete Büchsenscharfschütze (Oefeles, von, 1925).

Für das Aufstöbern und Hetzen des Wildes waren die Hunde sehr wichtig. Dem Herzog war es ein besonderes Anliegen, sie bei den Jagden bestens zu ernähren. Der Kastner in Bärnstein hatte aus seinem Zehentstadel Hafer zu liefern. Der Bäckermeister aus Grafenau lieferte für die Hundemeute das Brot. Wenn dann während der Jagd die großen und starken Hunde beisammen waren, wurden vom Wasenmeister die Luder, das Fleisch von verendeten Großtieren geliefert, mit dem sie die Hundsknechte in der Hunds-Kuchel zu versorgen hatten (Kehrein, 1969, S. 206; Mitterwieser,1925).

Die Ausbildung der Jäger

Auf die Ausbildung der herzoglichen Jäger hat man großen Wert gelegt (Heinz, 1925). Der Unterricht begann mit dem kleinen Weidwerk, dann folgte das Forsteiwesen, die Aufgaben eines Försters), das Führen der Leithunde und endlich das große Waidwerk (Abbildung 184).

Wurde er in diesen Zweigen für tüchtig befunden, so galt er als ein rechtschaffener Jäger. Übermenschlich die Eigenschaften, die ihn auszeichnen sollten: Als rechtschaffener Jäger mußte er unverdrossen, wachsam, hurtig, geduldig, wohlerfahren, stark, mannhaft, gesund und beherzt sein. Er mußte sich aller Vorteile bedienen, deren sich

Abbildung 184: Auf die Ausbildung der herzoglichen Jäger hat man großen Wert gelegt: Ein guter Jägerknecht soll freundlich, sanft, gütig und lieblich sein; die Hunde von Natur lieb haben, geschwinde Füß und dabei einen guten starken Atem, ... und alsbald er aufgestanden seine Hund besehen, ihnen zusprechen.

auch das Wild bedient. Auch mußte er dauerhaft in Hitze und Kälte, im guten und bösen Gewitter, in Hunger und Durst, zu Nacht oder am Tag ausharren. Sie mußten sein von schnellen Schenkeln, starken Knochen, geschwinden Bewegungen, von scharfen Gesicht (gute Sehstärke), leisem Gehör, anschlägigem und verschmitzten Kopf. Begierig auf das Wild, arglistig, sorgfältig dasselbe aufzuspüren, zu verfolgen und zu erhaschen. Sie sollen laufen, reiten, springen und schwimmen können. Sie sollen auch vor allen Dingen gottesfürchtig sein, gerne beten, sich vor dem Fluchen, Saufen, Spielen und anderen Lastern hüten. Er muß hirschgerecht sein, ein guter, bewährter Schütze ohne Aberglauben oder verbotene Künste.

Seine Kleidung soll er leicht und kurz nach der Zeit und der Welt Beschaffenheit grün oder grau tragen. Er muß sich auch auf den Mondwechsel, auf des Windes und des Gewitters Veränderung wohl verstehen und soll alle Zeit einen guten Kompaß bei sich tragen. Nicht allein um die Tageszeit zu wissen, sondern er kann ihn auch an unbekannten Orten, in großen Wäldern und Wildnussen so gebrauchen, wie der Schiffer den Magnet auf weitem Meere. Endlich soll ein guter Jäger auch kurios sein und die Kräuter und ihre Tugenden (Eigenschaften) erkennen und wissen. Wenn er in den Wäldern und Wildnussen ein unbekanntes und merkwürdiges Kraut, Gewächs, Blume oder Stein findet, so solle er es ausgraben und seiner Herrschaft (dem Herzog) mit nach Hause (in sein Kuriositätenkabinett) bringen.

Aus den Namen der Jagdberufe wurden Familiennamen

Denkt man heute bei den Beteiligten der Jagd höchstens noch an den Jäger und bei Treibjagden an den Treiber, so gab es damals eine verwirrende Vielzahl von Tätigkeiten, die bei Jagden ausgeführt werden mußten und zu Berufsbezeichnungen geworden sind. Bemerkenswert ist, daß ähnlich wie bei den Flurnamen, einige dieser Jagdberufe auch heute noch als Familiennamen in den Dörfern am Rachel und Lusen zu finden sind. Ein Beweis, wie stark die Jahrhunderte währende Jagdtradition von Schloß Bärnstein und die 58 Jahre Jagdhaus in Reichenberg und Lalling von 1590 bis 1648 nicht nur in Flurnamen, sondern auch in Familiennamen ihren Niederschlag gefunden haben. Hier eine Aufzählung einiger Jagdberufe:

Oberstjägermeister: Höchster Jagdbeamter am Hof. Jägermeister: Sein Mitarbeiter. Überreiter: Ein berittener Jäger. Landgerichtliche Jäger: Die Jäger am Landgericht Bärnstein. Tücherknecht: Sie waren für den Transport und das Aufstellen von Tüchern und Netzen verantwortlich. Streifer: Er mußte mit den Hunden das Wild aufstöbern (Heinz, 1925). Treiber oder Troiber: Er stöberte das Wild auf und hetzte es in die Absperrungen. Jagdzeugknecht: Er kümmerte sich um das Jagdzeug, die Tücher und Netze. Hundsknecht: Er hatte die Jagdhunde zu beaufsichtigen und zu versorgen. Hundskoch: Er hatte die Nahrung für die Hunde in der Hunds- Kuchel im Jagdhaus herzurichten. Wildner: Jäger. Wildmeister: Hoher Beamter am Hof.

Aus einigen dieser Jagdberufe wurden Familiennamen, die heute noch in den Dörfern verbreitet sind: Streifer: Hat sich in Reichenberg als Familienname erhalten. Troiber: Abzuleiten von Treiber

8.6 Der Herzog auf der Birkhahn-Balz im Klosterfilz

Im Klosterfilz zwischen Riedlhütte und Siebenellen ist in der Altkarte von 1620 der Bereich zwischen der Großen Ohe und dem Grabwiesenbach als Hahnenfalz ausgewiesen (Abbildung 185).

In der Waidmannsprache (Kehrein, 1898, S. 50) bedeutet Falz oder Balz der Akt, der Ort und die Zeit der Begattung von Auer- und Birkwild. Nach dem Bewuchs mit zahlreichen Birken, dieser in den Altkarten ausgewiesenen Fläche, kann es sich im Klosterfilz nur um den Standort von Birkwild gehandelt haben. Birkwild (der Spielhahn) und Auerwild gehörten zur Hohen Jagd und durfte nur vom Herzog gejagt werden. Demnach dürfte dieser Hahnenfalz das vom Herzog bevorzugte Jagdrevier für Spielhähne gewesen sein.

Das Klosterfilz wurde im Stiftungsbrief von 1396 dem Kloster St. Oswald zugesprochen. In den alten Dokumenten ist jedoch öfter die Rede, daß die herzogliche Jagd auf Birkwild von den Pröpsten hier geduldet worden ist. Dieses Jagdgebiet war vom Jagdhaus in Reichenberg nur etwa 1,3 km entfernt. Im Zedlers Universallexikon von 1740, (Spalte 1713-1715) erfahren wir über das Birkwild und die Birkwildjagd etwa 100 Jahre nach den herzoglichen Jagden interessante Einzelheiten:

Birk-Huhn, lateinisch Gallina Sylvestris. ... Ein wilder Vogel, der seinen Namen daher hat, weil die Knospen der Birken- Bäume seine angenehmste Speise sind, und er sich auf den Birken meistens aufhält.

Das Aussehen: Der Hahn, Birk-Hahn genannt, ist etwas größer und länger als eine Bauern-Henne und fast so groß als eine Gans, hat einen platten Kopf, einen krummen, ungleichen, schwarzen Schnabel. Vom Auerhahn ist er nur der Größe nach unterschieden, an Farben gleicht er ihm größtenteils. Sintemal ein Birk-Hahn samt über und über mit schwarzen, glänzenden Federn bedeckt ist, die am Halse und Schwanze Indig(o)-blau sind. Die Schwing-Federn der Flügel sind so schwärzlich, die anderen aber, sowohl in- als auswendigen, sowohl die mittelsten als obersten sind weiß, der Schnabel ist schwarz, kurz, und oben von beiden Seiten neben denen Nasen-Löchern mit schwarzen wollenhaffigen Federn bedecket.

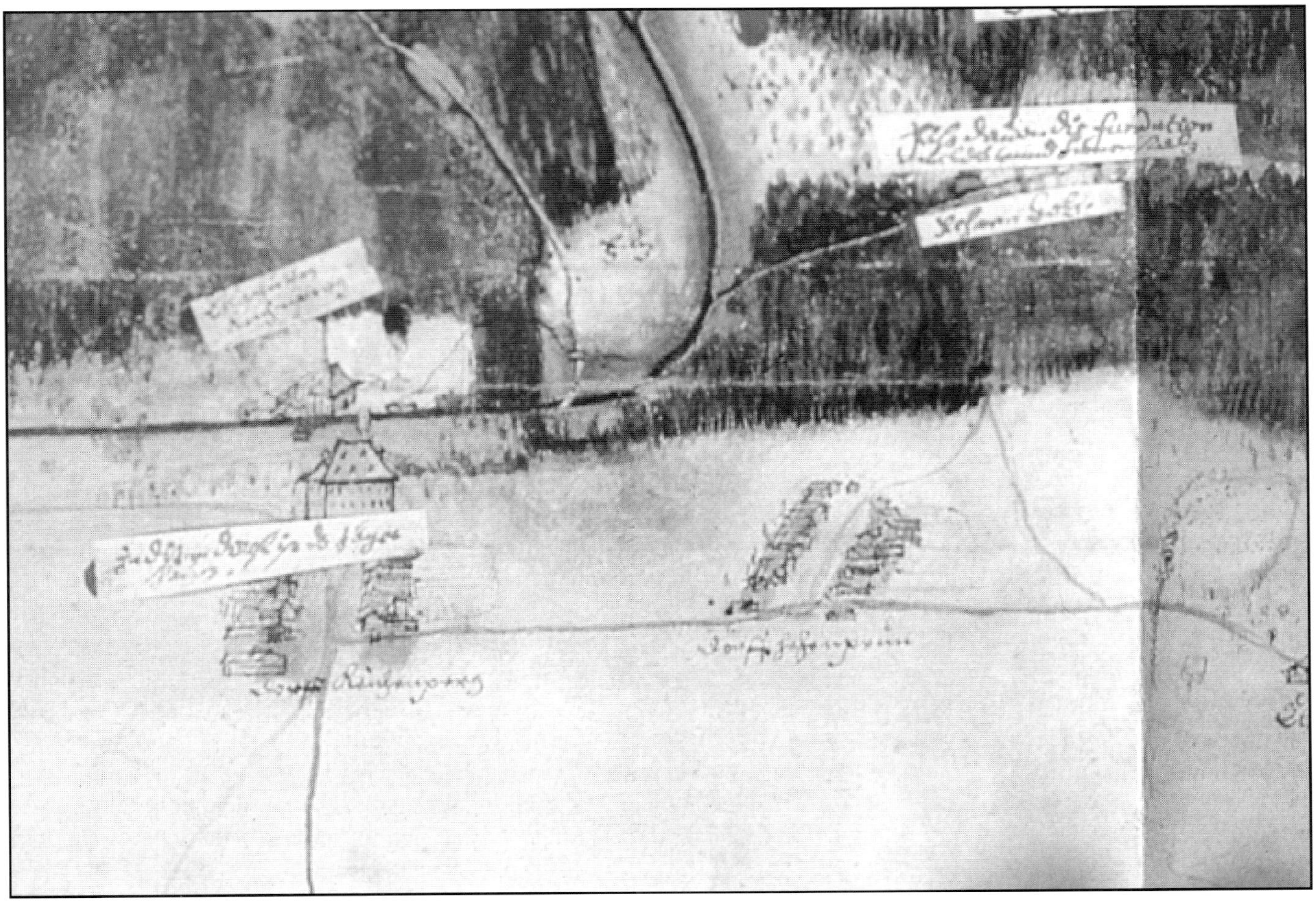

Abbildung 185: Im Klosterfilz zwischen Riedlhütte und Siebenellen ist in der Altkarte von 1620 der Bereich zwischen der Großen Ohe und dem Grabwiesenbach als Hahnenfalz ausgewiesen. Nach dem Bewuchs mit zahlreichen Birken war hier früher Birkwild, der Spielhahn, verbreitet. Birkwild gehörte zur "Hohen Jagd" und durfte nur vom Herzog gejagt werden. Für die Herzöge dürfte hier das Revier für Spielhähne gewesen sein.

Über den Augen hat er ein rotes Häutlein, größer als der Auer-Hahn. Der Schwanz bestehet aus zwölf Federn, davon die drei äußersten auf beiden Seiten nicht allein länger, sondern auswärts gebogen, die sechs inwendigen aber kürzer sind, und, wenn man sie ausbreitet eine Linie machen. Der Steiß und die Schenkel sind mit schwarzen Federn wider die Kälte ganz dicke bekleidet.

Hinweise über die Brut: Das Birk-Huhn leget seine Brut auf Blössen oder Schläge, allwo sie hohe Hügel oder Stöcke erwählen, an welchen sie ihr Nest machen. Sie bedienen sich zu ihrem Neste sehr viel Geniste, in welches sie 12 bis 16 länglicht Eier zu legen pflegen ... Meistenteils halten sich die Birk-Hühner gerne auf, wo Birken-Bäume anzutreffen sind, weil sie sich des Winters bis der Baum im Frühlinge grün wird, vom Birken Samen und birkenen Zäpflein nähren. Sie zerbeißen auch das junge Holz davon, lassen die Schale herabfallen, und genießen es als kleinen Heckerling (?): Des Sommers aber ist ihr Geäß von Beeren und Kräutern, wie des Auerhahnes, und ihre Jungen äßen sie gemeiniglich mit Amsel (Ameisen)- Eiern...

Die Birkhahn-Balz: Nach einiger Meinung soll ihre Brunst des Jahrs dreimal geschehen, alsbald im Anfange des Frühlings und Mai-Monats, und im Herbste, aber dennoch nicht sonderlich fruchtbar sein. Andere hingegen versichern, daß sie nur des Frühlings balzen, wenn die Birken- Knospen ausschlagen, vor Tage an ihren gewöhnlichen Platz, und zwar so wohl auf denen Bäumen als auf der Erden. Der Hahn macht dabei seine Federn straubig, ... springet im Balzen oftmals, wenn er an der Erden stehet, in die Höhe, und macht mit seinen Flügeln eine Figur wie ein Rad. Sein Geschrei ist dabei sehr curieux (eigenartig), massen er aus einer Tertie in die andere steiget, welches recht artig anzuhören ist: Er gurgelt und pullert, wie die kleinen Pflug-Räder, daß man es weit höret. Sein Huhn hat er meist bei sich, und macht in seinen Balzen rechte Affen-Posituren. Nach der Balz, wenn alles stille, tritt er die Hühner, wie anderes Feder- Wildpräth. Wenn es Tag wird, begibt er sich mit denselben auf die Bäume bis gegen 8 Uhr, alsdann gehet er fort. Sie verbergen sich des Tages über mit Fleiß in dicke Gebüsche, und bleiben nicht so in der Enge wie die Auer-Hähne, massen sie manche Zeit im Jahre wegstreichen, doch aber in der Balz- Zeit wieder an den Ort kommen, wo sie jung worden sind.

Birkwild ist hohe Jagd: Es ist öfter von denen, welche die Nieder-Jagden haben an solchen Orten, wo sich dergleichen Wildpräth aufhält, Streit und Schwierigkeit erreget worden, ob der Birk- Hahn unter die hohe Jagd zu ziehen sei, oder nicht, weil man denselben unter das kleine Waidwerk rechnen will. Allein es ist gewiß, daß, wo keine Mittel-Jagd, als worunter Sauen, Rehe, und auch dieses Wildpräth mit verstanden wird, eingeführet oder hergebracht ist, der Birk- Hahn gleich Sauen und Rehen nicht zur Nieder- Jagd, sondern zur Hohen Jagd gerechnet, und seine Balz-Zeit von hoher Herrschaft gebrauchet wird, daß sie solche wie die Auerhahn- Balz fleißig abwarten.

Bei der Anleitung zum Schießen und zum Fang mit Netzen wird empfohlen: ...wiewohl man ihm bei seinen Balzen wegen seiner närrischen Posituren lieber zusiehet, als daß man an das Schießen gedenken wollte.

Heute ist im südlichen Teil des Klosterfilzes kein Birkwild mehr vorhanden.

8.7 Fallgruben, Schnellvorrichtungen und Schlagfallen

Bären und Wölfe wurden auch mit Fallen, Fallgruben, Gift, Schnell- und Schlagvorrichtungen, mit der Selbstschuß - Armbrust und mit dem Bärenstecher gefangen und getötet. Dieses Großraubwild, wie es genannt wurde, versuchte man wegen seiner Schädlichkeit und Gefährlichkeit für Mensch, Wild und Weidevieh möglichst zu vernichten.

Die heute im Wald noch sichtbaren Wolfsgruben

Die Wölfe traten oft so zahlreich auf, daß sie zur Plage wurden. Das war vor allem nach dem Ende des 30jährigen Krieges, nach 1648, der Fall. Man errichtete auch am Rachel und Lusen Wolfsgruben im Wald, um sie zu fangen. Heute erinnert nur noch der Flurname Wolfsgruben im Wald zwischen dem Klosterfilz und Siebenellen mit eigenartigen Vertiefungen an diese Fangvorrichtungen. Wie waren diese Wolfsgruben ausgestattet und wie wurden die Wölfe darin gefangen? Eine sehr bildhafte Beschreibung aus dem Jahre 1731 gibt darüber Aufschluß (Zedler, 1731, Spalte 1285ff):

Wolfsgrube, ist ein durch Menschen- Hände tief in die Erde gegrabenes Loch, welches also zugerichtet ist, daß sich die Wölfe selbsten darinnen fangen müssen. Es wird in der Wildnis, wo Wölfe zu vermuten oder gespüret werden, eine Grube, wenigstens 9 Ellen tief (2. 60 m), und 6 bis 7 Ellen (2 m) weit, ausgegraben, an den Seiten und am Boden mit 5 und 6 Zoll (12 x 15 cm) starken eichenen Pfosten ausgeschalet. Solche Pfosten auch, das die Wölfe mit den Klauen nicht haften können, glatt behobelt. Auf diese Gruben werden entweder geflochtene Decken von Stroh, oder weidene Ruthen gemacht, durch deren Mitten eine Stange gehet, daß sie mit einem gleichen Gegengewichte aufliegen, sonsten aber allenthalben frei sind, dergestallt, daß ein Wolf, wenn er nur mit einem Vorderlauf darauf kömmet, den Deckel überschnappen macht, welcher das Tier mit einer sonderbaren Behändigkeit in die Grube wirft, sich aber sogleich wieder in sein voriges Lager und Gleichgewichte begibt. Oder man kann die Gruben nur mit Stellreisern, Tannenästen, oder Hasl, subtilen Stänglein überlegen, und mit Stroh, Laub oder Streuling dem Erdboden ähnlich verwittern.

Die Wölfe wurden mit lebenden Köder angelockt: Mitten auf den Deckel wird eine Ente in einer mit Heu oder Stroh gefüllten Backschüssel (damit sie warm sitze) fest aufgebunden. Oder man stellet, wenn die Grube nur mit Reis bedecket wird, in der Mitte eine glatte geschälte Stange der Gruben hoch auf, stecket ein kleines Schubkarnrädlein darauf, und bindet ein lebendes Schaf oder Lamm feste darauf an. Wenn nun der Wolf das Schreien der Ente oder des Lammes höret, und so nahe kommet, daß er eines von diesen beiden auf wenig Schritte vor sich merket, so schleicht er auf dem Bauch so lange, bis er es in einem Sprung zu erwischen verhofft, und wenn er denn springt, so fällt er mit großer Gewalt in die Grube, und die Ente oder das Lamm bleibt unversehrt.

Der Wolf wurde auf seinem Wechel zur Fallgrube gelockt: Damit aber der Wolf nicht beiweg spaziere, so wird auf beiden Seiten ein Zaun von Windbrüchen verhauen, und mit Reißtannen verleget, daß daselbst nicht wohl durchzukommen. So bleibet der Wolf auf dem ordentlichen Gange (dem Wechsel). Es muß aber solcher Zaun von Natur recht wild, wüste und verfallen aussehen, sonst dürfte der Wolf die Nachstellung leichtlich merken. Das Luder (Köder), so auf allen Wechseln an eine Wiede (Baumwurzel) gebunden oder angehacket wird, muß (darf) man nicht mit den Händen angreifen oder an Stricke binden, weilen solches die Wölfe riechen würden. So man muß auch die Schuhsohlen mit Pferdemist umbinden, und bisweilen vom Luder etwas liegen lassen, so wird dieser Gast nicht leicht vorbei kommen, sondern sich wohl fangen.

Wie wird der Wolf lebendig aus der Fallgrube gebracht?: Soll nun der Wolf lebendig aus der Fall- Grube heraus gebracht werden, steiget man auf einer Leiter hinunter, hält ihm einen starken Knebel, wie eine Krücke, vor, daß er darein beisset, von oben her aber drücket man ihm den Kopf mit einer starken eisernen Gabel, lasset den Wolf-Kasten hinunter in die Grube, öffnet dessen Türe, tut ihn mit dem Hinterleibe rückwärts hinein, und lasset die Gabel gehen. Drücket statt dessen mit der Falltüre so lange auf den Hals, bis der (Mann) mit der Krücke ihn vollend hinein stosset und die Falltüre zu macht. So denn wird der Kasten aus der Grube gezogen, aufgeladen und weg geführet. Teils geben ihm auch in der Grube ein Holzkette ins Maul, und schließen sie im Genicke zu, welchenfals sie ihn gar leicht führen können. Mit der Holzkette ist wohl ein Holz als Knebel gemeint, welches Wölfen hinter die Fangzähne gesteckt wird, um ihm das Beißen unmöglich zu machen (Kehrein, S.183).

In solche Gruben oft und vielmals trächtiges Wildpret, Hirsche, Sauen, Rehe und andere Tiere, auch das kleinste hinein zu fallen pfleget, ja wohl gar öfter Menschen bei großen Schnee und Windwehen darein fallen und umkommen.

Diese Wolfsgruben waren also 2-3 m tief ausgehobene, senkrecht mit geschälten, rutschigen Balken ausgeplankte Erdlöcher mit einem Durchmesser von 2 m. Sie wurden mit dünnen Stangen, Gras und Reisig überdeckt. Oben lag ein Tierkadaver als Köder. Vom Wartenberger Jagdhaus, nahe Moosburg, wurde berichtet, daß der Wartenberger Abdecker (Schinder, Wasenmeister) Georg Hofstetter um 11 Gulden, 18 Kreuzer Luder (Köder) zum Fangen der Wölfe in den Wolfsgruben besorgt hat (Dreier, 1980, S. 81). Wollte ein Wolf diesen Köder erreichen, ist er hineingefallen. In der Fallgrube wurden er dann lebend gefangen oder grausam erschlagen (Seyfert, 1978, S. 59). Bei den Fallgruben entstand in der Überdeckung nach dem Durchbruch eines Wolfes ein Loch, das andere Tiere warnte.

Wolfsgärten: Diesen Nachteil versuchte man mit den Wolfsgärten zu umgehen. Sie wurden in der Weise angelegt, daß große geräumige Plätze mit dichter Hürde umflochten wurden, damit sie von außen nicht einsehbar waren. In der Mitte des Platzes ist eine tiefe Grube ausgegraben worden. Darüber wurde eine Klappscheibe angebracht. Diese Scheibe klappte um, wenn der Wolf den darauf gebundenen lebenden Köder ergreifen wollte. Der Wolf konnte so überlistet werden, fiel in die Grube und konnte sich nicht mehr befreien. Die Klappscheibe stellte sich nach dem

Abbildung 186: Die vergitterte Wolfshöhle mit einem Köder ist in den Hang hinein gebaut. Der Wolf fällt über eine gut getarnte Öffnung von oben in diese Höhle. Fleming, H. F., Der vollkommene teutsche Jäger, 1719.

Umkippen wieder fängisch, so daß sich mit dieser Vorrichtung noch weitere Wölfe lebendig fangen ließen.

Wolfshöhle: Eine etwas andere Anordnung einer Fangvorrichtung ist im Buch "Der vollkommende deutsche Jäger", Fleming, 1719, dargestellt: Die Wolfshöhle ist in den Hang hineingebaut. Ein Köder befindet sich in der vergitterten Höhle. Über die gut getarnte Öffnung fällt der Wolf von oben in diese Höhle (Abbildung 186).

Wolfsgruben am Wanderweg Riedlhütte-Siebenellen

Die Fangvorrichtungen für Bären und Wölfe in den weiten Wäldern am Rachel und Lusen sind bislang noch nicht beachtet worden. Es ist davon auszugehen, daß einst in der Umgebung des Jagdhauses Reichenberg mehrere vorhanden gewesen sind. Bisher wurden die Erdbewegungen in den Wäldern entweder einer bergbaulichen Tätigkeit der Quarzsuche für die Glashütten oder den Goldwäschern in den Bachauen zugeschrieben. Inzwischen konnten aber einige rätselhafte Erdbewegungen gefunden werden, die in Wirklichkeit einst solche Fallgruben waren.[341] Im Flurnamen Wolfsgrubenfilz hat diese Fangvorrichtung die Zeiten überdauert. Der Flurname Wolfsgrubenfilz weist auf diese Wolfsgruben hin, nur wenige Meter vom Wanderweg von Riedlhütte nach Siebenellen entfernt (Abbildung 187, 188, 189, 190).

Die Wolfsgruben befinden sich nur etwa 2 km östlich von der Ortsmitte von Riedlhütte entfernt zwischen Höhenbrunn (Höhe 808 m) und dem Grabenwiesbach (745 m). Über den Wanderweg ist das Gelände leicht zu erreichen. Man folgt dem gut ausgeschilderten Wanderweg, der vom Sportplatz Riedlhütte nach Westen leicht bergab in das Tal der Großen Ohe führt. Überquert am Hartl- Wehr die Große Ohe und folgt dem Wanderweg nach Siebenellen und St. Oswald in westlicher Richtung, entlang der Großen Ohe und dem Grabenwies-Bach. Nach 800 m geht es bergauf in südlicher Richtung über die Höhe 755 m und nimmt nach weiteren 500 m wieder einen westlichen Verlauf entlang der Höhenlinie.

Dort, wo ein Waldweg südlich nach Höhenbrunn abzweigt, liegt etwa 40 m nördlich vom Wanderweg ein Gelände mit vielen Hügeln und Gruben. Zunächst ist der Beobachter versucht, diese Stelle als ehemaliges Hügelfeld (Seifenhügel) der frühen Goldwäscher anzusprechen, wie sie sich entlang des Grabenwies-Baches sehr zahlreich befinden. Da aber zwischen dem Grabenwiesbach mit 740 m und dieser Stelle mit 755 m 15 Höhenmeter liegen, kann es sich

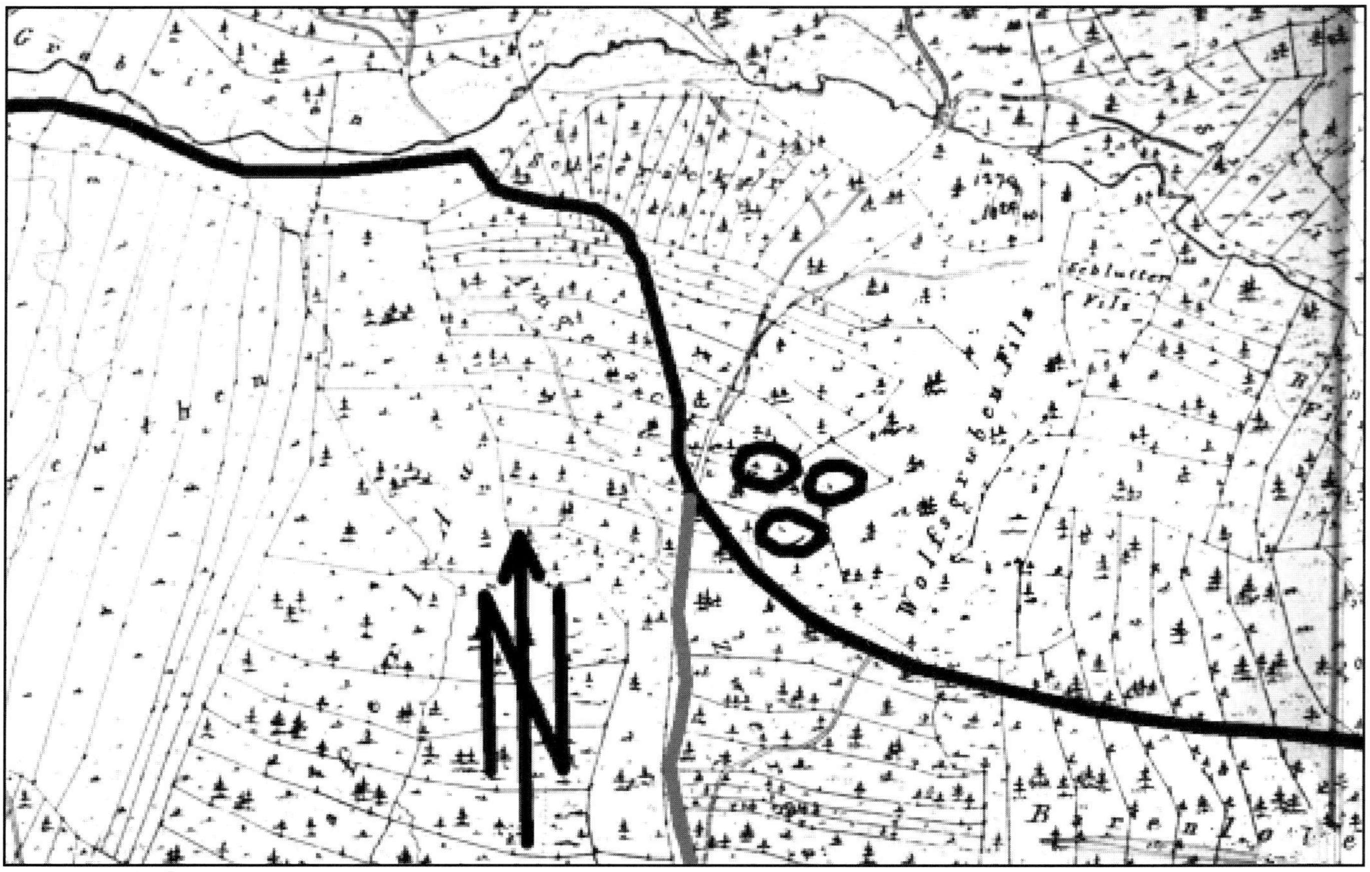

Abbildung 187: Der Flurname Wolfsgrubenfilz mit den ehemaligen Fanggruben für Wölfe (Kreise) südlich vom Grabwiesenbach am Wanderweg von Riedlhütte nach Siebenellen. Urkatasteraufnahme von 1828.

um kein Seifenhügelfeld in einer Flußniederung handeln. In der Flurkarte 1: 5.000 befindet sich an dieser Stelle die Flurbezeichnung Wolfsgrubenfilz: Die Wolfsgruben beim Filz. Es sind bis zu 4 m tiefe Gruben. Wie oben beschrieben, waren diese Fallgruben früher mit senkrechten Planken aus Fichtenstämmen ausgekleidet. Durch den Untergrund aus Torf in unmittelbarer Nähe des Filzes konnten die Wolfsgruben mit einer Tiefe von 2 - 3 m hier besonders leicht ausgehoben werden.

Unmittelbar nach Süden angrenzend findet sich die Flurbezeichnung Bärenlohe (Flurkarte:1: 5.000) und Bärenloch (Karte: TK 1: 25.000). Dort könnten auch Fangvorrichtungen gewesen sein, um lebende Bären für das Lusthetzen am Münchner Hof zu fangen. Vielleicht könnten bei einer Grabung bei den Wolfsgruben nach etwa 400 Jahren noch Reste der ehemaligen Verbauung mit senkrechten Planken in den Gruben gefunden werden. Durch die unmittelbare Nähe zum Wanderweg, wäre es wünschenswert, mit einer Informationstafel auf diese ehemalige Fangvorrichtung für Wölfe aus der Zeit um 1640 hinzuweisen. Besonders eindrucksvoll wäre es jedoch, eine dieser Fallgruben wieder fängisch (mit Zaun !) herzurichten, um zu zeigen wie sie einst ausgesehen hat. Das Gelände liegt im Bereich des Nationalparks Bayerischer Wald.

Schnellvorrichtungen

Auf den Wildwechseln wurden früher auch Schnellvorrichtungen und Schlagfallen eingebaut. Bei den Schnellvorrichtungen ist dem Wild eine schwere mit Widerhaken versehene Eisenspitze in die Flanken getrieben worden, sobald es die am Boden liegenden Abzugstricke streifte. Aus den Eisensteiner Wäldern wurde berichtet, daß ein Aschenbrenner um 1750 eine solche Schnellvorrichtung auslöste, getroffen worden ist und grausam zu Tode kam (Abbildung 191).

Quetschfallen, Tellerfallen, Bügelfallen

Verbreitet waren die Quetschfallen, die während der schneefreien Zeit aufgestellt wurden und auch mit einem Köder versehen werden mußten. Die Fallen standen in engen Durchgängen am Bärengang, dem Wildwechsel (Abbildung 192).

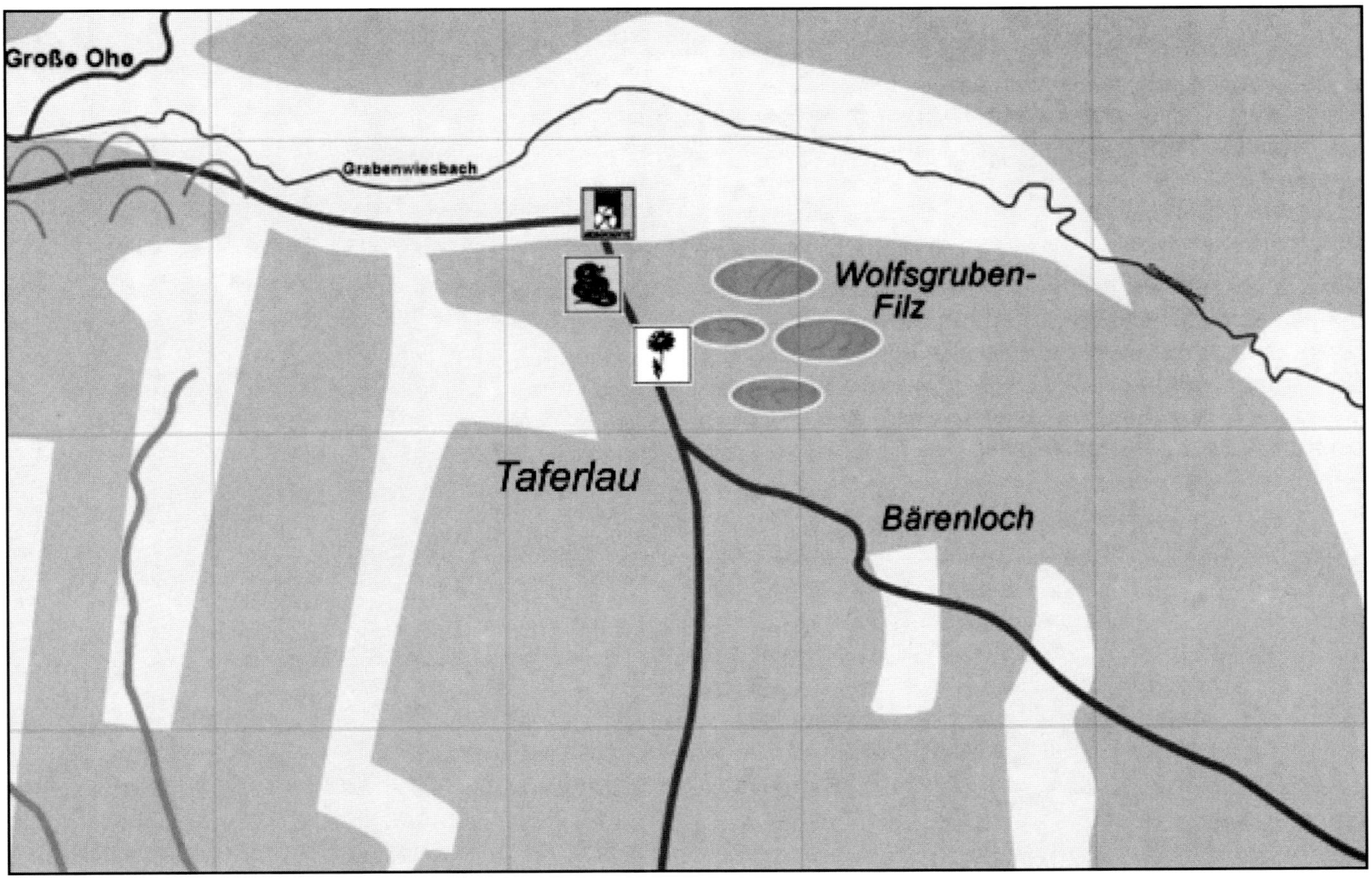

Abbildung 188: Die ehemaligen Wolfsgruben (Kreise) zum Fangen von Wölfen in der Waldabteilung Wolfsgrubenfilz nur wenige Meter vom Wanderweg von Riedlhütte nach Siebenellen entfernt.

Abbildung 189 (links): Das kleine Wolfsgrubenfilz zwischen dem Wanderweg von Riedlhütte nach Siebenellen und dem Grabenwies-Bach.

Abbildung 190 (oben): Zahlreiche Vertiefungen weisen auf die ehemaligen Fallgruben für Wölfe hin. Die ursprüngliche Geländegestaltung müßte an dieser Stelle völlig eben sein.

Abbildung 191: Ein Braunbär wurde in einem Wildwechsel von einer mit Seilen gespannten Schnellvorrichtung eines Bärenstechers getroffen. Miniatur: Gedicht des Gaston Phöbus, 15. Jh., (Hauber, 1933).

Abbildung 192: Verbreitet waren die Quetschfallen um Bären zu töten. Ein mit einem Steingewicht belasteter Baumstamm, wurde mit Stützhölzern in Schräglage gehalten. Wollte ein Bär die Engstelle passieren, berührte er eine Schnur, mit der die Quetschfalle ausgelöst wurde.

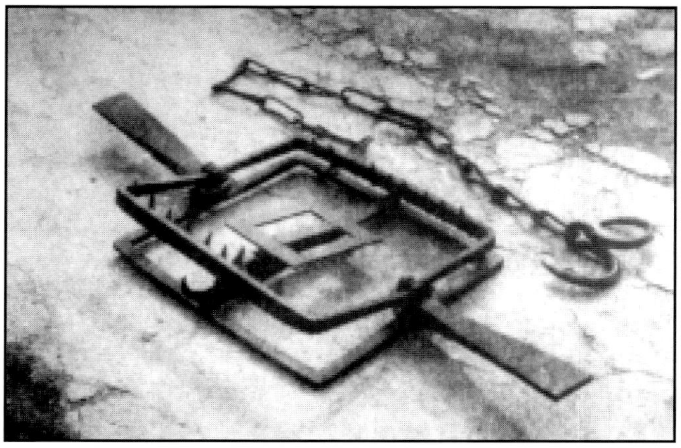

Abbildung 193: Eine schwere Bügelfalle mit der Braunbären gefangen worden sind. Weithin war das Brüllen eines in eine Bügelfalle geratenen Bären zu hören.

Ein starker, leicht schräg aufwärts gerichteter Baumstamm über einem waagrechten Baumstamm wurde am Ende mit einem schweren Steingewicht belastet. Das höher stehende Stammende ist von zwei leichten Stützhölzern in Schräglage gehalten worden. Mit einer dünnen Schnur, die an den Stützhölzern befestigt war, wurde die Vorrichtung ausgelöst. Die Stützhölzer brachen ein, wenn sich ein Bär durch die Engstelle drückte und die Schnur berührt hat. Der belastete Balken fiel auf den Bären und hielt in fest. Das klagende Brüllen des gefangenen Bären war bis in die Dörfer im Tal zu hören.

Die Schlagfallen dagegen waren nach Art einer Guillotine (Fallbeil) an den Wildwechseln errichtet. Löste das durchziehende Wild diese Schlagfalle aus, fiel ein schwerer Stein herab und drückte dem ahnungslosen Wild das Rückgrad ab. Braunbären wurden auch in Tellerfallen, den Tellereisen und Bügelfallen gefangen (Abbildung 193).

8.8 Der Bärenfang für das Lusthetzen in München

Die Lusthetzen und das Kampfjagen mit Bären

Ein beliebtes Unterhaltungsspiel der Hofgesellschaft in München war das kurfürstliche Lusthetzen oder Kampfjagen mit Tieren, bei welchen der Bär immer eine Hauptrolle spielte. Man findet es an den Höfen vom Ende des 16. Jahrhunderts bis um 1790. Es war an Grausamkeit nicht mehr zu überbieten. In einer abgesperrten Arena hetzte man eine Meute blutrünstiger, bissiger Jagdhunde oder mehrere hungrige Löwen auf einen Bären. Der Todeskampf der Bären diente als Schauspiel und Spektakel zur Ergötzung und Unterhaltung einer gelangweilten Hofgesellschaft. Nachempfunden war diese höfische Belustigung des Lusthetzens der römischen Tierkämpfe, wie sie im Zirkus abgehalten wurden. Im antiken Rom mußten auch die frühen Christen in Löwengruben gegen eine Herde Löwen kämpfen. Wo in München diese Lusthetzen stattfanden, konnte nicht ermittelt werden. Zunächst wurde angenommen, daß die Straßenbezeichnung Löwengrube, nur wenige Meter von der Frauenkirche entfernt, an diese Einrichtung erinnert. Diese Bezeichnung geht jedoch auf ein Gebäude zurück, an dem die Wandmalerei Daniel in der Löwengrube angebracht war.

Bei den Bärenjagden ist auch immer von den Fangvorrichtungen, der Bärengerichter (Siebenellen bei Reichenberg), Richtstätt (Leopoldwald bei Lalling) oder dem Bärenfang (von Kobell, 1859) die Rede. Was bedeuten diese Begriffe? Nach dem Wörterbuch der Jägersprache, Kehrein, 1898, bedeutet richten (S. 237), das Jagdzeug, die Netze und Fallen aufstellen. Das Gericht (S. 137) bedeutet: Geschneide, auch Schneisen, Wildwechsel. Die Richtstatt oder der Richtweg (S. 86) ist der Durchhau, Durchhieb oder der durch den Wald gehauene Weg. Nach Schmeller, II, 1874, Spalte 40, ist die Richtstatt oder der Richtstall der wegen der Jagd ausgehauene Platz im Walde. Demnach wurden die Fangvorrichtungen auf besonderen, ausgehauenen Plätzen aufgebaut, durch die der Wildwechsel der Bären führte. Bei der Bärenjagd sind die Bären gegen das Jagdzeug, die Netze, getrieben worden, um sie in den Bärenfang zu lenken. Der Fang (Kehrein, 1898, S. 104f) ist eine Vorrichtung zum Fangen wilder Tiere in Fanggruben. Die Bären werden im Bärenfang (S.52) oder in der Bärengrube gefangen. Der Bärenkasten (S. 177) diente zum Transport des gefangenen Bären.

Bei den Bärenjagden scheint der Fang lebender Bären in dieser Zeit wichtiger gewesen zu sein, als einen Bären zu erlegen. Die Lusthetze oder das Kampfjagen mit Bären ist in den Jahrzehnten um 1600 bei allen fürstlichen Höfen zu einer häufigen Modeerscheinung geworden: Jeder Herrscher wollte den anderen mit diesem Hof- Spektakel überbieten. Der Verfall der althergebrachten Sitten einer weidmännischen Jagd kommt nirgendwo besser zum Ausdruck als bei diesen Lusthetzen. Wie diese Lusthetzen am Münchner Hof im Einzelnen abgelaufen sind, darüber konnten in den Büchern über die Geschichte Münchens keine Hinweise gefunden werden. Zu nebensächlich wird es für die Berichterstatter gewesen sein, sie zu erwähnen.

Von Kobell, 1859 S. 217ff, hat jedoch in seinem Wildanger dieses beliebte Kampfjagen an den europäischen Fürstenhöfen geschildert. Am Münchner Hof werden sie ähnlich abgelaufen sein. Die Bezeichnungen für die mit hohen Mauern umgebenen Einrichtungen für die Kampftiere war an den einzelnen Höfen unterschiedlich, der Verwendungszweck jedoch immer gleich: Löwenhaus (Dresden), Bärengärten, Kampfarena, Lusthetzen (München), Hetzhaus (Wien), Hatzhaus (Paris), Hatzamphitheater (Regensburg):

Im Jahre 1595 wurde ein Kampfjagen im Schloßhof zu Dresden abgehalten und figurierten dabei 2 Löwen, 2 Tiger, 1 Panther, 4 Bären, 2 Wölfe, 4 Hirschen, 6 hauende Schweine (Eber). Während des Kampfes bliesen drei Hörner-Chöre. Am 9. März 1630 wurden hier 3 Bären gehetzt, darunter einer über 8 Zentner schwer war. Nur 5 Tage später, am 15. März, wurden wieder 4 Bären gehetzt und am 16. März war ein Bärenkampf mit hauenden Schweinen, wo von letzteren 5 auf dem Platz blieben.

In Wien wurden 1664 große Bären gehetzt. Der größte von Ihnen ist von Kaiser Leopold I. mit dem Eisen (dem Bärenfänger) abgefangen (getötet) worden. Bei einem Kampfjagen in Augsburg ist der Kurfürst von Sachsen und

König von Polen, August der Starke, in den Kampfplatz getreten und hat einem Bären mit zwei Hieben den Kopf abgehauen. Offensichtlich war es das besondere Privileg der Herrscher und seiner Gäste den halbtoten Bär den letzten Stoß mit dem Spieß oder Schwert zu versetzen.

Beliebt war ein solches Spektakel zur Hochzeitsfeier, wie 1719 am Hofe zu Dresden. Der Chronist teilte mit, daß die Prinzessin 3 Schweine erlegte und der Prinz vom sicheren, erhöhten Logenplatz in der Kampfarena einen Bären schoß. Auch der Jäger von Kobell, 1859, konnte sich für diese Veranstaltungen nicht erwärmen: Welcher Geschmack der Zeit, solche Schauspiele zu wählen, um die Hochzeit einer Prinzessin oder Königin oder sonst eine festliche Gelegenheit zu verherrlichen! Wenn Bären mit Hunden gehetzt wurden, stellte man oft zur größeren Unterhaltung ein schweres, großes Schaff mit Wasser in den Kampfplatz. In dieses stieg dann der verfolgte Bär und teilte drin sitzend seine furchtbaren Ohrfeigen aus.

Bei der Schilderung dieser Lusthetzen wurden zuerst immer die verschiedenen Tierarten erwähnt, die zu diesen Kämpfen in der Arena aufeinander gehetzt worden sind, dann diejenigen Tiere, die vom erhöhten Sitzplatz aus niedergeschossen wurden und schließlich die, die im Kampf blieben, also von anderen Tieren getötet worden sind. Hier eine Mitteilung:

> *Bei einem solchen Jagen am 8. Februar 1721, welches im Löwenhaus am sächsischen Hof in Dresden gehalten wurde, kamen vor: 1 Löwe, 1 Tiger, 3 Bären, 4 hauende Schweine, 1 Keiler, 1 Bache, 1 Auer- und ein Büffelochs Teils geschossen wurden und teils blieben im Kampfe* (sind getötet worden) *1 Bär und die Schweine. Der Bär wog 475 Pfund. Am sächsischen Hof war es üblich, für diese Veranstaltungen aus Polen starke, wilde Auerochsen kommen zu lassen.*

Schwierig war es, die nicht gebliebenen (nicht getöteten) Tiere nach dem Hetzen wieder in ihre Ställe, Behälter und Kisten zu treiben. Dazu verwendete man brennende Fackeln: Das Feuer setzte die wildesten Tiere in solche Furcht, daß sie zurückwichen und sich in ihre Logen treiben ließen. Mit brennenden Pechpfannen hat man auch die bei den Bärenjagden eingefangenen Bären am Rachel und Lusen, in der Thomasleiten bei Ringelai, im Sonnenwald und im Leopoldswald im Lallinger Winkel rückwärts an die Tücher und Netze, in den Bärenfang und in die schweren Kisten und Truhen getrieben.

Diese höfischen Lusthetzen wurden in späterer Zeit dann sogar von reichen Bürgern zur Volksbelustigung übernommen. So hat 1796 der Regensburger Bierbrauer J. Dausinger ein Hatzamphitheater erbauen lassen, um gegen Eintrittsgeld solche Tierkämpfe aufzuführen. Franz von Kobell, 1859, hat diese Lusthetzen als Vergnügen der Bürger noch 1821 in Paris selbst erlebt. Durch seine Schilderung eines Hatzhauses gewinnt man eine Vorstellung, wie diese Einrichtung in München einst ausgesehen hat:

Man ging durch einen langen Hofraum in den Zirkus, und dieser Weg zeigt gleichsam schon ein Vorspiel dessen, was kommen sollte, denn links und rechts als Spalier lagen an Ketten die furchtbarsten Hunde und Bullenbeißer, die ich je gesehen. Die Kampflust des Bären war wegen des fortwährenden Raufen nicht besonders groß, und man mußte ihn jedesmal an einer langen eisernen Kette aus seinem Behälter auf den Kampfplatz ziehen, in dessen Mitte ein Balken stand, an den er angehängt wurde. Die Kette war lang genug, daß er sich frei bewegen konnte. Etwa zehn bis zwölf zum Teil starke Hunde wurden auf ihn gehetzt. Anfangs schlug er sie sitzend mit den Branten (Vorderbeinen) nach links und rechts nieder, bis sie ihn mit gesteigerter Wut anfielen. Dann ergriff er aber mehrere schnell nacheinander und schob sie unter sich, indem er sich darüber hinwarf, daß sie bei jämmerlichen Schreien zusammengedrückt wurden, während er laut brüllend andere zerfleischt zur Seite schleuderte, wo dann das Haus vom Zuruf und Jubel der Zuschauer widerhallte. Das Spektakel nahm erst ein Ende, als mehrere Hunde erdrückt und totgeschlagen waren. Es fehlte unter den Zuschauern nicht an Weibern und Kindern.

Für dieses an den Fürstenhöfen allgemein übliche Lusthetzen wurden wehrhafte, starke Bären in großer Zahl gebraucht. Sie sind hauptsächlich und in großer Zahl in den entlegenen Wäldern des Bayerischen Waldes lebend eingefangen und von den Bauern in einem schweren, beschlagenen Bärenkäfig mit Fuhrwerken nach München transportiert worden. In Museen sind solche Transportkisten für die starken Bären noch zu sehen. So mancher Bär aus seinen Standplätzen am Rachel, Plattenhausen, Lusen, Sonnenwald und dem Leopoldswald im Lallinger Winkel ist auf diese Weise in München grausam zu Tode geschunden und gemartert worden.

Der erhaltene Bärenfang am Großen Waldstein im Fichtelgebirge

Es ist schwer vorstellbar, wie die herrschaftlichen Jäger dieser Zeit einen kräftigen Bären lebend gefangen und bis nach München gebracht haben. Es ist ein Glücksfall, daß in den Wäldern im Fichtelgebirge so ein Bärenfang erhalten geblieben und beschrieben worden ist (Heinz, 1925). Nach bisheriger Kenntnis scheint es der einzige zu sein. Die Fangvorrichtung am Großen Waldstein (884 m) im Fichtelgebirge bei der Ortschaft Zell ist die am besten erhaltene, die bekannt geworden ist. Sie stammt bereits aus dem 17. Jahrhundert, etwa der selben Zeit, in der auch am Rachel, Sonnenwald und Leopoldswald die Bären gefangen worden sind.

Am Fuße des Großen Waldsteins liegt westlich der Ort Zell (LK Münchberg, 616 m, 1690 Einwohner) und südlich das

Ausflugstädtchen Weißenstadt (604 m, 4 000 Einwohner). Von Zell aus ist der Bärenfang am leichtesten zu erreichen (Abbildung 194).

Es überrascht, daß diese recht seltene, historische Fangvorrichtung in einem Reiseführer vor mehr als 40 Jahren wie folgt beschrieben wird (Grieben, 1955, S.179f): Wanderung 2. Auf den Großen Waldstein, ¾ Stunden, weiß-blaue Markierung, Zunächst südlich auf der Straße, dann auf geradem Fußweg steil bergan. Auf dem Kamm links weiter zum Bärenfang, einem kleinen Steinbau, an dessen zwei Eingangstüren die Rinnen zum Auf- und Abwärtsbewegen von Falltüren noch vorhanden sind. An der Breitseite eine fensterartige Öffnung mit einem Steintrog im Innern zur Aufnahme des Köders. 1769 wurde hier der letzte Bär und 1811 der letzte Wolf erlegt. Einige hundert Meter weiter das Unterkunftshaus des Fichtelgebirgsvereins (844 m). Zu diesem Unterkunftshaus (844 m) kann der Autofahrer auch von Münchberg oder Weißenstadt her gelangen. Nördlich führt ein Weg über die Bärenhöhe (783 m) zum Waldstein. Die Flurnamen beweisen, daß die Bären in diesen felsigen Waldungen dort recht zahlreich vorgekommen sind.

Der schmale Bau des Bärenfang hat hohe Mauern aus Stein. Leider werden keine Maße mitgeteilt. Nach dieser Beschreibung ist an zwei glatte, engstehende, hohe Felswände zu denken. Solche Felsbildungen sind auch am Rachel und in der Thomasleiten bei Ringelai nicht selten. An seinem Ein- und Ausgang wurden in eingemeißelten Rillen die Falltüren bewegt. Der Köder ist in der Mitte des Baues in einen steinernen Trog gelegt worden. An der Seite befand sich eine Öffnung, welche einen Blick in das Innere ermöglichte.

Nicht selten ist jedoch ein starker Bär aus dem Bärenfang wieder entkommen (von Kobell, 1859): ... Mancher befreite sich aus dem Bärenfang, indem er die Türen trotz eisernen Bleche und Klammern auf unglaubliche Weise zerbrochen. Vom Bärenfang in Zell hat Kobell, 1859, S. 201, auch eine lustige Geschichte überliefert: Auf den großen Waldstein bei Zell steht heute noch ein gemauerter Bärenfang. Er hatte zwei Falltüren und sind darin mehrere Bären

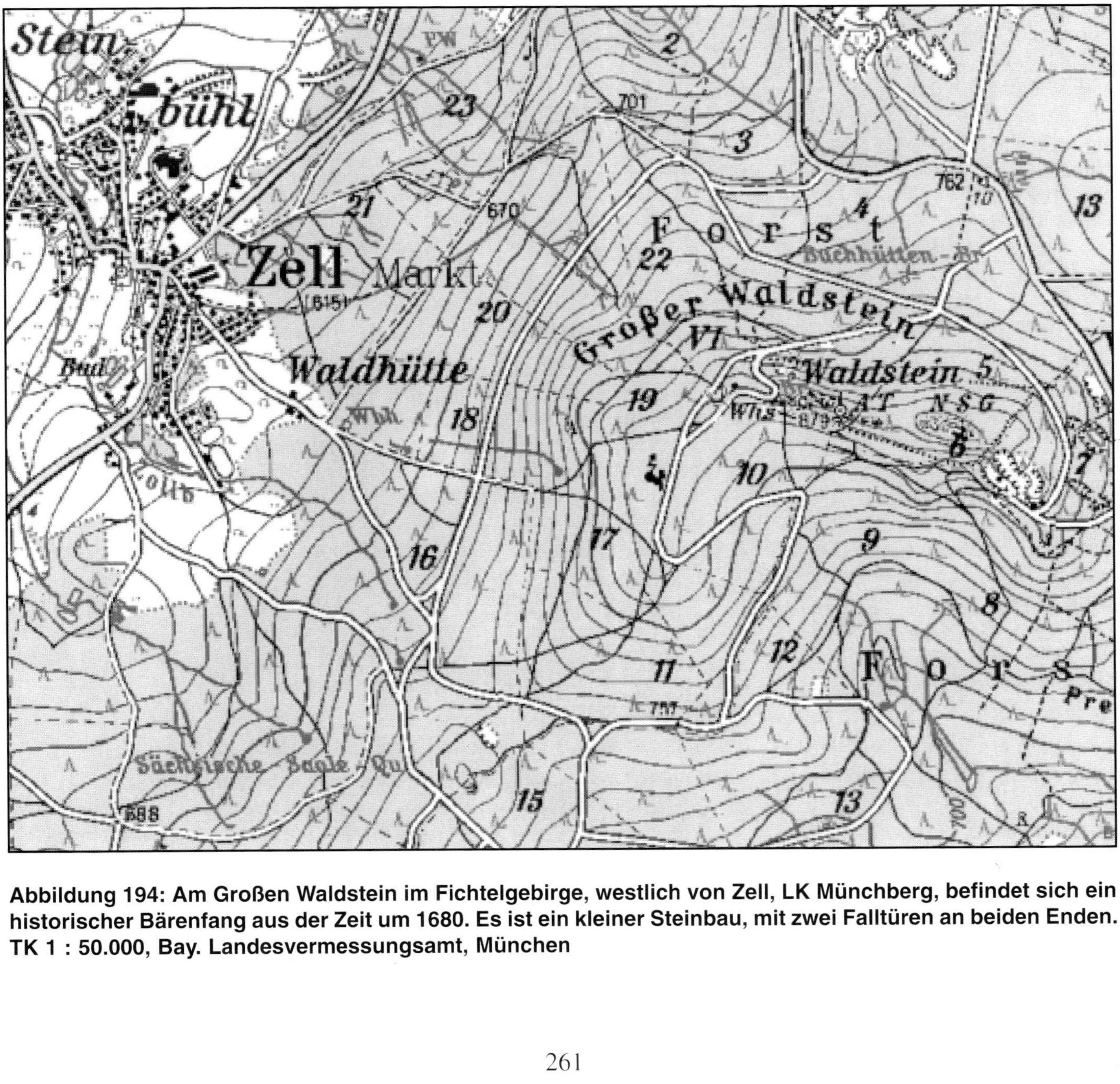

Abbildung 194: Am Großen Waldstein im Fichtelgebirge, westlich von Zell, LK Münchberg, befindet sich ein historischer Bärenfang aus der Zeit um 1680. Es ist ein kleiner Steinbau, mit zwei Falltüren an beiden Enden. TK 1 : 50.000, Bay. Landesvermessungsamt, München

gefangen worden. Zuletzt aber zwei terminierende Kapuziner (Mönche), die sich vor einem Gewitterregen hineinflüchteten, und erst als die Falltüren niederrasselten, erkannten, wo sie waren. Obwohl den Jägern, die dann dazu kamen, zwei Bären lieber gewesen wären, so war mit dem Fang natürlich doch großes Gaudium. Auch gemauerte Bärenfanghütten mit Falltüren wurden in dieser Zeit errichtet.

Über die Fangvorrichtungen für Bären am Rachel, in der Thomasleiten und im Leopoldswald bei Lalling konnten viele Beweise gefunden werden. Wie hat diese Fangvorrichtung ausgesehen? In Lexikon von Zedler von 1731-54, (Spalte 117) wird über die Vorrichtung zum Bären-Fang folgendes ausgeführt:

Bären-Fang ist eine auf künstliche Art zugerichtete Falle, in welcher die Bäre(n) sich selbst fangen. Man muß aber, wenn man diesen Bären- Fang mit Nutzen anbringen will, die Gänge und Wechsel in Wäldern und großen Wildnissen, wo Bäre(n) sein, fleißig in Acht nehmen, und wenn man so einen einsamen Ort, an welchen sich dergleichen Wege oder Wilds-Stege (Bärengang, Wildwechsel) zeigen, findet, einen Platz in solcher Gegend, wo kein Wasser zu vermuten, aussuchen und daselbst eine tiefe Grube, 7 bis 8 Ellen ins Gefierdte (2,30 x 2,30 m), und acht Ellen tief (2,30 m) eingraben, dieselbe eine halbe Elle dick (42 cm) mit beschlagenen Holze nach der Höhe ganz glatt ausschalen, sowie Spund-Pfähle, fest ineinander fügen, inwendig glatt behobeln, daß der Bär mit den Klauen nicht einreissen und sich halten kann, unten aber muß man den Boden recht feste verspunden, daß kein Tier sich durchgraben kann.

Oben auf den Fang kommen vier glatte, starke und runde Balken auf denen Seiten darüber, welche etwas über den Fang gehen, und wird dieser Fang mit Schal-Holz, Reis und Erde bedeckt, und gleich dem anderen Erdreich mit Laub oder Streuling verwildert, daß die Bären, oder das andere Wild, ihren gewöhnlichen Wandel und Wechsel ohne Hinderung passieren können.

Es wird aber, damit die wilden Tiere ihren Wechsel ferner halten, und nicht daneben weggehen, ein Creutz-Zaum (Zaun) unvermerkt von Windbrüchen verhauen, und mit Reis-Stangen verleget, daß daselbst nicht wohl durchzukommen, so ersparet es die Mühe durchzukriechen oder überzusetzen, und bleibet auf seinen gewöhnlichen Gängen. Es müssen aber dergleichen Zäune recht wild und wüste verfallen scheinen, als wenn sie von Natur so wären, sonst merken die wilden Tiere, daß ihnen nachgestellet wird.

Ist dieser Bären-Fang nun etliche Monat alt worden, die wilden Tiere auch, weil der Platz in der Mitten offen gewesen, ihren gewöhnlichen Gang hindurch genommen haben, so öffnet man den Bären-Fang ganz rein, leget kleine schwache Stangen über den Fang auf die runden Balken, und wieder schwach Reis oder Tannen-Ästlein darauf, verwildert letztlich alles, wie bereits gedacht, mit Laub und Streuling, daß es dem anderen Erdboden ähnlich sieht, alsdann ist der Fang fertig.

Die wichtigste Quelle über einen Bärenfang hinter Siebenellen bei St. Oswald waren Zeugenaussagen von 1620, in denen 3 Bärengerichter erwähnt wurden. In den Rechnungsbüchern über die Bärenjagd 1615 von Albrecht VI. im Leopoldswald bei Lalling ist von insgesamt 5 Fangvorrichtungen die Rede.

Bärengerichter nahe Siebenellen bei St. Oswald, erwähnt 1620

Am Rachel und Lusen sind solche Fangvorrichtungen für Bären nur 3 km vom Jagdhaus in Reichenberg entfernt gebaut worden. In der ausführlichen Zeugenaussage vom 29. Oktober 1620 auf Schloß Bärnstein[342] (60 Seiten) bei dem Streit des Klosters St. Oswald mit dem Kurfürsten über die Besitzgrenzen im Hochwald erwähnen mehrere Zeugen auch die Bärengerichter nahe Siebenellen (Schober, 1997, S. 466). In diesen Dokumenten wird auch der Namen einer Waldabteilung nördlich von Siebenellen Bärenruck (S. 13) erwähnt: Auf dem Bärenruck und auf die Handhab. An einer anderen Stelle: ... zwei Wiesmäder unterhalb der Handhab und nicht weit von dem Bärenruck, die noch heutigen Tages in den Siebenellen genannt werden. Dieser Flurname ist verschwunden. Es folgen nun die Angaben über Örtlichkeiten von Bärengerichtern, nach denen im Gelände ganz gezielt gesucht werden konnte:

Es ist die Rede von einem (Kreuz)-Baum bei dem Bärengericht, gleich oberhalb der beiden (Siebenellener) Wismader. *Dem ... March- und Grenzbaum nächst dem Bärengericht. Der gerade Gang von diesem Kreuz- und Marchbaum nächst bei den Siebenellen neben und über das landesfürstliche Bärengericht.... Dem ausgepletzten (markierten) Kreuz- und Marchbaum an dem Bärengericht .... Ob der Zeuge nicht wisse, daß das Bärengericht derorten nicht zunächst (dem Kreuzbaum), sondern über zwei Büchsenschüssen davon hinten bei der Handhab und hernach noch weiter, ja sogar bei den Schaften (noch weiter) gelegen ist.*

Zeuge Erasmus Creuzer in der Rosenau, auf 70 Jahre alt, ein armer Söldner und Nahrungsmann (Austrägler):

> *Er habe es selbst gesehen. Sie sind (die Wismader Simelln) hervorne bei St. Oswald, wie man auf die Specken (den Prügelweg, Guldensteig) und das Bärengericht zugeht. Der Bärengerichte seien es mehr als eines. Das nächst sei von dem geleikthten? Baum auf einen Büchsenschuß. Er sagt ... daß die fürstlichen Jäger und Wildner den Forst von der Handhab, Stadelschneiderin, auch vom gezeichneten Baum (Kreuzbaum), item den Forst vom Bärengericht herab bis auf das Sagwasser (Kleine Ohe) besucht, darinnen gepirscht ... haben.*

Zeuge Michael Schmidt von Reichenberg, propsteiischer Untertan mit Grund und Boden, sonst aber ihrer Durchlaucht Förster, bei 58 Jahre alt:

> *Das Bärengericht sei nicht über 30 Schritte über (oberhalb) dem March des Kreuzbaumes. Bei 25 Jahr sei es her, daß das Jagdhaus aufgebaut worden (seiner Meinung 1595, richtig: 1590) sei.*

Zeuge Augustin Koch, Ihrer Durchlaucht Jäger, bei 60 Jahren alt:

> *Das Bärengericht sei nicht über 15 Schritte von dem Kreuz(baum). Die Bärengerichte seien, wie er hergekommen, teils schon gewesen, teils habe er sie selber von Neuem gemacht.*

Zeuge Hans Weixer, sonst Hans Lang genannt, von Klingenbrunn, Alters bei 50 Jahr:

> *Seines Wissens haben die Jäger und Förster in diesem Gezirk bei der Stadelschneiderin gejagt und gepirscht. Er sei selbst dreimal dabeigewesen am Bärengejaid.*

Anmerkung: NB: Wenn der Herzog am Bärengejaid (bei)gewohnt; sonst haben die Jäger weder Hunde noch Garn (um einen Bären zu fangen, S. 38). Die Bärnsteiner Jäger konnten demanch ohne dem Jagdzeug aus München keinen Bären fangen.

Zeuge Wolf Jauckher, ein Wagner in dem Erbenberg (Einberg), bei 75 Jahr, geboren wie die Heuschrecken geflogen (im Jahre 1545) sind:

> *Im arikulierten Gezirk (in der Nähe des Marchbaumes) wisse er, daß durch fürstliche Wildner und Förster Bärengerichte gemacht worden sind. Ursache seines Wissens: Auch er selbst habe dabei geholfen und es hatte ihm einstmals ein Baum bald den Fuß abgeschlagen. Die Förster haben derorten gepirscht und geschossen. Es sei bei 12 Jahren her (errichtet um 1608), daß das Bärengericht gemacht worden sei.*

Zeuge Peter Schuster in der Grüb, bei 88 Jahr, ein Nahrungsmann (Austragsbauer):

> *In diesem artikulierten Bezirk habe es nicht allein Bärengerichte, sondern es haben auch die Jäger darinnen gepirscht und gejagt. Er, der Zeuge, habe selbst wohl jagen helfen.*

Zeuge Michael Seidl aus Eybenberg (Einberg), 58 Jahre alt:

> *Auf der Stadelschneiderin (eine Wiese) zu, sei wohl ein Bärengericht. Man habe auch dieser Enden einstmals einen Bären gejagt. Er, der Zeuge, habe solchen selbst fangen helfen.*

Zeuge Peter Klinger am Palmberg, Landgerichtsuntertan, bei 49 Jahren alt:

> *Er wisse, daß man bei der Stadelscheiderin (eine Wiese) hinab gegen das Sagwasser (Kleine Ohe) das Bärengericht und gejagt habe. Er vermeine, es sei bei (vor) 20 Jahren das Bärengericht bei der Stadelschneiderin aufgerichtet (also um 1600) worden. Von anderen wisse er nichts zu sagen.*

Zeuge Matthes Pauls aus der Rosenau, bei 60 Jahren alt:

> *Das Bärengericht sei über 10 Schritt nicht von dem Kreuzbaum. Bei diesen recht genauen Ortsangabe ist der oft genannte March- oder Kreuzbaum am Waldrand nördlich der Siebeneller Flur nach der Karte TK 1: 25 000 bei der Höhe 759 m* (beim ehemaligen Wirtshaus) *zu suchen* (Abbildung 195).

Die Handhab, der Wegweiser am Säumersteig, befindet sich etwa 1,2 km nördlich von der Ortsflur Siebenellen. Das Bärengericht befindet sich 100 m südöstlich von der Höhe 811 m, dort wo der Wanderweg nach Westen von der Teerstraße abzweigt. Die Wiese Stadelschneiderin befindet sich 500 m nordöstlich von der Ortsflur Siebenellen, etwa 100 m nördlich der Höhe 798 m. Die genannten Ortsangaben waren auch in der Altkarte von 1667 (Schober, 1998) eingezeichnet. Nach den Informationen bei der Zeugenbefragung von 1620 war diese Einrichtung zum Bärenfang, das Bärengericht, in diesem beschriebenen Dreieck zu suchen (Abbildung 196, 197).

Das Bärengericht befindet sich dort, wo bei der Höhe 811 m der Wanderweg in nördliche Richtung zur Handhab von der Teerstraße abzweigt. Nur 30 m östlich von der Teerstraße wurde das Bärengericht bei einer Geländebegehung auch entdeckt. Es ist eine 18 m lange, 4-9 m breite und etwa 2-3 m tiefe recht unscheinbare Grube. Durch die genauen Angaben in der Zeugenbefragung ist dieser Bärenfang recht sicher belegt. Der Fund ist ein gutes Beispiel, wie sich Kenntnissen im Archiv und die Begehung im Gelände sinnvoll ergänzen können, um historische Bauwerke zu entdecken.

Die von Hand ausgehobenen Wälle rund um die Vertiefung sind heute, nach 400 Jahren, noch deutlich zu erkennen. Diese Wälle sind auch ein Beweis, daß diese Vertiefung nicht im Zusammenhang steht mit dem Bau der nur 30 m entfernten Teerstraße. In diese Fangvorrichtung wurden einst in der Vertiefung etwa 4 m lange, entrindete und glatte Baumstämme, senkrecht und dichtstehend, wohl überlappend eingelassen. Es müssen schon größere Baumstämme gewesen sein, die dabei zur Verwendung kamen: Der Zeuge Wolf Jauckher aus Einberg hat mitgeholfen, wie durch fürstliche Wildner und Förster Bärengerichte gemacht worden sind ... und es hatte ihm einstmals ein Baum bald den Fuß abgeschlagen.

Um ein Bärengericht zu errichten, war die Kenntnis eines Zimmermannes notwendig. Im Rechnungsbuch von 1611

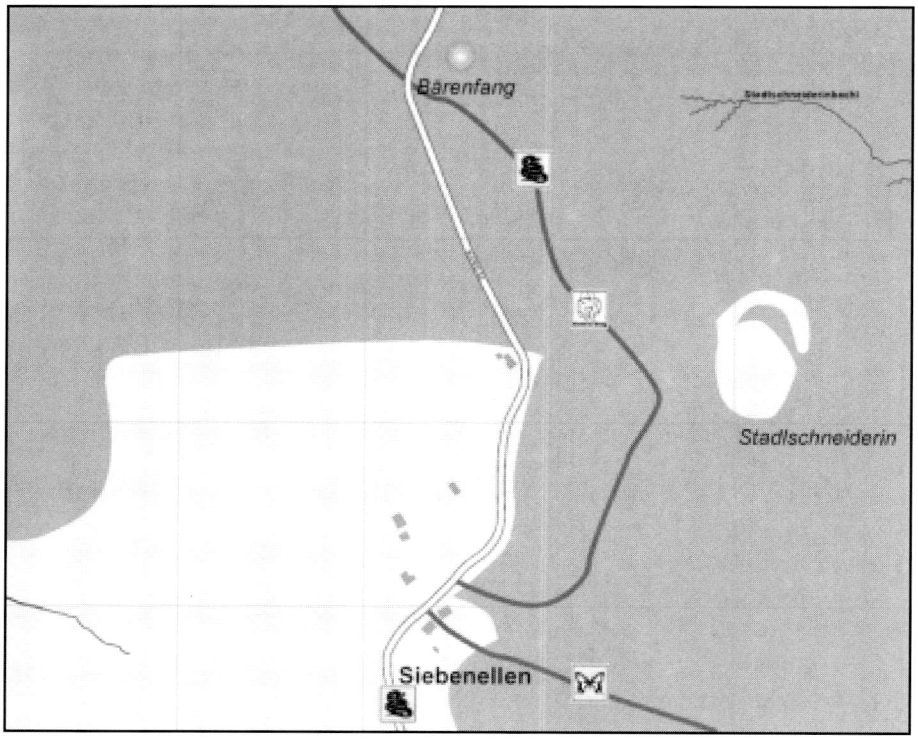

Abbildung 195: Der 1998 nach den Aussagen in einer Zeugenbefragung von 1620 entdeckte Bärenfang (Bärengericht) zwischen dem Waldrand von Siebenellen und der Handhab. Umgebungskarte Sankt Oswald-Riedlhütte.

Abbildung 196: Das Bärengericht liegt im Dreieck zwischen 7 = Handhab, 8 = Marchbaum bei den Wiesen von Siebenellen und 8 = Wiese Stadelschneiderin, auf halbem Wege zwischen 7 und 8. Altkarte von 1667.

Abbildung 197: Der ehemalige Bärenfang hinter Siebenellen bei Sankt Oswald ist heute eine 18 m lange, 4 - 9 m breite und 2 - 3 m tiefe Grube, etwa 30 m von der Teerstraße in östlicher Richtung entfernt. Die Bären wurden an Netzen entlang in den Bärenfang und in bereitstehende Kisten getrieben oder mit Köder angelockt und zum Lusthetzen nach München gebracht.

Abbildung 198: Die Skizze soll einen Eindruck vermitteln, wie Bären im Bärenfang in Siebenellen gefangen worden sind. In der Mitte befand sich ein Stierl in einem Käfig als lebender Köder. Die zwei Falltüren an den beiden Enden der Anlage waren über Stricke aus einem Baumversteck ausgelöst. Der Bärenfang mußte von Bauern Tag und Nacht beobachtet werden.

über die Bärenjagd von Herzog Albrecht VI. in Reichenberg gibt es einen Eintrag, der auf Ausbesserungen im Bärengericht in Siebenellen hindeuten könnte: Georgen Sturmb, Zimmermann, welcher 4 Tage aller Orten hin und wieder mit seiner Arbeit zugebracht, einen 12 Kr. tut 48 Kr. Georg Sturm hat über Jahrzehnte die Reparaturen am Jagdhaus in Reichenberg ausgeführt (s. Kapitel 5.4.3). Der Hinweis aller Orten ist so auszulegen, daß er wohl auch die Bärengerichter in Siebenellen für die Jagden seines Herzogs immer wieder hergerichtet hat.

Der Siebenellner Bärenfang läßt eine ovale Vertiefung mit einem Ein- und Ausgang an beiden Enden erkennen. Zwei Bauern im Geäst eines Baumes konnten die Falltüren beider Öffnungen leicht bedienen. In der Mitte befand sich, wohl in einem Käfig geschützt, ein lebender Köder. Kleine Stierl, wie sie vom Kloster Niederalteich zur Bärenjagd im Leopoldswald bei Lalling leihweise zur Verfügung gestellt und nach der Bärenjagd wieder zurückgebracht worden sind, könnten auch hier als Köder gedient haben. Solange der Köder im Bärengericht war, mußte es Tag und Nacht von Bauern beobachtet werden, um die Falltüren zu betätigen. Der lebende Köder mußte auch mit Futter und Wasser versorgt werden.

In der Thomasleiten bei Ringelai wurde bei den herzoglichen Bärenjagden 1611 und 1615 eine etwas andere Fangmethode beschrieben. Hier ist der Bär gegen eine etwa 1 km lange Absperrung von Netzen getrieben und an den Netzen entlang in die Engstelle der Fangvorrichtung getrieben worden. Auch diese Methode ist in Siebenellen vorstellbar, um den Bären zu fangen. Die Skizze des Siebenellner Bärenfang soll einen Eindruck vermitteln, wie er einst ausgesehen hat und betätigt worden ist (Abbildung 198).

Ob die in die Erde eingelassen Baumstämme 400 Jahre überdauert haben, müßte eine Grabung in der Vertiefung nachweisen. Zu finden sein müßten auch eiserne Beschläge von den Falltüren und handgeschmiedete Nägel. Bei der Zeugenbefragung ist von mehreren Bärengerichtern die Rede: Eine weiterer Bärenfang ist im Bereich der Wiese Stadelschneiderin und dem Saagwasser (richtig: kleine Ohe) recht genau beschrieben. Ein weiteres Bärengericht müßte auch im Bereich des Parkplatzes Taferlruck (Höhe 772m, Pegelstation) bei den alten Schaften (Seebach, Hinterer und Vorderer Schachtenbach) zu finden sein. Durch den großen Aufwand, den Bärenfang Tag und Nacht zu beobachten, wurde er offensichtlich nicht zu weit entlegen gebaut. Es fällt auch auf, daß diese Anlagen vom Jagdhaus in Reichenberg nur 3-4 km entfernt lagen.

Durch das gefundene Bärengericht in Siebenellen werden auch die Flurbezeichnungen Bärenloch verständlich. Zunächst denkt man dabei an eine Fallgrube, in die Bären stürzten. Mit einer Fallgrube können Bären jedoch kaum lebend gefangen werden. Es wäre zu aufwendig und gefährlich gewesen, einen erwachsenen Bären aus einer Fallgrube zu befreien. Bei dem Flurnamen Bärenloch wird es sich um etwa 2-3 m vertieft angebrachte Bärengerichter mit Ein- und Ausgang gehandelt haben.

Der Flurname Bärenloch (Karte TK 1:. 25.000) ist auch 700 m von Siebenellen in westlicher Richtung entfernt, südlich vom Klosterfilz und Grabenwiesbach zu finden (zwischen Höhe 755 und 740). Nur wenige Meter vom Bärenloch entfernt, um die Höhe 755, liegen auch die heute noch im Gelände deutlich zu sehenden Wolfsgruben beim Wolfsgrubenfilz. Auch zwischen St. Oswald und Haslach ist der Flurname Bärenloch in einem nach Süden geneigtem, sehr felsigen Hang, zu finden. Hier finden sich im Abstand von etwa 150 cm zwei fast senkrechte Felswände, die als Fangvorrichtung für Bären genutzt worden sein könnte. In der Thomasleiten bei Ringelai wurde der Bärenfang zwischen zwei senkrechten Felswänden bei einer Zeugenbefragung beschrieben. Der Hang wurde durch Netze und Tücher abgesperrt und der Bär mit brennenden Pechfackeln und Pechpfannen am Netz entlang in die Fangvorrichtung gehetzt.

Über den Fang ausgewachsener Bären gibt es auch einen Brief von Franz Poschinger, damals Hüttenherr auf der Riedlhütte vom 10. Mai 1673 an das Rentamt in Straubing in Zusammenhang mit einem Streit, wer die Brücken über die Große Ohe instandsetzen soll:

> *... Die vom Kurfürst (Ferndinand Maria) zu erhaltenden Brücken, über eine Stunde lang (weit entfernt) seien ursprünglich (vor 1673) neu erbaut worden, um das Jagdzeug (für die kurfürstlichen Bärenjagden) vorwärts (in den Hochwald) zu bringen. Eine eigentliche Straße sei dort nicht. Franz Poschinger bringe lediglich Holz und Pott- Asche auf diesem Weg heraus. Im Jahre 1612 seien 2 Bären lebend gefangen und nach München zum fürstlichen Lusthetzen gebracht worden. Nun werden aber Bären von einem und den anderen Ort derselben zum Hetzen geschickt, wie denn bereits dermalen (jetzt) wieder 5 vorhanden sind. Wegen der Bärenjagd sind also die Brücken nicht mehr notwendig, da die gefangenen Bären aus einer anderen Waldabteilung kommen.*

In welchen Behältern wurden die Bären transportiert?

Lange Zeit war unklar, in welchen Behältern die gefangenen, ausgewachsenen Bären transportiert worden sind. Bei der herzoglichen Bärenjagd 1615 in Lalling und Reichenberg wurden an der Floßlände in Niederalteich viele Behälter und Fässer ausgeladen, die beim Bärenfang genutzt worden sein könnten. Im Lexikon von Zedler von 1731-54 (Spalte 118) wird ein Bären-Kasten wie folgt beschrieben: Bären-Kasten ist ein Behältnis, in welchen ein lebendiger

Bär ohne Schaden und Gefahr an einen Ort, wo man hin will, gebracht werden kann. Es muß dieser Kasten wohl verwahrt, von zwei Zoll (4,8 cm) starken eichenen Pfosten gemacht, und mit einem dicken Boden versehen werden, woran die vier Wände, so wohl auf beiden Seiten, als an beiden Giebeln, mit eisernen doppelten Bändern und Gelenken dergestalt beschlagen und befestiget sein müssen, daß die lange eiserne Spille (?), welche durch die Ring-Bänder oben durchgehet, wenn eine Feder vorgesteckt wird, alles zusammen halte. An dem einem Ende nun wird die Türe aufgezogen, der Bär hineingelassen und zugeschoben, nachgehend ein starkes Quer-Eisen, wie vor ein Gefängnis vorgeschlossen, daß der Bär die Türe nicht aufmachen kann. Die Höhe von diesem Kasten ist insgemein anderthalb Elle (1,25 m), ingleichen die Breite eben so lang (1,25 m), der Boden aber um einer viertel Ellen schmaler (Breite am Boden 1,04 m), und guter drei Ellen lang (2,50 m). Die Winkel in diesem Kasten müssen mit eisernen Blech beschlagen sein, daß der Bär mit seinen Klauen nicht an dem Holze arbeiten kann, auf allen vier Seiten aber kommen Gitter- Fenster von runden Eisen, aber nicht zu groß, nur damit Licht und Luft hinein komme. Diese Beschreibung ist recht anschaulich. Der 2,50 lange Kasten war am Boden etwa 1 m und oben 1,25 m breit.

In einer fürstlichen Gejaidsamtsrechnung wird folgendes mitgeteilt:[343]

Auf Ihrer Durchlaucht (Herzog Maximilian I.) gnädigsten Befehl ist 1612 (ohne Datum) der Forstenrieder Hofjäger Hans Pekh mit mehreren Jägern nach Bärnstein geschickt worden, um lebendige Bären zu fangen, die dann in Truhen nach München transportiert wurden: ... Nicht weniger für die zu den gefangenen Bären gemachten Truhen in allem ausgegeben ... Es ist von der Hetzung beider Bären mit den Rüden die Rede und ... als man den anderen Bären allhier gehetzt... Insgesamt werden drei gefangene Bären erwähnt.

Dieser Notiz entnehmen wir, daß nicht nur bei den herzoglichen Bärenjagden, wie bisher angenommen, Bären eingefangen worden sind. Auf fürstlichen Befehl sind offensichtlich auch die Hofjäger mit mehreren Jägern, zu unterschiedlichen Zeiten nach Reichenberg und Lalling geschickt worden mit dem ausschließlichen Ziel, Bären einzufangen.

Bei der herzoglichen Bärenjagd 1615 wurden an der Floßlände in Niederalteich viele Stibiche, Fässer, ausgeladen. Da in den Fässern auch das zerlegte Wildpret transportiert wurde, war unklar ob sie auch beim Bärenfang genutzt worden sein könnten. In der fürstlichen Gejaidsamtsrechnung von 1613 über Ausgab auf die Bernjhaider gibt es einen Hinweis:

Ausgab auf andere Handwerk: Item Hansen Rauch, Schlosser wegen Beschlagung eines neuen Fasses, so bei dem Gejaid für ein Gefängnis gebraucht wurde, verlaut Zettels Nr. 11 bezahlt, 48 Kr. Nach dieser Notiz wurden die Bären auch in Fässern gefangen und nach München zur Lusthetze transportiert.

Wie wurde ein Bär in die bereitstehende Kiste getrieben?

Bekannt ist, daß Bären das offene Feuer ganz besonders scheuen. Die Waldhirten und die Holzhauer, die in ihren Rindenhütten nächtigten, haben die Bären durch Feuerstellen vor dem Hütteneingang abzuhalten versucht. Es wird oft darauf hingewiesen, daß man mit brennenden Pechfackeln die Bären aus ihren Höhlen treiben konnte. Im Abgabenbuch von 1615 ist von einer Fuhre Pechpfannen die Rede:

Noch hat er, Peter (Reisinger)*, die Pechpfannen von Thundorf hierher* (nach Lalling) *geführt,* (als) *Fuhrlohn zahlt, 30 Kreuzer.*

Befand sich der Bär in der Fangvorrichtung, konnte er durch mehrere Bauern mit brennendem Harz in den Pechpfannen, Pechfackeln und viel Lärm vom Eingang aus rückwärts in die am Ausgang bereitgestellte und offene Kiste getrieben werden. War er in der Kiste, wurde sie mit einer Falltüre geschlossen.

Nach den Rechnungsbüchern ist in einer schweren, eisenbeschlagenen Kiste ein gefangener Bär aus den Rachelwäldern mit einer Handkarre von Reichenberg, die etwa 16 km zum Weitertransport nach Hilgenreith bei Innernzell gebracht worden:

Also hat er, Faith, den gefangenen Pern auf einem Karren gen Hilgartreuth (Hilgenreith) geführt. Fuhrlohn zahlt 30 Kreuzer.

Fangvorrichtungen für Bären im Leopoldswald

Am Rachel und Lusen wurden die Fangvorrichtungen in den alten Berichten Bärengerichter genannt. Im Ausgabenbuch von 1615 erscheint bei der Bärenjagd in Lalling der Begriff Richtstath:

Item Mathäus Haß, auch Hoißen Jörg und Matthäus Oller zu Dösing, haben im Herbst vor Anfang des Pernjaidts 1 Richtstatt neu gemacht und 4 alte Richtstätten ausgeräumt. Jeder 6 Tage damit umgegangen; derwegen jedem 1 fl, 12 Kr. zahlt, tut 3 Gulden, 36 Kreuzer.

Bei Richtstatt denkt man zunächst an eine Stelle, an der sich der Galgen befand. Es werden jedoch im Leopoldswald mehr als fünf solcher Plätze erwähnt. Durch den großen Bedarf an Bären, kann es sich jedoch bei Richtstatt nur um eine Fangvorrichtung für Bären gehandelt haben kann: Im Herbst, vor Anfang des Pernjaidts wurden einige neuerrichtet. Die vier alten Richtstätten sind ausgeräumt und hergerichtet worden. Der Mitteilung ist zu entnehmen, daß bei der Bärenjagd 1615 im Leopolds-Hochwald im Lallinger Winkel mehr als 5 Fangvorrichtungen für Bären vorhanden waren und auch genutzt worden sind. Als lebende Köder könnten die genannten Stierl verwendet worden sein. Damit der Bärenfang auch erfolgreich sein konnte, mußten Bauern Tag und Nacht auf Bäumen auf der Lauer liegen, um im günstigsten Moment die Falltüren zu schließen. Sechs Bauern wurden dafür entlohnt, um an den Fangvorrichtungen im Leopoldswald auf der Anhöhe über Lalling abwechselnd auf Bären zu lauern:

> *Vorgedachter Hoiß Öller, auch Jörg Procher, Wolf Ambros zu Ränzing und Stephan Ebmyr zu Durchfurth, sind sonderbar, (besonders) als man den Pern am Loypolds Wald (Leopoldswald in der Fangvorrichtung) gefangen (hat), jeder 2 Tage am bsuech (Besuch=Suchen) gangen; jedem 24 Kreuzer bezahlt 1 Gulden, 36 Kreuzer.*

Beim Bärenfang haben noch zwei weitere Bauern mitgeholfen:

> *Also (genauso) ist noch Gruber von Dösing und Christl Huber von Ränzing, jeder einen Tag, an gemeldeten (erwähnten) Pernbsuech gegangen, Ihnen beiden davon zahlt 24 Kreuzer.*

Um den Bären, der am Leopoldswald gefangen wurde, einzufangen, haben 6 Bauern 3 Tage und Nächte an den Falltoren der Richtstätten gelauert.

Heute beschleicht uns eine leise Wehmut darüber, daß so viele Bären am Rachel, Sonnenwald und im Leopoldswald im Lallinger Winkel, über Jahrhunderte dort Standwild, in München bei dem Hofspektakel der Lusthetzen einen so grausamen Tod gefunden haben. Bisher wußte man jedoch nichts über dieses Schicksal der Bären im ferner München.

Die Aufzucht junger Bären für die Lusthetze in München

Bei den Lusthetzen am Hof in München sind nicht nur ausgewachsene Bären verwendet worden. Bei den Bärenjagden war es auch üblich, weibliche Bären zu erlegen, die Jungen einzufangen und aufzuziehen. Im Bericht von 1615 Bärengejaidt auf dem Reichenberg wird mitgeteilt, daß 1612 ein Herr von Roth aus der Jagdgesellschaft, dem Herzog Maximilian I. *einen jungen lebendigen Peern verehrt hat* (Mitterwieser, 1925). Mit dem Fang eines jungen Bären hat sich ein Bauernbub 30 Kreuzer verdient. Im Rechnungsbuch über die Bärenjagd 1611 wird berichtet:

> *... einem kleinen Bauern-Bübl, so einen zweijährigen Bären gefangen, gegeben 30 Kreuzer.*

Die Lusthetze mit Bären war am Münchner Hof auch noch nach 1800 üblich. So meldet am 17. April 1804 der Pfleger von Wolfstein den Fang von 3 jungen Bären in der Waldabteilung Steinfelsenberg (es dürfte der Steinfleckberg gemeint sein, etwa 1.500 m nordöstlich vom Lusen) durch den Jäger Franz Meisinger in Finsterau. Auch diese lebendgefangenen, jungen Bären wurden an den Hof nach München gebracht und aufgezogen.

8.9 Schwere Unfälle bei Bärenjagd und Bärenfang

Bei der Bärenjagd und beim Bärenfang sind immer wieder schwere Unfälle mit lebensgefährlichen Verletzungen aufgetreten, an denen die Betroffenen ein Leben lang litten. Dabei waren vor allem die Bauern gefährdet, die ohne Lohn das Bärenjagd- Scharwerk zu leisten hatten. Als Hilfskräfte war es ihre Aufgabe, die aufgebrachten Bären am Rachel, in der Thomasleiten bei Ringelai, im Leopoldswald und im Sonnenwald mit brennenden Pechpfannen gegen die Absperrungen und Netze zu treiben. Entlang dieser Netze wurden sie in die Fangvorrichtungen und die bereitstehenden Kisten, Truhen oder Fässer getrieben. Ließ sich ein Bär von den Pechpfannen und Fackeln nicht beeindrukken und griff die Treiber an, kam es zu schwersten Verletzungen. Die wenigen Berichte, die es hierüber gibt, sollen nachfolgend mitgeteilt werden:

So ganz nebenbei erfahren wir im Brief von Pflegverwalter Gartner von Bärnstein an Herzog Ferdinand vom 5. Januar 1588, in dem es um den Neubau eines Jagdhauses in Bärnstein geht, auch einen Jagdunfall. Sigmund Gartner setzt sich für zwei Bauern ein, die beim Einfangen eines Bären bei der Bärenjagd um Martini 1587 so schwer verletzt wurden, daß über längere Zeit erhebliche Arzt- und Verpflegungskosten angefallen sind. Selbst konnten sie diese Kosten nicht tragen. Herzog Ferdinand, der Bruder von Wilhelm V. war bei dieser Jagd im Sonnenwald auch selbst anwesend und hat den Unfall erlebt. Ein einzigartiger Einblick, wie gefährlich Bärenjagden ausgehen konnten:

> *Die zwen* (zwei) *Bauern, so der Beer (Bär), welcher am Sonnenwald in E*(uerer) *F*(ürstlichen) *G*(naden) *Gegenwart gefangen, beschädigt sein* (verletzt wurden), *wiewohl es dem Einen eine Zeit gar übel ergangen, doch sein* (sind) *wiederum heil worden. Was nun* (der) *Arzt in der Grafenau, der sie beide geheilt* (hat), *für seinen Arztlohn begehrt, dann bei dem Jäger allda* (im Sonnenwald bei der wochenlangen

Pflege) *verzehrt worden* E(uere) F(ürstliche) G(naden) *aus hierbei verwahrten Zetteln, mit* ***A*** *und* ***B*** *signiert* (für die beiden Bauern), *gnädig vernehmen. Dieweil dann beide Bauern gar arm* (sind), *das* (den) *Arztlohn und aufgewandten Unkosten ihm* (den Arzt) *zu bezahlen, nit vermögen. Ist an* E(uere) F(ürstliche) G(naden), *im Namen der Bauersleut, meine ganz unterthänige Bitten, dieselben* (Herzog Ferdinand) *wollen Verordnung* (anordnen) *und erinnern, daß die Zettln unterschrieben, auch mir solche abzuledigen* (zu senden) *und in Rechnung einzuführen gnädigen Befehl gegeben werde. Alsdann solche* (die Zettel A und B) *mit Gnaden bei Briefs Zaigers Hanns, Neumüllers Satlers in der Grafenau, gnädig wiederum zukommen lassen. Vermein aber des Arztes Anforderung sei zuviel und solle mit 10 oder 11 Gulden wohl zufrieden sein. Doch stets zu fürstlichen, gnädigen Wohlgefallen.*

Dieses Schreiben vom 5. Januar 1588 zeigt ein besonders soziales Verhalten des Pflegverwalters Sigmund Gartner in Bärnstein, diesen beiden Bauern gegenüber. Er hat sich eingesetzt, daß die Unkosten gezahlt wurden. Sonst hätten die beiden Bauern trotz ihrer Folgeschäden, ein Leben lang ihre Arztrechnungen abbezahlt. Zwei Jahre später, 1590, hat er sich auch eingesetzt, daß die Arbeiten des Scharwerks beim Bau des Jagdhauses in Reichenberg für die Bärnsteiner Bauern erheblich eingeschränkt worden sind.

Im September 1593 war Herzog Wilhelm V. wieder bei einer Bärenjagd in Reichenberg. In der Hofzahlamtsrechnung von 1593 finden sich unter der Rubrik Abfertigung und Gnadengeld (Entschädigung) folgende Einträge, die mit dieser Bärenjagd zusammenhängen:[344]

Martin Schmid, Jägern zum Pernstein aus Gnaden 4 fl, Johann Caueto aus Gnaden 2 fl, Peter Freyen, so am Pernjaid in Gefahr gewesen, aus Gnaden 1 fl.

Ob er einen Schaden erlitten hat, wird nicht mitgeteilt.

Bei der selben Bärenjagd 1593 sind auch wieder einige Bärnsteiner Untertanen zu Schaden gekommen.[345] Ob an ihren Feldern, ihrem Vieh oder am eigenen Körper wird nicht erwähnt. Der Pflegsverwalter zum Pernstein hat darüber einen Bericht und das Schadensverzeichnis an die Hofkammer nach München eingesandt. Man schickte beides widerwillig an den Rentmeister zu Straubing weiter, er solle sich um die Entschädigung kümmern.

Bei einer Bärenjagd im Jahre 1600 (Rechnungsbuch von 1600 [346]) wurde auch ein Bauer aus Schönanger durch einen Bären verletzt:

... auf der Fürstlichen Durchlaucht ausgegangenen Befehl ist Georg Frischen, Propsteiischer Untertan in Schönanger, gegen St. Oswald gehörig, wegen des ihm in jüngst (im Jahre 1600) verrichtetem Bärenjaid durch einen Bären zugefügten und empfangenen Schadens für Arztlohn, Zehrung und Versäumnis gegeben und zugestellt worden, in allem 12 Gulden. Georg Frisch könnte beim Versuch im Bärengericht hinter Siebenellen einen Bären einzufangen verletzt worden sein. Aus dem hohen Betrag von 12 Gulden zu schließen war er sicher längere Zeit bettlägerig und arbeitsunfähig.

Bei der Bärenjagd 1611 im Leopoldswald bei Lalling kam ebenfals ein Bauer zu Schaden:

Auf gnädigen Befehl Ihrer Durchlaucht, Simon Christ von Orth, welcher an einem Netzwagen einen Finger übel verderbt und besorglich, er möchte um ein Glied kommen, Ergötzlichkeit (Schmerzensgeld) gegeben 30 Kreuzer. Anläßlich der Bärenjagd im Jahre 1615 erfahren wir kurz und bündig: Den Jäger Keller hat auf dieser Jagd der Per geschedigt.

Ein besonders tragisches Ende nahm eine Passauer Hofjagd des Kardinal Fürstbischof Leopold Ernst Graf von Firmian, dem Gründer des Dorfes Firmiansreut. Er war ein passionierter Nimrod. Am 17. August 1776 wurde sein Neffe und Weihbischof Franz Graf von Firmian auf der Rückkehr von der Jagd in der Nähe des nördlich von Passau gelegenen fürstbischöflichen Schlosses Thürnau bei Kellberg durch einen Schuß in das Herz getötet. Dieser Schuß hat sich aus dem Gewehr des hinter ihm auf dem Wagen sitzenden Büchsenspanners gelöst. Die Kugel hat den 35 jährigen Weihbischof von Passau, Franz Graf von Firmian, tödlich ins Herz getroffen. Hilflos mußte die hohe Jagdgesellschaft den Getroffenen, der dem Jagdvergnügen nur widerwillig nachgekommen war, sterben sehen. Ist den gar kein Geistlicher in der Nähe, rief der Onkel, Fürstbischof Karl Leopold Graf von Firmian voller Entsetzen aus. Hohe Herren waren viele da, jedoch keiner, der zum Priester geweiht war und ihm die Sterbesakramente spenden konnte (Mitterwieser, 1925, Pietrusky, um 1990).

Wie gefährlich ein in die Enge getriebener Keiler den Jagdhunden werden kann, das hat ein dreijähriger Keiler bewiesen. Bei einer Sauhatz hat er 26 Hunde schwer verletzt, darunter 4 tödlich. Gleichzeitig noch ein Pferd schwer am Bauch verwundet (Hauber, 1933). Das anrüchige Gewerbe der Abdecker und Schäfer stellte damals die Tierheilkundigen. Der Abdecker verwertete verendete Haustiere. Sein gesellschaftliches Ansehen war gering. In der zeitgenössischen Darstellung wird sein Gewerbe zusammen mit Verbrechern und Hexen dargestellt (Abbildung 199).

Interessant ist, mit welchen Hausmitteln verletzte Tiere und Menschen kuriert worden sind. Berichtet wird, daß Pulver gegen die Hundswut geheilt worden ist. Ein Roß, dem ein Hirsch Kiefer und Zunge verletzt hatte, suchte man 1650 mit Honig und Met vergebens zu heilen. 1640 hat man mit Nähseide einen bei der Hirschfeist und Schweinshatz geschlagenen Hund geflickt (Mitterwieser, 1925). Auch im Tagebuch von Franz Poschinger in Frauenau von 1637-1701, ein einzigartiges kulturhistorisches Dokument für das Rachelgebiet, erfahren wir, daß er Jagdglück und Jagdpech hatte. Die Wölfe rissen ihm seinen besten Schweißhund mit dem Namen Schwed. 100 Jahre später riefen die Deggendorfer Metzger ihre Hunde gerne Trenk, in Erinnerung an den grausamen Pandurenoberst (Wagner, 1985, Seyfert, 1978).

8.10 Wildern: Bauern, Inleute, Glasmacher, Holzhauer

Die Bauern, ihre Inleute, die Glaser und Holzhauer werden so manches Reh unerlaubt erlegt haben. Die landgerichtlichen Jäger in Bärnstein und Reichenberg, die propsteiischen Jäger vom Kloster St. Oswald werden auf Wilderer besonders geachtet haben. Durch die großen Waldungen und die langen Wege, die zu Fuß zurückzulegen waren, konnten sie jedoch nicht überall aufpassen. Aus dem Jahre 1615, der Zeit in der Herzog Albrecht VI. in Reichenberg jagte, ist ein Bericht überliefert. Der Anlaß war eine Waldbereitung durch den damaligen Oberstjägermeister Wilhelm von Maxlrain, Herrn zu Waldegg, dem höchsten Jagdbeamten von Kurfürst Maximilian I. Er teilt mit, daß die Jagdverhältnisse zu jener Zeit nicht in besonderer Ordnung gewesen sind, ...indem nit allein viel Inleut, sondern auch eingesessene Bauern, ihre Söhne und ledige Bauersknecht sich darauf gelegt und begeben, der Feldarbeit einestheils wenig abgewart' und sich dadurch auf den Müßiggang und den übrigen Drunkh begeben, darzu ihnen die Obrigkeit selbsten nit wenig Ursach geben, weil jedem der es nur begehrt, auf seinen eigenen oder anderen Gründen ein kleiner Gezürkh gegen jährliche Reichung eines Kuchelhasens (für die Küche des Pflegers), Hasel(huhn), Rebhuhn und dergleichen nach Gelegenheit belassen werden, welche alsdan unter diesem Schein als bestellte Wildtner (Jäger) der Obrigkeit eine ganze Gegend hin- und wider ausgestraifft und da sie in ihrem belassenem Wildpan nit viel erobert, sind sie weiter gegangen und den Fang heimlicher Weis genommen.

Der Forstmeister Leythäuser, 1914, der diesen Bericht des höchsten Beamten des kurfürstlichen Jagdamtes mitteilt, zieht einen Vergleich mit den Verhältnissen und den Erfahrungen zu seiner Zeit: Bei solchen von alters her geübten Gewohnheiten darf man sich nicht wundern, wenn heutzutage (um 1914) den Waldlern die Lust zur Wilderei noch tief im Blut sitzt. Die Wilderei wurde aber auch von den Bewohnern der Glashütten ausgeübt. So wird der Hüttenherr auf der Glashütte Rabenstein 1814 beschuldigt (Seyfert, 1978, S.66) weil jeder Glasmacher und Holzhauer, welcher im Stande ein Gewehr zu tragen, lauter Jäger sind und zur Unzeit alle Geißen zusammengeschunden (geschossen) werden und in der ganzen Gegend nicht ein Hase mehr, vielweniger ein Reh zu finden ist.

In der Tat war in der damaligen Volksmeinung das Wildern keine besonders große Verfehlung gegenüber der Obrigkeit. Man betrachtete es mehr als eine Form der Wiedergutmachung und damit als gutes Recht der Untertanen. Bedenkt man, daß den Bauern große Flurschäden durch die Überhege und die vielen Jagden der Grundherren zugefügt worden sind, wird diese Einstellung verständlich (Maier, 1906).

Abbildung 199: Die Abdecker und Schäfer waren die Tierheilkundigen. Ein Abdecker zerlegt ein verendetes Pferd. Er wird zusammen mit Verbrechern (oben, links) und Hexen (oben, rechts) dargestellt.

9. Der Bär: Lebensweise, Arzneikunde, Mythologie

Über viele Jahrhunderte war der Bär Standwild im Bayerischen Wald und im Böhmerwald. Durch seine Größe und Stärke hatte er keine natürlichen Feinde bis der Mensch ihn um 1830 ausgerottet hat. Der Bär war zwar ein grober, aber sonst ehrlicher und tapferer Geselle, dem Feind mit breiter Brust entgegengeht und ihn mehr durch Umarmung erdrückt, als durch seine Zähne zerfleischt (von Kobell, 1859). Er war der König der Tiere. Die vielen Flurnamen beweisen, daß er im Leben unserer Vorfahren eine große Hochachtung genoß und allgegenwärtig war. Bei uns hat der Braunbär gelebt, der bis zu 300 kg schwer werden kann. Verwandte des Braunbärs sind der Kodiak, bis 600 kg schwer von der Insel Kodiak in Südalaska. Ferner der Grizzly in Amerika, der ebenfals 600 kg schwer werden kann.

Wie haben die Bären gelebt? Wie haben sie ihre Jungen großgezogen? Welche Nahrung nahmen sie auf? Welche Rolle spielte er in der Arzneikunde? Im Universallexikon von Zedler, 1731- 54, (Spalte 114-116) werden die Bären beschrieben. Vor 250 Jahren waren noch nicht alle Einzelheiten über ihre Lebensweise bekannt. Deshalb waren im Volksmund oft viele Fabeln verbreitet, die der Autor des Berichtes richtigstellt. Als Quelle wird Flemmings vollkommener Jäger und Hellwigs vollkommenes teutsch- und lateinisches, Physicalisch und Medicinisches Lexicon angegeben:

Bär, Ursus Arctos, ist ein groß stark und grimmig Raub-Tier mit einer zottichten, haarichten Haut, hat Zähne wie eine Säge, vorne an der Stirne aber einen schwachen Kopf, sein Aufenthalt ist auf Gebirgen in denen größten Dickigten (Dickicht) und Wildnissen. Besonders rätselhaft war für die Menschen, wie der Bär in den schneereichen Gebirgsgegenden den Winter übersteht. Nach einer alten Erfahrung beginnt er (geht er ein) seinen Winterschlaf Mitte November am St. Clemenstag und geht wieder aus zu St. Peter in der Fasten (von Kobell, 1859). Er hält einen Winterschlaf, von dem er im zeitigen Frühjahr nur allzu oft durch den Jagdlärm der herrschaftlichen Jäger aufgeschreckt worden ist. Daß er sich das Fett während des Winters aus den Tatzen saugt, gehört in das Reich der Fabel: Wenn der Winter und Schnee-Wetter einfällt, verbergen sich die Bäre gleich denen Dachsen in gewissem holzigem Gebrüche, und von Moos zusammen getragenen Behältnissen, in Wildnissen oder Klüften, und gehen dann nicht wieder aus, bis zu Lichtmeß. Die nahrungsarme Zeit verbringt er also in einer, oft selbst gegrabenen Bären- Höhle. Während dieser Zeit zehrt er vom Speck, den er sich im Sommer und Herbst angefressen hat. Im Frühjahr plagt in dann ein Bären-Hunger. In der Höhle werden auch die Jungen geboren und während der ersten 3 Monate großgezogen. Über die Wurfzeiten und die Aufzucht der Jungen ist folgendes zu erfahren: Die Bäre (er)zeugen meistenteils im Christ-Monat (Dezember) ihre Jungen, und meistens nur zwei, selten aber drei auf einmal, welche ganz kleine sind, jedoch in ordentlicher Bären-Gestalt, und nicht wie ein unförmliches Stücke Fleisch auf die Welt kommen, folglich auch nicht erst, wie etliche aus Irrtum meinen, durch das Lecken der Bärin formiert werden dürfen. Die Jungen eines Bärs sind anfänglich weißgelblich, und blind, nach Verlauf etlicher Tage kriechen sie der Alten in die Haare, dem Bauch nach, klettern auf den Rücken, am fünften oder sechsten Tage lernen sie sehen, und saugen an der alten Bärin, bis sie wieder bärt, oder läuft. Die Alten fangen vor ihre Jungen Wildpret, daran müssen die Jungen würgen lernen. Es sind zwar die jungen Bäre scharzbraun, jedoch behalten sie einen weißen Ring am Halse, welcher nach und nach immer dunkler wird, bis er im dritten oder vierten Jahre allgemach vergehet, und nicht mehr zu sehen ist. Die Spur vom Bär und von der Bärin ist nicht anders als wenn ein großer Mensch mit bloßen Füßen gegangen wäre, und ist nicht wie bei andern Tieren die vordere Spur bei ihnen größer, sondern die hintere wegen des Sitzens und Stehens.

Die Menschen hat immer ganz besonders interessiert, wie der Bär sich ernährt: Ihre Nahrung suchen sie außer denen zahmen und wilden Tieren mit allerhand Wald-Beeren, Weintrauben, Obste und dergleichen. Durchstreichen die Fisch- Bäche, den Haber, und holen das Honig aus denen wilden Bien-Beuten. Aus den seichten Bächen holte er sich oft die Forellen. Die Bäre trinken nicht wie andere Tiere, sondern fressen gleichsam bissenweise aus dem Wasser. Der schwächste Teil an ihnen ist der Kopf, sie leben ordentlich an die 20 Jahr, und werden im Alter meistenteils blind.

Die Leckerbissen Bärenkopfsülze und Bärentatzen:

Ihr Wildpret ist an Geschmack süß und eckel, wie zahm Schweine-Fleisch, sehr schleimig, unverdaulich, gibt böse Nahrung, und wird mehr zur Arznei, indem das Feiste (Fett) daraus gekochet wird, als in die Küche gebraucht, der Kopf und die Tatzen aber werden als eine besondere Delikatesse folgender Gestalt zugerichtet: Man nimmt einen Bären-Kopf, nachdem derselbe wie ein Schweins- Kopf abgeschnitten worden, und brennet diesen eben, als wie jenen mit heißen Eisen, wenn diesem genug geschehen, so schneidet man ihm vorne am Maule das Fleisch los, und zugleich innewendig die Nase entzwei, damit solche kann gebrochen werden, darauf wird er sauber abgewaschen, mit Wasser, Wein und Essig zum Feuer gesetzt, Salz nebst allerlei Kräutern, als Thymian, Salbei, Lorbeer-Blättern, Rosmarin und a. m. daran geworfen, worinnen er so lange kochen muß, bis er weich ist, alsdann wird er vom Feuer gehoben, in der Sulze kalt gemacht, beim Anrichten wohl beschnitten, und sodann zum Speisen aufgetragen. Die Pranken oder Tatzen waren eine besondere Spezialität: Die Pfleger in den Waldgebieten hatten die Anweisung, wenn ein Bär erlegt worden ist, die Pranken mit einem Boten an die Hofküche in München zu schicken. Oft waren aber diese Pranken nicht mehr genießbar, wenn der Bote aus dem ferner Bayerischen Wald München erreichte. Die

Tatzen vom Bäre werden sauber gewaschen, die Knorren abgehauen, mit Wasser ans Feuer gesetzt, da sie so lange, bis sie Haut und Haare fahren lassen, kochen müssen, so dann werden die Haare samt dem Häutgen fein- sauber herunter gezogen, und wohl in Acht genommen, daß vom Fleische nicht viel mit weggerissen werde, wenn dieses geschehen, und sie gereiniget sind, legt man sie in kaltes Wasser, bis sie ganz weiß werden, da sie sich denn auf verschiedene Art, wie es nur beliebig, zurichten lassen, davon die eine Art mit der Senf-Brühe nicht die schlechteste, und mit kurzen hier anzuführen, nicht unwürdig ist. Wenn die Tatzen, wie gedacht, weich gekocht sind, so setzet man Butter ans Feuer, und wenn solche braun ist, gießet man ein halbes Nösel guten Senf, Wein und Brüh so viel hinzu, als man genug zu haben meinet, darzu tut man auch Zucker, Zitronen, Pfeffer und Ingwer, und lasset es alles durch einander kochen, sodann legt man die Bären-Tatzen hinein, und lasset sie darinnen ganz mürbe sieden, leget sie ordentlich in die Schüssel, gießet die Brühe darüber, und garnieret sie mit Gebackens.

Heilkunde und Aberglauben:

In der Arznei braucht man vom Bär das Fett, Galle und Augen. Das Fett wärmet, zerteilet und erweichet, nutzet in Ohren-Weh, Haar-Ausfallen, Gicht-Schmerzen, Ohren-Geschwulsten und Geschwüren an Schien-Beinen. In Brüchen und Mutter-Fall (prolapsu uteri) brauchen es sonderlich die Weiber, salben den Rücken, oderos sacrum damit. Das Fett machet die Haare weiß. Die Galle dienet innerlich in Epilepsia, Keuchen (Keuchhusten), und Gelbesucht, äußerlich im Krebs, fressenden Geschwüren, Zahn-Wehe, dunkeln Augen, aufgestrichen.

Amulett: Das rechte Auge ausgegraben und exsicciret, hänget man denen Kindern wider das Schrecken, und Auffahren im Schlafe an. Manche binden es auch an linken Arm, und vertreiben das quartum-Fieber damit.

Die Haut von denen Bären ist gut zu Reise-Decken auf die Pferde, ingleichen zu Muffen vor Manns- und Weibspersonen, auch zu denen Fuß-Boden derer Kutschen wegen der Wärme, und über die Kästen, solche vor dem Regen zu verwahren. In Polen und Moskau muß die Haut anstatt derer Betten dienen, dergleichen Gebrauch sie auch nach Taciti Zeugnis bei denen alten Teutschen gehabt.

Der Bär fand auch Eingang in Legenden von Heiligen. So wird dem heiligen Korbinian, dem Missionar des Bistums Freising die Geschichte zugeschrieben, daß er einen wilden Bären zähmte (Benker, 1983, Glaser, Brunhölzl, Benker, 1983): Der hl. Korbinian mußte auf dem Weg nach Rom zum Papst über die Alpen reisen. Nachts hat ein Bär sein Saumpferd angefallen und getötet. Der Vorfall wurde erst morgens entdeckt, als der Bär immer noch am gerissenen Pferd fraß. Korbinian befahl seinem Diener Anserich, den Bären mit einer Geißel zu züchtigen, ihm Packsattel und Gepäck aufzulegen und ihn mit den anderen Pferden auf den Weg zu treiben. Der Bär ließ das gutmütig mit sich geschehen und trabte friedlich hinter Korbinian her bis nach Rom. Durch diese Legende wird Korbinian mit dem Bären dargestellt, der eine Last trägt.

9.1 Wann wurde der letzte Bär erlegt?

Glaubt man den Dichter des Böhmerwaldes, Adalbert Stifter, so waren Bären und Luchse um den Lusen um 1868 noch weit verbreitet. In der ersten illustrierten Ausgabe seines Hochwald, 1868, führt er in dichterischer Freiheit wie folgt seine Leser in die Erzählung ein:

> *Waldwanderung. Es sind noch heutzutage ausgebreitete Wälder und Forste um das Quellengebiet der Moldau (nordöstlich vom Lusen), daß ein Bär keine Seltenheit ist, und wohl auch noch Luchse getroffen werden: aber in der Zeit unserer Erzählung waren diese Wälder über alle jene bergigen Landstriche gedeckt, auf denen jetzt gereutet ist und die Walddörfer stehen mit ihren klein getheilten Feldern, weißen Kirchen, rothen Kreuzen und Gärtchen voll blühender Waldbüsche. Wohl acht bis zehn Wegestunden gingen sie damals in die Breite, ihre Länge beträgt noch heute viele Tagreisen.*

Zur Bekräftigung seiner Aussage wird in einem Holzstich ein Bär in seiner natürlichen Umgebung gezeigt (Abbildung 200).

Nach der Einführung der Schußwaffen wurden die Bären ausgerottet.

Die Ausrottung der Bären im Bayerischen Wald ist eines der traurigsten Kapitel der bayerischen Staatsforstverwaltung. Den staatlichen Jägern wurden hohe Abschußprämien gezahlt, wenn sie einen Bär erlegt haben. Keine Jagdzeitung in dieser Zeit, die nicht über die berühmten Taten der Bärenjäger berichtet hätte: Der Revierjäger Georg Forster vom Zwiesler Waldhaus hat in den 42 Jahren von 1760 bis 1802 zwischen dem Arber und dem Rachel 37 Bären erlegt. Am 16. September 1794 meldet der fürstbischöfliche Pfleger von Wolfstein, Wolf Schöller, auf zwei Bären erfolglos gejagt zu haben, weil sie ihm über die Grenze ins Bayerische überwechselten (Lehner, 1899).

Schon Anfang des vorigen Jahrhunderts, um 1810, war der Bär in Bayern überall selten geworden. 1824 ist noch ein Bär im Staatswald bei Kötzting erlegt worden. 1833 wurde ein Bär im Forstamt Wolfstein geschossen. Nach Erhard,

Abbildung 200: Adalbert Stifter stellte die Bären in seinem berühmten Werk Hochwald von 1868 seinen Lesern vor und berichtet, daß ein Bär keine Seltenheit ist, bei einer Wanderung zu treffen. In dieser Zeit waren sie jedoch schon seit 35 Jahren ausgerottet. Holzstich J. M. Kaiser.

1899, wurde der letze Bär im Bayerischen Wald 1832-1833 geschossen. Im Jahre 1820 wurde nach einer anderen Quelle der letzte Luchs, 1826 der letzte Wolf und 1841 der letzte Bär von dem Oberförster Hermann im Stangenwalde zwischen Duschlberg und Haidmühle erlegt. Um die Mitte des vorigen Jahrhunderts, etwa um 1850, war der Bär aus den Jagdgefilden Bayerns ausgerottet. Damit war die größte europäische Säugetierart verschwunden.[347]

Der letzte Bär im Böhmerwald wurde am 14. 11. 1856 erlegt. Den Bären zu Ehren wurde in diesem Waldgebiet schon 1967 der älteste Naturlehrpfad Bärenpfad (Medvedi stezka) des Böhmerwaldes eingerichtet und ein Gedenkstein aufgestellt. Ein nachahmenswertes Beispiel im Gedenken an die früher hier heimisch gewesenen Bären am Rachel, Lusen, Thomasleiten bei Ringelai, Sonnenwald und Leopoldswald bei Lalling. Ein bayerischer Bärenpfad als Wanderweg oder Radweg könnte dieses Bärenland verbinden und auf die Besonderheiten der herzoglichen Jägerhäuser und die Bärenjagd hinweisen (Abbildung 201, 202).

Er verläuft vom nördlichen Ende des Lipno Stausees bei Ovesna 7 km durch Wälder mit zahlreichen bizarren

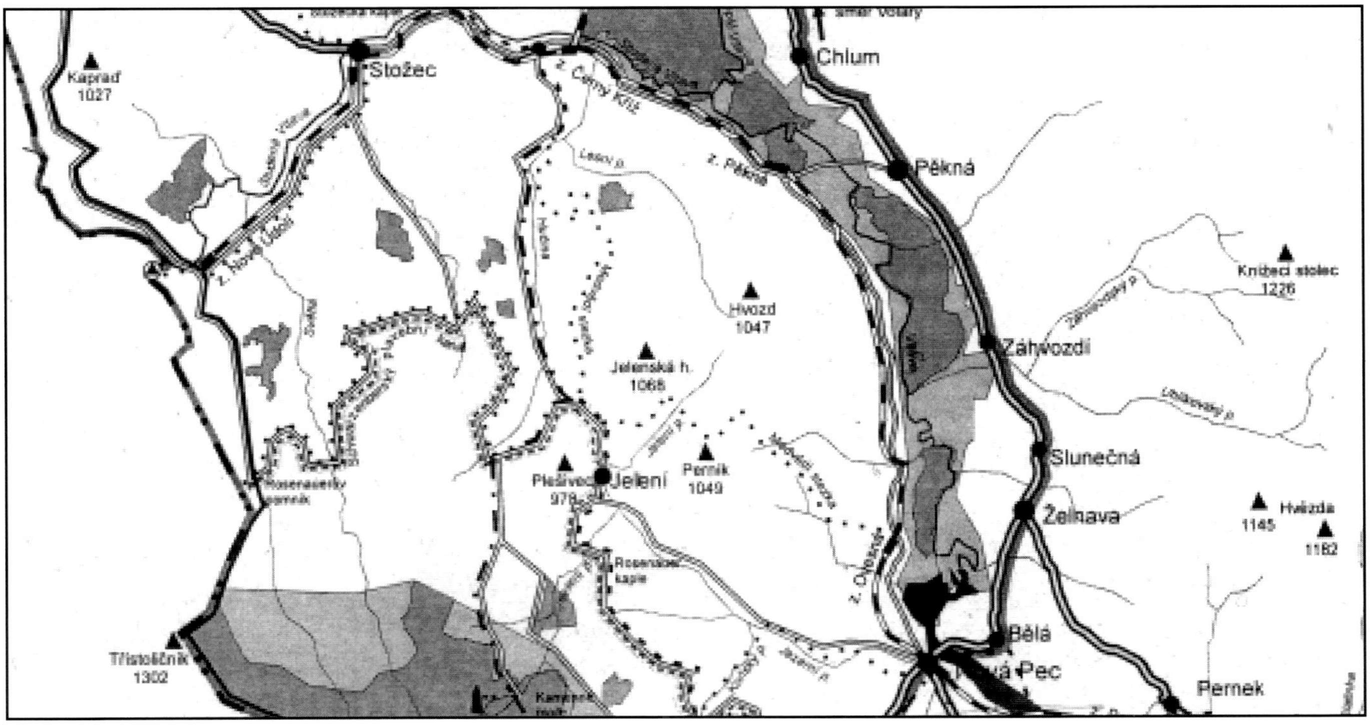

Abbildung 201: Wanderroute auf dem böhmischen Bärenpfad (Medvedi stezka) von Ovesna nach Jeleni (Hirschbergen), weiter nach Cerny Kriz (schwarzes Kreuz) und dem Bärenstein, wo am 14. 11. 1856 der letzte Bär im Böhmerwald erschossen wurde (Wanderskizze: Nationalpark Sumava, 1998).

Abbildung 202: Zwischen Jeleni (Hirschbergen) und Cerny Kriz (Schwarzes Kreuz), wurde dem letzten Bären, der am 14. 11. 1856 hier erlegt wurde, dieser Bärenstein gesetzt.

Abbildung 203: Den Besucher des Deutschen Jagdmuseums in München empfängt ein mächtiger, präparierter Braunbär.

Abbildung 204: Friedlich balgen sich zwei Bären im Tiergehege im Nationalpark Bayerischer Wald. Dort, wo sie über Jahrhunderte ihre natürlichen Standplätze hatten.

Abbildung 205: Friedlich läßt sich der Bär die ersten Strahlen der Morgensonne auf den Pelz scheinen. Foto: Archiv Verkehrsamt Sankt Oswald-Riedlhütte

Formen der Granitfelsen und Ausblicken in das Moldautal bis nach Jeleni vrchy (Hirschbergen) am unteren Portal des Tunnels des Schwarzenberg- Schwemmkanals. Im Abschnitt zwischen Jeleni und Cerni Kriz (Schwarzes Kreuz) befindet sich das Denkmal Bärenstein (Medvedi kamen) an der Stelle, an der der letzte Bär erschossen wurde (Hajek, 1995). Wie wärs mit einer Wanderung auf dem böhmischen Bärenpfad im Gebiet des Plöckensteins nordwestlich von Oberplan

Der mächtige, konservierte Bär, der den Besucher im Deutschen Jagdmuseum in München im weiten Treppenaufgang empfängt, läßt ihn nachdenken über das Verhältnis von Mensch und Kreatur. Die Bären im früheren Bärenland Bayerischer Wald haben durch den Menschen viel erlitten. Ein Glück, daß er im Tiergehege im Nationalpark Bayerischer Wald noch zu bewundern ist. (Abbildung 203, 204, 205).

9.2 Bär, Luchs und Wolf als Namen von Waldabteilungen

Heute ist kaum mehr vorstellbar, welche große Bedeutung Bären, Luchse und Wölfe im Bewußtsein unserer Vorfahren hatten. Als Flurbezeichnungen von Waldabteilungen am Rachel und Lusen in den ersten Katasterblättern haben sie die Zeiten überdauert. Für die Einheimischen waren die Schauplätze der herrschaftlichen Jagden, die Fangvorrichtungen für Bären und Wölfe und die Sulzplätze für die Hirsche sehr beeindruckend. Sie haben diese Plätze mit einfachen Worte ihrer Sprache bezeichnet und festgehalten. Man ist heute noch überrascht, wie genau unsere Vorfahren dabei waren. Diese alten überlieferten Bezeichnungen des Volksmundes sind um 1829 in den Urkataster übernommen worden und wurden dadurch amtlich. Dabei hat sich auch manche Ungenauigkeit derjenigen Geometer eingeschlichen, die der Sprache der Einheimischen nicht mächtig waren. So wurde z. B. aus einem Bärenloch durch ein Hörfehler eine Bärenlohe.

An diesen Orten mit Flurnamen aus der Jagdgeschichte sollte auch verstärkt nach Vorrichtungen, Gräben und Vertiefungen gesucht werden, die früher für den Bärenfang und den Fang der Wölfe erstellt worden sind. Hier eine Sammlung alter Flurnamen mit Ortsangaben aus den Wäldern am Rachel und Lusen in den Karten topographischen Karten TK 1: 25.000 und den Flurkarten 1: 5.000 von 1829.

Flurnamen Bären:

Bärenhöhl: 2000 m westlich vom Grenzübergang Buchwald

Bärenlochriegel: Westlich vom Plattenhausen, Höhe 1304 m.

Bärenloch: Südlich vom Plattenhausen, Höhe 1212 m

Bärenau: Nördlich vom Bahnhof Klingenbrunn, Höhe 778 m

Bärenkopf: Südlich von der Sagwasserklause, Höhe 976 m

Bärenloch: Nördlich von Altschönau, Höhe 799 m

Bärwies: Nördlich von Schönanger, Höhe 712 m

Bärnloch: Östlich von Draxlschlag, Höhe 755 m

Bärnloch: Nördlich von Höhenbrunn, Höhe 755 m

Bärenlohe: Nördlich von Höhenbrunn, Kholbet- Wald (Goldberg)

Flurnamen Hirsche:

Hirschkopf: Westlich von Finsterau, Höhe 930 m

Hirschlacken: Westlich vom Ochsenklavier, Höhe 788 m

Hirschkopf: Westlich von der Fredenbrücke, Höhe 935 m

Flurnamen Rehe, Böcke:

Rehau: Westlich von der Schwarzachebene, Höhe 778 m

Vorderer-, Hinterer Bocksberg: Östlich von der Schwarzach, 865 m

Rehhübel: Nordwestlich von der Aufschlägersäge, Höhe 850 m

Bocklöcher: Föhrau, Höhe 806 m

Flurnamen Luchse:

Luchsstein: Westlich von der Sagwasserklause, Höhe 1065 m

Flurnamen Wölfe:

Wolfsgrubenfilz: Nördlich von Höhenbrunn, Flurkarte: 1 : 5.000

Flurnamen Auerhahn, Birkhahn:

Auerhahnhöh: Westlich von Finsterau, Höhe 930 m

Hahnenfalz: Südlicher Teil des Großen Filz, östlich von Riedlhütte

In dieser Zusammenstellung überrascht, daß der Flurname Bärnloch insgesamt 5 Mal vorkommt. Es ist davon auszugehen, daß in diesen Waldabteilungen ein ehemaliger Bärenfang vorhanden war. Am häufigsten ist dieser Flurname in Auenlandschaften und nicht in den Hochlagen. Ein Grund könnte gewesen sein, daß es hier leichter war, eine 2 m tiefe Fanganlage zu graben. War sie vorhanden, wurde die Waldabteilung so bezeichnet. Aus dieser Anzahl ist zu schließen, daß der Bedarf an lebenden Bären in München recht hoch gewesen sein muß.

10. Das Leid der Bauern: Frondienste und Wildschäden

Über viele Jahrzehnte gingen die bayerischen Herzöge und Kurfürsten in den Wäldern bei Lalling, am Sonnenwald, am Rachel, Plattenhausen und Lusen mit ihren Hofjägern, Freunden und Verwandten ihrer Jagdleidenschaft nach. Besonders oft werden sie in den Jahren in denen das Reichenberger und Lallinger Jagdhaus stand, die Gegend besucht haben. Diese Bärenjagden waren für die Jäger im Gericht Bärnstein und Hengersberg eine arbeitsreiche und aufregende Zeit. Schon viele Wochen vor dem Besuch des Herzogs waren aufwendige Vorarbeiten zu treffen, bei denen eine große Anzahl von Fuhrdiensten, Hilfskräften als Treiber oder Streifer gebraucht worden sind.

Was für die fürstlichen Jäger die höchste Lust bedeutet hat, war für die Bauern der Dörfer in diesen Gerichten eine leidvolle Zeit. Besonders schwer dürften diejenigen Bauern betroffen gewesen sein, deren Felder und Wiesen auf dem Weg vom Jagdhaus zum Jagdgebiet lagen. Die berittene Jagdgesellschaft von oft mehr als 100 Personen, ebensovielen Hunden und den schweren Fuhrwerken mit dem Jagdzeug wird kreuz und quer über die Fluren der Bauern gezogen sein.

Obwohl die Reichenberger und Lallinger Bauern Untertanen der Klöster St. Oswald und Niederalteich waren, dürften sie unter dem Jagdbetrieb am Jagdhaus auch gelitten haben. Die Propstei St. Oswald und das Kloster Niederalteich waren in vielfacher Hinsicht ständig von dem Wohlwollen der bayerischen Herrscher abhängig. Sie werden nicht immer protestiert haben, wenn ihren Bauern Schaden zugefügt worden ist.

Das Jagdscharwerk

Nachfolgend soll beschrieben werden, wie die Bauern die größte Last der fürstlichen Jagden zu tragen hatte. Keiner der Bauern in den Gerichten Bärnstein und Hengersberg wird gemurrt oder öffentlich sein Mißfallen erklärt haben, wenn er von der Obrigkeit zu Diensten verpflichtet worden ist. Trotzdem wird für sie oft nur schwer zu begreifen gewesen sein, wenn sie die wenigen regenfreien Tage für den Grundherrn arbeiten mußten und auf ihren Wiesen und Feldern alles liegen blieb. Die Bauern waren mit ihren Familien dem Grundherrn ausgeliefert. Hof und Grund gehörten dem Landesherren oder dem Kloster. Sie hatten auf ihren Höfen nur das Recht diesen zu nutzen, ein Leibrecht auszuüben. Zu stark war die Abhängigkeit. Sie waren Lehennehmer und dieses Lehen (die Leihe eines Gutes) konnte von der Obrigkeit jederzeit widerrufen werden. In der Religion suchten sie Trost und Zuversicht aus dieser mißlichen Lage: Die Ordnung der Zeit war für sie gottgewollt.

Für dieses Nutzungsrecht hatten sie Abgaben, den Zehent sowie das ganze Jahr über Hand- und Spanndienste zu leisten. Eine besondere Form dieser Dienste der Bauern für den Grundherrn war das Jagdscharwerk. Das nichtentlohnte Jagdscharwerk der Bauern war sicher um 1600 für die Bauern in den Gerichten Bärnstein und Hengersberg üblich. In den Rechnungsbüchern von 1611 und 1615 über die Bärenjagden von Herzog Albrecht VI. in Lalling und Reichenberg überrascht, daß die Dienste der Bauern bereits entlohnt worden sind. Offensichtlich wurde das zwischen den Gerichten und Hofmarken unterschiedlich gehandhabt. Erst seit 1666 war es in ganz Bayern dann möglich, das Jagdscharwerk in Geld zu begleichen. Ein halber Hof, eine übliche Hofgröße im Grafenauer Land, hatte jedes Jahr einen Gulden zu bezahlen. Mit diesem Geld wurden dann die Treiber und Fuhrleute bezahlt. Das sollte noch bis 1848 so bleiben. In diesem Jahr wurde die Bauernbefreiung eingeführt. Die Bauern konnten nun über ihren Hof und den Grund frei verfügen und ihn an die Nachkommen vererben.

Im folgenden soll dargestellt werden, welche Auswirkungen die Jägerhäuser in Reichenberg und Lalling sowie die Jagdbesuche auf die Bauern hatten. Bei Beginn der Bauarbeiten für das Jagdhaus in Reichenberg 1590 ist belegt, daß alle 290 landgerichtliche Bauern zum Scharwerken mit Leib und Menat, zur Handarbeit und Arbeit mit ihren Zugtieren, herangezogen wurden. Diese Anzahl stand um 1600 auch für das Jagdscharwerk zur Verfügung. Aus den weiter entfernten Dörfern werden sie lange unterwegs gewesen sein, bis sie an ihren Einsatzort kamen.

10.1 Die Flurschäden der Bären in den Feldern der Bauern

Am bedrückensten waren für die Bauern die Flurschäden durch die hohe Wilddichte und den Jagdbetrieb. Es gibt viele Berichte aus dieser Zeit, wie durch die Überhege, die besondere Sorgfalt des Herzogs für das Wild, die Wildbestände stark zugenommen haben. Hat dann der Jagdherr ungenügend gejagt, kam es zu hohen Wilddichten. Der Schaden, welchen das übermäßige Wild in den Feldern der Bauern anrichtete, war sehr groß. Die ohnehin recht geringen Erträge ihrer Felder waren jedoch für das Überleben der großen Familien notwendig, in denen meist drei Generationen zusammenlebten. Es dürfte die Ausnahme gewesen sein, daß ein Bauer seinen Landesherrn auf diese Schäden aufmerksam machte und mit dem Spruch entgegentrat: O laßet Euch erbarmen, groß schat das Wild uns Arme (Abbildung 206).

In den Protokollen der Hofkammer vom 11. Mai 1592 wird ein Schaden erwähnt, bei dem nicht ganz klar ist, ob er bei einer Bärenjagd oder beim Bau des Jagdhauses in Reichenberg eingetreten ist. Behandelt wurde in der Sitzung der

Abbildung 206: Mit dem Spruch O laßet Euch erbarmen, groß schat das Wild uns Arme tritt ein Bauer seinem Landesherrn entgegen. Nach einem Holzschnitt von Hans Schäuflein, 1535.

Hofkammer in München eine Supplikation, ein Gesuch, der beiden Bärnsteiner Untertanen Hans Sigl und Wolf Ertl. In einem Schreiben an Pflegsverwalter Sigmund Gartner wird er aufgefordert, aus den Einnahmen, den Amtsgefällen, von Bärnstein 18 Gulden zu zahlen.[348] In der Hofzahlamtsrechnung wird auch der Grund des Schadens genannt: Ferner bezahlt an den Hansen Siglen und Wolfen Ertlen durch unseren Pflegsverwalter zum Pernstein aus Gnaden ihrer beschädigten Roß (wegen), 18 Gulden.

Auch bei der Bärenjagd von Herzog Wilhelm V. im Oktober 1592 hatten die Bären einigen Bärnsteiner Untertanen in den Haferfeldern großen Schaden angerichtet: Des Haberns halber, darein die Pern vergangenes Jahr gangen und gelayet (sich gelagert haben) worden. Der Herzog hat sich bereit erklärt, für diese Schäden aufzukommen. Die Untertanen haben daraufhin ein Verzeichnis der Geschädigten nach München geschickt. Laut SitzungsProtokoll[349] vom 19. März 1593 wird der Pflegsverwalter von der Hofkammer angewiesen, er solle anhand dieses Verzeichnisses noch Erfahrung einziehen, was jedem Untertan für ein Schaden beschehen ist und dann mit ihnen die Höhe der Ergötzlichkeit, der Entschädigung, verhandeln. Leider erfahren wir nicht aus welchen Dörfern diese Untertanen kamen. Da die St. Oswalder nicht Untertanen betroffen waren, dürfte der Schaden in Langdorf, Palmberg oder Wofertschlag aufgetreten sein.

Durch Bären verursachte Schäden in den Feldern der Bauern in der Umgebung von Reichenberg werden auch in den Rechnungsbüchern der Jagden von Herzog Albrecht VI. in der Zeit von 1611 und 1615[350] erwähnt: Michael Prunner von Obern Haßlaw (Haslach, Gemeinde St. Oswald- Riedlhütte), welchem die Bären ein Haber (-Feld) seines Ackers gar verderbt, zur Hilfreichung dafür gegeben aus gnädigem Befehl Ihrer Durchlaucht (Herzog Albrecht VI.) 2 Gulden. Diesen Schaden dürften die Bären angerichtet haben, die im Wald zwischen St. Oswald und Haslach am westlichen Rand der Haslacher Flur in den Höhlen der großen Gneisfelsen ihren Winterschlaf hielten. Heute führt der Wanderweg von St. Oswald nach Haslach durch das Bärenloch. Eine Hinweistafel soll auf diesen ehemaligen Standplatz der Bären und die Flurschäden der Haslacher Bauern aufmerksam machen. Im Jahre 1615 wird ein Flurschaden aus Wolfersdorf (Gemeinde Spiegelau) berichtet: Hansen Carl von Wolfertschlag, armem Söldner (1/16 -Hof, etwa 2,7 Hektar), der ein Äckerl mit Habern wegen der Bären stehen müssen lassen und ihm dadurch verfretzt (vernichtet) worden, auf Ansagen Herrn Jägermeister gegeben 1 Gulden.

Den Bärenjägern war bekannt, daß sich die Bären mit besonderer Vorliebe in einem reifen Haferfeld aufhielten. Der Hafer hat ein besonders weiches Stroh für einen Lagerplatz. Dabei konnten mit den Pranken die reifen Haferrispen abgestreift werden. Um die Bären in das Haferfeld zu locken, hat der Jägermeister des Herzogs dem Bauern verboten, seinen Hafer frühzeitig abzuernten. Mit 1 Gulden wurde er aber dafür reichlich entlohnt.

Die Bauern durften ihre Felder nicht durch Zäune schützen

Unter Herzog Albrecht V., dem Vater von Wilhelm V. war es in der Gegend um Wartenberg, nahe Erding, so arg, daß die Bauern voll Verzweiflung Haus und Hof im Stiche ließen (Diener, 1974, Dreier, 1980). Ein Bauer, der sich gegen den Flurschaden wehrte und ein Wildschwein, das sein Getreide umpflügte erlegte, hatte mit empfindlichen Strafen zu rechnen. Für solche Vergehen wurde noch um 1750 das Handabhacken angedroht.

Sogar die bayerischen Stände, der Adel und die Klöster, klagten in der herzoglichen Regierung: das Wildpret füge dem armen Manne (den Bauern) unerträgliche Schäden zu. Herzog Wilhelm V. gab sich besonders fortschrittlich und stellte zu seiner Verteidigung heraus, daß in Bayern sogar Wildzäune um die Felder der Bauern erlaubt seien. In anderen Fürstentümern war das bei Strafe verboten. Er schränkte jedoch ein, daß diese Zäune um die Felder an allen vier Ecken nach den Hauptwinden Öffnungen haben müssen, damit das Wild ungehindert ein- und ausgehen kann (o. V., 1895). Der Zaun war zwar erlaubt, aber er schützte die Felder nicht.

Geradezu menschenverachtend kleinlich gestattete die Obrigkeit den Untertanen, ihre Feldfrucht mit Lantern (Laternen) und niedern Zäunen zu verwahren ohne jedoch hohe und spitzige Zäune anzuwenden, in denen sich das Wild leicht spießen könnte. Es gibt aber auch Berichte, in denen die Obrigkeit den Bauern sogar ausdrücklich verboten hat, sein Feld mit einem Zaun zu schützen. Das Wild sollte sich ja auf den Feldern der Bauern schön faist, fett, fressen. Bei dem geringen Fleischertrag der Viehwirtschaft der Bauern damals, war der hohe Fleischbedarf der Hofhaltung in München in der herzoglichen Küche nur über die Jagd sicherzustellen.

In einer Beschreibung des Waldsrevier des Zwiesler Landrichters aus dem Jahre 1615 werden auch diese Flurschäden erwähnt (von Poschinger, 1926): In diesem Waldsrevier kann (der Bauer) nicht den Zehent, (noch) die Notdurft (das Nötigste) an Speis (für die Familien) erbauen (erzeugen). Es macht Ihnen (den Bauern) zu schaffen, die auf Ihren Gütern liegenden Gülten (Abgaben) zu entrichten. Ab einer Reit (Rodung) können nicht mehr als zwei Fändt (Ernten) genossen werden, weil der wilden Tiere, der Pern (Bären) halber der Habern (Hafer) selten mag davon gebracht werden (geerntet werden kann).

1580 stellte Michele de Montaigne auf seiner Reise durch Süddeutschland fest, er habe in den Wäldern des Herzogs von Bayern eine ungeheuere Menge Rotwild (Hirsche) gesehen, das sich dort wie die Hammeln und Schafe in Herden hielt. Der Bauer dieser Jahrhunderte hatte kein anderes Abwehrmittel als Klappern und Feldscheuchen.

In früherer Zeit waren die Siedlungen verhagt, das heißt, gegen das Eindringen von Bär und Wolf mit einem hohen Zaun umgeben. Um jedes Haus herum stand auch ein spitzer Flechtzaun aus Fichtenprügeln. Über solche 3 m hohe Barrieren vermochte auch bei den ergiebigen Schneefällen der Wolf oder der Bär nicht so leicht zu springen. Innerhalb dieser eingehagten (eingezäunten) Hofflächen und Grundstücke der Bauern durften nachts die großen, bissigen Hunde der Bauern herumlaufen.

Damit sie aber nicht über den Zaun springen und dem Hochwild nachjagen konnten, mußten sie geprügelt sein. Das heißt, am Halsband an einem kurzen Strick einen dicken Prügel tragen. Bei lebhafter Gangart schlug der Prügel dem Hund andauernd auf die Vorderläufe und verleidete ihm das Streunen und Wildern sehr schnell. Der Wolf war das einzige wilde Tier, welches das ganze Mittelalter hindurch innerhalb der Dorfflur von jedem ohne Unterschied ... niedergepirscht werden durfte.

Was zählte für den Herzog mehr, das Wild oder die Bauern ?

Der Herzog war sehr besorgt und kümmerte sich ständig höchst persönlich um möglichst gute Bedingungen für die Entwicklung seines Wildes. Das Befinden seiner Bauern interessiert ihn wenig, wie aus folgendem Bericht dieser Zeit recht eindrucksvoll hervorgeht: ...Wie dann auch zur Erhaltung des Wildbann gehöret, daß die Wildbret (das Wild) Stauden und sonstige guten Gelegenheiten schlechterdings und ohne Ursach nicht ausgestocket (ausgegraben) und ausgeschneidelt (für die Gewinnung von Viehfutter beschnitten), die Waldungen zu keiner Zeit ausgereutet und devastiert (zerstört), noch Teich und Weiher in Wälder und Wiesen verwandelt und überhaupt die Orte zum Aufenthalt von hohem und niedrigem Wilde nicht beeinträchtigt werden. Bei der jedes Frühjahr nach den langen Wintern auftretenden Futterknappheit durften die Bauern nicht das erste Grün der Ebereschen verfüttern, was in den Hochlagen des Böhmerwalds üblich war.

Um das Wild möglichst wenig zu stören, wurden für die Bauern Vorschriften erlassen, die heute als reine Schikane empfunden werden. So durften die Bauern im Zwieseler Winkel sieben Jahre lang von 1668 bis 1675 im Sommer ihre hochgelegenen Waldweiden, die Schachten, nicht beweiden. Die Obrigkeit war der Ansicht, das Geräusch der Kuhglocken, der Schöllen, störe das Wild sehr und ist der Grund, daß der Wildpann ganz erödet (Seyfert, 1978, S. 123). Das Jagdhaus mit seinem Jagdbetrieb wird für die Bauern der Umgebung erhebliche Einschränkungen der Beweidung der hochgelegenen Waldwiesen und Schachten am Rachel, Plattenhausen und Lusen gebracht haben.

Einem Lindberger Bauern, Andreas Klingseisen, wurde 1772 die Weidenutzung auf dem Albrecht-Schachten fast den ganzen Sommer bis zum 15. Juli verboten. Der Grund waren die Hirsch-Sulzen. Das sind Bodenvertiefungen, die mit Salz und nasser Erde vermischt und angereichert waren. Das Wild litt an ständigem Salzmangel, sie suchten diese Hirschsulzen und nahmen das Salz begierig auf. Die Jäger lauerten im Hinterhalt und haben die Hirsche recht unwaidmännisch abgeschossen (Seyfert, 1978, S. 123). Hirschsulzen sind heute noch im Namen von Waldabteilungen lebendig.

Einer Verordnung des Fürstbischofs von Passau von 1700 für des Land der Abtei ist folgendes zu entnehmen:

> *...Zum anderen sollen die Untertanen sowohl in unserem als in ihren eigenen Gehölzen die vorgezeigten (beantragten) Holznotdurften (Holzbedarf) zwischen Ostern und Pfingsten aufarbeiten, aus den Waldungen bringen, nach Verschließung dieser Zeit aber sich nicht mehr darinnen betreten lassen.*

Eine ernsthafte Strafe wurde angedroht. Nur alle drei Jahre durfte der Bauer reiten (Neuland roden) und misteln (die Mistel von den Bäumen sammeln) um das Wild nicht zu beunruhigen. Sogar der Wölfe durfte sich der Bauer im benachbarten Abteiland nach einer, viele Punkte umfassenden Anweisung des Fürstbischofs, nicht selbst erwehren:

> *...5. wollen wir gnädigst, daß, wo einem Untertan ein Viech (Haustier) zur Winterszeit umgefallen (verendete), solches durch ihn alsbald einem unserer verpflichteten Forstknechte angezeigt und auf dessen Fürzeigung an ein gelegenes (geeigneter) Ort gebracht, damit bei demselben das schädliche Tier, der*

Wolf, erwartet, niedergeschossen und soviel als möglich ausgerottet werden möge. Dem Bauersmann das Niederpirschen (Erlegen) dieses Tieres (des Wolfes) als anderem Wege allerdings mit scharfem Ernst verboten sei.

6. solle sich der Bauer zur Vertreibung des Wildes von ihren Höfen des Feuerlegens, wie auch des Schwefels und anderes, so Gestank verursacht, gänzlich enthalten. Im Widerspiel aber der ungehorsame Untertan und Übertreter, wie eben vermeldet, mit erstattlicher Strafe versehen werden.

Die herzoglichen und kurfürstlichen Untertanen am Rachel und Lusen hatten sicherlich ähnliche Vorschriften strikt einzuhalten. Beschwerden einzelner Bauern über die großen Flurschäden, die sie zu ertragen hatten, sind in den Akten nicht zu finden. Ein Beweis, daß sie als Untertanen der Obrigkeit rechtlos ausgeliefert waren.

10.2 Schäden in den Viehherden durch Bären und Wölfe

Die Haustiere der Bauern kamen nicht nur durch die Bären und Wölfe zu Schaden. Sie waren auch gefährdet, wenn der Herzog mit seinen Jägern und der Hundemeute mit den scharfen Packern durch die Dörfer ritt, um in das Jagdgebiet zu kommen. So einen Fall erfahren wir in den Rechnungsbüchern von 1611 aus dem Jagdhaus von Herzog Albrecht VI. in Aichpichl, südlich von Haag bei Wasserburg berichtet:

Dito (11. August, 1611) am Gejaid haben die (Jagd-) Hunde einem armen Mann ein Schwein (auf der Weide) zerrissen und gewürgt, gab ihm der Herr von Muggenthal dafür 1 Gulden. Den 8. August Melchiorn Präntl von Taldorf um ein Schwein, so ihm die Hunde neben zwei geschädigten zerrissen, bezahlt 2 Gulden, 30 Kreuzer.

Ein durch Bären verursachter Schaden wird in den Protokollen der Hofkammer berichtet: Herzog Wilhelm V. war im Oktober 1592 nach seinem Aufenthalt in Reichenberg in das Lallinger Gebiet weitergezogen. Bei der dort veranstalteten Bärenjagd kommen drei Hengersberger Untertanen an ihrem Roß- und Kuh- Vieh zu großen Schaden. Die Untertanen hatten sich deshalb bereits bei der Lallinger Jagd an Wilhelm V. gewandt und der Pfleger von Hengersberg hat drei Berichte nach München gesandt. Im Gutachten der Hofkammer[351] an den Herzog vom 24. November 1592 heißt es, daß man nicht umhin komme, dafür Ergötzlichkeit, Entschädigung, zu leisten. Im Antwortschreiben der Hofkammer an den Hengersberger Pfleger erfahren wir auch die Namen der Geschädigten, den Schaden und die Höhe der Ergötzlickeit:

Hansen Ganstaler, Thoman Schiller und Siegmunden Aber, denen vom Pern Schaden geschehen betreffend. Was dann die Personen, welchen durch die Bern an ihrem Roß- und Kuh- Vieh Schaden beschehen (ist)*, anlange, wolle er erstlichen Hansen Ganstaler 10 fl, dem Thoman Schiller 6 oder 7 fl und dann Siegmunden Aber 3 oder 4 fl zustellen ...*

Die Waldweide auf den weit entfernten, fast baumlosen Schachten oder den dorfnahen, nicht für den Ackerbau geeigneten Birkenbergen, war ein wichtiger Bestandteil des Wirtschaftssystems der Bauern dieser Zeit. Die Wiesen in der Nähe der Dörfer wurden für die Heuwerbung gebraucht, um mit dem gewonnen Heu wenigstens die trächtigen Kühe über den langen Winter zu bringen. Auf diesen Waldweiden war das Vieh jedoch verstärkt den Bären und Wölfen ausgesetzt, die sich besonders im Sommer wegen diesen Weidetieren in die Hochlagen zurückgezogen haben.

Die Lebensweise und Nahrung von Wolf und Bär sind verschieden. Bekanntlich ist der Wolf ausschließlich Fleischfresser. Der Bär bevorzugt in seiner Jugend mehr vegetarische Nahrung, besonders den Honig. Erst wenn er älter wird, liebt er auch die Fleischnahrung. In dieser Zeit wurde er dann dem Weidevieh, den Schafen, Ziegen, Stieren, Kühen und Kälbern auf den entlegenen Waldweiden gefährlich. Trotz dieser Verschiedenheit werden der Wolf und der Bär, Meister Isegrim und Meister Petz, nach dem Volksempfinden zusammengehörig betrachtet (Heinz, 1925).

Bären rissen oft das Vieh auf den Waldweiden

Große Schäden richtete der Bär an, wenn er in die Viehherden auf den Waldweiden einbrach oder auch Menschen anfiel. Der Bär tut dies nur, wenn er alt ist und die Zähne für das Jagen von Wild nicht mehr scharf genug sind. Wegen des Weideviehs auf diesen höher gelegenen Waldweiden, den Schachten, hielten sich auch die Bären mit Vorliebe in dieser Höhenlage auf. Über diese Verhaltensweise der Bären berichtet der Staatsrat Joseph von Hazzi, 1801, anläßlich seiner Reise im Zwieseler Winkel folgendes: Im Oberzwieselauer Wald, im sogenannten Bärenloch, halten sich die Bären, die meistens aus den benachbarten böhmischen Wäldern kommen, am liebsten auf. Sie tun dem Zwiesel'schen Landmanne, bis sie erlegt werden, meistens ansehnlichen Schaden, da sie manchen Waldstier aufzehren und die an die Waldungen anstossende Haberfrucht besuchen. Der Bär, welcher vor Nachstellungen der Bauern sicher sein konnte, wurde gegenüber den Menschen und ihren Siedlungen immer zutraulicher. Er kam sogar zu den Holzschlägen der Holzhauer um dort nach den Speiseresten zu suchen. Die Holzhauer hausten oft die ganze

Woche über weit ab von Ihren Familien in einfachen Rindenhütten im Wald (Abbildung 207, 208).

Selten sind die Berichte, die von Begegnungen unserer Vorfahren mit einem Bären erzählen. Viele Menschen haben früher oft wochenlang im Wald und vom Wald gelebt. Zu nennen sind die Holzhauer, die Aschenbrenner, die Sammler von Zunderschwämmen, die Ameisler und die Pechler, um nur einige dieser Berufe zu nennen. Es ist anzunehmen, daß sie oft Bären begegnet sind. Jeder wird seine eigene Strategie gehabt haben, so eine Begegnung lebend zu überstehen. Sich mit dem Gesicht nach unten auf den Boden zu werfen und tot zu stellen, soll schon manchen aufgebrachten Bären beruhigt haben. An den langen Winterabenden werden diese Ratschläge weitergegeben worden sein.

Franz Xaver Siebzehnriebl (Reprint, um 1990) hat in seinem Buch Grenzwaldsagen in der Geschichte Über die Osserbären ein solches Erlebnis eines Sammlers von Zunderschwämmen mit einem Bären in den Osserwäldern überliefert. In der Zeit bevor das Streichholz mit dem Schwefelkopf erfunden wurde, bot der in Pottasche gekochte Zunder, der Hadersau, die einzige Möglichkeit, mit Flintstein und Stahl Feuer zu schlagen. Mit dem Sammeln und dem Verkauf von Zunderschwämmen konnten sich damals viele Menschen den Lebensunterhalt verdienen. Weichser, um 1935, hat die Geschichte auch in dem Bändchen Vom oberen Bayer- und Böhmerwald abgedruckt:

Die Uralten erzählten den Alten:

> *In den weiten und dichten Urwäldern des Osser hausten vor Zeiten viele Bären. Noch in den fünfziger und sechziger Jahren des verflossenen Jahrhunderts spürten die Holzhauer die letzten im Zwieseleck, nahe der Einöde. Dann und wann suchte einer den Haberacker bei der Einöde heim, raffte da den Haber zusammen und wälzte sich damit wie in übermütiger Lust über den Fund den abhängenden Acker hinunter. Einmal schulterte ein Häusler vom Rittsteig die Hacke und stieg zum Osserwald empor, sich droben von den felsalten Buchen die Buchenschwämme abzuhacken. Bald hatte der Mann einen Hochstamm erklettert und sich im Geäste festgehackt. Hier gab es Buchenschwämme eine ganze Menge. Im Schatten der wuchtigen Laubkrone lag ein mächtiger Reisighaufen, in dem damals ein alter Bär seine Herberge hatte.*

Abbildung 207: Die Bären haben den Bauern auf den Waldweiden der Schachten so manchen Waldstier gerissen und aufgezehrt, wie hier nach einer zeitgenössischen Darstellung.

Der hörte das Abhacken der Buchenschwämme hoch droben im Baum und da gar viele Stücklein auf die dürren Reiser hernieder prasselten, wurde dies dem Bären zuwider. Er kroch aus seinem Unterschlupf und spähte nach dem Lärm aus. Der Bär brummte erzürnt und scharrte grimmig und sperrte zähnefletschend das weite Maul auf, wie er den Mann und die blinkende Hacke am Baum oben sah.

Der auf der Altbuche aber kriegte fürchterliche Angst. Denn er wußte, ein Bär ist ein flinker Kletterer und zwingt jede Baumhöhe. Da kam dem Wäldler ein schlauer Einfall. Er riß vom Kopf den verwitterten Filz-Hut und warf ihn dem lauernden Wildzorn zu. Daran könne sich der seine gierige Wut kühlen. Der Bär zerriß den Hut in lauter Fetzen. Wie sich dann der Wäldler im Buchengeäst mäuschenstill hielt, vergaß der Bär endlich des Grimmes und trollte besänftigt brummend dem Tannendickicht zu. Der Wäldler verzichtete auf die Buchenschwämme. Er rutschte wie ein Eichhörnchen am Buchenstamm herunter und rannte heimzu.

Der Stierhüter Waldmann vom oberen Waldhaus bei Waldhäuser

Einen guten Einblick in das Leben der Hirten und die Weide des Viehs in der damaligen Zeit auf den Schachten am Plattenhausen zwischen dem Rachel und Lusen, bekommen wir durch die Schilderung von Wagner, 1952, über den Hirten am oberen Waldhaus, oberhalb von Waldhäuser. Dieses obere Waldhaus befand sich nur 250 m westlich des Parkplatzes am Lusen auf der Verebnungfläche mit der Höhe 1097 m an den Ausläufern und Gräben des Filzbaches. Der Liquidationsplan von 1839 zeigt ein ansehnliches Gehöft mit einigen Nebengebäuden (Abbildung 209).

Tatsachenbericht und Legende sind bei diesen Erzählungen über die historische Person des Waldmannes jedoch innig vermischt: Von den Pächtern des oberen Waldhauses muß der Zimmergeselle Jakob Mautner von Rentpoldenreit, der 1779 die Witwe des Tellermachers Alfred Fux heiratete, besonders genannt werden. Der Grafenauer Salzhandel war längst eingegangen, die Guldenstraße fast nicht mehr begehbar. Der Waldmann war jetzt nur mehr Hirte für das Vieh der Grafenauer Bürger, die neben ihrem Handel oder Gewerbe alle noch eine Landwirtschaft betrieben haben.

Vor Jahrhunderten wurde ihnen vom Herzog das Recht zugestanden, ihr Vieh auf die Schaften, die Hochweiden zwischen dem Lusen und Plattenhausen zu treiben. Deshalb wurde dem Mautner das obere Waldhaus verpachtet unter den Bedingungen,

Abbildung 208: Angelockt von Essensresten kam der Bär auch oft an die Rinden- und Blockhütten der Holzhauer in den Hochlagen des Waldes, in denen sie die ganze Woche über hausten.

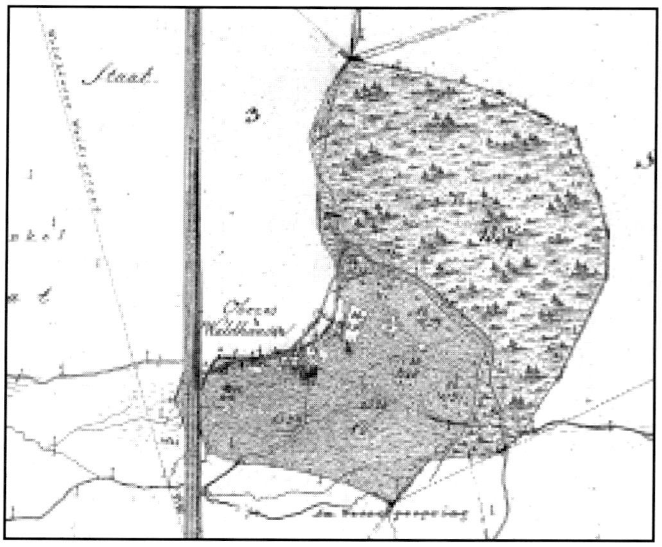

Abbildung 209: Das obere Waldhaus über Waldhäuser nach dem Liquidationsplan von 1839.

daß er auf das bürgerliche Weidevieh gute Obacht halten, solches hüten, die Markungen und den Goldenen Steig wohl besorgen (ausbessern), *die kleinen* (Reparaturen am Waldhaus) *selbst wenden* (beheben), *jederzeit zwei Klafter* (3,13 m³) *Legschindeln in Vorrat halten und* (für seine Hüterdienste) *alle Jahre 50 Gulden Stiftgeld erhalten solle.*

An Vieh wurden damals von den Grafenauer Bürger jährlich 50 bis 60 Stück aufgetrieben. Für die Grafenauer war die Weide bis 1775 unentgeltlich. Ab diesem Zeitpunkt mußten sie je Tier 15 Kreuzer bezahlen. Der Waldmann nahm auch noch Vieh von anderen Bauern der Umgebung in seine Herde auf. Für das Hüten des fremden Viehs bekam der Hirte 3 Gulden je Stück. Mautner war, für einen Hirten ungewöhnlich, eine wohlhabender Mann. Er besaß auch selbst eine beträchtliche Viehherde von 23 Tieren. Er war also mit einem wohlhabenden Bauern im Grafenauer Land eher zu vergleichen als mit einem besitzlosen Dorfhirten, der die Herden der Dörfler versah.

Insgesamt dürfte er eine Viehherde von über 100 Tieren versorgt haben. Diese große Herde mit vielen ungestümen Stieren, bei drückender Schwüle im Sommer zusammenzuhalten, wo Schwärme von Bremsen über das Vieh herfielen und die Herde in Panik in allen Richtungen auseinanderlief, war sicher keine leichte Aufgabe. Zu denken ist auch an die häufigen und scharfen Gewitter mit Blitz und Donnerschlag, wo es eine besondere Umsicht und Erfahrung erforderte, die Tiere zu beruhigen und den Überblick über die verängstigte Herde zu wahren.

Sprichwörtlich sind die großen Körperkräfte des Waldhirten Mautner geworden. Kraftvolles Hinlangen hat die Waldler schon immer tief beeindruckt. So ist es nicht verwunderlich, daß sich bei jeder Nacherzählung seine Kräfte gesteigert haben und sich so um den Waldheislmo, den Waldhausmann, viele Legenden ranken. Der Böhmerwalddichter Hans Watzlik, hat dem Hirten Mautner in seinem Roman Der wilde Eisengrein für alle Zeiten ein literarisches Denkmal gesetzt. Kürzlich wurde dieser Roman auf einer Bühne im Oberen Bayerischen Wald mit großem Erfolg aufgeführt. Hans Watzlik war oft in Waldhäuser bei seinem Freund, dem Maler Reinhold Koeppel. Hier haben ihm die alten Holzhauer und Häusler die vielen Geschichten und Legenden erzählt, die sich um den Waldheislmo ranken (Watzlik, 1927).

Im Jahre 1791 erschlug er mit der Axt einen Bären, der gerade einen Ochsen auf dem Schaften am Plattenhausen gerissen hatte und dabei war, diesen zu verzehren. Durch diese großen Leibeskräfte sind viele Geschichten über den *Waldheislmo* (Waldhäuslmann) in den Waldlerstuben erzählt worden. Einmal soll er einen tobenden Stier dadurch beruhigt haben, daß er ihm den Schädel niedergedrückt und ein Horn unter einer Baumwurzel eingeklemmt hat. Ist diese Tat durchaus noch vorstellbar, so werden die Geschichten immer unwahrscheinlicher:

Als er einmal eine Fuhre Ziegel vom Ziegelstadel in Riedlhütte- Häuser holte und das Pferd auf dem steilen Saumweg hinauf nach Waldhäuser vor Erschöpfung schlapp machte, hat er es mit einem Faustschlag niedergeschlagen, auf den Wagen geworfen und den Wagen selber den steilen, steinigen Saumweg hinaufgezogen.

Die Grafenauer Bürger waren ständig besorgt, daß die Bären in den Hochlagen auch ihr Vieh töten könnte und rechneten auch mit Verlusten. Bei den Ochsenmärkten im Spätherbst in Grafenau konnten sie dann nicht mehr so viele Ochsen den Viehhändlern aus Regensburg, Nürnberg und Augsburg verkaufen. Diese Angst um ihr wertvolles Vieh kannte der Waldheislmo und nutzte es zu seinem Vorteil (Wagner, 1952). Erzählt wird,

daß er ständig von einem Bärenhunger geplagt war. Mit dem Hirsebrei und Milchspeisen konnte er aber nicht satt werden. Deswegen hat er aus der Grafenauer Herde öfter einen jungen Stier geschlachtet und verspeist. Den Grafenauer Bürgern hat er dann die blutige und zerkratzte Haut überbringen lassen mit dem Hinweis, ein Bär habe schon wieder einen jungen Stier gerissen. Viele Jahre glaubten die Grafenauer Bauern diese Geschichte. Dann sind sie jedoch dahinter gekommen, daß er selbst mit einer eisernen Kralle von der Größe einer Bärentatze, die Stierhaut übel zugerichtet hat.

An die Hirten und das Waldhaus erinnern heute nur noch einige Flurnamen der Gemeinde Neuschönau: Waldhauswiese, Sammersteigweg, beim Waldhaus, Waldhaus- Winkel und die obere Waldhäuslwaldung unmittelbarer beim Lusenparkplatz oberhalb Waldhäuser.

Auch im Ring des Osser schildert der Dichter Hans Watzlik in der Geschichte über Die verlorene Herde das einsame Leben der Stierhüter auf den hochgelegenen Schachten mit ihrer ständigen Angst, ein Bär könnte ein Tier reißen. Hans Watzlik lebte auf der böhmischen Seite des Ossers, im nahen Neuern und kannte das Leben der Stierhüter aus eigenem Erleben. Keiner konnte ihre Arbeit so wirklichkeitsnah schildern wie er. Die folgende Geschichte ist ein wichtiges Dokument aus längst vergangenen Tagen. Weichser, um 1935, hat sie auch in dem Bändchen *„Vom oberen Bayer- und Böhmerwald"* abgedruckt:

In den Urwald des Osser kam des Roders eintönige Axt und fraß sich Steige durch die verrufenste Schlucht. Während ehvor das Eichhorn den wilden Wald wochenlang auf dem hohen Astwerk druchwandern konnte, ohne den Erdboden suchen zu müssen, lichteten nun Beil und Brand stürzend und sengend die Wildnis. Ein fiebernd Reuten und Schwenden hub an. Einödhöfer rückten immer weiter vor und schon stieg hie und da blauer Rauch über die wüsten Wipfel empor.

Die im Tal sind es bald inne geworden, daß sich oben, fern von der Welt des Kornes zwischen den grauen Ossertürmen eine liebliche Grasblöße sonnte und ein Brünnel aufging, blitzblank wie Zinn. Also trieben sie ihre Jungstiere hinauf und ließen sie dort übersommern und im Berggras äsen, bis der Tann im Schnee des Hubertusmondes zu Silber erblich. Da schöpfte nun nimmermehr der Habicht aus dem lichten Quell, nicht mehr läpperte der Durst des Fuchses daraus. Nur des Stieres Nüstern störten das lautere Spiegelein und die beiden Hirten füllten darin den Krug.

Sie hatten ein einförmig Leben, die Stierhüter. In ihrer Verlassenheit und rauhen Wildheit waren sie fast dem Getier der Öde ebenbürtig. Sie nährten sich vom rußigen Speck und sauerem Brot und tranken aus dem Euter der Ziegen. Hatte sich nicht etwa ein Stier verlaufen, so lümmelten sie und träumten über die hingeschütteten Berge und den Urforst schnurstraks ins Blaue hinein. Nächtens aber hatten sie Feuer zu schüren, um des Waldes Raubgeziefer zu scheuchen. Denn in der verworrenen Wildnis fauchten noch die Lüchse und flennten die Wildkatzen. Dem Bären war Gewalt gegeben und Waldgraf war der Wolfsrüde. All und jeglich mieden sie den lebendigen Brand, ahnend, daß gegen die Flamme nicht Biß noch Pranke fruchte.

Doch noch andere Mächte woben um die Osserzinnen, erzeugt aus raunender Einsamkeit, aus den schweren Stürmen, die den Berg umdröhnten und den fremdbelebten, mächtigen Wald. Da sträubte sich dem Talmann Bart und Schopf, wenn sich davon wilde Gerüchte erhoben. Er schnaufte, wie von Trudendruck erlöst auf, wenn zur Rauhreifzeit die Stiere wieder unversehrt ins Dorf herabtrotteten.

Auch im Isarwinkel litt die Almwirtschaft der Bauern ganz erheblich durch die Bären. Noch 1729 bezeugte ein Lengrieser Bauer bei einem Weidestreit, daß sein Vater an der oberen Isar Vieh zur Weide getrieben habe. Die Bären aber haben dem Weidevieh so zugesetzt, daß man es lieber vorzog, auf die Weide zu verzichten und das Vieh wieder heimzutreiben. Ähnlich war es sicherlich oft auch auf den Waldweiden am Rachel und Lusen. Bären können aber auch Menschen gefährlich werden. Ein Holzhauer aus dem Böhmerwald hat dankbar eine Votivtafel gestiftet, weil er die Begegnung mit einem Bären ohne größeren Schaden überstanden hat (Abbildung 210).

Auch der Wolf bedrohte das Vieh auf der Weide

Diese Schilderungen könnten hinwegtäuschen, daß der Wolf für das Weidevieh weniger gefährlich gewesen wäre. Gerade die Haustierhaltung mit langen Weidezeiten in den Wäldern während des Sommers führte immer wieder zum

Abbildung 210: Ein Holzhauer aus dem Böhmerwald hat um 1870 eine Votivtafel gestiftet, weil er die Begegnung mit einem Bären ohne größeren Schaden überstanden hat (Vodak, 1993).

Hier ein besonders tragischer Bericht über einen Unfall mit einem Bären vom 24. 11. 1992 aus der russischen Usuri-Taiga:[352]

Der Förster Jewgenij Sewerin war auf einem Kontrollgang im Wald unterwegs. Gegen Mittag entzündete er ein Feuer und kochte eine Tasse Tee. Plötzlich hörte er es Rascheln und etwas Dunkles stürzte sich auf ihn. Ein Bär mit riesigen Pranken schleuderte ihn zu Boden und riß ihm Stücke aus dem Gesicht. Sewerin hörte, wie der Bär auf dem Fleisch herumkaute. Es knirschte in seinem Rachen als er die Knochen zermalmte. Sewerin schaffte es noch, nach dem Gewehr zu greifen und abzudrücken. Der Schuß erschreckte den Bären und er entfernte sich. Der Förster konnte noch zu Hause ankommen. Ein Schweizer Mediziner setzte sein Gesicht neu zusammen: Mit der Haut aus der Schulter wurden neue Wangen gestaltet. Aus einer Silikon-Prothese entstand eine Nase. Der Geruchsinn blieb gestört. Gleichzeitig erhielt er noch ein künstliches Auge und ein Gebiß.

Abbildung 211: Nachbildung einer Votivtafel in der "Au" am Taferlbaum bei Sankt Oswald. Die "Au" wird heute "Taferlau" genannt und befindet sich am Rande des Klosterfilzes bei Sankt Oswald, unmittelbar bei den Wolfsgruben. Unter der Tafel stand: "Oh Maria hilf!"

starken Anwachsen der Wolfbestände (Ergert, 1984). Auch in den Notjahren des 30jährigen Krieges und danach kam es vor allem im Bayerischen Wald zu großen Wolfsplagen. Die Wölfe setzten dem Rot- und Rehwild stark zu und verschonten natürlich auch das Weidevieh nicht. Auf den hochgelegenen Waldweiden richteten die Wölfe unter dem Weidevieh den Sommer hindurch großen Schaden an. Im Winter zogen die Wölfe dann in das Vorland. Durch Wolfsfallen und Wolfsangeln versuchten sich die Bauern gegen Meister Isegrim zu schützen.

In den Briefen des Herzogs Albrecht VI., des Leuchtenbergers, an seinen Jägermeister ist 1634 von der damaligen Wolfsplage in Bayern die Rede:

> *Die Füchse sind in die Siedlungen herabgezogen, weil in den höheren Lagen die Wölfe hausten, die in Rudeln von 12 und 13 miteinander traben* (und jagen). *Bei Neuschnee suchten die Dorfbewohner nach den Spuren der Wölfe, um sie einzukreisen, in Fallgruben zu treiben und zu töten (Mitterwieser, A., 1925).*

So gefürchtet waren die Wölfe, daß man eigene Gebete sprach, wenn man das Vieh auf die Waldweiden trieb. So lautet ein Wolfssegen oder Beschwörungsformel zum Schutz des Viehs gegen Wölfe aus einer Handschrift des 15. Jahrhunderts mit einigen unklaren, heute nicht mehr verständlichen Stellen (Grimm, J., 1876):

> *Ich treib heut aus in unser lieben Frauen Haus, in Abrahams Garten, der liebe Herr St. Martin der soll heut meines* (Viehs) *pflegen und es warten, und der liebe Herr St. Wolfgang* (in den Dörfern der Propstei: St. Oswald), *der liebe Herr St. Peter, der hat den himmlischen Schlüssel, der versperret dem Wolf der vohin irn drussel, daß sie weder Blut lassen noch bein schroten. Des helf mir der Mann* (Christus), *der kein Übel nie hat getan und die heiligen Wunden behüten mein Vieh vor allen holzhunten* (Holzhunden, Wildes Gejaid?).

10.3 Die Bauern als Treiber und Streifer bei den Jagden

Die jagdbegeisterten, herzoglichen Jäger um 1600 waren nicht mehr bereit, wie in früherer Zeit üblich, das Wild in den weitentlegenen Wäldern der Hochlagen am Rachel und Lusen mit den Hunden aufzustöbern und dort weidmännisch zu erlegen. Viel weniger mühevoll war es, dieses Wild in Pferche zusammenzutreiben, portionsweise am Fürstenstand vorbeizutreiben und abzuschießen. So waren schon Wochen vor den herzoglichen Jagden die Bauern als Treiber unterwegs. Die Bärnsteiner Jäger, zusammen mit den herzoglichen Jägern, Hundsknechten, Wildmeistern und Streifern mußten mit Hundertschaften von Bauern das Wild in den weiten Wäldern mit den Hunden aufstöbern und ausstreifen.

Die vielen Treiber haben über weite Strecken trichterförmige Gebiete abgesperrt, um das von den Hunden aufgestöberte und erschreckte Wild an der engsten Stelle in Gassen zu treiben. Diese Gassen endeten in den verplankten, mit Tüchern und Netzen verhängten Absperrungen und Pferchen an geeigneten, freien, ebenen Flächen im Wald oder auf der Pangling in Riedlhütte- Häuser. Für dieses Aufstöbern des Wildes wird in den alten Schilderungen der Jagd auch die Berufsbezeichnung Streifer genannt. Dieser Name einer Tätigkeit hat sich auch als Familienname erhalten.

Als Treiber wurden die Bauern der umliegenden Dörfer auch an den Tagen der Jagd benötigt. Das aufgeregte und verängstigte Wild, das den ganzen Sommer hindurch auf den Äckern der Bauern Wildschaden angerichtet hat und faist, fett, geworden ist, mußte in überschaubaren Rudeln aus dem Pferch vor die Flinte der herzoglichen Jagdgäste getrieben werden. Man kann sich leicht vorstellen, welche Wut und welcher Frust gegen die Obrigkeit sich bei solchen Gelegenheiten bei den Bauern aufgestaut hatte. Die Zerwirkknechte, die im Reichenberger Jagdhaus das Wild zerlegten, hatten bei diesen Jagden alle Hände voll zu tun.

Nur die besten Stücke sind in den mitgebrachten Stibich, den Fässern, eingesalzen, nach München gefahren und in das Zerwirkgewölbe der Münchner Hofküche gelangt. Heute befinden sich in diesen Räumen in der Münchner Innenstadt das Theater in den Zerwirkgewölben. Den Aufbruch, Lunge, Herz, Leber, Nieren samt Feist (Fett) und die minderen Fleischstücken, dürften die Jäger von Bärnstein und die Grafenauer Bauern für ihre Familien bekommen haben. Nach so einer Jagd des Herzogs kamen sie und ihre Inleute zu einer seltenen Fleischmahlzeit.

Auf dem Gelände des ehemaligen Jagdhauses, dem Anwesen von Kurt Weny, müßten noch Abfallgruben der Mund-Kuchel mit den Knochen des hier zerwirkten, zerlegten und verzehrten Wildes vorhanden sein. Allerdings ist in der Gegend der Boden so kalkarm und sauer (niederer pH- Wert), daß die Tierknochen kaum 400 Jahre überstanden haben. Bei den im Sommer und Herbst 1997 und 1998 durchgeführten Grabungen konnten auch einige wenige Knochen gefunden werden.

10.4 Jagdzeug transportieren und Absperrungen errichten

Die Bauern hatten mit ihrem Anspann das Jagdzeug in das Jagdrevier zu bringen. Diese Arbeiten teilten sie sich mit den Glashüttenherren von Riedlhütte und Spiegelau/ Klingenbrunn. In den Erbrechtsbriefen der Glashütten ist auch vom Jagdscharwerk und von Jagdfronen die Rede. So beispielsweise im Erbrechtsbrief von Spiegelau. Das bedeutete, daß auch die Glashüttenherren verpflichtet waren, mit ihrem Anspann, den schweren Ochsenfuhrwerken, die vielen Netze, Tücher, Planken und Stangen für die meist viele hundert Meter langen Absperrungen auf den schlechten Waldwegen in das Jagdgebiet zu bringen. Für den Transport dieser Netze und Tücher waren die Hüttenherren nach dem Jagdscharwerk auch verpflichtet, die vielen Brücken über die Bäche und Gräben in bestem Zustand erhalten und ständig reparieren.

Von den insgesamt 290 landgerichtlichen Bauern im Kastenamt Bärnstein, die bereits beim Bau des Jagdhauses verpflichtet worden sind, mußten auch viele mehrere Wochen lang bei den Vorbereitungen einer herzoglichen Bärenjagd mithelfen. Sie sollten den Jägern von Bärnstein und den aus München angereisten Tücherknechten an die Hand gehen. Ihre Aufgabe war es, die Absperrungen mit Planken, Stangen, Tücherwänden und Netzen zu erstellen. Über weite Strecken mußten sie Netze und Stangen schleppen. Im unwegsamen, oft steilen, felsigen Gelände konnten nicht alle Plätze mit dem Fuhrwerk erreicht werden. Nach den Jagdtagen mußten diese Absperrungen wieder eingesammelt, verladen und nach Reichenberg gebracht werden.

10.5 Die Bauern als Hundehalter für den Herzog

Die Fronlasten der Bauern bei den herrschaftlichen Jagden waren sehr vielgestaltig. Ein wichtiger Dienst, zu dem die Bauern in den bayerischen Jagdrevieren im Rahmen des Jagdscharwerks verpflichtet wurden, war die Pflege der vielen Jagdhunde des Herzogs in der jagdfreien Zeit. Die Bauern im Gericht Bärnstein scheinen davon nicht so sehr betroffen gewesen sein. Bei den am besten dokumentierten Bärenjagden von Herzog Albrecht VI. 1611 und 1615 sind die Jagdhunde mit dem Floß von Landshut nach Niederaltaich und mit dem Wagentroß der Jagdgesellschacht von Haag bei Wasserburg in die Jagdhäuser nach Reichenberg und Lalling gebracht worden.

Es waren mehr als Hundert Jagdhunde, die bei einer Jagd im Einsatz waren. Sebastian Hausmann gibt in einem Brief aus dieser Zeit Auskunft über die Pflichten der Bauern und die angedrohten Strafen. Wie beim Zehent, der Abgabe von landwirtschaftlichen Erzeugnissen, war auch die Hundehaltung für den Herzog nach der Fläche und Größe des Hofes genau abgestuft: Jeder Bauer (ein ganzer Hof mit etwa 60 Tagwerk) muß einen großen Fanghund, jeder Gütler (1/8 Hof mit etwa 8 Tagwerk) einen kleinen Jagdhund (das ganze Jahr über) wohlgefüttert erhalten (pflegen). Jede Nachlässigkeit wird hierbei mit 1 Pfund Pfennige bestraft, was auch unnachsichtlich eingetrieben wird.

Die Bauern mußten sich verpflichten, die Jagdhunde des Herzogs für die herrschaftlichen Jagden ordentlich in Wart und Pfleg zu nehmen und ihnen Speis und Trank zu geben. Ob die Bauern mit ihren meist großen und drei Generationen umfassenden Familien mit ihren Inleuten in Jahren mit Mißwachs, Mißernten, selber genügend Speis und Trank hatten, kümmerte niemanden. Zu den großen Hetzjagden auf Bären, Hirsche und Wildsauen mußten die Bauern dann mit den Hunden pünktlich, mit einem Spieß bewaffnet, im Jagdhaus erscheinen.

Es wird aber auch berichtet, daß es für die Bauern sogar vorteilhaft sein konnte, wenn ihnen die Hunde des Herzogs zur Pflege anvertraut worden sind. Sie standen ihnen das ganze Jahr über zur Bewachung der Felder und des Viehs auf den Waldweiden und den Schachten vor Raubwild und Diebsgesindel zur Verfügung. Stellten die schweren, scharfen Jagdhunde irgendein Unheil an, so konnte der Bauer immer darauf verweisen, daß die wertvollen Hunde ja nicht ihm, sondern seinem hochfürstlichen Landesvater gehörten. Wehe demjenigen, der sich an den Hunden vergriffen hätte.

10.6 Die Bauern bei den Wolfjagden im Winter

Die Verpflichtungen der Bauern, bei Jagden Hilfsdienste zu verrichten, dauerten bis in den Winter hinein. Im Winter fanden die Wolfsjagden statt. Alt und jung, Männer und Frauen eines Dorfes sind zu den Wolfsjagden eingeteilt worden. Sie mußten bei strenger Kälte, in mangelhafter Kleidung, bei ungenügender Verpflegung, tagelang die Wolfspuren im Schnee verfolgen und Treiberdienste leisten. So mußten im Januar und Februar 1619 alle Untertanen des Gerichtes Weißenstein und Zwiesel auf Befehl des Pflegers zur Wolfsjagd antreten. Es wurden große Gebiete umstellt, in denen die Bauern mit großem Lärm die Wölfe in tiefe Wolfsgruben treiben mußten. Bei diesen Wolfstreibjagden wurden die Wölfe auch unter Verwendung von Netzen und Tüchern eingekreist, mit dem Dreschflegel erschlagen, mit dem Spies getötet, mit Schlingen erdrosselt oder abgeschossen.

Besonders drastisch schildert Wendt, 1907, diese Wolfsjagden um 1650: Will geSchwaigen, daß oft arme, bloße, unbekleidete (schlecht gekleidete) Leute im harten Winter mit hinaus auf die Jagd müssen, und draußen vor dem Netze erfrieren, daß man ihnen darnach die Schenkel (das Fleisch von den Schenkeln) ablösen muß, oder daß man sie tot oder erfroren hinter den Bäumen findet. Diese grausamen Wolfsjagden sollen hier veranschaulicht werden (Abbildung 212, 213, 214, 215).

Abbildung 212: Die Wölfe werden von den Jägern und Jagdhunden gegen die Netze gejagt und getötet.

Abbildung 213: Die Wölfe werden von einer Meute mit Dreschflegeln, Äxten und Spiesen bewaffneter Bauern gejagt.

Abbildung 214: Ein Wolf im Tierfreigelände des Nationalparks Bayerischer Wald teilt mit Raben und mit einer Elster.

11. Tips für Wanderungen und Besichtigungen

Sicher gibt es Leser, die dieses Buch als Führer zu den hier geschilderten Schauplätzen der Bärenjagden, der Fangvorrichtungen für Bären, der ehemaligen Jägerhäuser in Reichenberg, Lalling und Schöfweg nutzen möchten. Von Interesse könnten auch in München die Alte Veste sein, in der die Herzöge Wilhelm V. und Ferdinand ihre Kindheit verbrachten sowie die Gruft der Wittelsbacher in der Michaelskirche und schließlich der Teil der Münchner Residenz mit den heutigen Pfälzer Weinstuben, der von Werkmeister Hans Reiffenstuel ausgeführt wurde.

Hier eine kurze Zusammenfassung für die Planung von Wanderungen, wo diese Informationen im Buch zu finden sind. In der Gemeinde St. Oswald-Riedlhütte werden im Jahr 2000 die Besichtigungspunkte durch den Themenwanderweg *„Besiedlungsgeschichte“* erschlossen. Dazu wird ein eigenes Begleitheft herausgegeben.

Das ehemalige Jagdhaus in Reichenberg:

- Standorterkundung.
- Der Herzog auf der Birkhahn-Balz, Kapitel 7.3.6.
- Der deutlich sichtbare Bärenfang hinter Siebenellen bei St. Oswald, Kapitel 7.6.8.
- Die eingestellte Jagd auf der Plangling, ein früher mit Planken eingezäunter Bereich in Riedlhütte-Häuser, Kapitel 7.3.4.
- Die Flurschäden der Bären bei Haslach, Kapitel 8.1.
- Die im Gelände noch sichtbaren Fallgruben um Wölfe zu fangen, Kapitel 7.6.7.
- Im Jahre 2001 werden 390 Jahre vergangen sein, seit 1611 Jagdgäste von Herzog Albrecht VI. den Rachel erstmals bestiegen haben, Kapitel 7.2.6.
- Im Jahre 2000 im September sind 385 Jahre vergangen, seit Herzog Albrecht VI. 1615 die Glashütte des damaligen Hüttenmeister Mathias Greipl in Klingenbrunn im heutigen Ortsteil Reinhardschlag besuchte, um bestellte Gläser zu bezahlen, Kapitel 7.2.7.
- Wanderung zum alten Bergbau im Rendelmoos im Tal der Großen Ohe.
- Im Jahre 2008 werden 420 Jahre vergangen sein, seit der Pflegverwalter Gartner den Bergbau in einem Brief erwähnt hat, Kapitel 5.5.6.
- Informationen über das Aussehen der 12 Kachelöfen im Jagdhaus: Museum auf der Burg Trausnitz, Museum Vilsbiburg mit den Arbeiten der Kröninger Hafner.

Die Bärenjagden in der Thomasleiten:

Ein besonders beliebtes Revier für Bärenjagden war die steile und sehr felsige Thomasleiten. Die beiden senkrechten Felswände des kleinen Geistlichen Steins wurden als Bärenfang genutzt, um lebende Bären mit brennenden Pechpfannen in Kisten zu treiben. Bei einer der beiden Bärenjagden 1611 oder 1615 kam Herzog Albrecht VI. einem in die Enge getriebenen Bären in lebensgefährliche Nähe, Kapitel 7.2.4. Der Wanderer erfährt hier gleichzeitig, wie vor 1803 die Grenze zwischen Bayern und dem Bistum Passau verlief.

Jagdhaus in Lalling:

Standort im Ortszentrum, Baugeschichte, Ablauf der Bärenjagden, Kapitel 6. Die erwähnten Fangvorrichtungen für Bären im Leopoldwald sind noch nicht entdeckt worden. Anregung: Die in den alten Dokumenten bei den Jagden erwähnten Orte im Leopoldswald könnten als Bärenpfad ausgewiesen werden.

Jagdhaus in Schöfweg:

Der genaue Standort des Jagdhauses ist nicht bekannt. Es gehörte zunächst den Grafen von Schwarzenberg, später den Wittelsbachern. Es wird wohl am unteren oder oberen Ende des Dorfangers zu suchen sein. Anregung: Im Sonnenwald wäre es besonders leicht, einen Bärenpfad auszuweisen, Kapitel 4.

Der Bärenfang am Waldstein im Fichtelgebirge:

Westlich von Zell im Landkreis Münchberg befindet sich ein besonders gut erhaltener Bärenfang aus der Zeit um 1680. Es ist ein kleiner Steinbau an dem am Ein- und Ausgang die Rillen für die beiden Falltüren noch deutlich zu sehen sind, Kapitel 7.6.8.

Besichtigungen in München:

Nur wenige Meter vom Marienplatz entfernt, befindet sich die Alte Veste. Sie war die alte Residenz der Wittelsbacher, wo die Herzöge Wilhelm V. und Ferdinand ihre Jugend verbrachten. In das nahe gelegene Zerwirkgewölbe (heute Wildgeschäft und Theater) wurde damals das bei den Jagden erlegte Wild gebracht. Sehenswert ist auch die Gruft in der St. Michaelskirche, Neuhauserstraße in der Fußgängerzone, wo Herzog Wilhelm V. und Maximilian I. mit ihren Frauen begraben wurden. Der lebensgroße Löwe am Eingang zu den Pfälzer Weinstuben in der Residenz, dem die Münchner im Vorbeigehen die Schnauze berühren, sollte ursprünglich ein prunkvolles Hochgrab für Wilhelm V. zieren, Kapitel 7.1. In den Pfälzer Weinstuben bei einem Schoppen Wein und Saumagen sollte man sich erinnern, daß diesen Trakt der Residenz Hans Reiffenstuel ausführte, der im entlegenen Reichenberg ein herzogliches Jagdhaus geplant und ausgeführt hat, Kapitel 5.5.5.

Wanderung auf dem Bärenpfad im Böhmerwald:

Die Wanderroute auf dem böhmischen Bärenpfad (Medvedi stezka) führt von Ovesna am nördlichen Ende des Lipno Stausees 7 km nach Jeleni (Hirschbergen), weiter nach Cerny Kriz (schwarzes Kreuz) und dem Bärenstein, wo am 14. 11. 1856 der letzte Bär im Böhmerwald erschossen wurde, Wanderskizze: Kapitel 7.4.1.

Ringelai, Schöfweg und Lalling:

Auch die Gemeinden Ringelai, Schöfweg und Lalling könnten einen Teil des Wegenetzes als Bärenpfad ausweisen. Durch eine Tagestour mit dem Fahrrad könnten Interessierte dieses ehemalige Bärenland der bayerischen Herzöge kennenlernen.

12. Namen von Bauernfamilien für die Familiengeschichte

Die Rechnungsbücher der Bärenjagden von Herzog Albrecht VI. in den Jahren 1611 und 1615 in Lalling erwähnen viele Namen von Bauernfamilien im ehemaligen Landgericht Hengersberg, die für die Familiengeschichte von großem Interesse sind. Aus diesem Grunde sollen diese Familiennamen, nach den Orten des Lallinger Winkels alphabetisch geordnet, nachfolgend genannt werden. Erwähnt wird auch die Leistung, für die eine Zahlung erfolgt ist. Die oft unterschiedliche Schreibweise der Familiennamen wurde bewußt nicht geändert. Deshalb erscheinen die gleichen Personen im Verzeichnis mehrmals. Am Ende der Tabelle befinden sich Familiennamen ohne Ortsangabe:

Name, Vorname:	Ort, Gemeinde:	Zahlungsgrund:
Weinberger Stephan	Auerbach	Fuhrlohn
Connseer Wastian	Buch, Hengersberg	Fuhrlohn
Langer Urban	Buch, Hengersberg	Ausfallent.
Paurn Sigmund	Buch, Hengersberg	Ausfallent.
Schrenck Jörg	Buch, Hengersberg	Fuhrlohn
Wagner Jörg	Buch, Hengersberg	Ausfallent.
Weinberger Hansen	Buch, Hengersberg	Fuhrlohn
Andreen Wörnhardten	Buch, Hengersberg	Fuhrlohn
Öller Jörgen	Datting[353], Lalling	Fuhrlohn
Finckh Michel	Datting	Arbeitslohn
Altmanshofer Sigmund	Dösing	Botenlohn
Grueber Wolf	Dösing, Lalling	Fuhrlohn
Haß Matthäus	Dösing	Arbeitslohn
Hoißen Jörg	Dösing	Arbeitslohn
Öller Matthäus	Dösing	Arbeitslohn
Sambhamer Jörg	Dösing	Botenlohn
Ebmayr Stephan	Durchfurth	Arbeitslohn
Preiherr Pauls	Durchfurth, Lalling	Leihgebühr
Kern Stephan	Ellenbach, Hengersberg	Holztransport, Fuhrlohn
Kötzler Hansen	Ellenbach, Hengersberg	Fuhrlohn
Rodten Sebastian	Ellenbach, Hengersberg	Fuhrlohn
Wägner Hansen	Ellenbach, Hengersberg	Fuhrlohn
Haindl Stephan	Ensbach	Arbeitslohn
Kopf Jodl	Ensbach	Arbeitslohn
Söldners Pauls	Ensbach	Botenlohn
Tagbercher Pauls	Ensbach	Arbeitslohn
Thaner Jeronymus	Ensbach	Arbeitslohn
Wolf Jakob	Ensbach, Schaufling	Fuhrlohn
Doifl Jörgen	Erlachmühle[354], Hengersberg,	Fuhrlohn
Kroiß Stephan	Ernsting, Auerbach	Getreideverkauf
Sittersberger Stephan	Ernsting,Auerbach	Getreideverkauf
Spay Gottl	Ernsting, Auerbach	Getreideverkauf
Fülser Kilian	Euschertsfurth, Lalling	Fischverkauf
Paur Veith	Euschertsfurth	Arbeitslohn
Peer Thoman	Euschertsfurth, Lalling	Fuhrlohn
Pern Thoman	Euschertsfurth, Lalling	Fuhrlohn
Pern Veith	Euschertsfurth, Lalling	Fuhrlohn
Fritz Hans	Gerholling, Lalling	Fuhrlohn
Haindl Stephan	Gerholling	Botenlohn

Name, Vorname:	Ort, Gemeinde:	Zahlungsgrund:
Nirschl Matthäus	Gerholling[355], Lalling	Holztransport
Riederer Ambros	Gerholling, Lalling	Fuhrlohn
Schilcher Paulus	Gerholling[356], Lalling	Viehverkauf
Cramer Paulus	Ginn[357], Lalling	Viehverkauf
Schmidt Hansen	Gneisting, Hunding	Fuhrlohn
Stephl Dick	Gneisting, Hunding	Arbeitslohn
Schmidtmair Georgen	Hengersberg	Brotverkauf
Paur Wastian	Hörgerting (?)	Fuhrlohn
Prändtl Hans	Hörgolding[358], Hengersberg,	Leihgebühr
Franhofer Stephan	Huböd[359], Alkofen	Fuhrlohn
Fronhofer Stephan	Huböd, Alkofen	Fuhrlohn
Schal Thomans Weib	Hunding	Putzlohn
Schmidt Hois	Hunding	Holztransport
Schmidt Thoman	Hunding	Holztransport
Schneider Christophen	Hunding	Holztransport
Tagbercher Caspars Weib	Hunding	Putzlohn
Wartinger Paul	Hunding	Holztransport
Warntinger Pauls	Hunding	Fuhrlohn
Wirth Thoman	Hunding	Holztransport
Ebmayr Moriz	Kapfing, Lalling	Fuhrlohn
Ginzl Sigmundt	Kapfing, Lalling	Arbeitslohn
Lieblmeier Paulus	Kapfing, Lalling	Arbeitslohn
Grueber Matthäus	Kaussing, Lalling	Wachlohn
Grueber Stephan	Kaussing, Lalling	Wachlohn
Steinberger Thoman	Kaussing, Lalling	Wachlohn, Schreinerarbeiten
Sueß Michel	Kaussing, Lalling	Fuhrlohn
Tanner Stephan	Kaussing, Lalling	Fuhrlohn
Wilhalm Hans	Kaussing, Lalling	Wachlohn
Eyßner Thoman	Kieflitz, Hunding	Holzarbeit
Hueber Christl	Kieflitz	Arbeitslohn
Krotzer Jörg	Kieflitz	Arbeitslohn
Pinder Paulus	Kieflitz	Arbeitslohn
Cramer Peter	Lalling	Botenlohn
Glässl Stefan	Lalling	Arbeitslohn
Haas Matthäus	Lalling	Lebensmitteleinkauf
Kotbauer Urban	Lalling	Fuhrlohn
Painherr Wolfen	Lalling	Bier
Peinherr Wolfen	Lalling	Unterbringung
Pönznhausen David	Lalling	Verköstigung,
Pönznhauser Daviden	Lalling	Verkauf Nahrungsmittel
Pötznhauser David	Lalling	Fuhrlohn
Preyherr Melcher	Lalling	Botenlohn
Raßhamer Georgen	Lalling	Viehverkauf
Rottbauer Urban	Lalling	Holztransport
Schallhammer Hans	Lalling	Leihgebühr
Stingl Geörg	Lalling	Fuhrlohn
Paur Wastl	Manzing, Hengersberg	Leihgebühr

Name, Vorname:	Ort, Gemeinde:	Zahlungsgrund:
Schrenck Michel	Manzing	Fuhrlohn
Schrenken Balthasarn	Manzing	Fuhrlohn
Schweinpöcken Christoph	Manzing	Fuhrlohn
Wagner Jörg	Manzing, Hengersberg	Fuhrlohn
Stöckl Hans	Oisching, Lalling	Fuhrlohn
Hausman Hans	Padling, Hunding	Leihgebühr,Fuhrlohn
Hödl Jörg	Padling, Hunding	Fuhrlohn
Tullinger Andre	Padling, Hunding	Holztransport
Hundthammer Hansen	Panholling, Hunding	Arbeitslohn
Moser Pauls	Panholling, Hunding	Arbeitslohn
Procher Jörg	Panholling, Hunding	Fuhrlohn
Proher Michael	Panholling, Hunding	Viehverkauf
Winklmayr	Prechhausen, Auerbach	Fuhrlohn
Paur Wastian	Rading[360], Hengersberg	Leihgebühr
Paur Wastl	Rading, Hengersberg	Fuhrlohn
Schilcher Hansen	Ranzheim (?)	Zimmermannsarbeiten
Ärbinger Blasijj	Ranzing, Lalling	Holztransport
Ambrosi Hößen	Ranzing, Lalling	Fuhrlohn
Ambros Wolf	Ranzing	Arbeitslohn
Asm Albrecht	Ranzing, Lalling	Botenlohn
Asn Andre	Ranzing, Lalling	Fuhrlohn
Ebmayr Stephan	Ranzing	Arbeitslohn
Herz Hans	Ranzing, Lalling	Arbeitslohn
Huber Christl	Ranzing	Arbeitslohn
Thanner Hans	Ranzing	Fuhrlohn
Mayr Jörg	Ranzing, Lalling	Arbeitslohn
Probst Hans	Ranzing, Lalling	Arbeitslohn
Probst Michael	Ranzing, Lalling	Arbeitslohn
Schiller Wolf	Ranzing, Lalling	Arbeitslohn
Sueß Paulus	Ranzing, Lalling	Fuhrlohn
Grienberger Adam	Reichenberg, St. Oswald	Arbeitslohn
Kröl Wastian	Reichersdorf, Hengersberg	Fuhrlohn
Kürzen, Gabrielen	Reichersdorf, Hengersberg	Fuhrlohn
Schrenk Hans	Reichersdorf, Hengersberg	Fuhrlohn
Tullinger Martin	Reichersdorf, Hengersberg	Fuhrlohn
Weinberger Hansen	Reith, Schöllnach	Ausfallent.
Wörzinger Hansen	Reith, Schöllnach	Ausfallent.
Amrosij Gilgen	Rohrstetten, Hunding	Fuhrlohn
Babsten Wolfen	Rohrstetten, Hunding	Holzarbeit
Cramer Hans	Rohrstetten, Hunding	Holzarbeit
Craner Paulsen	Rohrstetten, Hunding	Fuhrlohn
Crotzer Hansen	Rohrstetten, Hunding	Holztransport
Eisner Thomas	Rohrstetten, Hunding	Fuhrlohn
Pindter Pauls	Rohrstetten, Hunding	Holzarbeit, Fuhrlohn
Öller Hoiß	Rohrstetten	Fuhrlohn
Öller Matthäus	Rohrstetten, Hunding	Arbeitslohn
Putz Wastl	Rohrstetten	Botenlohn

Name, Vorname:	Ort, Gemeinde:	Zahlungsgrund:
Schneider Achatzen	Rohrstetten, Hunding	Fuhrlohn
Schneider Christophen	Rohrstetten, Hunding	Fuhrlohn
Stein Wolfen	Rohrstetten, Hunding	Fuhrlohn
Wallner Jörg	Rohrstetten, Hunding	Arbeitslohn
Wantinger Hansen	Rohrstetten, Hunding	Fuhrlohn
Warntinger Stephan	Rohrstetten, Hunding	Arbeitslohn
Weiß Michael	Rohrstetten	Botenlohn
Weiß Wastian	Rohrstetten, Hunding	Fuhrlohn
Weißn Bastian	Rohrstetten, Hunding	Fuhrlohn
Werndl Michael	Schärnberg (Schönberg?)	Fuhrlohn
Ainan Stephan	Schwarzach, Hengersberg	Fuhrlohn
Amann Stephan	Schwarzach, Hengersberg	Fuhrlohn
Dietlmayr Jörg	Schwarzach, Hengersberg	Botenlohn
Leinpöck Hans	Schwarzach, Hengersberg	Fuhrlohn
Leinpöcken Jörgen	Schwarzach, Hengersberg	Fuhrlohn
Leinpöcken Max	Schwarzach, Hengersberg	Fuhrlohn
Pichlmayr Balthasar	Schwarzach, Hengersberg	Arbeitslohn
Piermayr Martin	Schwarzach, Hengersberg	Fuhrlohn
Reisinger Peter	Schwarzach, Hengersberg	Fuhrlohn
Reißßinger Petern	Schwarzach, Hengersberg	Fuhrlohn
Risn Jörg	Schwarzach, Hengersberg	Fuhrlohn
Riß Wolf	Schwarzach, Hengersberg	Fuhrlohn
Sayler Kaspar	Schwarzach, Hengersberg	Fuhrlohn
Sigl Sigmund	Schwarzach, Hengersberg	Fuhrlohn
Vogl Paulsen	Schwarzach, Hengersberg	Fuhrlohn
Faiten	Sondorf, Hunding	Fuhrlohn
Faith Michl	Sondorf, Hunding	Leihgebühr, Fuhrlohn
Hasnpaur[361]	Sondorf, Hunding	Fuhrlohn
Span Matthäus	Sondorf, Hunding	Fuhrlohn
Stengel Christoph	Sondorf, Hunding	Fuhrlohn
Piermayr Michael	Waltersdorf, Hengersberg	Leihgebühr
Schlederer Jörgen	Wetzenbach, Schaufling	Fuhrlohn
Ebmayer Jörgen	Woiding[362], Lalling	Fuhrlohn
Paurn Vinzenz	Zainach, Osterhofen	Fuhrlohn
Graf Wolf	Zueding	Holztransport
Haidinger Wolfen	Zueding	Arbeitslohn
Pausinger Paulus	Zueding, Hunding	Holztransport
Schnitzer Jörg	Zueding, Hunding	Arbeitslohn
Streicher Peter	Zueding, Hunding	Leihgebühr
Hierstand Hansen	keine Ortsangabe	Schreinerarbeiten
Paur Pauls	keine Ortsangabe	Holztransport
Pichlmayr Hans	keine Ortsangabe	Botenlohn
Schiller Lorenz	keine Ortsangabe	Holztransport

13. Abkürzungen

Abb.	Abbildung(en)
Aufl.	Auflage
Bd, Bde	Band, Bände
d; dl	denarius = Pfennig
f., ff.	folgende Seite(n)
fl	Gulden
fol.	Folio (Blatt)
g.	Gramm
Gde	Gemeinde
GL	Gerichtsliterale
GU	Gerichtsurkunde
Hdb.	Handbuch
Hg	Herausgeber
HStAM	Hauptstaatsarchiv München
Jb	Jahrbuch
Jg	Jahrgang
kg	Kilogramm
Kr	Kreuzer
l.	Liter
Lb	Pfund
LK	Landkreis
NF	Neue Folge
Rd; Rdl	Regensburger Pfennig
ß	Schilling
StAL	Staatsarchiv Landshut

14. Zeittafel

1542, o. Datum: Die bayerischen Herzöge Wilhelm V. und Ludwig X. haben sich bei der Vererbrechtung der Glashütte Spiegelau an Sigmund Frisch *den großen Wildbann*, die Jagd auf Bären, Hirsche und Wildschweine vorbehalten: Die Jagd wird dem Hüttenherrn in den Ortsfluren erlaubt, ... *doch nehmen wir die Hoch- und Forstwälder hiermit aus, in denen er Gejaids und Wildpanns halber gar nichts zu tun noch zu schaffen haben soll ... allein ausgeschlossen den Zeug zum Gejaid* (Transport von Tüchern und Absperrungen), *wie von altem Herkommen ist* zu führen.

1563, o. Datum: Die Landschaft am Sonnenwald (heute Brotjacklriegel) und am Rachel war Herzog Wilhelm V. von seinen Jagdausflügen und der Landkarte und Landesbeschreibung von Philipp Apian bekannt, der *schier sechs Summer lang* das Land bereiste. Sein Vater, Herzog Albrecht V. (1550-1579), hat sie in Auftrag gegeben.

1587, 11. Nov.: Martinitag: Herzog Wilhelm V. hielt sich zur Bärenjagd im Jagdhaus der Grafen von Schwarzenberg in Schöfweg, Sonnenwald, auf. Er gab dem Pflegverwalter von Bärnstein, Hans Sigmund Gartner den Befehl, zu untersuchen, *...ob eine Behausung, gemauert oder gezimmert, nahe bei dem Schloß* Bärnstein, *mit 6 Stuben und Kammern, dann besonders eine Stallung für 50 Pferde zu erbauen wären.*

1588, 5. Jan.: Brief des Pflegverwalters an Herzog Ferdinand, Bruder von Wilhelm V. über die Planung eines Jagdhauses: Verletzte Bauern, Arztkosten, Bericht über ein Bergwerk (wohl Rendelmoos).

1588, 5. Jan.: Einen weiteren Brief schreibt Sigmund Gartner an den eigentlichen Landrichter, Graf Ottheinrich zu Schwarzenberg am herzoglichen Hof in München. Der Baumeister Sigmund Aug wurde beauftragt, Bauplan und Kostenvoranschlag für den Neubau eines Jagdhauses und einen Pferdestall (50 Pferde) beim Schloß Bärnstein zu erstellen.

1588, 17. Mai: Der herzogliche Werkmeister Hans Reiffenstuel reist von Schärding *nach Grafenau und Pernstein* um die Standorte *in Augenschein zu nehmen,* wo das Jagdhaus gebaut werden sollte.

1589, 22. Aug.: Vorbereitung einer Bärenjagd. Dem Pflegverwalter wird von der Hofkammer in München befohlen, er solle den *dorthin abgesandten Jäger* das notwendige Geld und Futter zustellen, solange er sich dort aufhalten werde.

1589, 15. Sept.: Der *Jagdküchenschreiber Hans Schalck* wurde *samt dem Jhaid*, mit der Bärenjagd, nach Bärnstein entsandt. Die Beamten in Bärnstein werden angewiesen, ihm 200 Gulden auszuhändigen.

1589, 16. Sept.: Herzog Wilhelm V. hielt sich zur Bärenjagd in Bärnstein auf. Es ist anzunehmen, daß er den Standort Reichenberg für sein Jagdhaus selbst ausgesucht hat.

1589, Ende Dez.: Der Mauerermeister Konstantin Fadihelm aus Straubing erstellte seit Weihnachten in Bärnstein einen Bauplan mit Kostenvoranschlag für den Bau des Jagdhauses.

1589, 9. Feb.: Der Maurer Konstantin Fadihelm aus Straubing bittet in einem Schreiben (wohl) an die Hofkammer um seine *Zöhrung,* sein Reisegeld, für seinen Aufenthalt in Bärnstein.

1589, 9./12. Feb.: Die Hofkammer lehnt diese Bitte des Konstantin Fadihelm in scharfer Form ab. Er habe bei seinem Abriss ein Jagdhaus geplant mit Kosten von etlichen tausend Gulden, obwohl er vorher viel weniger veranschlagt habe.

1590, vor April: Die Stadt Vilshofen schenkt Herzog Wilhelm V. einen Donauwaller mit 89 Pfund. Es wird allerdings an keiner Stelle erwähnt, daß sich Wilhelm V. damals auf der Bärenjagd befand.

1590, 21. April: Schreiben von Herzog Wilhelm V. an den Rentmeister in Straubing, *Erbauung eines Gejaidhaus* (Jagdhaus) *auf dem Reichenperg in Pernstein. Lieber Getreuer! Wir sind Vorhabens auf dem Reichenperg, ... ein Jaidhaus von Holzwerk dreigadig noch diesen Summer auferbauen zu lassen ...*

1590, März/April: Schreiben der Hofkammer an den Rentmeister in Straubing, der Herzog sei Vorhabens, *auf dem Reichenberg ein Jaidhaus von Holzwerk, dreigadig noch diesen Sommer aufbauen zu lassen.*

1590, 26. April: Rentmeister Sauerzapf in Straubing gibt an Pflegverwalter Sigmund Gartner detaillierte Befehle zum Jagdhausbau in Reichenberg. Er solle einen Boten um Geld nach Straubing schicken und über die Baukosten *genaue Rechnung führen.*

1590, 1. Mai: Der Pflegverwalter Sigmund Gartner überschickt den genauen Kostenvoranschlag des Hans Reiffenstuel über das *Jegerhaus im Reichenberg, hart vor dem Behaimber Wald,* das *gebaut und aufgezimmert* werden soll, mit den Kosten von 1.548 Gulden.

1590, kurz vor 24. Mai: Brief des Pflegverwalters Gartner von Bärnstein an die Regierung in Straubing: Nach dem Brief vom 21. April hat er seinen 290 landgerichtlichen Bauern angeordnet, innerhalb von 14 Tagen *im Scharwerk* bis an die *1.200 Stamm Zimmerholz und Sagblöcher im Wald zu schlagen und aus den groben Scheiten* (Balken) *zu hauen.*

1590, kurz vor 24. Mai: Bitte der Gerichts- Untertanen an die Regierung Straubing: *Die Nöte der Scharwerk- Belastungen; Ersuchen um Mithilfe aus den benachbarten Landgerichten Hengersberg und Regen.*

1590, 24. Mai: Die Bauern *des Landgerichts Bärnstein* schreiben an Herzog Wilhelm V. in München und schildern *die Nöte der Scharwerks- Belastungen.* Sie regen an, daß auch die Bauern der Landgerichte Regen und Hengersberg *zu solcher Arbeit und Robot zu Hilfe kommen.*

1590, 11. (14?) Juni: Behandlung der Bitte der Bärnsteiner Untertanen in der Hofkammer- Sitzung. Anweisung, auch die Gerichte Hengersberg, Regen und Vilshofen zur Mithilfe heranzuziehen.

1590, 13. Juni: Schreiben des Herzog Wilhelm V./ Hofkammer an die Regierung in Straubing: Sie möge sich um die *Beschwerde der Bänsteiner Gerichts- Untertanen kümmern.* Gibt die Weisung, für diese Scharwerkarbeiten in Reichenberg *auch andere, nächst umliegende Gerichte zu brauchen.*

1590, 22. Juni: Schreiben der Regierung in Straubing an den Rentmeister in Straubing: *Weitergabe des herzoglichen Befehls.*

1590, 23. Juni: Der Rentmeister von Straubing schreibt an den Pflegverwalter Gartner und bittet um Vorschläge, *wie viel man zur Erbauung des Jaidhauses aus den beiden Gerichten Hengersberg und Regen bedürftig ist.*

1590, 25. Juni: Sigmund Gartner berichtet, daß *von den Bärnsteiner Untertanen ein jeder von einem Hof 6, von einem halben Hof 3 große Zimmerbäume aus dem Wald auf die Stätte des Hauses geführt haben.* Er erwähnt, daß die Zimmerleute *heute* (23. Juni) *am Hause* (Balken) *zu setzen angefangen* haben. *Das Jaidhaus soll auf Bartholomäi* (24. August) *aufgebaut* sein.

1590, 28. Juni: Der Rentmeister von Straubing schreibt an die Regierung von Straubing. Er erwähnt, daß *man noch bis an die 1.158 Fuhren und 1.000 Scharwerker bedürftig ist*. Er empfiehlt, daß *die Untertanen in beiden Landgerichten Hengersberg und Regen zu gebrauchen sein sollen. Auf ein Gütl treffen eine Fuhre und einen Tag mit der Hand* (zu arbeiten).

1590, 28. Juni: Schreiben der Regierung in Straubing an den Pfleger in Hengersberg und Landrichter in Regen. Es wird angeordnet, daß sie sich mit dem Pflegverwalter Gartner in Bärnstein abstimmen sollen, was er *für Scharwerkshilfe anordnen würde.*

1590, 28. Juni: Der Pflegverwalter Sigmund Gartner erhält von der Regierung in Straubing noch *Befehle, wie er hinsichtlich der Scharwerkleistungen der Nachbargerichte verfahren solle.*

1590, 27. Aug.: Hans Reiffenstuel erhält eine Aufbesserung seiner Jahres- Besoldung von bisher 170 fl auf nunmehr 200 fl.

1590, 8. Okt.: Verzeichnis (199 fl) des Werkmeisters Hans Reiffenstuel über die am Rohbau in Reichenberg noch ausstehenden Arbeiten der Zimmermeister.

1590, o. Datum: Rentmeister Leonhard Sauerzapf von Straubing übergibt die Rechung über das Jagdhaus in Reichenberg von 2.155 Gulden an das Hofzahlamt in München.

1591, o. Datum: Unter den vielen Reisen, die der Werkmeister Hans Reiffenstuel zu verschiedenen Baustellen unternahm, war auch eine Reise nach Grafenau.

1591, o. Datum: In der Hofzahlamts- Rechnung werden unter *Abfertigung und Gnadengeld* Jäger genannt, die wohl nach Reichenberg geschickt wurden.

1591, 32. Dez.: Der Reichenberger Bauer Georg Six mußte die Quelle am Waldrand für den Brunnen am Jagdhaus abtreten. Auf seine Bitte hin genehmigt die Hofkammer, ihm 28 Gulden dafür zu zahlen.

1592, 11. Mai: Die Bärnsteiner Untertanen Hans Sigl und Wolf Ertl sind beim Jagdhausbau oder bei einer Bärenjagd zu Schaden gekommen. Die Hofkammer ordnet an, Sigmung Gartner soll ihnen aus den Einnahmen 18 Gulden geben.

1592, 9. Juni: Auf Befehl der Hofkammer hatte Pflegsverwalter Gartner nach München berichtet, daß das Jagdhaus in Reichenberg, sollte es den Wünschen des Herzogs entsprechen, noch lange nicht fertig sein werde. Es waren erst 6 Zimmer ausgebaut, es gab keine Küche, keinen Keller, Stall, Zehrgaden und kleinere Mängel. Die Fertigstellung würde 2.000 Gulden kosten. Die Hofkammer empfiehlt dem Herzog, er möge es beim bisherigen Zustand belassen. Wilhelm V. stimmte zu.

1592, 3. Aug.: Vorbereitung einer Bärenjagd. Der Pflegverwalter wird angewiesen, dem fürstlichen Jäger Hans Peckh, der nach Bärnstein zum Aufspüren der Bären geschickt worden ist, Geld und Futter zuzustellen.

1592, 28. Sept.: Der Jägermeister werde *mit dem Jhaid*, zur Bärenjagd, in den Unteren Wald kommen.

1592, Okt.: Wilhelm V. weilte mit seinem Hofstaat zur Bärenjagd -wohl erstmals- im Jagdhaus in Reichenberg. Er stellte mit Enttäuschung fest, daß es immer noch Mängel in der Ausstattung gab. Auf seine Beschwerde bei der Hofkammer forderte diese, wohl vom Pflegsverwalter, möglicherweise auch durch einen *Augenschein* Reiffenstuels einen Kostenvoranschlag (870 Gulden).

1592, o. Datum: Hans Reiffenstuel war wohl in Reichenberg: Hofzahlamt 38 von 1592: *Hans Reiffenstuel, Werkmeister, wegen er auf einen Augenschein gewesen, laut Zettel zahlt 16 fl.*

1592, Okt.: Abordnung der Stadt Vilshofen besuchte Herzog Wilhelm V. in Reichenberg und überbracht wohl ein Geschenk.

1592, Okt.: Die Bärenjagd brachte große Schäden in den Haferfeldern der Bärnsteiner Untertanen. Der Herzog versprach sie zu entschädigen.

1592, Okt.: Herzog Wilhelm V. war nach seinem Aufenthalt in Reichenberg nach Lalling weitergezogen. Bei der Bärenjagd kommen 3 Hengersberger Untertanen an ihrem *Roß- und Kuh-Vieh* zu großem Schaden. Sie wurden entschädigt.

1592, Okt., o. Datum: Rechnungsbuch der Stadt Vilshofen: Stadt wollte dem Herzog Wein und Hafer nach Lalling *verehren*. Auf der Rückreise von der Bärenjagd nach München hat er aber die Stadt besucht und ist für 186 Gulden freigehalten worden.

1592, Okt./Nov.: Plan zur Errichtung des Jagdhauses *(Taferne)* in Lalling *mit 4 Stuben und 8 Kammern mit Stein und Holzwerk*. Der Abt von Niederalteich Quirin Grasenauer stellte 1.000 Gulden dafür zur Verfügung.

1593, 15. Jan.: Der Pfleger von Hengersberg schickt über das Jagdhaus in Lalling einen ersten Kostenvoranschlag nach München.

1593, 14. Jan./8. Febr.: Der bisherige *Besuchsknecht* Augustin Koch aus München bittet erfolgreich um Anstellung als Bärnsteiner Jäger.

1593, 19. März: Bei der Bärenjagd im Herbst 1592 haben die Bären einigen Untertanen in den Haferfeldern großen Schaden angerichtet. Die Schäden wurden ersetzt.

1593, 19. März: Die Hofkammer erteilt dem Hengersberger Pflegrichter *den Befehl,* in Lalling ein Jagdhaus zu bauen.

1593, o. Datum: Grund und Boden für den Lallinger Jagdhausbau mußte der Lalling Aman Georg Rosnhamer abtreten. Auf Anweisung des Herzog erhält er dafür den Betrag von 12 Gulden.

1593, 19. März: Nachdem Abt Quirin überraschend an Weihnachten 1592 verstarb, erinnert man seinen Nachfolger, Abt Bernhard III. Hilz (1593-1619) an das Versprechen seines Vorgängers, der zur Erbauung der Taverne in Lalling 1.000 Gulden bewilligte.

1593, 23. März: Pflegrichter Ainkhin schickt einen Boten zur Hofkammer wegen dem neuen Lallinger Kostenvoranschlag, der 1.000 Gulden nicht überschreiten soll. Ainkhin ist schwer erkrankt und läßt sich fern von Hengersberg in Wolnzach (Hallertau) pflegen. Auf Grund seiner Krankheit bittet er, die Bauaufsicht dem Bärnsteiner Pfleger oder dem Rentmeister in Straubing zu übertragen.

1593, 5. April: Der Hengerberger Pfleger hatte einen eigenen Bericht über das geplante herzogliche Jagdhaus und einen Kostenvoranschlag von offensichtlich über 1.000 Gulden nach München geschickt. Die Hofkammer schreibt zurück, der Abt von Niederalteich habe gebeten, die Kosten von 1.000 Gulden nicht zu überschreiten und bittet um einen neuen Kostenvoranschlag. Er soll mit dem Bau beginnen, der noch vor Michaeli (29. Sept.) fertig werden soll.

1593, 24. Mai: Der Rentmeister von Straubing hat einen neuen *Überschlag des Tavernenbaus zu Lalling* nach München geschickt. Die Hofkammer teilt mit, er solle sich um die baldige Fertigstellung des Baues und um die 1.000 Gulden aus Niederalteich bemühen.

1593, 5. Juni: Die Stadt Vilshofen bezahlt bei ihren Besuch den *jungen Herrschaften*, den Prinzen Max, den späteren Herzog Maximilan I. und Ferdinand das Frühstück.

1593, 27. Juli: Zur Vorbereitung einer herzoglichen Bärenjagd im September werden mehrere Jäger nach Pernstein entsandt.

1593, o. Datum: In der Hofzahlamtsrechnung werden unter *Abfertigung und Gnadengeld* 3 Jäger genannt, die bei der Bärenjagd anwesend waren.

1593, 16. Aug.: Die Hofkammer schreibt dem Verwalter zum Pernstein wegen der baldigen Ankunft der herzoglichen Jagdgesellschaft zur Bärenjagd *vorm Unterm Wald*, er soll 8 Schaff Hafer zu Hundefutter mahlen lassen.

1593, Sept.: Herzog Wilhelm V. weilt *auf Reichenberg* zur Bärenjagd.

1593, Sept./Okt.: Hengerberger Bauern beschweren sich wegen dem Scharwerk beim Bau des Jagdhauses in Lalling.

1593, 14. Sept.: Bericht des Hengersberger Pflegrichters über die Belastungen seiner Untertanen durch Scharwerkfuhren. Verzeichnis was an Baumaterialien nach Lalling gefahren wurde.

1593, 17. Sept.: Wilhelm V. fordert von Reichenberg aus von der Hofkammer Stellungnahme und Gutachten zu den Hengersberger Belastungen durch das Scharwerk. Es ist das einzige herzogliche Schreiben, daß in Reichenberg geschrieben worden ist.

1593, 23. Sept./6. Okt.: Das Schreiben wird in der Hofkammer-Sitzung behandelt. Sie lehnt es ab, die Bauern anderer Landgerichte für den Bau in Lalling heranzuziehen.

1593, wohl Sept.: Abordnung der Stadt Vilshofen bei Herzog Wilhelm V. in Reichenberg *verehrt* ein Geschenk, wohl einen Waller.

1593, wohl Sept.: Abordung der Stadt Vilshofen schenkt Herzog Wilhelm V., der sich in Lalling auf der Bärenjagd befindet, einen Waller.

1593, 19. Nov.: Bei der Reichenberger Bärenjagd vom Sept. 1593 waren wieder einige Untertanen (ob an ihren Feldern, ihrem Vieh oder am eigenen Körper, erfahren wir nicht) zu Schaden gekommen. Der Rentmeister soll sich um die Entschädigung kümmern.

1593, 22. Dez.: Die Hengersberger Bauern haben sich in München wegen der Scharwerk- Belastung erneut beschwert.

1597, Aug.: Als Herzog Maximilian I. beabsichtigte, die Scharwerk- Verpflichtung der Bauern in eine ständige Geldanlage umzuwandeln, wollen die Pernsteiner Untertanen für ihr Bittgesuch *Ihrer Fürstlichen Durchlaucht Perngjaids- Ankunft erwarten.* Ob die Bärenjagd stattfand, darüber gibt es keinen Beleg.

1598, o. Datum: Allem Anschein nach, ist in Lalling erst 5 Jahre später eine zum Jagdhaus gehörige Stallung gebaut worden. Der Wirt zu Lalling konnte diesen Bau nutzen, mußte aber für den Unterhalt aufkommen.

1599, 8. März: Der in Reichenberg ansässige landgerichtliche Jäger Thomas Schmidt berichtet der Hofkammer von eingetretenen Baumängeln am Jagdhaus in Reichenberg.

1599, 3. Juni: Der Pflegverwalter von Bärnstein hat von erheblichen Baumängeln am Jagdhaus zu Reichenberg und vom *Zusammenfallen der Kuchen beim Brunnen* berichtet. Die Hofkammer bewilligt Reparaturen.

1599, 25, Juni: Der Jäger Peter Hieber bekommt für 7 Tage Kostgeld, weil er nach Bärnstein (voraus)geschickt wurde, *der Bären halber.* Er hatte eine Bärenjagd vorzubereiten.

1599, 25. Juni: Herzog Maximilian I. schreibt an den Pfleger in Bärnstein, daß er *anheuer das Bärengejaid in eigener Person besuchen wolle.*

1599, 23. Juli: Herzog Maximilian I. schreibt an mehrere Pfleger und verlangt Berichte, *wie es der Infektion und bösen Lüfte halber,* der Pest, in ihrem Gebiet beschaffen sei.

1599, 6. Okt.: Der Pflegverwalter und der Gerichtsschreiber hatten bei der Hofkammer angefragt, ob sie sich wegen der ausgebrochenen Pest von Bärnstein entfernen dürften. Das Gesuch wird abgelehnt.

1599, o. Datum: *Wegen der leidigen Infektion* wurde der Rentmeisterumritt nicht gehalten.

1600, o. Datum: Der propsteiische Untertan Georg Frisch aus Schönanger wurde *auf jüngst verrichtetem Bärenjaid* verletzt.

1600, 26. Dez.: ... *einen Boten wegen* (Reparatur- Maßnahmen?) *des Jagdhaus zu Lälling zu Herrn Rentmeister gen Straubing geschickt.*

1602, o. Datum: Umfangreiche Reparatur- Maßnahmen am Jagdhaus in Lalling.

1608, o. Datum: Der Hengersberger Pfleger ließ zur Unterstützung einer Scheidemauer in der Wohnung des Herzogs im Jagdhaus Lalling eine Stützmauer mit 34.000 Ziegeln einziehen. Wohl die später oft genannte *Herzogsmauer.*

1607: Es wird über den sehr geringen Wildbestand durch die Wölfe geklagt: Der Hofkammer wird berichtet, daß im Jahr nur ein bis drei Stück Rotwild erlegt, dann Wildschweine "*gepürscht oder gefangen, weilen das Wildpret sehr durch die Wölfe vertrieben oder gefällt wird*" (Seyfert, 1978, S. 59).

1609: Herzog Maximilian I. läßt den Goldenen Steig von Grafenau über St. Oswald, Siebenellen, die Blauen Säulen nach Bergreichenstein neu anlegen.

1610: Ein „*Tücherknecht*" ist von München nach Passau und Tittling „*auf die Bärensuche*" geschickt worden ist.

1610, 26. Okt.: Der Fürstbischof von Passau, Erzherzog Leopold, ein Habsburger aus Wien, fragt beim Pflegverwalter

Sigmund Thumberg in Bärnstein an, ob in den Bärnsteiner Gejaidsgebieten derzeit Bären aufzufinden sind und wo und wie eine Lustjagd am besten durchzuführen sei. Die Habsburger waren mit den Wittelsbachern verwandtschaftlich verbunden.

1610, 27. Okt.: Sigmund Thumberg schreibt zurück, daß sich nach Auskunft seiner Jäger das ganze Jahr über kein Bär gezeigt hat.

1610, 3. Nov.: Sigmund Thumberg fragt in Straubing an, wie er sich bei weiteren, ähnlichen Schreiben aus Passau verhalten sollte. Die Angelegenheit des Jagdansuchens aus Passau wird an die Hofkammer nach München geschickt.

1611, 21. Sept.: Der Passauer Jägermeister Hans Christoph von Schönburg teilt dem Bärnsteiner Pflegverwalter mit, daß *der alte Herr*, Herzog Wilhelm V. dem Fürstbischof gestattet habe, in den Bärnsteiner Jagdgebieten (wohl Thomasleiten) Bären zu jagen.

1611, 22., 24. Sept.: Sigmund Thumberg meldet dieses Vorhaben sofort nach Straubing weiter. Die Regierung schickt das Schreiben an die Hofkammer.

1611, 1., 6. Okt.: Herzog Maximilian entscheidet: Wenn Bischof Leopold in eigener Person Bären jagen will, sei es ihm zu gestatten. Sollte er aber nur seine Jäger schicken, so seien diese abzuweisen.

1611, im Aug., Sept.: Herzog Albrecht VI. jagte Bären in Reichenberg, der Thomasleiten bei Ringelai und Lalling.

1611, 11. Aug.: Erst in der Kammeramtsrechnung von Vilshofen des Jahres 1613 werden der Aufenthalt und die Mahlzeiten von Herzog Albrecht VI. erwähnt.

1612, o. Datum: Der Hofjäger Hans Peckh wird mit mehreren Jägern nach Bärnstein geschickt um lebendige Bären zu fangen. In Truhen wurden sie nach München zur *Lusthetze* gebracht. Ausgaben: 244 Gulden. Ein Beweis für einen gut organisierten Bärenfang. Der Herzog war nicht bei allen Jagden selbst anwesend.

1612, o. Datum: Der Riedlhütter Hüttenherr Poschinger berichtet darüber: 2 Bären sind im Glashüttenwald lebend gefangen und in schweren Käfigen mit Fuhrwerken für 244 Gulden nach München zum fürstlichen *Lusthetzen* gebracht worden.

1612, o. Datum: "*Ein Herr von Roth*" hat anläßlich der Jagd in Reichenberg dem Herzog Maximilian I. "*einen jungen lebendigen Peern* (Bären) *verehrt*".

1612, o. Datum: Auf Anweisung von Herzog Albrecht VI. hat ein Kaminkehrer in Reichenberg am Jagdhaus die Kamine gereinigt.

1613, o. Datum: Reparaturen in Reichenberg an der Wasserleitung und an den Fensterläden.

1614, o. Datum: Reparatur in Reichenberg am *vorderen Tor*, am *inwendigen Tafelwerk* und am *lecken Brunnenkar.*

1615, im Sept.: Herzog Albrecht VI. war auf der Bärenjagd in Reichenberg, in der Thomasleiten bei Ringelai und in Lalling. Die Hunde und das Jagdzeug wurden mit dem Floss von Landshut nach Niederalteich gebracht und von da mit Gespannen der Bauern nach Reichenberg. Der Herzog reiste von Haag bei Wasserburg über Vilshofen nach Reichenberg.

1615, o. Datum: Die Grafenauer Räte haben dem Herzog und seinem Hofstaat *einen Trunk boten* und *4 Eimer Wein gehorsamst* (nach Reichenberg) *hinaufgeführt.*

1615, o. Datum: In Reichenberg wurde das Brunnenkar repariert.

1615: Über das Wildern stellt Oberstjägermeister Wilhelm von Maxlrain, anläßlich einer "*Waldbereitung*" folgendes fest: "*... indem nit allein viel Inleuth, sondern auch eingesessene Bauern, ihre Söhne und ledige Bauersknecht sich darauf gelegt und begeben, der Feldarbeit einestheils wenig abgewart, ... der Obrigkeit eine ganze Gegend ... ausgestraifft ...*"

1616: Das "*Landrecht für Ober - und Niederbayern*" von Herzog Maximilian I. enthält auch eine "*Gejaids-Ordnung*". *Die schädlichen Tiere, als Wolf, Bär, Luchs, Otter, Iltis und wilde Katzen*" durften zu jeder Jahreszeit gejagt werden. Erstmals wurde den Bauern die Einfriedung der Felder und Wiesen gegen Wildschaden erlaubt. Die Zaunstecken durften jedoch nicht gespitzt werden, damit sich das Wild nicht verletzen konnte.

1617, o. Datum: Die in den Akten bisher einzige Nachricht über das Jagdhaus in Schöfweg: Durch Kauf ist die Hofmark *der Haimgüter* inzwischen in den Besitz der Wittelsbacher übergegangen. Das Jagdhaus ist baufällig geworden. Der Hengersberger Pfleger übergibt einen Kostenvoranschlag an die Hofkammer nach München mit der Bitte, diese Reparatur ausführen zu dürfen. Der Standort ist bis heute nicht bekannt.

1617, o. Datum: In Reichenberg Herstellung von 25 neuen Wasserröhren für die Zuleitung des Wassers aus der Quelle am Waldrand bis zum Brunnen am Jagdhaus. Reparatur der Dachrinnen.

1618, 5. Februar: Der Propst von St. Oswald beschwert sich, daß während des vergangenen Herbstes (also 1617), zu viel im Gebiet des Klosters gejagt worden sei.

1618/1648: Dreißigjähriger Krieg

1620, o. Datum: In Lalling Reparatur am Jagdhaus: Schlösser und Schlüssel.

1620, 20. Juni: Diese Reparaturkosten wurden dem Schlosser noch nicht bezahlt. Der Pfleger schickt deshalb einen Boten nach Straubing.

1622, o. Datum: Alle Landgerichte des Bayerischen Waldes wurden aufgefordert, zum "Fürstentag" in Regensburg, auf welchem Herzog Maximilian I. im Februar 1623 die Kurfürstenwürde verliehen wurde, möglichst viel Wildpret für die Verpflegung der Gäste zu liefern (Seyfert, 1978, S. 59).

1623, o. Datum: Als der Rentmeister bei seinem Umritt das Jagdhaus in Reichenberg besichtigte, stellte er erhebliche Schäden, vor allem am Dach fest. *Um die schönen Zimmer zu erhalten*, mußte das Dach auf der Reichenberger Seite und der Dach- Vorschuß über dem Eingang vollständig neu gedeckt werden. Ebenso mußten am Kapellen- Anbau eine neue Dachrinne aufgezogen und 130 Wasserröhren hergestellt werden.

1625, 1630, 1631, o. Datum: Am Jagdhaus in Reichenberg umfangreiche Reparatur- Arbeiten zu einem Preis von 200 Gulden. Reparatur der Dachrinnen, des Daches auf der Seite der Riedlhütte und der Wasserleitung.

1632, 1633, 1634, o. Datum: Reichenberg: Reparaturen an der Küche und am Dach auf der Seite der Riedlhütte.

1637, 1638, 1641 o. Datum: Reichenberg: Reparaturen am Dach und den Rauchfängen. Behebung von Sturmschäden.

1642, o. Datum: Beim Rentmeisterumritt hat der Rentmeister den Jäger Martin Stöckl angewiesen, sein Lehengut in Reichenberg aufzugeben und sich auf dem zum Jagdhaus gehörigen Grund eine eigene Behausung aufzubauen.

1648: Ende des 30jährigen Krieges, Westfälischer Friede

1648, o. Datum: Bericht über die Zerstörung des Jagdhauses in Reichenberg, Kastenrechnung Bärnstein: *Ausgab ... Jagdhaus in Reichenberg: Weil dasselbe verschienen Sommer von den streifenden Parteien in die Aschen gelegt worden und über untertäniges Berichten, was man sich deswegen zu verhalten* (habe), *anders keine Resolution* (Entscheidung) *erfolgt* (ist), *als daß* (dies) *künftiger Zeit wieder angemahnt werden solle, also beruht es auf ihm* (sich) *selbsten. Dahero: Nihil* (nichts).

Nach 1648: Die Kastenrechnung von Bärnstein enthält nach 1648 keinen Eintrag mehr, daß das Jagdhaus in Reichenberg wieder aufgebaut worden wäre.

1662/67: Propst Placidus Kramer vom Kloster St. Oswald berichtet über die Jagdausbeute der propsteiischen Jäger: "*... auch 1 Hirsch, 3 Wildstuck, 1 Reh, 1 Bären und 1 Wildschwein bei 1 ½ Zentner ...*"

1666: Das Jagdscharwerk, zu welchen die Bauern mit Hand- und Spanndiensten (als Treiber und mit Fuhrwerken) verpflichtet wurden, ist in ganz Bayern in eine Geldabgabe umgewandelt worden. Die Hofgröße "*½ Hof*" mußte einen Gulden abgeben. Treiber und Fuhrleute konnten so bezahlt werden (Seyfert, 1978, S. 60).

1817: Liquidationsprotokoll: Das Anwesen in Reichenberg, Flur Nr. 1485, 1/16 - Gütl, Hausnummer 13, war 1817 im Besitz von Josef Stadler. Er ist in diesem Jahr verstorben. Seine Frau Theres bezahlt die Gebühren der Besitzübergabe. Daß mit dieser Flurnummer eindeutig der Platz des ehemaligen Jagdhauses gemeint ist, belegt ein Hinweis auf das Hauswasser: *Das auf Plannummer 1731a entspringende Quellwasser gehört dem Besitzer, welcher dasselbe mittels Röhren über Plan Nr. ...* (5 Plannummern)*, über den Weg, den Garten und von da in sein Haus leitet.*

1839: Theres Stadler ist im Besitz dieses Gütls mit der HNr. 13. Wie lange es im Besitz der Familie Stadler war, ist nicht bekannt. Vor 1911 war es im Besitz der Familie Schöfmann.

1911: Im Jahre 1911 kauften dieses Gütl mit der Flur-Nr. 1485 die Holzhauerseheleute Johann und Franziska (geb. Herzog aus Riedlhütte-Häuser) Weny (Riedlhütte- Häuser, Anwesen von Ferdinand Weny) von den Gütlerseheleuten Heinrich und Maria Schöfmann.

1911 bis heute: Seit 1911 ist das Anwesen mit der Flur-Nr. 1485, auf dem einst das herzogliche Jagdhaus stand, im Besitz der Familie Weny, heute Kurt Weny, Reichenberg 34.

15. Erklärung alter Ausdrücke (Glossar)

Abdecker, Schinder

unehrlicher Beruf, beseitigt und verwertet Tierkadaver

Allmende

all(ge)meinde, von den Nutzungsberechtigten in einer Gemeinde gemeinschaftlich und zumeist extensiv genutzte Wirtschaftsfläche (Gemeindeflur, -wald, -wiese).

Amtmann

Vollzugsbeamter des Pflegers, oft auch Amtsscherge, Amtsknecht genannt

Angerdorf

planmäßig angelegtes Dorf, das einen zumeist länglichen Platz (Anger) umschließt, der zur Allmende gehört.

Appelationsgericht

Berufungsinstanz, Prozeß am nächst höheren Gericht

Archiv- Repertorium

Urkundenverzeichnis

Archiv-Abkürzungen:

Rep.=Repertorium, Verz.=Verzeichnis, Fasc.=Fascikel, Nr.=Nummer, fol.= Seite

Archive:

Hauptstaatsarchiv München (HStAM), Staatsarchiv Landshut (StAL), Stadtarchive Vilshofen, Grafenau

Armbrust

Mittelalterl. Fernschußwaffe f. Pfeile und Bolzen, wurde mit Winde gespannt.

Atlas-Stoff

Seidenstoff mit glänzender Oberfläche

Bärenfang

Vorrichtung um Bären zu fangen

Bärengericht, Richtstätt

Gericht=Fallen, Vorrichtung um Bären zu fangen

Bärenköpfe

im Sinne von Bärenschädel

Barock, Jagd

etwa nach 1620

Baufälle

Reparaturarbeiten an herzoglichen Bauten

Baustätten

Bauernhöfe

Bloch

Baumstamm, der zu Balken und Brettern gesägt wird. Langes Rundholz, das bereits entastet ist.

Blockbau

Im Gegensatz zum Ständerbau werden die rechteckig behauenen Baumstämme aufgeschichtet. Durch die Eckverbindungen wird der B. stabil. Wichtig: gerade- gewachsene Baumstämme

Boller

Aufgestapelte Blöcher werden als Boller oder Blöcherboller bezeichnet. Die Blöcher werden aufgebollert.

Brechhaus

von den Ortsbewohnern gemeinschaftlich genutztes Gebäude zur Aufbereitung des Flachses.

Briefprotokolle

Verhörsprotokolle, Aufzeichnung über Rechtsfälle

Bürden und Reichnisse

Abgaben, Grundgült, Landsteuer

Crambhaus

Krämerhaus

Damast

kostbarer Seidenstoff

dekredieren

anordnen, verordnen, bestimmen

dn

Denar = Pfennig

Domestiken

Bedienstete des Herzog

Dreiling Kalk

1 Dreiling = 3/4 Fuder = 24 Eimer = 1440 Maß = 1539,4 Liter

Eimer

1 Eimer (Schenkeimer) = 60 Maß = 64,1 Liter

eingeplankter Ort

eingezäunter Ort

Einöde

Einzelhof inmitten geschlossenen Besitzes.

Erbrecht

Bauer konnte den Hof an die Kinder vererben. Dabei mußte die Besitz- Wechselgebühr (Laudemium) gezahlt werden.

fahen, Wild

fangen, töten

Fahrnis

bewegliche Habe eines Hofes im persönl. Besitz: Tiere, Naturalien, Geräte.

Fassion

Steuererklärung

Ferchl

Forellen, wurden dem Herzog verehrt

fertiges Jahr

im vergangenen Jahr

Fisch- Fuder

Fisch- Fuhren nach München

Fletz

Hausgang

Flurkarte

Karte im Maßstab 1: 5.000

Förgn

Fährmann

fouragieren

in Kriegszeiten: Lebensmittel eintreiben

Freijahre

Jahre ohne Abgaben

Fronarbeit

Gegenleistung d. Grundherrn f. die Nutzung von Grund und Boden, z. B. Scharwerk

Fuder

1 Fuder = 32 Eimer = 1920 Maß = 2053 Liter

Futtern

z. B. Decke verkleiden

Gedinge

Dienstlöhne

Geldumlage für Scharwerk

jeder Bauer zahlte Umlage und wurde für seine Scharwerk-Leistungen bezahlt

Gerichtsverwohnte

Gerichtsbeamte

gespunten Boden

Boden ohne Klüfte zum Lagern von Getreide

Grundbuch

öffentliches Verzeichnis aller Grundstücke eines Bezirkes, Angabe rechtl. Verhältnisse

Grundherrschaft

(vom Mittelalter bis 1848) geltende Form der Herrschaft des Adels und der Kirche über Grund, Boden und die Bauern. Rechte und Pflichten: Abgaben an die Grundherrn.

Gulden (fl)

1 Gulden = 60 Kreuzer (Kr oder x)

Hafer

Sommergetreide, wurde zerkleinert zur Fütterung der Reitpferde und der Jagdhunde verwendet.

Haushaben

Bauernhöfe

Häusl

Anwesen eines Häuslers, der im Gegensatz zu den alteingesessenen Bauern erst in einer späteren Phase ansässig wurde, verfügt über geringen Grundbesitz und Gemeinderechte.

Hausnotdurft

Bedarf des Hofes, der Familie

Hirschfaist

Hirschjagd

Hochwild

Bär, Hirsch, Sauen

Hoffuß

steuerrechtliche Einstufung der landw. Anwesen entsprechend ihrer Ertragskraft

Hofkammer

Wichtigste Behörde in München; Verwaltung der Finanzen.

HStAM

Hauptstaatsarchiv München

Hüteranwesen

geringer Eigenbesitz, hier lebte der von der Gemeinde angestellte Viehhüter.

Inleute, Inmann

Untermieter der Bauern, arbeiteteten auf dem Hof gegen Überlassung eines kleinen Feldes.

inmiscieren

einmischen

Item:

ebenso, desgleichen

Jagdscharwerk

Verpflichtung der Bauern, bei den Jagden ohne Bezahlung, Fuhr- und Treiberdienste zu leisten

Jaid

Jagd

Kalk löschen

Branntkalk(CaO) wird mit Wasser versetzt, Wärmeentwicklung, es entsteht Kalkmilch zur Mörtelbereitung

Kalkbrennen

Kalksteine= $CaCO_3$, werden in Kalköfen bei 1000 °C erhitzt, CO_2 wird ausgetrieben, Kalk wird wasserlöslich= CaO= Branntkalk als Baustoff

Kammer, Zimmer

Kammer ist stets unbeheizt, Zimmer beheizt

Kataster

Amtliches Grundstücksverzeichnis, um 1800 eingeführt Katasterkarte. Flurkarte: Maßstab 1: 5.000 mit Grenzen und Nummern der Flurstücke

Khaag

mittelalterl. = Zaun

Kien, Kienspann, Kea = Mundart

harzreiche Späne der Kieferstöcke, Lichtquelle im Jagdhaus und im Bauernhaus

Klafter

1 Klafter Brennholz = 3 m^3

Klafter

Längenmaß=1.75 m

Klauviech

Rinder

Kohlstatt

Ort, an dem der Köhler seinen Meiler errichtete; oft Wechsel, wenn der Holzvorrat erschöpft war.

Kontributionen

Kriegssteuern

Köpfl

kleines Flüssigkeitsmaß, Köpfl Schmalz

Koppel

von Zäunen, Hecken oder Mauern eingehegte Weidefläche.

Kreiser

weidmännisch für Personen, die bei Neuschnee Wild ausmachen

Kreuzer (Kr; x)

1 Kreuzer = 4 Pfennige

Läden

starke Bretter

lb

Pfund, 240 Stück Pfennig

Lehen

Grundbesitz, der vom Grundherrn einem Untergebenen zur Verfügung gestellt wird. Verpflichtung zu persönl. Leistungen und Abgaben. Besitzeinheit von einer bestimmten Fläche.

Liquidation

Offenlegen der Besitzverhältnisse

Luder, Lueder

Tierkadaver, Eingeweide, Großvieh

Manupropia

eigenhändige Unterschrift

Markgenossen

Gemeinde: Besitzer eines Hofes, die über volle Rechte an der Allmende verfügten.

Marstall

herzoglicher Pferdestall

Maße

1871: bay. Maße durch metrische Maße ersetzt

Meile, 1601

7,5 km, 1601: 1 Meile= 6-7 km

Menat

Zugvieh, Gespann

Multerer

1 Sack Getreide, etwa 100 kg

Nachsiedler

Nachsiedler, die keinerlei Grundbesitz hatten, z. T. auch kein eigenes Wohnhaus besaßen = Inleute.

Nietschindel

mit Scharnägel *aufgenagelte* Schindel

Nimrod

hebräisch, im Alten Testament ein Städteerbauer und "großer Jäger vor dem Herrn", sprichwörtl.: eifriger Jäger

Notdurft

Ausdruck für *Bedarf*

notifiziert

mitgeteilt

Oberstallmeister

Oberaufsicht des Hofwesens des Herzogs, den Marstall, Fuhrpark

Obmann

vom Dorf gewählter Vorsteher

Occasion

Gelegenheit

Ochsen-Menat

Ochsengespann

Ödland, Ödungen

noch nicht gerodetes Land. Auch: Fläche abwechselnd Acker- und Grasnutzung.

Österreichischer Erbfolgekrieg

von 1741-1748

Panduren

in Südungarn im 17. und 18. Jh. aufgelöste ungarische Truppen; haben Schloß Bärnstein zerstört.

perennierende Quelle

ganzjährig schüttende Quelle.

Pfennig (dn oder dl)

1 Pfennig = 4 Heller (h)

Pferdnägel

Eisennägel zum Verschlagen der Außenwände mit Läden (Brettern).

Pfinztag

Donnerstag

Pfister

Backofen

Pfleger

oberster Gerichts- und Verwaltungsbeamter eines Gerichtsbezirkes.

Pflegsverwalter

Pfleger konnte mit Einwilligung des Herzogs einen Vertreter als Privatbeamten anstellen.

Pfründe

nutzungsfähige Vermögensmasse zum standesgemäßen Unterhalt des Amtsinhabers.

Propst

Vorsteher, Oberer eines Priorats

Rauchsteine

rauhe Steine, wohl Steinplatten für Fletz

Regal

Monopol, ein nutzbares Recht des Herzogs, z. B. Verkauf von Weißbier, Salz.

Regreß

Ersatzsansprüche stellen

Reis

Flachs 300-400 R.

Reither

Sieb aus Weidengeflecht

Renaissance, Jagd

1520-1620

rendeln

pochen, Gestein mit Wasserkraft zerkleinern, z. B. Rendelmoos

Rentmeister

Vorgesetzter des Pflegers, neben dem Vitztum der wichtigste Amtsträger der Regierung.

Repertorium

Verzeichnis, Findbuch in den Archiven mit Inhaltsverzeichnis: Replik

Reskript

Erwiderung eines Briefes, schriftliche Antwort

restieren = restutieren

erstatten, ersetzen, rückerstatten

Retirade

miltärisch: Rückzug

Rezeß

Vergleich, Vertrag

Richtstätt, Bärengericht

Gericht=Fallen, Vorrichtung um Bären zu fangen

Riß, Vision

Bauplan

Robot

Scharwerk, nicht entlohnte Tätigkeit

Roß- Menat

Pferdegespann

Rotwild

Hirsche

Salbuch

Vergabungsbuch: Grundherr an Bauern

Schaff: z. B. Hafer

900 Liter

Schardach, Scharschindel

steiles Dach; Holzschindeln wurden mit Scharnägeln an Dachlatten befestigt.

Scharwerkbuch

hier wurden die geleisteten, nicht entlohnten Arbeiten der Bauern aufgezeichnet

Schinder, Abdecker

unehrlicher Beruf, beseitigt und verwertet Tierkadaver

Schwarzwild

Bären, Sauen (Wildschweine)

Schwibbogen

gewölbter Steinbogen, Gewölbe, Arkadenbogen

Sinekure

Amtseinkünfte ohne die Amtsgeschäfte zu führen

Spaliert

durch eine Reihe von Menschen gebildete Gasse, durch die jemand geht

Spätmittelalter, Jagd

von 1400-1520

StAL

Staaatsarchiv Landshut

Ständerbau

Holzbauweise, bei der tragende Wände durch senkrechte Holzstützen (Ständer) errichtet werden. Die Aussteifung erfolgt durch Verstrebung (Skelettbauweise). Das Skelett wird durch äußere Verbrettung oder durch Ausfachung verschiedener Art abgedichtet.

Stempen

runde Holzpfähle

Stubich

Faß, wohl zum Einpöckeln von zerlegtem Wild

Sulzen, Salzlecken

Wild hat hohes Salzbedürfnis. Durch ein Gemisch aus Lehm und Salz wurden in S. Hirsche angelockt und abgeschossen.

Supplikation, Supplikant

Bittschrift, Bittsteller

Thomasleiten

am Geistlichen Steins bei Ringelai

Traditionen

Schenkungen und andere Eigentumsübertragungen an Klöster

Tram, Dräm

tragender Dachbalken

Transkription

Übertragung eines alten Textes

Überreiter

berittener Jäger, in Bayern Forstschutzwächter (Grimm, 1936, 11, 2, S. 470)

Untertan

Er besaß das Gut (Hof) nach Erbrecht. Das Anwesen ging auf die Erben über. Er hatte regelmäßig an den Grundherrn Naturalabgaben (Getreide u.a.), Geldabgaben (Gült, Zins) und Hand- und Spanndienste (Scharwerk) zu leisten.

Urbar

mittelalterliches Güter- und Abgabenverzeichnis größerer Grundherrschaften.

Utile, das

den Vorteil

Vanitäten

Nichtigkeiten, Eitelkeiten

Verhörsprotokolle

Briefprotokolle, Aufzeichnung der Rechtsfälle

Verweser

Verwalter einer Pflege

Vichzügel

Viehzucht

Viertelbauer

1/4 - Hof

Vision, Riß

Bauplan

Vitztum, Vicedom

Stellvertreter des Herzogs in Straubing

Wasenmeister

unehrlicher Beruf, beseitigt und verwertet Tierkadaver.

Weihratzen, Weihratzgeschichte

Geistern, Geistergeschichte

Wildner

Jagdbeauftragter der Herrschaft

Zehent

Abgaben der Bauern an den Grundherrn, s. Schmeller II S. 1102

Zehrungsgeld

Reisekosten

Zentner, bayer.

1 bayerischer Zentner = 56 kg

Zimmer

beheizter Raum, Kammer ist unbeheitzter Raum

Zöhrung, Zehrung

Ausgaben, Unkosten, Reisekosten

Zwilch

grobes Leinen

Zwilchdach

Dach mit Schindel wohl zweifach gedeckt

16. Die Autoren

Dr. Ludwig Reiner

ist Professor für Ackerbau und Informatik an der Landwirtsschaftlichen Fakultät der Technischen Universität München in Freising-Weihenstephan. Geboren in Riedlhütte im Altlandkreis Grafenau, entstammt er einer alten Glaserfamilie. In seiner Freizeit beschäftigen ihn heimatkundliche, glasgeschichtliche, bergbauliche und volkskundliche Themen.

Buchbeiträge, zusammen mit Hans Schopf: *Die vergessenen Berufe der Glashütten im Bayerischen Wald: Quarzschürfer, Pochermänner, Aschenbrenner, Flußsieder, Scheiterhacker, Scheiterdörrer, Schürer, Ofenbauer, Hafenmacher und Schmelzer*, Verlag Heimatverein Ohetaler, Riedlhütte, Bay. Wald, 1995. 3. Auflage in Vorbereitung

Auf den Spuren der Goldwäscher im Goldland Bayerischer Wald und Böhmerwald, Verlag Heimatverein Ohetaler, Riedlhütte, Bay. Wald, 1996

Tel. (dienstlich): 08161 713561, Fax: 08161 714419
Tel. (privat): 08161 13270, Fax: 08161 12782
e-mail: lreiner@weihenstephan.de
privat: reiner.bernd@gmx.de

Hans Schopf

ist Leiter des Verkehrsamtes in der Gemeinde St. Oswald-Riedlhütte und Geschäftsführer der Tourist-Service Sankt Oswald-Riedlhütte GmbH.

Als langjähriger Vorsitzender des Heimatvereins *d' Ohetaler Riedlhütte e.V.* ist er an heimatkundlichen Themen sehr interessiert.

Er beherrscht die Aufbereitung der Buch-Manuskripte am Computer. Außerdem gestaltet der das Layout und organisiert vom ersten Manuskirpt bis zum fertigen Buch.

Hans Schopf ist Redakteuer der Urlauberzeitung der Nationalparkgemeinde Sankt Oswald-Riedlhütte und Autor einiger heimatkundlicher Beiträge in der Tagespresse und in verschiedenen Publikationen.

Tel. 08552/961138 oder 08553/91009
Fax 08553/91008
e-mail: Schopf.Hans@t-online.de

Dr. Ludwig Schober

ist in Sankt Oswald, Landkreis Freyung-Grafenau geboren und aufgewachsen. Nach Studium und Promotion in den Fächern Alte Geschichte und Klassische Philologie ist er seit vielen Jahren an der Universität Passau als wissenschaftlicher Bibliothekar tätig. Er betreut die Fächer Geschichte, Theologie, und Volkskunde.

Buchbeitrag:
Geschichte des Klosters St. Oswald: Von den Anfängen bis zum Dreißigjährigen Krieg; Morsak, Grafenau, 1997.
Der Nachfolgeband ist für das Jahr 2003 geplant.

Verschiedene heimatkundliche Beiträge in Zeitungen und Zeitschriften in denen er sich vorallem um die Aufarbeitung der archivalischen Hinterlassenschaft aus der Geschichte des Inneren Bayerischen Waldes bemüht.

Tel.: 0851/5091607
Fax: 0851/5091602

e-mail: ludwig.schober@uni-passau.de
privat: ludwig.schober@netsurf.de

Andreas Schröck

ist Geschäftsstellenleiter der Verwaltungsgemeinschaft Lalling mit Sitz in Lalling. Sein besonderes Interesse gilt der Geschichte des Lallinger Winkels und der Familiengeschichte.

Buchbeitrag (mit anderen Autoren): Rohrstetten. Ein Dorf am Gunthersteig 1148-1998; Rohrstetten 1998.

Beiträge über den Bergbau in Hunding und den Reichstagsabgeordneten Joseph Schaffner in den Deggendorfer Geschichtsblättern, herausgegeben vom Geschichtsverein für den Landkreis Deggendorf sowie heimatkundliche Beiträge in mehreren, in den letzten Jahren von Vereinen herausgegebenen Festschriften.

Andeas Schröck ist außerdem freier Mitarbeiter der Deggendorfer Zeitung.

Tel. (dienstlich): 09904/8312124, (privat): 09904/1386
Fax: 09904/8312128

17. Literatur

Achs, K. : Der Rachelwald; Der Bayerwald, 184, 1970

Apian, Ph.: Topographie von Bayern und bayerische Wappensammlung; Oberbay. Archiv f. vaterländ. Geschichte, Bd. 39, München, 1880.

Arnold, F.: Eine Bärenjagd anno 1675; Bayerland, 13, Nr. 47, 1902.

Aschenbrenner, K.: Die Sebastiani-Bruderschaft in Feyung; Ostbairische Grenzmarken, 27, 1985, 96-103.

Atzinger, R., Dietz, A., Öllinger, O., Reiner, L., Vogl, E., Seidel, R. und Schopf, H.: Wanderungen zu den Feldkreuzen und Marterl in St. Oswald, Riedlhütte und Spiegelau, Bayer. Wald; Verlag Morsak, Grafenau, 1994.

Baader, B. Ph.: Der bayerische Renaissancehof Herzogs Wilhelms V. (1568-1579). Ein Beitrag zur bayerischen und deutschen Kulturgeschichte des 16. Jahrhunderts; Heitz und Co., Leipzig, Straßburg, 1943.

Bächtold- Staubli, H., Hoffmann-Kreyer, E.: Handwörterbuch des deutschen Aberglaubens, Bd. 1; Walter de Gruyter, Berlin, 1927.

Bauberger, W.: Vorkommen von Kalkmarmor und Dolomitmarmor. Geolog. Karte von Bayern 1: 500.000; Bay. Geolog. Landesamt, München, 1981.

Baumgartner, K.: Seelsorge in der Pestzeit; Ostbairische Grenzmarken 19, 1977, 45-55.

Bavaria, Landes und Volkskunde des Königreiches Bayern, 1.Bd. Ober- und Niederbayern, 1. Abtheilung; Literarisch-artistische Anstalt, München, 1860.

Bayerischer Forstverein: Bäume und Wälder in Bayern. Geschichtliche, naturkundliche und kulturelle Darstellung der Baumarten und Waldlandschaften; Ecomed, 1997.

Bayerisches Landesvermessungsamt München, Hg., Schlösser, Klöster, Kirchen und Ortschaften in Ober- und Niederbayern in den Jahren 1701 bis 1726, gezeichnet und in Kupfer gestochen von Michael Wening. Herausgegeben von Churfürst Max Emanuel; München 1984.

Beck, R.: Unterfinning. Ländliche Welt vor Anbruch der Moderne; C. H. Beck, München, 1993.

Beckenbauer, A.: "Die bairische Pracht" am Hofe Wilhelms V. auf der Trausnitz zu Landshut; Beiträge zur Heimatkunde von Niederbayern, Bd. 1, 1967.

Bedal, A., Cornelius, S.: Häuser fürs Museum. Forschungen an den Freilichtmuseen Baden-Württembergs; Hg.: AG d. Region. ländl. Freilichtmuseen, Baden-Württemberg, 1994

Bedal, K.: Ofen und Herd im Bauernhaus Nordostbayerns. Eine Untersuchung der älteren Feuerstätten im ländlichen Anwesen des östlichen Frankens und der nördlichen Oberpfalz; Kiefhaber und Eibl, 1972.

Behlen, S.: Die Jagdkunst- oder Weidmannsprache, Leipzig, 1824.

Beiler, H.: Kleine Spiegelauer Geschichte. Wissenswertes und Unterhaltsames aus fünf Jahrhunderten; Hg. Gewerbeverein Spiegelau, Morsak Grafenau, 1998.

Bender, O.: Die Kulturlandschaft am Brotjacklriegel (Vorderer Bayerischer Wald). Eine angewandt historisch-geographische Landschaftsanalyse als vorbereitende Untersuchung für die Landschaftsplanung und -pflege;

Deggendorfer Geschichtsblätter, Veröff. d. Gschichtsvereins f. d. LK Deggendorf, 1994.

Benecke, G. F., Müller, W., Zarncke, F.: Mittelhochdeutsches Wörterbuch.

Benker, S.: Das Leben des hl. Korbinian im Bilde; in: H. Glaser, F. Brunhölzl, S. Benker, Vita Corbiniani, Bischof von Freising und die Lebensgeschichte des hl. Korbinian; Schnell und Steiner, München, 1983.

Berger, A.: Wölfe und Consorten in alter Zeit; Hugo´s Jagdzeit. 18, Wien 1875.

Berliner, R.: Eine Münchner Glashütte im letzten Viertel des 17. Jahrhunderts. Münchner Jb d. bild. Kunst, NF1, 1929, 109-125.

Bernau, F.: Der Böhmerwald, um 1880.

Bezborodow, M. A.: Chemie und Technologie der antiken und mittelalterlichen Gläser; Mainz, 1975.

Biberger, A.: Scheichtsame Gschichten um Rachel und Lusen; München, um 1925.

Binding, G., Mainzer, U., Wiedenau, A.: Kleine Kunstgeschichte des deutschen Fachwerkbaus; Wiss. Buchges.,1975.

Birkner, W.: Jagdbuch Johann Casimir von Sachsen-Coburg; Leipzig, Nachdruck 1968.

Blau, J.: Böhmerwälder Hausindustrie und Volkskunst. Bd. 2, Frauenhauswerk; Prag, 1918, Reprint: Morsak, Grafenau, 1993.

Blau, J.: Von Räubern, Wildschützen und anderen Waldbrüdern; Oberplan, 1928.

Blau, J.: Geschichte der Künischen Freibauern im Böhmerwalde, Pilsen, 1932.

Bleibrunner, H.: Ansichten niederbayerischer Städte, Märkte, Burgen und Klöster in bayerischen Landesbeschreibungen des 16. und 17. Jahrhunderts; Beiträge zur Heimatkunde von Niederbayern, Bd. 1, 1967.

Böhme: Die Bauernbefreiung und die Auflösung des gutsherrlich- bäuerlichen Verhältnisses in Böhmen, Mähren und Schlesien; Duncker und Humbert, 1893.

Boshof, E.: Landgraf Johann I. von Leuchtenberg- Historische Gestalt und verpflichtende Tradition; Vortrag, gedruckt: Grafenau, Landgraf Leuchtenberg Gymnasium, 12. Nov. 1993.

Bosl, K.: Bosl's Bayerische Biographie. 8000 Persönlichkeiten aus 15 Jahrhunderten; Pustet, Regensburg, 1983.

Brückl, J.: Siechendorf und rundherum ist Heimat; Gemeinde Zolling, 1984.

Brunner, O.: Adeliges Landleben und europäischer Geist. Leben und Werk Wolf Helmhards von Hohberg 1612-1688; Otto Müller, Salzburg, 1949.

Cicero, Officina: Bau eines Fachwerkhauses. Holzschnitt des Petrarca- Meisters; Augsburg, um 1520.

Crämer, P.: Das Jagdschloß Rothenbuch im Spessart; Bayerland, 4, 1893, S. 124-125.

Dalhede, Chr.: Zum europäischen Ochsenhandel. Das Beispiel Augsburg, 1560 und 1578; Scripta Mercaturae Verlag, St. Katharinen, 1992.

Deigné Delacourt: La Chasse à la Haie; Paris, 1858.

Dengler, L.: Forstliche Reisebilder aus dem östlichen Deutschland. Die Waldungen des Herrn Fürsten Johann Adolph zu Schwarzenberg; Monatsschr. f. d. Forst- und Jagdwesen, Stuttgart, 1861.

Deutinger, S.: Neue Wege im bayerischen Salzwesen. Der Bau der Soleleitung von Reichenhall nach Rosenheim 1807-1810; Zeitschr. f. bay. Landesgeschichte, Bd. 60, H. 2, 1997, 925-961.

Diderot: Diderots Enzyklopädie. Die Bildtafeln 1762-1777, Neudruck: Südwest Verlag, München, 1979.

Diess, W.: Herrn Dr. J. Ritz zum 60. Geburtstag; Bay. Jb f. Volkskunde, 1951, 14.

Dillinger, J.: Unser Wandervorschlag: Zum geistlichen Stein. Historischer Grenzberg zwischen den "Bistümlern" und "Boarischen"; Schöner Bayerischer Wald, Nr. 122, Mai/Juni, 1998.

Dingler, M.: Nachruf auf das bayerische Großraubwild; Heimatglocken, Beilage: Grafenauer Anzeiger, Juli, 1976, 2-3.

Döbel, H. W.: Jäger- Practica oder der wohlgeübte und erfahrene Jäger; Leipzig, 1746.

Doehlemann, K.: Die Städteansichten im Antiquariat der kgl. Residenz in München; Bayerland, 30, Nr. 7, 2. Dez.-Heft, 1919, 124-128.

Dollinger, H.: Studien zur Finanzreform Maximilian I. von Bayern in den Jahren 1598-1618. Ein Beitrag zur Geschichte des Frühkapitalismus; Vandenhoek u. Rupprecht, Göttingen, 1968.

Domico, T., Newman, M.: Die Bären der Welt; um 1990.

Dreier, A.: Wartenberg und die Wittelsbacher. Festschrift aus Anlaß des Festjahres 1980 im Markt Wartenberg; Franz Gerstner, Wartenberg, 1980.

Drosdowski, G.: Großer Duden. Deutsches Universalwörterbuch A-Z; Dudenverlag, Mannheim, 1989.

Dufresne, F.: No Room for Bears; um 1993.

Duschek, S.: Versuch einer Wirtschaftsgeschichte der Schwarzenberg'schen Forste; Schwarzenberg. Jb. 29. Band, Wien 1950.

Eberl, E.: Die bayerischen Ortsnamen als Grundlage der Siedlungsgeschichte, 1. Teil, Ortsnamenbildung und siedlungsgeschichtliche Zusammenhänge, 1. Teil, Grund- und Bestimmungswörter; Knorr und Hirt, München, 1925.

Endres, W.: Spätmittelalterliche Funde von der Saldenburg, Gde Saldenburg, Lkr. Freyung-Grafenau; Ostbairische Grenzmarken 35, 1993, 24-53.

Endres, M.: Geschichte des Jagdrechtes in Bayern; Forstwiss. Zentralblatt, NF 23, 1901, 170-189.

Engelstädter, E.: Versuch einer Wiedereinbürgerung des Luchses im Inneren Bayerischen Wald; in: Museumsführer, Sonderschau in Zusammenarbeit mit dem Deutschen Jagdmuseum München im Waldmuseum Zwiesel, 82-90, 1978.

Erdmannsdorfer, K.: Das Bürgerhaus in München; in: Das deutsche Bürgerhaus, Bd. 17, Hg. von Bernt, A. und Binding, G., Ernst Wasmuth, München, 1972.

Ergert, B. E.: Wittelsbacher Jagd. Ausstellungskatalog; München, 1980.

Ergert, B. E.: Die Jagd in Bayern. Von der Vorzeit bis zur Gegenwart; Rosenheimer Verlag, Rosenheim, 1984.

Ergert, B. E., Seyfert, I., Steckbauer, E.: Die Jagd. Vom Faustkeil bis zum Präzisionsgewehr; in: Ausstellungskatalog, Sonderschau in Zusammenarbeit mit dem Deutschen Jagdmuseum München im Waldmuseum Zwiesel, 9-51, 1978.

Erhard, A.: Geschichte und Topographie der Umgebung von Passau, beziehungsweise des ehemaligen Fürstbistums Passau und des Landes der Abtei mit Ausschluß der Stadt Passau und der weiter unten im Österreich gelegenen fürstbischöflichen Besitzungen; Verhandl. d. hist. Vereins f. Niederbay., 35-41, 1899 -1919.

Erhard, A.: Geschichte der Stadt Passau; Neudruck von 1861, Einhell Henke, Passau, um 1995.

Erichsen, J.: Blutenburg. Beiträge zur Geschichte von Schloß und Hofmark Menzing; Veröffentl. zur Bay. Geschichte und Kultur, 1, 1983.

Ernst, F.: Geschichte der Jagd; Bayerland, Nr. 11, 1978.

Ersch, J. S., Gruber, J. G.: Allgemeine Enzyklopädie der wissenschaftlichen Künste, Teil 7, B - Barzelletten; Akad. Druck- und Verlagsanstal, Graz, 1970.

Ertl, A. W.: Churbaierischer Atlas I; Nürnberg, 1687, St. Oswald, 194f.

Fehn, H.: Lallinger Winkel; In: Handbuch der naturräumlichen Gliederung Deutschlands, 6. Lieferung; Remagen, 1959.

Ferchl, G.: Bayerische Behörden und Beamte 1550-1804, Teil I.; Oberbay. Archiv, Bd. 53, 1908, Bärnstein: S. 47-56.

Feulner, M.: Die berühmte Berchtesgadener Soleleitung; Berchtesgadener Schriftenreihe 6, 1988.

Flake, O.: Aus dem Süddeutschen Reisetagebuch des Herrn Michel de Montaigne (1580); Jan Thorbecke, Lindau, 1947.

Fleming, H. F.: Der vollkommene teutsche Jäger; Leipzig, 1719.

Flurl, von, M.: Beschreibung der Gebirge von Baiern und der oberen Pfalz; München, 1792, Reprint: G. Lehrberger, München, 1992.

Föringer: Regesten ungedruckter Urkunden zur bayerischen Orts-, Familien- und Landesgeschichte; Oberbay. Archiv, Bd. 4, 1843, 361-382, Bd. 5, 1844, 191-204, 332-345, 346-371.

Forster, G.: München während des 30jährigen Krieges; Bayerland, 30, Nr. 13, 2. Mai-Heft, 1919, 217-219.

Forster, E.: Aus dem bayerischen Jägerleben; Bayerland, 7, 1896, 110-111.

Forstverwaltung Bayerns (Die), beschrieben nach ihrem dermaligen Stande; München, 1861.

Frevert, W.: Wörterbuch der Jägerei; Hamburg, Berlin, 1975.

Friedl, P.: Wendl der Waldhirte; Tittling, Passau, Georg Höltl, 1982.

Fröhlich, J.: Die Glashütten des mittleren Böhmerwaldes. Die Ergebnisse der archäologischen Forschung; Museum Schüttenhofen, 1989.

Fuchs, K., Raab, H.: dtv - Wörterbuch zur Geschichte. Band 1, A-Konz, Band 2, Konz-Z; Deutscher Taschenbuch Verlag, München, 1977.

Gebhard, T.: Wegweiser zur Bauernhausforschung in Bayern; München-Pasing; 1957.

Gebhard, T.: Kachelöfen. Mittelpunkt häuslichen Lebens. Entwicklung, Form, Technik; Callwey, München, 1980.

Gebhart, T. und Sperber, H.: Alte bäuerliche Geräte aus Süddeutschland; München, 1973.

Gebhart, H., Baumgartner, G: Bauernhäuser in Bayern. Niederbayern. Dokumentation, Bd. 5; Hugendubel, München, 1995.

Geiß, E.: Die Reihenfolge der Gerichts- und Verwaltungsbeamten Altbayerns nach ihrem urkundlichen Vorkommen vom 13. Jahrhundert bis zum Jahre 1803; 2. Abteilung: Niederbayern; Oberbay. Archiv f. vaterländ. Geschichte, 28, 1868-69.

Gerner, M.: Handwerkerlexikon. Wörterbuch für das Bauhandwerk; Stuttgart, 1984.

Glaser, H.: Quellen und Studien zur Kunstpolitik der Wittelsbacher vom 16. Jahrhundert bis zum 18. Jahrhundert; Hirmer Verlag, München, 1980.

Glaser, H.: Arbeo von Freising. Ein mittelalterlicher Kirchenfürst und Seelenhirte. Erstes Lebenszeugnis ist der 12. Februar 748; Münchner Staatsanzeiger, 19. Nov. 1976, S. 4-8.

Glaser, H.: Wittelsbach und Bayern. Die Zeit der frühen Herzöge. Von Otto I. zu Ludwig dem Bayern. Katalog der Ausstellung auf der Burg Trausnitz in Landshut, 14. Juni bis 5. Oktober 1980; Hirmer Verlag, München, 1980.

Glocker, W.: Glastechnik. Technikgeschichte im Deutschen Museum, C. H. Beck, München, 1992.

Goldmann, J.: Vor 400 Jahren. Jagdschloß Reichenberg. In Grafenau wurde kein Bauplatz für das Jagdschloß gefunden; Grafenauer Woche, S. 12, 3. Mai, 1990.

Grantl, F.: Die letzten Raubtiere im Böhmerwalde; Waldheimat, Budweis, 1933.

Grashey, O.: Noch einiges über Luchse in Bayern; Bayerland, 5, 1894.

Grashey, O.: Wildschützen im Bayerischen Wald; Bayerland, 4, 1893, 142-143.

Grassmann, L.: Einführung und Katalog zur Ausstellung *Ofenkacheln und Model aus dem Kröninger Umfeld des 17. bis 19. Jahrhunderts*. Heimatmuseum Vilsbiburg Mai-Dezember 1982; Der Storchenturm, S.-H. 5, 1982, 19-48.

Grimm, Jakob und Wilhelm: Deutsches Wörterbuch, Bände 1-32; Leipzig, 1854-1961.

Grosch, W.: "*Im freien Feld*" - Prähistorische Spuren in der mündlichen Überlieferung und im Gelände; Praxis Geschichte, Nov. 6, 1994, 54-56.

Grueber, B. und Müller, A.: Der bayerische Wald; Regensburg, 1846, 1851.

Gülsdorff, F. W.: Die Entwicklung des bayerischen Jagdrechtes bis 1850; o. O., 1975.

Gümbel, M.: "*... es wäre den, daß allhier Maister dergleichen Öfen nit machen kunnten ...*" Das Heimatmuseum Vilsbiburg zeigt Arbeiten der Kröninger Hafner; Charivari 8, Nr. 8, 31-35, 1982.

Haertel, F.: Die sieben künischen Dörfer im Landkreis Wolfstein; Hg: Heimatkundl. Arbeitskreis Wolfstein, 1963.

Haertel, F.: Vor Pest, Hunger und Krieg verschone uns, o Herr!; Genealogie 8, 1985, 651-653.

Haeutle, C.: Geschichte der Residenz in München; München, 1883.

Haiden, P.: Chronik des Klosters Niederalteich; Regensburg, 1731.

Hajek, P.: Touristischer Reisführer; Papyrus, JIH, Winterberg und Budweis, 1995.

Haller, R.: Von Bären und Bärenjägern im Bayerischen Wald; Der Bayerwald, Heft 1, 1975, 2-17; Bayerischer Rundfunk, München, 1975, 19 Blätter, Land u. Leute; 1.

Harrach, E. von: Die Jagd im deutschen Sprachgut; Stuttgart, 1953

Hartig, G. L.: Anleitung zur Forst- und Weidmannssprache; Tübingen, 1809.

Hartinger, W. und Helm, W.: "*Die laidige Sucht der Pestilenz*". Kleine Kulturgeschichte der Pest in Europa. Begleitheft zu den Ausstellungen in Dingolfing und Passau 1986; C. H. Beck, München, 1986.

Hauber, G.: Jagd und Wild in Bayern; Bayerland, Sonderheft, 1932.

Hauber, G.: Wilddieberei in den Bergen; Deutscher Jäger, 1930.

Hauber, G.: Die Jagd im Wechsel der Zeiten; Bayerland, 44, 1933, 569-576.

Hauber, G.: Ausgerottete Wildarten; Bayerland, 44, 65-568, 1933.

Hauner, U., Thiele, K.: Rachel und Lusen. Glazialmorphologie und Waldsterben im Nationalpark Bayerischer Wald. In: Geographische Exkursionen im östlichen Bayern. Hg: Herbert Popp. Passauer Schriften z. Geographie 67-80; 1987.

Haunsschild, H., Jerz, H.: Erläuterungen zur Geologischen Karte von Bayern 1: 500.000, Bay. Geolog. Landesamt, München 1981.

Haushofer, H.: Über historische Aufstallungen; Freilichtmuseum Südbayern, Glentleiten, Freundeskreisblätter 3, 1975, S. 9 - 18.

Haversath, J. B.: Die Entwicklung der ländlichen Siedlungen in Niederbayern südlich der Donau. In: Baumgarter, G. und Ortmeier, M. Freilichtmuseum Massing; Bayerische Museen. Bd. 1.; Schnell und Steiner, 1988, S. 27-33.

Hazzi, J.: Statistische Aufschlüsse über das Herzogthum Baiern aus den ächten Quellen geschöpft, Band 4, 1. Abteil.; Nürnberg, 1805.

Heidenreyter, R.: Gerichts- und Amtsprotokolle in Altbayern; Mitt. für die Archivpflege in Bayern, 25/26, 1979-80, S. 25-28.

Heinz, F.: Der Luchs in Bayern; Bayerland, 36, 1925, 469-471.

Hellwig: Hellwigs vollkommenes teutsch- und lateinisches physikalisches und medicinisches Lexikon; o. O., o. J.

Hertzog, G.: Wittelsbacher Fürsten mit geschichtlichen Beinamen; Bayerland, 30, Nr. 7, 3. Dez.-Heft.

Herzinger, F.: Das Rotwild zwischen Dreisessel und Falkenstein; Bayerwald, 1972, 11f.

Herzog, T.: Zur Geschichte des Bauhandwerks in Landshut; Landshut, 1963.

Heuwieser, M.: Jagd- und Scheibengewehre der Passauer Fürstbischöfe; Ostbairische Grenzmarken, 11, 1922, 108-109.

Heydenreuter, R.: Die Behördenreform Maximilians I.; in: H. Glaser, Wittelsbach und Bayern, Bd. II/1, Um Glaube und Reich, Kurfürst Maximilian I. Beiträge zur Geschichte und Kunst 1573-1657; Hirmer, München, 1980.

Hoberg, von, W. H.: Georgica Curiosa oder adeliches Landleben, anderter Theil, 8. Buch, S. 139, 9. Buch, S. 272; Nürnberg, um 1600.

Hochgreve, W.: Unsere Jägersprache; Brühlscher Verlag, Gießen, 1963.

Höfler, M.: Wald- und Baumkult in Beziehung zur Volksmedizin Oberbayerns; Otto Galler, München, 1894.

Hofmann, F.: 350 Jahre Soleleitung in Bayern; Der Anschnitt, 22, H. 3, 1970.

Hofmann, W.: Die Entstehungsgeschichte des Bleikristalls; Manuskript, Vortrag: Schloß Theuern 15. Nov. 1997.

Hopfenzitz: Studien zur oberdeutschen Agrarstruktur und Grundherrschaft; Schriftenreihe z. bay. Landesgesch. 75, 1982.

Hörburger, J.: Bayerns Soleleitungen; Bayerland, 32, 1921, 296-308.

Hubensteiner, B. S.: Bayerische Geschichte, Staat und Volk, Kunst und Kultur; Richard Pflaum, München, 1967, 5. Aufl.

Hydro Agri: Faustzahlen für Landwirtschaft und Gartenbau; Münster-Hiltrup, 1993.

Jansson, L.: Vom Zauber alter Kacheln. Fliesen, Kacheln, Kachelöfen; Rombach, Freiburg, 1980.

Jungmann-Stadler, F.: Grafenau. Die Gerichte Bärnstein, Dießenstein und Hals; Historischer Atlas in Bayern, Teil Altbayern, Heft 45, 1992.

Jungmann-Stadler, F.: Landkreis Vilshofen; Historischer Atlas von Bayern, Teil Altbayern, 29; München,1972.

Jüttemann, H.: Alte Bauernsägen aus dem Schwarzwald; Karlsruhe, 1984.

Kahnt, H.: Lexikon für alte Maße , Münzen und Gewichte; Mannheim, 1987.

Karaisl, F. von: Wie Vilshofen, Grafenau und später auch Passau zu keiner Straße nach Böhmen kamen; Verh. d. hist. Ver. f. Niederb., Bd. 73, 1940, 1-20.

Kehrein, J. und F.: Wörterbuch der Weidmannssprache für Jagd- und Sprachfreunde; Wiesbaden, 1898, Reprint 1969.

Keim, H. Rautenberg, U.: Die Säge aus Potzermühle, Freilichtmuseum d. Bezirkes Oberbayern; Dokumentation V., 1991.

Keinath, W.: Über Beziehungen der Flurnamen zur Vor- und Frühgeschichte. In: H. Bihl (Hg.): Beiträge zur Geschichte, Literatur und Sprachkunde; Tübingen, 1938, 282-323.

Keller, W.: Werdenfelser Altes Bairisch. Ein unterhaltsames Mundart-Lexikon; Viktoria Presse Verlag, Windach, 1996.

Kitzler, J.: Wildpflege im Spessart; Bayerland 41, 22-26, 1930.

Klämpfl, J.: Beschreibung der Ortschaft und Pfarrei Lalling; Verh. d. hist. Vereins v. Niederb., 4, S. 43.

Klämpfl, J.: Der ehemalige Schweinach- und Quinzingau. Eine historisch-topographische Beschreibung; Elsässer und Waldbauer, 1855, Reprint, Morsak, Grafenau, 1992.

Klausmeier, A.: Messen, wiegen, zählen; Lexikon der Maß- und Währungseinheiten; Wissen Verlag, Herrsching, 1991.

Klein, D.: Die Kultur Münchens im 17. und 18. Jahrhundert; Oberbay. Archiv 109. Bd., 1. Heft 155-172, 1984.

Klemmer, L.: Wildparke auf der Schotterebene im Ebersberger und Forstenrieder Park; Bayerland, Nr. 3, 82, 32-33, 1980.

Knorring, E. von: Alte Jagdliteratur des 16. - 19. Jahrhunderts in der Fürstlich Oettingen- Wallersteinschen Bibliothek der Universität Augsburg; Nördlingen, 1986.

Kobell, F. von: Wildanger. Skizzen aus dem Gebiete der Jagd und ihrer Geschichte; Stuttgart, 1859.

Kobell, F. von, Föringer: Jagdregister Herzog Wilhelms IV. vom Jahre 1545, mit Auszügen aus dem Jagdbuche Herzog Albrecht V. (1555-1579), Oberbay. Archiv, 15, 1855, 194-219.

Koch, W.: Die Jagd in Vergangenheit und Gegenwart; Kosmos, Stuttgart, 1961.

Kohl, F.: Kartieranleitung; Hg. AG Bodenkunde d. Geolog. Landesämter, Hannover, 1971.

Krämer, K. B.: Brauchtum um Martini. Brauchtum in unserer Zeit, Brauchtumsfortbeschreibung des Bayerischen Waldvereins; Der Bayerwald, 44, 1970.

Krämer, K. B.: Der Faschingsbär. Uralter Faschingsbrauch in Flanitz; Bayerwald, 1970, 45f.

Krämer, K. B.: Das Bärentreiben in Flanitz; Bayerwald, 1969, 175f.

Kratsch, K.: Kostbarkeiten der Herzogin Anna Amalia Bibliothek Weimar; Edition Leipzig; 1993.

Kraus, A.: Maximilian I. Bayerns großer Kurfürst; Syria, Graz, F. Pustet, Regensburg 1990.

Krawarik, H.: Althöfe im Grenzraum Südostbaierns; Ostbairische Grenzmarken, 34, 1992, 126-142.

Krick, L.: Chronologische Reihenfolge der Seelsorgevorstände und Benefiziaten des Bistums Passau; Passau, 1911, S. 358.

Krünitz, J., G.: Ökonomisch Technologische Enzyklopädie, 1806.

Kunckel, J.: Ars Vitraria Experimentalis oder vollkommene Glasmacher-Kunst; Frankfurt, 1. Auflage, 1679, Nachdruck, Georg

Olms Verlag Hildesheim 1972.

Kurtz, H.: Die Soleleitung von Reichenhall nach Traunstein 1617-1619; Deutsches Museum, Abhandl. u. Berichte, 46, München 1978.

Lammert: Geschichte der Seuchen. Hunger- und Kriegsnot zur Zeit des 30jährigen Krieges; J. Bergmann, Wiesbaden, 1890.

Lang, P.: Die Windorfer Bärenjagd; Niederbay. Monatsschr., 8, 46-47, 1919.

Laturell, V. D. , Mooseder, G.: Die Jagd im Münchner Norden; Ampertal, Jg. 1997, 347-350, 428-433.

Lehner, M. J.: Die Ausübung der Jagd durch die Markgrafen von Ansbach; Bayerland, 10, 1899, 440-467.

Lemke, P.: Studien zur deutschen Weidmannssprache; Dresden, 1898.

Lerch, H.: Der Nimrod im Purpurgewande. Der Passauer Fürstbischof Kardinal Leopold Ernst Graf von Firmian (1763-83) als Jäger und Jagdherr; Heimatglocken, 10. Jg. Passau, 1934.

Letzing, H.: Die Geschichte des Bierbrauwesens der Wittelsbacher. Die Gründung des Hofbräuhauses München und die Entstehung des herzoglichen Weißbiermonopols in der Auseinandersetzung mit den Landständen bis zum Staatshaushalt, zur Verwaltungspraxis, zur Wirtschafts- Sozial- und Agrargeschichte des alten Bayern; Dr. Bernd, 1995.

Lexers, M.: Mittelhochdeutsches Taschenwörterbuch; S. Hirzel Verlag, Leipzig, 1986.

Leythäuser, L.: Die Goldenen Steige im ehemaligen Fürstbistum Passau; Verhandl. d. hist. Vereins f. Niederbay., Bd. 43, 1907.

Leythäuser, L.: Der obere, mittlere und untere Hochwald in der ehemaligen Herrschaft Bärnstein; Verhandl. d. hist. Vereins f. Niederbay., Bd. 50, 1914.

Lindner, K.: Geschichte des deutschen Weidwerks, Teil II: Die Jagd im frühen Mittelalter; Berlin, 1940.

Lindner, K.: Zur Sprache der Jäger; Zeitschr. f. deutsche Philologie 85, 407-431, 86, 101-125, 1966, 1967.

Lindner, K.: Deutsche Jagdtraktate des 15. und 16. Jahrhunderts. Teil I und II; De Gruyter, Berlin, 1959.

Lischke, C.: Leben und Wirtschaften auf den Höfen im Bayerischen Wald; Volkskundliche Untersuchung anhand von Verlassenschaftsinventaren aus dem 18. Jahrhundert; Pass. Stud. z. Volkskunde, Bd. 6, Tittling, 1991.

Löffler, P.: Inventare; Historische Entwicklung und rechtliche Volkskunde, 23, 1977.

Lohr, A.: Die Pest in Schweinhütt; Heimatglocken, 13 Jg. o. J. Nr. 1, 1. Januarfolge.

Loibl, W.: Die Jagdschlösser der Wittelsbacher um München; Bayerland, Jg. 82, Nr. 2, 3-64, Sonderheft, 1980.

Loibl, W.: Die Jagdbauten Karl Albrechts im ehemaligen Hirschpark; Ausstellungskatalog: Wittelsbacher Jagd, Deutsches Jagdmuseum; München, 1980.

Mader, F.: Die Kunstdenkmäler von Niederbayern. III. Stadt Passau; München, Oldenbourg, 1919.

Mader, F.: Die Kunstdenkmäler von Niederbayern. IV. Bezirksamt Passau; München, Oldenbourg, 1920

Maier, M.: Wildern und Schmuggeln. Geschichten vor 100 Jahren aus dem Dreisesselgebiet; Der Bayerische Wald, 5. Jg., Straubing, 1900.

Matzel, K., Riecke, J., Zipp, G.: Spätmittelalterlicher Wortschatz aus Regensburger und mittelaierischen Quellen; K. Winter, Heidelberg, 1989.

Mayer, M.: Leben, kleinere Werke und Briefwechsel des Dr. Wigeleus Hundt. Ein Beitrag zur Geschichte Bayerns im 16. Jahrhundert; Wagner, 1892.

Meichelbeck, K.: Kurze Freysingische Chronica; Freising, 1724.

Meinhard, W. P.: Anno 1610: Bauerntrotz gegen grundherrliche Willkür. Aus alten Prozeßakten im Staatsarchiv Landshut; Der Bayerwald, 1. Heft, 1979, 45-50

Melincharova-Vinarova, J., Horpeniak, V. u. a.: Reiseführer; Olympia Sumava, Südböhmen, Prag, 1992.

Melter, E.: Todesernten im 17. Jahrhundert; Bayerland, 7, 1896, 56-57, 76-77, 90-91, 106,107, 111-112.

Micklitze, K. und A.: Auf den Spuren der Bären durch den Schnee. Im slowakischen Teil der Hohen Tatra kann man preiswert Ferien machen; Südd. Zeitung, Nr. 30, 6. Febr. 1996, S. 3.

Mitterwieser, A.: Zur Jagdgeschichte des Neuburger Waldes; Ostbairische Grenzmarken, 19, 1930, 233-238.

Mitterwieser, A.: Albrecht der Leuchtenberger als Nimrod; Bayerland, 36, 461-469, 1925.

Museum Schloß Moritzburg; Vom Jagen, 1992

Müller, J.: Müllers großes Ortsbuch, Bundesrepublik Deutschland; 1977.

Münster, S.: Kosmographie, um 1550.

Neri, A.: L'arte vetraria; Florenz, 1612.

Neumann, H.: Schloß Bärnstein; Ostbairische Grenzmarken, 21, 1979, 215-227.

Neumann, H.: Schloß Klebstein; Ostbairische Grenzmarken, 23, 1981, 94-97.

Neumann, H.: Grafenau, Bayerischer Wald. 600 Jahre Stadt, 1376-1976. Verlag Morsak, 1976.

Neumann, H.: Die Geschichte der Glashütten zwischen Rachel und Lusen; Ostbairische Grenzmarken 14, 1972, 223-256.

Neumann, H.: Zur Geschichte des Schlosses Haus; Ostbairische Grenzmarken, 10, 1968, 116-135.

Nietz, H. J.: Planmäßige Siedlungsformen zwischen dem österreichischen Waldviertel und dem Passauer Abteiland; Ostbairische Grenzmarken, 27, S. 47-62, 1985.

Nitzsche, W. H.: Der letzte Bär des Böhmerwaldes; Illustrierte Jagdzeitung, 22. Jg., Leipzig 1895.

o. V.: Gefährlicher Schlafkamerad; Bayerland, 6, 1895, S. 528.

o. V.: Bärenjäger; Bayerland, 9, 1898, S. 480.

o.V.: Georgica Curiosa, oder adeliges Land- und Feldleben, 1701.

o. V.: Der bayerische Wald und seine Schicksale im 30jährigen

Kriege; Der Bayerwald, 2, 1904, S. 84.

o. V.: Baukosten in alter Zeit; Niederbay. Monatschrift, 3, 1914, S. 91.

o. V.: Bären in Bayern; Bayerland, 9, 1898, S. 23.

o. V.: Die jagdbaren Thiere Europas; Paul Neff, Stuttgart, 1886.

o. V.: Die Wolferer unterwegs; Der Bayerwald, 1969.

o. V.: Die Urlaubsgemeinde am Fuße des Brotjacklriegels Schöfweg; Die Neue Woche, 25. 9. 1996.

o.V.: Ein interessanter Blick auf Riedlhütte in alter Zeit; das herzogliche Jagdhaus in Reichenberg und die Schulentwicklung; Grafenauer Anzeiger, 22. März, 1976.

o. V.: Geographisches Statistisch-Topographisches Lexikon von Baiern oder vollständige alphabetische Beschreibung aller im ganzen Baiernschen Kreis liegenden Städte, Klöster, Schlösser, Dörfer, Flecken, Höfe, Berge, Thäler, Flüsse, Seen, merkwürdige Gegenden u.s.w.;Stettnische Buchhandlung, Ulm, 1796.

o.V.: Residenz in München. Amtlicher Führer; Bay. Verwaltung Staatl. Schlösser, 1937.

o. V.: Das herzogliche Jägerhaus Reichenberg; Heimatglocken, Jan. 1966.

o. V.: Baulöhne des 17. Jahrhunderts; Bayerland, 1, 1890, 192.

o. V.: Adelige Weidwerke, Prag, 1699.

o. V.: Herzog Ludwig des Gebarteten Jagdstaat; Bayerland, 4, 1893, S. 72.

o. V.: Nachtrag zu „Die Wolferer unterwegs" in Bayerwald, H.1., 1969; Der Bayerwald 175, 1970.

o. V.: Kleine Mitteilung: Der Wildstand in Bayern; Bayerland, Jahrgang 6, S. 612, 1895.

o. V.: Die Entstehung der Propstey (St. Oswald); Handschriftl. Chronik der Pröpste von St. Oswald, 9 Seiten, um 1800.

o. V.: München. Seine geschichtliche, örtliche und monumentale Entwicklung unter den Wittelsbachern nebst einem Führer durch die Stadt; Verlag Bruckmann, München, um 1900.

o. V.: Der Weisskönig, 1517; Holzschnitt von Hans Burgkmaier.

o. V.: München im Wandel der Jahrhunderte; F. Bruckmann, München, 1957.

Oberneder, M.: Bayerische Salzfibel; München 1960, 32-40.

Oefeles, von, A. F.: Hubertusjagd - 1741; Bayerland, 36, 1925, 479-480.

Oppelt, Chr.: Das alte Lehel, München, 1904.

Orlop, N.: Von Garibaldi bis Ludwig III. Herzöge, Kurfürsten und Könige in Bayern; Hugendubel, München, 1979.

Ortmeier, M.: Steine und Scherben. Neue archäologische Funde im Landkreis Freyung- Grafenau. Katalog zur Ausstellung im Freilichtmuseum Finsterau.; Landshut, 1995.

Ortmeier, M.: Zum Sachl, Teil 3; Handreichungen für Eltern und Erzieher; Schriften des Freilichtmuseums Finsterau, 1985, S. 27-28.

Peinkofer, M.: Die Geschichte der Propstei St. Oswald; Grafenauer Anzeiger, 24. Febr., 20. März, 1962.

Peinkofer, M.: Der Brunnkorb. Niederbayerische Heimatbilder; Passavia, Passau, 1957.

Peter, N.: Ringelai. Fürstbischöflicher bayerischer Grenzort; Schöner Bayerischer Wald, Nr. 51, Juli/August, 1986, S. 32.

Pietrusky, U.: Der Bayerische Wald im Fluge neu entdeckt; Morsak, Grafenau, um 1990.

Platzer, Dr.: Geschichte der ländlichen Arbeitsverhältnisse in Bayern;1904.

Plessen, M. L.: Die Isar. Ein Lebenslauf; Hugendubel, 1983.

Plochmann, R.: 150 Jahre Waldbau im Staatswaldgebiet zwischen Osser und Dreisessel; Hamburg und Berlin, 1961.

Pohl, W.: Auf den Spuren der Bären im Bayerischen Wald; Schöner Bayerischer Wald, Nr. 51, Juli/Aug. 1986.

Pohl, W.: Der Luchs - König des Bayerischen Waldes; Schöner Bayerischer Wald, Nr. 49, 1986, S.30.

Poiger, F.: Wolfsgruben; Bayerwald, 1924, S. 2.

Poschinger, K., von: Einiges über Wild und Jagd im böhmischen und bayerischen Walde in früheren Jahrhunderten; Der Bayerwald, 1911.

Poschinger, K., von: Wildstand und Jagdbetrieb im Rachelgebirge in vergangenen Zeiten; Bayerwald, 12, 1914, 63-66.

Pöschl, M.: Roter Schnee. Das Leben eines Holzhauerbuben; Edition fischer, 1996.

Praetorius, R.: Unser bayerisches Königshaus. Die Geschichte der Wittelsbacher; Rosenheimer, Rosenheim, 1980.

Prandstätter, A.: Aus der Kriegszeit des "Landes der Abtei" vor drei Jahrhunderten; Bayerland, 30, 1919, 406-408.

Praxl, P.: Die Wallerer Holzhäuser. Alpenländische Bauweise im Böhmerwald; Ostbairische Grenzmarken, 34, 144-156, 1992.

Praxl, P.: Der Hafnerort Kühbach im Landkreis Freyung-Grafenau; Selbstverlag, Freyung, 1992.

Pütsch, Th.: Der Mensch zum Untertan verdammt. In Alaska wird der Reisende von der Natur lediglich geduldet; Münchner Merkur, Nr. 253, 3. Nov. 1994.

Putz, F. G.: Die Wildbahn des Hochstifts Passau; Ostbairische Grenzmarken, 15, 1926, 205-219.

Rall, H.: Zeittafeln zur Geschichte Bayerns und der mit Bayern verknüpften oder darin aufgegangenen Territorien; Süddeutscher Verlag, München, 1974.

Ramisch, H.: Das Grabmal Kaiser Ludwigs des Bayern in der Münchner Frauenkirche; o. V., 1997.

Ranke, K.: Orale und literale Kontinuität. In: H. Bausinger und W. Brückner (Hg): Kontinuität? Geschichtlichkeit und Dauer als volkskundliches Problem; Berlin, 1969, 102-117.

Ransmayr, B.: Was ich über die Schwärzer und Wilderer erfahren konnte. In: Beiträge zur Landes- und Volkskunde des Mühlviertels, 3. Bd, Rohrbach, 1913.

Reclam: Reclams Lexikon der Heiligen und der biblischen Gestalten; Reclam, Stuttgart, 1979.

Rée: Reiffenstuel; In: Allgem. Deutsche Biographie, 1. Aufl. 1888, Bd. 27, Berlin 1970.

Reiner, L., Weber, A., Schopf, H.: Auf den Spuren der Goldwäscher im Goldland Bayerischer Wald und Böhmerwald; Verlag Heimatverein Ohetaler, Riedlhütte, Bay. Wald, 1996.

Reiner, L., Schopf, H., Weber, A., Vogl, E., Seidl, R., und Steger, W.: Die vergessenen Berufe der Glashütten im Bayerischen Wald. Quarzschürfer, Pochermänner, Aschenbrenner, Flußsieder, Scheiterhacker, Scheiterdörrer, Schürer, Ofenbauer, Hafenmacher und Schmelzer; Verlag Ohetaler, Riedlhütte, Bay. Wald, 1995.

Reiser, R.: Glanzlichter bayerischer Geschichte aus Naturwissenschaft, Technik und Kunst; Ehrenwirth, München, 1988.

Reiser, R.: Zwei Jahrtausende Bayern in Stichworten. Daten, Namen, Fakten; Ehrenwirth, München, 1988.

Reiser, R.: Die Wittelsbacher in Bayern; Ehrenwirth, München, 1978.

Reitzenstein, R. M. von: Chronik von Grünwald; München,1885.

Ridinger, J. E.: Abbildung der jagtbaren Thiere mit derselben angefügten Fährten und Spuhren, Wandel, Gänge, Absprünge, Wendungen, Widergängen, Flucht und anderen Zeichen mehr, mit viel Fleiß, Zeit und Mühe nach der Natur gezeichnet, samt Erklärung darüber; Augsburg, 1740.

Ried, H. A.: Chronik von Grünwald; Univ. Buchdr. Dr. E. Wolf, München, 1938.

Riesenthal, O. von: Jagdlexikon; Leipzig, 1882.

Riezler, S.: Geschichte Baierns, Band 1, Hälfte 2; Scientia Verlag, Aalen, 1964.

Riezler, S.: Nachtselden und Jägergeld in Bayern. Anhang: Jägerbücher des Herzogs Ludwig im Bart von Bayern- Ingolstadt (1418 und folg. Jahre); K. B. Akademie der Wiss., München, 1905.

Ritz, J. M.: Die Kunstdenkmäler des Bezirksamtes Grafenau, Bd. 24, Kunstdenkmäler von Niederbayern, S. 15 ff; Oldenbourg, München, 1932.

Ritz, J. M.: Das herzoglich bayerische Jagdhaus zu Reichenberg bei Grafenau und die Baumeister Siegmund Aug und Hans Reiffenstuel; Heimatglocken, Beil. der Donauzeit., Passau, 9 Jg. Heft 2, 100-101, 1933.

Ritzer, Kooperator: Krieg, Hunger und Pest in Freyung; Der Bayerwald, 4, 1906, 75-77.

Ritzer, Kooperator: Holzpreise aus dem Jahre 1611; Der Bayerwald, 3, 1905, 208-209.

Rodler, H.: Herzog Johann von der Pfalz, Eyn schön nützlich Büchlein und Underweisung der Kunst des Messens und Zimmerns, 1531.

Rösener, W.: Beobachtungen zur Grundherrschaft des Adels im Hochmittelalter. Probleme der hochmittelalterlichen Urbarüberlieferung. In:Aspekte der Grundherrschaftsentwicklung des Hochmittelalters aus westeuropäischer Perspektive; Vandenhoeck und Rupprecht, 1995, 116-161.

Rösener, W.: Grundherrschaft und bäuerliche Gesellschaft im Hochmittelalter; Vandenhoeck und Rupprecht, 1995

Roth, K.: Geschichte des Jagd- und Forstwesens in Deutschland; Berlin, 1879.

Rötzer, K.: Bärenjagd am Kaitersberg; Bayerwald, 1959, S. 37.

RR: Mit einem Weltwunder verglichen: Das Grabmal Kaiser Ludwigs. Ein prächtiges Buch kündet von dem Monument in der Münchner Frauenkirche; Südd. Zeitung, Nr. 268, 21. Nov. 1997, S. 47.

Sachs, H.: Christliche Ikonographie in Stichworten; 1973.

Sälzle, K.: Deutsches Jagdmuseum München, Katalog; München, 1977.

Sammer, W.: Chronik der Familien Schopf-Sammer auf dem Anwesen Riedlhütte Waldweg Nr. 3; Manuskript, 151 Seiten, 1994.

Scharrer, F. S.: Salzhandel in Vilshofen, in: Festschrift zur 750-Jahrfeier der Stadt Vilshofen 1206-1956, Hg: Karl Wild, Vilshofen 1956.

Scheffer, F., Schachtschabel, P.: Lehrbuch der Bodenkunde; F. Enke, Stuttgart, 1976.

Scheibenzuber, R.: Ein Streifzug im Lusengebiet; Bayerland 379ff, 1899.

Schmeller, J. A.: Bayerisches Wörterbuch, 2 Bände; R. Oldenburg Verlag, München 1872-1874, 1973.

Schmid, A.: Wolfs- und Bärenjagden in Niederbayern mit Einschluß des Bayerischen Waldes; Heimatglocken, 8. Jg. Passau, 1932.

Schmidt, J.: Notizen über Wild, Jagd und Hegerei; Der Bayerwald, 1. Heft, 1977, 10-18.

Schmidt, J.: Die Schachten. Ein Beitrag zur geschichtlichen Entstehung und Bedeutung der Schachten als Weideplätze im Raum Zwiesel.; Der Bayerwald, 158f, 1970.

Schmidt, M.: Die Bärenhatz; Bayerwald, 1912, S. 12.

Schnitzel, G.: Sagen vom Starnberger See; München, 1970.

Schober, L.: Der Grenzstreit zwischen dem Kloster St. Oswald und dem Landgericht Bärnstein. Zu einer Altkarte der Klosterherrschaft St. Oswald im Mittleren Bayerischen Wald.; Siedlungsforsch., Archäologie, Geschichte, Geogr., 9, 1991, 147-172.

Schober, L. sen.: St. Oswalder Trophäe heute im Jagdmuseum. Vor 40 Jahren erlegte Alois Kohout einen Dreieinhalb-Zentner-Keiler. Jagdbeute blieb bisher ohne Beispiel; Grafenauer Anzeiger, um 1985.

Schober, L.: Geschichte des Klosters Sankt Oswald. Von den Anfängen bis zum Dreißigjährigen Krieg; Morsak, Grafenau, 1997.

Schober, L. sen.: Die Dorfglocke wandert in die neue Kapelle; Grafenauer Woche, 28. 7. 1994.

Schober, L. sen. und Schober, L.: Sankt Oswald, 1389-1989, Kirche, Kloster, Pfarrei und Priester, Festschrift zur 600-Jahr-Feier der ersten Altarweihe im Jahre 1389; Hrg. Pfarrgemeinderat St. Oswald, Morsak, Grafenau, 1989.

Schön, H.: Der Aufstieg des Hauses Leuchtenberg-Hals. Vor 900 Jahren wurde der Stammvater der Leuchtenberger geboren. 1375 fiel die Grafschaft Hals an die Leuchtenberger;

Heimatglocken, Nr. 6, 1997, S. 1-2.

Schöner, M.: Saxa Loquuntur (Die Steine reden); Steige, Rastplätze und Steine am Lusen. Heimatkundliche Anregungen; Gemeinde St. Oswald-Riedlhütte, 1966.

Schubert: Arme Leute, Bettler und Gauner im Franken des 18. Jahrhunderts; Verlag Degener, Neustadt/Aisch, 1983

Schwappach, A.: Handbuch der Forst- und Jagdgeschichte Deutschlands; Berlin 1886.

Schweiger, J.: Das Weidwerk im Allgäu; Bayerland, 47, 93-96, 1936.

Schwenk, S.: Alberts Liebe zur Jagd im Spiegel zeitgenössischer Zeugnisse; Bayerland, Nr. 8, 82, 54-57, 1980.

Seibold, Chr.: Bäuerliche Holzformen des 17. und 18. Jahrhunderts im Landkreis Freising. Ein Katalog; Verlag, Hist. Verein, Freising, 1987.

Seyfert, I.: Daten zur Geschichte der Jagd im Bayerischen Wald, In: E. Ergert, Die Jagd vom Faustkeil bis zum Präzisionsgewehr; Sonderschau, Deutsches Jagdmuseum München im Waldmuseum Zwiesel, 1978, 52-72.

Seyfert, I.: Das herzogliche Jagdhaus zu Reichenberg; Bayerwald 71, 1979, 33-37.

Seyfert, I.: Erinnerungen an das Königshaus. Die Wittelsbacher zu Besuch im Bayerischen Wald; Der Bayerwald, H. 1, 1980, 6-18.

Seyfert, I.: Bifang und Wolfsgrube. Zwei Bodendenkmale auf der Breitenau; Der Bayerwald, H. 4, 1979, 215-217.

Seyfert, I.: Die Schachten des Bayerischen Waldes; Morsak, Grafenau, 1975.

Seyfert, I.: Der Einfluß von Bauvorschriften und Forstordnungen auf die ländliche Bauweise im Bayerischen Wald; Bay. Jb. f. Volkskunde, 75, 107-115, 1972.

Siebzehnriebl, F. X.: Grenzwaldsage; Reprint, Morsak, Grafenau, um 1980.

Sigl, J.: Die Einteilung der bairischen Bauernhöfe; Ostbairische Grenzmarken, 11, 34-35, 1922.

Sigl, J.: Steuer, Zehent und Scharwerk in alter Zeit; Ostbairische Grenzmarken, 10, 1921.

Singer, A. F.: Bärenjagd in Bayern; Deutsche Jägerzeitung, 23, 1968.

Solleder, F.: München im Mittelalter; Neudruck von 1938, Scientia Verlag, Aalen, 1962.

Spengler, K.: Es geschah in München; Bruckmann, München, 1962.

Spiess, K. H.: Bäuerliche Gesellschaft und Dorfentwicklung im Hochmittelalter. Beobachungen zur Grundherrschaft des Adels im Hochmittelalter. Probleme der hochmittelalterlichen Urbarüberlieferung. In: Aspekte der Grundherrschafts- Entwicklung des Hochmittelalters aus westeuropäischer Perspektive; Vandenhoeck und Rupprecht; 1995: 384-412.

Steckbauer, E.: Von Bär, Wolf und Luchs in der Vergangenheit. Historische Überlieferungen. In: E. Ergert, Die Jagd vom Faustkeil bis zum Präzisionsgewehr, Sonderschau in Zusammenarbeit mit dem Deutschen Jagdmuseum München im Waldmuseum Zwiesel, 1978, 52-72.

Stadtmüller, G., Pfister, B.: Geschichte der Abtei Niederalteich, 731- 1986; 2. Aufl., Grafenau, 1986.

Stalla, G.: Salz in Bayern. Eine Bibliographie; Materalien z. Bay. Geschichte u. Kultur 1, Augsburg, 1995.

Steffen, H.: Das alte Augustinerkloster in München; Bayerland, 30, Nr. 13, 2. März-Heft, 1919, 214-217.

Stetter, G.: Michael Wening. Leben und Werk des bayerischen Kupferstechers und Topographen; München, 1964.

Stifter, A.: Der Hochwald, o. O., o. J.

Stifter, A.: Der beschriebene Tännling, 1845.

Striedinger, I.: Der Goldmacher Marco Bragadino. Archivkundliche Studie zur Kulturgeschichte des 16. Jahrhundert; München, 1928.

Struck, E.: Mittelalterlicher Landesausbau im Aigen um Grafenau. In: Plansiedlungsformen im südlichen Bayerischen Wald und im Mühlviertel; Passauer Schriften zur Geographie 43-47; 1987.

Stutzer, D.: Der alte bayerische Hoffuß in der historischen Praxis der bäuerlichen Betriebsschätzung und Betriebsbewertung; Zeitschrift f. bayerische Landesgeschichte, 42, 1979.

Stutzer, D.: Grundherrschaft im 13. und 18. Jahrhundert, dargestellt am Beispiel des Zisterzienserklosters Aldersbach, LK Passau; Schule und Beratung , Heft 6, 7, 8, 9, 1985.

Täntzer, J.: Der Dianen hohe und niedere Jagdgeheimnüß; Kopenhagen, 1734.

Trautmann, K.: Kulturbilder aus München; J. Lindauersche Univ. Buchhandlung; 1919.

Trellinger, A.: Einstiges Vorkommen der Bären im Bayerwald; Der Bayerwald, 8-97, 1932.

Trellinger, A.: Der Luchs in Niederbayern unter besonderer Berücksichtigung des Bayerwaldgebietes; Der Bayerwald, 1950, S. 56ff.

Veith, H.: Deutsches Bergwörterbuch, mit Belegen; Wilhelm Gottlieb Korn, Breslau, 1871.

Verhulst, A.: Aspekte der Grundherrschaftsentwicklung des Hochmittelalters aus westeuropäischer Perspektive, In: Grundherrschaft und bäuerliche Gesellschaft im Hochmittelalter, Hrg. W. Rösener. Vandenhoeck und Rupprecht, 1995, 16-30.

Vodak, L.: Sumavsti Medvedi jejich Historie a Perspektivy, Winterberg, 1993.

Völkl, G.: Harte Zeiten, Geschichten und Bilder aus der alten Holledau; Frigisinga, Freising, um 1990.

Vollmann, R.: Hausforschung im Bayerischen Wald; Bayerland, 30, Nr. 24, 2. Aug.-Heft, 1919, 397-402.

W. Z.: Aus vergangenen Tagen: Das herzogliche Jagdhaus zu Reichenberg bei Grafenau. Im Jahre 1590 errichtet, 1648 niedergebrannt, heute fast vergessen; Altbayerische Heimatpost, Nr. 39, S. 4.

Wachinger, G.: Beiträge zur Wirtschaftsgeschichte des Klosters Niederalteich; Stud. u. Mitt. z. Geschichte d. Benediktiner-Ordens 44, 1926, S. 23.

Wagner, H.: Die Kaiserhütte und der Goldmacher Marco Bragadino; Ostbairische Grenzmarken, 1959, S. 125-127.

Wagner, H.: Das obere Waldhaus der Stadt Grafenau und die Entstehung der Ortschaft Waldhäuser; Der Bayerwald, 1952, 31-35.

Wagner, H.: Die Aufschreibungen des Franz Poschinger 1637-1701 vom Glashüttengut Frauenau; Sauerlach, 1985.

Wagner, H.: Grafenau, Geschichte der Stadt und ihrer Guldenstraße samt einer Chronik der Pfarrei; K. H. Eckert, Deggendorf, 1954.

Waltinger, M.: Aus dem Hirtenleben in Niederbayern; Ostbairische Grenzmarken 10: 29ff; 1921.

Watzlik, H.: Im Ring des Ossers, o. O., o. J.

Watzlik, H.: Der wilde Eisengrein; Grafenau. Morsak, 1927, 1968.

Weber, L.: Das Herzogliche Jagdschloß zu Reichenberg, erbaut 1590, abgebrannt 1646; zusammengestellt an Hand von Akten aus dem Staatsarchiv Landshut, unveröffentl. Manuskript, 1976.

Weichser, H.: Der obere Bayer- und Böhmerwald; Bayernheft, Nr. 32, Hg. Enzinger, A., Oldenbourg, München, um 1935.

Weindel, H.: Familiengeschichte Hilz; Landshut 1954, Manuskript.

Weiß, G.: Ullstein Gläserbuch. Eine Kultur- und Technikgeschichte des Glases; Ullstein, Berlin, 1966

Weiß, J.-M.: Das Bauernjahr im Spiegel von Arbeit und Brauchtum im Kirchdorfer Land. Aufzeichnungen von Mathias Weiß, Bauer auf dem Weißhof in Trametsried von 1943 - 1985; Flurbereinigungsdirektion; 1992.

Wendt, U.: Kultur und Jagd; Berlin, 1907-1908, Bd. 2.

Wening, M.: Beschreibung des Churfürsten- und Herzogthums Obern und Nidern Bayern, Teil 4: Das Rentamt Straubing; München, 1701-1726.

Wenzig, J. und Krejci, J.: Der Böhmerwald. Natur und Mensch; Prag, 1860.

Wessely, J.: Der letzte Bär der Schwarzenbergischen Urwälder auf der Herrschaft Krummau; Blau-Weiße Blätter, 12. Jg. Murau, 1964.

Wiedersperg, Freiherr von: Wildschützen im Bayerischen Wald. Ein Waldbild aus den vierziger (1840) Jahren; Bayerland, 3, 1892, 551-552, 560-562.

Wild, K.: Das Schicksal der Grafschaft Windberg; Ostbaierische Grenzmarken, 1958, 193-224.

Wild, K., Hilmer, R.: Das Bild des Landkreises Vilshofen, Hg: Landkreis Vilshofen, 1966.

Wild, K.: Festschrift zur 750- Jahrfeier der Stadt Vilshofen 1206-1956; Vilshofen 1956.

Willkom, H. D.: Die Weidmannsprache. Begriffe, Wendungen und Bedeutungswandel des weidmännischen Sprachgutes; Deutscher Landwirtschaftsverlag, Berlin, 1990.

Winkler, J.: Der Bär im Böhmerwald. In: Beiträge zur Landes- und Volkskunde des Mühlviertels, 3.Band; Rohrbach, 1913.

Winterstein, A.: Wo die gekrönten Häupter ruhen. Geschichte und Geschichten: Die Wittelsbacher Fürstengruft in St. Michael. 39 Särge stehen heute in der im 16. Jahrhundert von Herzog Wilhelm V. dem Fromen gestifteten Grableg; Südd. Zeitung Nr. 250, 30. Okt. 1997, S. 50.

Wittgräfe, R.: Das Pestjahr 1634 in Burghausen; Öttinger Land, 4, 1984, 74-78.

WMS: Baukosten in alter Zeit; Niederbay. Monatsschrift, 3, 1914, S. 91.

Wulf, G. J.: Die Wittelsbacher und die bayerische Landschaft; Bayerland, 41, 1930, 701-703.

Wulf, G. J.: In Herzog Sigismund Lustrevier; Bayerland, 41, 1930, 245-252.

Wurster, H. W., Brunner, M., Loibl, R. und Brunner, A.: Weißes Gold. Passau, vom Reichtum einer europäischen Stadt; Katalog zur Ausstellung im Oberhausmuseum Passau, 6. 5. - 1. 10. 1995.

Zaborski, O. von: Von Ehalten, Inleuten und Hütern im Oberen Wald; Bay. Jahrbuch f. Volkskunde 196-207; 1954.

Zaborsky, O. von: Im alten Waldlerhaus; Bay. Jb. f. Volkskunde 25-33; 1952.

Zaborsky, O. von: Hinterlassenschaftsinventarien aus dem Bayerischen Wald; Bay. Jb. f. Volkskunde 10-14; 1956.

Zantner-Busch, D.: Ein vergessenes Jagdschloß; Bayerland, 36, 1925, 476-479.

Zedler, J. H.: Grosses vollständiges *Universal- Lexikon* aller Wissenschaften und Künste, welche durch menschlichen Verstand und Witz erfunden worden; 68 Bde, Halle und Leipzig, 1731-1754, Neudruck: Akadem. Druck- u. Verlagsanstalt, Graz, 1961.

Zierfreund, A.: Beschreibung über das Leben und Ende des letzten Bären im Böhmerwalde, wie dieses hiemit wahrheitsgetreu gegeben werden kann oder zu erheben möglich war; Waldheimat, 9. Jg., Budweis, 1932.

Zimmermann, J. A.: „Chur- Bayrisch- Geistlicher Calender, Teil 4: Das Rentamt Straubing; München, 1757

18. Anmerkungen

1 HStAM Pfalz-Neuburg, Varia Bavarica 220
2 StAL, Rentkastenamt Straubing, (Umritts- Protokolle) P 7 von 1617 fol. 153
3 Herr Prälat Hans Ascherl, Vohenstrauß, hat die lateinische Reisebeschreibung über das Gericht Bärnstein von Philipp Apian, 1880, übersetzt. Vielen Dank.
4 HStAM, GL, Bärnstein Nr. 9/I, Fol. 16,17
5 HStAM, Lands. Abgabe, Hofkammer Rep.92 Verz.8 Fasz.40 Nr.120, fol.1-4
6 HstAM, Lands. Abg., Hofkammer Rep.92 Verz. 8 Fasz. 40 Nr. 120,fol.1,1',4,4'
7 Herr Dr. Ludwig Schober hat auf diesen Unterschied aufmerksam gemacht.
8 Bei Herrn Lehrer und 2. Bürgermeister von Schöfweg Christian Meier (T. 09908 409) bedanken wir uns für anregende Gespräche über das Jägerhaus von Schöfweg.
9 Hebräisch, im Alten Testament ein Städteerbauer u. großer Jäger vor dem Herrn, sprichwörtl.: eifriger Jäger
10 StAL Rep. 92/9 Fasz.10 Nr. 266 fol. 13
11 HStAM, Lands. Abgabe 1982, Niederaltaich A 33, Fol. 146
12 Bavaria, Band 1, Abteil. 1, S. 1124, 1860
13 StAL, in Bärnstein; Ritz, 1933, spricht irrtüml. von Bannfällen
14 Nachlaß: Hermann Wagner, von Dr. R. Haller zur Verfügung gestellt
15 HStAM: Landshuter Abgabe 1981, Hofkammerakten, Rep. 92,Verz. 8, Fasc. 40, Nr. 120-123, Fol. 1-26
16 StAL, Rep.97d, Fasz.669, Nr.68
17 HStAM, HR II, Fasz.75
18 StAL Rep. 92, Verz. 9, F 10, Nr.226
19 HStAM Landsh.Abgabe, Hofkammer Rep.92 Verz.8 Fasz.40 Nr. 120 fol. 1-4
20 HStAM Landsh.Abg., Hofkammer Rep.92 Verz.8 Fasz.40 Nr.120,fol.1-4
21 Wir bedanken uns bei Herrn Geiger vom Burggasthof Bärnstein für die Möglichkeit, die historische Bausubstanz der alten Taferne zu besichtigen.
22 HStAM, Landsh. Abgabe., Hofkam., Rep 92 Verz. 8 Fasz. 40 Nr. 120; fol 5-10
23 HStAM, Landsh. Abgabe, Hofkam. Rep. 92 Verz.8 Fasz.40 Nr.120, fol 11-26
24 Der Begriff Glaintten oder glaintten Dachstuhl kann nicht gedeutet werden.
25 HStAM, Lands. Abgabe, Hofkam., Rep. 92 Verz. 8 Fasz. 40 Nr. 120, fol, 27 f
26 HStAM, Lands. Abgabe, Hofkam., Rep. 92 Verz. 8 Fasz. 40 Nr. 120, fol, 28 f
27 Ausgaben, Unkosten, Reisekosten, Schmeller, 2. Bd, Spalte 1148
28 HStAM, Landsh. Abgabe, Hofkam., Rep. 92 Verz. 8 Fasz. 40 Nr. 120; fol. 30
29 HStAM, Kurbayern, Hofkammer Nr. 90 (= Juli/August 1589)
30 HStAM, Kurbayern, Hofkam. Nr.91(= Sept./Okt., Sitz.: 15. 9.1589); fol.71'
31 HStAM, Kurbayern, Hofkam. Nr.91(=Sept./Okt., Sitz.: 16. 9. 1589); fol. 78
32 StAL, Regierung Straubing A 2016, (früher Rep.97d Fasz.. 669 Nr. 68)
33 HStAM, Landsh. Abgabe, Rep. 92, Verz. 8, Fasc. 40, Nr. 120 fol. 31, 31' Abschrift in: StAL,Regierung Straubing A 2016 (früher: Rep 97d Fasz. 669 Nr. 68
34 HStAM, Kurbayern, Hofkammer Nr. 94 (=März/April), fol. 250
35 HStAM, Lands. Abgabe Hofkam., Rep. 92 Verz.8 Fasz. 40 Nr. 120, fol.31?
36 HStAM, Kurbayern, Hofkammer Nr. 94 (=März/April), fol, 251
37 Die Übersetzung des lateinischen Textes stammt von Prälat Hans Ascherl, Vohenstrauß. Herzlichen Dank.
38 mitgeteilt von Herrn Kurt Weny, Reichenberg, Haus-Nr. 34
39 HStAM, Landsh. Abgabe, Hofkam., Rep.92 Verz. 8 Fasz. 40 Nr. 120, fol.32-36
40 Längenmaß, von Fußlänge abgeleitet, in Bayern 29,19 cm = 10 Zoll
41 StAL, Regierung Straubing A 170/II
42 Herr Dr. L. Schober, Passau, hat die Briefe übersetzt.
43 StAL, Regierung Straubing A 2016; alt: Rep.97d Fasz. 669 Nr.68
44 StAL, Rep. 97 d Fasz. 669, Nr. 68
45 HStAM, Kurbayern, Hofkammer Nr. 95 (=Mai/Juni 1590, fol. 255'
46 StAL, Regierung Straubing, A2016; alt: Rep. 97d, Fasz. 669, Nr. 68
47 Schmeller 1872, II, Spalte 630
48 StAL, Regierung Straubing, A 2016; alt: Rep. 97d, Fasz. 669, Nr. 68
49 StAL, Regierung Straubing, A 2016; Rep. 97d, Fasz. 669, Nr. 68
50 StAL, Regierung Straubing, A 2016; Rep. 97d, Fasz. 669, Nr. 68
51 Bei Herrn Prof. Warkotsch und Herrn Dr. Hamberger, Lehrstuhl f. Forstl. Arbeitswissenschaft, Forstwiss. Fakultät der LMU in Weihenstephan, bedanken wir uns für diese Auskünfte.
52 altes Flüssigkeits- oder Hohlmaß, 1 Drilling = 131,8 l
53 Frauentag = Maria Himmelfahrt im August, Schmeller, 1983, 802
54 HStAM, Landsh. Abgabe,Hofkam. Rep.92 Verz.8 Fasz.40 Nr. 120, fol. 36-37
55 HStAM, Kurbayern, Hofzahlamt 37 (1591) fol. 481'
56 HStAM, Kurbayern, Hofkammer 104 fol. Vom 23. Dez. 1591
57 StAL, Kb Hofk. Ämterrechn. Rentamt Straub. Hengersberg, Ger.-u.Kastenrechn.
Jg. 1593 / Gemeine Ausgab
58 StAL, Rentkastenamt Straubing, Kastenrechnung Bärnstein (R837, R838, R840, R842 fol.58f.)
59 HStAM, Kurbayern, Hofkammer Nr. 107 (Mai/Juni 1592), fol. 30-30'
60 HStAM, Kurbayern, Hofkammer, Nr. 107 (=Mai/Juni), fol. 139-140
61 HStAM, Kurbayern, Hofkammer Nr. 110 (=Nov./Dez. 1592 fol. 123-124
62 HStAM, Landsh. Abgabe, Hofkammer, Rep.92 Verz.8 Fasz.40 Nr. 120, fol.31
63 HStAM, Kurbayern Hofzahlamt 36 (vom Jahre 1590) fol. 315'
64 StAL, Kurbayern- Hofkammer, Ämterrechnungen: Straubing, Bärnstein, Gerichts- und Kastenrechnungen 1591

65 HStAM, Kurbayern, Nr. 1015, Geh. Landesarchiv, fol. 1-496, fol. 290

66 HStAM, Kurbayern, Hofkammer, Nr. 137 (Jan./Febr./ März 1599), fol. 171

67 HStAM, Kurbayern, Hofkammer, Nr. 138 (April/Mai/Juni 1599), fol. 151'

68 StAL, Kb Hofk. Ämterrechn. Rentamt Straub. Ger. u. Kastenrechn. Jg. 1599

69 StAL, Rentkastenamt Straubing, Kastenrechn. Bärnstein, R835-R856

70 Möglicherweise geht der Ortsname des Weilers Himmelreich bei Neuschönau auf diesen Familiennamen zurück.

71 StAL, Rentkastenamt Straubing, Kastenrechn. Bärnstein,R 842 fol. 58f

72 StAL, Rentkastenamt Straubing, Kastenrechn. Bärnstein, R 843 fol. 59-61

73 StAL, Rentkastenamt Straubing, Kastenrechn. Bärnstein, R 848 fol. 56

74 StAL, Rentkastenamt Straubing, Kastenrechn. Bärnstein, R 850 fol. 59'

75 StAL, Rentkastenamt Straubing, Kastenrechn. Bärnstein, R 851 fol. 63

76 StAL, Pfleggericht Bärnstein R1 fol. 50

77 StAL, Rentkastenamt Straubing, Kastenrechn. Bärnstein, R 852 fol. 59

78 StAL, Rentkastenamt Straubing, Kastenrechn. Bärnstein, R 853 fol. 63'-64

79 StAL, Rentkastenamt Straubing, Kastenrechn. Bärnstein, R 855 fol. 55

80 StAL, Rentkastenamt Straubing, Kastenrechn. Bärnstein, R 842 fol. 58f.

81 StAL, Rentkastenamt Straubing, Kastenrechn. Bärnstein, R 849 fol. 53'

82 StAL, Rentkastenamt Straubing, Kastenrechn. Bärnstein, R 856 fol. 57'-58

83 StAL, Rentkastenamt Straubing, Kastenrechn. Bärnstein, R 836

84 StAL, Rentkastenamt Straubing, Kastenrechn. Bärnstein, R 837

85 StAL, Rentkastenamt Straubing, Kastenrechn. Bärnstein, R 843 fol. 59-61

86 StAL, Rentkastenamt Straubing, Kastenrechn. Bärnstein, R 850 fol. 59'

87 Plansammlung: HStAM, Nr. 20225, Nr. 230; StAL, Nr. 445

88 StAL, Rentkastenamt Straubing, Kastenrechn.Bärnstein, R 842, fol. 58 f

89 Die Autoren wären dankbar, wenn die örtlichen Lehrerinnen und Lehrer ihre Schüler nach Geschichten über das ehemalige Jagdschloß in Reichenberg fragen, sie aufschreiben lassen und zum Gegenstand des heimatkundlichen Unterrichts machen würden. Vielleicht wird so eine noch nicht bekannte Begebenheit bekannt.

90 Gespräch mit dem Wandtner-Vater anläßlich der Feier 35 Jahre Josephshütte in Riedlhütte, am 21. August 1999

91 Die Vermessung wurde von L. Reiner, R. Atzinger und H. Schopf ausgeführt. Bei Kurt Weny bedanken wir uns für die Erlaubnis und seine Mithilfe.

92 HStAM, Kurbayern Hofzahlamt 36 (vom Jahre 1590) fol. 524'

93 HStAM, Kurbayern: Hofkammer Nr. 100 (=März/April 1591) fol. 12'f.

94 Von Dr. Ludwig Schoben aufgefunden.

95 HStAM, Kurbayern, Hofzahlamt 37 (1591) fol. 481'

96 HStAM, Kurbayern, Hofzahlamt Nr. 110 (=Nov./ Dez.1592) fol. 123- 124

97 Für diese Mitteilung und die gemeinsame Begehung bedanken wir uns bei Herrn Gerl, Spiegelau-Hochreuth

98 Der Waldverein, Sektion Spiegelau/Riedlhütte, beabsichtigt mit einer Wanderung im Jahre 2000 zum Rendlmoos, an diesen historischen Bergbau erinnern.

99 z. B. von Max Riedl in Reichenberg

100 Beim früheren Pfarrer von Sankt Oswald, Kajetan Steinbeißer, bedanken wir uns, daß wir 1996 diese Christusfigur eines unbekannten Schnitzers besichtigen konnten.

101 Joseph A. Zimmermann, Churbayrisch-Geistlicher Kalender (Notiz innerhalb der Liste der St.Oswalder Pröpste).

102 HStAM, Lands. Abgabe 1982, Niederaltaich A 33 fol.146

103 StAL, Rentkastenamt Straubing, Kastenrechn.Bärnstein, R 857-865

104 Wagner, 1954, Stadtarchiv Gravenau, Stadtrechnung 1648

105 Wagner, 1954, StAL, Rep.171, Verz.4, Fasc.1, Nr.11

106 Wagner, 1954, StAL, Rep.34b,Verz.4,Fasc.6,Nr.39,Fol.146

107 Für die Mithilfe bei den Grabungen bedanken wir uns bei Dipl. Ing. Min. K. P. Martinek, Kurt Strohmeier, Franz K. Hruschka, Karl Herzog und Josef Reiner

108 Bei der Archäologin MA. Cornelia Schink bedanken sich die Autoren und der Heimatverein Riedlhütte für die fachliche Einordnung der Grabungsfunde auf dem Gelände des ehemaligen Jägerhauses in Reichenberg.

109 Herr Dipl. Mineraloge K. P. Martinek, Riedlhütte, hat zugesagt, diese Untersuchung im Mineralogischen Institut der Techn. Univ. München in Garching durchzuführen.

110 Den umfangreichen Schriftverkehr hat Dr. Ludwig Schober ausgewertet; vgl. Kap. 5.9.

111 Vermess.amt Freyung, Liquidations- Protokolle vom 13.6.1839, S.157

112 HStAM, Niederaltaich, B76,Fol.173, fehlend 91-99

113 HStAM, Landshuter Abgabe, Rep.92, Verz.8, Fasc.47,Nr.144

114 Durch die Vermittlung von Renate Atzinger stellte uns Kurt Weny diesen Notariatsvertrag zur Verfügung

115 Urkunde des Notariats Grafenau vom 28. III. 1911.

116 Freundliche Auskunft von Kurt Weny.

117 Amtsrechnungsbücher des LG Bärnstein ab dem Jahre 1602: StAL Rentkastenamt Straubing R 753 ff.

118 Hofstaat-Rechnungsbuch von 1615: HStAM HR II Fasz. 193, 3. Quartal = Nr. 3096 (ausführlich dazu Kap. 7.5.1). Der Eintrag lautet: *Meister Hansen Schmid, fürstlichem Leibbarbier,* (habe ich) *erstattet 5 Gulden, so Ihre Durchlaucht, mein gnädigster Herr, Michaeln Schmidts, Jägers am Reichenberg, Weib als ein Almosen gnädigst verehren lassen.*

119 Ludwig SCHOBER, Geschichte des Klosters St.Oswald, 1997 S. 466.

120 Ludwig SCHOBER, Geschichte des Klosters St.Oswald, 1997 S. 466.

121 Jagd-Rechnungsbuch Herzog Albrechts VI. vom Jahre 1613: HStAM HR II Fasz. 203 (Nr. 2467)/1. Quartal. Der Eintrag lautet: *Den 15. März dem Augustin Koch, Jäger aus der Grafenau, welcher an vergangenem Hirschfaist einen eigenen Boten heraufgeschickt, darbei er wegen der damals verhandenen Bern underthenigst Bericht getan, und weil er dem Boten das Botenlohn selbsten geben, ihm dies wiederumben bezahlt 2 fl.* Zum Jäger Augustin Koch siehe ferner Kap.7.3.

122 Ludwig SCHOBER, Geschichte des Klosters St.Oswald, 1997 S. 466 f.

123 Kastenrechnung des Pfleggerichtes Bärnstein vom Jahre 1642: StAL Rentkastenamt Straubing R 856 fol.57' f.

124 HStAM, Landshuter Abgabe, Hofkammer Rep. 92 Verz. 8 Fasz.41 fol. 250 - 255.

125 Es dies eine mit *Species facti* (Darlegung des Sachverhaltes) überschriebene umfangreiche Schrift des St.Oswalder Propstes Gregor Pusch (1746 - 1768), erhalten im Akt StAL Rentkastenamt Straubing A 1036 (früher: Rep. 92/9 Fasz. 10 Nr. 266) fol. 6'-24.

126 Kastenrechnung des Pfleggerichtes Bärnstein vom Jahre 1642: StAL Rentkastenamt Straubing R 856 fol.57' f.

127 Der Trauungseintrag lautet: *Martin Stöckl, Jäger auf der Pronfelden,* (verheiratet sich) *mit Catharina, des Hansen Lang von Abtschlag selig hinterlassner Tochter. Testes: Adam Wieser auf der Pronfelden, Andre Träxl allhier.* Diözesanarchiv Passau, Grafenauer Matrikelbuch 1, Trauungen 1605 - 1639, S. 103.

128 Diözesanarchiv Passau, Grafenauer Matrikelbuch 1, Taufen 1605 - 1639, S. 402.

129 Am 8. Juni 1694 heiratet *Martin, des Michael Stöckls, Oberjägers von Langdorf, Sohn* (Diözesanarchiv Passau, Grafenauer Matrikelbuch 2, Trauungen 1672 - 1711, S. 81.

130 Diözesanarchiv Passau, Grafenauer Matrikelbücher 2, Begräbnisse fol. 137.

131 Diözesanarchiv Passau, Grafenauer Matrikelbücher 2, Trauungen (1672-1711) S. 121. Als Verwandtschaftsverhältnis des Martin Schreiner zur Stöckl-Familie ist denkbar, daß er eine Tochter des alten Martin Stöckl heiratete und nach deren Tod eine zweite Frau nahm, die dann von Jakob Stöckl geheiratet wurde.

132 Diözesanarchiv Passau, Grafenauer Matrikelbücher 3, Trauungen (1712 - 1750) S.48.

133 Diese Erweiterung des Jägerhäusls auf grundherrschaftlichen Boden des Klosters St.Oswald ist verschiedentlich belegt: zunächst in einem Brief des St.Oswalder Propstes Vitus Camuzzi vom 3. April 1739 (StAL Rentkastenamt Straubing A 1036; früher: Rep.92/ 9 Fasz. 10 No.266), ferner in der *Species facti* des Propstes Gregor Pusch (StAL Rentkastenamt Straubing A 1036 fol. 6 ff.) und vor allem in einer Supplikation des Reichenberger Bauern Johann Mandl an die Regierung Straubing von Februar 1754 (StAL Pfleggericht Bärnstein A 5).

134 Abschriften dieses Heiratsbriefes finden sich in HStAM GL Fasz.281 Nr. 3 und in StAL Rentkastenamt Straubing A 1036; früher: Rep.92/9 Fasz. 10 No.266; extrahiert wurden diese *aus dem Briefprotokoll des Kurfürstlichen Landgerichts Bärnstein, so vor- und eingekommen im Inneren Amt den 3. August 1723.* Als Zeugen werden aufgeführt: *Wolf Onibus in Ärmschlag, Georg Wiesmüller an der Winkelmühle, Paulus Riedl zu Dietersmayss, Bernhard Gstöttner in der Grafenau und Matthias Kern an der Dimpflmühle.*

135 *Species facti* des Propstes Gregor Pusch, StAL Rentkastenamt Straubing A 1036 fol. 6 ff.

136 Die Quellen des Jägerhäusl-Streites: Abgesehen von verschiedenen Amtsbüchern wurden von Seiten des Verfassers folgende vier Aktenkonvolute durchgearbeitet: (1) StAL Rentkastenamt Straubing A 1036 (früher Rep. 92/9 Fasz. 10 No. 266), (2) StAL Fiskalamt Straubing A 169; (3) StAL Pfleggericht Bärnstein A 5; (4) HStAM GL Fasz. 281 Nr. 3, Provenienz Hofkammer. Diese allesamt dicken Aktenbündel enthalten in Konzepten und Abschriften die meisten und sicherlich alle wichtigen Schriftstücke über diesen Streit, von einer einzigen Ausnahme abgesehen und dies ist ein ausführliches Inventar über die Hinterlassenschaft der Witwe Barbara Stöckl aus dem Jahre 1743. Erhalten ist uns dieses Inventar glücklicherweise durch Exzerpte Ludwig WEBERS, Hauptlehrer und Schulrat aus Riedlhütte, die dieser schon vor vielen Jahren angefertigt hat (vgl. Anm. 152).

137 Ausführlich und detailliert dargestellt bei Ludwig SCHOBER, Geschichte des Klosters St.Oswald, 1997 S. 443 ff.

138 *Species facti* des Propstes Gregor Pusch (StAL Rentkastenamt Straubing A 1036 fol. 6 ff.; vgl. dazu vor allem Ludwig SCHOBER, Geschichte des Klosters St.Oswald, 1997 S. 380)

139 Die einzige vage Nachricht, die wir darüber haben, findet sich im Hofkammerprotokoll vom 23. Dezember 1591 (HStAM Kurbayern Hofkammer 104 fol. 234) unter der Überschrift: *Brunnen beim Jaidhaus zum Pernstein: Dem Verwalter zum Pernstein ist geschrieben worden: Man habe seinen untertänigen Bericht und Gutachten über Georgen Sixens im Reichenberg beschehenes Supplizieren den eingefangenen Grund und Boden zum Jaidhaus daselbst betreffend hören lesen. Darauf lasse man es bei solch seinem Gutachten, daß ihm für gemeldeten Grund und "Pronnen" 28 fl gereicht werden sollen, gnädigst verbleiben. Wollte man ihm ... .*

140 Siehe im Einzelnen Ludwig SCHOBER, Geschichte des Klosters St.Oswald, 1997 S. 504 ff.

141 StAL Pfleggericht Bärnstein A 5.

142 StAL Rentkastenamt Straubing R 911.

143 StAL Pfleggericht Bärnstein P 2 reicht bis 1681, P 3 beginnt mit dem Jahre 1722.

144 beide Briefe in StAL Rentkastenamt Straubing A 1036 (früher: Rep.92/9 Fasz. 10 No.266 fol. 1- 2 und 3 - 5.

145 Erhalten in einer Abschrift aus dem Bärnsteiner Briefprotokoll-Buch von 1739 vom 14. Mai 1792 in HStAM GL Fasz. 281 / Nr. 3 Provenienz Hofkammer.

146 *Species facti* des Propstes Gregor Pusch, StAL Rentkastenamt Straubing A 1036 fol. 6 ff.

147 StAL Pfleggericht Bärnstein A 5 (früher: Rep. 165/8 Fasz. 1 Nr.11).

148 *Species facti* des Propstes Gregor Pusch, StAL Rentkastenamt Straubing A 1036 fol. 8 f.

149 Ausführlich dazu Hermann NEUMANN, Schloß Bärnstein, Ostbairische Grenzmarken 21, 1979 S. 215 ff.

150 So Propst Gregor Pusch in seinem Schreiben an die Regierung Straubing vom 22. August 1748; StAL Pfleggericht Bärnstein A 5; früher Rep. 165/8 Fasz. 1 Nr.11.

151 StAL Rentkastenamt Straubing A 1036 (früher: Rep.92/ 9 Fasz. 10 No.266)

152 In den angegebenen Akten zum Jägerhäusl-Streit war dieses Inventar nicht mehr aufzufinden (vgl. Anm. 136). Was oben wiedergegeben wird, beruht auf Aufschreibungen des verehrten Riedlhütter Hauptlehrers und Schulrates Ludwig WEBER, der sich bereits in den 60er Jahren mit diesem Streit beschäftigt und viele Archivalien exzerpiert hat. Bedauerlicherweise konnte auf Grund der ständigen Umordnungen und Umsignierungen innerhalb der Archive nicht zurückverfolgt werden, welche Akten Ludwig WEBER im einzelnen gesichtet hat. Die von ihm angegebene Signatur: Kgl. Kreisarchiv Landshut Rep. 1107 d Fasz. 544 No. 6

Fol. 13 Saal 17 führt nach verschiedentlichen Anfragen in Landshut nicht weiter, weil es dort offensichtlich nie ein Rep. 1107 gegeben hat. Dennoch steht aus mehreren Gründen (Datierung, Propstei-Amtmann Nickl, die Tatsache, daß ein Teil der Fahrnis bereits bei Reichenberger Bauern untergestellt war, usw.) außer Zweifel, daß es hier um das Inventar des Jägerhäusls im Jahre 1743 geht.

153 Claudia LISCHKE, Leben und Wirtschaften auf den Höfen im Bayerischen Wald: volkskundliche Untersuchung anhand von Verlassenschaftsinventaren aus dem 18. Jahrhundert (Passauer Studien zur Volkskunde ; 6) Tittling 1991.

154 So Gregor Pusch in einem Beschwerdeschreiben vom 20. April 1749, StAL Pfleggericht Bärnstein A 5.

155 StAL Pfleggericht Bärnstein P 37 (Inventur- und Schätzungsbuch des kurfrstl. LG u. Castenamts Pernstein von anno 1746 - 1754) fol. 289 f.: *Schätzung des Reichenberger* Jägerhäusls beim Übergang von Martin Schreiner auf den Glashüttenmeister Christian Hilz .

156 StAL Pfleggericht Bärnstein A 5 (früher: Rep.165/8 Fasz.1 Nr.11).

157 HStAM GL Fasz. 281/3, Provenienz Hofkammer.

158 StAL Pfleggericht Bärnstein A 5 (früher: Rep. 165/8 Fasz. 1 Nr. 11).

159 StAL Pfleggericht Bärnstein A 5 (früher: Rep. 165/8 Fasz. 1 Nr. 11).

160 StAL Rentkastenamt Straubing A 1036 (früher: Rep. 92/ 9 Fasz. 10 No. 266).

161 Als Extrakt aus dem klösterlichen Rechnungsbuch erhalten in StAL Fiskalamt Straubing A 169.

162 StAL Fiskalamt Straubing A 169.

163 Er wird mehrfach genannt in den letzten Streitakten in StAL Fiskalamt Straubing A 169.

164 Vermessungsamt Freyung, Liquidationsprotokoll vom 13. Juni 1839, S. 33

165 Joseph KLÄMPFL, Beschreibung der Ortschaft und Pfarrei Lälling im bayerischen Walde, in: Verhandlungen des historischen Vereins für Niederbayern, Bd. 4 Heft 1, Landshut 1855 S.35 - 50. Eine kurze Darstellung der Geschichte Lallings bietet derselbe in: Der ehemalige Schweinach- und Quinzingau, Passau 1855 S.73 ff. Zu Joseph KLÄMPFLs Leben und Werk siehe das Vorwort im Nachdruck dieses Werkes, Passau 1993.

166 Diözesanarchiv Passau, Pfarrei Lalling I, 2.

167 BayHStAM Kurbayern, Geheimes Landesarchiv 1075 fol. 175'; zu den Scharwerksbelastungen und -beschwerden der Hengersberger Untertanen und zu weiteren vereinzelten Hinweisen auf den Jagdbesuch von 1592 ausführlich Kap. 6.3.3.

168 BayHStAM Kurbayern, Hofkammer Nr. 110 (vom Nov./ Dez.) 1592 fol. 123-124 und fol. 139-139'.

169 Stadtarchiv Vilshofen, K(ammeramtsrechnung) 1592/93 (Apr.1592-Apr.1593) fol. 55'-56'. Anschließend ist anscheinend auch noch der etwas später von Deggendorf her durchreisende Hofkammerpräsident mit einem Betrag von über 35 Gulden verköstigt worden. Dies ergibt sich aus den einzelnen Notizen des Vilshofener Rechnungsbuches von 1592/93: Dem genauen Wortlaut nach heißt es: *Item wie höchstgedacht Ihre Fürstliche Durchlaucht allhier gewesen* (sind), (ist) *etlichen Personen, die in der Rüstung aufgewartet* (haben), *sonderlich den Befehlshabern, in Zehrung bezahlt* (worden): *4 fl 3 ß 29 d. / Dazumalen ist mehrhöchsternannt Ihre Fürstliche Durchlaucht freigehalten worden; darauf vermög des Zettels Nr. 4 gelaufen: 186 fl 3 ß 18 d 1 Hl. / Item als Herr Kammerpräsident zuvor einen eigenen Boten von Lälling aus allher geschickt* (hat), (ist) *demselben Laufgeld gegeben* (worden)*: 2 ß 24 d. / Nachdem auch Herr Hofkammerpräsident von Deggendorf wiederum hierher gekommen* (ist), (ist) *für denselben Inhalts des Zettel Nr. 5 Gleichfalls die Zehrung eingekommen: 35 fl 5 ß 25 d. / Item zuvor, als man aberhöchstermeldet Ihre Fürstliche Durchlaucht mit Wein und Habern zu verehren Vorhabens gewesen* (ist), (hat man) *ein Stück Zwilch zu Säcken* (ge)*kauft: 4 fl 25 d. / Von den Säcken, die dann noch vorhanden sind, zu machen: 2 ß 6 d 1 Hl. / Item von gemeiner Stadt* (das) *Wappen darauf zu machen: 1 fl.*

170 Zu den drei Niederaltaicher Äbten im einzelnen: Georg STADTMÜLLER-Bonifaz PFISTER, Geschichte der Abtei Niederaltaich: 731-1986, 2. Aufl. Grafenau 1986 S. 208 f.

171 BayHStAM Kurbayern Hofkammer Nr. 112 (März/April 1593) fol. 80.

172 BayHStAM Kurbayern Hofkammer Nr. 110 (Nov./Dez. 1592) fol. 123-124; u.a. heißt es dort: *So haben Ihre Durchlaucht nicht weniger zu sehen, daß sich die Untertanen vermeldeten Landgerichts Hengersberg der Scharwerk, so ihnen unter Erbauung der Taverne zu Lalling auferladen werden, zum höchsten beschweren, welche auch außer der 1000 fl, so hierzu der Abt zu Niederaltaich, als sie obiter berichtet sei, geben will, nicht ein Schlechtes kosten werde.*

173 BayHStAM Kurbayern Hofkammer Nr. 110 (Nov./Dez. 1592) fol. 139 f.

174 Botenlohn-Notiz in StAL Kurbayern-Hofkammer, Ämterrechnungen, Rentamt Straubing, Ger. Hengersberg, Gerichts- und Kastenrechnung 1593: *Den 15. Januar mit einem Anschlag wegen des "Paus zu Lälling" ... einen Boten gen München abgefertigt, dem aber nur ein Recepisse, daß mit ehestem Bescheid sollte hernach folgen, gegeben worden ... .*

175 BayHStAM Kurbayern Hofkammer Nr. 112 (März/April 1593) fol. 138.

176 StAL Kurbayern-Hofkammer, Ämterrechnungen, Rentamt Straubing, Ger. Hengersberg, Gerichts- und Kastenrechnung 1593 unter der Rubrik "Botenlohn".

177 BayHStAM Kurbayern Hofkammer Nr. 113 (Mai/Juni 1593) fol. 82.

178 Vgl. Anm. 183.

179 Wie Anm. 173.

180 Wie Anm. 171.

181 Joseph Klämpfl (wie Anm. 165) S. 37 f.

182 StAL Kurbayern-Hofkammer, Ämterrechnungen, Rentamt Straubing, Gericht Hengersberg, Gerichts- und Kastenrechnung Jg. 1593, unter der Rubrik "Gemeine Ausgaben".

183 HStAM <Landshuter Abgabe> Hofkammer Rep. 92 Verz. 8 Fasz. 64 Nr. 193; der Akt ist überschrieben mit: *Scharwerkssupplikation der gesamten Gmain* (unfoliiert).

184 StAL Rentkastenamt Straubing P 7 (Rentmeister-UmrittsProtokoll vom Jahre 1617) fol. 154'-155.

185 Wahrscheinlich geht es hier um eine Lehenabgabe, die immer dann anfiel, wenn in Niederaltaich ein neuer Abt gewählt wurde. Dies scheint m.E. aus dem "abermals" hervorzugehen, weil eben zu Beginn des Jahres 1592 Abt Quirinus und Anfang 1593 Abt Bernhard ihr Amt antraten (Kap.6.1.2).

186 BayHStAM Kurbayern Geheimes Landesarchiv 1075 fol.

173 ff; es ist dies ein Schmalfolio-Heft mit der Überschrift: *Zu vermerken, was jährlich über Ihrer Fürstlichen Durchlaucht zu Hengersberg vom fürstlichen Landgericht allda auf die Scharwerkfuhren und anderes geht.* Fol. 175' heißt es: *Mehr des 1592. Jahres über die Fuhren zum Perngejaid, Lehenroß und Botenlohn: 238 fl* (vgl. dazu Kap. 6.3.3. und 6.4.1). *Des 1593. Jahrs ist wiederum aufs Perngejaid im fürstlichen Landgericht Hengersberg* (ge)*gangen: 594 fl 46 Kr.*

187 BayHStAM, Landshuter Abgabe, Rep.92 Verz. 8 Fasz. 64 Nr. 193.

188 HStAM Kurbayern Hofkammer Nr.115 (Sept./Okt. 1593) fol. 75 f. und BayHStAM <Landshuter Abgabe> Hofkammer Rep. 92 Verz. 8 Fasz. 64 Nr. 193.

189 In den Hengersberger Amtsrechnungsbüchern von 1593 und 1594 findet sich kein diesbezüglicher Posten.

190 Der eigentliche Grund für diese weitere Supplikation war wahrscheinlich der bürokratische Schlendrian bei der Münchner Hofkammer. Während die oben wiedergegebene Entscheidung der Hofkammer am 23. September 1593 an den Herzog nach Reichenberg abgesandt worden war, erging das inhaltlich gleiche Schreiben an den Hengersberger Pfleger erst am 6. Oktober. Bis dahin hatte man auf Hengersberger Seite vom Hofkammerbescheid offensichtlich nichts erfahren. Aus diesem zweiten Bittgesuch erfahren wir übrigens auch, daß die erste Hengersberger Supplikation dem Herzog vom Niederaltaicher Abt beim Landtag zu Landshut überreicht worden war (vgl. Kap. 6.3.3). Das letzte erhaltene Schreiben des gesamten Akts enthält (im Konzept) eine aus dem erneuten Hengersberger Gesuch resultierende unwillige Anfrage der Hofkammer vom 22. Dezember 1593 an Pfleger Ainkürn, warum er bisher dem Befehl vom 6. Oktober (Entschädigung für die noch ausstehenden Scharwerksfuhren auf Kosten des Herzogs) noch nicht nachgekommen sei (auch enthalten im Hofkammer-Protokoll dieses Tages in HStAM Kurbayern Hofkammer Nr. 116 (Nov./Dez. 1593) fol. 93'-94). Wahrscheinlich gab es damals ohnehin nichts mehr zu entschädigen, weil die Hauptmasse der Transporte nach Lalling ohnehin schon geleistet war.

191 BayHStAM Kurbayern Geheimes Landesarchiv 1075 fol. 173 ff. (vgl. Kap. 6.1.1. und Anm. 167 und 186).

192 Stadtarchiv Vilshofen, K(ammeramtsrechnung) 1593/94 (Apr.1593-Apr.1594) fol. 52.

193 Erhalten sind immerhin die Jahre 1594, 1596-1600, 1602-1604, 1606-1610, dann sind nur noch 1620, 1630, 1640, 1650, 1660 im Bestand StAL Kurbayern-Hofkammer, Ämterrechnungen, Rentamt Straubing, Ger. Hengersberg, Gerichts- und Kastenrechnungen. Im Bestand StAL Rentamt Straubing, R(echnungen) findet sich kein einziges aus dem 17. Jh. Im Bestand StAL Pfleggericht Hengersberg R(echnungen) liegen die Jahre 1608, 1615, 1616, 1620, 1644, 1657 usw. vor.

194 BayHStAM Kurbayern Hofkammer Nr. 107 (Mai/Juni 1592) fol. 139-140 (vom 9. Juni).

195 StAL Kurbayern-Hofkammer, Ämterrechnungen, Rentamt Straubing, Ger. Hengersberg, Gerichts- und Kastenrechnung 1598 unter der Rubrik "Gemeine Ausgaben".

196 StAL Kurbayern-Hofkammer, Ämterrechnungen, Rentamt Straubing, Ger. Hengersberg, Gerichts- und Kastenrechnung 1600 unter der Rubrik "Botenlohn".

197 Vgl. neuerdings Guido TREFFLER, Die Regierung Straubing in der Frühen Neuzeit: Aspekte der Geschichte einer bayerischen Mittelbehörde, in: 1100 Jahre Straubing 897 - 1997, hrsg. von Alfons Huber, Straubing 1998 S. 177.

198 In StAL Pfleggericht Hengersberg R 1 und in StAL Kurbayern-Hofkammer, Ämterrechnungen, Rentamt Straubing, Ger. Hengersberg, Gerichts- und Kastenrechnung 1608.

199 Zum 20. Juni 1620 wird in den - ebenfals doppelt erhaltenen - Hengersberger Amtsrechnungsbüchern (vgl. Anm. 193) unter der Rubrik "Botenlohn" fol. 96 vermerkt, daß der Hengersberger Amtsbote *mit einem Schreiben des allhiesigen Schlossers ausständiger Arbeit vom fürstlichen Jägerhaus Lälling herrührend ....* nach Straubing geschickt wurde

200 StAL Pfleggericht Hengersberg R 4 (Amtsrechnungen) vom Jahre 1620 fol. 101'-102 / "Sonderbare Ausgaben" und ebenso in StAL Kurbayern-Hofkammer, Ämterrechnungen, Rentamt Straubing, Ger. Hengersberg, Gerichts- und Kastenrechnung 1620 fol. 101'-102.

201 Vgl. Anm. 193.

202 BayHStAM Landshuter Abgabe Hofkammer Rep. 92 Verz. 8 Fasz. 65 Nr. 194; die Supplikation des Georg Turner ist in diesem Akt nicht enthalten, sondern nur die diesbezüglichen Schreiben des Hengersberger Pflegers Joseph Ferdinand Graf Khuen (1685-1698) vom 30. März und 12. Mai und des Straubinger Rentmeisters Friedrich von Edlmar (1681-1698) vom 18. März, 6. April und 20. Juni 1688.

203 Siehe im einzelnen Klaus ROSE, Deggendorf (Historischer Atlas von Bayern, Teil Altbayern, Heft 27) München 1971 S. 181 ff. und S. 200 ff.

204 Die Supplikation des Hans Grasman und die drei zugehörigen Amtsschreiben (des Pflegrichters vom 21. Juli, des Rentmeisters vom 26. Juli und eine Rückfrage der Hofkammer vom 5. Oktober 1699) finden sich ebenfals im Akt HStAM Landshuter Abgabe Hofkammer Rep. 92 Verz. 8 Fasz. 65 Nr. 194.

205 HStAM GL Fasz. 1291 Nr. 51 Provenienz Hofkammer.

206 Bei den Akten (vgl. Anm. 205) findet sich auch der fertige Bauplan des Joseph Steinbrecher mit dem Grundriß des Erd- und Obergeschosses und dem Aufriß des Hauses.

207 Siehe Klaus ROSE (wie Anm. 203) S. 242.

208 Zu Abt Augustin II. Ziegler: Georg STADTMÜLLER - Bonifaz PFISTER, Geschichte der Abtei Niederaltaich: 731 - 1986, 2. Aufl., Grafenau 1986 S.260-262

209 Ludwig H. KRICK, Chronologische Reihenfolge der Seelsorgevorstände und Benefiziaten des Bistums Passau, Passau 1911 S. 345, 358 und 590.

210 Bayerische Staatsbibliothek München, Handschriftenabteilung Clm 1321 fol. 54, innerhalb des zweiten Amtsjahres des Abtes Augustinus (27. Aug. 1765 - 26. Aug. 1766) ist dies der §uus VI; in §uus V wird der 7. April, in §uus VII der 29. Mai 1766 behandelt. Zu Johann Baptist LACKNER im einzelnen: Georg STADTMÜLLER-Bonifaz PFISTER, Geschichte der Abtei Niederaltaich, 2.Aufl. Grafenau 1986 S.264.

211 Dieser Schriftverkehr über die Jagd konnte 1999 erneut eingesehen werden.

212 G.H.A.: Geheimes Hausarchiv, München, 606/III

213 G.H.A.: Geheimes Hausarchiv, München, 606/7a, Fol. 94-96

214 HStAM, Fürstensachen 426a

215 Die Wittelbacher Fürstengruft in St. Michael in München ist an Wochentagen geöffnet. An Sonn- und Feiertagen ist sie geschlossen.

216 HStAM, Fürstensachen, 489

217 HStAM, Kurbayern, Hofkammer Nr. 90 (= Juli/August 1589)

218 HStAM, Kurbayern, Hofkam. Nr.91(= Sept./Okt., Sitz.: 15. 9.1589); fol.71'
219 HStAM, Kurbayern, Hofkam. Nr.91(=Sept./Okt., Sitz.: 16. 9. 1589); fol. 78
220 Stadtarchiv Vilshofen, Kammeramtsrechnung (K) 1589/90, fol. 44
221 HStAM, Kurbayern, Hofkammer Nr. 108 (=Juli/Aug. 1592), fol. 155
222 HStAM, Kurbayern, Hofkammer Nr. 109 (=Sept./Okt. 1592), fol. 131, 137
223 HStAM, Kurbayern, Hofkammer Nr. 110 (=Nov./Dez. 1592), fol. 123-124
224 Stadtarchiv Vilshofen, K(ammeramtsrechnung) 1592/93(Apr.92-Apr.93),fol.55
225 Stadtarchiv Vilshofen, K(ammerrechn.) 1992/93 (Apr.92-Apr.93) 55'-56'
226 HStAM, Kurbayern, Hofzahlamt 38, 1592, fol. 583'
227 HStAM, Kurbayern, Hofkammer Nr. 111 (=Jan./Feb. 1593), fol. 58,158
228 HStAM, Kurbayern, Hofkammer Nr. 112 (=März/April 1593), fol. 88
229 HStAM, Kurbayern, Hofkammer Nr. 115 (=Sept./Okt. 1593), fol. 137
230 HStAM, Kurbayern, Hofkammer Nr. 116 (=Nov./Dez. 1593), fol. 64-64'
231 HStAM, Kurbayern, Hofkammer Nr. 116 (=Nov./Dez. 1593), fol. 94
232 HStAM, Kurbayern, Hofkammer Nr. 118 (=März/April 1594), fol. 49
233 HStAM, Kurbayern, Hofkammer Nr. 18 (=März/April 1594), fol. 96
234 HStAM, Kurbayern, Hofkammer Nr. 120 (=Juli/Aug/Sept. 1594), fol. 176'f.
235 StAL, Kb Hofk. Ämterrechn. Rentamt Straub.Ger.-u.Kastenrechn. Jg. 1599
236 HStAM, Kurbayern, Hofkammer Nr. 114 (=Juli/Aug. 1593), fol. 142
237 HStAM, Landshuter Abgabe, Hofkammer., Rep 92 Verz.8 Fasz.64 Nr. 193
238 Stadtarchiv Vilshofen, K(am.amtsrechn.) 1593/94 (Apr.93-Apr.94)fol.52,52'
239 Stadtarchiv Vilshofen, K(am.amtsrechn.)1593/94 (Apr.93-Apr.94) fol. 56
240 HStAM, FB 33, nach Dollinger, 1968, S. 301
241 HStAM, Hofamtsreg. II, Rechn.archiv, Fasz. 75 (c), Buch 1599 (=Nr.1012)
242 HStAM, Generalregistratur, Fasz. 916 Nr. 21 (Konzept)
243 HStAM, Generalregistratur Fasz. 916 Nr. 21 (Konzept)
244 StAL, Kb Hofk. Ämterrechn. Rentamt Straub.Ger.-u.Kastenrechn.Jg.1599
245 HStAM, Kurbayern, Hofkammer Nr. 140 (=Okt./Nov./Dez. 1599) fol. 19
246 StAL, Kb Hofk.Ämterrechn. Rentamt Straub. Ger.-u.Kastenrechn. Jg. 1599
247 ein Schaff Hafer = etwa 900 Liter = 20 Metzen
248 StAL, Kurbay.-Hofkam./Ämterrechn./Rentmeisteramt Straub./Bärnstein/Gerichts- u. Kastenrechn. 1600
249 HStAM, Kurbayern, Hofkammer Nr. 144 (=Okt./Nov. 1600) fol. 123
250 StAL, Kb Hofk.Ämterrechn. RA Straub. Hengersb. Ger.u.Kast.rechn. Jg.1604
251 HStAM, FA Fasz. 426 Nr. 105, 1612 u. GL Fasz. 4633 Nr.34 (Zwiesel)
252 HStAM, FA Fasz. 426 Nr. 105 de anno 1615, 1616
253 Die Weidmannsprache von Kehrein, 1898, gab darüber keine Auskunft.
254 Staatsbibliothek München, Cgm. 4931 Fol. 2 ff.
255 HStAM HR II Fasz.192-198.
256 HStAM HR II Fasz. 199 - 212.
257 HStAM HR II Fasz.192 Nr.3079
258 HStAM HR II Fasz. 203 Nr. 2465 (Jagdrechnungen Herzog Albrechts VI., 1607 bis 1620)
259 Wie. Anm. 258
260 HStAM Kurbayern: Hofkammer Nr. 109 (= Sept. / Okt. 1592) fol. 131 und fol. 137
261 Stadtarchiv Vilshofen, K(ammeramtsrechn. 1613 (Apr.1612-Apr. 1613) fol. 66
262 Der Ausdruck ist nicht eindeutig klärbar. Nach SCHMELLER II 858 könnte es dabei um kleinere Vögel gehen, die beim Verkauf an den Füßen zusammengebunden waren.
263 Nach SCHMELLER Sp. 165 (Äsch, Äschling) und Sp. 1046 (Huech) bezeichnet beides forellenartige Fische.
264 SCHOBER, Geschichte des Klosters St.Oswald, 1997 S. 147, 239, 415 f.
265 SCHOBER (wie Anm. 264).S. 408
266 SCHOBER (wie Anm. 264) S. 397 u. S. 478 f.)
267 Stadtarchiv Grafenau, Rechnungsbuch 1611 (Rubrik "Gemeine Ausgaben").
268 Heinz, 1925, 2. Teil S.464 ff.
269 HStAM HR II Fasz. 193 Nr. 3096
270 Die Hofstaat-Rechnungsbücher Albrechts VI. (HStAM HR II Fasz. 192 - 197) sind nicht foliiert, ebensowenig sind die Einträge durchgehend numeriert. Eine präzise Stellenangabe innerhalb eines Rechnungsbuches ist daher nicht möglich. Das Michaeli-Quartalbuch (Juli - September) von 1615 (Fasz. 193 Nr. 3069) umfaßt etwa 55 Seiten. Die Jagd- und Reisenotizen umfassen auf rund 30 Seiten nach den regelmäßigen Ausgaben für die Hofhaltung (Besoldungen, Küche, Keller, Kleidung, Kanzlei usw.) den zweiten größeren Teil des Rechnungsbuches unter der Rubrik *Ausgab über die frstl. Hirschfaist zum Haag und Peerngjaidt zum Reichenberg und Lalling.* In unserer Darstellung wird nahezu jeder Eintrag (meist versehen mit dem Tagesdatum) erwähnt.
271 HStAM HR II Fasz. 203 Nr. 2496 / 3. Quartal
272 Die Jagd-Rechnungsbücher Albrechts VI (HStAM HR II Fasz. 203, 204, 207, 208; die beiden letzteren Faszikel enthalten auch die Falknerei-Rechnungen) wurden ebenfalls nach Quartalen geführt. In der Regel sind vier Quartale zu einem Jahresband zusammengebunden. Eingeteilt sind sie nach folgenden Rubriken: Besoldung der Jäger, Ausgaben für die Hunde, extraordinari Costgeld und Zehrung, Ausgaben auf Holz, Licht und Stroh, Ausgaben auf die Handwerksleute, Ausgaben auf Trinkgeld um verehrte und erzogene Hunde, Bau- und Reparaturkosten, allerlei gemeine Ausgaben. Ein Quartalsheft umfaßt 15 bis 20 Seiten mit ca. 100 bis 120 Eintragungen.
273 HStAM HR II Fasz. 75
274 Das Hengersberger Scharwerk-Rechnungsbuch umfaßt 37 Seiten mit 202 gezählten Rechnungseinträgen. In unserer Darstellung werden die Nummern der Einträge durchgehend angegeben. Erhalten ist uns dieses Rechnungsbuch innerhalb der Hofämter-Rechnungsregistratur II (HR II Fasz. 75) und damit nicht in Hengersberger Aktenzusammenhängen und auch nicht innerhalb der Hofstaat-Archivalien Herzog Albrechts VI., sondern innerhalb der Rechnungsbücher des landesherrlichen Oberjägermeisteramtes. Wie und warum es dorthin gelangte, bleibt unklar, zumal jegliche beglei-

tende Korrespondenz fehlt. Denkbar ist immerhin folgender Grund: die Belastungen der Hengersberger Untertanen waren beim Jagdbesuch von 1615 so ungewöhnlich hoch, daß es hierüber wieder zu Beschwerden und Bittschriften an den regierenden Herzog Maximilian I. in München gekommen sein mag. Da die Hofkammer in München bei der Behandlung derartiger Supplikationen immer genauere Auskunft aus dem betroffenen Landgericht einholte, könnte in diesem Zusammenhang das Scharwerk-Rechnungsbuch als Beweisdokument nach München übersandt und dann innerhalb der landesherrlichen Ämterregistratur eingeordnet worden sein.

275 Wir haben dazu die beiden Vergleichszahlen aus den weit zurückliegenden Jahren, als Wilhelm V. bei der Bärenjagd in Lalling weilte. Für das Jahr 1592 fielen an Scharwerkskosten 238 Gulden an, im Jahre 1593 mit über 594 Gulden weit mehr als das Doppelte (Kap. 6.4.3). Aber dies läßt keinerlei Rückschlüsse auf Dauer und Umfang der Bärenjagden Wilhelms V. zu, weil wir keinerlei Angaben für die Kosten haben, die er aus seiner Hofstaatskasse bezahlte. Für Reise und Bärenjagd Albrechts VI. im Jahre 1611 mußten aus seiner Hofstaatskasse an die 800 Gulden bezahlt werden, im Jahre 1615 war es das Dreifache.

276 In den Einträgen des Jagd-Rechnungsbuches erscheint als Beginn des Unternehmens durchwegs der 21. August.

277 Zu Person und Charakter des Reichenberger Schneiders Andre Fritsch siehe Ludwig SCHOBER, Geschichte des Klosters St.Oswald, 1997 S. 400 f.

278 Die übrigen Einträge im Hengersberger Scharwerk-Rechnungsbuch (Nr. 166 - 170) lauten: (166) *Wolfen Babsten zu Rohrstetten, so auch an den Schindelblöchern 4 Tage arbeiten helfen, gegeben: 15 Kr. /* (167) *Thoman Wirth, Hoiß Schmidt und Pauls Wartinger, alle 3 zu Hunding, haben vom Rohrstetter Wald 3 geschlagene Schindelblöcher gen Lalling geführt; von jedem 30 Kr Fuhrlohn gegeben: 1 fl. /* (168) *Ebenmäßig Thoman Schmidt und Christophen Schneider, auch beide von Hunding, von zwei Sagblöchern Fuhrlohn gegeben: 1 fl. /* (169) *Dann so haben den Überrest, noch 5 Blöcher, die Nachbarschaft Kieflitz geführt; von jedem 30 Kr Fuhrlohn gegeben: 2 fl 30 Kr. /* (170) *Hans Cramer und Pauls Pindter, beide zu Rohrstetten, haben diese 10 Schindelblöcher am Wald geschlagen, "geloth" und "ausgeschnaidt"; jedem 3 Taglohn gegeben; tut: 1 fl.*

279 Hengersberger Scharwerk-Rechnungsbuch (Nr. 43 - 52): (43) *Vorangedachter Stephan Kern zu Ellenbach hat eine Fuhre mit Brettern von Hengersberg zu der Kuchl Lalling getan.* (Als) *Fuhrlohn bezahlt 1 fl 30 Kr. /* (46) *Thomas Eisner zu "Rostetn" hat eine Fuhr mit Brettern gen Lalling verrichtet; davon bezahlt 15 Kr. /* (47) *Matthäus Nirschl zu Gerholling und 2 seiner Nachbarn von einer Bretterfuhr nach Lalling bezahlt 20 Kr. /* (48) *Paulus Pausinger zu Zueding hat von dannen gen Lalling zu der Kuchl ein Fuder Laden geführt; ihnen davon gegeben 15 Kr. /*(49) *Andre Tullinger von Padling hat auch zur Kuchl gen Lalling von Padling 1 Fuder Bretter geführt; ihm davon bezahlt 20 Kr. /* (50) *Jörgen Schlederer zu Wetzenbach von Ensbach gen Lalling eine Bretterfuhre bezahlt 30 Kr. /* (51) *Gleichermaßen Hößen Ambrosi zu Ranzing eine Fuhre mit Brettern von der Frauenmühle* (Frohnmühl) *gen Lalling bezahlt 20 Kr. /* (52) *Wolf Jakob zu Ensbach und die Winklmayr, beide zu Prechhausen, haben von dannen ein Fuder Bretter gen Lalling geführt; von jeder Fuhr bezahlt 20 Kr*

280 Hengersberger Scharwerk-Rechnungsbuch (Nr. 79 - 81): (79) *Zur Aufmachung vorgemeldeter Kuchl in Lalling haben Wolf Graf und sein Nachbar Pauls Paur 2 Fuhren mit Zimmerhölzlen aus*(dem) *Lallinger Holz hinaufgeführt; davon bezahlt 48 Kr ./*(80) *Lorenz Schiller daselbst auch von desgleichen drei Fuhren bezahlt 45 Kr. /* (81) *Urban Rottbauer zu Lalling wegen solcher zwei Fuhren bezahlt 30 Kr*

281 Hengersberger Scharwerk-Rechnungsbuch (Nr. 55 - 64; 155): (55) *Stephan Warntinger zu Rohrstetten hat einen Tag an den Roßgränden aushauen helfen; davon bezahlt 10 Kr. /* (56) *Hans Probst, Hans Herz, Michael Probst, Jörg Mayr und Wolf Schiller, alle zu Ranzing, haben zu Lalling Roßgrände ausgehaut. Deswegen jedem* (für) *1 Tag 10 Kr gegeben; tut 50 Kr. /* (57) *Jörg Schnitzer von Zueding hat einen Tag an gemeldeter Kuchl arbeiten helfen; davon bezahlt 10 Kr. /* (58) *Jörg Wallner zu Rohrstetten und 3 seiner Mit-Consorten haben auch jeder einen Tag an den Roßgränden aushauen helfen; davon ihnen bezahlt 40 Kr. /* (59) *Sigmund Ginzl von Kapfing ("Kapfhaimb") und Pauls Pinder haben auch an der Kuchl und den Roßständen 3 Tage arbeiten helfen; ihnen davon bezahlt 30 Kr. /* (60) *Stephan Glässl von Lalling auch einen Taglohn von der Kuchl bezahlt 10 Kr. /* (61) *Albrecht Asm von Ranzing hat einen Tag an den Roßgränden gearbeitet und ist mit einem Schreiben nach Pernstein gegangen; für alles bezahlt 24 Kr. /* (62) *Hansen Hundthamer zu Panholling auch 3 Taglohn von Roßgränden bezahlt 30 Kr. /*(63) *Paulus Lieblmayr von Kapfing auch 2 Taglohn von Roßgränden auszuhauen gegeben 20 Kr. /* (64) *Dann Pauls Moser von Panholling hat 3 Tage an Roßgränden helfen hacken und ist gen Regen und Kirchberg geschickt worden; ihm für alles bezahlt 50 Kr. /* ferner heißt es: (155) *Matthäus und Stephan, die Grueber zu Kaußing, auch Thoman Steinberger und Hans Wilhalm daselbsten, haben im Jägerhaus Lalling auf Ihrer Fürstlichen Durchlaucht Ankunft gebessert und hergerichtet; jedem 3 Taglohn gegeben; tut ihren vieren 2 fl.*

282 Hengersberger Scharwerk-Rechnungsbuch (Nr. 89, 108, 136): (89) *Jörg Hödl zu Padling hat 4 gebesserte herzogische Räder ("Radt") von Päding gen Lalling geführt; davon gegeben als Fuhrlohn 20 Kr. /* (108) *Mehr hat Urban Kotbauer zu Lalling 2 herzogische Räder zum Wagner gen Padling geführt;* (als) *Fuhrlohn gegeben 15 Kr.. /* (136) *Melcher Preyherr allhier hat 6 herzogischen Güter- und Zeug-Wagen von Lalling gen Eichendorf den Weg gewiesen und ist von hier gen Deggendorf geschickt worden; in allem Botenlohn bezahlt 30 Kr*

283 Hengersberger Scharwerk-Rechnungsbuch (Nr. 99, 101, 102): (99) *Stephan Weinberger, Müller zu Auerbach, und der Rottmüllner haben zwei Schaff Habern von Hatzenberg* (bei Grattersdorf) *gen Lalling und alldann dieselben heraus gen Hengersberg geführt; davon bezahlt 2 fl. /* (101) *Stephan Kroiß, Gottl Spay und Stephan Sittersberger, alle drei zu Ernsting, haben drei Fuhren mit Habern von Häznberg gen Lalling verrichtet; von jeder Fuhre 45 Kr bezahlt; tut 2 fl 15 Kr. /* (102) *Wiederum haben sie, die Ernstinger, 2 Fuhren mit Habern von Lalling gen Hengersberg getan; ihnen davon bezahlt 1 fl 30 Kr.*

284 Hengersberger Scharwerk-Rechnungsbuch (Nr. 1 - 13): *.. .unter welchen Stephan Kern zu Oberellenbach eine Fuhre von gedachtem Altach nach Reichenberg verrichtet* (hat). *Ihm davon Fuhrlohn* (ge)*geben 5 fl.* / (2) *Ebenmäßig Stephan Aman zu Schwarzach von einer Weinfuhre von Altach in* (den) *Reichenberg bezahlt 5 fl.* / (3) *Petern Reisinger allda zu Schwarzach auch von einer solchen Fuhre nach Reichenberg gegeben 5 fl.* / (4) *Dann so haben selbigenmals Hans Schrenck und Wastian Kröl, beide zu Reichersdorf, zu gedachtem Altach mit herzogischen Gütern eine Fuhre aufgeladen und solches in die Grafenau geführt. Ihnen davon Fuhrlohn gegeben 4 fl.* / (5) *Martin Tullinger und Gabrielen Kürzen, beide zu Reichersdorf, auch eine solche Fuhr in* (die) *Grafenau; bezahlt 4 fl.* / (6) *Christoph Schweinpöcken zu Manzing (Mänzing) eine Fuhre nach Grafenau; bezahlt: 4 fl.* / (7) *Michel Schrenck daselbst hat gleicherweise eine solche Fuhre von Altaich nach Grafenau verrichtet; ihm davon Fuhrlohn gegeben: 4 fl.* / (8) *Ebenmäßig Balthasarn Schrencken alldorten in Manzing von einer dergleichen Fuhre von Altaich in die Grafenau; bezahlt 4 fl.* / (9) *Sigmund Sigl zu Schwarzach eine solche Fuhre; bezahlt: 4 fl.* / (10) *Jörg Wagner zu Manzing eine gleichmäßige Fuhre nach Grafenau; bezahlt 4 fl.* / (11) *Wastian Rodten zu Ellenbach auch eine Fuhre mit Jaydtzeug von Altach nach Grafenau;bezahlt 4 fl.* / (12) *In gleicher Weise beiden Bauern zu Lapferding eine solche Fuhre von Altach nach Grafenau; bezahlt 4 f.* / (13) *Ebenermaßen Hansen Wägner zu Ellenbach eine herzogische Fuhre von Altach nach Grafenau; bezahlt 4 fl.*

285 Hengersberger Scharwerk-Rechnungsbuch (Nr. 66, 71, 72, 96, 73, 74, 75, 93, 94, 106): (66) *Dasselbige Mal hat Hans Prändtl zu Hörpolling 1 Roß und* (einen) *Knecht bis gen Straubing hergeliehen; ihm dafür bezahlt 1 fl 15 Kr.* / (71) *Wastian Paur zu Rading ("Räting") hat an gemeldetem Perngejaydt gen Lalling, Winzerund Deggendorf ein Roß hergeliehen; deswegen ihm bezahlt 2 Tage 40 Kr.* / (72) *Gleichergestalt hat Wastl Paur von Manzing ein Roß gen Deggendorf zugespannt; davon gegeben 20 Kr.* / (96) *Mehr hat er, Peter Reisinger, am Pernjaydt ein Roß von Lalling nach Grafenau hergeliehen; ihm davon bezahlt 1 fl.* / (73) *Dann hat Michael Piermayr zu Waltersdorf, als ein herzogischer Herr nach Passau verreist* (ist), *bis daselbsthin ein Roß zugespannt; demselben davon gegeben 1 fl 30 Kr.* / (74) *Pauls Preiherr zu Durchfurth hat in Ihrer Durchlaucht Herzog Albrechts Wegreisen ein Roß von Lalling gen Winzer zugespannt; davon gegeben 30 Kr.* / (75) *Ebenmäßig vorgemeldeter Amtmann zu Lalling auch von einem Roß-Zuspannen gen Winzer gegeben 30 Kr.* / (93) *Vorgedachter Wolf Graf zu Zueding hat ein Roß in* (nach) *Reichenberg hergeliehen; davon bezahlt 30 Kr.* / (94) *Peter Streicher zu Zueding hat zum Reiten ein Roß von Lalling gen Hengersberg hergeliehen; davon bezahlt 15 Kr.* / (106) *Hans Schalhammer hat von Lalling gen Hengersberg einem herzogischen Gutschij* (Kutsche) *ein Roß zugespannt bis gen Hengersberg; davon gegeben 20 Kr.*

286 Wahrscheinlich die zweite Gemahlin Graf Heinrichs VII. von Ortenburg (1556 - 1603, Johannetta Freiin von Winneberg, die 1625 in Ortenburg stirbt (Friedrich HAUSMANN, Die Grafen zu Ortenburg, Ostbairische Grenzmarken, Bd. 36, 1994 S. 34)

287 Stadtarchiv Grafenau, Rechnungsbuch von 1615/16 fol. 42'.

288 Stadtarchiv Grafenau, Rechnungsbuch von 1615/16 fol. 43; dazu bereits Hermann WAGNER, Grafenau, Deggendorf 1954 S. 58 f.

289 Bettfuhren aus Euschertsfurth und Sondorf (Hengersberger Scharwerk-Rechnungsbuch, Nrn. 77, 78, 104, 107): (77) *Thoman Per allda zu Euschertsfurth hat mit Bett und Tischen eine Fuhre von Euschertsfurth gen Lalling getan; davon bezahlt 15 Kr.* / (78) *David Pötznhauser, Wirt daselbst, hat auch Bettgewand und Fahrnis hierum gen Lalling und solches hiernach wiederum herausgeführt; ihm davon gegeben 15 Kr.* / (104) *Ebenmäßig ihm, Faiten, eine Fuhre mit Bettgewand von Sondorf gen Lalling und hinnach wiederum von Lalling heim; bezahlt 30 Kr.* / (107) *Dann haben Christoph Stengl und der Hasnpaur, beide zu Sondorf, auch eine Fuhre mit Bettgewand von Sondorf gen Lalling getan; ihnen davon bezahlt 30 Kr.*

290 Bett-Fuhren aus Hengersberg (Hengersberger Scharwerk-Rechnungsbuch, Nrn. 15 - 28): (15) *Paulsen Vogl zu Schwarzach auch eine Bettgewand-Fuhre von Hengersberg gen Lalling; bezahlt 1 fl 30 Kr.* / (16) *Jörgen Doifl an der "Orlanmühle"*(?) (für) *eine solche Bettgewand-Fuhre bezahlt 1 fl 30 Kr.* / (17) *Hansen Wägner und Hansen Kötzler, beiden zu Ellenbach, zwei Bettgewand-Fuhren bezahlt, macht 3 fl.* / (18) *Andreen Wörnhardten zu Buch ("Puech")* (für) *eine solche Fuhre bezahlt 1 fl 30 Kr.* / (19) *Mehr dem Petern Reißinger zu Schwarzach auch* (für) *eine Bettgewand-Fuhre bezahlt 1 fl 30 Kr.* / (20) *Hansen Weinberger zu Buch* (für) *eine solche Fuhre bezahlt 1 fl 30 Kr.* / (21) *Ebenmäßig Stephan Ainan zu Schwarzach von einer solchen Fuhre gegeben 1 fl 30 Kr.* / (22) *Wastian "Connseer" und Jörg Schrenck, beide zu Buch, haben 2 Bettfuhren verrichtet; ihnen davon bezahlt 3 fl.* / (23) *Also haben Wolf Riß und Hans Leinpöck, beide zu Schwarzach, jeder eine Bettfuhre von Hengersberg gen Lalling verrichtet; ihnen davon bezahlt 3 fl* / (24) *Zu gleicher Weise Jörg Risn und Jörgen Leinpöcken, beiden alldorten zu Schwarzach, zwei Bettgewand-Fuhren bezahlt 3 fl.* / (25) *Mehr Sigmund Sigl zu Schwarzach* (für) *eine Bettgewand-Fuhre bezahlt 1 fl 30 Kr.* / (26) *Sebastian Rodten zu Ellenbach auch um eine verrichtete Bettgewand-Fuhre bezahlt 1 fl 30 Kr.* / (27) *Michael Werndl am Schärnberg(?) wegen einer solchen verrichteten Fuhre gegeben 1 fl 30 Kr.* / (28) *Gleicherweise Martin Piermayr zu Schwarzach wegen einer solchen Bettfuhre gen Lalling zu verrichten bezahlt 1 fl 30 Kr.*

291 Entschädigung der überflüssigen Gespanne (Hengersberger Scharwerk-Rechnungsbuch, Nrn. 30 - 37): (30) *Nämlich Sigmund Paurn von Buch 30 Kr.* / (31) *Jörg Wagner daselbst 30 Kr.* / (32) *Urban Langer allda zu Buch 30 Kr.* / (33) *Marx Leinpöcken zu Schwarzach 30 Kr.* / (34) *Kaspar Sayler allda zu Schwarzach 30 Kr.* / (35) *Hansen Wörzinger zu Reith(?) 30 Kr.* / (36) *Hansen Weinberger daselbst 30 Kr.* / (37) *Ebenmäßig den drei Bauern zu Ensching (?), die zusammengespannt gehabt, gegeben 30 Kr.*

292 Rücktransport der Betten (Hengersberger Scharwerk-Rechnungsbuch, Nrn. 109 - 127): (109) *Item da nun das herzogische Pernjaydt zur Endschaft gereicht, haben die Gerichtsuntertanen den Bürgern zu Hengersberg ihr hergeliehen Bettgewand wiederum heimgeführt; deswegen 4 Nachbarn von Dösing eine Bett-Fuhre bezahlt 1 fl 30 Kr.* / (110) *Matthäus Span zu Sondorf und dreien seiner Nachbarn von einer Bettfuhre gen Hengersberg bezahlt 1 fl 30 Kr.* / (111) *Hansen Schmidt von Gneisting und dreien seiner Nachbarn* (für)

eine solche Bett-Fuhre bezahlt 1 fl 30 Kr. / (112) *Moriz Ebmayr zu Kapfing und 2 seiner Nachbarn 1 Bett-Fuhre bezahlt 1 fl 30 Kr. /* (113) *Jörgen Öller zu Datting ("Tätting") und zweien seiner Nachbarn 1 solche Bett-Fuhre bezahlt 1 fl 30 Kr. /* (114) *Ambros Riederer zu Gerholling und dreien seiner Consorten haben auch eine Bett-Fuhre; davon bezahlt 1 fl 30 Kr. /* (115) *Auch haben Matthäus Nirschl und Hans Fritz, beide zu Gerholling, eine solche Fuhre getan; ihnen davon bezahlt 1 fl 30 Kr. /* (116) *Stephan Tanner und Michel Sueß, beide zu Kaußing, haben auch eine Bett-Fuhre; davon bezahlt 1 fl 30 Kr. /* (117) *Paulus Sueß zu Ranzing hat mit zweien seiner Nachbarn eine Bett-Fuhre verrichtet; davon bezahlt 1 fl 30 Kr. /* (118) *Veuth und Thoman, den Pern zu Euschertsfurth, eine Bett-Fuhre bezahlt 1 fl 30 Kr. /* (119) *Denen zu Hunding ("Hundtern") 1 Bett-Fuhre gen Hengersberg bezahlt 1 fl 30 Kr. /* (120) *Bastian Weißn und Paulsen Pindter, beiden zu Rohrstetten, von Lalling gen Hengersberg 1 solche Bett-Fuhre bezahlt 1 fl 30 Kr. /* (121) *Paulsen Craner, Hansen Warntinger und Achatzen Schneider, alle drei zu Rohrstetten, 1 Bett-Fuhre bezahlt 1 fl 30 Kr. /* (122) *Gilgen Ambrosij, Wolfen Stein und Christophen Schneider, alle drei zu Rohrstetten, 1 Bett-Fuhre bezahlt 1 fl 30 Kr. /* (123) *Den Nachbarn von Zueding miteinander 2 Bettfuhren bezahlt 3 fl. /* (127) *Gleicherweise denen von Ueding eine dergleichen Bettgewand-Fuhre bezahlt 1 fl 30 Kr.*

293 Fuhren von Mobiliar und Hausrat (Hengersberger Scharwerk-Rechnungsbuch, Nrn. 77 und 78 (s. Anm. 289); 90, 91, 98, 103, 134, 145): (90) *Andre Asn zu Ranzing und seine Nachbarn haben eine Fuhre mit Kuchlgeschirr von Lalling gen Winzer geführt; davon gegeben 2 fl. /* (91) *Hans Hausmann zu Padling hat des Wirts daselbst Tische und Bänke hierum gen Lalling geführt; gegeben 2 fl. /* (98) *Wiederum er, Peter, vom Pfleghaus Hengersberg 2 leere Fässer und etliche hergeliehene Stühle gen Altach ins Kloster geführt; davon gegeben 15 Kr. /* (103) *Michel Faith zu Sondorf hat eine Fuhre mit Tischen und Bänken gen Lalling und hernach alsdann solches wiederum heim gen Sondorf geführt; ihm davon bezahlt 30 Kr. /* (134) *Jörg Dietlmayr zu Schwarzach hat von der Bratspieße wegen und Hans Pichlmayr der herzogischen Fische halber jeder ein Schreiben gen Deggendorf getragen; deswegen ihnen beiden Botenlohn gegeben 12 Kr. /* (145) *Peter Cramer zu Lalling hat Herr Pfleger zum Junker ("Junckher") Hauzenberger geschickt; auch ist er, Cramer 2mal um Krebse und Kuchlgeschirr gen Hengersberg geschickt worden; in allem Botenlohn bezahlt 30 Kr.*

294 Hengersberger Scharwerk-Rechnungsbuch Nr. 88: *Nächstobengemeldeter Hansen Crotzer zu Rohrstetten eine Kuchl-Scheiter-Fuhre gen Lalling; bezahlt 12 Kr.* Die beiden anderen wurden dafür aus der Hofstaatskasse entlohnt: *Blasien Sager für ein Klafter Holz zur Waschküchen bezahlt: 24 Kr. / Paulusen Pausser um 3 Klafter Holz zur Küchen, 1 per 24 Kr, bezahlt 1 fl 12 Kr.*

295 Lebensmittelbeschaffung und -transporte der Untertanen (Hengersberger Scharwerk-Rechnungsbuch Nrn: 67, 69, 70, 95, 100, 134, 144, 145, 146, 147, 151): (67) *Hans Stöckl zu Oisching hat "Copaunen"* (Kapaunen) *und anderes Geflügel auf einem Karren von Hengersberg gen Lalling geführt; davon gegeben 45 Kr. /* (69) *Mehr hat er, Vogl,* (den) *Herrn Gerichtsschreiber zu Einkaufung* (von) *Fisch gen Winzer und Altach geführt; davon bezahlt 1 fl. /* (70) *Vorgemeldeter Jörg Wagner zu Manzing hat mit einem Fäßl Kraut, Essig und sonsten 2 Stibich* (= Kübel) *von Altach gen Lalling eine Fuhre getan; ihm davon bezahlt 2 fl. /* (95) *Vorgedachter Peter Reisinger von Schwarzach hat auf einem Karren Fisch von Schwarzach gen Lalling geführt; ihm davon gegeben 45 Kr. /* (100) *Mehr hat er,* (der) *Müller zu Auerbach, ein Viertelfaß mit Fischen bei Nacht von Auerbach gen Lalling geführt; davon bezahlt 40 Kr./* (134) *Jörg Dietlmayr zu Schwarzach hat von der Bratspieße wegen und Hans Pichlmayr der herzogischen Fische halber jeder ein Schreiben gen Deggendorf getragen; deswegen ihnen beiden Botenlohn gegeben 12 Kr. /* (144) *Jörg Wallner zu Rohrstetten ist um "Ferhen"* (Forellen) *nach Reichenberg geschickt davon bezahlt 24 Kr. /* (145) *Peter Cramer zu Lalling hat Herr Pfleger zum Junker ("Junckher") Hauzenberger geschickt; auch ist er, Cramer, 2mal um Krebse und Kuchlgeschirr gen Hengersberg geschickt worden; in allem Botenlohn bezahlt 30 Kr. /* (146) *Jörg Sambhamer, Inmann zu Dösing, ist an gemeldetenm "Pernjaydt" von Lalling gen Hengersberg, nachmalen gen Kötzting, wiederumgen Winzer, auf Rinchnach ("Rinichna") um Fisch und Krebse und letztlich nach Grafenau geschickt worden. Tut in allem 15 Meilen; von jeder 6 Kr bezahlt 1 fl 30 Kr. /* (147) *Wastl Putz von Rohrstetten hat das Schützenbuch und etliche ℔ Pulver gen Lalling getragen und ist auch von Fischen wegen 2mal gen Sondorf und Gneisting geschickt worden; für alles gegeben 15 Kr. /* (151) *Matthäus Öller zu Rohrstetten, dann der Dick Stephl von Gneisting und des Haßn Bub sind an das Fischen aufs "Zinckherpach"* (Ranzinger Bach ?) *geschickt worden; ihnen fürs Fischen und Botenlohn gegeben 36 Kr.*

296 Zu ihm und zu seinen Söhnen ausführlich Illuminatus WAGNER, Geschichte der Landgrafen von Leuchtenberg, Bd. 6 (Die letzten ihres Geschlechtes), Kallmünz 1956 S. 65 ff., ferner Sigmund von RIEZLER, Geschichte Baierns, Bd. 5 (1903) S. 105 u. 200.

297 Siehe im einzelnen Ludwig SCHOBER, Geschichte des Klosters St.Oswald, 1997 S. 77 ff.

298 StAL Reg.Straub. A 171 und HStAM KL Fasz. 543/51

299 HStAM KL Fasz. 543/51; vgl. Ludwig SCHOBER, Geschichte des Klosters St.Oswald, 1997 S. 478 f.

300 Da nur ein einziger Eintrag im Hengersberger Scharwerk-Rechnungsbuch mit dem Tagesdatum versehen ist, kann bei vielen Botennotizen kaum entschieden werden, ob die einzelnen Botengänge vor der Ankunft des Hofstaates oder während seines Aufenthaltes in Lalling notwendig waren. Im einzelnen werden im Hengersberger Scharwerk-Rechnungsbuch aufgeführt (Nrn.: 137, 139 - 143): (137) *Matthäus Öller zu Rohrstetten ist bei Nacht von Lalling nach Reichenberg geschickt worden; davon bezahlt 24 Kr. /* (139) *Michael Weiß zu Rohrstetten hat einen Brief von Lalling gen Hengersberg getragen; davon bezahlt 6 Kr. /* (140) *Pauls Söldner von Ensbach ist bei Nacht mit einem herzogischen Jäger gen Altach geschickt worden; davon bezahlt 8 Kr. /* (141) *Herr Pfleger hat Jeronymusen Weber bei Nacht nach Grafenau und Reichenberg geschickt; (als) Botenlohn gegeben 24 Kr. /* (142) *Stephan Haindl zu Gerholling ist auch erstlich nach Reichenberg und nachher gen Thundorf ("Theindorf") gegangen; davon bezahlt 24 Kr. /* (143) *Sigmund Altmanshofer von Dösing hat von Herrn Pfleger ein Schreiben nach Grafenau getragen; Botenlohn und 1 Tag Wartgeld 30 Kr.*

301 (73) *Dann hat Michael Piermayr zu Waltersdorf, als ein herzogischer Herr nach Passau verreist* (ist), *bis daselbsthin ein Roß zugespannt; demselben davon gegeben 1 fl 30 Kr.*

302 Die zweite Notiz ist etwas rätselhaft: *Ulrichen W(?)üdegger von St. Alban* (!), *dem durch die Bären ein Feld mit Habern allerdings verfretzt worden, aus gnädigstem Befehl Ihrer Durchlaucht und Ansagung Herrn Jägermeisters verehrt 3 fl.* Da es ein Sankt Alban oder einen anderen Sankt-Namen im weiten Umkreis Reichenbergs nicht gibt, muß a.W.n. St.Oswald gemeint sein; fragwürdig ist allerdings auch die Schreibung des Familiennamens, weil ein Wüdegger o.ä. als Klosteruntertan in dieser Zeit nicht nachweisbar ist.

303 Jäger-Kostgeld-Einträge im Jagd-Rechnungsbuch: *Dem Michael Christl, Jäger, 3 zuhörigen Jägerjungen und Jobst Mosmüller, Tücherknecht, das Kostgeld auf dem Berngejaid aufm Reichenberg und zu Lalling vom 21. August bis auf den 9. September laut der Zettel bezahlt 34 fl 40 Kr. / Dem Georgen Keller, Jäger zu Winhöring, samt seinem Jungen auch das Kostgeld aufm Bärngejaid laut der Zettel bezahlt 17 fl 16 Kr. / Dem Georg Resl, Ihrer Fürstlichen Durchlaucht Jäger zu Aschau, samt seinem Jungen auch das Kostgeld aufm Bärengejaid vom 21. August bis auf den 7. September laut der Zettel bezahlt 17 fl 16 Kr.*

304 Jagd-Scharwerkfuhren der Dorfschaften (Hengersberger Scharwerk-Rechnungsbuch Nrn. 39 - 42): (39) *Ebenmäßig hat die Nachbarschaft Durchfurth zusammengespannt und eine gleichmäßige Fuhr wie die Rantzinger verrichtet; ihnen davon bezahlt 9 fl.* /(40) *Gleichermaßen denen zu Watzing, so zusammengespannt gehabt,* (für) *eine solche Jagdfuhr bezahlt 9 fl. /* (41) *Sowohl einer Gmein Nabin* (für) *eine solche Jagdfuhr bezahlt 9 fl. /* (42) *Dann haben eine Nachbarschaft Kieflitz gleicherweise zusammengespannt und zwei Jagdfuhren verrichtet; ihnen deswegen bezahlt 18 fl.*

305 Bärenjagd-Orte im Hengersberger Scharwerk-Rechnungsbuch (Nr. 76, 82, 92, 148, 149): (76) *Veith Paur zu Euschertsfurth hat auf einem Karren Hundtas gen Höllmannsried geführt; davon gegeben 30 Kr.* /(82) *Vorgedachter Aman zu Lalling hat gen Hausstein 2 und aufm Durchfurther einmal mit einem Roß den Jägern Speis und Brot zugeführt; davon bezahlt 1 fl.* /(92) *Hans Thanner von Ranzing hat den Jägern zu Hilgartsreith auf einem Roß Proviant zugeführt; davon gegeben 30 Kr. /* (148) *Abermals ist Hoiß Grueber um die herzogischen Jäger gen Höllmannsried geschickt worden; davon bezahlt 5 Kr.* /(149) *Also ist Michel Procher zu Perholling gen "Pernpach"* (Groß-/Klein-Bärnbach südlich von Bischofsmais), *Raindorf und Höllmansried geschickt worden; ihm derentwegen Botenlohn bezahlt 12 Kr.*

306 (Hengersberger Scharwerk-Rechnungsbuch Nrn. 138, 147, 162): (138) *Jörg Prunner, ein Ziegler-Knecht allhier, hat 14 Lb Pulver und ein Bündel ("Pindtl") Zündstricke von Hengersberg gen Lalling getragen; Botenlohn gegeben 8 Kr. /* (147) *Wastl Putz von Rohrstetten hat das Schützenbuch und etliche Lb Pulver gen Lalling getragen und ist auch von Fischen wegen 2mal gen Sondorf und Gneisting geschickt worden; für alles gegeben 15 Kr. /* (162) *Vornegedachter Peter Reisinger zu Schwarzach hat auf einem Karren Blei und "Lundts" gen Deggendorf geführt; davon bezahlt 1 fl 30 Kr.*

307 Vgl. dazu Anm. 272; im Jagd-Rechnungsbuch heißt es dort u.a.: *Den 8. August sind Ihrer Fürstlichen Durchlaucht von Ihrer Fürstlichen Durchlaucht Herrn Landgrafen von Pfreimd 11 Rüden verehrt und nach Haag geschickt worden;* (dem) *Paulus Leykauf, Thomas Hillinger und Simon Hofpöcken, welche solche nach Haag gebracht, ihnen aus gnädigstem Befehl Ihrer Fürstlichen Durchlaucht jedem 6 fl Trinkgeld bezahlt; tut 18 fl. / Den 21. August dem Georg Mesner, Jägerjungen von Gutenburg, so vom 1. August bis auf den 21. dito mit 12 Jagdhunden bei der Hirschfaist zum Haag gebraucht worden, ihm deswegen Trinkgeld bezahlt 2 fl . / Den 24. September dem Wolf Keller, Überreiter zu Päring, wegen eines auferzogenen "Windspiels"* (Windhund) *Trinkgeld bezahlt 3 fl. / Den 30. September dem Michael Christl, Jäger, welcher 19 Tage* (für) *4 Welpen von der wolffarbenen Jagdhündin, auch 44 Tage 12 Wachtl-Welpen kochen lassen* (hat), *was er für Mehl und Milch ausgegeben, ihm dies alles vermög seiner Zettel wiederum bezahlt 7 fl 39 Kr.*

308 In den Hundtaß-Ausgaben des Jagd-Rechnungsbuches wird im einzelnen aufgeführt: *Den 30. September dem Georg May, fürstlichem Hofpfistermeister allhier, dieses Quartal Michaeli um von ihm genommenes Hundeaß in Ihrer Fürstlichen Durchlaucht Jägerhaus dies vermög beiliegender seiner Zettel bezahlt 75 fl. / Ingleichem ihm, Pfistermeister, dieses Quartal Michaeli um Speisebrot für die Hunde ins Jägerhaus allhier vermög beiliegender seiner Zettel bezahlt 7 fl 17 Kr. / Den 30. September dem Benedikt Pämhauer, "Khudlwascher", dieses Quartal Michaeli um hergegebenen Einguß für die Hunde ins Jägerhaus allhier laut seiner Zettel bezahlt 1 fl 52 Kr. / Dem Antonj Scheichhueber, Abdecker zum Haag, um 6 hergegebene "Kherrn" für die Hunde im Jägerhaus auf "gewerter" Hirschfaist alldort laut seiner Zettel bezahlt 3 fl. / Ingleichem auch ist auf gehaltenem "Berngejaid" aufm Reichenberg und zu Lalling um verbrauchte "Kherrn" für die Hunde zum Einguß vermög eines hierbeiliegenden Zettels bezahlt worden, tut 2 fl 6 Kr.*

309 HStAM HR II Fasz. 203 (Nr. 2469) 4. Quartal.

310 Hengersberger Scharwerkbuch Nr. 133, 135: (133) *Item unter währendem Pernjaydt ist Martin Kurz von Hengersberg mit einem herzogischen Wagen gen Landau, dann mit einem Schreiben um Fuhren gen Osterhofen und wiederum mit 3 Briefen von hinaus gen Lalling geschickt worden; in allem Botenlohn bezahlt 42 Kr. /* (135) *Peter Poth allhier ist an gemeldetem herzogischen Pernjaydt nach Deggendorf, dann zu den 6 Amtleuten, item gen Osterhofen, Bogen, Landau und mehrere Orte sowohl in der Eile tags als nachts geschickt worden. Derowegen als Botenlohn bezahlt* (nach) *Inhalt seiner Zettel: 44 Kr.*

311 Transport des Trosses bei der Abreise (Hengersberger Scharwerk-Rechnungsbuch Nr. 85 - 87): (85) *Pauls Warntinger und der Wirt, beide zu Hunding haben Hundaß und andere herzogische Sachen beim Abzug von Lalling gen Thundorf geführt; ihnen beiden Fuhrlohn gegeben 2 fl. /* (86) *Eben eine solche Fuhre mit Truhen und anderem hat Hans Crotzer zu Rohrstetten verrichtet; ihm davon bezahlt 2 fl.* / (87) *Dann hat eine Dorfgemein zu Padling mit herzogischen Gütern 2 Fuhren von Lalling gen Thundorf verrichtet; ihnen davon bezahlt 4 fl.*

312 Beladen der Wagen bei der Abreise aus Lalling (Hengersberger Scharwerk-Rechnungsbuch Nr. 154, 158 - 160): (154) *Ebenmäßig haben Pauls Pinder zu*

Kieflitz, auch Stephan Haindl, der Kopf Jodl, Jeronymus Thaner und Pauls Tagbercher zu Ensbach, als höchstgedacht Ihre Fürstliche Durchlaucht zu Lalling angekommen und wiederum weggereist, jeder einen Tag auf- und ablegen helfen; derowegen ihnen zu Lohn bezahlt 1 fl. / (158) *Michel Finckh zu Datting hat auch am Verreisen ½ Tag auflegen helfen; davon bezahlt 5 Kr. /*(159) *Jörg Kratzer zu Kieflitz und Christl Hueber daselbst haben jeder am Wegreisen ½ Tag auflegen helfen; davon bezahlt 10 Kr. /* (160) *Also Wolfen Haidinger zu Zueding ganzen Taglohn bezahlt 10 Kr.*

313 (136) *Melcher Preyherr allhier hat 6 herzogischen Güter- und Zeug-Wagen von Lalling gen Eichendorf den Weg gewiesen und ist von hier gen Deggendorf geschickt worden; in allem Botenlohn bezahlt 30 Kr*

314 *(65) Item Stephan Franhofer zu Hueb hat, als vorhöchstgedachte Ihre Durchlaucht Herzog Albrecht allhier zu Hengersberg gewesen ist, eine Fuhre mit Truhen von hier gen Straubing getan; ihm davon bezahlt 5 fl.*

315 Johannes MOLITOR, Deggendorf, Stuttgart 1994 S. 55 f.

315a Jungmann-Stadler, 1992, S. 79ff

316 HStAM, Kurbayern Äußers Archiv 1070, fol. ca. 327 ff. Von Dr. L. Schober aufgefunden und übersetzt.

317 Am 3. Juli 1999 haben Paul Freund, Lichtenau, Dr. Ludwig Schober, Passau und Dr. Ludwig Reiner, Freising, diesen Grenzverlauf im Gelände erkundet.

318 HStAM, Kurbayern, Geheim. Landesarchiv 1015, fol. 112ff

319 HStAM, Kurbayern Äußeres Archiv 1070, fol, 298ff.

320 HStAM, FS, 534

321 StAL, Regierung Straubing, A 223, fol. 6

322 StAL, Regierung Straubing, A223, fol. 2f.

323 StAL, Regierung Straubing, A223, fol.1f.

324 StAL, Regierung Straubing, A 223, fol. 5 f.

325 StAL, Regierung Straubing, A 113 (Orig.), GR Fasz. 916, Nr. 21 (Abschr.)

326 StAL, Regierung Straubing, A 223, (Orig.)

327 StAL, GR Fasz. 916 Nr. 21 (Orig.), Regierung Straubing, A 223, fol, 12 (Konzept unles.),

328 StAL, Regierung Straubing A 223 fol. 13 f (Orig.), Gr Fasz.916 Nr.21(Konz.)

329 StAL, Regierung Straubing, A 223 fol.15 f.

330 StAL, Regierung Straubing A 223 fol. 17

331 StAL, Regierung Straubing A 223 fol. 19

332 StAL, Regierung Straubing A 223 fol. 22 f.

333 StAL, Regierung Straubing A 223 fol. 26 ff.

334 StAL, Regierung Straubing A 223 fol. 19

335 StAM, HR II Fasz. 193, 1615, 3. Quartal, Nr. 3090

336 Dollinger, 1968, S. 300, HstAM, Hofzahlamtsrechnungen, 67, fol. 451 f.

337 Inventar Bischof Albert Sigismund vom 11.1.1686, Nr. 1719, fol. 1-86

338 Herr Dipl. Mineraloge K. P. Martinek, Nachtmann Glaswerke, Riedlhütte, hat zugesagt, diese Untersuchungen durchzuführen.

339 StAL, Kb Hofk. Ämterrechn. Rentamt Straub. Ger.- u. Kastenrechn. Jg. 1599

340 Auswahl: Hoberg, von, um 1600, Fleming, 1719, Täntzer, 1734, Döbel, 1746, Hartig, 1809, Behlen, 1824, Roth, 1879, Riesenthal, 1882, Forster, 1896, Lemke, 1898, Lehner, 1899, 1901, Riezler, 1905, Heuwieser, 1922, Mitterwieser, 1925, Oefeles, 1925, Putz, 1926, 1930, Kitzler, 1930, Hauber, 1932, 1933, Lerch, 1934, Schwaiger, 1936, Harrach, von, 1953, Lindner, 1940, 1959, 1966, Hochgreve, 1963, Birkner, 1968, Herzinger, 1972, o. V. 1517, 1893, 1975, Frevert, 1975, Sälzle, 1977, Ergert u. a. 1978, Ernst, 1978, Ergert, 1984, Schwenk, 1980, Willkom, 1990, Kratsch, 1993.

341 Diese Meinung vertritt auch Herr Dipl. Ing. Michael Haug vom Nationalparkamt in Grafenau.

342 HStAM, Landshuter Abgabe 1982, Niederaltaich A 36: Die Transkription wurde von Dr. L. Schober, Passau, zur Verfügung gestellt.

343 HStAM, FA Fasz. 426 Nr. 105, 1612 und GL Fasz. 4633 Nr.34(Zwiesel)

344 HStAM, Kurbayern, Hofzahlamt 39 (1593) fol. 343'

345 HStAM, Kurbayern, Hofkammer, Nr. 116 (=Nov./ Dez.1593) fol. 93'-94

346 StAL, Kurbayern- Hofkammer/Ämterrechn./ Rentmeisteramt Straubing/Gericht Bärnstein/Gerichts- und Kastenrechnungen 1600, (früher:Rep.18 Fasz.69 Nr. 156)

347 Dengler, 1861, Grashey, 1894, Nitsche, 1895, o. V. 1886, 1898, Arnold, 1902, Winkler, 1913, Poschinger, von, 1914, Schmidt, 1912, 1977, Mitterwieser, 1925, Schmid, 1932, Zierfreund, 1932, Hauber, 1933, Duschek, 1950, Rötzer, 1959, Wessely, 1964, Haller, 1975, Steckbauer, 1978, Wagner, 1985, Pohl, 1986, Domico u. a., 1990, Dufresne, 1993

348 HStAM,Kurbayern, Hofkammer Nr. 107 (=Mai/Juni 1592) fol. 30-30'

349 HStAM,Kurbayern, Hofkammer Nr. 112 (=März/April 1593) fol. 73

350 HStAM, HR II, Fasz. 192, 193, 1611, 1615 - 3. Quartal (Nr. 3079, 3096)

351 HStAM, Kurbayern, Hofkammer Nr.110 (=Nov./ Dez.1592) fol.123-124,139f

352 Focus, 5. Mai 1997, S. 206

353 Tätting = Datting

354 Orlachmühle = Erlachmühle

355 Perholling =Gerholling

356 Gerhling = Gerholling

357 Güng = Ginn

358 Hörpolling = Hörgolding

359 Hueb = Huböd

360 Räting = Rading

361 Ein Hausname

362 Woitting = Woiding

19. Sach-, Personen-, Ortsverzeichnis

C

D

E

H

I

J

K

L

M

Q

R

S

T

U

V

W

Z